软件架构师成长之路

Java架构之完美设计——实战经典

颜廷吉　编著

机 械 工 业 出 版 社

本书内容分为软件架构理论、软件架构高级技能、软件架构综合技能以及软件架构创新四大部分。第一部分是第 1、2 章，介绍了软件架构师练就的方法、软件架构设计模式、软件架构开发模型、软件架构模式、软件架构思维、软件架构编程思想以及软件架构设计原则等，为软件架构设计的基本理论；第二部分是第 3~5 章，介绍了软件架构师必备的工具体系、Java 机制技能要点专题、Java 后台技术栈技能要点专题以及日志架构设计、安全架构设计、权限架构设计、验证架构设计、异常架构设计、消息架构设计、阻塞架构设计、数据字典架构设计 Java 八大核心架构设计体系，为软件架构设计的高级技能体系；第三部分是第 6~13 章，以 Spring 技术为脉络，介绍了 JavaWeb、SpringMVC、Spring Integration、Spring Boot、SOAP WebService、REST WebService 以及框架测试等架构设计相关的核心技术，为软件架构设计与实现相关的综合技能体系；第四部分是第 14、15 章，以开源框架以及自动化代码生成工具开发为中心，启发读者的创新思维，为软件架构的创新技能体系。

本书是“软件架构师成长之路”丛书的高级篇，适合软件工程师、架构师以及软件项目经理使用；还适合那些有志于成为软件架构师的其他软件从业人员自学使用；也可以作为高等院校相关专业师生参考教材；培训机构也可将本书作为软件架构等方面的培训教材。

图书在版编目(CIP)数据

Java 架构之完美设计：实战经典/颜廷吉编著．—北京：机械工业出版社，2019.8

(软件架构师成长之路)

ISBN 978-7-111-63512-3

Ⅰ．①J…　Ⅱ．①颜…　Ⅲ．①JAVA 语言-程序设计　Ⅳ．①TP312.8

中国版本图书馆 CIP 数据核字(2019)第 184767 号

机械工业出版社(北京市百万庄大街 22 号　邮政编码 100037)
策划编辑：张淑谦　　责任编辑：张淑谦
责任校对：张艳霞　　责任印制：张　博

三河市国英印务有限公司印刷

2019 年 9 月第 1 版 · 第 1 次印刷
184mm×260mm · 26.25 印张 · 647 千字
0001-2500 册
标准书号：ISBN 978-7-111-63512-3
定价：109.00 元

电话服务
客服电话：010-88361066
　　　　　010-88379833
　　　　　010-68326294

网络服务
机　工　官　网：www.cmpbook.com
机　工　官　博：weibo.com/cmp1952
金　　书　　网：www.golden-book.com
机工教育服务网：www.cmpedu.com

封底无防伪标均为盗版

序

我与作者颜廷吉先生相识十余年，私交甚笃，也因此有幸亲历并参与了本丛书三部曲创作的全过程。如今历时数载而一朝梦圆，回首过往，受益良多，感慨万分。

颜廷吉赴日之初，正值金融危机肆虐，各行各业都陷入困境，尤以软件行业为甚，当时真可谓谈 IT 色变。然而在如此严酷的环境之下，颜廷吉居然可以从一家名不见经传的华人派遣公司社员一跃成为世界五百强企业 NTTDATA 的软件工程师。他跻身 IT 精英行列后并没有骄傲自满，而是更加勤奋好学，日积月累，最终完成了三部曲的创作。让人惊叹之余又羡慕不已。而在与颜廷吉深交之后，才明白这又是那么地理所当然。

不积跬步无以至千里，不积小流无以成江海。古圣先贤留下的千古名言，用来形容颜廷吉恰如其分。在东京的通勤电车上读东野圭吾的小说学习日语；将午饭时间从一小时缩短到三十分钟，为的是每天按时浏览各大 IT 技术网站的最新动态；每次开会之后都要把发言内容条分缕析，用以分析日本人的做事方法和思维逻辑；甚至在公司举办的年会上，在出外郊游的温泉旁，在烧烤聚会的篝火边，看到的都是颜廷吉沉思默想的背影。这种争分夺秒刻苦钻研的学习精神实为难能可贵。

颜廷吉说，做学问就像爬山，从山脚出发的人很多，能爬到山顶的却寥寥无几。有些人爬得很快，到达半山腰就盖了一所房子住在那里，对爬向山顶没有太大的兴趣。而能够登顶的人，除了要具备必要的技能外，更要有坚强的毅力，不被沿途景色所迷，不为声色犬马所扰。坚韧不拔，直至峰顶，终成正果。

坚持是有代价的。颜廷吉膝下三子，他却没有亲手为孩子换过一次尿布，女儿上二年级还没有和爸爸去过一次迪斯尼，回国看望父母从原来的一年两次到现在的两年一次，甚至结婚前对妻子许诺的蜜月之旅现在都没有成行。然而，从他家人的嘴里听不到一句怨言，有的只是理解和默默的支持。我被他们的奉献精神深深地感动。

我为这部内容详实的著作而赞叹，更为作者十余年如一日的拼搏精神所折服。望其再接再厉，秉志前行。

周伟鹏

2019 年 6 月 6 日

前　言

软件架构师是每个程序员职业生涯中内功心法修炼的终极目标。要达到这个目标需要具备“十八般武艺，八十种技巧”，本书正是继《Java代码与架构之完美优化——实战经典》《软件品质之完美管理——实战经典》之后，优秀软件架构师又一本必读书，也是“软件架构师成长之路”系列教程的第三部作品，亦是本系列的收官之作。本书总结了JavaEE软件架构师应该具备的架构设计相关技能体系，希望可以成为程序员朋友们架构师成长之路上的铺路石。

从形上看，架构是系统结构的骨架，支撑和链接各个部分；从神上看，架构是系统设计的灵魂，深刻体现了业务技术实现的本质。从纵向架构上看，架构涉及由客户端发送请求到服务器处理，再从服务器返回给客户端的各个主要步骤的具体处理细节；从横向架构上看，架构又关联到实现这种客户端-服务器端的架构模式。本书把与此横纵体系相关的技术进行了系统的总结与对比。另外，要成为一名优秀的软件架构师，还需要攻克以下三个难关：

1）需要掌握各种技术的优缺点与特性，才能知道如何使用。

2）站在架构设计者的角度，思考一款优秀的系统架构应该具备哪些要素。

3）如何用“组合拳”来巧妙解决复杂问题。

本书尝试引导读者朋友来逐一攻破。

任何技术的学习都需要先调查研究，再模仿，最后再进行优化升级（也就是创新），架构设计亦是如此。本书首先介绍了架构设计理论与必备高级专题技能，然后介绍了各种常用架构模式以及对常用框架的模拟，最后介绍了开源框架设计以及自动化代码生成工具的相关技巧。其中重点介绍的部分配备了课后习题，也是对核心技能的进一步巩固与补充；也有点到为止的部分，目的是扩大大家的知识面，形成软件架构理论的必备知识。架构设计绝不是不着边际的假想，而应接地气，因此需要用一种具体的技术来实现其设计思想，所以本书以Java技术以及其最重要的开源框架Spring为核心，进行重点技术代码的演示。书中涉及架构实现代码部分，短的几十上百行，长的几百上千行，其中有些代码比较复杂，希望读者朋友能够静下心来慢慢体会。

“软件架构师成长之路”系列教程历时十年才陆续问世，之所以花费这么长的时间，一是因为涉及的知识与技巧非常多，二是体现了创作过程的“工匠精神”——作者除了倾尽自己的全力，本着务实严谨、精益求精的态度来创作，同时也时时思考：应该写哪些？不应该写哪些？系列教材内容广度与深度如何？应该以怎样的形式进行编排？如何贯穿前后知识点？如何体现综合技能？如何由点到线，由线到面，再由面到体，从而形成系统的知识与技巧体系？还有哪些部分可以优化？能否给读者带来实质性的帮助？有没有创新？如何启发读者朋友进行创新？有时候思考良久都迟迟不能下笔。

人们对软件架构的逐渐重视也是本书写作的一个契机，希望本系列教程能成为国内第一套软件架构师培训相关的原创系列图书，借此跟大家分享对架构的浅薄理解，同时亦介绍自己“刻意训练”的成长经历，权作抛砖引玉，希望读者朋友多来信交流。

一名优秀的软件架构师至少需要 5~10 年的一线实践。需练就一身本领，且能在项目中胜任架构师角色。如果想要成为一名优秀的架构师，就需要进一步精雕细琢自己的技能，且能培养架构师人才。虽然这条路充满艰辛，但是当一步一步攀登到峰顶时，那种收获的喜悦只有自己才可以体会得到……

本书与软件架构师

本书是作者多年 Java 软件架构实践与研究的经验总结，包含架构设计的 8 项原则，21 种设计技巧，25 个温馨提示，39 个实战经典案例，架构测试以及开源软件设计、开发、发布等知识，同时还包括架构自动化代码工具的设计与开发技能。其内容详实、条理清晰、图文并茂、实战性强——一切都围绕提高读者软件架构实战技能。本书是培养具有高级软件架构设计与开发技能的优秀架构师所必备的武器之一。

365IT 学院规划的整个“软件架构师成长之路”系列教程分为初、中、高三部曲，如图 1 所示。第一部《Java 代码与架构之完美优化——实战经典》为品质管理“开发篇”，总结了代码品质与架构优化的相关技能；其姊妹篇《软件品质之完美管理——实战经典》为品质管理“管理篇”，总结了软件品质管理相关技能；第三部即本书，是这个培训系列教材的高级读本，总结了架构设计与实现的相关技能。三本书并不是孤立的，而是相辅相成的。例如，利用第三本书的架构设计技术进行系统设计之后，还需要借助第一本书的架构优化技巧进行优化，这样就形成一个由垂直整合的闭环生态链和一个横向扩展的开放生态链共同构成的架构技能生态体系。卓越的软件架构设计技能是程序员通往架构师神圣殿堂的必经之路，本书将是这条路上的一盏明灯，帮助读者早日实现软件架构师之梦。

图 1　软件架构师成长之路

本书与翻转课堂模式

本书采用翻转课堂模式（The Flipped Classroom）。在内容安排上，首先抛出本章的关键问题，让读者进行思考；之后进行解释说明；章节最后根据内容深浅，适当加入练习题，以巩固核心内容的理解。这样在阅读技巧上进行了革新，可以让读者更好地吸收与理解本书内容。在阅读过程中有任何疑问都可以和作者沟通，作者会给予及时的帮助与反馈。

本书配套教学视频与代码

本书配套教学视频与教程将同步出炉。配套视频可以在官网（www.365itedu.com）免费下载，也可以在机械工业出版社计算机分社官方微信订阅号“IT有得聊”上进行下载。在作者的引读下，希望读者朋友可以更好、更轻松地学好本书所阐述的技能。

另外，本书配套代码也会放在GIT网（https://github.com/yantingji/java-architecture-book），以便随时更新。

本书特色

1）授人以鱼，授之以渔：本书给出了架构设计技能要点、开源框架设计思想、自动化代码工具设计技巧等最基本的设计理念，希望读者能掌握并在未来架构设计中灵活运用。

2）图解技术，形象生动：避免了乏味难懂的文字描述，使繁冗复杂的事物一目了然。

3）综合能力，综合技巧：本书一部分内容是对Java EE领域技能的总结，因此给出的案例大部分具有一定的难度，希望以工程案例的形式，来引领读者领悟如何提高综合能力。

4）设实分离，开源创新：本书主要论述的是设计思想以及架构相关技术，而关于架构设计的实现部分在本书的辅助代码资料中，也就是设计与实现进行分离。辅助代码将以开源的形式公开，不但会根据需求进行相应的升级，读者朋友亦可以进行优化。这种写作方式的大胆尝试，也是一种创新。本书不单独讲理论，而是以案例驱动的形式进行实战解析，这不仅是经验与理论的总结，更重要的是希望用最佳项目案例来说明技术应用。开源精神是软件领域的一大特色，作者希望能尽到一点绵薄之力。另外，本书介绍的各种案例也给读者留下了更大的创新与扩展空间。

本书所面向的读者

本书以提高读者的综合技能、启发读者的创新能力为目标，吸收国外架构设计思想并结合国内实际情况，从架构设计者的角度系统地介绍了Java领域架构设计思想与开发技术。如图2所示。

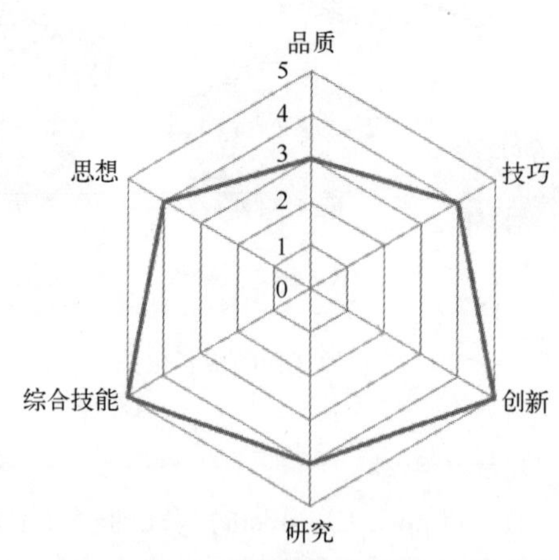

图2　能力提高点设置

本书以实用为核心，所面向的读者主要是**志在成为优秀软件架构师的程序员**，也适用于以下读者朋友：

1）走在架构师之路上的工程师。

2）软件项目经理。

3）对计算机技术感兴趣的在校学生。

如何最佳阅读本书

本书共15章，分为架构基本理论、架构高级技能、架构综合技能以及架构创新思维四部分，如图3所示。

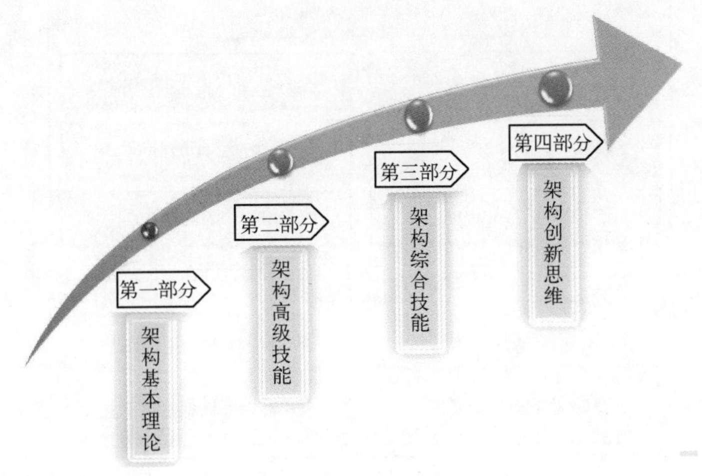

图3　本书整体划分

第一部分包括第1、2章，介绍了架构模式、架构思维、架构编程思想、架构设计原则等，为软件架构设计的基本理论；第二部分包括第3~5章，介绍了架构师必备的工具体系、Java机制技能要点专题、Java后台技术栈技能要点专题以及Java八大核心架构设计体系，为软件架构设计的高级技能体系；第三部分包括第6~13章，以Spring技术为脉络，介绍了JavaWeb、SpringMVC、SpringIntegration、Spring Boot、SOAPWebService、RESTWebService以及框架测试等架构设计相关的核心技术，为软件架构设计与实现相关的综合技能体系；第四部分包括第14、15章，以开源框架以及自动化代码生成工具开发为中心，启发读者的创新思维并起到抛砖引玉的作用，为软件架构的创新技能体系。在整体内容的编排上，随着章节的展开，难度也逐步增加，如图4所示。

阅读时，希望读者朋友能够自己先思考并解决书中提出的问题。因为无法展示从零到最终完成的代码编写过程，读者朋友可以先运行这些代码，在Debug状态下进行跟踪执行流程，理解后再从零开始写。也可以利用逆向思维进行学习，也就是一部分一部分地删除案例中的辅助代码（先把宽度变窄，再把深度变浅），直到精简到几个一眼就可以看明白的类为止。在做好驱动测试的情况下，一步一步把代码输入一遍，直到自己完全理解。

成为软件架构师必须掌握的知识与技能非常多，但是为了在有限的篇幅内展示最重要的核心内容，本书把大部分代码全部以辅助教材的形式进行编排，希望读者朋友能够利用好这些代码示例。本书只是重点展示了架构设计思想以及最核心的部分代码。另外，架构相关技能与架构设计的实现案例一部分安排在正文，另外一部分放在课后习题里，课后习题也是本书的重要组成部分，切莫忽视！

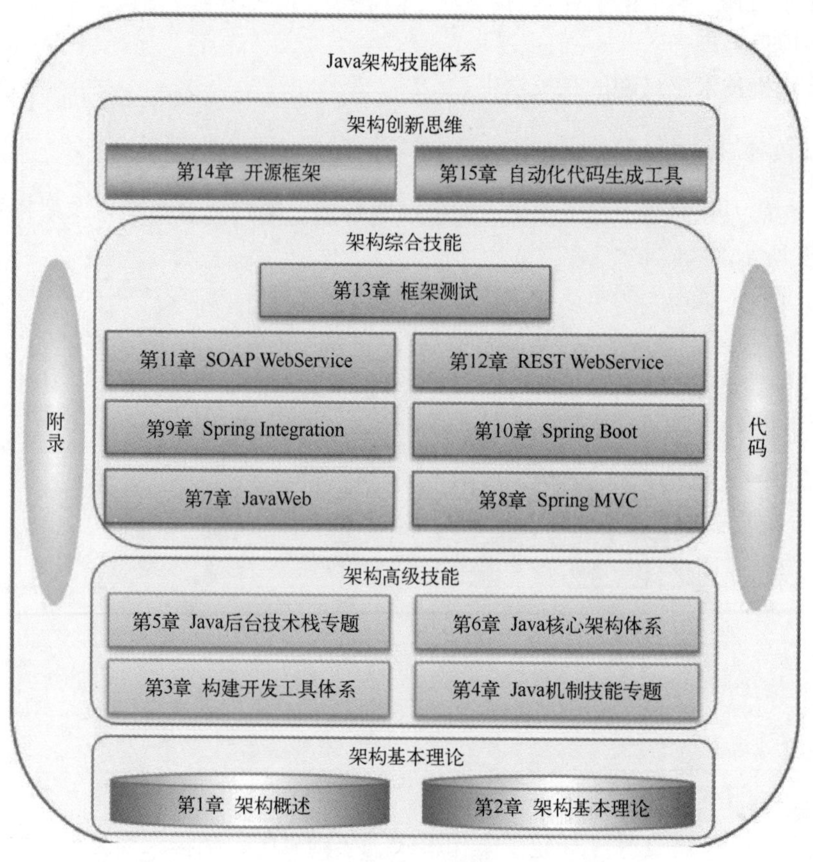

图 4　Java 架构技能体系

书中对一些正文外的重要知识点用温馨提示（NOTE）的形式作了补充，内容安排亦分布在各个章节的最佳位置，以便读者学习，如图 5 所示。

> NOTE:
>
> **Eclipse 无法启动**
>
> 如果修改 eclipse. ini 文件的-Xmx 参数后，发现 Eclipse 无法启动。其原因之一就是-Xmx 参数设置太大，适当调整数值后再次启动即可。

图 5　温馨提示示例

阅读本书时一定要多问自己几个为什么。对于书中的技巧与案例，要问：为什么这么做？还有更好的解决方案吗？在实际工作中应该如何应用？是否还可以进一步扩展与创新？当对自己进行如此一番洗礼后，应该对架构设计与实现有“会当凌绝顶，一览众山小”之心境！

致谢

首先，感谢 NCIT 集团技术大咖杨小虎、庄茂为在百忙之中抽出宝贵时间参与技术内容的讨论与审核。

其次，感谢好友周伟鹏、尹勋成。十年来，他们和作者一起探讨了本系列教程的规划，还审核了从初级到高级所有版本的初稿。同样亦真心感谢若为投资执行董事吴冰，同事陈钢、杨晗和关宝林，以及山东老家的闫晓峰老师与兰霞老师细致耐心的审核。

再次，在作者调查研究整理的过程中，经常会把优秀的案例与文句进行记录，所以本书中的部分案例内容也参考了 51CTO、博客园、CSDN、ITEYE 等平台上的技术大咖博主的内容，这些作者的智慧同样为本书的写作带来了帮助，在此一并感谢。

最后，感谢爱人兰宁的大力支持。虽第三次身怀六甲，还为本书的完成给予了最大限度的支持。本系列教程的规划与完成历时近十年，没有家人的支持是不可能完成的。为了让本书早日和读者见面，作者几乎牺牲了所有的休息时间闭关写书，目的是希望能够早日完结，不辜负读者朋友的信赖。

勘误

本书如有勘误，会在 https://github. com/yantingji/java-architecture-book 上进行发布。由于作者能力有限，书中纰漏在所难免，希望能够与大家一起探讨，一起成长！如果大家在阅读此书时发现有任何错误或疑问，请来信（yantingji@126. com）或者在 GIT 网站新建 issue 来讨论与切磋。另外，如果读者朋友感兴趣，请对本书提供的代码进行再次优化升级，从而激起设计灵感上的火花。

颜廷吉

2019 年 3 月 4 日于东京

目　录

第1章 架构概述

在阅读本章内容之前，首先思考以下问题：

1. 什么是软件架构？
2. 架构设计的目标是什么？
3. 什么是架构的单位？
4. 常见架构错误认识有哪些？
5. 架构能带来哪些利益？
6. 应用架构的发展大致经过了哪些过程？
7. 架构师分为哪些类别？
8. 架构师的素质要求有哪些？

1.1 架构来源

架构一词最初来源于建筑行业，指的是人们对一个结构内的元素及元素间关系的一种主观映射产物。所涉及的技术有地基、整体结构、外观、供水系统、供电系统、煤气系统、网络系统、安全系统等。设计师要把这些因素结合起来传达给施工者，用以指导建设，同时也给客户描绘出一个整体愿景图。

如今架构已经被广泛应用到企业管理和 IT 等领域，并演变成了各个领域的核心技术之一。

1.1.1 软件架构

软件架构是软件系统的顶层结构，是对重复性业务的抽象和未来业务拓展的前瞻，关注系统的可用性、信赖性、扩展性、安全性以及稳定性等非业务方面。

架构的设计目标是解决软件的复杂性，主要体现在以下两方面：

（1）决定应用程序的结构

大中型企业的应用程序开发都具有一定的规模，因此会把系统中的一部分功能划分成很多组件。所以应用程序的结构应该从以下方面去考量：

1）如何划分组件，要决定组件的划分原则与标准，即组件粒度大小。

2）如何实现架构组件之间特定的协作与交互。

3）如何使架构组件与业务组成一个系统。

4）如何形成应用程序自己的架构风格。

（2）决定应用程序的处理方式

处理方式指的是实现应用程序所提供的各种服务的通用机制。服务是指系统“业务上能干什么”，即“What”，而处理方式指的是“技术上如何实现”，即“How”。例如：在处理由多个页面组成的数据登录业务时，经常会发生重复提交的问题，为解决此问题而选择的 Token 方案，就是架构的处理方式。

架构涉及一系列对设计和编码起约束作用的策略性的决定、规则和模式。架构的决定是最基本的决定，它的改变将产生很大影响，因此要做好充分的架构验证，如图 1-1 所示。

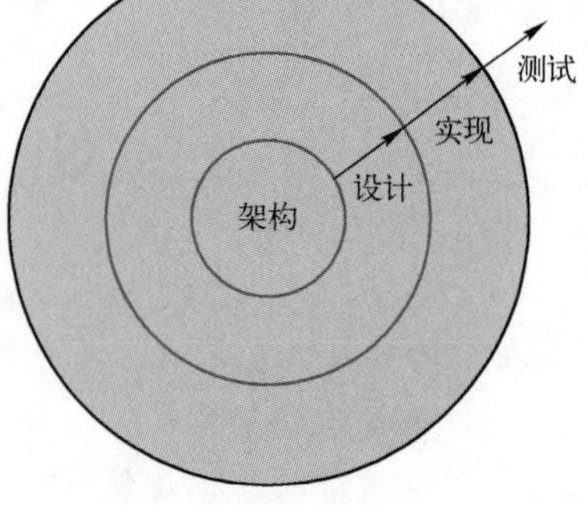

图 1-1　架构决定性作用

1.1.2　架构单位

《软件品质之完美管理——实战经典》一书中介绍了软件品质管理的基本单位是模块，而软件架构的单位是组件（Componet），即实现了架构的必要功能，可以用于分布、集成、交付、替换的模块单元，如图 1-2 所示。模块单元，不一定是一个单一的代码单元或单一的二进制文件，在 Java 中是由一个或多个类共同来完成其相应的服务。

模块化是指解决一个复杂问题时自顶向下逐层把软件系统划分成若干模块的过程。软件模块化技术是软件架构技术中最早讨论的技术之一，每个模块完成一个特定的功能，所有的模块按某种方法组装起来，就构成了整个系统所要求的功能。架构设计中所关注的“隐藏信息”“提高开放性”“高内聚”“低耦合”等亦是当今架构技术的重要原则，可以说模块化的结构设计技术是软件架构技术的根源。

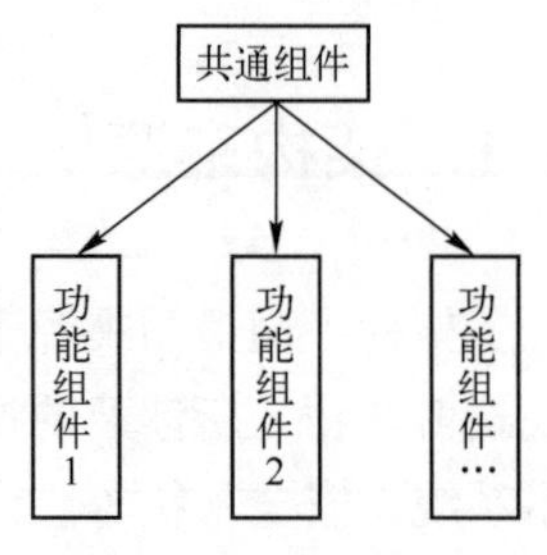

图 1-2　架构组成单位

模块与组件是实际工作中经常用到的术语，根据上下文不同，有不同的含义。一般把系统从逻辑角度拆分后得到的单元称为“模块”，而从物理角度拆分后得到的单元称为“组件”。划分模块的主要目的是职责分离，划分组件的主要目的是代码复用。

1.1.3　常见架构错误概念

1. 架构=框架

框架（Framework）是整个或部分系统的可重用设计，表现为一系列组件或组件实例间的交互方法。框架实际上就是给应用开发者定制的“骨架”，包含一些共通处理和算法，类似生活中盖楼搭建起的“框架”，如 Struts、Spring 等框架。架构是一种设计指导思想，确定了系统整体结构、层次划分、不同组件之间的协作以及实现方式。如 C/S 架构、B/S 架构等。所以，软件架构不等于框架，如图 1-3 所示。

框架比架构更具体，更偏重于技术细节，是架构思想实现的具体表现。确定框架后，软件体系结构也随之确定。而对于同一软件架构（如 Web 开发中的 MVC），可以通过多种框架来实现。两者之间的区别见表 1-1。

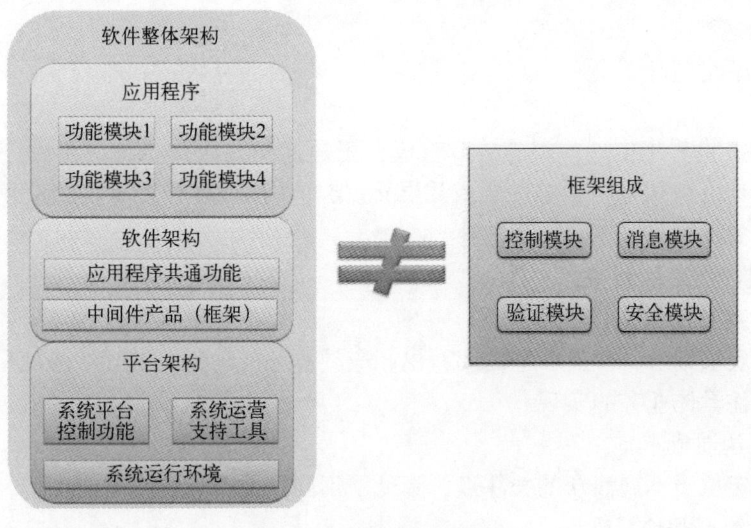

图 1-3　架构不等于框架

表 1-1　架构与框架的区别

类别	呈 现 形 式	目　　的
架构	架构不是软件，架构是如何划分应用系统，各个部分如何交互以及实现方式	架构的目的是指导一个软件系统的实施与开发来降低系统开发难度
框架	框架是软件（某种应用的半成品或一组组件），供用户选用完成自己的系统。简单说就是使用别人搭好的舞台，程序员来做表演。而且框架一般是成熟的，会不断升级	框架的目的是为复用。因此，一个框架可有其架构，用于指导该框架的开发，反之不然

2. 架构=平台

平台的概念类似框架，但又结合了架构的考量，它是更高层面上的“框架”，更确切地说是一种应用。它是针对企业用户，为解决具体业务需要而形成产品。因此，架构也不是平台，如图 1-4 所示。

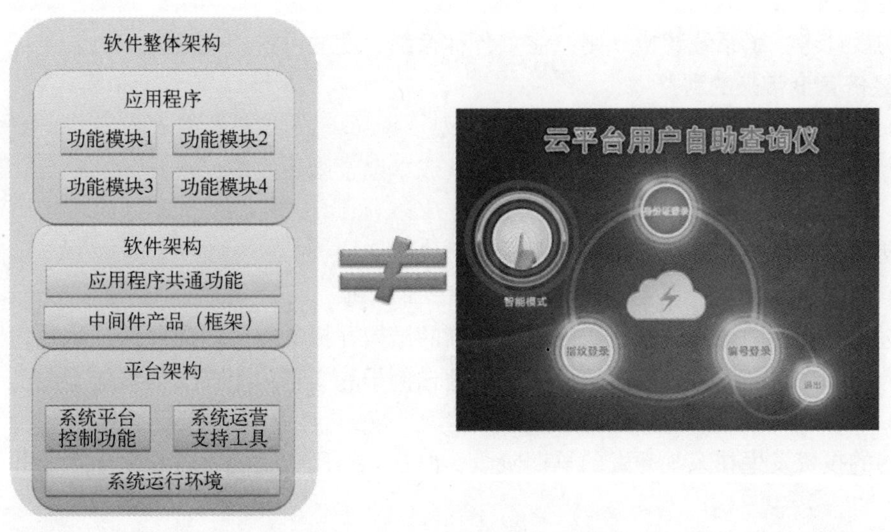

图 1-4　架构不等于平台

1.2 架构的价值

架构在Java世界里由一些类或接口组成，正是这些类或接口为应用程序骨架提供了一个可重用的设计（应用程序中的一层或几层）。架构调用业务开发者写的应用程序，从而实现对程序流程的控制。

1. 研发过程带来的利益

(1) 开发更加高效

屏蔽技术底层细节，开发者只需要写出相应的业务代码而不需要接触底层的API，这让程序员更加关注具体业务的实现。

(2) 降低沟通成本

不同视图定位于不同涉众的关注点，降低了不同相关人员的沟通成本。

(3) 便于组织和项目管理

便于团队分工合作与管理，在变更中保持概念的完整性。

(4) 保证设计品质

架构是应用程序开发与设计最基础的技术依据，因此对设计也有一定的制约作用，可防止设计的过度自由，保证设计的整合与统一，从而提高设计品质。

(5) 融合需求变更

框架实际上也是一种规范，可以让每次参与项目的程序员保持统一的架构思想与编码风格，从而保证了软件品质。

(6) 提高可测试性

良好的架构更容易诊断、跟踪与发现故障。

2. 软件自身带来的利益

(1) 延长系统寿命

降低软件的熵（软件坏死的因素），使其更容易维护与升级。

(2) 增加可重用性

架构设计考虑了系统替换规则，注重各种粗细力度的可重用性设计。

3. 经济角度带来的利益

(1) 降低软件费用

可以更加精确地估算成本，同时降低研发成本以及维护成本。

(2) 降低开发风险

先期的架构开发，排除了技术开发的关键风险。

(3) 控制复杂程度

经过良好设计的架构可以为程序提供清晰的结构并提高程序的内聚性。清晰的结构可以使其他人更容易融入项目。易用的架构可以通过例子和文档为用户提供最佳实践。

(4) 提高可预见性

架构的投资发生在系统开发的早期阶段，但是架构所带来的收益却发生在业务开发与维护阶段。

架构能带来如此多元化的利益，因此在软件开发中占有非常重要的地位。但是，要防止进行过度架构设计而造成资源浪费，应设计出与系统自身体量与复杂度相应的软件架构。而如何进行巧妙的设计正是架构师的核心价值所在。

1.3 架构发展历史

1. 基础研究阶段（1985~1994 年）

从 20 世纪 60 年代到 20 世纪 90 年代中期，软件系统的设计人员就已经习惯使用一些没有统一格式和语义的图线来描述系统的结构。当然，这样对所设计系统的表述是一种很直观和容易理解的下意识做法。长期的实践经验使这些设计人员认识到：虽然描述的是各自负责的不同类型的系统，但在描述风格和手段方面却有着很多共性的东西。更重要的是不同系统之间也有着很多设计手段或风格上的共性。不幸的是，大家依旧使用各自的办法、各自的思路和设计手段来解决相似的问题。这样花样百出的系统结构描述和设计方式已经开始被当时的软件工程界接受为“架构”。但是，系统化的、结构化的、风格通用的、严谨且可重用的软件系统设计方法并没有被总结出来。

具有里程碑意义的是，从 20 世纪 80 年代中期开始，一些重要的架构基本思想和基础概念开始浮出水面。这些思想包括：将数据或信息隐藏和封装、抽象数据类型、一系列封装的黑盒元素组成软件结构等。软件架构就是从这些重要的基础概念开始了自己的辉煌历程。从 20 世纪 90 年代开始直到现在仍然被广泛应用的面向对象的软件架构设计就是来源于这些基础思想。

自 20 世纪 80 年代晚期开始，软件架构设计界开始尝试总结一些为解决特定行业、特定问题所采用的具有明显针对性的设计手段，同时总结出同类系统可重用的设计手法。

2. 概念确立阶段（1992~1996 年）

从 1992 年至 1996 年，人类在软件架构方面的发展历程进入了新的历史时期：架构基本概念和模型的确立阶段。它是以五个方面的长足进展为标志的。

1）架构描述语言的发展。

2）初步的架构表述及分析规则的制定。

3）架构元素及架构风格的分类研究。

4）架构的评估方法。

5）可借鉴的架构视角（4+1 视角）。

处于这个阶段的人们下意识地把主要的精力放在所有软件系统架构中可能具有的共性方面。希望通过总结性的研究，发现那些在实践中反复出现的、具有共性的架构；并且能够把这些发现以比较严格的逻辑和规则统一描述出来，以便业界同行的交流、改进和重用。在这期间国际上开始组织众多国际会议（例如：软件设计国际大会），这些会议成为软件架构领域内从业人员的大家庭。为了有效地组织和确立研究团队，密切配合解决各个具体的子问题，逐步明确未来的研究方向，划分研究领域，国际软件架构研究会于 1995 年正式成立。在该组织的带领下，从 1995 年开始，召开了一系列国际软件架构会议。这些会议已成为架构师发表和讨论架构领域最新研究成果的大论坛。

3. 探索发展阶段（1995~2000 年）

1995 年 IEEE 出版了专门针对软件体系架构的期刊。1997 年诞生了 ACME 体系架构交互语言，为不同体系架构描述语言的交互提供了一个统一的平台。2000 年软件体系架构有了新的发展：架构模式与设计模式不断完善，架构评估方法亦由 SAAM 转变成 ATAM，UML 的发展催生了 RUP，面向对象的软件体系框架 J2EE 与 .NET Framework 相继诞生，基于特定领域的体系架构与基于构件的软件体系结构亦趋向成熟。

4. 普及应用阶段（2000 年至今）

软件架构的经验和成果开始在工业界大规模应用。此时出现了新的架构风格：C/S 架构、B/S 架构、SOA 架构、基于代理的架构等。同时出现了架构师职位与认证考试，软件架构国际性会议也频繁召开。在本科教育里，美国的大学于 2000 年、中国的大学于 2001 年开始了软件架构的课程，社会上也出现越来越多的架构师培训机构，架构技术获得广泛应用。

1.4 架构师

1.4.1 架构师分类

在 IT 领域，架构师一般分为软件架构师、平台架构师、硬件架构师、网络架构师、人工智能架构师以及特定领域技术等方面的架构师。

1. 软件架构师

软件架构师（Software Architect）又称为“应用架构师”，是市场需求最大的架构师，也是平时人们常说的“架构师”。其责任是决定整个公司的技术路线和技术发展方向，设计可重用的框架和组件等，并负责带领公司内部员工研究与项目相关的新技术。曾经的微软总裁比尔·盖茨的头衔就是首席软件架构师。

2. 平台架构师

平台架构师（Infrastructure Architect）又称“系统架构师”，是负责应用程序运行所需要的基础性的、系统运行环境等方面的搭建，相关技术有服务器构建、存储空间、网络、OS（如 Linux）以及系统运行监控、流量控制等软件基础设施。

3. 硬件架构师

硬件架构师（Hardware Architect）主要负责自主服务器硬件系统的架构设计及研发工作，负责建立适合本公司需求的服务器硬件品质标准及检测流程体系。

4. 网络架构师

网络架构师（Network Architect）主要负责搭建完美互联网平台以及日常维护与升级。

5. 人工智能架构师

人工智能架构师（Artificial Intelligence Architect）主要负责规划人工智能平台未来的技术架构方向，进行全局性和前瞻性的架构设计以及核心技术细节的实现，推动周边系统和相关团队完成各种高并发、数据隔离、系统解耦等方面的技术难关。持续系统的创新和优化能力，帮助企业实现智能化。

6. 特定技术架构师

特定技术架构师（Specific Technology Architect）的职责是从事类似安全架构、存储架构等专项技术的规划和设计工作。

各种架构师都是各个领域的专家，都需要负责组织重大项目技术研究和攻关工作，负责带领公司内部员工研究相关的新技术。

1.4.2 软件架构师职责

1. 理解并确认需求

在项目开发过程中，软件架构师一般是在需求规格说明书完成后介入的，需求规格说明书需得到软件架构师的认可。软件架构师需要和分析人员反复交流，以保证自己完整并准确地理解用户需求。

2. 制定技术规格说明

软件架构师在项目开发过程中是技术权威。软件架构师通过其制定的技术规格说明书与开发者沟通，保证开发者可以从不同的角度去观察、理解各自承担的子系统或者模块。

一名优秀的架构师，只知道一种框架是远远不够的。在开发项目之前，架构的技术选型对于项目是否成功起到至关重要的作用。不仅要了解同类型框架的原理以及技术实现，还要深入理解各自的优缺点，以便能够在项目的实施过程中发挥架构的最大价值，也可以避免不可预知的风险与困难。

3. 制定系统的整体架构

依据用户需求，确定系统的技术架构和业务架构。软件架构师将系统整体分解为更小的子系统和组件，从而形成不同的逻辑层或服务。软件架构师会确定各层的接口以及层与层之间的关系。

4. 新技术的研究

设计可重用的框架和组件等，并负责带领公司内部员工研究与项目相关的新技术。

软件架构师不仅要对整个系统分层，进行“纵向”分解，还要对同一逻辑层分块，进行“横向”分解。软件架构师通过对系统的一系列的分解与优化，最终形成软件的整体架构。

1.4.3 软件架构师素质要求

从普通程序员到高级工程师，再到软件架构师，是一个经验积累和设计思想升华的过程。除需要具备本系列教程《软件品质之完美管理——实战经典》第 12.5 节“架构师的七种修炼”所阐述的品质素养之外，还应当具备专业技术上的战略规划能力，即战略分解力。这种能力包含的内容如图 1-5 所示，其中最为重要的就是抽象能力。这些能力的形成不是一蹴而就的，而是需要长期且有计划地“刻意训练”而成。只有具有这种技术的战略分解力，才可以对架构进行深入全面的把握，从而设计出优秀的软件架构。

1.4.4 架构师练就方法

虽然成为领域专家很难，但还是有径可循的，这就是著名的“一万小时定律”。在《一万小时天才理论》一书里，作者给出了成为领域专家的理论依据：精深练习×1 万小时＝世界级人才，如图 1-6 所示。

如果平均每天训练或研究 3 小时，1 万个小时正好需要 10 年，可谓“十年磨一剑”。而如果平均每天 6 小时，则需要 5 年。因此给自己制定计划时，按照 5 年或 10 年来做，也是不无道理的。古人云“居有常，业无变。”说的也是这个道理。

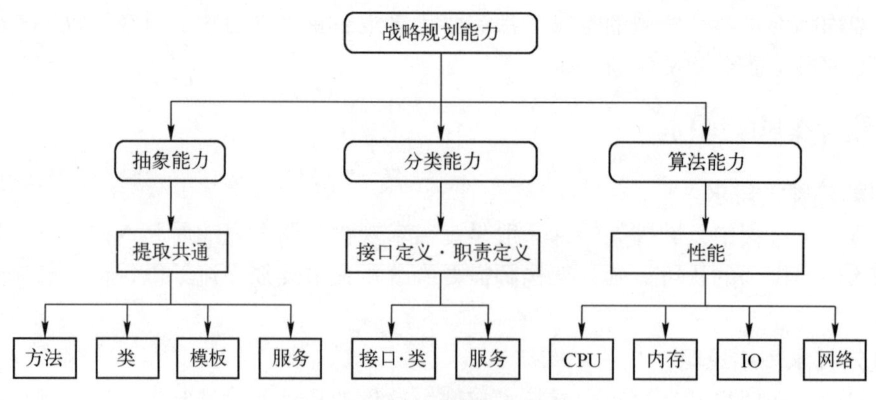

图 1-5　架构师战略规划能力

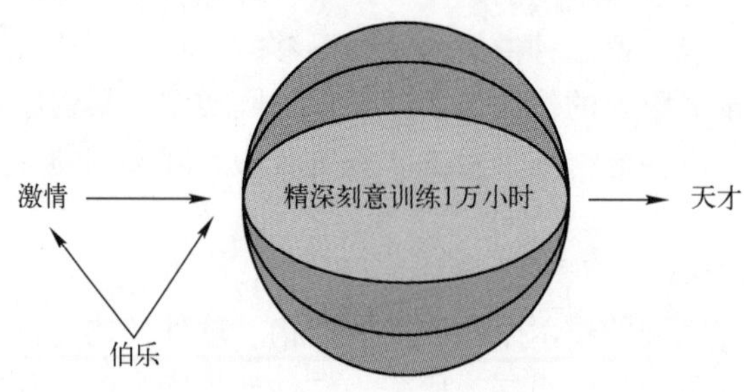

图 1-6　天才理论示意图

图中的“激情”并非一时的热情，也并非挣扎中的练习，而是需要可持续的具有专业兴趣的长时间的激情。最初的动力往往来自所谓的“哇塞效应”：看到身边某个人突然展现出了一种强大的令人惊羡的技能，取得了某项杰出成就，而发自内心的感慨、感叹。此时的激情就是“我也要成为那样的人!”，甚至脑海中勾勒出成功后的轮廓。避开三分钟热血，通过持之以恒的不断深入研究，技术不断提升完善，成功感与满足感时刻萦绕在我们的脑海，最初的激情转化为对专业的热爱，此时成功离我们也就不远了。

图中的“伯乐”即教练，指的是“阅人无数，不如贵人相助!”。教练需要有较高的洞察力、简明的指示、令人折服的技能与职业素养，这样才可以加快被训练者的成长速度。

图中的“精深”训练，不是玩要，也不是工作，而是“刻意训练”。三者之间的对比关系如表 1-2 所示。这种刻意训练也需要训练的环境，俗话说“近朱者赤，近墨者黑。”只有与高手对决，方知自己的不足。

表 1-2　玩、工作与刻意训练

目　　的	特　　点	成为专家的可能性
玩（Play）	没有一个明确的要实现的目标，做这件事的目的就是为了内心的欢愉感	因为没有刻意专业的训练，可能性极小
工作（Work）	为了生活而进行的一定量的重复性劳动，往往还存在竞争，所以在工作的时候可能也有一定压力，比玩要有一定的“刻意”训练	当对目前薪水与生活满意时，工作中很难突破瓶颈而达到更高的水平，因而成为专家的可能性也不是很大
刻意训练（Deliberate Practice）	就是要让自己成为顶尖级的专家，要有为此而努力的精神动力	通过刻意的训练，把自己培养成具有超强的决策和执行能力，使得自己在本领域的知识宽度与深度都达到较高水平，因此成为专家的可能性就很大

很多人通过简单的重复训练，都可以达到一定的技术水平，而这个水平还远达不到顶级专家的水平。大部分技术人员因为各种原因（如缺乏足够的精神动力），没有通过进一步的刻意训练与磨炼自己，丧失了成长的机会，与领域专家擦肩而过，让人为之扼腕叹息。

图 1-7 是进入某个领域后，不断提升自己时所经历的各个阶段。从图中可以非常直观地看出成为领域专家所需突破的两个瓶颈。当发现自己最近一段时间怎么努力都感觉不到质的提高时，就应当意识到自己遇到了职业发展的瓶颈，此时需要进一步量变的积累以达到质变。

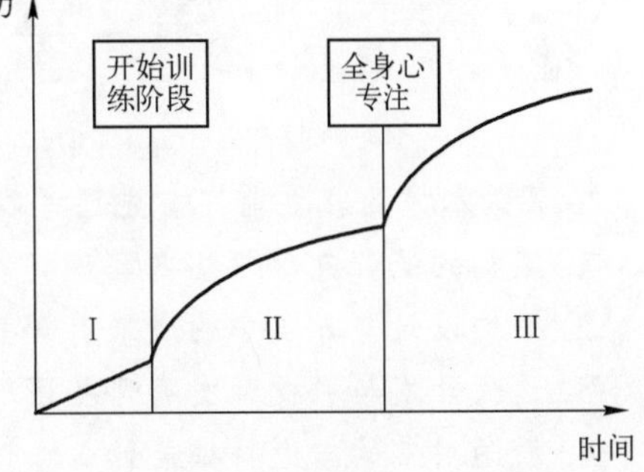

图 1-7　成长为专家的三个阶段

发现困难和突破障碍就意味着能力的突破。最有效的学习感受不应该是流畅的、愉悦的，而是警觉的、磕磕绊绊的，甚至是有些痛苦的。调查显示，人们描述最有效训练时，使用最多的词汇是：“注意、警觉、错误、重复、觉醒”。而不是“愉悦、兴奋、胜任”等看上去更积极的词汇。

有人说，如果凡事顺利，则代表创新不足。因此当感觉非常顺畅、完全胜任的时候，很有可能并没有学习到任何新的技能，而仍在自己过去的能力圈范围内活动，面对一成不变的问题，采取一成不变的方法，这种没有风险、没有危机、没有挑战的事情，也是没有任何乐趣的。反过来说，当遇到新的、从未出现过的困难或者障碍时，要将其视为一个新的学习机会。从长远来看，这些障碍是非常有益的，它们会刺激人们新的创造力。在针对自己弱点而设定的练习程序中挣扎，更容易撞上自己的极限。在自己能力极限边缘操作，就可以体会到不断扩大能力圈时的欣喜。正是通过这些系统的磨炼，才造就了自己。

通过刻意训练，在某些领域可以达到顶级专家水平。但是，强中更有强中手，在一些需要特殊实力的领域，要成为世界级大师，恐怕就需要个人天赋了。

同样，在软件架构师领域要达到专家水平，需要付出巨大的努力，在自我成长的过程中切忌浮华不实，眼高手低，自满自大。浮华的程序员会不懂装懂，不停地强调语言的优劣，平台的好坏；追求所谓最新最时尚的技术，停留在表面问题上；或假做深沉，用不适合的方式做不适合的事情；最后是简单的做不好，复杂的做不了。因此，软件架构师要认真做好每一件事，这也是对自己职业品质的承诺，谦虚谨慎也是优良的美德。

小结

本章对架构基本概念进行了总结，目的是希望读者朋友对架构有正确的认识。理解成为架构师的不易以及练就的方法。亦希望读者朋友能够找到适合自己的架构师角色，制定架构师成长之路的具体步骤，早日实现目标。

习题

1. 应该如何把自己培养成出色的软件架构师？
2. 针对自己的实际情况，制定一个架构师专业技能成长的规划并实施。

第 2 章　架构基本理论

在阅读本章内容之前，首先思考以下问题：

1. 架构的流程包含哪些内容？
2. 架构设计与开发中的成果有哪些？
3. 迭代开发与敏捷开发有哪些区别？
4. 面向对象的四大特征是什么？
5. 如何实现多态？
6. Scrum 的会议有哪些？
7. 构件图与部署图之间的区别是什么？
8. 外观模式与适配器模式之间的区别是什么？
9. 模板方法模式与建造者模式之间的区别是什么？
10. 常用架构模式有哪些？
11. 架构思维之间的关系如何？
12. 架构编程思想之间的关系如何？
13. 架构设计原则有哪些？
14. 重构技巧包含哪些内容？

2.1　架构品质

软件架构的设计与开发离不开品质管理思想的指导，架构应该包含的品质特性如图 2-1 所示。

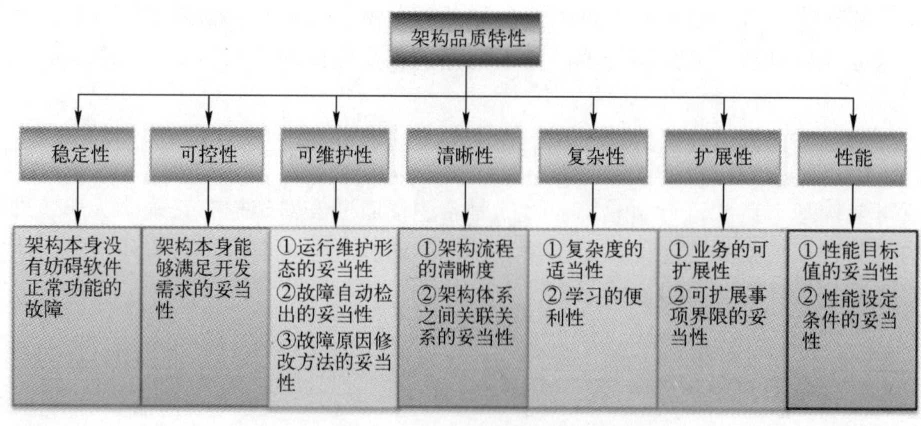

图 2-1　软件架构品质特性

图中所述的各种特性的实现手段分别如下：

（1）稳定性

稳定性可以参阅《软件品质之完美管理——实战经典》第 5 章与第 6 章中阐述的各种品质管理方法来进行强化。

（2）可控性

可控性的解决方案之一是先进行概念验证（Proof Of Concept，POC），也就是原型验证，来规避所采用的架构技术风险。

（3）可维护性

在设计时就要彻底考虑系统的可维护性，另外需要做好各种必要的文档。系统开发完毕，亦需根据实际情况编写各种维护手册。

（4）清晰性

在进行架构设计时，要做好各种视角的设计图纸，并进行流程的优化，以确保架构流程的清晰。

（5）复杂性

一般来说，软件涉及的功能越多，通用性越强，架构就会越复杂。降低复杂性的技巧在《Java 代码与架构之完美优化——实战经典》里有详细叙述。另外，在便利性上，需要给出架构功能的各种使用例子及文档说明。

（6）扩展性

应该对可以预见的未来应用给出相应的扩展接口。

（7）性能

性能优化的具体解决方案，请参照《Java 代码与架构之完美优化——实战经典》第 8 章以及本书第 10 章内容。

2.2 架构过程

2.2.1 架构流程

软件开发流程的主要任务如图 2-2 所示，其中点线内的任务为架构相关的主要流程。由图可知，架构开发也是由需求定义、需求分析、外部设计、内部设计、编码与测试等阶段组成。

架构开发形成稳定的版本后（V1.0.0）并不是其开发的终止，而是要根据需求进行相应的升级优化。每次架构的优化与升级都需要考虑应该实现的功能、业务关注点、最新技术、品质要素、开发过程、组织文化、本团队技能、复杂性等要素，同时要权衡各种要素之间的关系，如图 2-3 所示。

2.2.2 架构成果

架构开发过程中，产出的主要成果如图 2-4 点线内所示。

一般业务开发的成果包含程序代码与文档，但是架构开发还有一个重要的成果——架构使用实例。有时候文档也不能很好地表达架构本身的含义，特别是对于较复杂的架构处理。因此实例代码就显得格外重要，有时其作用甚至重于文档。

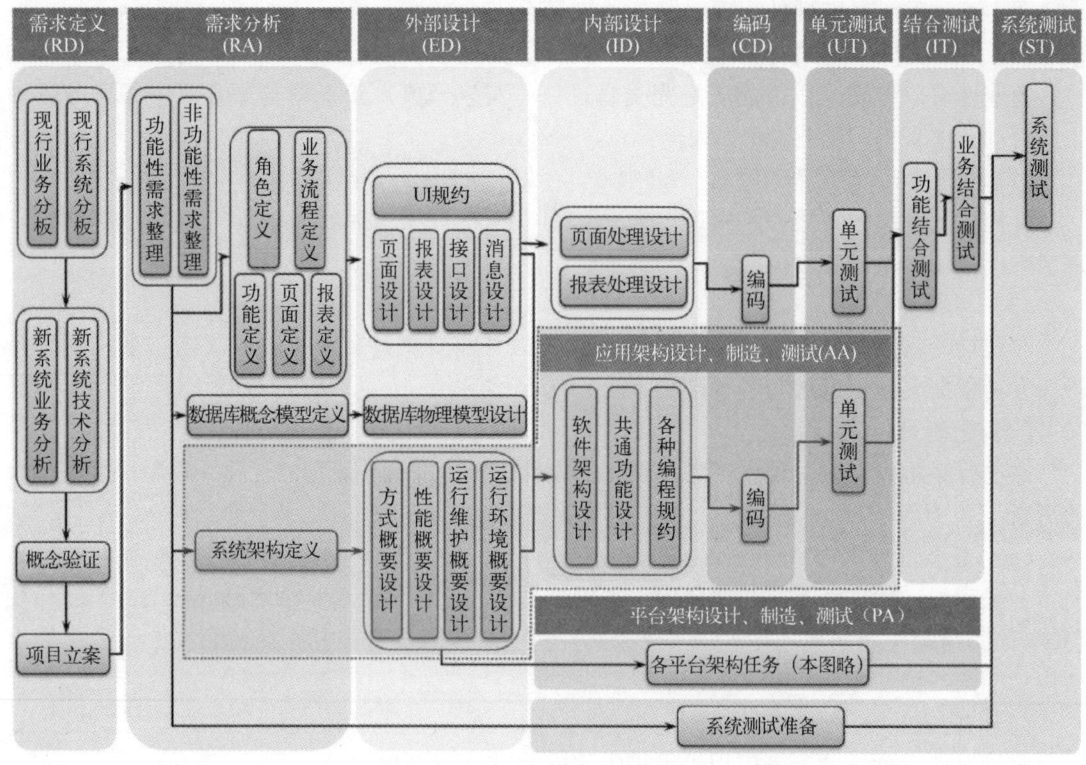

图 2-2　软件开发流程

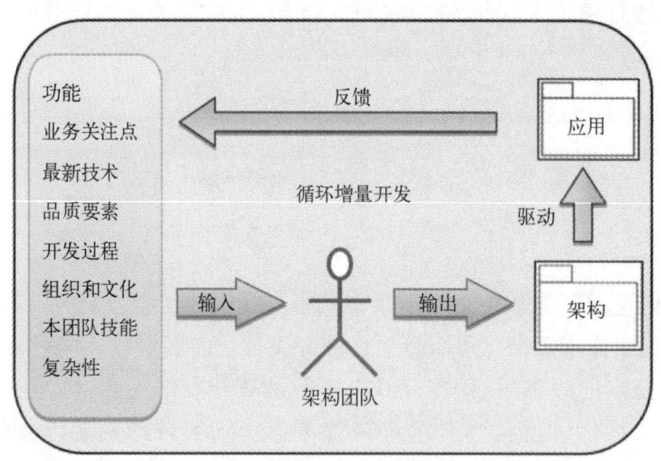

图 2-3　架构优化流程

对于程序员来说，当读不懂文档说明时，一看使用实例，也许马上就会茅塞顿开。另外，大型系统的架构实例，往往是具体应用开发的样本。例如，开发了某金融系统的基盘架构，同时给出了业务使用案例，如果有几十个业务系统都需要使用此基盘，那么就可以参照样本，根据业务的需求，进行修改与添加。

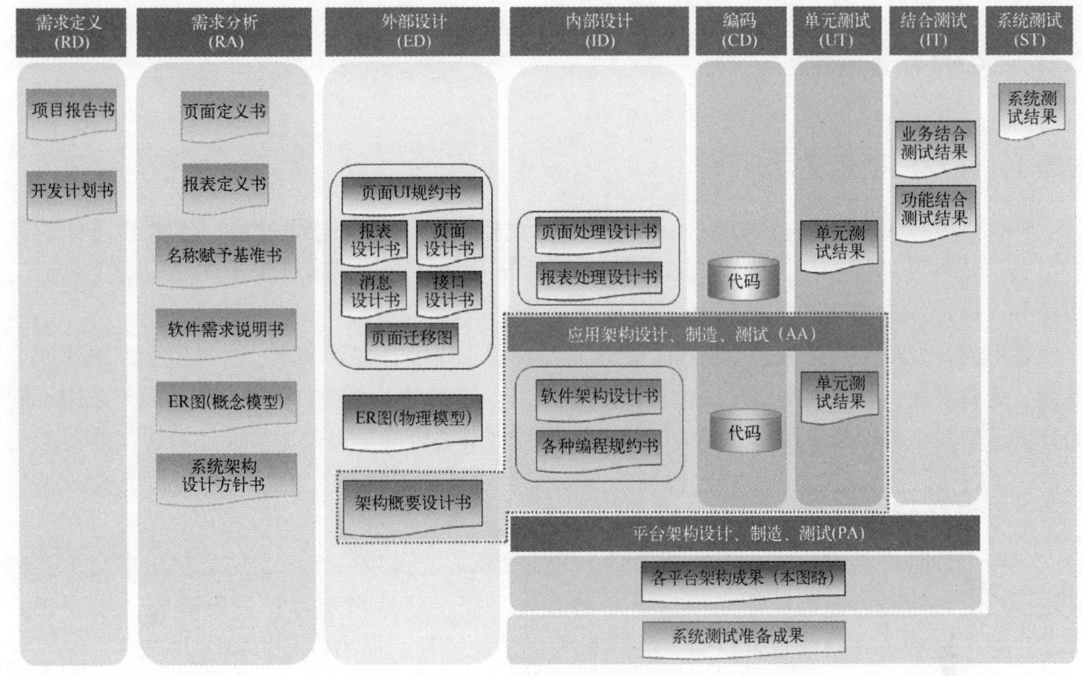

图 2-4　架构过程主要成果

2.2.3　架构团队

在实际开发中，大型系统的架构一般是由一个专业团队进行开发，其组成结构如图 2-5 所示。

在大中型软件的开发过程中，架构的研发期间一般在项目的早期阶段，即概念验证阶段。进行架构验证之后，技术上没有问题了，再进行相关业务功能的开发，如图 2-6 所示。在业务开发期间，如果发现架构缺陷，需要进行再优化。

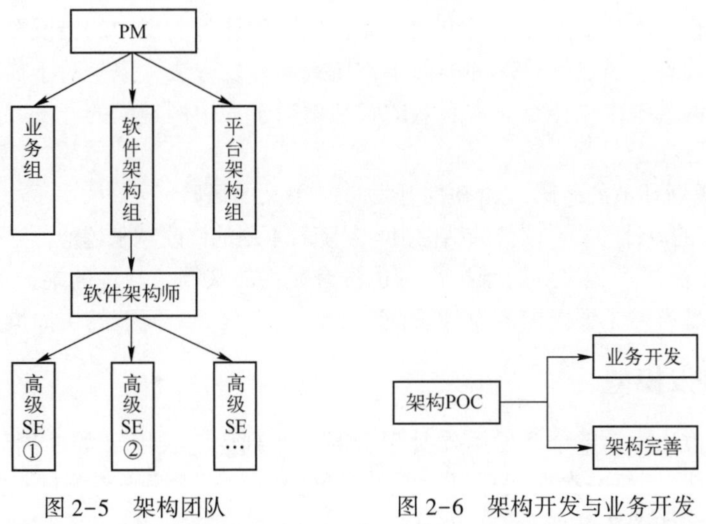

图 2-5　架构团队　　　图 2-6　架构开发与业务开发

2.3 架构开发模型

2.3.1 开发模型概述

软件开发模型（Software Development Model）是指软件开发全部过程、活动和任务的结构形式。软件开发模型能清晰、直观地表达软件开发全过程，明确规定了要完成的主要活动和任务，可以用来作为软件项目开发的基础。

常用的开发模型有边做边改模型、迭代模型、瀑布模型、螺旋模型、增量模型、快速原型模型、喷泉模型、演化模型、统一过程模型（RUP）等。对于不同的软件系统，需要采用不同的开发模型甚至多种开发模型并用。架构开发过程中最适合的是边做边改模型和迭代模型。

2.3.2 边做边改模型

当一个软件产品客户需求不太明确时，开发团队可先开发一个产品的最初版本交由客户验收，然后再根据验收的反馈结果进行新的版本升级，然后再交客户进行验收，如图 2-7 所示。这个过程一直持续到客户对产品满意为止，这种开发模型就是边做边改模型。

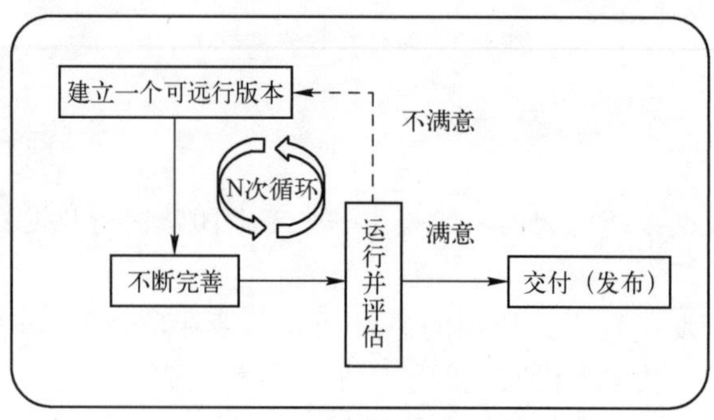

图 2-7 边做边改模型

边做边改模型最大的缺点在于需求的不完善以及设计与实现中的错误要到整个产品被构建出来后才能被发现。虽然这是一种类似于作坊式的开发方法，但是对于需求简单、功能不复杂且容易验证的系统来说还是非常有效的。然而对于大中型规模的开发，边做边改模型就不适合，主要问题在于：

1）需求与规划环节的忽略，给软件开发带来很大的风险。

2）缺少完善的设计环节，软件的结构很容易随着不断的修改越来越糟，导致无法继续开发。

3）没有考虑测试和程序的可维护性，也没有完善的文档，软件的维护十分困难。

因为这种模型省略了编码前的设计阶段，所以它不是一个完整的生命周期模型。

2.3.3 迭代开发模型

在迭代开发方法中，整个开发工作被划分为一系列固定长度（如 3 周）的小项目（被称为一系列的迭代），每一次迭代都包括了需求分析、设计、编码与测试，这种开发模型就是迭代开发模型，如图 2-8 所示。

采用这种方法，开发工作可以在需求被完整地确定之前启动，并在一次迭代中完成系统的一部分功能。再通过客户的反馈来细化需求，并开始新一轮的迭代。

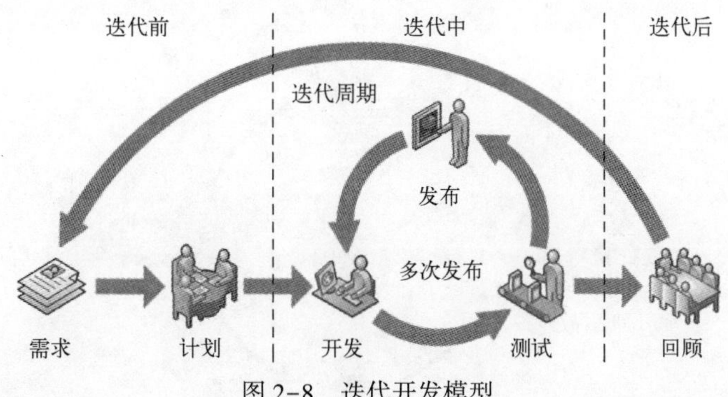

图 2-8　迭代开发模型

与传统的瀑布模型相比，迭代过程具有以下优点：

（1）降低在一次增量上的开发风险

如果开发人员返工某个迭代，那么损失的只是这一次的迭代成本。

（2）降低产品无法按时进入市场的风险

在开发早期就可以发现风险，因此可以尽早解决，不至于在开发后期手忙脚乱。

（3）加快整个开发工作的进度

因为开发人员经过几次迭代之后已经很有经验，所以工作效率会提高很多。

（4）容易适应需求变化

由于用户需求并不能在一开始就做出完全的界定，通常是在后续阶段通过某种契机而不断被挖掘与细化，因此很容易应对需求变更。

2.3.4　Scrum 开发模型

1. 敏捷开发概述

（1）开发宣言

敏捷（Agile）开发是 20 世纪 90 年代开始逐渐兴起的新型软件开发方法，用来替代以文件驱动开发为核心的瀑布开发模型。2001 年 2 月，Kent Beck 等 17 位著名软件工程师组织了敏捷联盟，阐述了敏捷开发的原则，强调灵活性在快速且有效的开发软件中所发挥的作用。他们共同签署了敏捷软件开发宣言，内容如下：

1）个体和交互胜过过程和工具。

2）可工作的软件胜过大量的文档。

3）客户合作胜过合同谈判。

4）响应变化胜过遵循计划。

敏捷开发以用户需求进化为核心，采用迭代、循序渐进的方法进行软件开发，示意图如图 2-9 所示。在敏捷开发中，软件项目在构建初期被切分成多个子项目，各个子项目的成果都经过测试，具备可视、可集成和可运行的特征。换言之，就是把一个大项目分为多个相互联系但也可独立运行的小项目，并分别完成，且在此过程中软件一直处于可使用状态。在敏捷方法中，从开发者的角度来看，主要的关注点有“短、平、快”的会议、小版本发布、较少的文档、合作为重、客户直接参与、自动化测试、适应性计划调整和结对编程；从管理者的角度来看，主要的关注点有测试驱动开发、持续集成和重构。

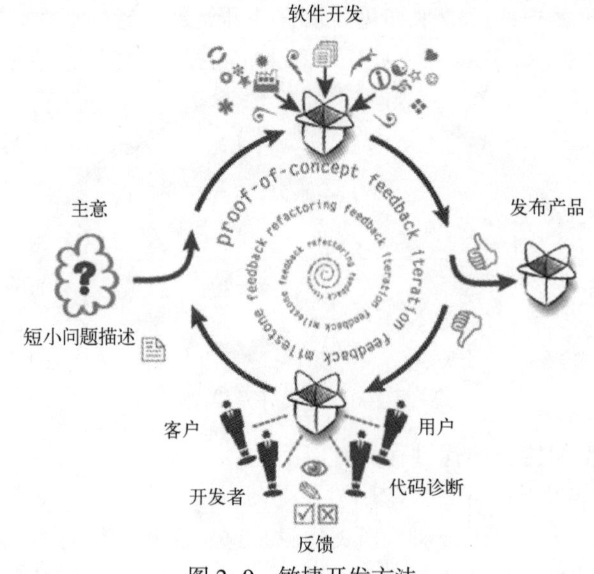

图 2-9　敏捷开发方法

（2）敏捷方法

目前，主要的敏捷方法有极限编程 Scrum、XP（eXtreme Programming）、自适应软件开发（Adaptive Software Development，ASD）、水晶方法（Crystal）、特性驱动开发（Feature Driven Development，FDD）、动态系统开发方法（Dynamic Systems Development Method，DSDM）等。虽然这些过程模型在实践上有差异，但都遵循敏捷宣言或敏捷联盟所定义的基本原则。

敏捷方法主要适用于以下场合：

1）项目团队人数不多、规模不大的项目。

2）项目需求经常发生变更的项目。

3）高风险项目。

从组织结构的角度看，组织结构的文化、人员、沟通性决定了敏捷方法是否适用。与这些相关联的关键成功因素包括组织文化必须支持谈判、人员彼此信任、人少但是精干、开发人员所做的决定得到认可、环境设施满足团队成员之间快速沟通的需要。

由于架构开发的小团队、高技术要求以及高风险性，这种反应灵活的开发方法，正好适合架构开发。在众多的敏捷开发方法中，最常用的是 Scrum。

（3）敏捷开发与迭代开发

敏捷开发以用户的需求进化为核心，采用迭代、循序渐进的方法进行软件开发，很容易与迭代开发混淆，它们的区别见表 2-1。

表 2-1　敏捷开发与迭代开发

角　度	迭 代 开 发	敏 捷 开 发
性质	软件开发的生命周期模型，是一种开发过程	多种软件开发项目管理方法的集合，是一种开发方法
开发方法模型	对应的是瀑布模型、螺旋模型等	对应的是 Scrum、XP、Crystal 等
对需求要求	适合需求信息不明确的项目	紧紧围绕用户需求，以用户为导向，以快速开发、快速验证、快速修正的迭代式开发打造精品

2. Scrum 概述

Scrum 是用于解决复杂产品的开发与维护的框架，目的是尽可能生产出高价值的产品。特征是轻量，易于理解，但是很难掌握（一般需要 3~5 年）。适用于需求渐定或需求易变且复杂产品的开发。

Scrum 不是构建产品的一种过程或一项技术，而是一个框架，在这个框架里可以应用各种流程和技术，如图 2-10 所示。Scrum 能使产品管理和开发实践的相对功效显现出来，以便随时改进。Scrum 框架包括角色（产品负责人、Scrum 主管、开发团队）、事件（冲刺计划会议、每日站会、订单梳理会议、评审、回顾）以及成果（产品订单、冲刺订单、产品增量）。框架中的每个模块都有一个特定的目的，对 Scrum 的成功和使用都至关重要。在这个框架中人们可以应对复杂问题的可变性，同时也能颇有成效和创造性地交付最高价值的产品。

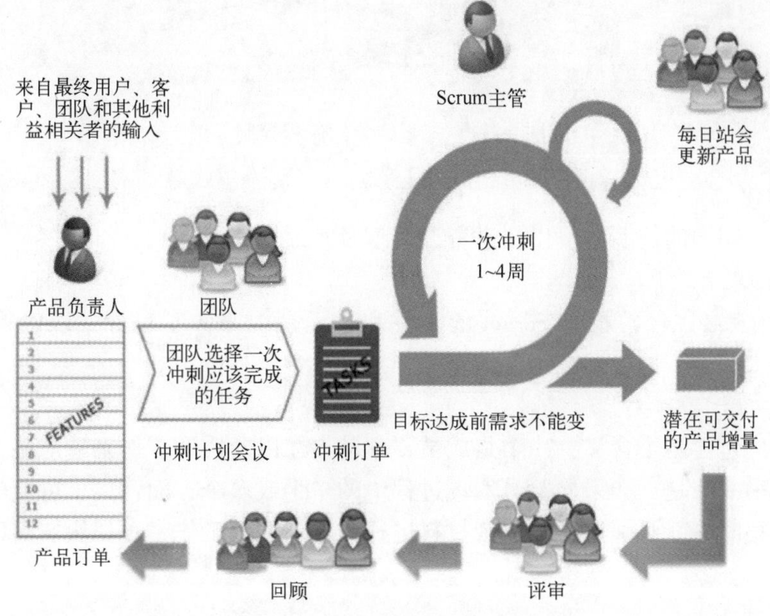

图 2-10　Scrum 框架模型

3. Scrum 理论

Scrum 基于经验性过程控制理论，或者称为“经验主义”。项目刚刚启动的几次冲刺可能没有那么顺利，需要从失败中成长，经过不断磨合与反省之后，会越来越高效。一般前 3 个月为适应期，几年后才可以磨合成一个优秀的团队。经验主义主张知识源于经验以及基于已知的东西做决定。Scrum 采用迭代、增量的方法来优化可预见性并控制风险。其重要理论就是时间盒、透明化、检查、适应、自我组织，如图 2-11 所示。

（1）时间盒

以最小固定时间（1~4 周）为单位，进行重复迭代。作业期间一般不允许干涉，另外，作业进度不能忽快忽慢，需要平稳推进。

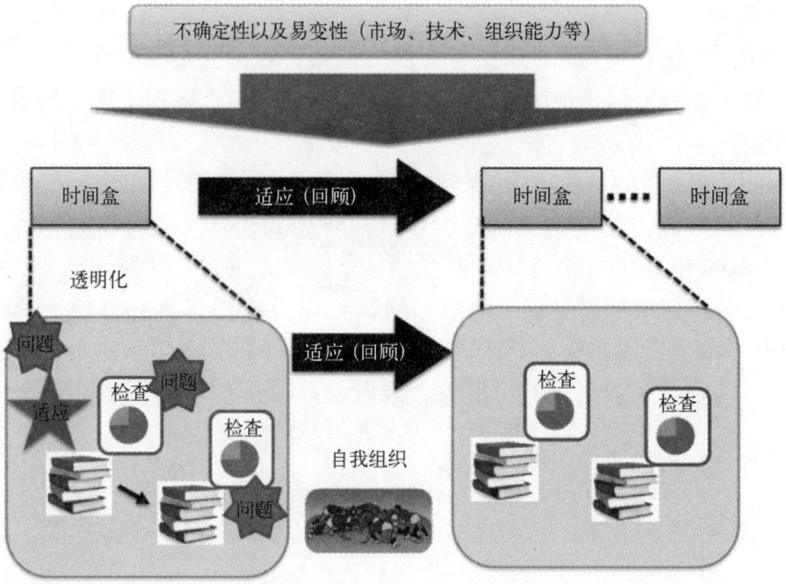

图 2-11　基于经验的流程控制

（2）透明化

工作内容与问题的透明化可以促进资源共享及有效工作。

（3）检查

Scrum 使用者必须经常检验 Scrum 的工件和过程是否服务于目标，以确保及时发现偏差。检验不必太频繁，以免影响工作本身。

（4）适应

这里的适应包含两个含义，一个是成员要主动参与以及协调工作来适应整个小组的开发理念与节奏；另一个是，如果检验员发现过程中的一个或多个方面背离了可接受标准，并且最终产品不合格时，就必须对过程或者材料进行调整，调整工作必须尽快实施以减少进一步的偏差。

（5）自我组织

每一个员工都会尽自己最大的努力，为团队做出贡献。

不再采用任务分派的方式，而是靠自己认领，每个人从需要做的任务列表中选择自己想要做的任务。

项目过程中的大多数决定都是经过大家讨论、权衡后才做出的，这样不仅大家的参与感强，而且执行起来也不会打折扣，因为这是自己的决定。遇到问题首先要自己解决，当自己无法解决时提出来大家一起想办法，寻求解决方案。

4. Scrum 角色

Scrum 成员的使命是开发最佳产品，原则上成员之间只有角色不同而没有上下级关系，这点是与传统开发管理方式最大的区别，如图 2-12 所示。

（1）产品负责人

产品负责人（Product Owner，PO）只有一人（多人的话，只有一个人具有决定权），对产品开发的投资与收益承担责任。负责收集产品信息，管理产品订单（Product Backlog I-

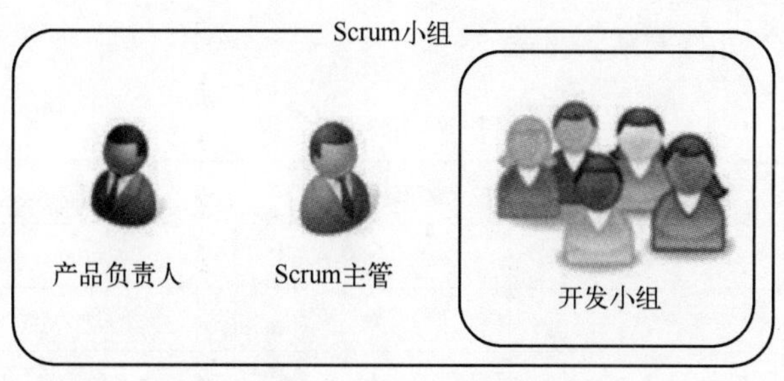

图 2-12　Scrum 角色

tem)，决定产品订单优先顺序、产品发布日期与内容，并负责向开发组说明产品订单以及验收成果。

（2）Scrum 主管

Scrum 主管（ScrumMaster，SM）只有一人，是 Scrum 流程专家，实施过程中需要发挥带头领导作用，支援产品负责人与小组成员，保护小组成员工作中不受外部干扰，负责维护过程和任务。

（3）开发团队

开发团队一般由 3~9 人组成，其中包含专业开发人员。团队成员能自己积极主动地相互合作，分担任务，负责在每个冲刺（Sprint）的结尾交付潜在可发布的产品，目标是协同工作来最大化开发团队的整体效率和效力。为了达成目标，只要遵守 Scrum 规定，团队成员可以自由行动。团队每位成员都需具备需求分析、设计、编码、测试等广泛的能力，如果某一方面不是很擅长，可以尝试来做，同时也可以借助小组其他成员的力量来完成。

5. Scrum 事件

每一次冲刺（一般 1~4 周，由开发团队与产品所有者共同决定），开发团队都要创建一个可用的软件迭代增量。本节以一周为一个冲刺为例来说明事件之间的关系，其中冲刺计划会议分为上下两部分，开始日期定为周三（一般不选择周一与周五），见表 2-2。

表 2-2　Scrum 事件

时间段	星期三	星期四	星期五	星期六	星期日	星期一	星期二
9:00~10:00	冲刺计划会议（上）	每日站会				每日站会	每日站会
10:00~11:00	冲刺计划会议（下）						
11:00~12:00							
12:00~13:00							
13:00~14:00							
14:00~15:00							评审
15:00~16:00			产品梳理会议 （下 1、2 个冲刺要做的内容）				回顾
16:00~17:00							
17:00~18:00							

参与者与主导者之间的关系，见表 2-3。

表 2-3　Scrum 会议

事件	产品负责人	Scrum 主管	开发组	利益干系人
冲刺计划会议（上）	●	○	○	△
冲刺计划会议（下）	○	●	○	△
每日站会	△	△	●	×
产品梳理会议	●	○	○	×
评审	○	●	○	△
回顾	△	●	○	×

●主持　○必须出席　△必要时出席　×不需要出席

时间上，每日站会一般在 15 分钟，其他会议一般占一次冲刺的 2.5%（一周 40 小时的 2.5%，会议时间就是 1 个小时）。

（1）冲刺计划会议（上）

“上”主要讨论本次冲刺要做哪些状态已经“Read”的产品订单（What to do，一般是一个 Use Case），并对订单的完成工期用相对估算的方法进行评估，评估的结果为点数，如图 2-13 所示。

图 2-13　Scrum 点数

第一次评估时，找一个最简单的订单进行评估。评估时，小组成员根据经验分别估算，然后出示评估结果。评估结果会有高有低，最低与最高的要进行原因说明，如果原因合理（例如任务有难点，或者需要调查，或者有考虑不周的地方），可以再进行第 2 次评估。一般来说，大家的意见会慢慢趋向于一致，如果第 3 次评估还达不到完全一致的意见，就采用最高点数（留出充足时间）。第一次把最简单定为基准 2（因为还有可能后续会碰到更简单的）。之所以要进行相对估算，是要对整个订单的时间达成一致协议，同时看看是否会发现问题，另外就是计算整个小组的消化率从而估算后期进度。

如果遇到估算困难的订单，就需要把订单进行进一步分割，来降低估算难度。

（2）冲刺计划会议（下）

“下”主要是对本次冲刺要做的订单进行进一步分析，将其分解成一个个实际可操作的任务（Task），任务的粒度一般是要能在 1 天内完成（最多不要超过 1 周），同时要注意各个任务之间的关联与优先顺序。然后讨论如何去实现（How to do），估算每个具体任务的时间（一般细分到小时单位），定义完成的标准（Done），之后小组成员就可以领取各个具体任务了。

估算出各个具体任务时间之后，计算出总任务时间，然后与小组成员对本次冲刺中的总预计作业时间进行对比：如果总任务时间与总预计作业时间误差在 10%以内就可以启动本次任务，如果超过 10%就需要与 PO 商量，来调整订单或者任务量。

同样，如果遇到估算困难的任务，亦需要把任务进行进一步分割，来降低估算难度。另外要区分（1）中的点数估算与本次会议中的时间估算。

(3) 每日站会

每日站会即每日例会，指的是每天在同一场所、同一时间开发组站在一起进行的短小会议。会议主要是汇报上个例会以来的工作并预测下个例会之前所能完成的工作，同时把各自碰到的问题公开化（并非解决问题）。

（4）产品梳理会议

产品梳理会议主要讨论下次甚至下下次冲刺产品订单内容（ToDo）。

（5）评审

一般选择在本次冲刺的最后一天。通过展示当前产品成果，引出利益干系人或者产品负责人的回馈。

实际操作中，评审并非只是在评审会议的那一小时进行评审，而是把评审工作分散到每一天，也就是说每天下班后或者早上对小组成员成果进行评审。

（6）回顾

需要从人、关系、过程、工具、技术等方面对本次冲刺进行检查，根据检查结果做出改善计划。

常用 KPT 方法来分析本次冲刺实施过程中好的方面（需要继续保持，Keep）与不好的方面（需要改善，Problem）以及对不好的方面实施的改善（需要挑战 Try）。具体做法是每个成员把各种意见写在便条上（一个便条写一条意见。一般 Keep 意见用蓝色，Problem 意见用黄色），每个人轮番把意见分别贴在白板的 K 区和 P 区（贴的时候，顺便解释一下意见内容）。再对这些意见进行讨论与分类，确定 T 区（一般从 P 区讨论出的改善点比较多）需要挑战的内容，如图 2-14 所示。

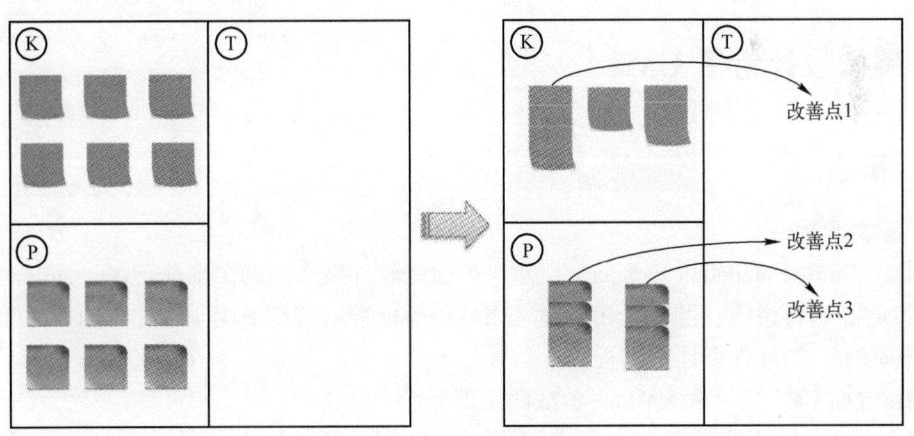

图 2-14　KPT 实施过程

6. Scrum 成果

（1）产品订单

产品订单（Product Backlog Item）状态分为 Read、Done、ToDo 三种状态。在进行冲刺计划会议时，需要进行本次冲刺的内容必须处于 Read 状态，且每个冲刺进行完反馈后，要更新产品订单状态。最重要的不是产品订单的顺序，而是需要实施的优先顺序，需用数字进行标注。

（2）冲刺订单

冲刺订单（Sprint Backlog Item）指的是开发团队决定在本次冲刺中承诺能够完成的订单。在冲刺过程中，原则上不能变更冲刺订单的内容，这意味着在一个冲刺中需求是被冻结的。

对于冲刺订单中细分的任务，一般使用任务板进行管理，任务状态分为 ToDo、WIP（Work In Process）以及 Done，当然也可以根据项目需求设定相应的状态，如图 2-15 所示。开发小组成员从 ToDo 的任务中选择自己想要做的工作。

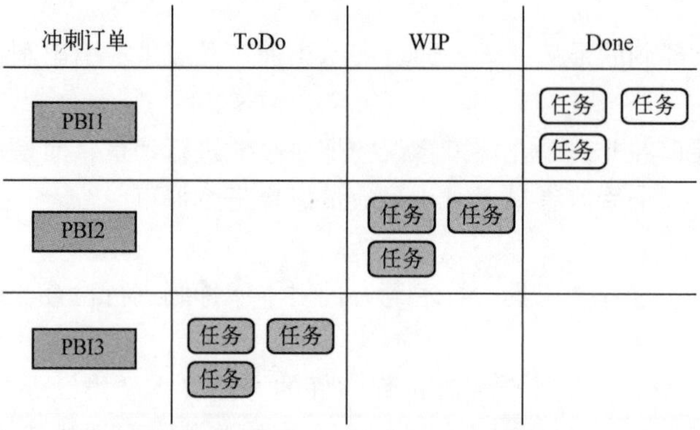

冲刺订单	ToDo	WIP	Done
PBI1			任务 任务 任务
PBI2		任务 任务 任务	
PBI3	任务 任务 任务		

图 2-15　任务板

（3）产品增量

每次冲刺验收后的最终产品。产品负责人可以根据每次迭代结果与产品干系人进行确认，以便随时调整需求。

2.4　架构设计常用 UML

2.4.1　概述

1. 基本概念

UML（Unified Modeling Language）是一个绘制软件概念图的图形化记法，面向对象系统产品开发时，进行说明、可视化和编制文档的一种标准语言。适用于描述以用例为驱动、以体系结构为中心的软件设计全过程。

UML 包括 UML 语义和 UML 表示法两个部分。

UML 语义：使开发者能在语义上取得一致认识，消除因人而异的表达方法所造成的影响。

UML 表示法：定义 UML 符号，为开发者或开发工具使用这些图形符号和文本语法提供规范，为系统建模提供标准。组成体系如图 2-16 所示。

图 2-16 中提到的用例图等 9 种图，在开发过程的各个阶段的使用情况见表 2-4。

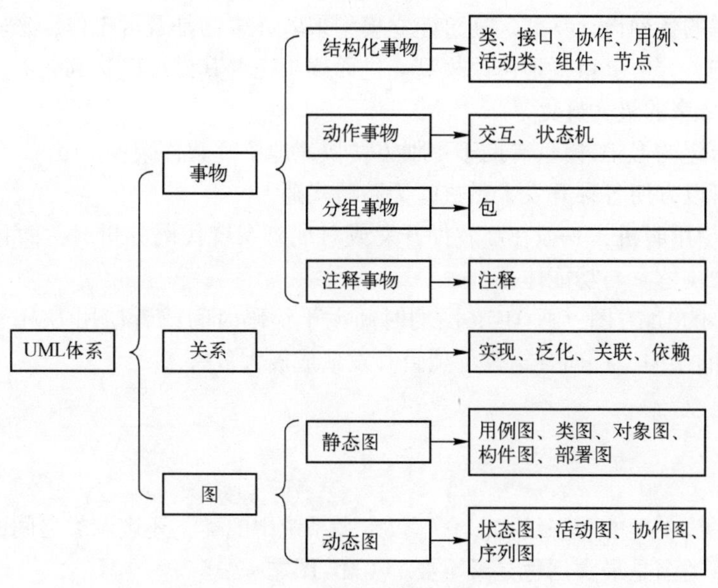

图 2-16　UML 建模语言体系

表 2-4　UML 开发适用阶段

类　别	需求分析	外部设计	内部设计
用例图	◎	○	—
类图	—	○	◎
序列图	—	○	◎
对象图	—	△	△
协作图	—	△	△
活动图	—	△	○
状态图	—	△	○
构件图	○	△	—
部署图	○	△	—

◎最适合用　○适合用　△可能用到　—不适合用

架构设计时常用的有类图、序列图、构件图与部署图，它们在架构中的作用见表 2-5。

表 2-5　架构 UML 图用途

观　点	类　图	序　列　图	构　件　图	部　署　图
抽象层次	描述具体模块的结构，抽象层次一般	—	描述系统的模块结构，抽象层次较高	—
描述侧重点	描述的是系统内部的结构	描述的是系统内部的行为	展示一组构件之间的组织和依赖关系，并以全局的模型展示出来	是构件的配置及描述系统如何在硬件上部署

2. 带来的好处

思考一下，为什么航天工程师要建造航天器的模型，桥梁工程师要建造桥的模型呢？

首先，这些工程师建造模型是为了查明他们的设计是否可以实现。航天工程师建造好了航天器的模型，然后把它们放入风洞中测试这些航天器的各种设计指标。桥梁工程师建造桥的模型来了解桥的各种设计参数。通过建立模型来验证事物是否可工作，来验证各种参数的做法，可以经济、方便、重复地修改模型，进而逐步完善其设计以达到完美。这也是计算机世界 UML 建模带来的最大好处。

其次，图形化的 UML 模型有助于更加方便快速地了解软件架构。

最后，还可以方便各种开发人员进行无障碍沟通。

关于 UML 使用时机，一般在新软件开发或对现有系统代码分析时，而且需要使用恰当的图画出核心架构体系与功能体系。

另外，过多的 UML 图（画 UML 图的时间大于编码时间或者使用 UML 来生成代码等）是对 UML 技术的误用，反而会给软件项目开发造成极大危害。

2.4.2 类图

1. 概述

类图描述系统中类的静态结构。它不仅定义系统中的类，还表示类之间的联系，也包括类的内部结构。类图是最常用也是最重要的 UML 图之一。

在一个类图中，能够查看一个类的成员变量和成员方法，也能查看一个类是否继承自另外一个类，是否拥有对另外一个类的引用。简而言之，能够描绘出类之间的代码依存关系。从一个图上去评估一个系统的依存结构比从代码中去评估容易得多；类图让一些依存结构可视化；让人们能够了解依存关系，并帮助人们如何以最佳的方式进行优化。

2. 类图中的事物及解释

类使用长方形来表示，从上到下分为三部分，分别是类名、属性和操作。类名是必须有的，类除属性名外，还可以有可见性、数据类型、缺省值等描述信息。同样，除操作名外，类还可以有可见性、参数名、参数类型、参数缺省值以及返回值的类型等描述信息，如图 2-17 所示。

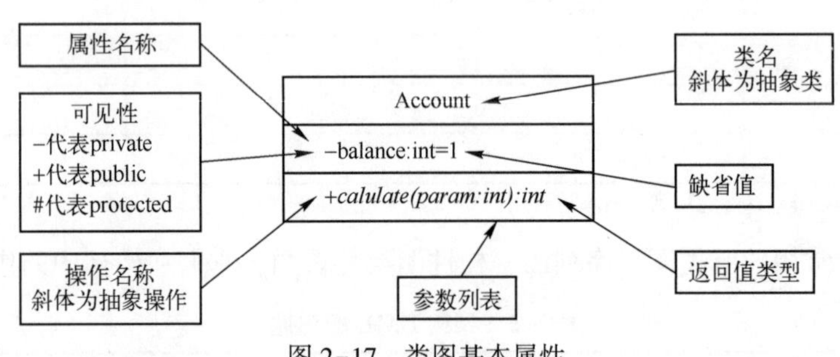

图 2-17　类图基本属性

3. 类图中的关系及解释

（1）关联

关联（Association）是类与类之间最常用的一种关系，它是一种结构化关系，用于表示一类对象与另一类对象之间有联系。具有方向、名字、角色和多重性等信息。

关联虽然在语义上分三种（一般关联、聚合与组合），但在表现形式上是一致的（类的成员变量）。其中聚合与组合是特殊的关联，表示类之间有较强的语义关系。

a. 一般关联

① 双向关联

默认情况下，关联是双向的（箭头可以省略），如图 2-18 所示。

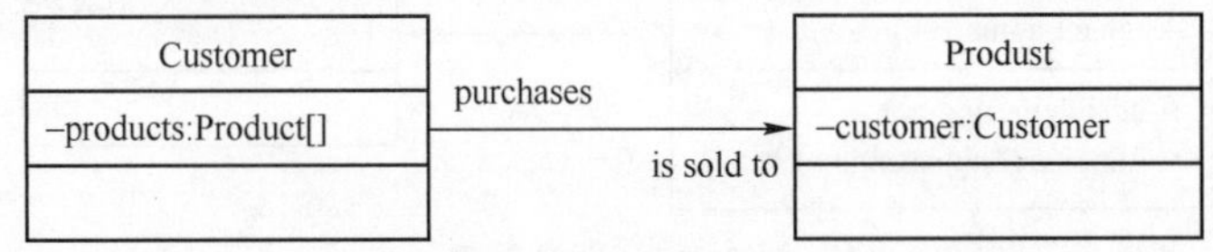

图 2-18　双向关联

② 单向关联

类的关联也可以是单向的，如图 2-19 所示。

③ 自关联

在系统中可能会存在一些类的属性对象类型为该类本身，这种特殊的关联称为自关联，如图 2-20 所示。

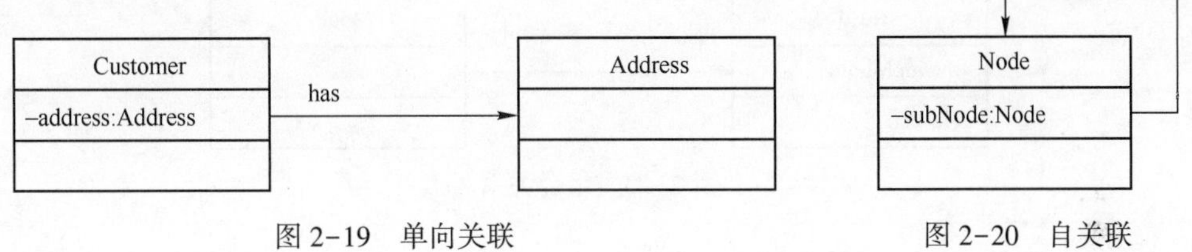

图 2-19　单向关联　　　　图 2-20　自关联

④ 多重性关联

表示一个类的对象与另一个类的对象连接的个数。在 UML 中多重性关系可以直接在关联直线上增加一个数字，表示与之对应的另一个类的对象的个数，如图 2-21 所示。

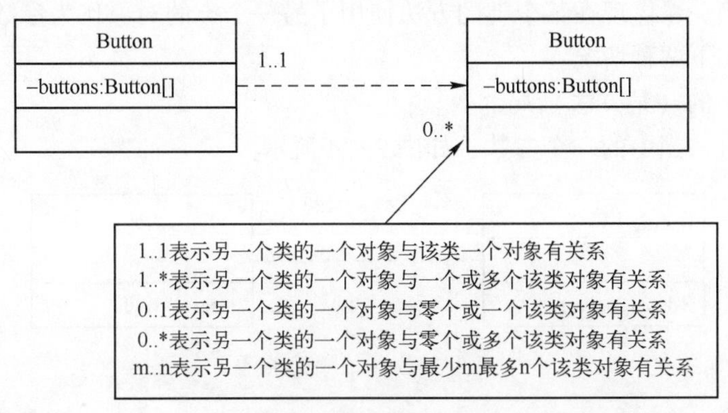

图 2-21　多重性关联

b. 聚合关系

聚合关系（Aggregation）表示整体和部分的关系，整体与部分可以分开。通常在定义一个整体类后，再去分析这个整体类的组成结构，从而找出一些成员类，该类和成员类之间就形成了聚合关系。

在聚合关系中，成员类是整体类的一部分，即成员对象是整体对象的一部分，但是成员对象可以脱离整体对象独立存在。

例如：汽车与引擎，汽车可以选择 A 公司的引擎，也可以选择 B 公司的引擎，引擎与汽车之间是可以分开的，如图 2-22 所示。

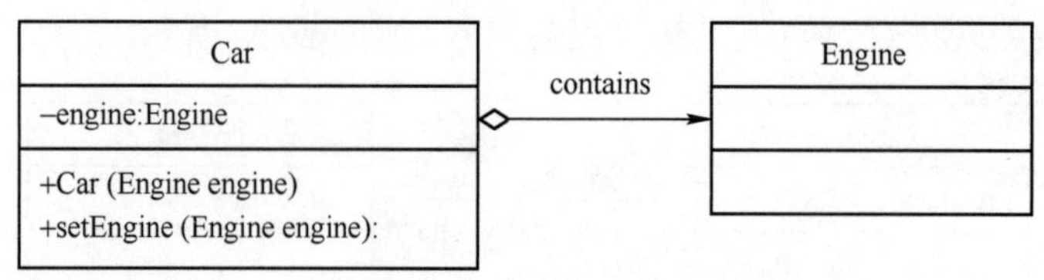

图 2-22　聚合关系

c. 组合关系

组合关系（Composition）也表示类之间整体和部分的关系，但是组合关系中部分和整体具有统一的生存期。一旦整体对象不存在，部分对象也将不存在，部分对象与整体对象之间具有同生共死的关系。

在组合关系中，成员类是整体类的一部分，而且整体类可以控制成员类的生命周期，即成员类的存在依赖于整体类，如图 2-23 所示。

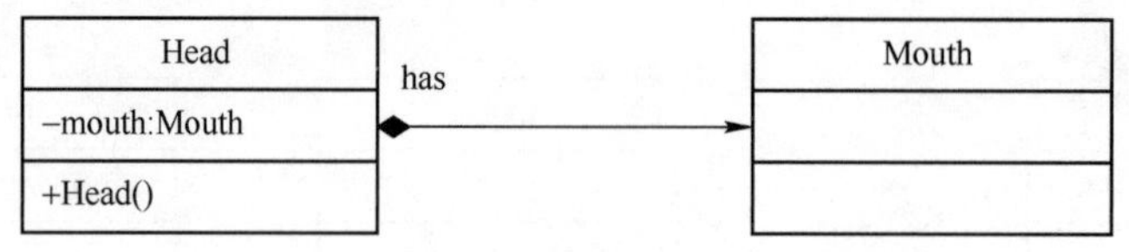

图 2-23　组合关系

（2）依赖关系

依赖关系（Dependence）描述了一个类的变化对依赖于它的类产生的影响。假设 A 类的变化引起了 B 类的变化，则说明 B 类依赖于 A 类。

依赖关系是一种使用关系，特定事物的改变有可能会影响到使用该事物的其他事物。大多数情况下，依赖关系体现在某个类的方法使用了另一个类的对象作为参数。

依赖关系有如下两种情况：

A 类是 B 类中的（某方法）局部变量；

A 类是 B 类方法当中的一个参数，如图 2-24 所示。

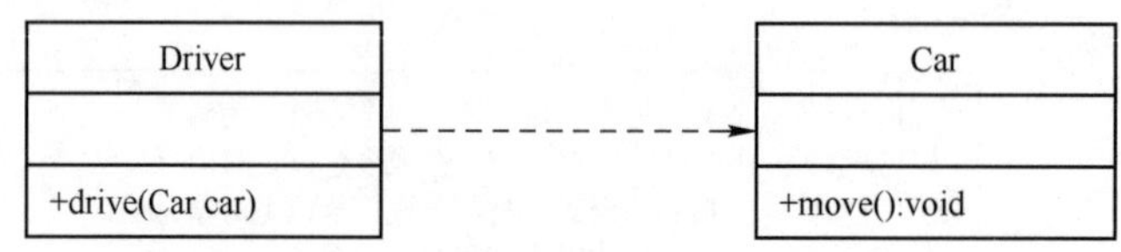

图 2-24　依赖关系

（3）泛化关系

泛化关系（Generalization）就是继承关系，也称为“is-a-kind-of”关系，泛化关系用于描述父类与子类之间的关系。在代码实现时，用面向对象的继承机制来实现泛化关系，如图 2-25 所示。

（4）实现关系

实现关系（Implementation）是用来规定接口和实现类或者构件结构的关系，接口是操作的集合，而这些操作只用于规定类或者构件的一种服务，如图 2-26 所示。接口之间也可以有与类之间关系类似的继承关系和依赖关系。

各种关系的强弱顺序为：泛化=实现>（组合>聚合>一般关联）>依赖

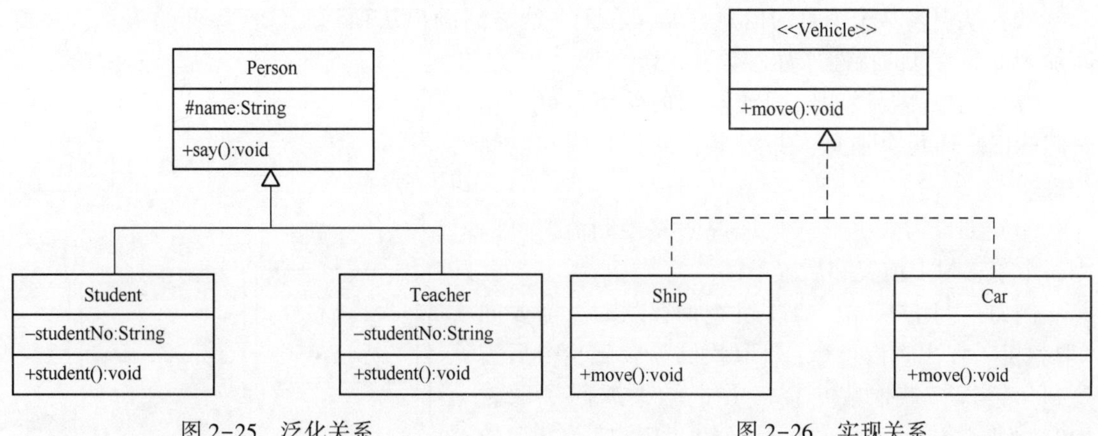

图 2-25　泛化关系　　　　图 2-26　实现关系

2.4.3　序列图

1. 概述

序列图又称“顺序图”，用来表示对象之间传送消息的时间顺序。当执行一个对象行为时，序列图中的每条消息对应一个类操作或状态机中引起转换的事件。序列图的重点在消息序列上，也就是说，描述消息是如何在对象间发送和接收的。

并不需要对系统中的每一个类与方法建立序列图，但是系统的核心架构类方法之间的序列图却是很重要的。另外，系统内部复杂模块的交互，或者为开发人员沟通方便而描述某些类之间的动态关系时，都是序列图的重要应用场合。序列图中的事物见表 2-6。

表 2-6　序列图中的事物

事物名称	解　释	图　例
对象	序列图的横轴是与序列有关的对象。对象的表示方法是：矩形框中写有对象或类名，且名字下面有下画线。表示方式有全部信息形式“类名：对象名”，匿名类形式“：对象名”以及简略形式“对象名”三种。将对象置于时序图的顶部意味着在交互开始的时候对象就已经存在了，如果对象的位置不在顶部，那么表示对象是在交互的过程中创建的	对象
消息	消息用从一个对象的生命线到另一个对象的生命线的箭头表示。箭头以时间顺序在图中从上到下排列。消息可以是信号，也可以是调用	同步 同步 异步 异步 简单 简单 返回（可选）返回（可选）
生命线	坐标轴纵向的虚线表示对象在序列中的执行情况，这条虚线称为对象的“生命线”	
激活	激活表示该对象被占用以完成某个任务	

2. 序列图绘制技巧

从实践中总结的序列图绘制技巧有以下 4 点：

（1）消息的顺序严格按照自上而下。

(2) 从引发某个消息的信息开始，在生命线之间画出从顶到底依次展开的消息，必要时加入每个消息的特性（如参数）。

(3) 如果需要说明时间或空间的约束，可以用时间标记修饰每个消息，并附上合适的时间和空间约束。

(4) 如果需要更形式化地说明某控制流，可以为每个消息附上前置和后置条件。

例如，“用户”在 ATM 机查询存款时，需要向“取款机”发出查询指令；“取款机”收到指令后需要到“银行”获取账户余额并把结果返回“取款机”；“取款机”再把结果显示给“用户”，其间的交互过程如图 2-27 所示。

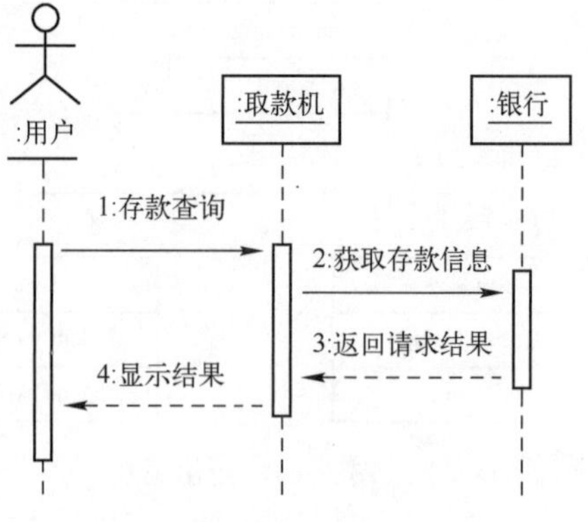

图 2-27　查询存款余额序列图

2.4.4　构件图

1. 概述

构件图（Component Diagram）又称为“组件图”，是系统中实际存在的可更换部分，它具有特定的功能，遵循一套接口标准并实现一组接口。构件图用于静态建模，是表示构件类型的组织以及各种构件之间依赖关系的图。构件图中的事物见表 2-7。

表 2-7　构件图中的事物

事物名称	含　义	图　例
构件	指系统中可替换的物理部分，构件名字（如图例中的 Dictionary）标在矩形中，提供了一组接口的实现	Dictionary
接口	外部可访问的服务（如图例中的 Spell）	Spell
构件实例	节点实例上的构件的一个实例，冒号后是该构件实例的名字（如图例中的 RoutingList）	:RoutingList

在 Java 世界里，类是最基础的“模块化”元素，它封装了属性和方法。但是，对于复杂的软件系统而言，往往拥有成千上万的各种类。因此，描述系统信息时，类的粒度太小，于是引入了更粗粒度的概念——“构件”，构件代表系统中的一部分物理实施，包括软件代码（源代码、二进制代码或可执行代码）或其他等价物（如脚本或命令文件）。

构件一般由以下信息组成：

(1) 执行文件

源码编译的结果，可直接运行。

(2) 文件

信息存储体、数据文件或文档。

(3) 库

类库，动态链接库，数据库。

(4) 接口

一组操作的集合。

(5) 端口

被封装的组件与外界的交互点，遵循指定接口的组件通过它来收发消息。

组件图通常是一个架构师在项目的初期就建立的非常重要的图，利用价值跨越系统的整个生命周期。

构件图对于不同的项目开发小组有不同的意义，是他们进行有效沟通的重要工具之一。

(1) 关键项目发起人

构件图可以使项目发起人感到安心，因为其展示了对将要建立的整个系统的早期理解。

(2) 对于开发者

构件图给他们提供了将要建立的系统的高层次的架构视图，这将帮助开发者建立实现的路标，并提供关于任务分配或确认需求的参考。

(3) 系统管理员

可以获得将运行于系统上的逻辑软件构件的早期视图，这可以帮助系统管理员轻松地计划后面的工作。

2. 构件图绘制技巧

从实践中总结的构件图绘制技巧有以下 6 点：

1）侧重于描述系统的一个层面而不是全局。

2）要明确必要元素有哪些（只抓主体）。

3）图形不能过于简化，防止读者产生误解。

4）为构件图取一个能表明意图的名称。

5）空间摆放上要合理组织元素，使得语义上接近事物的物理位置。

6）注意组件的粒度，粒度过细的构件将导致系统过于庞大，会给版本管理带来问题。

例如，封装数据库框架产品时，必须完成两个组件：提供给用户的“数据库操作组件（增删查改）”和数据库查询结果与对象之间转换的“结果集与对象转换组件”，其间的关系如图 2-28 所示。

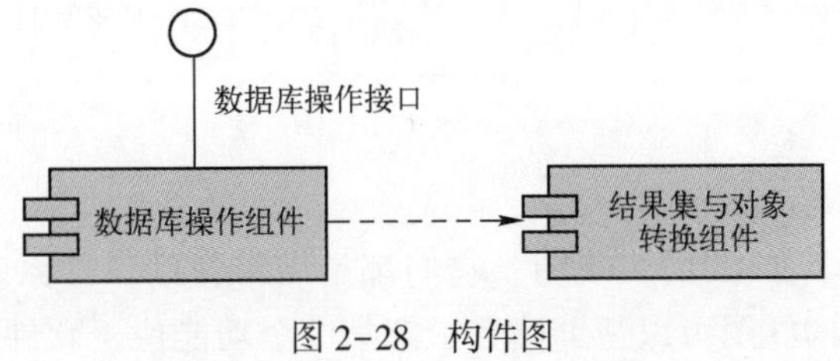

图 2-28　构件图

2.4.5　部署图

1. 概述

部署图（Deployment Diagram）也叫作“实施图”，描述的是系统运行时的结构，展示硬件的配置及其软件如何部署到网络结构中。通过它可以了解软件和硬件的物理关系以及处理节点的组件分布情况，传达构成应用程序的硬件和软件元素的配置和部署方式。一个部署图描述一个运行时的硬件节点以及在这些节点上运行的软件组件的静态视图。

部署图中的事物见表 2-8。

表 2-8　部署图中的事物

事物名称	解释	图例
节点	节点用一长方体表示，长方体中左上角的文字是节点的名字（如图中的 PC1）。节点代表一个至少有存储空间和执行能力的计算资源。节点包括计算设备和（商业模型中的）人力资源或机械处理资源，可以用描述符或实例代表。节点定义了运行时对象和构件实例（如图例中的 Planner 构件实例）驻留的位置	PC1 :Planner
构件	系统中可替换的物理部分	Dictionary
接口	外部可访问的服务	Spell
构件实例	构件的一个实例	:RoutingList

2. 部署图绘制技巧

从实践中总结的部署图绘制技巧有以下 4 点：

1）确定模型范围。

2）确定分布结构。

3）确定节点和它们之间的连接关系。

4）把组件分配到节点上。

部署图实例如图 2-29 所示。

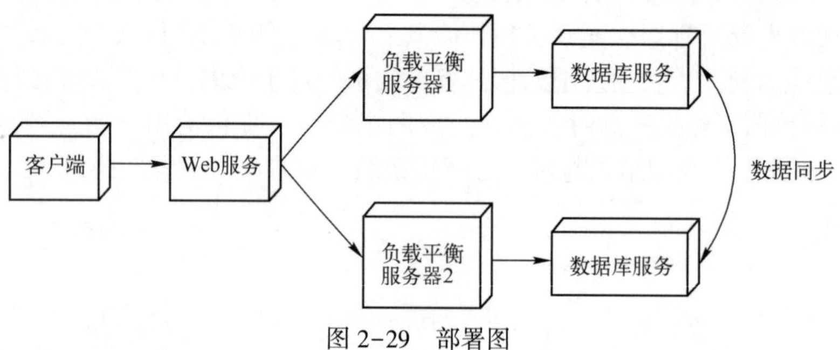

图 2-29　部署图

3. 构件图与部署图区别

构件图和部署图属于 UML 的实现图，它们都是用来帮助设计系统的整体架构的。但是两者的作用有所不同，构件图可以帮助读者了解某一个功能位于软件包的哪个位置以及各个版本的软件包含什么功能；部署图可以帮助读者了解软件中各个构件驻留在硬件的哪个位置以及这些硬件之间的交互关系。二者的区别见表 2-9。当开发一个大中型系统时，构件图和部署图的重要性更加突出。

表 2-9　构件图与部署图区别

对比	构件图	部署图
相同点	构件、接口、构件实例、构件向外提供服务、构件要求外部提供的服务	
不同点	表现构件类型的定义	表现构件实例
	偏向于描述构件之间相互依赖支持的基本关系	偏向于描述构件在节点中运行时的状态，描述了构件运行的环境

NOTE: **不要滥用 UML 属性元素**

各种 UML 图中都有各种可选的属性元素，一般情况下不必事无巨细地把这些描述信息都画出来。否则，一方面有喧宾夺主之嫌，另一方面画图本身也费时费力，并且过多的信息也会给读者带来不必要的麻烦。

2.5 架构常用设计模式

2.5.1 模式概述

1. 模式概念

模式是指从生产和生活经验中经过抽象和升华提炼出来的核心知识体系。模式实际就是解决某一类问题的方法论。把解决某类问题的方法进行总结，提高到理论高度就是模式，本书所介绍的模式分为两种：一种是架构模式，另外一种是设计模式，如图 2-30 所示。良好的模式有助于顺利完成任务，不仅能够达到事半功倍的效果，而且更容易发掘出解决问题的最佳方法（即技巧）。

2. 模式构成

（1）语境（Context）

引发一个设计问题的设计场景，即上下文背景。

（2）问题（Problem）

给出语境中重复出现的问题（或条件）。

必须考虑约束问题。

（3）解决方案（Solution）

解决方案必须真实有效（平衡各种条件）。

解决方案必须满足需要。

规定了特定的结构。

规定了运行期间的行为。

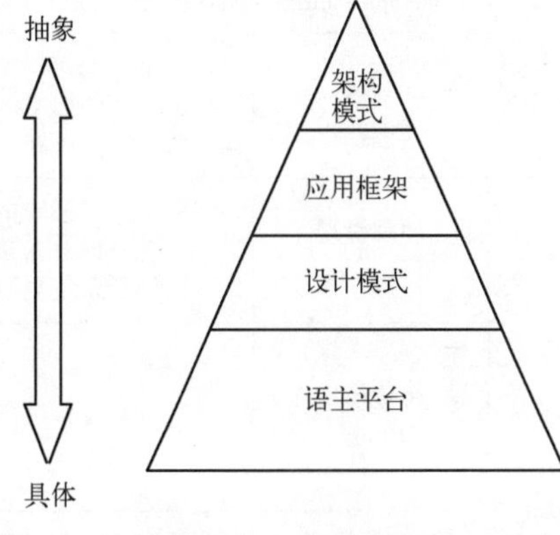

图 2-30 模式地位

3. 模式作用

1）一个模式关注一个特定设计环节中出现的重复问题。

2）模式为设计原则提供一种公共的词汇和理解。

3）模式是软件架构建立文档的依据之一。

4）模式有助于管理软件的复杂度。

5）模式支持用已定义的属性来构造软件。

2.5.2 设计模式概述

设计模式（Design Pattern）是一种对象关系管理与设计的学问，是一种设计技巧，也是一种设计思想，它不属于任何一种语言。经典图书《设计模式》是架构设计思想的重要源泉，许多优秀的架构正是巧妙地融合了书中的模式。在常用的 23 种模式中，本书选取了最重要的 9 种将在 2.5.4 节~2.5.12 节进行较详细的说明，其余的亦希望读者朋友能了解其特性与适用场景，以便待用。

很多模式之间是有大量相似之处的，在掌握时要多进行比较，实现上稍作修改，往往就变成了另外一种模式。

另外，模式只是设计时给出的一种引导，不能滥用。表 2-10 给出了设计模式概要。

表 2-10　设计模式概要

类别	名　称	定　义	应用案例	重点把握
创建型模式	单例模式（Singleton Pattern）	确保某一个类只有一个实例，而且自行实例化并向整个系统提供这个实例	Struts1 中，Action 实例化时的方式之一	√
	工厂方法模式（Factory Pattern）	定义一个用于创建对象的接口，让子类决定实例化哪一个类。工厂方法使一个类的实例化延迟到其子类		√
	抽象工厂模式（Abstract Factory Pattern）	为创建一组相关或相互依赖的对象提供一个接口，而且无须指定它们的具体类	Windows 产品族：Windows Button 产品和 Windows Text 产品	
	建造者模式（Builder Pattern）	将一个复杂对象的构建与它的表示分离，使得同样的构建过程可以创建不同的表示		√
	原型模式（Prototype Pattern）	用原型实例指定创建对象的种类，并且通过复制这些原型创建新的对象	Struts1 中，Action 实例化时的方式之一	
结构型模式	适配器模式（Adapter）	将一个类的接口变换成客户端所期待的另一种接口，从而使原本因接口不匹配而无法在一起工作的两个类能够在一起工作		√
	外观模式（Facade）	要求一个子系统的外部与其内部的通信必须通过一个统一的对象进行。其提供一个高层次的接口，使得子系统更易于使用		√
	桥接模式（Bridge）	将抽象和实现解耦，使两者可以独立变化	JDBC 连接数据库时，用数据库驱动程序来桥接：提供统一接口，每个数据库提供各自的实现	
	装饰器模式（Decorator）	动态地给一个对象添加一些额外的职责。就增加功能来说，装饰模式相比生成子类更为灵活	Java IO 的 API 实现	
	代理模式（Proxy）	为其他对象提供一种代理以控制对这个对象的访问	Java AOP 的实现	√
	享元模式（Flyweight）	使用共享对象，可有效地支持大量的细粒度对象	数据库链接时采用的线程池技术	
	组合模式（Composite）	将对象组合成树形结构以表示“部分-整体”的层次结构，使得用户对单个对象和组合对象的使用具有一致性	JUnit 中，TestCase（部分）与 TestSuite（整体）	
行为型模式	模板方法模式（Template Method）	定义一个算法的框架，将一些步骤延迟到子类中。使得子类可以不改变一个算法的结构即可重定义该算法的某些特定步骤		√
	策略模式（Strategy）	定义一组算法，将每个算法都封装起来，并且使它们之间可以互换		√

(续)

类别	名　称	定　义	应用案例	重点把握
行为型模式	命令模式（Command）	将一个请求封装成一个对象，进而可以使用不同的请求把客户端参数化，为请求排队或记录请求的日志（需要提供命令的撤销与恢复功能）	DOS的各种命令	
	中介者模式（Mediator）	用一个中介对象封装一系列的对象交互，中介者使各对象不需要显示的相互作用，从而使其耦合松散，而且可以独立地改变它们之间的交互	—	
	观察者模式（Observer）	定义对象间一种一对多的依赖关系，使得每当一个对象改变状态，则所有依赖于它的对象都会得到通知并被自动更新	java. util. Observer 实现了对观察者的支持	
	迭代器模式（Iteratior）	它提供一种方法，类似访问一个容器对象中的各个元素，而又不需要暴露该对象的内部细节	Java 集合家族中的 Iterator 功能	
	访问者模式（Visiter）	封装一些作用于某种数据结构中的各种元素，它可以在不改变数据结构的前提下定义作用于这些元素的新操作	用户访问博客	
	责任链模式（Chain of Responsibility）	使多个对象都有机会处理请求，从而避免请求的发送者和接受者之间的耦合关系。将这些对象连成一条链，并沿着这条链传递该请求，直到有对象处理它为止	Struts2 拦截器的结构设计	√
	备忘录模式（Memento）	在不破坏封装的前提下，捕获一个对象的内部状态，并在该对象之外保存这个状态，这样以后就可将该对象恢复到原来保存的状态	游戏中的临时保存功能	
	状态模式（State）	当一个对象在状态改变时允许其改变行为	Spring 中的监听器（Listener）	
	解释器模式（Interpreter）	给定一门语言，定义它的文法的一种表示，并定义一个解释器，该解释器使用该表示来解释语言中的句子	浏览器	

2.5.3　设计模式与框架

根据项目大小以及使用场景的不同，软件层次分为 Stand Alone（不依赖其他软件而独立完成需求功能）、不使用框架（Servlet，JSP，JSP-Servlet）以及使用框架三种，如图 2-31 所示。

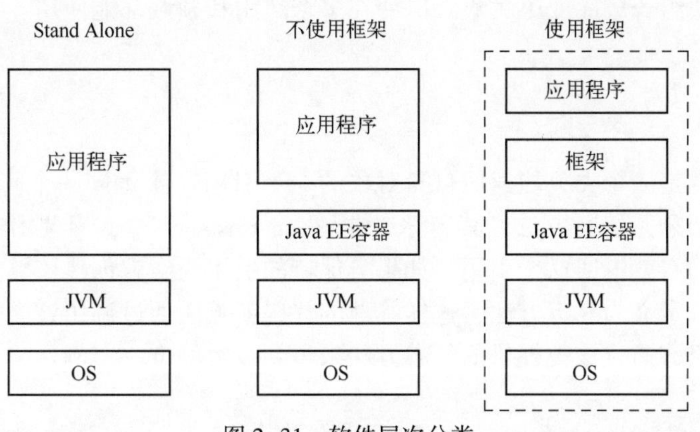

图 2-31　软件层次分类

开发 Java EE 项目时一般都会采用与需求相适应的框架，位置一般在软件架构层次的中间部分。框架不但使得软件的架构清晰，而且可以提高软件的扩展性与可维护性。框架提供了通用的功能，因此大大提高了开发效率。

框架与设计模式虽然相似，但有着本质的不同。框架是大手笔，用来对软件设计进行分工，以提高代码重用率，降低耦合度。设计模式是小技巧，对具体问题提出解决方案，是设计的重用。设计模式是对在某种环境中反复出现的问题以及解决该问题的方案描述，它比框架更抽象。框架可以用代码表示，也能直接执行或重用，而对设计模式而言，只有实例才能用代码表示。设计模式是比框架更小的元素，一个框架中往往含有一个或多个设计模式。框架是一个应用的体系结构，只针对某一特定应用领域；而同一模式却可适用于各种应用。

两者之间的区别见表 2-11。

表 2-11　设计模式与框架区别

对比观点	设 计 模 式	框　　架
内容	设计模式仅是一个单纯的设计，这个设计可用不同语言以不同方式来实现	框架是设计和代码的一个混合体，编程者可以用各种方式对框架进行扩展，来做成各种产品
应用领域	设计模式给出的是单一设计问题的解决方案，并且这个方案可在不同的应用程序或者框架中应用	框架给出的是整个应用的基本体系结构
移植性	设计模式是与语言无关的，所以可以在更广泛的异构环境中应用，设计模式比框架更容易移植	框架一旦设计成形，虽然还没有构成完整的一个应用，但是以其为基础进行应用的开发显然要受制于框架的实现环境

另外，虽然它们有所不同，但共同致力于使人们的设计可以被重用，在思想上存在着统一性的特点，因而设计模式的思想可以在框架设计中进行应用。在软件生产中有三种级别的重用：

（1）内部重用

即在同一应用中能公共使用的代码块。

（2）框架重用

即为专用领域提供通用的或现成的基础结构。

（3）通用重用

即将通用模块组合成库或工具集，以便在多个应用和领域都能使用。

2.5.4　单例模式

1. 概述

单例模式指的是一个类只能返回自身对象的一个引用（永远同一个）。该模式有一个获得实例的方法（必须是静态方法，其名称通常是“getInstance”），当调用这个方法时，如果类持有的引用不为空就返回这个引用，如果类保持的引用为空就创建该类的实例。通常需要将该类的构造方法定义为私有方法，这样其他的代码就无法通过调用该类的构造方法来实例化该类的对象，只有通过该类提供的静态方法来得到该类的唯一实例。

2. 类图

单例模式类图如图 2-32 所示。

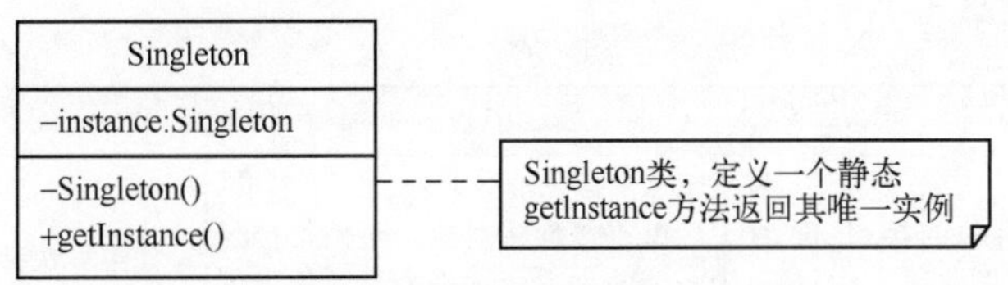

图 2-32　单例模式类图

3. 代码示例

【案例 1——单例模式】

单例模式在实例化时，又分为懒汉模式与饿汉模式。在《Java 代码与架构之完美优化——实战经典》的 5.2 节介绍了两种饿汉实现方法，也是最经典的单例模式的设计方式，配套代码部分给出了懒汉的线程安全实现方式。

4. 优缺点

单例模式的优点是：

1）在单例模式中，只有一个实例，这样就防止其他对象对其自身的实例化，确保所有的对象都访问一个实例。

2）提供对唯一实例的访问控制。类自己来控制实例化进程，在改变实例化过程中就有相应的伸缩性。

3）由于在系统内存中只存在一个对象，因此可以节约系统资源，当需要频繁创建和销毁对象时，单例模式无疑可以提高系统性能。

单例模式的缺点是：

1）不适用于变化的对象，如果同一类型的对象总是要在不同的用例场景发生变化，单例就会引起数据错误，不能保存彼此的状态。

2）由于单例模式中没有抽象层，因此单例类很难扩展。

5. 适用场景

1）控制资源的情况下，方便资源之间的互相通信，如数据库连接池。

2）需要生成唯一序列的环境。

2.5.5　工厂方法模式

1. 概述

与工厂相关的设计模式有简单工厂模式、工厂方法模式与抽象工厂模式三种。三者的对比关系见表 2-12。

表 2-12　工厂相关模式

类别	特　征	优　点	缺　点
简单工厂	首先把一些共性的东西（算法）拿出来，进行抽象，例如加减乘除。然后再定义一个类作为工厂类，工厂类的作用就是根据传过来的字符串或者其他 Key 值返回一个相对应的算法的实体	方便扩展算法，例如增加一个开根号的功能，只要继承运算类即可，同时客户端只要给出相关标识符，工厂函数就马上创建一个想要的实体，这就减小了使用者和功能开发者之间的耦合度	在进行扩展的时候，要更改工厂方法里面的分支语句 Switch，这样便破坏了开闭原则，而且当有多级结构继承的时候，简单工厂就会因为只能对应平行一层继承，而产生非常多的实体工厂类，难以维护

（续）

类别	特　征	优　点	缺　点
工厂方法	用于创建对象的接口，让子类决定实例化哪一个类。工厂方法使一个类的实例化延迟到其子类	算法实体的创建被延迟到工厂子类里，不在工厂里直接创建对象，而是直接封装一个一个的小工厂，每个工厂负责创建自己的子类，这样就不存在 Switch 的情况，也就不存在扩展不满足开闭原则的问题	如果算法种类很多，那么工厂的子类也就会很多，因此不是很好维护，另外还不支持产品的切换
抽象工厂	提供一个创建一系列相关或者相互依赖对象的接口，而无需指定它们具体的类	首先是满足开闭原则的，而且可以满足产品切换。能实现的前提是抽象的接口不变（例如 A 和 B 两个产品，它们有两个接口，现在增加新的产品 C），要做的只是增加一个产品类再增加一个工厂类	与其他两种模式相比，较复杂。另外，难以扩展抽象工厂以生产新种类的产品，因为抽象工厂几乎确定了可以被创建的产品集合，支持新种类的产品就需要扩展该工厂接口，这将涉及抽象工厂类及其所有子类的改变

2. 类图

工厂方法模式类图如图 2-33 所示。

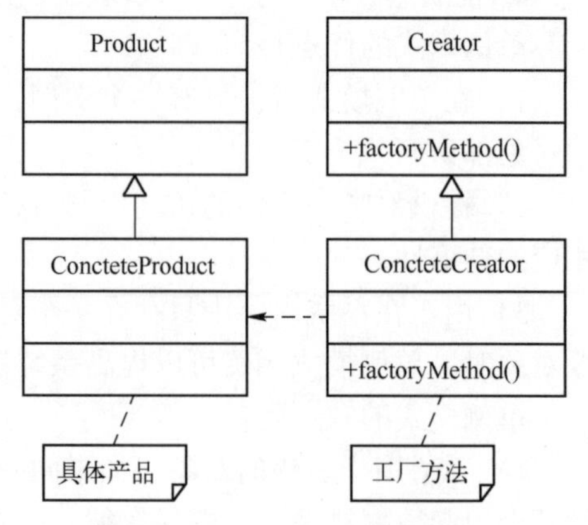

图 2-33　工厂方法模式类图

3. 代码示例

【案例 2——工厂方法模式】

背景：配套代码以计算器的加法与减法的实现为例，演示了工厂方法模式。

4. 适用场景

（1）如果一个对象拥有很多子类，那么创建该对象的子类使用工厂方法模式是最合适不过的，不但可以进行面向接口的编程，而且可以给维护以及开发带来方便。

（2）需要灵活的、可扩展的框架时，可以考虑采用工厂方法模式。万物皆对象，那万物也就皆产品类。例如：在数据库开发中，大家应该能够深刻体会到工厂方法模式的好处。如果使用 JDBC 连接数据库，数据库从 MySQL 切换到 Oracle 时，只需改动切换 DB 驱动名称即可（前提条件是 SQL 语句是标准语句），其他的都不需要修改。

2.5.6　建造者模式

1. 概述

工厂方法模式提供的是创建单个类的模式，而建造者模式则是将各种产品集中起来进行管理，用来创建复合对象。

2. 类图

建造者模式类图如图 2-34 所示。

3. 代码示例

【案例 3——建造者模式】

背景：配套代码以组装电脑过程为例，来说明建造者模式。

4. 优缺点

建造者模式的优点是：

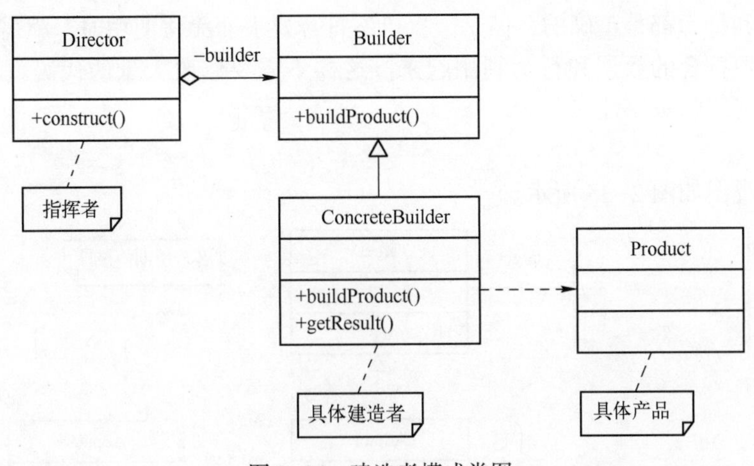

图 2-34　建造者模式类图

（1）易于解耦

将产品本身与产品创建过程进行解耦，可以使用相同的创建过程来得到不同的产品。即细节依赖抽象。

（2）易于精确控制对象的创建

将复杂产品的创建步骤分解在不同的方法中，使得创建过程更加清晰。

（3）易于拓展

增加新的具体建造者无须修改原有类库的代码，易于拓展，符合“开闭原则”。

每一个具体建造者都相对独立，而与其他的具体建造者无关，因此可以很方便地替换具体建造者或增加新的具体建造者，用户使用不同的具体建造者即可得到不同的产品对象。

建造者模式的缺点是：

（1）建造者模式所创建的产品一般具有较多的共同点，其组成部分相似。

（2）如果产品之间的差异性很大，则不适合使用建造者模式，因此其使用范围受到一定的限制。

（3）如果产品的内部变化复杂，可能会需要定义很多具体建造者类来实现这种变化，导致系统变得很庞大。

5. 适用场景

（1）需要生成的产品对象有复杂的内部结构，这些产品对象具备共性。

（2）隔离复杂对象的创建和使用，并使得相同的创建过程可以创建不同的产品。

6. 建造者模式与工厂模式的不同

建造者模式最主要的功能是基本方法的调用顺序安排，这些基本方法已经实现，顺序不同产生的对象也不同。

工厂方法的侧重点是创建，创建零件是它的主要职责，组装顺序则不是它所关心的。

2.5.7　适配器模式

1. 概述

适配器模式是将一个类的接口转换成用户希望的另一种接口。在实际应用的条件下，系统提供的数据和行为都是正确的，但是因接口不符合要求而无法使用时，就需要一个适配器将这个接口中不符合的数据和行为利用起来。这样不需要修改大量的代码就能达到使用要求，从而提高代码的重用性。

2. 类图

类适配器类图如图 2-35 所示。

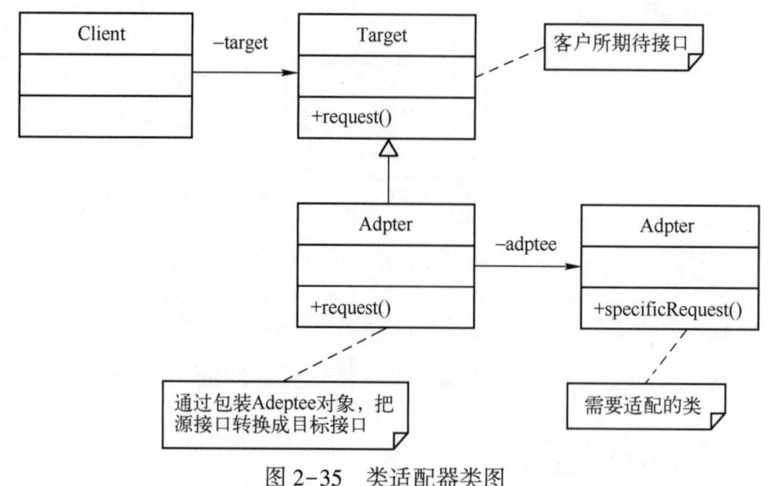

图 2-35　类适配器类图

3. 代码示例

【案例 4——适配器模式】

适配器的实现方式有类适配器和对象适配器两种。类适配器使用对象继承的方式，属于静态形式；对象适配器使用对象组合的方式，属于动态组合形式。

背景：配套代码用一个适配器将插头输出的 220V 转变成 110V 为例，分别实现类适配器与对象适配器。

（1）类适配器

由于适配器直接继承了 Adaptee，使得适配器不能和 Adaptee 的子类一起工作。但适配器可以重定义 Adaptee 的部分行为，相当于子类覆盖父类的部分实现方法。

（2）对象适配器

一个对象适配器可以把多种不同的源适配到同一个目标。换言之，同一个适配器可以把源类和它的子类都适配到目标接口。因为对象适配器采用的是对象组合的关系方式，只要对象类型正确即可。要重定义 Adaptee 的行为比较困难，这种情况下，需要定义 Adaptee 的子类来实现重定义，然后让适配器组合子类。虽然重定义 Adaptee 的行为比较困难，但是想要增加一些新的行为则比较方便，而且新增加的行为可同时适用于所有的源。

4. 优缺点

适配器模式的优点是：

（1）更好的重用性

系统需要使用现有的类，但其接口不符合系统需要，那么通过适配器模式就可以让这些功能得到更好的重用。

（2）系统透明简单

客户端可以调用同一接口，因而对客户端来说是透明的。

(3) 更好的扩展性

在实现适配器功能时，还可以调用自己开发的功能，从而自然地扩展系统的功能。

(4) 降低耦合性

将目标类和适配者类进行解耦，通过引入一个适配器类重用现有的适配者类，而无须修改原有代码。

(5) 更好地遵循开闭原则

同一个适配器可以把适配者类和它的子类都适配到目标接口。可以为不同的目标接口实现不同的适配器，而不需要修改待适配的类。

适配器模式的缺点是：

过多使用适配器，会让系统非常凌乱，不易对整体进行把握。

5. 适用场景

1）系统需要重用现有类，而该类的接口不符合系统需求，可使用适配器模式，使得原本由于接口不兼容而不能一起工作的那些类一起工作。

2）多个组件功能类似，但接口不统一且可能需经常切换时，可使用适配器模式，使得客户端可以用统一的接口使用它们。

2.5.8 外观模式

1. 概述

通过创建一个统一的类，用来包装子系统中一个或多个复杂的类，客户端可以通过调用外观类的方法来调用内部子系统中所有类的方法。

2. 类图

外观模式类图如图 2-36 所示。

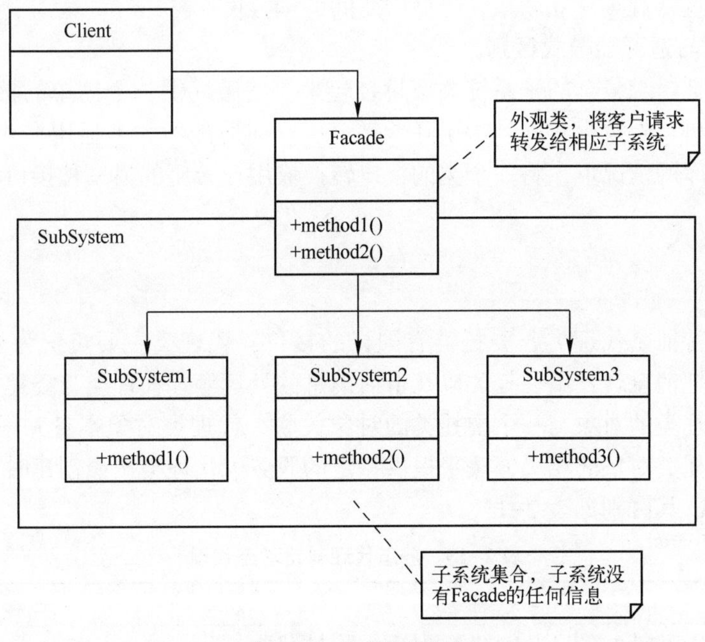

图 2-36 外观模式类图

3. 代码示例

【案例 5——外观模式】

背景：智能家电的到来极大地方便了人们的生活，但问题也随之而来。例如智能灯、智能电视、智能空调便需要三个遥控器，遥控器多了容易丢失，因此能否有一个总控制器来操控这些电器呢？配套代码给出了解决方案。

4. 优缺点

外观模式的优点是：

1）降低了客户类与子系统类的耦合度，实现了子系统与客户之间的松耦合关系。松耦合使得子系统的组件变化不会影响到它的客户。

2）外观模式对客户屏蔽了子系统组件，从而简化了接口，减少了客户处理的对象数目，并使子系统的使用更加简单。引入外观角色之后，用户只需要与外观角色交互。因此，用户与子系统之间的复杂逻辑关系由外观角色来实现。

外观模式的缺点是：

1）在不引入抽象外观类的情况下，增加新的子系统可能需要修改外观类或客户端的源代码，违背了“开闭原则”。

2）不能很好地让客户使用子系统类，如果对访问子系统类做太多的限制，则减少了可变性和灵活性。

5. 适用场景

1）要为复杂的多个子系统对外提供一个简单的接口。

2）客户程序与多个子系统之间存在很大的依赖性。引入外观类将子系统与客户以及其他子系统解耦，可以提高子系统的独立性和可移植性。

3）在层次化结构中，可以使用外观模式定义系统中每一层的入口。层与层之间不直接产生联系，而通过外观类建立联系，降低层之间的耦合度。

6. 外观模式与适配器模式区别

外观模式是把错综复杂的子系统关系封装起来，然后提供一个简单的接口给客户使用，类似于一个转接口，外观模式就是为了降低耦合度。而适配器大多运用在代码维护的后期，或者借用第三方库的情况下，将一个类的接口转换成用户希望的另一种接口时使用。

2.5.9 代理模式

1. 概述

代理模式的特征是代理类与委托类有同样的接口，代理类主要负责为委托类预处理消息、过滤消息、把消息转发给委托类以及事后消息的处理等。代理类与委托类之间通常会存在关联，一个代理类的对象与一个委托类的对象关联，代理类对象本身并不真正实现服务，而是通过调用委托类对象的相关方法来提供特定的服务。代理类按照创建时期，可分为静态代理与动态代理，其区别见表 2-13。

表 2-13 静态代理对比动态代理

角度	静态代理	动态代理
创建过程	由程序员创建或由特定工具自动生成源代码，再对其编译。在程序运行前，代理类的“.class”文件就已经存在了	在程序运行时，运用反射机制动态创建而成

（续）

角度	静态代理	动态代理
代理对象	通常只代理一个类	代理一个接口下的多个实现类
预知内容	事先知道要代理的是什么	不知道要代理什么东西，只有在运行时才知道

2. 优缺点

代理模式的优点是：

1）协调调用者和被调用者，降低了系统的耦合度。

2）代理对象作为客户端和目标对象之间的中介，起到了保护目标对象的作用。

3）在不修改目标对象功能的前提下进行扩展。

代理模式的缺点是：

1）由于在客户端和真实主体之间增加了代理对象，因此会造成请求处理速度变慢。

2）实现代理模式需要额外的工作，从而增加了系统实现的复杂度。

3）因为代理对象需要与目标对象实现一样的接口，所以会有很多代理类。同时，一旦接口增加方法，目标对象与代理对象都要维护。

3. 适用场景

代理模式的适用场景见表 2-14。

表 2-14　各种代理模式适用场景

场景名称	描　　述
远程代理	当客户端对象需要访问远程主机中的对象时可以使用远程代理
虚拟代理	当需要用一个消耗资源较少的对象来代表一个消耗资源较多的对象，从而降低系统开销、缩短运行时间时可以使用虚拟代理，例如一个对象需要很长时间才能完成加载时
缓冲代理	当需要为某一个被频繁访问的操作结果提供一个临时存储空间，以供多个客户端共享访问这些结果时可以使用缓冲代理。通过使用缓冲代理，系统无须在客户端每一次访问时都重新执行操作，只需直接从临时缓冲区获取操作结果即可
保护代理	当需要控制对一个对象的访问，为不同用户提供不同级别的访问权限时可以使用保护代理
智能引用代理	当需要为一个对象的访问提供一些额外的操作时可以使用智能引用代理

4. 代理模式与适配器模式

代理模式和被代理者的接口是同一个，客户访问不到被代理者，利用代理间接访问。而在适配器模式中，为了让用户使用统一的接口，把原先的对象通过适配器让用户统一使用。

5. 静态代理

（1）类图

静态代理模式类图如图 2-37 所示。

（2）代码示例

【案例 6——静态代理模式】

背景：配套代码以让 4S 店代理买车为例分别实现了聚合方式与集成方式。

1）聚合方式

代理类聚合了被代理类，且代理类及被代理类都实现了相同接口，可实现灵活多变。

2）继承方式

继承不够灵活，随着功能需求增多，继承体系会非常臃肿。

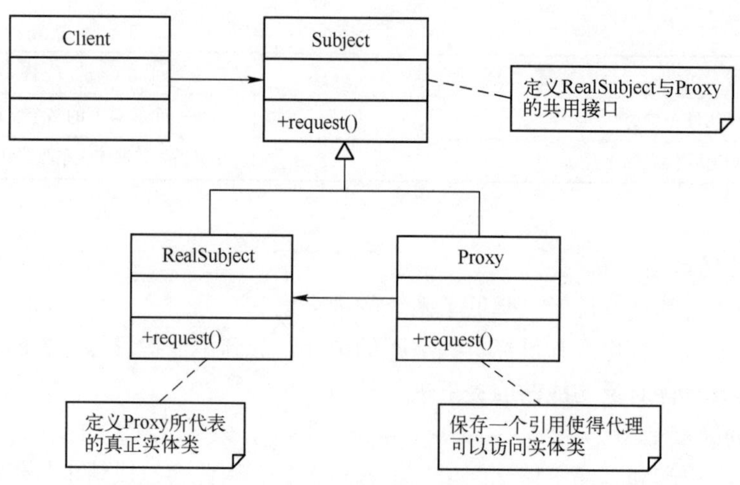

图 2-37　静态代理类图

6. 动态代理

（1）类图

动态代理模式类图如图 2-38 所示。

（2）代码示例

【案例 7——动态代理模式】

背景：配套代码用 Java API 技术，实现打印的动态代理。

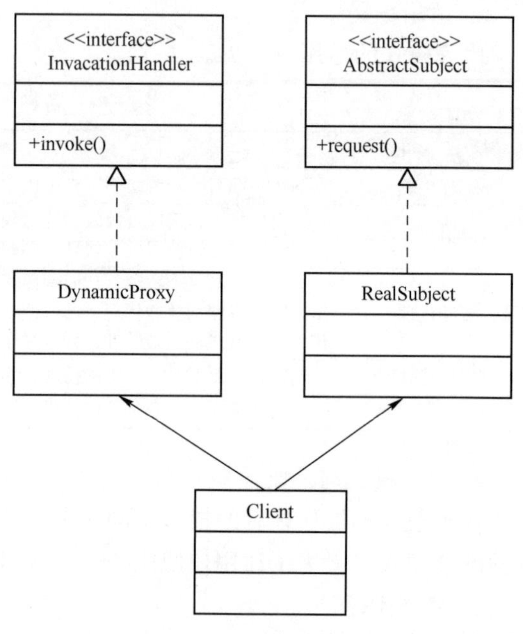

图 2-38　动态代理类图

动态代理类的字节码在程序运行时由 Java 反射机制动态生成，无须程序员手工编写源代码。动态代理类不仅简化了编程工作，而且提高了软件系统的可扩展性。动态代理有两种实现方式：一种是通过 JDK 自带的 API 实现动态代理，另外一种是通过其他字节码框架实现，如 Cglib。需要注意的是，JDK 只能针对接口实现动态代理，不能代理普通类，使用具有局限性。而 Cglib 可以代理接口及所有的普通类。动态代理在工作中应用相当广泛，如 Spring AOP 就是动态代理在开源框架中比较出名的应用。

JDK 要创建一个动态代理，只需要利用 Java API 提供的两个类。

1）java. lang. reflect. InvocationHandler：这是调用处理器接口，它自定义了一个 invoke( ) 方法，触发代理对象自己的方法，可以在它的前后增加自己的增强方法。

2）java. lang. reflect. Proxy：这是 Java 动态代理机制的核心类，它提供了一组静态方法来为一组接口动态地生成代理类及其对象，也就是动态生成代理对象的方法。

每个代理类的对象都会关联一个表示内部处理逻辑的 InvocationHandler 接口的实现。当使用者调用了代理对象所代理接口中的方法时，这个调用的信息会被传递给 InvocationHandler 的

invoke( )方法。在 invoke( )方法的参数中可以获取代理对象、方法对应的 Method 对象和调用的实际参数。Invoke( )方法的返回值被返回给使用者。这种做法实际上相当于对方法调用进行了拦截。

由 Proxy 类的静态方法创建的动态代理类具有以下特点：

1）动态代理类是 public、final 和非抽象类型的。

2）动态代理类继承了 java. lang. reflect. Proxy 类。

3）动态代理类的名字以“$Proxy”开头。

4）动态代理类实现 getProxyClass(…)和 newProxyInstance(…)方法中参数 interfaces 指定的所有接口。

2.5.10 模板方法模式

1. 概述

模板方法模式中的模板定义了核心的代码骨架，一些有着不同实现方式的代码被放在子类中。也就是说在父类中定义算法的主要流程，而把一些个性化的步骤延迟到子类中去实现，父类始终控制着整个流程的主动权，子类只是辅助父类实现某些可定制的步骤。

在设计模板模式时需要把业务中通用的代码提取出来，放在一个抽象类中，在抽象类中规定方法执行的方式。将其中一些具体实现不一样的方法定义为抽象方法，由子类通过继承抽象类实现这些抽象方法。也可以说是把通用的算法抽象出来，把其固定的部分封装起来，对于可变的部分程序员可以进行扩展。提取出代码的公共部分放在父类，行为由父类控制，子类负责实现特殊的可变部分。

因此，模板中的方法分为两类。

（1）基本方法

基本方法，是由子类实现的方法，具体模板类来实现父类所定义的一个或多个抽象方法，也就是父类定义的基本方法在子类中得以实现。

（2）模板方法

模板方法可以有一个或几个，一般是一个具体方法，也就是一个框架，实现对基本方法的调度，完成固定的逻辑。为防止恶意操作，一般模板方法都会添加 final 关键字，不允许被覆写。

2. 类图

模板方法模式类图如图 2-39 所示。

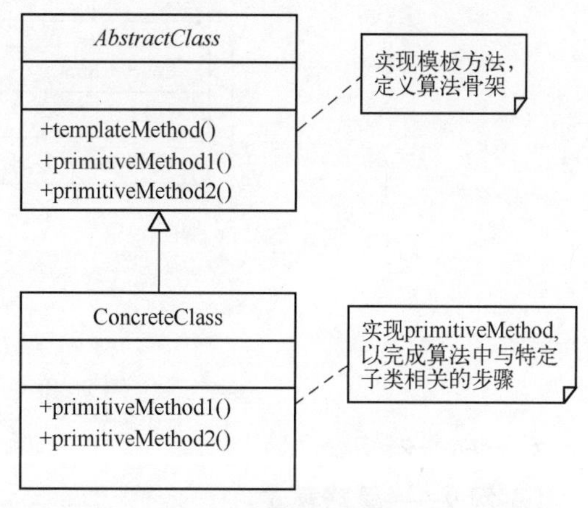

图 2-39　模板方法模式类图

3. 代码示例

【案例 8——模板方法模式】

背景：配套代码以顾客到饭店吃饭为例来说明模板模式（除了顾客点菜内容之外，整个服务都是一套固定的流程：安排座位、点菜、上菜、结算）。

4. 优缺点

模板方法模式的优点是：

1）封装不变部分，扩展可变部分。

2）提取公共代码，便于维护。

3）行为由父类控制，子类实现。

模板方法模式的缺点是：

每一个不同的实现都需要一个子类来实现，导致类的个数增加，使得系统更加庞大。

5. 适用场景

1）多个子类有公有的方法，并且逻辑基本相同。

2）重要、复杂的算法，可以把核心算法设计为模板方法，周边的相关细节功能则由各个子类实现。

3）重构时，把相同的代码抽取到父类中，然后通过钩子方法约束其行为。

6. 模板方法模式与建造者模式区别

模板方法模式通过分析子类，把不变的行为逻辑搬移到父类中，以去除子类中的重复定义，而在子类中则实现具体的行为，也就是定义中所说的延迟到子类实现。最大化地利用了代码重用原则。

建造者模式和模板方法模式非常相似，只是多了一个指挥类，该类与模板中基类的固定算法的功能相同，它是一个创建对象的固定算法。它们的区别就看构建的算法是否需要指挥者这个类来创建。

2.5.11 策略模式

1. 概述

策略模式是对算法的包装，是把算法的使用和算法本身分割开来，而委派给不同的对象管理。策略模式通常是把一个系列的算法包装到一系列的策略类里面作为一个抽象策略类的子类。用一句话来说，就是：准备一组算法，并将每一个算法封装起来，使得它们可以互换。

2. 类图

策略模式类图如图 2-40 所示。

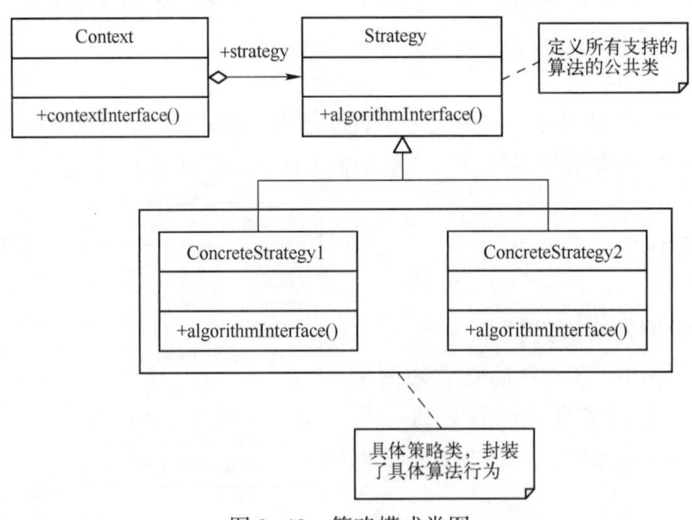

图 2-40 策略模式类图

3. 代码示例

【案例 9——策略模式】

背景：有一家百货公司，需要在年度的不同节假日进行不同的促销活动，以提高销售额。

4. 优缺点

策略模式的优点是：

1）策略类之间可以自由切换。由于策略类都实现同一个接口，所以它们之间可以自由切换。

2）易于扩展。增加一个新的策略只需要添加一个具体的策略类即可，基本不需要改变原有代码，符合开闭原则。

3）避免使用多重条件选择语句，充分体现了面向对象的设计思想。

策略模式的缺点是：

1）客户端必须知道所有的策略类，并自行决定使用哪一个策略类。

2）策略模式将造成大量策略类的产生，可以通过使用享元模式在一定程度上减少对象策略类的数量。

5. 适用场景

动态选择多种复杂算法（提高了行为的保密度）。

2.5.12 责任链模式

1. 概述

责任链模式中一个请求有多个对象来处理，这些对象形成一条链，根据条件确定具体由谁来处理，如果当前对象不能处理则传递给该链中的下一个对象，直到有对象处理为止。发出这个请求的客户端并不知道链上的哪一个对象会最终处理这个请求，这使得系统可以在不影响客户端的情况下动态地重新组织和分配责任。

2. 类图

责任链模式类图如图 2-41 所示。

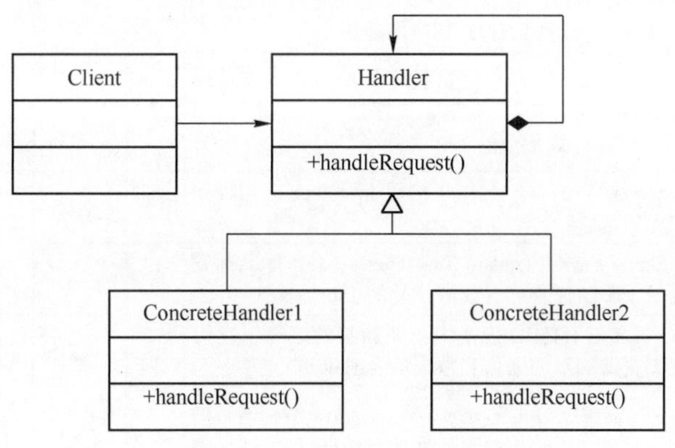

图 2-41　责任链模式类图

3. 代码示例

【案例 10——责任链模式】

背景：在解决软件开发过程中遇到的问题时，可让程序员处理难度为 6 的问题，让工程师处理难度为 8 的问题，而让架构师来处理难度为 10 的问题。

4. 优缺点

责任链模式的优点是：

1）职责单一明确。每个类只需要处理自己该处理的工作（不该处理的传递给下一个对象完成），明确各类的责任范围，符合类的最小封装原则。

2）可以根据需要自由组合工作流程。如工作流程发生变化，可以重新分配责任链，可适应新的工作流程。

3）类与类之间可以以松耦合的形式加以组织。

责任链模式的缺点是：

因为处理时以链的形式在对象间传递消息，根据实现方式不同，有可能会影响处理的速度。

5. 适用场景

在需要链式处理，如工作流程化、消息处理流程化、事物流程化时，可以考虑使用责任链模式。

2.6 架构模式

2.6.1 Java EE 规格与框架

为适应工业应用需求，Java EE 发展过程亦出现了各种规格，见表 2-15。

表 2-15 JavaEE 规格一览

分类	技术	说明	视图层	控制层/服务接口层	业务层	Integration 层		
						数据访问层	其他系统连接层	MOM 访问层
Java EE 规格	Servlet	接受客户端 HTTP 请求，进行业务处理后，动态生成 Web 页面，再返回 HTTP 相应的处理	○					
	JSP	Java Server Pages，动态网页技术标准，它是在传统的网页 HTML 文件中插入 Java 程序段（Scriptlet）和 JSP 标记（Tag）而形成的 JSP 文件	○					
	JSF	Java Server Faces 是一种用于构建 Java Web 应用程序的标准 MVC 框架	○					
	JSTL	Java Server Pages Standard Tag Library，JSP 标准标签库，为一个不断完善的开放源代码的 JSP 标签库	○					
	WebSocket	WebSocket 是 HTML5 规格中重要新特性之一，它可以实现浏览器的双向通信和数据的及时推送	○	○				
	JAX-RS	Java API for RESTful WebService，是 Java 编程语言的应用程序接口，支持按照表述性状态转移（REST）架构风格创建 Web 服务		○			○	
	JAX-WS	Java API for XML WebService，是一组 XML WebService 的 JAVA API，允许开发者选择 RPC-Oriented 或 Message-Oriented 来实现自己的 WebService		○			○	
	EJB	EnterpriseJavaBean 是 J2EE（Java EE）的一部分，定义了一个用于开发基于组件的企业多重应用程序的标准		○	○			○

（续）

分类	技术	说明	视图层	控制层/服务接口层	业务层	Integration 层		
						数据访问层	其他系统连接层	MOM 访问层
Java EE 规格	JTA	Java Transaction API，允许应用程序执行分布式事务处理（在两个或多个网络计算机资源上访问并且更新数据）			○			
	JPA	Java Persistence API，Java 持久层 API，是 JDK 5.0 注解或 XML 描述对象-关系表的映射关系，并将运行期的实体对象持久化到数据库中			○	○		
	JMS	Java Message Service，即 Java 消息服务（Java Message Service）应用程序接口，是一个 Java 平台中关于面向消息中间件（Message-Oriented Middleware，MOM）的 API，用于在两个应用程序之间或分布式系统中发送消息，进行异步通信						○
OSS 框架	Struts	通过采用 Java Servlet/JSP 技术，实现了基于 Java EE Web 应用框架，是 MVC 设计模式中的一个经典产品		○				
	Spring	解决了业务逻辑层和其他各层之间的松耦合，支持声明式事务以及 AOP，降低了 Java EE API 使用难度，方便集成各种优秀框架		○				
	Spring MVC	属于 Spring Framework 的后续产品，提供了构建 Web 应用程序的全功能 MVC 模块		○				
	Mybatis	持久层框架包括 SQL Maps 和 Data Access Objects（DAO）				○		
	Hibernate	对 JDBC 进行了非常轻量级的对象封装，它将 POJO 与数据库表建立映射关系，是一个全自动的 ORM 框架				○		

在 Java 框架的发展过程中出现了轻量级框架与重量级框架，二者是相对而言的。轻量级一般指侵入性比较弱或没有侵入性，和普通的 Java 类差不多的框架。而重量级指的是侵入性很强，依赖特定容器的框架。

轻量级框架侧重于减小开发的复杂度，因此它的处理能力便有所减弱（如事务功能弱、不具备分布式处理能力），比较适用于开发中小型企业应用。采用轻量级框架的原因，一方面是因为此框架会尽可能地采用基于 POJO（Plain Ordinary Java Object）的方法进行开发，使应用不依赖于任何容器；另一方面轻量级框架多数是开源项目，开源社区提供了良好的设计和许多快速构建工具以及大量现成可供参考的开源代码，这有利于项目的快速开发。比较有代表性的有 Struts、Spring、Hibernate、MyBatis。

重量级框架则强调高可伸缩性，适合开发大型企业应用，比较有代表性的就是 EJB。在 EJB 体系结构中，一切与基础结构服务相关的问题和底层分配问题都由应用程序容器或服务器来处理，且 EJB 容器通过减少数据库访问次数以及分布式处理等方式提供了专门的系统性能解决方案，能够充分解决系统性能问题。

轻量级框架与重量级框架不是对立的，而是互补的。轻量级框架在努力发展以开发具有更强大、功能更完备的企业应用；而新的 EJB 规范 EJB3.0 则在努力简化 J2EE 的使用以使得 EJB 不仅擅长处理大型企业系统，也利于开发中小型系统，这也是 EJB 轻量化的一种努力。重量级框架的学习、开发等代价都比较高，具体表现在：

1）部署复杂。

2）内在服务多，启动慢。

3）规则繁多，留给程序员的空间很小，测试与维护都非常复杂，因此 EJB 技术逐渐被其他更优秀的技术手段所代替。

Java 技术诞生于 1995 年，因具有平台独立性以及极强的生命力而得以迅速发展。在 2000 年前后，各种框架如雨后春笋般出现，具有代表性的有 Seasar、Tapestry、Spring、EJB、Struts1、Struts2、Hibernate、MyBatis 以及 J2EE 等技术。之后，又经过近 15 年的发展，Spring 与 JavaEE 技术已经非常成熟，能独树一帜。而其他框架逐渐退出历史舞台，各种开源组织也促进了 Spring 的发展。最新 Spring5.0 已经发布，其强大的功能必定会给开发者带来全新的体验，会继续引导未来几十年的技术主流，如图 2-42 所示。

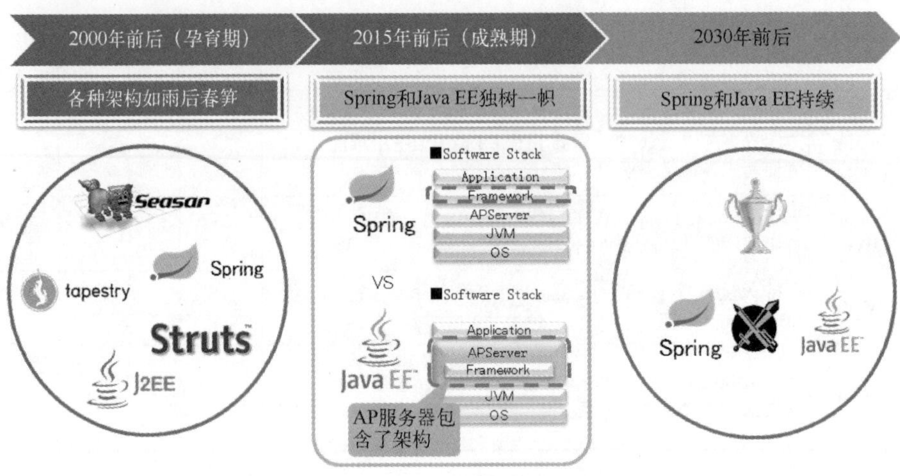

图 2-42　JavaWeb 框架发展史

2.6.2　模式与架构

架构模式（Architectural Pattern）描述了出现在特定设计语境中特殊的设计问题，并为其解决方案提供了一个经过充分验证的通用方式，即软件系统里的基本结构组织或纲要。架构模式提供一些事先定义好的功能，指定它们的任务，并给出把它们组织在一起的法则和指南。《面向模式的软件架构》中总结了八种架构模式：模型-视图-控制器（MVC）、分层、管道和过滤器、微核、代理者、黑板、表示-抽象-控制（PAC）、映像，本书将重点讲述前三种（Java 架构设计中常用）。

模式和架构是一个属于相互涵盖的过程，但是总体来说架构更加关注的是所谓的 High-Level Design，而模式关注的重点在于通过经验提取的“准则或指导方案”在设计中的应用。在不同的层面上，模式提供不同层面的指导。根据处理问题的粒度不同，从高到低，模式一般分为 3 个层次：架构模式、设计模式与代码模式，如图 2-43 所示。

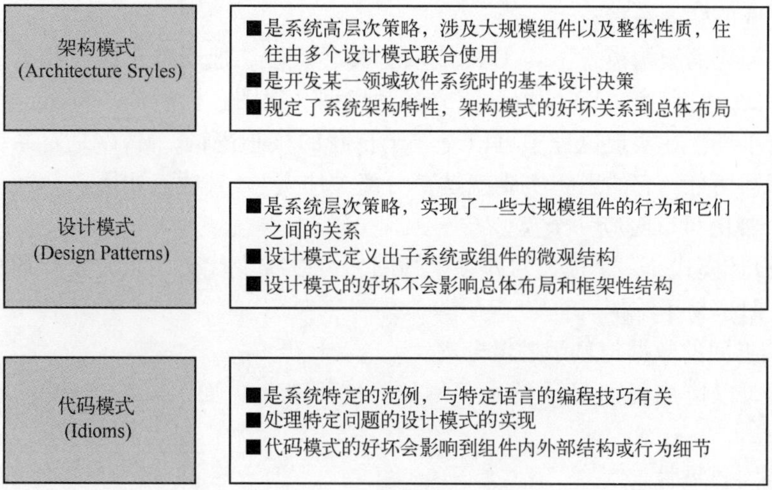

架构模式 (Architecture Sryles)	■是系统高层次策略，涉及大规模组件以及整体性质，往往由多个设计模式联合使用 ■是开发某一领域软件系统时的基本设计决策 ■规定了系统架构特性，架构模式的好坏关系到总体布局
设计模式 (Design Patterns)	■是系统层次策略，实现了一些大规模组件的行为和它们之间的关系 ■设计模式定义出子系统或组件的微观结构 ■设计模式的好坏不会影响总体布局和框架性结构
代码模式 (Idioms)	■是系统特定的范例，与特定语言的编程技巧有关 ■处理特定问题的设计模式的实现 ■代码模式的好坏会影响到组件内外部结构或行为细节

图 2-43　模式的三个层次

2.6.3　MVC 架构模式

1. MVC 概述

MVC 模式是模型（Model）、视图（View）、控制器（Controller）的缩写，是 Xerox PARC 在 20 世纪 80 年代为编程语言 Smalltalk-80 发明的一种软件架构模式，现在已被广泛应用，如图 2-44 所示。其核心思想是将业务逻辑从界面中分离出来，允许它们单独改变而不会相互影响，即将业务逻辑聚集到一个部件里面，在改进和个性化定制界面时，不需要重新编写业务逻辑，具有低耦合性、高重用性、高可维护性的优点。

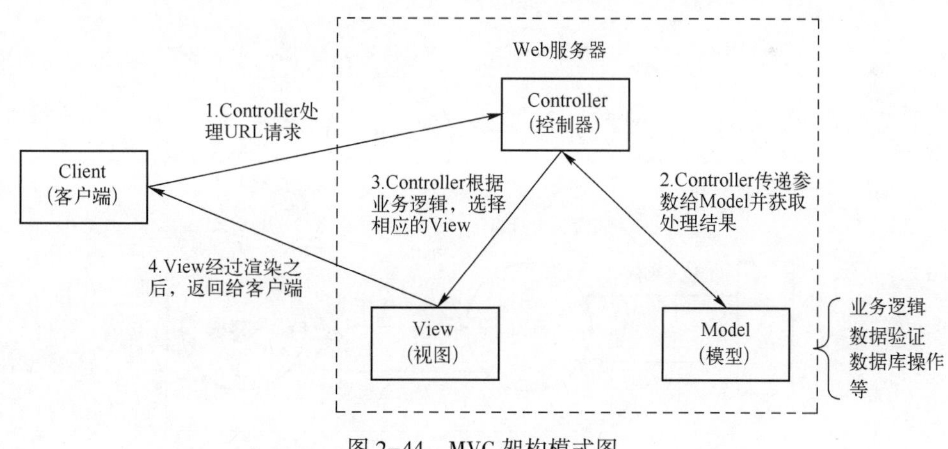

图 2-44　MVC 架构模式图

模型：代表一个存取数据的对象（JavaBean），也包括数据处理与业务逻辑。

视图：包含数据可视化相关处理，但不包含任何业务逻辑。

控制器：控制器作用于模型和视图上。它控制数据流向模型对象，并在数据变化时更新视图。它使视图与模型分离，控制器负责接收来自用户的请求，并调用后台服务来处理业务逻辑，收集这些数据并为模型在视图层展示做准备。控制器将“模型”和“视图”隔离，并成为二者之间的联系纽带。

作为一种经典的架构模式，MVC 的成功有其必然性。把职责、性质相近的功能归结在一起，不相近的进行隔离；MVC 将系统分解为模型、视图、控制器三部分，每一部分都相对独立，职责单一，在实现过程中可以专注于自身的核心逻辑。MVC 是对系统复杂性的一种合理的梳理与切分，它的思想实质就是“分离关注点”。其优点如下：

（1）多个视图可以对应一个模型

按 MVC 设计模式，一个模型对应多个视图，可以减少代码的重复及代码的维护量，当模型发生改变时也易于维护。

（2）模型返回的数据与显示逻辑分离

模型数据可以应用任何显示技术，例如：使用 JSP 页面、Velocity 模板或者直接产生 Excel 文档等。

（3）提高可扩展性

应用被分隔为 N 层，降低了各层之间的耦合，提高了应用的可扩展性。

（4）MVC 更符合软件工程化管理的精神

不同的层各司其职，每一层的组件具有相同的特征，有利于通过工程化和工具化来管理程序代码。

2. 主动与被动 MVC 模式

根据视图更新方式的不同，MVC 又分为主动模式与被动模式。

（1）主动 MVC 模式

主动 MVC 模式也就是经典的 MVC 模式。View 不是等 Controller 通知它的 Model 更新了才从 Model 取数据并更新显示，而是自己监视 Model 的更新（如用观察者模式）或主动询问 Model 是否更新，其架构模式如图 2-45 所示。

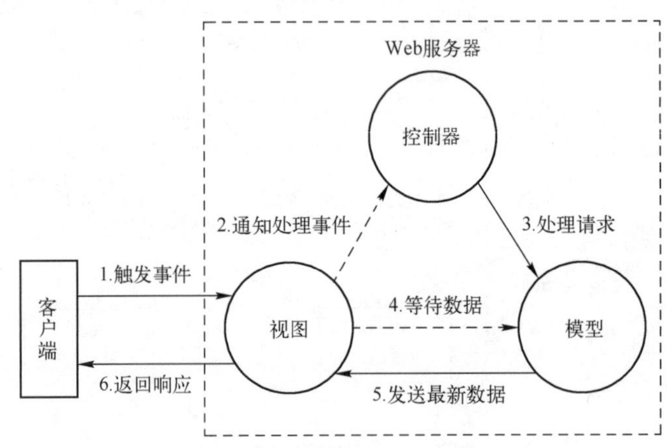

图 2-45　主动 MVC 架构模式

桌面程序一般都是主动模式，处理流程如下：

1）为了使视图接口可以与模型和控制器进行交互，控制器执行一系列初始化事件。

2）用户通过视图（用户接口）执行相应操作。

3）控制器处理用户行为并通知模型进行更新。

4）模型触发一系列事件，以便将更新告知视图。

5）视图处理模型变更的事件，然后显示新的模型数据。

6）用户接口等待用户的进一步操作。

这一模式有以下几个要点：

1）视图并不使用控制器去更新模型。控制器负责处理从视图发送过来的用户操作并通过与模型的交互进行数据的更新。

2）控制器可以和视图融合在一起。

3）控制器不包含对视图的渲染逻辑。

（2）被动 MVC 模式

被动 MVC 模式的 View 更新是 Controller 通知它 Model 更新了，然后才从 Model 取数据并更新显示，其架构模式如图 2-46 所示。

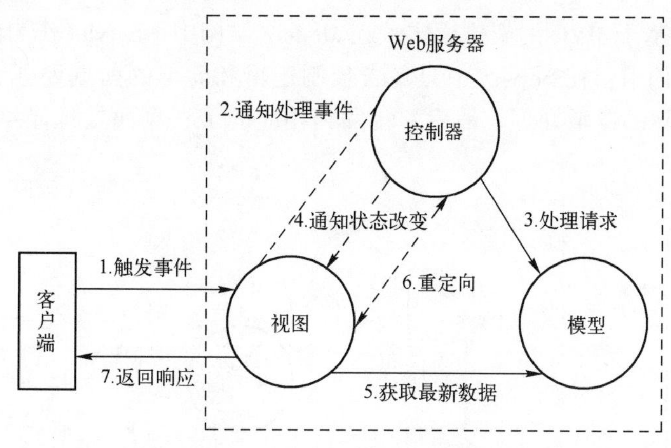

图 2-46　被动 MVC 架构模式

Web 系统一般都是被动 MVC 模式，与主动 MVC 模式的区别在于：

1）模型对视图和控制器一无所知，它仅仅是被使用。

2）控制器使用视图，并通知它更新数据显示。

3）视图仅是在控制器通知它去模型取数据时，才去模型获取最新数据（视图并不会订阅或监视模型的更新）。

4）控制器负责处理模型数据的变化。

3. Model1 与 Model2

使用 JSP 与 Servlet 技术开发 Web 应用程序时，有两种模型可供选择：Model1 和 Model2。

（1）Model1

所谓 Model1 就是 JSP 大行其道的时代，在 Model1 模式下，整个 Web 应用几乎全部由 JSP 页面组成。JSP 页面接收处理客户端请求，对请求处理后直接做出响应，再用少量的 JavaBean 来处理数据库连接、数据库访问等操作，如图 2-47 所示。

Model1 模式的实现比较简单，适用于快速开发小规模项目。但从工程化的角度看，它的局限性非常明显。JSP 页面身兼 View 和 Controller 两种角色，将控制逻辑和表现逻辑混杂在一起，从而导致代码的重用性非常低，增加了应用的扩展和维护的难度。

早期有大量 ASP 和 JSP 技术开发出来的 Web 应用，这些 Web 应用都采用了 Model1 架构。

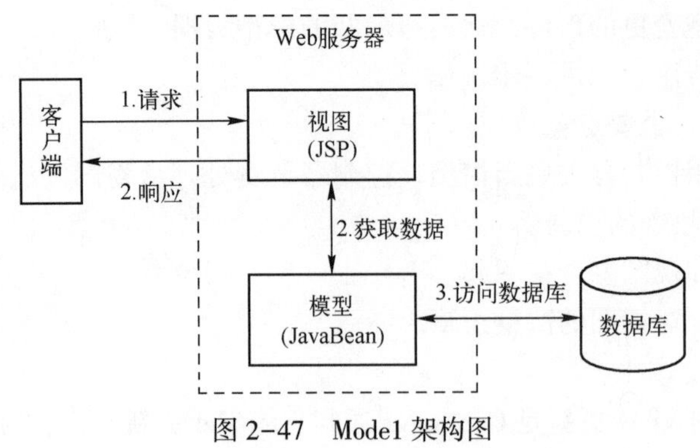

图 2-47　Mode1 架构图

（2）Model2

Model2 模式是基于 MVC 的架构模式。在 Model2 架构中，Servlet 作为前端控制器，负责接收客户端发送的请求，在 Servlet 中只包含控制逻辑和简单的前端处理。然后，调用后端 JavaBean 来完成实际的逻辑处理。最后，转发到相应的 JSP 页面处理显示逻辑。如图 2-48 所示。

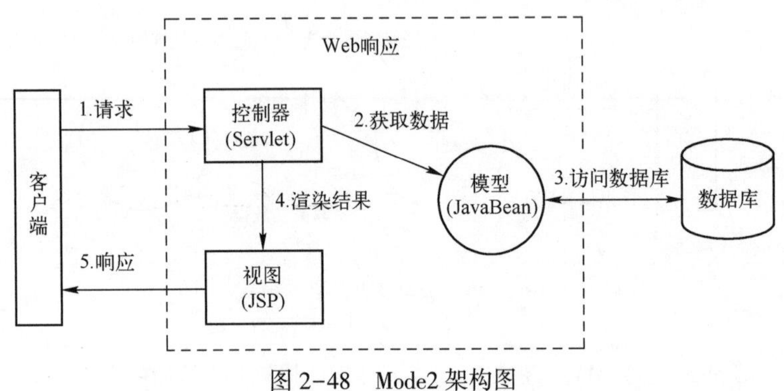

图 2-48　Mode2 架构图

Model2 下 JSP 不再承担控制器的责任，它仅仅是表现层角色，用于将结果呈现给用户。JSP 页面的请求与 Servlet 交互，而 Servlet 负责与后台的 JavaBean 通信。在 Model 2 模式下，模型由 JavaBean 充当，视图由 JSP 页面充当，而控制器则由 Servlet 充当。

由于引入了 MVC 模式，使 Model2 具有组件化的特点，更适用于大规模应用的开发，但也增加了应用开发的复杂程度。

4. MVC 与分层架构

现在成熟的 JavaWeb 软件开发，在纵向结构上一般划分为四层，即视图层、控制层、业务逻辑层和数据持久层。

（1）视图层

视图层（View）主要负责前台 JSP 页面的显示，与控制层接口关系紧密，是数据之间的保持方式之一，一般放在 Form 里。

（2）控制层

控制层（Controller）负责具体的业务模块流程的控制（不负责业务处理，但必要时可以用 helper 类来支持特殊处理），在此层里要调用 Service 层的接口来控制业务流程。针对具体的业务流程，会有不同的控制器，具体的设计过程中可以将流程进行抽象归纳，设计出可以重复利用的子单元流程模块，这样不仅使得程序结构变得清晰，也大大减少了代码量。

（3）业务逻辑层

业务逻辑层（Service）负责业务模块的逻辑应用，设计 Service 层的业务逻辑有利于通用的业务逻辑的独立和重复利用，也使程序变得简洁易懂。一般先设计接口，再设计实现的类。如果有共通的业务，需要提取到 SharedService 类里。

（4）数据持久层

数据持久层负责与数据库进行联络，一些任务都封装在此。开发时，首先设计数据持久层的接口，然后在模块中调用此接口来进行数据业务的处理，而不用关心此接口的具体实现类是哪一个，结构非常清晰。数据持久层设计的总体规划需要和表的设计以及相应的实现类之间建立一一对应的关系。数据持久层所定义的接口里的方法，主要是 CRUD 以及一些自定义的特殊的多表查询方法。

分层架构与 MVC 的关系如图 2-49 所示。

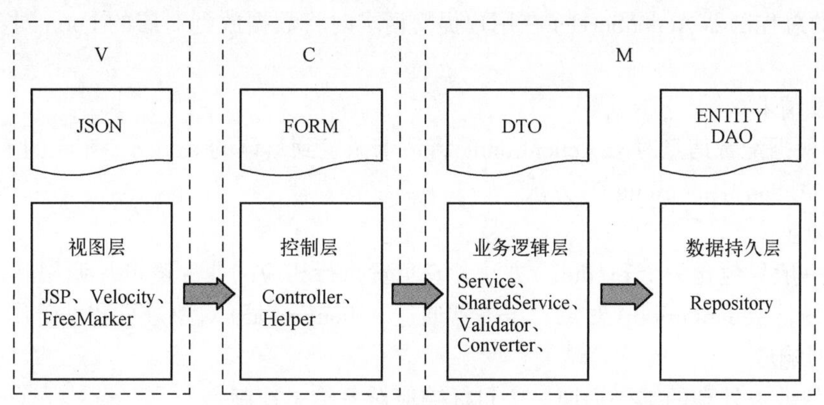

图 2-49　MVC 架构与分层架构

5. MVC 与常用框架

JavaWeb 框架技术的发展，主流上大致经历了 Struts1、Struts2、SpringMVC 三个阶段。虽然各个框架的实现技术不同，但是其 MVC 的核心思想没有改变。

（1）Struts1 与 MVC

Struts1 框架由客户端请求驱动，以 ActionServlet 作为控制器核心。当客户端向 Web 应用发送请求时，请求被 Struts1 的核心控制器拦截，ActionServlet 根据请求决定是否需要调用业务逻辑控制器来处理用户请求（业务逻辑控制器是控制器的一种，它只负责调用模型来处理用户请求），当用户请求处理完成后，处理结果数据（Model）会通过 JSP（View）呈现给用户。Struts1 框架主要处理流程如图 2-50 所示。

1）初始化

Struts 框架的总控制器 ActionServlet 是一个 Servlet，它在 web. xml 中配置成自动启动的 Servlet，在启动时总控制器会读取配置文件（Struts-config. XML）的配置信息，为 Struts 中不同的模块初始化相应的对象。

2）发送请求

用户提交表单或通过 URL 向 Web 服务器提交请求，请求的数据通过 HTTP 协议传给 Web 服务器。

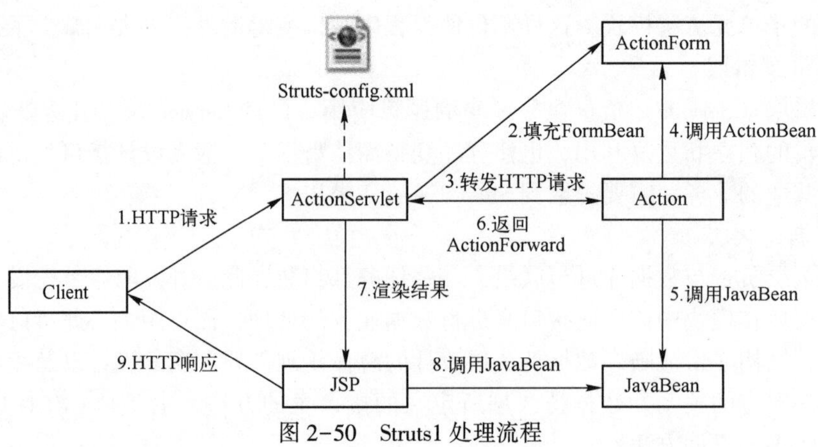

图 2-50 Struts1 处理流程

3）Form 填充

Struts 的总控制器 ActionServlet 在用户提交请求时将数据放到对应的 Form 对象的成员变量中。

4）派发请求

控制器根据配置信息对象 ActionConfig 将请求派发到具体的 Action，对应的 FormBean 一并传给这个 Action 中的 excute( )方法。

5）处理业务

Action 一般只包含一个 excute( )方法，它负责执行相应的业务逻辑（调用其他的业务模块），返回一个 ActionForward 对象。服务器通过 ActionForward 对象进行转发工作。

6）返回响应

Action 将业务处理的结果返回一个目标响应对象给总控制器。

7）查找响应

总控制器根据 Action 处理业务返回的目标响应对象，找到对应的资源对象（一般为 JSP 页面）。

8）响应用户

目标响应对象将结果传递给资源对象，将结果展现给用户。

（2）Struts2 与 MVC

Struts2 是从 Struts1 发展而来，但 Struts2 与 Struts1 在框架的设计思想上面还是有很大的区别，Struts2 是以 WebWork 的设计思想为核心，是 WebWork 的升级版。Struts1 和 Servlet 耦合度高，而且各层之间耦合度也高，因此单元测试困难，另外显示层技术单一（JSP）。而 Struts2 几乎改善了 Struts1 的这些缺点——摆脱了与 Servlet 的耦合，更容易测试，且支持更多显示层技术。Struts2 框架主要处理流程如图 2-51 所示。

1）客户端初始化一个指向 Servlet 容器的请求。

2）请求需要经过一系列的过滤器（Filter）进行前期处理。

3）接着 FilterDispatcher 被调用，FilterDispatcher（Controller）询问 ActionMapper 来决定调用某个 Action。

4）如果 ActionMapper 决定调用某个 Action，FilterDispatcher 把请求的处理交给 ActionProxy。

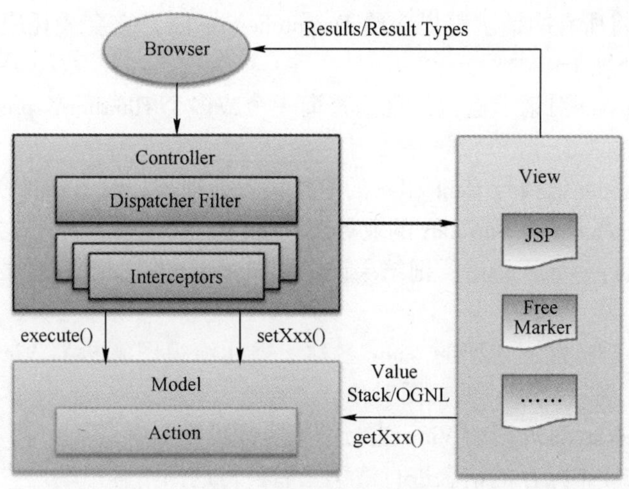

图 2-51　Struts2 处理流程

5）ActionProxy 通过 Configuration Manager 询问框架的配置文件，找到需要调用的 Action 类。

6）ActionProxy 创建一个 ActionInvocation 实例。

7）ActionInvocation 实例使用命名模式来调用，在调用 Action 的过程前后，涉及相关拦截器（Intercepter）的调用。

8）一旦 Action 执行完毕，ActionInvocation 根据 struts2. xml 中的配置找到对应的返回结果（通常是一个 JSP 或者 FreeMarker 的模板）。

（3）SpringMVC

SpringMVC 是当前最流行的 MVC 框架，和其他 Web MVC 框架一样也是以请求为驱动，围绕一个核心 Servlet（DispatchServlet）进行设计，该 Servlet 将请求分发给控制器，并提供其他功能来促进 Web 应用程序的开发。然而该 Servlet 不仅有这一项功能，它与 Spring IoC 容器完全集成，因此还可以使用 Spring 的其他强大功能。

SpringMVC 框架主要处理流程如图 2-52 所示。

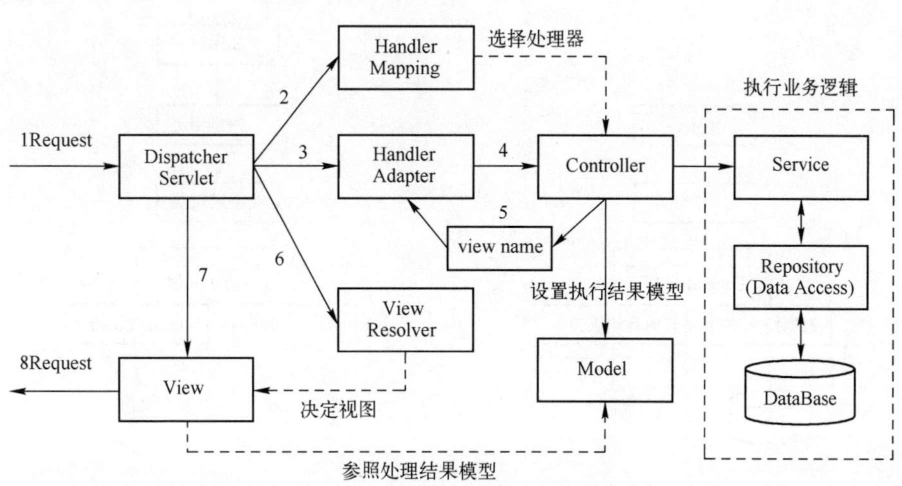

图 2-52　SpringMVC 处理流程

1）SpringMVC 将所有的请求都提交给 DispatcherServlet，它会委托应用系统的其他模块对请求进行真正的处理工作。

2）DispatcherServlet 对请求进行处理，查询一个或多个 HandlerMapping 之后，找到相应的 Controller。

3）DispatcherServlet 把执行 Controller 的业务逻辑处理委托给 HandlerAdapter。

4）HandlerAdapter 调用 Controller 的业务逻辑处理。

5）Controller 执行业务逻辑后，把结果设定到 Model，并把相应的 View 名称返回给 HandlerAdapter。

6）DispatcherServlet 根据返回的 View 名称，委托给视图解析器 ViewResolver。ViewResolver 再根据 View 名称找到相应的视图对象。

7）DispatcherServlet 对返回的 View 进行渲染委托处理。

8）View 对 Model 中保存的信息进行渲染之后，再返回给客户端。

2.6.4 分层架构模式

分层架构也叫“N 层架构”，根据不同的划分维度和对象，通常情况下 N 为 2~5。常见的是 3 层与 4 层架构。5 层架构一般用于非常复杂的系统，例如操作系统内核。

（1）B/S 架构与 C/S 架构

从用户交互的方式来划分，系统可以划分成两层的 B/S 或 C/S 架构。手机应用程序通常是 C/S 架构，而 J2EE 系统通常是 B/S 架构。

（2）三层架构

Java EE 架构实现时又分为显示层（又称视图层）、业务逻辑层以及 Integration 层。其中 Integration 层包括并列的数据持久层与其他系统连接层（一般系统都会有数据持久层，只有在大中型系统中，才有其他系统连接层，因此三层架构又简称为显示层—业务逻辑层—数据持久层），如图 2-53 所示。

（3）四层架构

在使用 Struts、SpringMVC 等框架时，Java EE 架构一般又分为显示层、控制层、业务逻辑层以及 Integration 层，如图 2-54 所示。

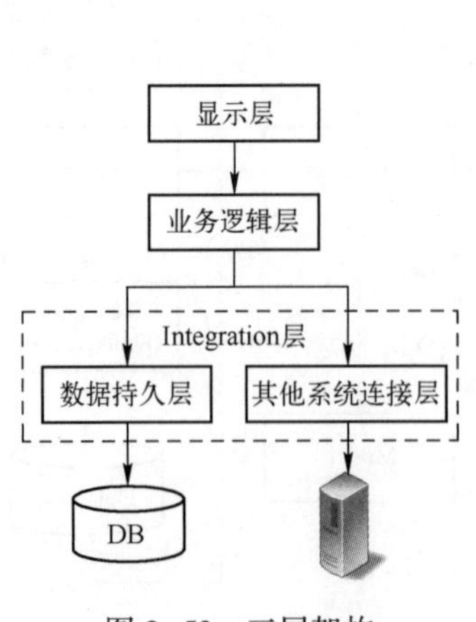

图 2-53　三层架构

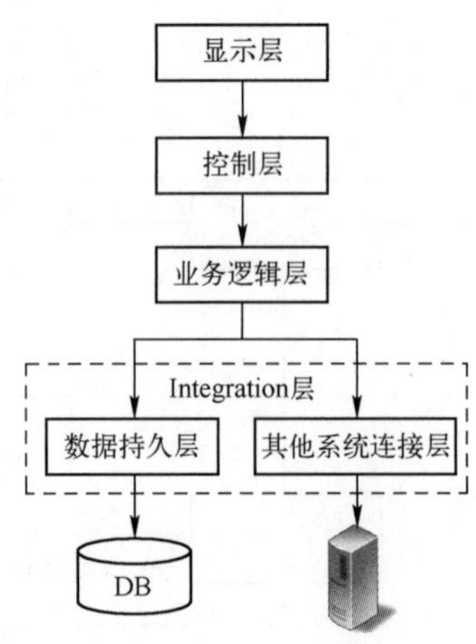

图 2-54　四层架构

2.6.5 管道-过滤器架构模式

管道-过滤器（Pipe-And-Filter）模式中，数据经过一个又一个的过滤器后最终可以得到需要的数据，如图 2-55 所示。

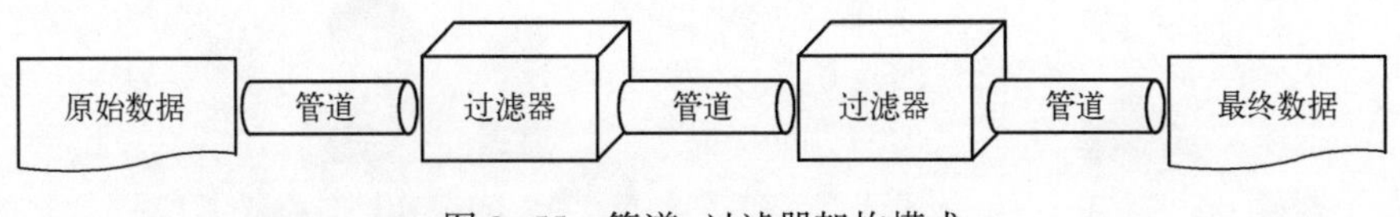

图 2-55　管道-过滤器架构模式

管道-过滤器模式都有一套输入输出接口。每个组件从输入接口中读取数据，经过处理，将结果数据置于输出接口中，这样的组件称为“过滤器”。连接者将一个过滤器的输出传送到另一个过滤器的输入，把这种连接者称为“管道”。模型中，过滤器必须是独立的实体，每一个过滤器的状态不受其他过滤器的影响，虽然对过滤器的输入输出有一定的规定，但过滤器并不需要知道向它提供数据流的过滤器和它要提供数据流的过滤器的内部细节。

1. 优点

设计人员将整个系统的输入输出行为理解为单个过滤器行为的叠加与组合，这样可以将问题分解，化繁为简。

任何两个过滤器，只要它们之间传送的数据遵守共同的规约就可以连接。

旧的过滤器可以被替代，新的过滤器可以添加到已有的系统上。在管道-过滤器模式中，只要遵守输入输出数据规约，任何一个过滤器都可以被另一个新的过滤器代替，同时为增强程序功能，可以添加新的过滤器。

每个过滤器既可以单独执行任务，也可以与其他过滤器并发执行。过滤器的执行是独立的，互不相干。

2. 缺点

（1）不适合处理交互的应用。

（2）传输的数据没有标准化，所以读入数据和输出数据存在着格式转换等问题，会导致性能降低。

2.7 架构思维

2.7.1 抽象思维

抽象思维指的是对某种事物进行简化归纳或描述的过程，抽象让我们关注要素，隐藏额外细节。

在软件架构设计中，抽象帮助我们从大处着眼，隐藏细节。其实软件系统架构设计和小朋友搭积木的本质是一样的，只是解决的问题域和规模不同而已。搭积木的时候，先是在头脑里根据现有的积木想象一个完整的城堡鸟瞰图（抽象过程），之后再形成一个初步的组装过程解析（子模块分解），然后利用积木搭建每一个子模块，最终拼装出最后的城堡，如图 2-56 所示。同样道理，架构师先要根据客户需求在大脑中形成抽象概念，然后把系统分解成各个子模块，依次实现子模块之后，最后将子模块拼装组合起来而形成最终系统。

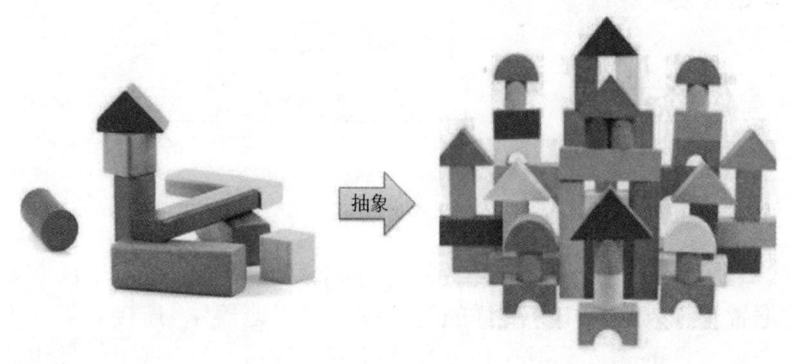

图 2-56　搭建积木

2.7.2　分层思维

分层思维指的是为了构建一套复杂系统，需要把整个系统划分成若干个层次，每一层专注解决某个领域的问题，并向上提供服务。分层也可以认为是抽象的一种方式，将系统抽象分解成若干层次化的模块。有些层次是纵向的，它贯穿所有其他层次，称为“共享层”。分层思维在软件行业中有非常广泛的用途，例如本书图 4-25 所示 4 层网络协议模型、图 2-57 所示计算机操作系统等。

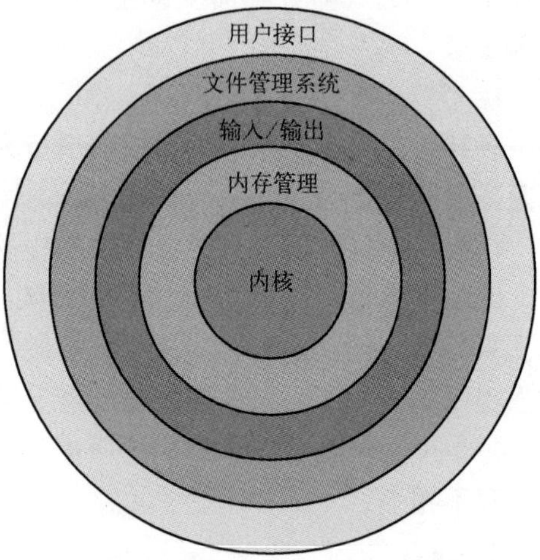

用户接口
文件管理系统
输入/输出
内存管理
内核

图 2-57　计算机操作系统分层架构

2.7.3　分治思维

分而治之指的是对一个无法一次解决的大问题，先把大问题分解成若干个子问题。如果子问题还无法直接解决，则继续分解成子子问题，直到可以直接解决的程度，这个是分解的过程。然后将子子问题的解组合拼装成子问题的解，将子问题的解组合拼装成原问题的解，这是个组合的过程，如图 2-58 所示，这样问题就得到了完美解决。如果学过 PMP，那么对这个思维模式应该会理解得更加深刻，因为项目管理中经常用到的就是 WBS。本书第 6 章介绍的八大体系结构以及在《软件品质之完美管理》一书 2.1.4 小节中介绍的品质的细化管理中，用到的就是分治思维。

另外，递归也是一种特殊的分治技术，具有一定的难度，如果能掌握这种技术，相当于掌握了一种强大的编程武器，就能解决一些非常复杂的问题。例如取得某文件夹以及子文件夹下的所有文件名称，此时就需要使用递归算法。

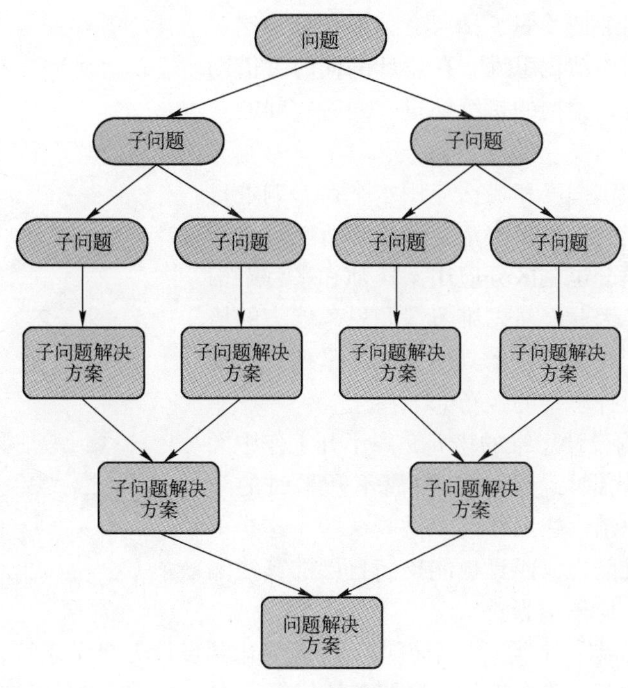

图 2-58　分治思维

2.7.4　演化思维

软件中的演化思维，指的是事物不断进化的过程，也可以说是优化思维，类似于《软件品质之完美优化——实战经典》一书中所讲述的 PDCA 过程。这个思维也是我们整个软件架构师成长之路系列课程所介绍的核心思维。在《Java 代码与架构之完美优化——实战经典》一书的前言中就说过，优秀的代码也好，架构也好，都是演化而来的，二八原则也适用于演化思维（两分设计、八分优化），也就是说在设计中演化，在演化中设计，是一个不断循环迭代的过程。在网上广为流传的程序员演化史的漫画就是演化思维的重要表现之一，如图 2-59 所示。

图 2-59　程序员演化史

2.7.5　架构思维之间的关系

抽象、分层、分治和演化思维是架构师应对和管理复杂软件架构设计的四种最基本武器。架构设计不是静态的，而是动态演化的。只有能够不断地应对环境变化的系统，才是有生命力的系统。所以即使掌握了抽象、分层和分治这三种基本思维，仍然需要演化思维，在设计的同时，借助反馈和进化的力量推动架构的持续演进，四者之间的关系如图 2-60 所示。

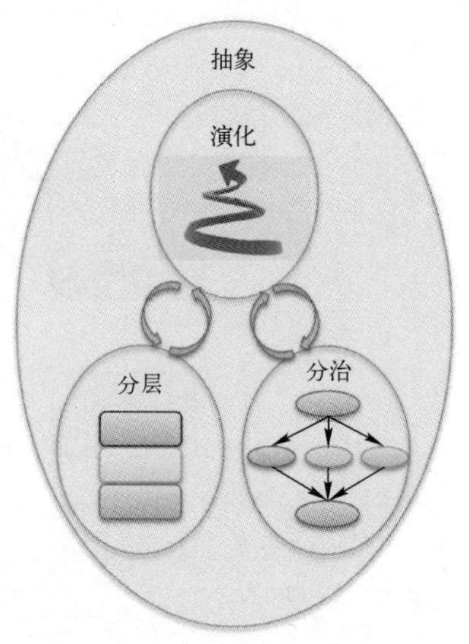

图 2-60　架构思维之间的关系

架构设计思维的掌握度和灵活应用水平，影响着自己的系统架构设计能力，直接决定了架构师所能解决问题域的复杂性和规模，也是区分应用架构师和平台架构师的重要标准之一。因此，对思维习惯和思考能力的培养的重要性要远大于对实际技术具体工具的掌握。实践中总结的培养架构设计思维的技巧如下：

（1）良好的架构设计思维的培养，离不开工作中大量高品质项目的实战锻炼。当然，也离不开平时的学习、思考、提炼与总结。建议读者多做算法题，这样不仅能提高自己的思维能力，而且也能提高自己的算法编程能力，一举两得，何乐不为？

（2）通过设计小到一个类、一个模块，慢慢演化到设计一个子系统，一个中型的系统，甚至大到一个公司的基础平台架构、微服务架构等形式，不断刻意练习与体悟架构思维，通过这种系统的演化学习来达到一定高度。

（3）架构设计不是静态的，而是动态演化的。在利用四种思维进行问题解决时，也要不断研究四种思维之间的相互关系。

（4）四种思维方式不仅可以解决工作中的问题，也可以解决日常生活中遇到的生活问题。形成习惯之后，看待世界事物的方式会发生根本性变化，会发现现实世界的很多领域都是在抽象、分层、分治和演化的基础上构建起来的。

2.8　架构编程思想

从计算机被发明起，人们尝试了很多方法来编写程序，例如：自顶向下编程、自底向上编程、模块化编程、结构化编程等。这些方法的根本目的只有一个——使编程更加高效，即让编写一个复杂的程序变得简单、自由、高品质、易于理解、易于扩展、易于维护。在这几十年的发展过程中，前期的面向过程编程（Procedure Oriented Programming，POP）以及后来的面向对象编程（Object Oriented Programming，OOP）是被证明的两种最佳编程实践。而且在这两种编程方式下，近年来又发展了面向服务（Service OrientedArchitecture，SOA）的架构体系，使得编程思想更加完善。

2.8.1　面向过程编程

过程可以理解为子程序的集合或者函数的集合。在面向过程编程中，强调的是函数或者子程序。函数是指令的集合，用于执行某个特定的任务。在程序中，函数被重复调用来执行任务。由此而产生了各种强大而优秀的面向过程编程语言，具有代表性的就是 Fortran 与 C。

在面向过程编程中，问题被看成过程的有序组合（例如：读、计算、展示结果等过程）。以面向过程来思考时，首先把问题分解成一系列过程，每个过程可以对应一个或者多个函数，实现了所有的函数，问题也就被解决了，如图 2-61 所示。

面向过程不重视数据，因而面向过程编程最大的问题在于数据处理。在 C 语言中，为了一个或者多个函数可以访问变量，这个变量必须被声明为全局变量，如图 2-62 所示。如果这个程序有 10 个函数，每个函数都可以访问这个变量，如果这个变量是程序的一个重要变量，那么任意一个不小心的操作就有可能毁了整个程序。而且当程序很庞大时，出现 bug 就很难定位到是哪个函数出了问题。

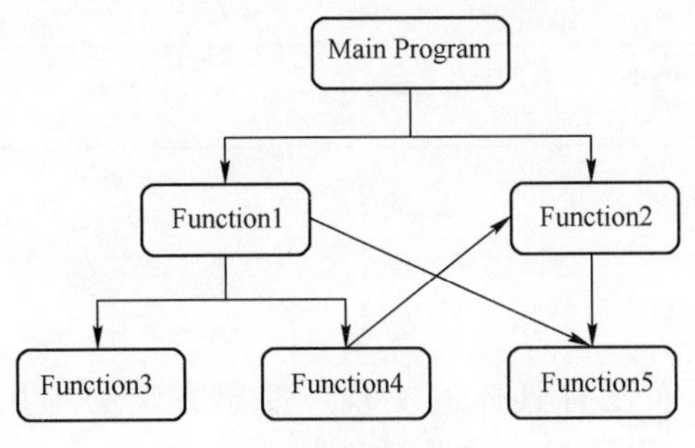

图 2-61　面向过程编程示意图

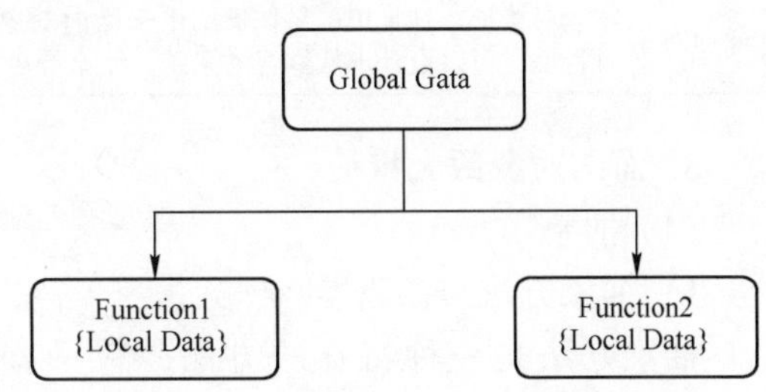

图 2-62　面向过程数据与函数关系

2.8.2　面向对象编程

1. 面向对象概述

面向对象就是以一种事物为中心的编程思想。在分析和解决问题时把思维和重点转向现实中的客体，把构成的事物分解成各个对象，建立对象是为了描述某个事物在解决问题的步骤中的行为。面向对象编程保留了结构化编程的所有优点，并且更接近现实，如图 2-63 所示。具有代表性的面向对象的编程语言有 Java、C++、Smalltalk 等。

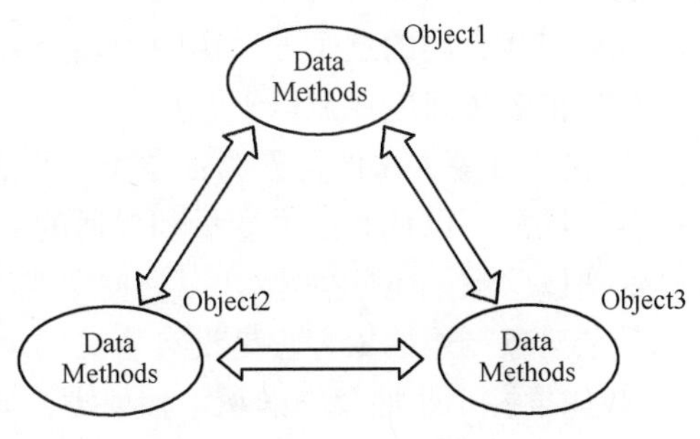

图 2-63　面向对象编程示意图

通过 UML 工具厘清这些客体之间的联系，再用面向对象的语言来实现这种客体以及客体之间的联系。

2. 面向过程与面向对象

从思维方式上来讲，二者对现实问题的建模方式不同。面向过程编程把问题分解成一个个过程，一步步实现这些过程，操作之间的交互，术语叫“函数”调用。而面向对象编程是模型化的，把问题看成一系列对象之间的交互，而设计出这些对象以及对象之间的交互，对象对其数据操作的术语叫“方法”实现。

从程序的本质上来讲，两者对算法以及数据的重视程度的不同产生了两种编程思维。程序的本质是算法和数据。面向过程编程重视算法，忽视数据；面向对象编程侧重点在数据，对算法的重视程度不如面向过程编程。因为对数据的重视，在面向对象编程中，引入了许多提高编程效率的新特性——封装、继承、多态、抽象，这些新特性可以使人们以一种全新的理念去编程。

从代码层面来看，面向过程和面向对象的主要区别就是数据是单独存储还是与操作存储在一起。在面向对象编程中，实现具体的功能还是需要流程化、具体化的算法来实现，因此还含有面向过程的思维。二者的优缺点见表 2-16。

表 2-16　面向过程语言与面向对象语言

类　别	优　点	缺　点
面向过程	性能较高，因为类调用时需要实例化，开销比较大，比较消耗资源。单片机、嵌入式开发、Linux/UNIX 等一般采用面向过程开发，性能是最重要的因素	不易维护、复用、扩展
面向对象	易维护、易复用、易扩展，由于面向对象有封装、继承、多态的特性，可以设计出低耦合的系统，使系统更加灵活、更加易于维护	性能较低

3. 面向对象四大特征

（1）抽象

1）抽象方法与抽象类

抽象方法是一种特殊的方法，它只有声明，而没有具体的实现。抽象方法必须用 abstract 关键字进行修饰。如果一个类含有抽象方法，则称这个类为抽象类。

抽象类体现了数据抽象的思想，是实现多态的一种机制。它定义了一组抽象的方法，这组方法的具体表现形式由派生类来实现，这种机制正好提供了继承的概念。对于一个父类，如果它的某个方法在父类中实现没有任何意义，而是需要根据子类的实际需求进行不同的实现，就可以将父类的这个方法声明为抽象方法，这个类也就成为抽象类。

使用抽象类时应注意以下几点：

① 包含抽象方法的类称为抽象类，但并不意味着抽象类中只能有抽象方法，它和普通类一样，同样可以拥有成员变量和普通的成员方法。

② 抽象类不能创建实体，因为抽象类存在抽象方法，而抽象方法没有实体，创建对象后，抽象对象调用抽象方法是没有意义的。

③ 如果一个非抽象类继承了抽象类，则非抽象类必须实现抽象父类的所有抽象方法。

④ 子类中的抽象方法不能与父类的抽象方法同名。

⑤ abstract 不能与 final 同时修饰一个方法。因为用 final 修饰后，修饰类不可以继承，修饰方法不可重写；而 abstract 修饰类就是用来被继承的，修饰方法就是用来被重写的。

⑥ abstract 不能与 private 修饰同一个方法。因为 privte 成员对外是不可见的，只能在本类中使用，这样子类就无法重写抽象方法。

⑦ abstract 不能与 static 修饰同一个方法。因为 static 修饰的方法可以用类名调用，而对于 abstract 修饰的方法没有具体的方法实现，所以不能直接调用。

2）接口与抽象类

接口（interface），是一系列方法的声明，一系列方法特征的集合。一个接口只有方法的特征没有方法的实现，因此这些方法可以在不同的地方被不同的类实现，而这些实现可以具有不同的行为（功能）。从这里，可以体会到 Java 语言设计者的初衷——它是对行为的抽象。在 Java8 以前的版本中，定义一个接口时，所有的方法必须是抽象方法，不能有具体实现，这是 Java 语法规定的。但是在 Java8 中定义一个接口时，在一定的前提下（增加 default 或 static 修饰符），可以有方法的具体实现——这样一个接口中可以有属性，可以有抽象方法，也可以有具体的方法，因此接口的功能明显变强了。同时实现该接口的实现类必须实现该接口的所有抽象方法，通过使用 implements 关键字，表示该类在遵循某个或某组特定的接口，同时也说明“interface 只是它的外貌，但是现在需要声明它是如何工作的”。

接口是抽象类的延伸，Java 为了保证数据安全，不允许多重继承，也就是说继承只能存在一个父类。但是接口不同，一个类可以同时实现多个接口，不管这些接口之间有没有关系。所以接口弥补了抽象类不能多重继承的缺陷，因此要灵活运用继承与接口，因为这样既可以保证数据安全性又可以实现多重继承。

在使用接口过程中需要注意如下几点：

① 接口没有构造方法。

② 由于接口中的方法默认都是抽象的，所以接口不能被实例化。

③ 接口中定义的所有变量默认是 public static final 的（静态常量），因此定义的时候必须赋值。

④ 一个接口中的所有方法访问权限被自动声明为 public，确切地说只能为 public。

⑤ 在实现多接口的时候一定要避免方法名的重复。

⑥ Java8 以后版本中，定义一个接口时可以有方法的具体实现（增加 default 或 static）。

很多人有过这样的疑问：为什么在这个地方必须使用接口而不是抽象类，而在其他的一些地方，又必须使用抽象类而不是接口呢？

实际上接口和抽象类的选择不是随心所欲的。要理解接口和抽象类的选择原则，有两个概念很重要：对象的行为模型和对象的行为实现。如果实体可以有多种实现方式，则在设计时，需要抽象出实体的行为规范，在具体使用时，再选择具体的实现方式，这样就把行为模型与实现方式实现了分类，也就是多态。

从实践中总结的接口与抽象类的选择技巧为：

① 行为模型应该总是通过接口而不是抽象类定义。

② 抽象类实现接口，具体类再实现抽象类里的抽象方法，抽象类与接口组成了架构体系的顶层设计。

抽象类和接口的区别见表 2-17。

表 2-17　抽象类与接口比较

对比观点	抽象类	接口
设计层面上	对某事物的抽象（类整体进行抽象，包括属性、行为）	对某行为的抽象（类局部行为的抽象）
	抽象类所体现的是一种继承关系，因此继承是一个“is-a”的关系	接口实现是“has-a”的关系
	抽象类作为很多子类的父类，它是一种模板式设计；如果需要添加新的方法，可以直接在抽象类中添加具体的实现，子类可以不进行变更	接口是一种行为规范，它是一种辐射式设计。如果接口进行了变更，则所有实现这个接口的类都必须进行相应的改动
语法层面上	可以提供成员方法的实现细节（即普通方法）	只能存在 public abstract 方法
	成员变量可以是各种类型的	成员变量只能是 public static final 类型的
	可以有静态代码块和静态方法	不能含有静态代码块以及静态方法
	只能继承一个抽象类	可以实现多个接口

(2) 封装

封装是指利用抽象数据类型将数据和基于数据的操作封装在一起，使其构成一个不可分割的独立实体。数据被保护在抽象数据类型的内部，尽可能地隐藏内部的细节，只保留一些对外接口使之与外部发生联系。

1) 封装与面向过程的缺陷

面向对象编程很重视数据，采用面向对象编程，程序员可以避免核心数据暴露在外。类是面向对象编程的基本概念，类用于打包不同的数据类型以及对这些数据的操作。类中的数据成员可以是私有的（private）、友好的（firendly）、保护的（protected）或者公有的（public）。类与C语言中的结构体很相似，都是打包不同的数据类型。它们之间的主要区别在于函数（方法），结构体不允许一起打包数据以及相应的处理函数，而类允许。并且结构体并不支持数据隐藏，结构体中的数据成员可以任意访问。面向对象编程中的数据隐藏称为数据封装。面向过程编程的主要缺陷（忽视数据）在面向对象编程中得到了解决。面向对象编程把数据绑定到类以及类的对象上去，因此也就不再需要全局数据类型，从而避免了全局变量的偶然修改导致的严重错误。

2) 封装的好处

封装给面向对象编程带来的好处如下：

① 良好的封装能够减少耦合。

② 隐藏信息，类内部的结构可以自由修改。

③ 可以对成员进行更精确的控制。

④ 提高了类的安全性与可重用性。

(3) 继承

继承是使用已存在的类作为基础建立新类的技术，新类的定义可以增加新的数据或新的功能，也可以用父类的功能。通过使用继承能够非常方便地重用以前的代码，显著提高开发效率。

1) 继承的特点

① 子类拥有父类非 private 的属性和方法。

② 子类可以拥有自己的属性和方法，即子类可以对父类进行扩展。

③ 子类可以用自己的方式实现父类的方法。

④ 构造方法不能被继承。

2) 方法重写

方法重写（Overriding）又称方法覆盖，指的是子类中定义某方法与其父类有相同的名称和参数。父类与子类之间的多态性，是通过对父类的方法进行重新定义来实现的。子类可继承父类中的方法，而不需要重新编写相同的方法。但有时子类处理内容与父类会有所不同，这就需要采用方法的重写。

从实践中总结的方法重写时的技巧如下：

① 子类方法的访问修饰权限不能少于父类的。

② 子类重写父类方法的时候，返回值类型必须是父类方法的返回值类型或该返回值类型的子类，不能返回比父类更大的数据类型。

③ 如需使用父类中原有的方法，可使用 super 关键字。

④ 子类对象查找属性或方法时使用就近原则——默认先使用 this 查找，如果找不到，则根据 super 关键字继续进行查找，如果还没有找到，则报编译错误。

3）方法重载

方法重载（Overloading）是让类以统一的方式处理不同类型数据的一种手段。多个同名方法同时存在，具有不同的参数个数或类型，重载是一个类中多态性的一种表现。调用方法时通过传递给它们的不同参数个数和参数类型来决定具体使用哪个方法，这就是多态性。

从实践中总结的方法重载时的技巧如下：

① 重载的时候，方法名要一样，但是参数类型或个数不一样，返回值类型可以相同也可以不相同，无法以返回类型作为重载方法的区分标准。

② 所有的重载方法必须在同一个类中。

（4）多态

多态指允许不同类的对象对同一消息做出不同响应，即同一消息可以根据发送对象的不同而采用多种不同的行为方式。

实现多态的技术称为动态绑定（Dynamic Binding），是指在执行期间判断所引用对象的实际类型，根据其实际类型来调用相应的方法。

多态存在的三个必要条件为：

① 要有继承或实现（接口），即父类引用变量指向了子类的对象或父类引用接受自己的子类对象。

② 要有重写。

③ 父类引用指向子类对象。

多态带来的好处有：

① 消除类型之间的耦合关系。

② 由于面向对象编程的可重用性，可以在应用程序中大量采用成熟的类库，从而缩短了开发时间。

③ 应用程序更易于维护、更新和升级。继承和封装使得应用程序的修改带来的影响更加局部化。

面向对象的四种特性，在架构设计与实现上非常重要，良好的架构一定是综合运用了四种特性而得出的巧妙设计。另外，面向对象编程还有重要的面向对象设计（OOD）的 11 个原则，在《Java 代码与架构之完美优化——实战经典》中有介绍，感兴趣的读者可以参阅。

4. 面向切面编程

面向切面编程（Aspect Oriented Programming，AOP），是通过预编译方式和运行期间动态代理实现在不修改源代码的情况下给程序统一动态地添加功能的一种技术。面向切面编程是面向对象编程应用的扩展，在架构设计中极为重要。利用面向切面编程可以对业务逻辑的各个部分进行隔离（也就是将通用非业务需求功能从业务需求功能中分离出来），从而使得业务逻辑各部分之间的耦合度降低，提高程序的可重用性，同时提高开发效率——可以将日志记录、性能统计、安全控制、事务处理、异常处理等代码从业务逻辑代码中划分出来，通过对这些行为的分离，将它们独立到非业务逻辑的方法中，进而改变这些行为的时候不影响业务逻辑的代码，如图 2-64 所示。

5. 面向接口编程

面向接口编程（Interface Oriented Programming，IOP）就是把客户的业务逻辑先提取出来，业务具体实现通过该接口的实现类来完成。面向接口编程也是面向对象编程的扩展应用，实现了对扩展开放、对修改关闭的架构设计原则——在使用面向接口编程的过程中，将具体逻辑与实现分开，减少了各个类之间的相互依赖。当各个类变化时，不需要对已经编写的系统进行改动，添加新的实现类就可以了，不再担心新改动的类对系统的其他模块造成影响。

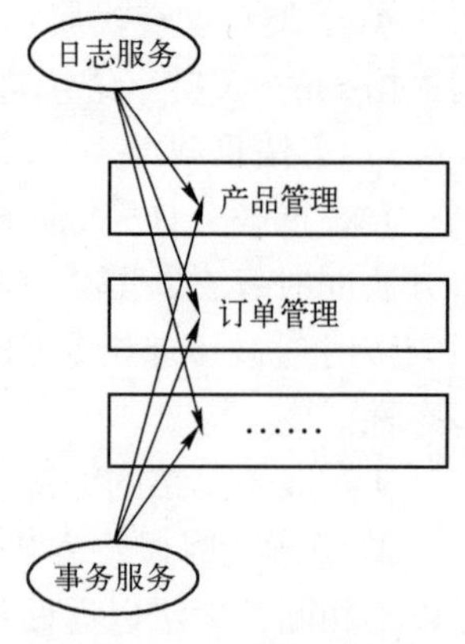

图 2-64　面向切面编程

接口和实现分离有以下几个好处：

1）降低程序的耦合性。耦合性越强，联系越紧密。在程序中紧密的联系并不是一件好的事情，因为两种事物之间联系越紧密，更换其中之一的难度就越大，扩展功能和维护的难度也就越大。

2）易于程序的扩展，轻松更换实现，而不用修改客户端。

3）用户只需要了解接口，而不需要了解实现细节。

4）增加了重用的可能性。

实际应用中，以下各种场景都是对接口的最佳实践。

1）Oracle 公司[⊖]提供了一套 JDBC 接口规范，Oracle、MySQL、Postgre SQL 等数据库产品分布实现了一套基于此接口的驱动。

2）在设计模式这一节中介绍的 Spring 采用了桥接模式来实现对各种实现的兼容。工厂方法模式、抽象工厂等也都是面向接口编程思想的体现。

3）顶层设计一般都是一个接口，例如 Java 集合体系里面的 Iterator、Collection 以及 Map 接口就组成了其顶层接口。

6. 面向组件编程

面向组件编程（Component Oriented Programming，COP），是一种组织代码的思路，也是面向对象编程的扩展应用。比起面向对象编程进步之处在于通用规范的引入。通用规范往往能够为组件添加新的能力，帮助实现更加优秀的软件结构。组件的粒度可大可小（取决于具体的应用）。在面向组件编程中有几个重要的概念：服务是系统中各个部件相互调用的接口；服务供客户端程序使用；组件必须符合容器设定的规范（例如：初始化、配置、销毁等）。在技术实现手段上，Java 中的 JavaBean 规范和 EJB 规范都是典型的组件。组件的特点在于它定义了一种通用的处理方式。

接口和实现分离是面向组件编程的基础，没有接口和实现的分离，就没有面向组件编程。接口的高度抽象特性使得各个组件能够被独立地抽取出来，而不影响系统的其他部分。面向组件编程与面向对象编程的对比关系如表 2-18 所示。

⊖ Java 最初属于 SUN 公司，于 2009 年被 Oracle 公司收购。

表 2-18　面向对象与面向组件编程对比

对比观点	面向对象	面向组件
构成粒度	细粒度，对象是其元素	组件是其基本元素；组件有点类似子系统的概念，把一组相关的对象封装起来对外提供服务；组件的存在增加了信息的隐蔽程度，减少了侵入上层信道的数量，从而增加了系统的稳定性
交互粒度	细粒度，通过单个消息进行交互	通过接口进行交互，接口内含有多个消息（如果接口不同则需要适配）
设计理念	强调封装、继承、多态	强调封装，在复用方面更多的是强调黑盒复用。组件中，接口的概念特别被强调——接口是组件和组件使用者之间的契约；接口的确定使得组件开发者和使用者得以分开

2.8.3　面向服务架构

1. 面向服务概述

面向服务（Service Oriented Architecture，SOA）是一种体系结构，目标是在软件交互中获得松散耦合。一个服务是服务提供者为服务消费者获得其想要的最终结果的一个工作单元，如图 2-65 所示。

面向对象编程的特征是将数据与操作绑定，是一种紧耦合模型。而面向服务思想明显不同于面向对象编程，为了减少异构性、互操作性和应对不断改变的需求问题，而具有松耦合、位置透明、协议独立等特征。

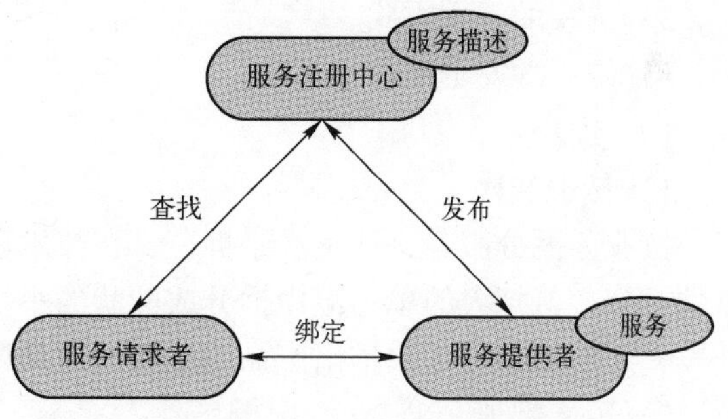

图 2-65　面向服务架构编程

基于这样的面向服务的体系结构，服务使用者甚至不必关心与之通信的特定服务，因为底层基础设施或服务“总线”将代表使用者做出适当的选择。基础设施对请求者隐藏了尽可能多的技术，特别是来自不同实现技术（如 J2EE 或 .NET）的规范不应该影响面向服务用户。如果已经存在一个服务实现，可以重新考虑用一个“更好”的服务实现来代替，新的服务实现必须具有更好的服务品质。

因为面向服务架构实现不依赖于具体技术，因此能够使用 REST、SOAP、RPC-XML、RMI、CORBA、DCOM 等不同的技术实现，如图 2-66 所示。

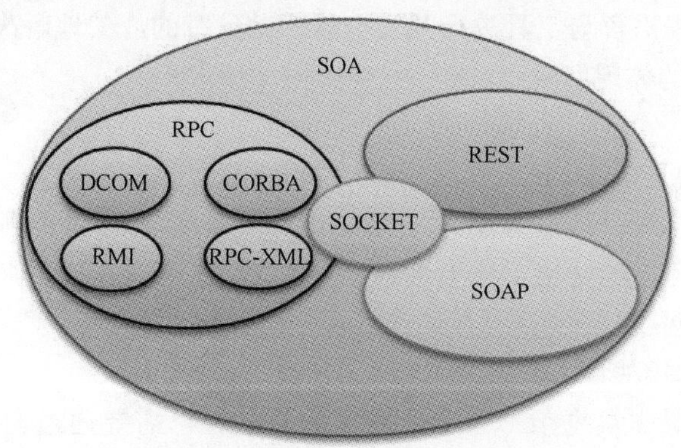

图 2-66　SOA 各种实现技术之间的关系

2. 微服务架构

（1）概念

微服务（Microservice）是以专注于单一责任的小型功能模块为基础，通过 API 相互通信的方式来完成复杂业务系统的一种架构设计思想。也就是指开发多个小型但有业务功能的服务，每个服务都有自己的处理和轻量通信机制，可以部署在单个或多个服务器上。换句话说，是把一个大型的单个应用程序和服务拆分为多个微服务。微服务也指一种松耦合的、有一定上下文的面向服务架构，是近年来新兴的面向服务架构的升级版。

微服务系统要提供一套基础的架构，这种架构使得微服务可以独立部署、运行、升级，不仅如此，这个系统架构还让微服务与微服务之间在结构上松耦合，而在功能上则表现为一个统一整体。所谓的统一整体主要表现在以下几方面，目的就是有效地拆分应用，实现敏捷开发和部署。

1）统一的风格界面。

2）统一的权限管理。

3）统一的访问入口。

4）统一的发布过程。

5）统一的日志方式。

6）统一的安全策略。

（2）优点

1）易于迭代

按业务拆分服务，这是水平拆分；在技术层面的前后分离，属于垂直拆分。这样经过横纵的拆分，就把大的单一应用拆分成网状的小块应用，每个小块应用就可以由不同团队独立开发，互不影响，加快推出产品的速度。这是微服务中“微”思想的体现。

2）独立部署

每个微服务既可以部署在不同的单独服务器，也可以部署在同一个服务器，而且服务之间还可以互相隔离。这种松耦合的设计，充分体现了“我为人人、人人为我”的完美设计理念，这是微服务中“服务”思想的体现。

3）交互轻便

轻量的通信协议和简单的数据结构即轻量 API 通常采用 HTTP+JSON 的方式。这样做使得服务之间不再需要关心对方的模型，仅通过事先约定好的接口来进行数据流转即可。每个微服务可通过最佳编程语言与工具进行开发，能够做到有的放矢地解决针对性问题。这是微服务中“解耦”思想的体现。

（3）缺点

1）分布式系统的复杂性

作为一种分布式系统，微服务引发了复杂性和其他若干问题，例如：网络延迟、容错性、消息序列化、不可靠的网络、异步机制、版本化、差异化的工作负载等，开发人员需要考虑以上分布式系统问题。

2）跨服务测试的挑战性

跨服务测试将变得非常复杂，为降低测试的复杂性，需要通过监控发现生产环境的异常，进而快速回滚或采取其他必要的行动。

3）发布风险

把系统分为多个协作组件后会产生新的接口，这意味着简单的交叉变化可能需要改变许多组件，并协调一起发布。在实际环境中，一个新品发布时，由于集成点的大量增加，微服务架构会有更高的发布风险。

4）运维开销及成本增加

单体应用可能只需部署至一台服务器，而微服务架构则可能需要部署在数个甚至数十个独立的服务器上，同时可能需要多种语言和环境的支持。

5）人才方面的挑战

由于微服务的复杂性，开发人员需要有较强的技能，开发人员也需要掌握必要的数据存储技术（如 NoSQL）、多开发语言（可以有 Java 编写的服务，也可以有 Python 编写的服务，它们是靠 RESTful 架构风格统一成一个系统的）等多种技能，因此这会带来招聘人才方面的挑战。

（4）适用场景

互联网系统架构的复杂度越来越大，微服务架构就成为最佳选择。但是，正如《互联网系统架构的演进》中提到的："系统的架构都是从小到大，从简单到复杂演进的。网站初期的架构一般采用短平快的架构思路，架构以简单清晰、容易开发为第一衡量指标。"所以，微服务架构是不是一个好的选择，实际上是由系统的复杂度来决定的。

微服务可以按照业务功能本身的独立性来划分。如果系统提供的业务是非常底层的（如操作系统内核、存储系统、网络系统、数据库系统等），功能和功能之间有着紧密的配合关系——如果强制拆分为较小的服务单元，会让集成工作量急剧上升，并且这种人为的切割无法带来业务上的真正隔离，所以无法做到独立部署和运行，也就不适合做成微服务了。因此，能不能做成微服务，主要取决于以下四个要素：

1）小：微服务体积小。

2）独：能够独立部署和运行。

3）轻：使用轻量级的通信机制和架构。

4）松：微服务之间是松耦合的。

（5）微服务设计

如图 2-67 所示，做微服务设计时，需要考虑以下因素：

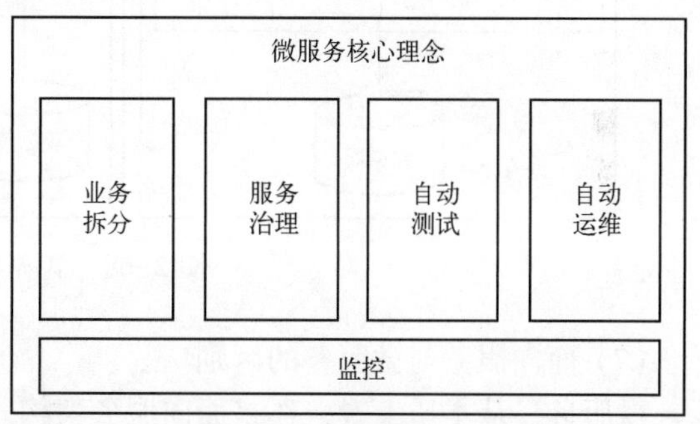

图 2-67　微服务核心理念

1）业务拆分

业务拆分，体现在设计环节。在设计的时候，要有足够的判断力来合理地规划服务之间的界限。

2）服务治理

服务治理，即底层技术的支持。首先要选一款适合自己实际情况的分布式服务基础框架，对于服务的发现、治理、熔断、降级，都要做好相应的技术准备。

3）自动测试

自动测试，就是测试要尽可能地自动化。微服务一个明显的表象就是随着服务的增多，继续沿用传统的测试模式就会遇到瓶颈，为了保证高效迭代，应尽量做到更多的环节实现自动化。

4）自动运维

自动运维，即微服务拆分之后，每个服务都可以独立部署，随时随地可以升级。尤其当互联网发展到今天，业务要保持对市场变化的一个高效响应，自动运维就是提升交付速度的一个重要环节。

5）监控

监控包括硬件环境、服务状态、系统健康度、接口调用情况、异常的实时报警以及潜在问题的事先预警等。

(6) 单体架构与微服务的区别

1）单体架构所有的模块全都耦合在一起，代码量大，维护困难；而微服务每个模块就相当于一个单独的项目，代码量明显减少，遇到问题也相对来说比较好解决。

2）单体架构所有的模块都共用一个数据库，存储方式比较单一；而微服务每个模块都可以使用不同的存储方式（如有的用 Redis，有的用 MySQL 等）。

3）单体架构所有的模块开发所使用的技术一样；而微服务每个模块都可以使用不同的开发技术，开发模式更灵活。

二者的区别如图 2-68 所示。

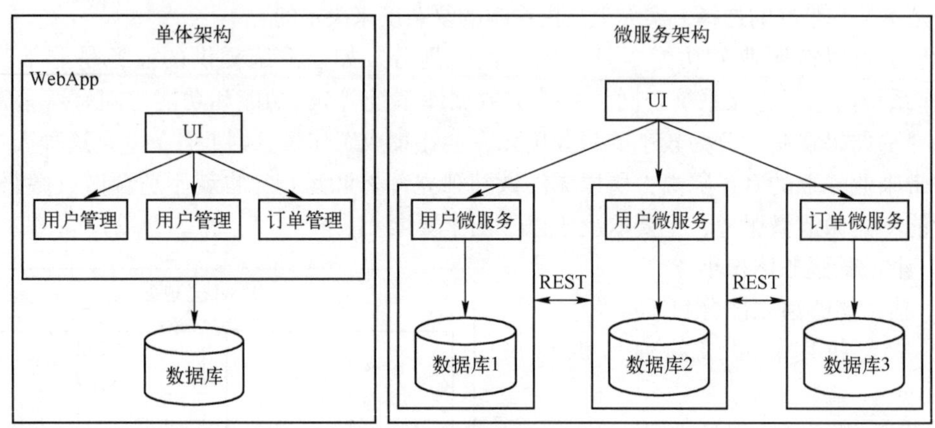

图 2-68　单体架构与微服务

(7) 面向服务与微服务的区别

微服务，从本质上看，还是面向服务架构。但功能又有所不同，二者的区别见表 2-19。

表 2-19　面向服务与微服务比较

角　度	面向服务	微服务
目标	应用之间进行互操作	容易扩展新功能
管理	着重中央管理（总线）	着重分散管理
耦合	一般是松耦合	必须是松耦合
组件	大块业务	单独任务（小块业务）

2.8.4 架构思想之间的关系

应用架构作为独立可部署的单元，为系统划分了明确的边界，深刻影响系统功能组织、代码开发、部署和运维等各方面。应用架构定义系统有哪些应用以及应用之间如何分工和合作呢？应用架构的本质是通过系统拆分，平衡业务和技术复杂性，来保证系统形散神不散。应用架构的发展大致经过了单体架构、垂直架构、面向服务架构、微服务架构四个过程，如图 2-69 所示。

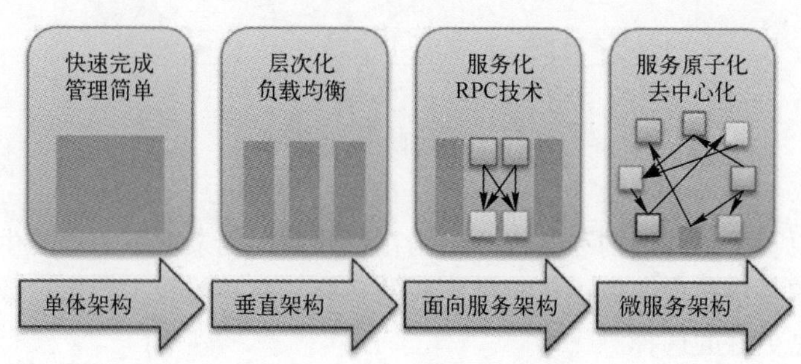

图 2-69　应用架构发展历程

1. 单体架构

一个归档包（例如 war 格式）包含了应用所有功能的应用程序，通常称之为单体应用。架构单体应用的方法论，称之为单体应用架构。当系统只需一个应用，将所有功能都部署在一起就可以方便解决问题时，就可以采用这种架构。

2. 垂直架构

当访问量逐渐增大，一个服务器已经无法满足应用需求。通过增加服务器形成集群，再利用负载均衡技术来提高性能的垂直架构应运而生，这也是目前 Java EE 系统使用最多的架构形式。

3. SOA 架构

当应用越来越多，应用之间的交互将不可避免。把核心业务抽取出来，作为独立的服务，逐渐形成稳定的服务中心，使前端应用能更快速地响应多变的市场需求。此时，用于提高业务复用及整合的分布式服务框架相应问世。它将整个系统打散成为不同的功能单元（即服务），将这些服务通过接口和契约联系起来。

4. 微服务架构

当使用 SOA 的时候，可能会进一步思考，既然 SOA 是通过将系统拆分来降低复杂度而实现的，那么是否可以把拆分的粒度再细一点？将一个大服务继续拆分成为不同的、不可再分割的“服务单元”时，也就演变成另外一种架构风格——微服务架构。所以，微服务架构本质上是一种 SOA 的特例，避免了 SOA 系统升级风险高、维护成本高、项目交付周期长、监控困难等开发上的难题。

5. 单体架构与微服务架构

对于这个问题，Martin Fowler 在论文《Microservice Premium》中深刻阐述了这一点，同时他给出了一个很关键的图，如图 2-70 所示。

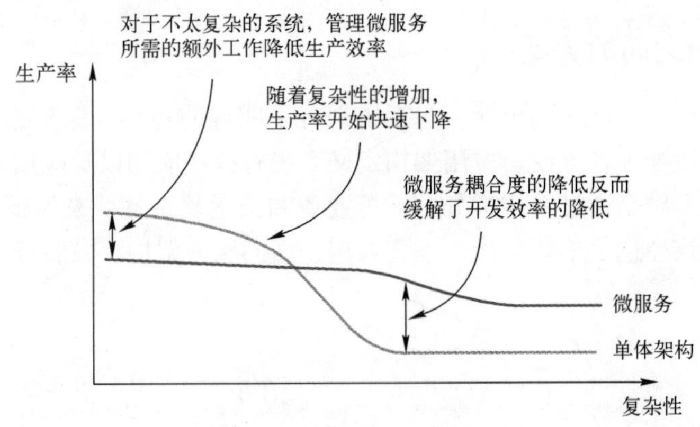

图 2-70　微服务适用场景

上图直观地说明了单体架构和微服务架构在不同系统复杂度下不同的生产力以及两者的对比关系。对于需要快速为商业模式提供验证的系统，在功能较少、用户数量不是很多的情况下，单体架构是更好的选择。

软件发展的不同时期、阶段，对技术的理解、选择和应用都有着不一样的诉求。架构的选型，永远只有“合适与不合适”，而没有“哪个更好”的说法。也就是说，选择时团队成员的技术水平的重要性要超过架构本身的特性。

本章所介绍的各种架构思想之间的关系如图 2-71 所示。由面向过程的编程思想，发展到面向对象的编程思想，相应地出现了面向过程的编程语言与面向对象的编程语言。其中面向对象的编程思想里面，亦包含面向过程的思维。随着技术的发展又出现了面向服务架构的编程思想，其实现方式既可以是面向过程的技术也可以是面向对象的技术；面向服务技术进一步演进，又产生了微服务编程。在面向对象编程思想里面，又衍生出了面向接口、面向切面以及面向组件的编程，这三者都属于面向对象编程的思想体系，是面向对象编程思想的特例（一种方式）。

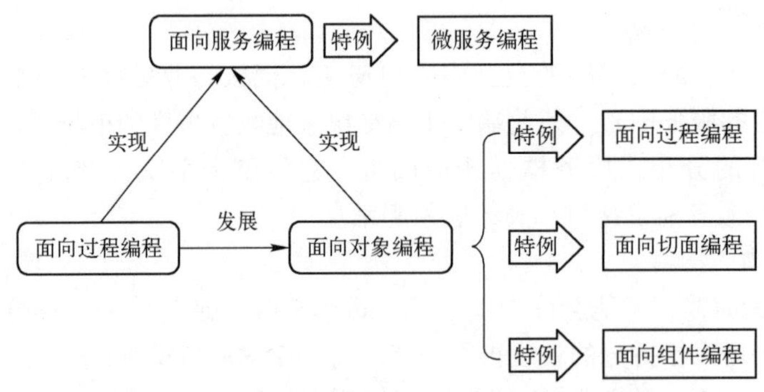

图 2-71　各种架构思想关系

2.9　架构设计原则

《Java 代码与架构之完美优化——实战经典》一书第 9 章中介绍了架构优化的五大原

则，这些原则也是进行架构设计时必须遵守的。另外设计时还需要遵循以下三个原则。

2.9.1 简单原则

简单原则指的是简单的架构优于复杂的架构。在 Java 领域，众所周知的 EJB 的最初设计是非常复杂的，正是由于其复杂性而没有得到广泛的应用，相反却促成了具有强大生命力的轻量级框架 Spring 的诞生。

软件的复杂性往往不在架构的复杂，而是在结构的复杂与业务的复杂。结构的复杂指的是系统由很多组件组成，而组件内部又有很多关系；同时，系统还要与很多其他系统之间进行交互。业务的复杂指的是，各种业务逻辑算法的复杂，例如保险业务中的各种复杂的算法就让程序员望而生畏。

2.9.2 合适原则

合适原则指的是合适的技术优于业界领先的技术。真正优秀的架构都是在企业当前人力、技术、业务等局限条件下设计出来的，而且能够快速进入市场并得到客户认可。

鞋子是否合适，只有穿上了才知道。同样道理，产品是否优秀，放入市场，得到客户认可才是优秀的。架构设计并非技术越先进越好，而是需要由业务驱动并不断发展。例如日本某公司一直想开发一款先进的云服务平台，可是投资了巨大人力与资金也没有成功；而阿里巴巴、亚马逊却能够成功，关键因素是这两家公司有巨大的业务需求，从而促进了技术的发展。

2.9.3 演化原则

演化原则指的是架构需要随着技术与业务的发展而不断进化，也是演化思维的具体表现。当今流行的敏捷开发、DevOps 等，也是为配合软件的快速发布而出现的新开发方法。

虽然架构一词来源于建筑，但是其设计理念是不一样的：对于建筑来说，希望建成之后可以永存；而对于软件来说，却是变化的，例如常用的 Windows 也是在不断升级变化的。可知，软件架构不是一步到位的，即使是顶尖的微软架构师，也不可能在 1985 年设计出 Windows10。

2.10 架构优化利器

2.10.1 重构带来的利益

重构是在不改变软件外部行为的前提下对软件内部结构的一种调整，目的是提高代码品质、性能，增强代码的可读性与可维护性。

软件的开发工作是一种智力劳动，需要付出大量的脑力，特别是架构的设计与开发更加有难度。然而刚刚开始的设计与代码不可能是最优的，因此需要利用重构技术不断改进。可见重构在架构设计与优化中具有举足轻重的作用。

1. 重构可以简化设计方案

重构和设计是相辅相成的。有了重构，可以预先设计，而不必是最优的设计，只需要一个合理的解决方案即可。实现的时候再对解决方案进一步优化，让所有带着发散倾向的代码回归本位以纠正偏差。

2. 重构能够避免过度设计

设计人员需要考虑简单的可运行方案，之后通过不断重构达到预期目的，避免了过度设计造成的浪费。

3. 重构使得设计趋向优雅

通过不断循环的重构，可以使得设计更加优雅。在敏捷开发中也是极力推荐通过不断重构、迭代而达到优雅设计。优雅的设计不是一蹴而就的，而是不断重构出来的。

4. 重构可以促进代码优化

容易理解的代码可以很容易地维护和做进一步的开发。几乎所有的程序员都可以写出计算机理解的程序，但是只有优秀程序员才可以写出人类容易理解的代码。

5. 重构可以发现代码缺陷

孔子说过："温故而知新。"重构代码时强迫自己加深对旧代码的理解。在另一个时段重新审视自己或别人的代码，可以更容易地发现问题和加深对代码的理解。

6. 重构可以提高开发速度

重构可以对设计和代码进行改进，从而有效地提高开发速度。好的设计和代码品质是提高开发速度的关键。重构会在当前减缓速度，但它带来的后发优势却是不可低估的。

正是因为重构能够带来如此多的好处，因此各种开发方法论、各种开发工具等都为重构提供了强大的支持。所以无论是在设计还是在代码编写时，只要代码与《Java 代码与架构之完美优化——实战经典》中所阐述的优化原则以及项目规定内容相悖时，都可运用重构利器进行优化，进而把重构培养成一个良好的软件开发习惯。

2. 10. 2　重构技巧

重构在开发中必不可少，但是如果利用不当会适得其反，不仅浪费时间而且影响士气。因此重构时需要小心谨慎，特别是对大型架构进行重构。

在实践中总结的重构技巧，如图 2-72 所示。

1. 备份重构代码

如果有代码管理工具，那么重构前需要提交所有代码；如果没有管理工具，那么先备份当前代码，以防万一（重构失败可以再恢复）。

2. 做好测试用例

重构成功与否的衡量标准就是重构前后功能不变，而验证功能不变的方法就是做好充足的功能测试。因此进行重构前后代码测试结果的对比就至关重要。

3. 规划重构步伐

小型重构自然简单，但是如果要进行架构等大型重构时，分步进行就显得格外重要。进行小步重构的目的是，保证重构在可控范围内。

重构时，如果跨度太大而造成修改的文件太多，可能会导致程序无法运行；另外容易改变原来的功能造成程序的不可控制——不可控制就是一个不可信赖的系统，系统就无法使用。此时就必须恢复到上一个版本，如果重构前没有备份，那么带来的后果将是灾难性的。所以提倡小步伐，多次重构，从而一步一步达到目的。

那么以多大的单位进行一次重构合适呢？根据经验，可以提取一个方法或者抽出一个变量，只要单位在可控范围内，保证出现的错误能够很容易被发现即可。

分阶段实施时，可以参考以下经验：

（1）划分优先级

列出所有问题，然后分优先级。

（2）分类

将相同的问题进行分类，每次优化集中解决一类问题。

（3）先易后难

之所以先易后难，具有以下好处：

首先，把相对简单的问题逐个解决之后，往往会发现原来难的问题已经不那么难了，甚至有些问题可能就随之消失了。

其次，可以比较快速地看到成果，虽然可能不大，但是至少看到了一些效果，对后续项目的推进与团队士气的鼓舞都有很大好处。

最后，随着重构的不断进行，原来分析错误或者遗漏的重构点，会逐渐显示出来，能及时根据实际情况进行调整，从而保证整个重构的效果。

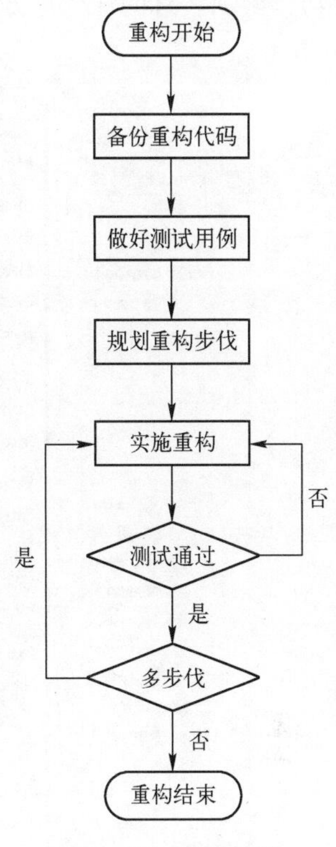

图 2-72　重构技巧

4. 测试

在大型重构中，测试是保证既定功能的唯一途径，因此测试必不可少（限于篇幅，无法展示大型重构的魅力；如果是小型重构，如名称修改、提取方法等，步骤就会简化，可以灵活运用）。

刚刚开始的代码以及架构基本都是要求先运行起来，再进行不断的重构而得到优秀的代码。即使是技术大咖，也不能保证最初写出的代码是完美的，但是通过不断重构，最终代码会逐步趋向完美。因此重构技术是人们创造优质架构与代码的最佳方式。实际应用中，编写代码前需要提前规划与设计，但是这个过程不要耗费太长时间，不要太追求完美；最重要的是先让代码运行起来，完成其必要功能，之后再一步一步地进行重构优化！

2.10.3　重构工具

各种开发平台都对重构提供了强大支持。如 Eclipse 为重构单独列了一个菜单，菜单内提供了丰富的重构功能，如图 2-73 所示。另外，IntelliJ IDEA 不仅为重构提供了强大的支持，而且还实现了智能重构。

《Java 代码与架构之完美设计——实战经典》介绍的各种优化技巧中，优化技巧 14："移动变量"就具有重构功能，其对应的 Eclipse 重构功能是"PullUp"或"PushDown"。

"名称重构"是最常用的重构功能，其快捷键为"Alt+Shift+R"。给大家提供一个小的技巧：出现名称的任何地方都可以进行重构！如图 2-74 所示。

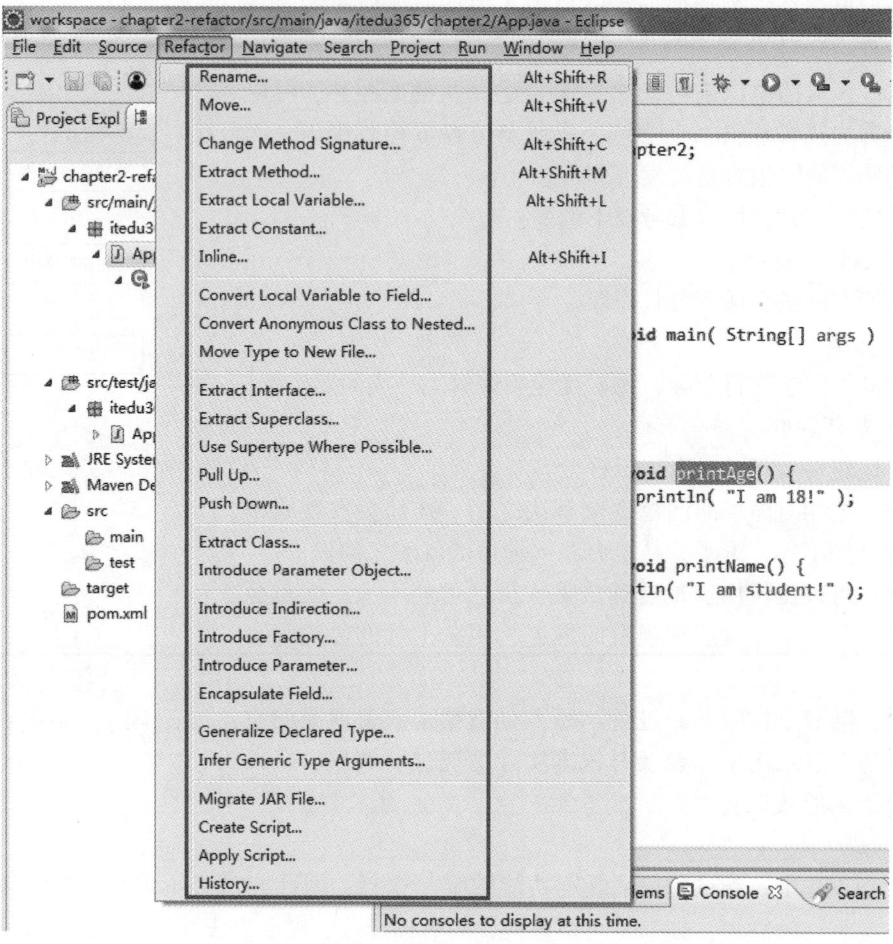

图 2-73　重构工具菜单

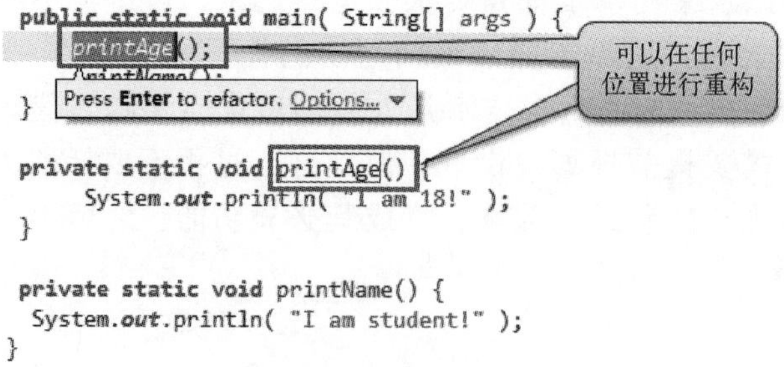

```
public static void main( String[] args ) {
    printAge();
}

private static void printAge() {
    System.out.println( "I am 18!" );
}

private static void printName() {
    System.out.println( "I am student!" );
}
```

Press Enter to refactor. Options...

可以在任何
位置进行重构

图 2-74　名称重构

另外，撤销重构的后悔药——快捷键“Ctrl+Z”，不仅可以用于一步后退，亦可以进行连续多次的后退（连续执行多次“Ctrl+Z”）。

小结

本章把架构过程中最为核心的概念与理论进行了总结。首先介绍了架构的品质与流程，根据架构编程思想，使用 UML 与设计模式进行基本的架构设计；然后选择开发模型进而选择最佳方法；最后根据架构模式、思维、设计与优化原则，对初步完成的成果进行重构优化。本章总结了架构设计基本理论的核心内容，希望读者朋友能以此为根本，必要时进行拓展；特别是对于架构思维，也要在日常生活中进行锻炼。另外，对设计模式这一节，最好能把 23 种设计模式熟练掌握，达到信手拈来的地步。

习题

1. 利用开发工具实现属性名变更、方法提取、方法移植的重构操作。
2. 实现简单工厂与抽象工厂模式的案例。
3. 利用属性文件读取类名的形式（反射机制），对工厂方法模式进行优化。
4. 举例区别类适配器与对象适配器。
5. 方法返回值不同可以进行重载吗？
6. 如何理解“行为模型应该总是通过接口而不是抽象类定义”？

第3章　构建开发工具体系

在阅读本章内容之前，首先思考以下问题：

1. DevOps 能力图中的开发工具有哪些类别？
2. 常用代码管理工具有哪些？
3. 常用项目构建工具有哪些？
4. Eclipse 插件安装方式有哪些？
5. Eclipse 启动方式有哪些？
6. Eclipse 里“Ctrl+Shift+R”与“Ctrl+Shift+T”快捷键的区别是什么？

3.1　DevOps

俗话说：“工欲善其事，必先利其器”“磨刀不误砍柴工”，这些至理名言都在告诉人们工具的重要性。一个好的工匠，必定要有一套好的工具才能打造出优秀的艺术品。

软件开发与运维是软件生命周期的两个阶段。开发团队和运维团队有各自的利益和习惯，所以两者往往会产生各种冲突，如图 3-1 所示。

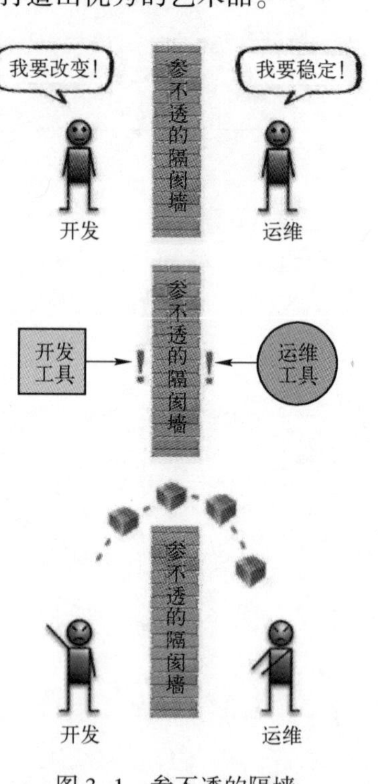

图 3-1　参不透的隔墙

DevOps 是软件开发人员和运维人员联合开发的新开发方法，以 IT 自动化以及持续集成（CI）、持续部署（CD）为基础来优化程序开发、测试、系统运维等所有环节。

DevOps 一词来自 Development 和 Operations 的组合，强调软件开发人员和运维人员的沟通合作，通过自动化流程使软件构建、测试、发布更加快捷、频繁和可靠。

DevOps 是为了填补开发端和运维端之间的信息鸿沟，改善团队之间的协作关系，再细分开发过程的话还包括测试（品质管理重要内容之一）等环节，如图 3-2 所示。

DevOps 希望做到的是软件产品交付过程中 IT 工具链的打通，使得各个团队减少时间损耗，更加高效地协同工作。正如 Amazon 的 VP 兼 CTO Werner Vogels 那句让人印象深刻的话：“You build it, you run it!（谁开发谁运行）”。DevOps 能力图如图 3-3 所示，良好的闭环可以大大增加整体的产出。

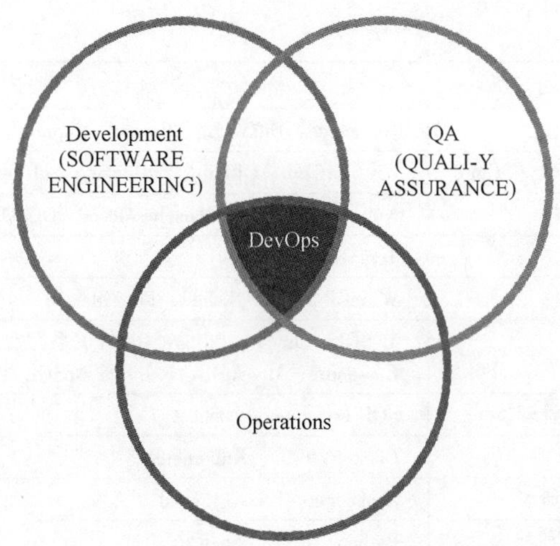

图 3-2　DevOps 三部分

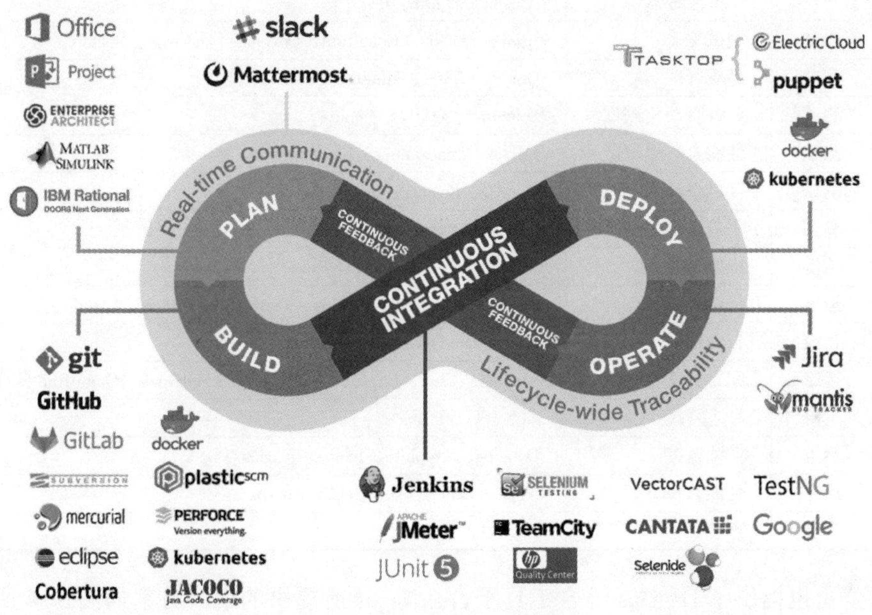

图 3-3　DevOps 能力图

能力图中相关工具总结见表 3-1。

表 3-1　DevOps 工具

编　号	大分类	小　分　类	工　　具
1	计划	项目管理（PM）	Jira、Confluence、Redmine、Asana、Taiga、Trello、Basecamp、Pivotal Tracker、Plastic SCM
2	计划	原型设计	Axure、Justinmind、Proto. io
3	计划	UML 等设计	IntelliJ IDEA、Office、Project、Enterprise Architect、Matlab Simulnk、IBM Rational、JUDE
4	开发	代码编辑	Eclipse、STS、Notepad++、Editplus

（续）

编　号	大分类	小　分　类	工　　具
5	开发	代码比较	Winmerge、DiffMerge、Beyond compare
6	开发	代码管理（SCM）	Git、GitHub、GitLab、BitBucket、SubVersion、Mercurial、Perforce
7	开发	文档编排	Kubernetes、Core、Apache Mesos、DC/OS
8	开发	命令行	Tera Term、Putty
9	开发	文件传输	WinSCP、Xftp、Xshell、FileZilla
10	开发	数据库	MySQL、Oracle、PostgreSQL 等关系型数据库 Cassandra、MongoDB、Redis 等 NoSQL 数据库
11	开发	数据库管理	SQL Developer、Navicat
12	开发	容器	Docker、LXC、Kubernetes
13	开发	服务注册	Zookeeper、Etcd、Consul
14	开发	脚本语言	Python、Ruby、Shell
15	开发	应用服务器	Tomcat、Jboss
16	开发	Web 服务器	Apache、Nginx、IIS
17	测试	测试覆盖	Junit、TestNG、Cobertura、Coverage、JaCoCo、VectorCAST、CanTATA
18	测试	品质管理	Quality Center、Mantis、Quality1
19	测试	Web 自动化测试	Selenium、QTP、Selenide
20	测试	性能自动化测试	JMeter、Loadrunner、Blaze Meter
21	测试	接口自动化测试	SoapUI、Postman
22	测试	手机自动化测试	Robotium、Appium
23	运维	构建工具	Ant、Maven、Gradle、Nexus
24	运维	持续集成（CI）	Bamboo、Hudson、Jenkins、Team City、Electric Cloud
25	运维	自动部署（CD）	Capistrano、CodeDeploy
26	运维	配置管理	Ansible、Chef、Puppet、SaltStack、ScriptRock、GuardRail
27	运维	日志管理	ELK、Logentries
28	运维	系统监控	Datadog、Graphite、Icinga、Nagios
29	运维	性能监控	AppDynamics、New Relic、Splunk
30	运维	预警	PagerDuty、Pingdom

有些公司也提供了 DevOps 综合工具平台，Nexus 所提供的解决方案如图 3-4 所示。

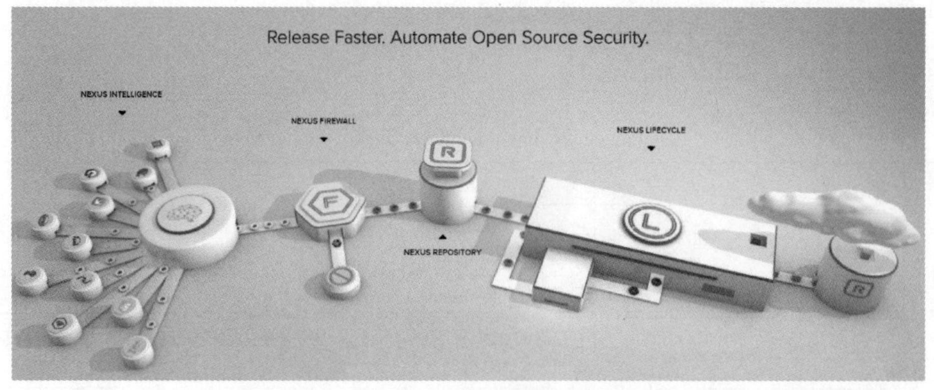

图 3-4　Nexus 综合工具平台

3.1.1 代码管理工具

1. 概述

在 IT 行业，新旧交替的速度之快往往令人咋舌，用不了多久，就会发现曾经大红大紫的技术已经成了明日黄花。新技术、新工具层出不穷，如果自己不与时俱进，就会渐渐被时代所淘汰。

在 Java 几十年的发展过程中出现过 CVS、SVN 以及 GIT 等文件管理工具，其中 CVS 已经退出历史舞台，SVN 也在渐渐被 GIT 所代替（推荐一个较好的 GIT 学习网站：https://backlog.com/git-tutorial/cn/）。无论技术如何革新，基本的代码管理原则与思想是不变的。

1）代码提交的最低要求是无编译错误。

2）填写本次提交概述。

3）避免提交无用文件。

并不是本地所有的文件都需要提交服务器进行管理（非最终成果文件或者动态编译文件以及与本地资源相关文件等不需要提交）。一旦提交就会和其他的文件产生冲突，导致无法正常使用。解决的方案就是在“.ignore”文件里，写上非提交文件的内容。例如：

```
# Maven #
target/
# Eclipse #
.settings/
.classpath
.project
```

2. SVN 对比 Git

程序员对大名鼎鼎的 SVN 估计没有不知道的，但是在使用中是否碰到过以下问题？

1）没有遵守约定俗成的三个顶级目录结构（branches、tags、trunk）。

2）如何正确地反删除（直接添加删除的文件是不正确的）。

3）SVN 管理员如何对版本库进行管理（如撤销不当提交，修改错误的提交说明等）。

4）版本库的安全问题（如何备份）。

Git 工具的出现不但解决了以上这些问题，还具有以下优点：

（1）具有强大的分支功能

Git 可以很容易地对比两个分支，知道一个分支中哪些提交尚未合并到另外一个分支。而 SVN 却没有，且 SVN 的分支做得不够彻底，对于分支的最基本的提交隔离就没有实现（SVN 中一次提交可以同时更改主线和分支中的内容）。

（2）具有清晰的权限管理

Git 可以实现细粒度的权限管理，在企业中使用典型角色划分，见表 3-2。根据项目需求可以酌情选择必要的权限等级。

表 3-2　Git 典型角色划分一览

权　　限	系统管理员（SYSadm）	配置管理员（SCMadm）	发布工程师（RELeng）	整合工程师（INTegrator）	开发工程师（DEV）
创建版本库		√			
版本库授权		√			
版本库改名	√	√			
删除版本库	√	√			
删除 Tag		√			
创建一级分支		√			
为分支授权		√			
向 maint 分支强推		√			
向 master 分支强推		√			
向 maint 分支写入			√		
向 master 分支写入				√	
创建个人专有分支		√	√	√	√
创建个人专有版本库		√	√	√	√
为个人专有版本库授权		√	√	√	√

（3）Git 可以实现更好的发布控制

针对同一个项目，Git 可以设置不同层级的版本库（多版本库），或者通过不同的分支（多分支）实现对发布的控制。

1）设置只有发布管理员才有权限推送的版本库或者分支——用于稳定发布版本的维护。

2）设置只有项目经理才有权推送的版本库或者分支——用于综合测试。

（4）隔离开发与审核

如何对团队中新成员的开发进行审核呢？在 Git 服务器上可以实现用户自建分支和自建版本库的功能，这样团队中的新成员既能将本地提交推送到服务器以对工作进行备份，又能够方便团队中的其他成员对自己的提交进行审核。

审核新成员提交时，从其个人版本库或个人分支获取提交。可以从提交说明、代码规范、编译测试等多方面对提交逐一审核。

（5）更好的冲突解决

因为 Git 基于对内容的追踪而非对文件名的追踪，所以遇到一方或双方对文件名更改时，Git 能够很好地进行自动合并或辅助合并。而 SVN 遇到同样问题时会产生树冲突，解决起来很麻烦。

（6）版本库的安全性

SVN 版本库安全性很差，这是管理员头痛的问题之一。

1）SVN 版本库服务器端历史数据被篡改，或者硬盘故障导致历史数据被篡改时，客户端很难发现，而且管理员的备份也会被污染。

2）SVN 作为集中式版本控制系统，存在单点故障的风险，因此备份版本库的任务非常繁重。

Git 在这方面完胜 SVN。

首先，Git 是分布式版本控制系统，类似区块链技术，每个用户都相当于一份备份，管理员无须为数据备份而担心。

其次，Git 中所提交的文件内容等都通过散列算法保证数据的完整性，任何恶意篡改都会被及时发现。

基于以上原因，笔者极力推荐使用 Git 进行版本控制。当然 SVN 也有其独到之处，以下情况还是推荐使用 SVN。

SVN 具有悲观锁的功能，能够实现一个用户在编辑时对文件进行锁定，阻止多人同时编辑一个文件。悲观锁的功能是 Git 所不具备的。因此，对于以二进制文件（Word 文档、PPT 演示稿）为主的版本库，为避免多人同时编辑造成合并困难的情况，推荐使用 SVN。

3.1.2 项目构建工具

Java 世界中主要有三大构建工具：Ant、Maven 和 Gradle。Ant 正逐渐退出历史舞台，Maven 已成为主流，而 Gradle 是长江后浪，相信其定将成为未来的明星。

1. Ant

Ant 发布于 2000 年，是第一个“现代”构建工具，在很短时间内成为 Java 项目上最流行的构建工具。因为比较简单，所以几乎不需要什么特殊的准备就能上手。缺点表现在以下方面：

1）XML 本质上是层次化的，并不能很好地贴合 Ant 过程化编程的初衷。

2）除非是很小的项目，否则它的 XML 文件很快就变得很大，以至于无法管理。

2. Maven

为解决 Ant 的缺陷，Maven 于 2004 年诞生。Maven 基于项目对象模型（POM），重要的核心概念包括坐标与依赖、仓库、生命周期与插件、模块聚合、模块继承等。

Maven 强大的一个重要原因是它有一个十分完善的生命周期模型，包含 Default（构建的核心部分，有编译、测试、打包、部署等功能）、Clean（在进行构建之前进行一些清理工作）与 Site（生成项目报告、站点，并发布站点）三个相互独立的生命周期。而每个生命周期包含一些阶段，阶段是有顺序的，并且后面的阶段依赖于前面的阶段。三个生命周期相互之间并没有前后依赖关系，即调用 Site 周期内的某个阶段并不会对 Clean 产生任何影响。执行时，可以只运行三个生命周期中的任何一个阶段，也可以三个周期的阶段一起运行，如“mvn clean install site”。

3. Gradle

虽然 Maven 很强大，而且是当前的主流构建工具，但也存在问题：用 XML 写的配置文件会变得越来越大，越来越笨重，特别在大型项目中，Maven 会变得非常复杂。

为避免 Maven 带来的困惑，Gradle 诞生了。它不但吸收了 Ant 与 Maven 的优点（既有 Ant 的强大和灵活，又有 Maven 的生命周期管理），还在此基础上做了很多改进：

1）Gradle 不使用 XML，而是使用基于 Groovy 领域特定语言（Domain Specific Languages，DSL），从而使 Gradle 构建脚本比用 Ant 和 Maven 显得简洁清晰。

2）Gradle 样板文件的代码很少，这是因为它的 DSL 被设计用于解决特定的问题：贯穿软件的生命周期——从编译到静态检查，到测试，直到打包和部署。

作为后起之秀，Gradle 必定会成为未来构建工具的主流，越来越多的企业已经从 Maven 转入 Gradle。例如：Google 采用 Gradle 作为 Android OS 的默认构建工具。

3.1.3 持续集成工具

当每月发布次数变得越来越多时（如超过几十次），发布工作人员的工作量会翻倍，而且人工发布操作失误引起的风险会变得越来越大。为了提高项目的发布效率，降低由人工操作失误带来的风险，需要引进持续集成工具。

Jenkins（官网：https://jenkins.io/）是一个用 Java 语言编写的开源持续集成工具，提供一种易于使用的持续集成系统。使开发者从繁杂的集成中解脱出来，专注于更为重要的业务逻辑实现，其特点见表 3-3。

表 3-3 Jenkins 特点一览

编　号	特　点	概　述
1	易于使用	用户界面简单、直观、友好，发布工作只需要通过简单的 UI 操作就可以替代原来繁琐的工序
2	智能管理	Jenkins 能实施监控集成中存在的错误（自动化测试与回归测试），提供详细的日志文件和提醒功能（构建失败时可以发邮件通知相关人员解决），还能用图表的形式形象地展示项目构建的趋势和稳定性
3	角色完善	拥有较完善的用户角色与权限管理
4	方便灵活	采用 shell 自定义脚本，控制集成部署环境更加方便灵活
5	扩展性强	提供数以百计的开源插件，而且几乎每周都有新的开源插件发布，这些插件的安装都十分快捷和简单
6	发展健壮	Jenkins 开源社区的规模变得越来越大、活跃度也变得越来越高，发展速度非常快

Jenkins 有如此多的优良特性，使其在持续集成领域市场份额中居于主导地位，而被各种规模的团队用于各种语言实现的项目中。因此在条件允许的情况下，推荐架构师搭建此集成环境。

3.2 智能开发平台

3.2.1 搭建智能开发平台

如今人工智能已渐渐成为 IT 领域的主流，同样在 Java 领域也悄然出现了智能化工具。

Eclipse 经过优化之后就可以作为一款相对智能的开发工具。从官方网站下载的原始开发包只是一个基础版本，因此需要根据项目开发需求为其配备各种合适的插件，同时也要进行各种优化使其具有“三头六臂”，以达到相对的智能。在日本有一个组织专门对 Eclipse 新版本进行智能化与本地化改造，而且改造后的产品是免费的（官网 http://mergedoc.osdn.jp/）。目前国内还没有进行这种升级改造的组织，因此需要每个项目逐一进行智能化改造。反过来想这也是一个好事情——因为这给架构师们留了一个通过对 Eclipse 优化改造来锻炼自己的机会（懂日语的朋友，可以参照其最终优化后的内容进行改造）。

另外一款真正智能的工具是 IntelliJ IDEA，从名字（Intelligence Java）也可以看出智能化是其最大特色。笔者使用 Eclipse 已经十多年了，而且已经深深地喜欢上了它——界面精美、功能强大、运行流畅，使用起来感觉就是梦幻般的爽心悦目，而且每次版本的升级都能带来新的惊喜。曾经以为在 Java 世界已经没有和 Eclipse 媲美的开发平台了，然而自从接触了 IntelliJ，笔者渐渐地改变了这种想法。IntelliJ 带来的智能体验概括如下：

（1）智能代码提示

IntelliJ 能感知上下文来自动完成代码拼写，它比 Notepad 或 Eclipse 等代码编辑器都要优秀，这个特性也使其在代码提示上有了质的飞跃——不仅会自动检索与解析代码，而且给出的代码建议几乎没有错误，并且会对问题代码给出相应的警告。这些特性都大大提高了开发效率与代码品质。

（2）智能数据流分析

遇到多种复杂变量时，IntelliJ 可以通过对数据流的分析猜测出运行时最可能的数据类型，并且会给出强制类型转换。

（3）智能重构

一般程序员基本都会使用 Eclipse 进行重构。其实 IntelliJ 的智能分析具有更大的优势——它能读懂你需要什么，然后针对不同的情况给出最适合的解决方案（如通过代码分析给出去掉重复代码的重构建议）。

3.2.2 Eclipse 对比 IntelliJ

下面将从 10 个方面来对比 Eclipse 与 IntelliJ，见表 3-4。

表 3-4 Eclipse 对比 IntelliJ

编号	特　　性	内容比较		特性评价	
		Eclipse	IntelliJ	Eclipse	IntelliJ
1	代码提示与错误检测	① 基本的代码补足与错误检测 ② 使用模板生成一般种类的代码 ③ 自动追加 import statement 代码	① 根据使用频率与上下文环境，可智能分析出最可能使用的代码一览（Smart Completion） ② 不仅用于编辑器，还可以帮助高效地处理其他功能，例如智能搜索提示、访问工具窗口、切换设置等（Chain Completion） ③ 自动追加 import statement 代码	○	◎
2	调试	① 设定断点之后，可以在调试页面找到变量的值 ② 可以在断点的地方设定停止的条件 ③ 可以在本地与远程进行调试	① Debug 模式下直接动态实时显示变量值 ② 可以在断点的地方设定停止条件 ③ 可以在全部线程上进行调试 ④ 可以跳到前面断点（即可以自由在上下两个断点之间来回切换） ⑤ 在一行存在多个方法调用时，可以通过“Smart Step Into”来选择进入哪个方法		

（续）

编号	特　　性	内容比较		特性评价	
		Eclipse	IntelliJ	Eclipse	IntelliJ
3	多语言特性支持	对 Java 支持强悍，但是对其他语言的支持不够理想，需要额外插件甚至需要别的编辑器进行编辑	对 SQL、JPQL、HTML、JavaScript 等都提供了自然与统一的语法支持，并且所执行的操作在各种语言间也是高度统一的	○	◎
4	版本管理系统的兼容	自身没有集成版本控制系统（Version Control System，VCS），需要通过插件的形式进行安装	对 Git、Subversion、Mercurial 等主流 VCS 系统进行了强力的集成		
5	开发效率	提供一般性的代码辅助支持	IDE 可以预测开发需求，并使得单调乏味的重复开发任务自动化，这样就可以专注于业务方面工作	○	◎
6	快捷键	提供了基本操作快捷键	几乎提供了所有操作的快捷键，使得开发非常便捷	○	◎
7	学习成本	各种展示页面，各种插件安装，各种属性设定等都需要花费一定功夫来掌握	功能集中与设计友好的风格使得学习比较轻松	○	◎
8	开发界面	默认为白色主题（如果需要切换到深色主题时，有些版本需要下载插件）	① 默认为酷酷的深色主题 ② 提供了各种代码类型的图标，使得开发更加便捷	○	◎
9	扩展性	插件非常丰富，在 Marketplace 里有 1700 多个	本身已经集成了常用插件工具以及各种框架支持（详细内容可参照官网），基本不需要安装插件，因此开箱即用	◎	○
10	价格	完全免费，而且相关产品丰富，例如针对利用 Spring 框架而开发的兼容性非常高的 STS 版本	① 社区版免费 ② 商业版本收费		

注：◎优○良

通过以上对比就可以更加明确地认识二者之间的差异。如果读者朋友还没有用过 IntelliJ，推荐尝试一下，相信会爱不释手的！

另外，根据国外一家软件公司——ZeroTurnaround 的调查结果显示，2014 年与 2016 年 Java IDE 的使用率如图 3-5 所示。

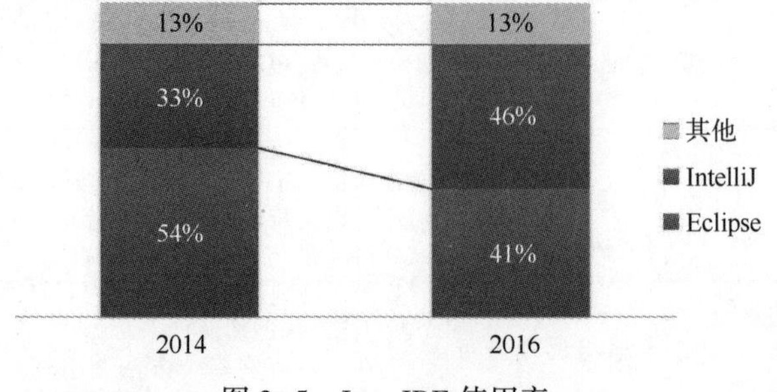

图 3-5　Java IDE 使用率

很明显，IntelliJ 的人气已经超过 Eclipse，相信它定会成为未来之星。

3.2.3 Eclipse 启动方式

Eclipse 启动方式有以下三种，见表 3-5。可以根据需求，进行适当选择。

表 3-5 Eclipse 启动方式

编　号	方　式	功　能
1	eclipse. exe	通常启动方式
2	eclipsec. exe	命令行启动，设置各种参数，如使用 -vm 设置 java VM
3	eclipse. exe -clean. cmd	安装插件后，如果正常启动不生效，可以采取本启动方式

Eclipse 的官方默认启动方式只有 1 与 2，3 的启动方式需要自己来做，文件内容如下：

```
start /d "% ~dp0". \eclipse. exe -clean % *
```

另外，启动方式 3 还可以使用命令行形式：打开命令行，到当前 Eclipse 的 bin 目录下，输入"eclipse -clean"。

在 Eclipse 根目录下有"eclipse. ini"文件，用来优化 JVM 启动参数（参照 4.1.2），一般设定为"-Xms512M -Xmx512M"。

NOTE:

Eclipse 启动错误解决方法

如果修改 eclipse. ini 文件的-Xmx 参数后，发现 clipse 无法启动。原因之一就是-Xmx 参数设置太大，适当调整数值后再次启动即可。

3.2.4 Eclipse 程序启动参数

Eclipse 可以设定各种程序的启动参数，方法如下：

Eclipse ->Run ->Run Configrations 选项，如图 3-6 所示。

对于程序中设定好的参数，如何对其进行解析呢？给大家介绍一款由 Apache 开源组织提供的功能强大的命令行参数包"commons-cli"。详细用法可以到官网查询文档，本书给出一个简单的例子。

```
public class CommonsCliSample {
  public static void main(String[] args) {
    CommandLineParser parser = new DefaultParser();
    Options options = new Options();
    //必要参数
    options.addOption(Option.builder("n").required(true).hasArg().desc
("toolname").build());
    //非必要参数
    options.addOption("s",false,"quiet-mode");
    CommandLine line = null;
    try {
```

```
            line = parser.parse(options, args);
        }catch (ParseException e) {
            e.getStackTrace();
        }
        //如果有"-n"的参数,输出其参数内容
        if (line.hasOption("n")) {
            System.out.println(line.getOptionValue("n"));
        }
    }
}
```

程序启动参数如下：

```
-n 365itedu -s
```

输出结果为：365itedu

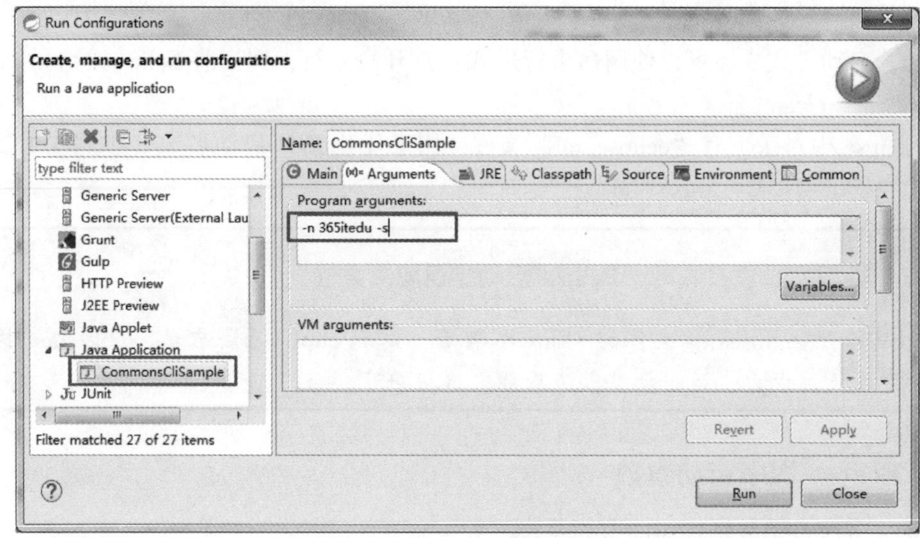

图 3-6　Eclipse 启动参数设定

3.2.5　Eclipse 插件安装方式

插件对于 Eclipse 功能扩展来说太重要了，于是各种组织便倾力开发出了很多功能丰富的插件。在表 3-6 中，作者给大家精选了 10 款最常用的插件，以便大家进行工具的集成。

表 3-6　Eclipse 常用插件

编号	名　称	用　途	安装方法	简介 URL
1	CheckStyle	代码检测工具（偏重代码格式）	Market	http://checkstyle.sourceforge.net/
2	FindBug	代码检测工具（偏重 BUG 检测）	Market	http://findbugs.sourceforge.net/

（续）

编号	名　称	用　途	安装方法	简介 URL
3	Sonarqube	代码检测工具（综合 BUG 检测）	Market	https://www.sonarqube.org/
4	Property	属性文件内容的显示与编辑工具	Market	http://propedit.sourceforge.jp/index_en.html
5	JadClipse	反编译工具	Market	http://jadclipse.sourceforge.net/wiki/index.php/Main_Page
6	TomcatLauncher	在 Eclipse 里面操作 Tomcat 工具	Dropins	http://www.eclipsetotale.com/tomcatPlugin.html#A3
7	Subversion	SVN 代码版本管理工具	Market	http://subversion.apache.org/
8	AnyEdit	空白符号的转化与格式化； tabs <-> spaces； 删除行末尾空格；	Market	http://andrei.gmxhome.de/anyedit/
9	StepCounter	代码行数统计工具	Market	http://amateras.sourceforge.jp/cgi-bin/fswiki/wiki.cgi?page=StepCounter
10	Color Themes	代码颜色设置工具	Market	http://eclipsecolorthemes.org/
11	JSDT	JQuery，JS 辅助工具	Market	http://www.eclipse.org/webtools/jsdt/

Eclipse 提供了多达 6 种插件安装的方式，见表 3-7。

表 3-7　Eclipse 插件安装方式

编号	方　式	特　点	安装条件	推荐指数
1	Marketplace	动态安装，自动安装最新版本	可以访问网络	★★★★★
2	URL	动态安装，在线选择安装最新版本	可以访问网络	★★★★★
3	Dropins	静态安装，在不能访问网络时简便安装方式	需要有安装包（JAR 文件）	★★★★
4	Plugins	静态安装，兼容老版本插件以及只有 jar 文件形式的安装方式	需要有安装包（JAR 文件）	★★★
5	Archive	静态安装，有些软件使用方式 3 与 4 不能安装时，需要选择这种方式，如 Eclemma	需要有安装包（ZIP 文件）	★★
6	Link	静态安装，使用 Link 方式进行安装	需要有安装包文件	★

如果同一款插件可选择多种安装方式，在条件允许的情况下，推荐以编号顺序来选择安装。

1. 安装方法

（1）Marketplace 方式

打开 Eclipse -> Help ->Eclipse Marketplace。

在默认的 Search 面板里的 Find 文本框输入想要安装的插件名称，单击查找图标，如图 3-7 所示。

找到后单击“Install”按钮进行安装，如图 3-8 所示。

之后的安装还需要承认其许可证、阅读安全提示信息等操作，然后重启 Eclipse 即可。

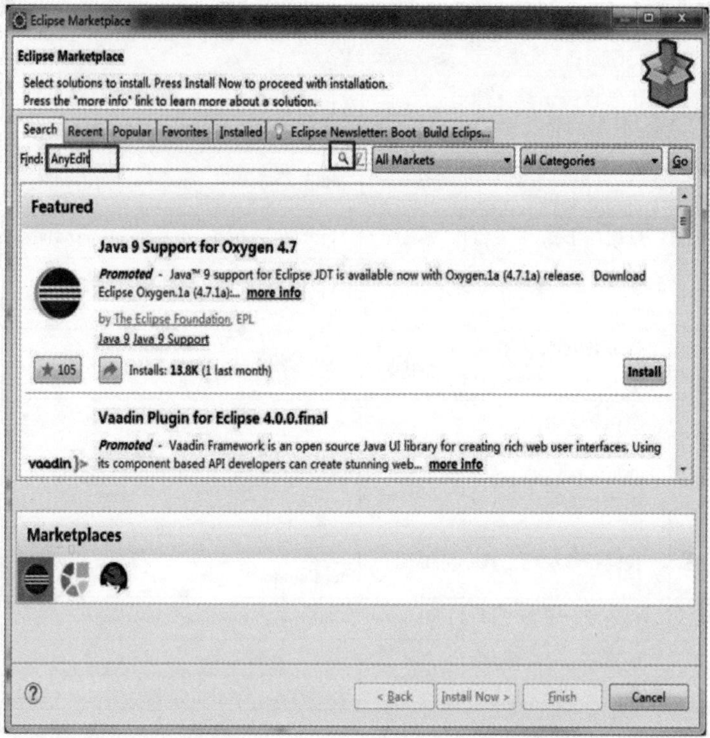

图 3-7　Marketplace 插件安装方式（插件查询）

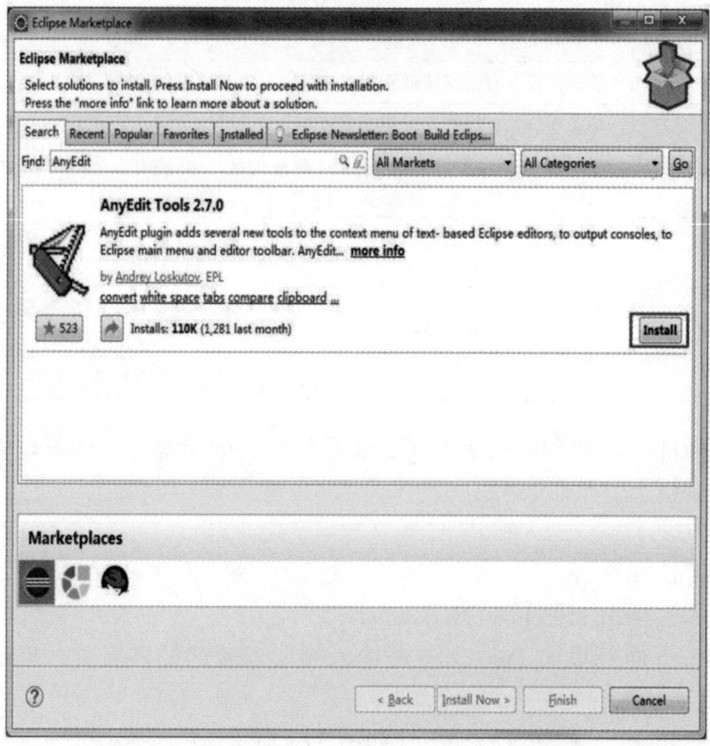

图 3-8　Marketplace 插件安装方式（插件选择）

(2) URL 方式

此种安装方式类似 Marketplace 安装方式，操作步骤如下：

打开 Eclipse -> Help ->Install New Software。

单击“Add”按钮，如图 3-9 所示。

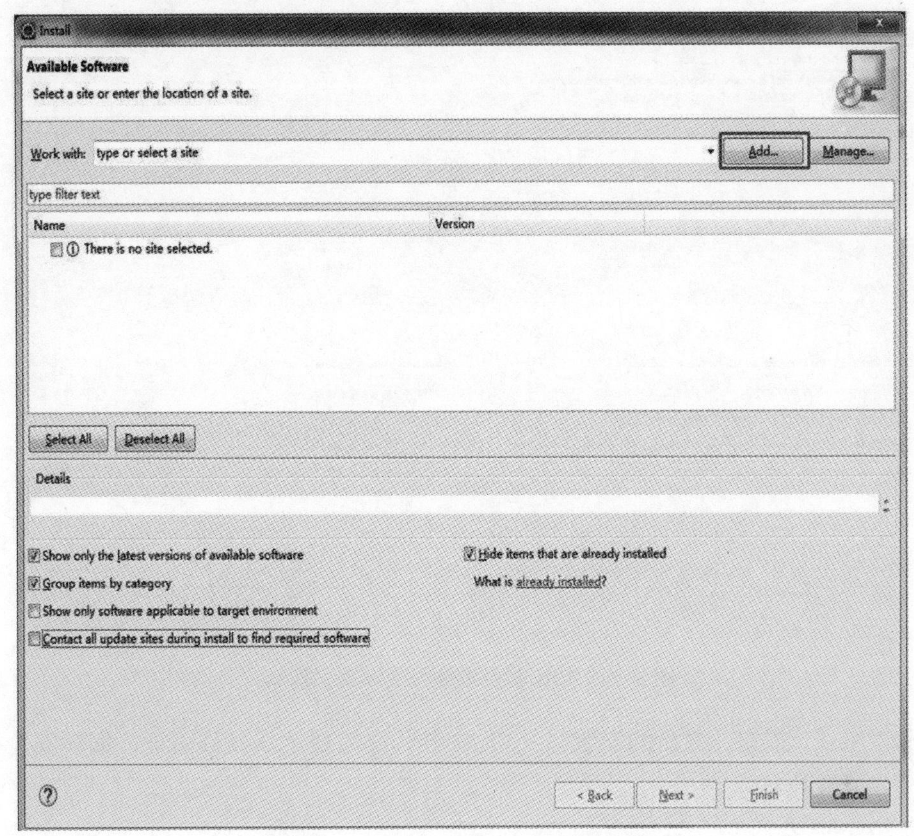

图 3-9　URL 插件安装方式（添加插件）

在 Name 文本框输入插件名称，Location 文本框输入 URL，如图 3-10 所示。

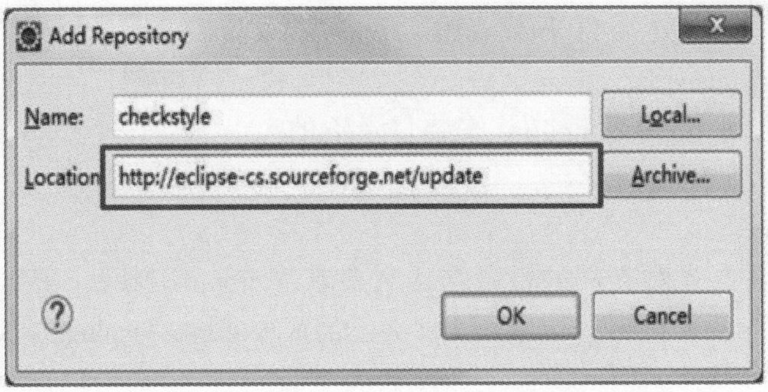

Add Repository
Name: checkstyle　Local...
Location: http://eclipse-cs.sourceforge.net/update　Archive...
OK　Cancel

图 3-10　URL 插件安装方式（选择插件）

输入后单击“OK”按钮，在 Name 处可以再次选择相关安装的内容，之后单击“Next”按钮，如图 3-11 所示。

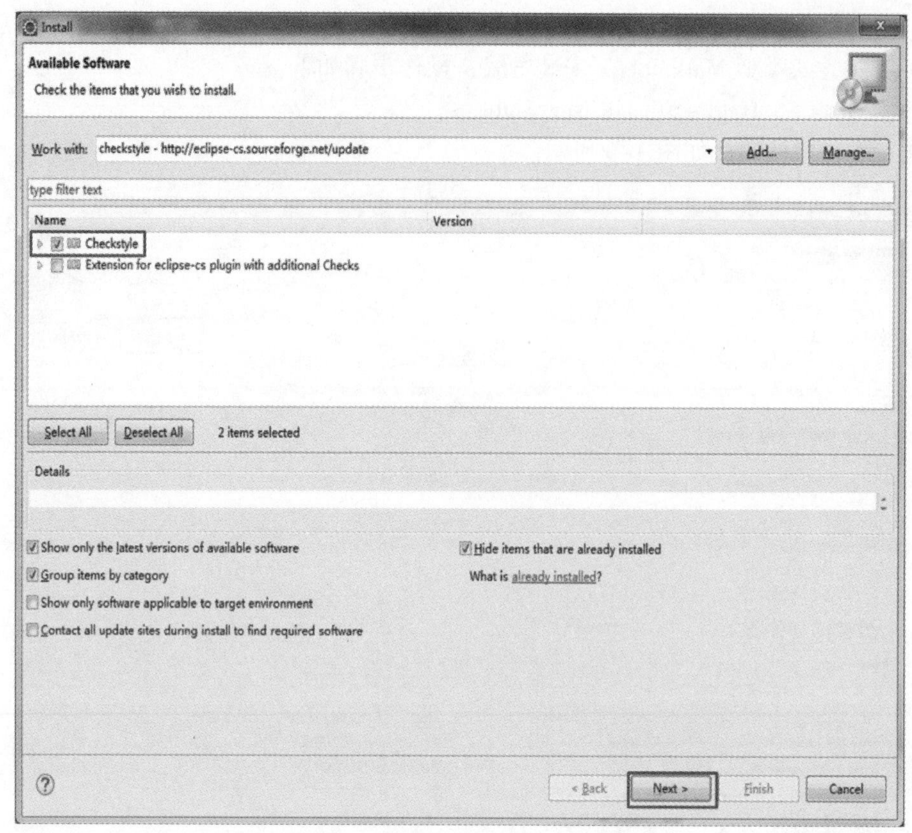

图 3-11　URL 插件安装方式（选择功能）

单击“Next”按钮，之后的安装与（1）一样，亦需要承认其许可证、阅读安全提示信息等操作，重启 Eclipse 即可。

（3）Dropins 方式

此种安装方式是 Eclipse 3.5 以后新增加的安装方式，其安装步骤如下：

1）使用 Winrar 等压缩软件将压缩包解压至某一文件夹，例如 Subversive（插件下载 URL：https://zh.osdn.net/projects/amateras/releases/）。

2）将此目录移动/复制至 Eclipse 安装目录下的“dropins”目录，如图 3-12 所示。

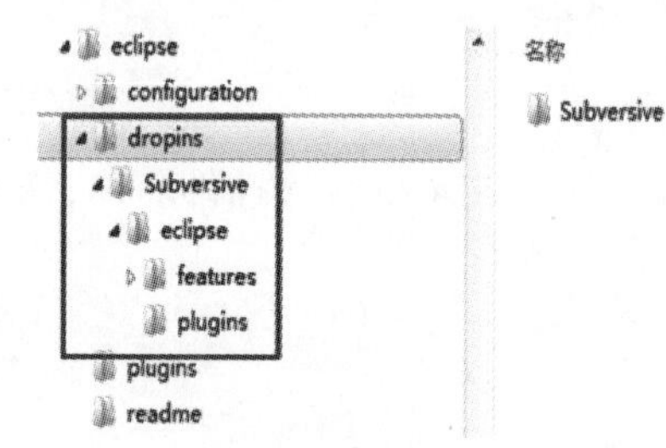

图 3-12　Dropins 插件安装方式

3）重启 Eclipse。

注意：这种安装方式对文件的目录结构有要求（dropins 目录下需放插件名称文件夹，此文件夹下需放 eclipse 文件夹，eclipse 文件夹下需放 features 与 plugins 文件夹），否则会无法加载。

（4）Plugins 安装方式

假设 Eclipse 的安装目录在“C:\eclipse”，解压下载的 Eclipse 插件或者安装 Eclipse 插件到指定目录文件夹，打开安装文件夹，在安装文件夹里的根目录分别包含两个文件夹

"features"（有些插件没有 feature 内容，就不要复制）和"plugins"，然后把这两个文件夹里的文件分别复制到"C:\eclipse"下所对应的文件夹下的 features 和 plugins 下。需要注意的是，把插件文件直接复制到 Eclipse 目录里是最直接也是最愚蠢的一种方法，因为日后想要删除这些插件会非常困难；除非只有这一种插件安装方法时才可使用。

以代码统计工具 Stepscounter（插件下载 URL：https://zh.osdn.net/projects/amateras/releases/）的安装为例，如图 3-13 所示。

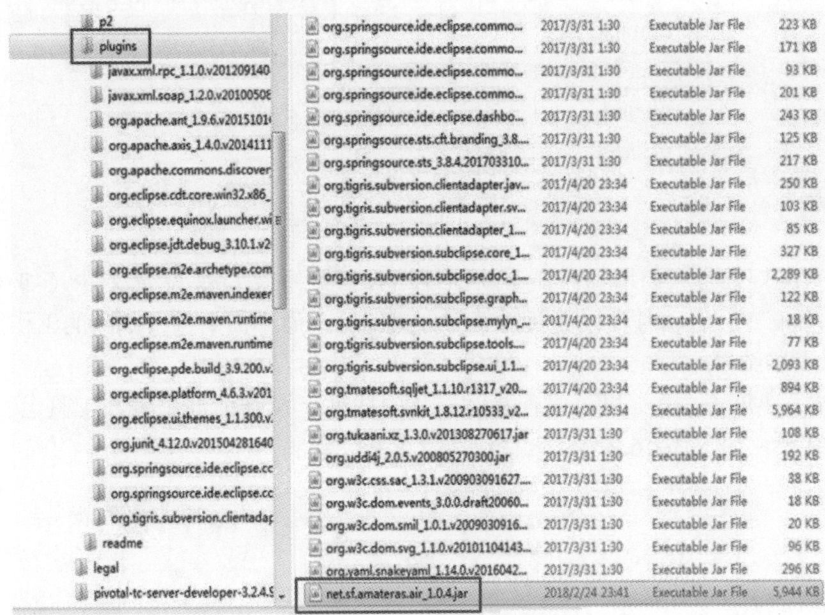

图 3-13　Plugin 插件安装方式

（5）Archive 方式

有些插件在静态安装时，只能使用 Archive 方式，如 Eclemma（用于统计测试覆盖率，插件下载 URL：https://www.eclemma.org/download.html）。首先要到官网下载相应的安装文件（一般为 zip），之后安装方法与 URL 安装方式只有一处操作不一样：选择安装源时，单击"Archive"选择下载的 zip 文件，如图 3-14 所示。

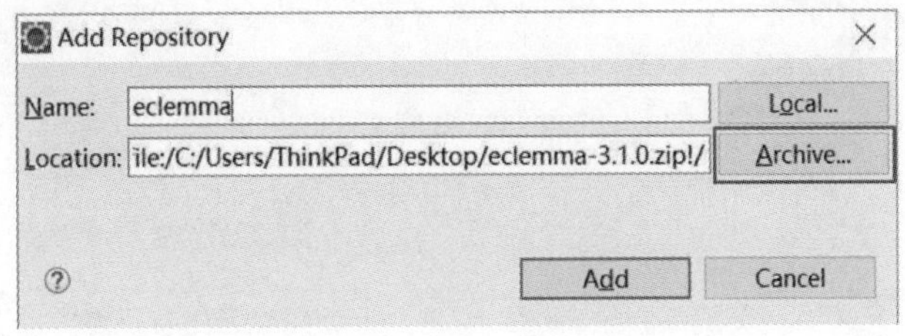

图 3-14　Archive 插件安装方式

（6）Link 方式

Link 方式安装时，插件内部目录结构与 Dropins 一样，而插件位置可以随意。具体安装步骤如下：

1）把插件放到统一目录下，如“D:/tools/eclipse/MyPlugins/”。

2）在 eclipse 下创建“links”目录。

3）在目录下创建“XX. link”文件（XX 一般是插件名称，但是文件后缀一定是 link），如图 3-15 所示，内容为插件路径“path=D:/tools/eclipse/MyPlugins/CheckStyle”。

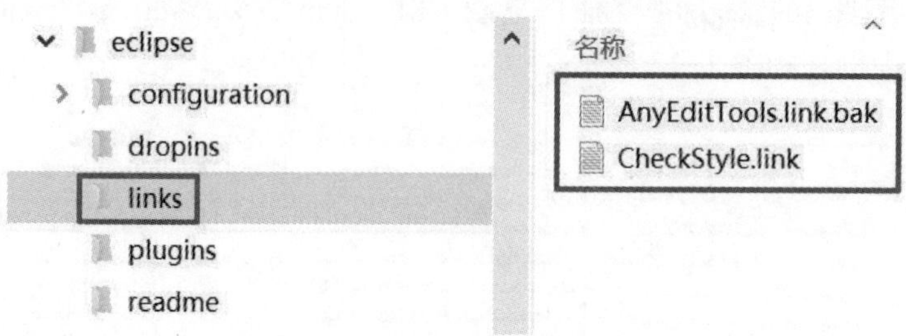

图 3-15　Link 插件安装方式

这种方式的好处是：如果不需要哪款插件，只需要修改 Link 配置文件（如在文件扩展名后添加“. bak”），启动时采用更新插件的方式即可，而不需要进行删除的工作。

2. 查看安装结果

在 Eclipse ->Preferances 里可以查看已安装的插件，在查询框里输入工具名称，即可出现模糊查询结果，如图 3-16 所示。

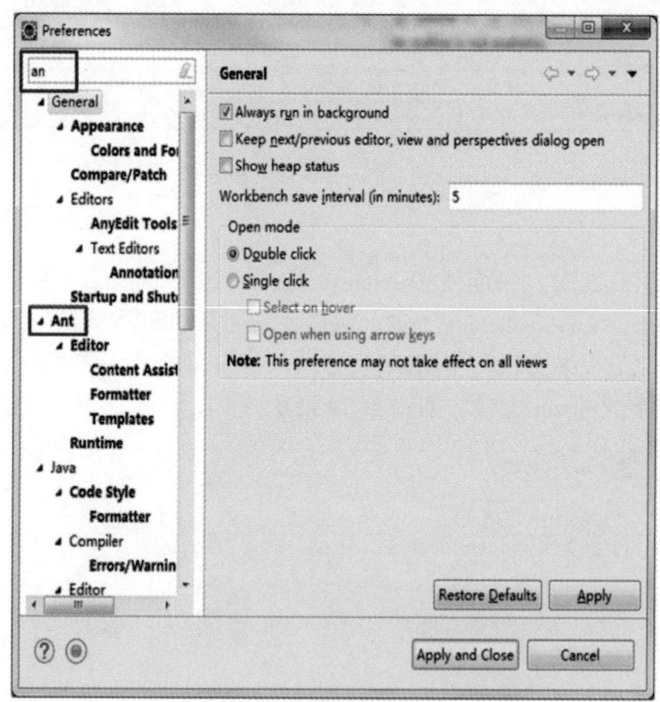

图 3-16　查看 Eclipse 插件安装结果

3. 插件的更新与删除

对于使用动态安装方法（方法 1 与 2）安装的插件，可以通过以下方式进行查询以及更改。

打开 Eclipse -> Help ->About Eclipse，进入图 3-17 所示界面。

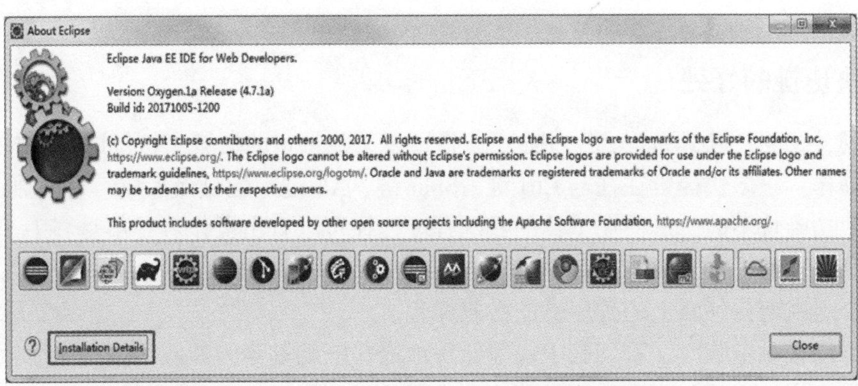

图 3-17　Eclipse 插件更改（图标式插件一览）

选择“Installation Details”，进入“Eclipse Installation Details”页面，可以对安装好的插件进行更新与删除操作，如图 3-18 所示。

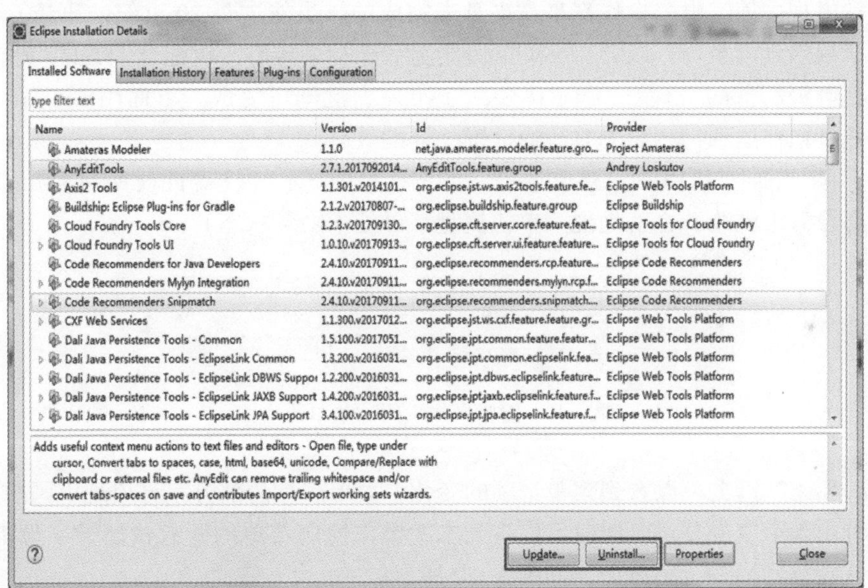

图 3-18　Eclipse 插件更改（更新或删除）

NOTE:

Eclipse 插件安装后无效解决方法

按照第 3~6 种安装方式安装插件后，如果不能生效，有以下两种解决方法：(1) 使用 eclipse -clean 命令进行启动。　(2) 如果前者还无法解决时，删除 eclipse\configuration\org. eclipse. update 目录（此目录会记录插件等更新的历史），之后再启动 Eclipse，应该就会解决。

3.3 工具快捷键

3.3.1 快捷键的好处

快捷键，又叫“快速键”或“热键”，指通过某些特定的按键、按键顺序或按键组合来完成一个操作。很多快捷键往往与 Ctrl 键、Shift 键、Alt 键等配合而形成组合快捷键。

天下武功唯快不破，从使用工具的熟练程度往往可以看出操作者是不是高手。而衡量操作工具熟练程度的一个重要指标就是对快捷键的熟练程度。因此掌握各种常用工具的快捷键，是每个走在架构师路上的程序员的必修课程。

还记得刚接触电脑时，看到高手快速熟练地操作电脑键盘，钦佩之情油然而生，暗下决心也要练就这样的本领。当通过努力苦练而掌握这门技能时，那种洒脱而自信的心情只有自己才能体会。

3.3.2 快速键盘操作

在鼠标出现之前，电脑操作都是靠键盘来完成的。虽然这是 20 世纪的事情，但是键盘操作的规律依然延续至今：以“Alt+菜单快捷键字母”为核心，再配合“Tab”键（“Shift+Tab”为反向移动光标）以及“↑↓←→”上下左右键即可完成。下面用 Eclipse 工具来演示，用键盘来操作达到与“Ctrl+H”快捷键一样的效果。

1）打开 Eclipse，可以看到菜单选项，如图 3-19 所示（注意此时所有菜单名称下面，任何字母都没有下画线，也就是说菜单快捷键字母处于隐藏状态）。

图 3-19　键盘操作示例（菜单选项）

2）按“Alt”键，可以看到菜单选项的变化：菜单名称的部分字母出现下画线——菜单快捷键字母由隐藏变成显示。同时可以看到本次操作横向菜单的所有快捷键字母都不重复，且光标默认转移到第一个菜单上，如图 3-20 所示。

图 3-20　键盘操作示例（菜单快捷键字母）

3）此时按键盘字母“a”，进入查询子菜单。同样，可以看到纵向菜单的所有快捷键字母都不重复且光标默认转移到第一个选项，如图 3-21 所示。

4）继续按键盘字母“j”，就可以打开查询面板。达到与“Ctrl+H”组合快捷键一样的效果，如图 3-22 所示。

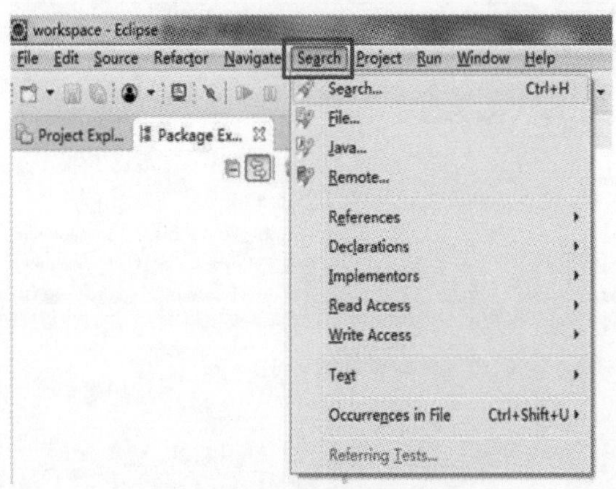

图 3-21　键盘操作示例（子菜单）

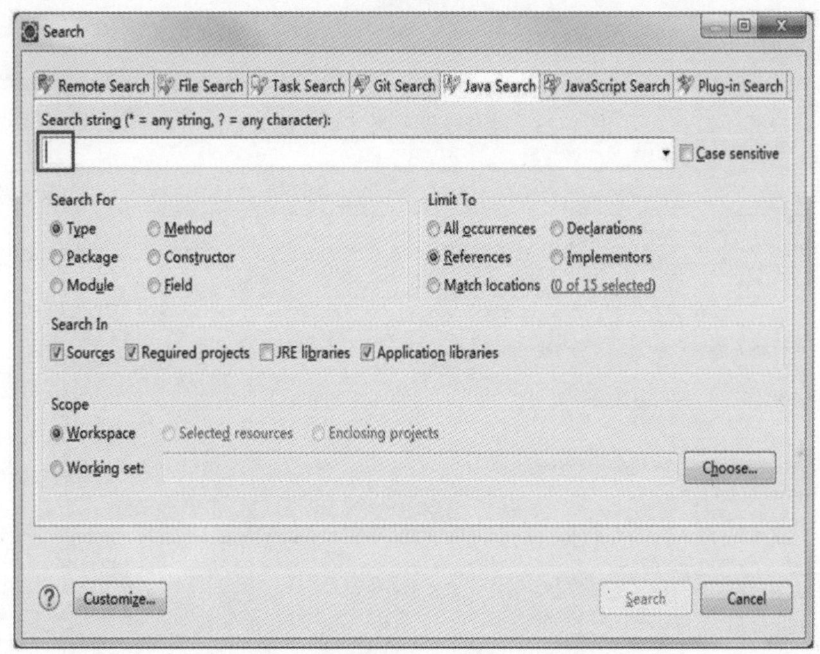

图 3-22　键盘操作示例（查询面板）

可以看到光标在查询文本框里。如果此时想要用键盘选择“File Search”选项卡怎么办？就需要借助“Tab”键与“←”左键。首先用“Shift+Tab”键（光标反向移动），把光标调整到选项卡上，如图 3-23 所示。

然后再按“←”左键，直到选中“File Search”选项卡。如图 3-24 所示。

Eclipse 与 IntelliJ 快捷键很多，本书把常用的快捷键总结为附录表 E1 与 E2，以飨读者。

3.3.3　优化快捷键

有些工具提供的快捷键，因个人喜好或快捷键冲突，可能需要修改。本小节以 Eclipse 工具快捷键修改为例，说明快捷键的优化方法。

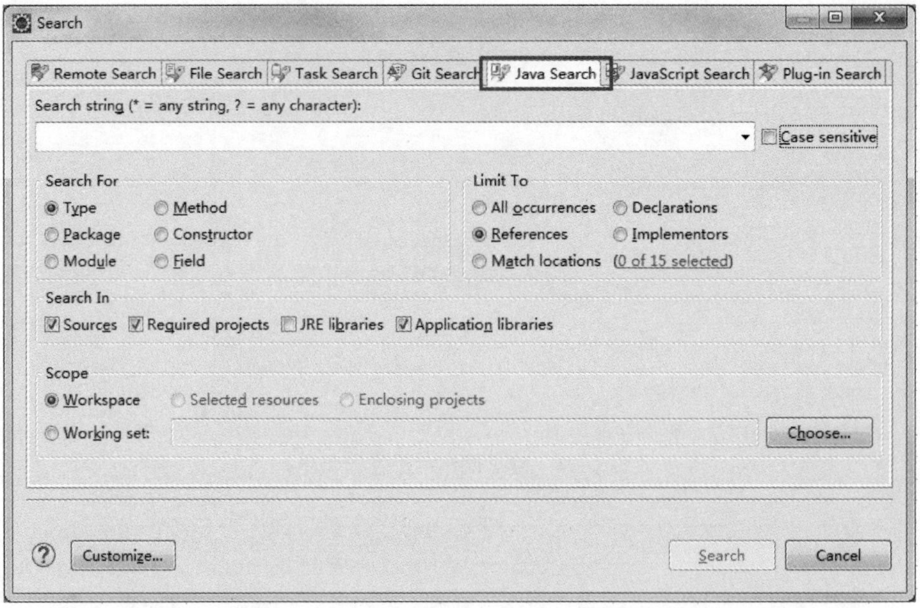

图 3-23　键盘操作示例（默认选项卡）

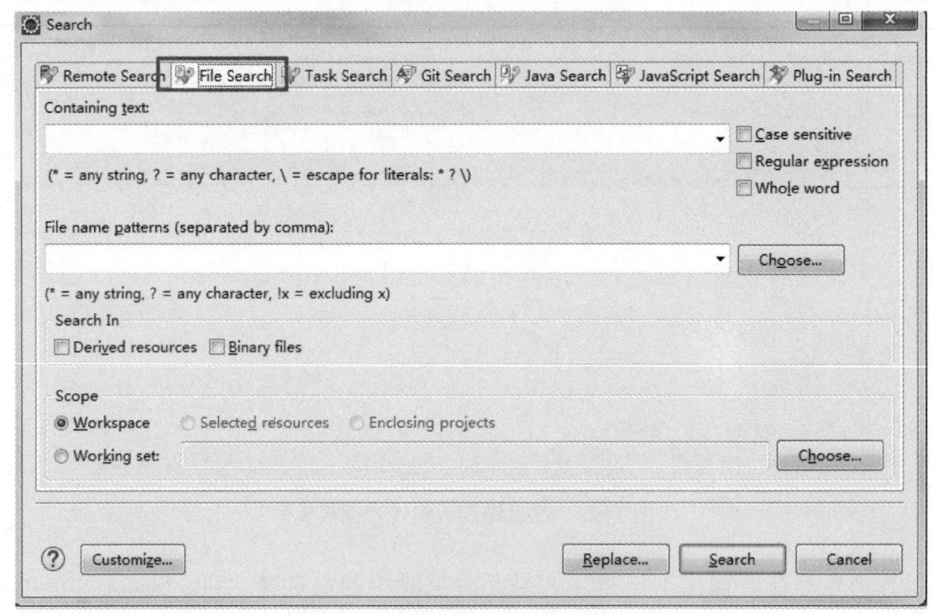

图 3-24　键盘操作示例（移动选项卡）

1. 修改显示内容

使用快捷键“Ctrl+H”打开搜索面板，如图 3-25 所示，里面包括 Remote Search（默认）、FileSearch、Task Search、GitSearch 等查询页。在实际工作中，往往使用最多的是 FileSearch 功能，因此需要将其设置为默认面板。优化方法有两种。

（1）设定查询页选项

单击“Customize”按钮，进入 Search Page Selection 页面，在 Select from the pages shown

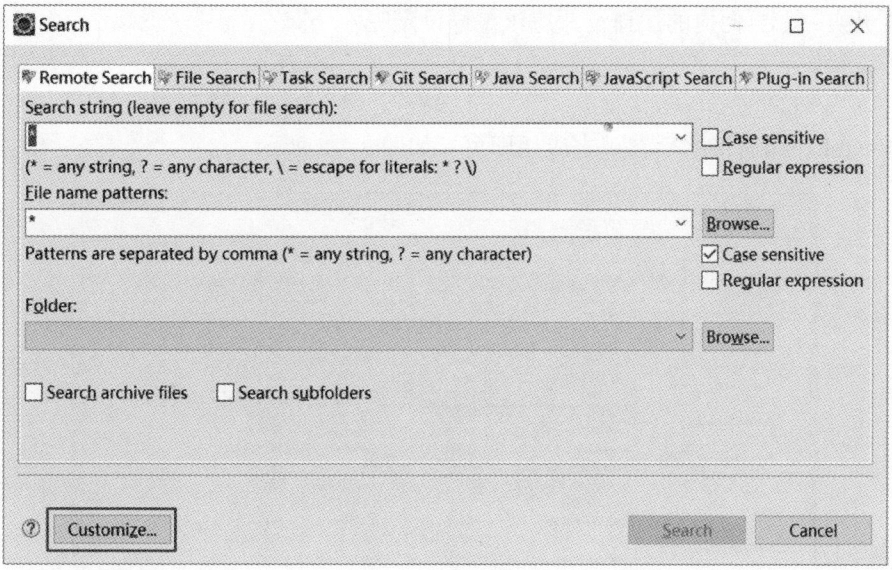

图 3-25　默认查询页

in the dialog 处，只选“File Search”一项，如图 3-26 所示。这样打开查询面板时，只显示此查询页，也就是默认查询页选项。

（2）保存记忆法

在查询页选项页面选中 Remember last used page，系统就会自动记忆上次查询页，如图 3-27 所示。这样做是为了让系统记住使用者的习惯，自动进行优化。也就是说，如果经常使用“File Search”这一项，那么每次打开时都会自动显示该选项页。

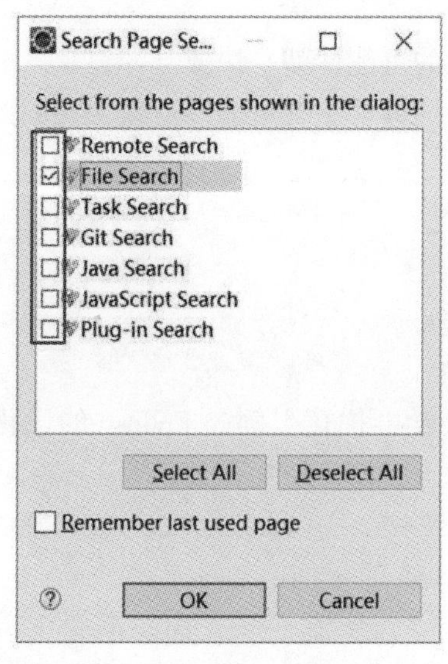

图 3-26　设定查询页选项

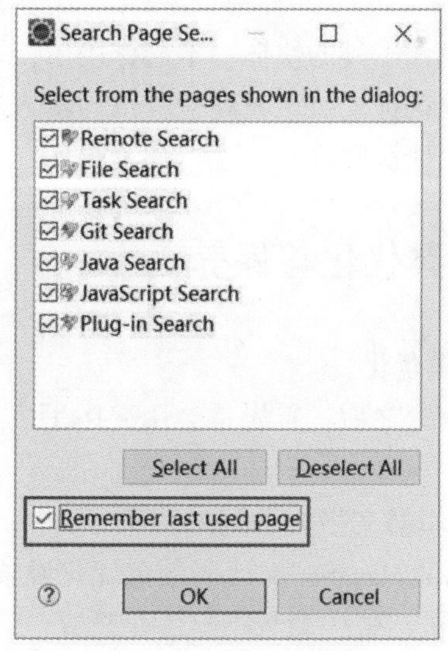

图 3-27　保存记忆法

2. 修改按键组合方式

在 Eclipse 里会经常用到“前后两个编辑页互换”的快捷键，通常默认为“Ctrl+F6”。

如果想要更换一个更便捷的快捷键，应该怎样设定呢？

操作步骤如下：

Eclipse->Window->Preferences->General->Keys，对 Binding 这列进行排序，在左下角选择“Shift+ Tab”组合键之后，单击应用即可，如图 3-28 所示。

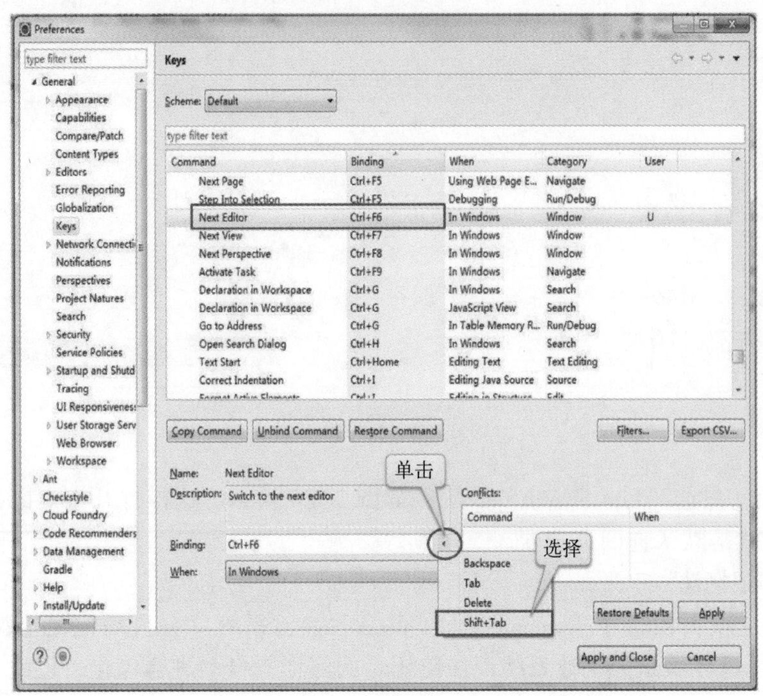

图 3-28　快捷键优化

如果发现工具的快捷键不起作用了，那么最大的可能性就是快捷键冲突了。一般来说输入法的快捷键优先级比较高，所以与输入法之间快捷键冲突的可能性比较大。因此修改相应的输入法快捷键即可。

3.4　工具优化与保养

1. 工具优化

工具拿来之后，首先是会用，用了之后，就要学会优化。例如 Eclipse 的优化包含以下内容：

1）编辑器文字大小优化设置。

2）Java、JavaScript 代码颜色优化设置。

3）当前行代码背景亮显优化设置。

4）Java、JavaScript 代码 Formatter 优化设置。

5）CSS、HTML（JSP）、XML 代码长度优化设置。

6）Java、XML 代码自动提示设置。

7）默认字符集设置。

8）自动编译设置。

9）在保存文件时，自动把文件中的 Tab 全部换成 4 个半角空格设置。

经过优化后的工具就可以分发给小组成员，同时备份必要的配置文件以备再用。

2. 工具保养

软件技术更新迭代很快，新的版本能带来新的功能与良好的使用体验。因此当前版本的工具优化完毕，并不代表工具的优化就此终止了，而是要定期更新。但是，项目采用的软件工具并不是版本越新越好，也不是有新的版本发布就马上更新，而且要根据项目需要选择相应的版本。项目开发前一旦确定好版本，直到开发完毕都不要轻易升级，以防版本冲突带来不必要的麻烦。在软件开发之初没有特殊版本要求的情况下，一般要选择最新版本。

小结

DevOps 小节介绍了软件生命周期中各个环节的工具生态圈，虽没必要掌握所有工具的使用方法，但是对各个领域的常用工具必须有所了解。对于重要的常用工具，不仅要学会使用，还需要学会优化。3.4 节以 Eclipse 为例介绍了优化过程，其他工具亦需要融会贯通。另外，相关 Eclipse 高级调试技巧（附录 F）也是架构师必须掌握的技能。磨刀不误砍柴工，拥有一套顺手的开发工具，不仅可以事半功倍，而且可以提高开发团队的士气。试想如果在开发过程中，由于工具的不足而耽误开发进度的话是何等不值！因此，掌握工具选型以及最新发展动向等是架构师必备的技能之一，以便更好地为开发团队组建一套完整高效的开发工具体系。

习题

1. 按照 3.3.3 节所述优化 Eclipse 快捷键。
2. 根据 3.4 节所述对 Eclipse 进行优化。
3. 为开发组制定一个开发环境文档。

第 4 章　Java 机制技能专题

在阅读本章内容之前，首先思考以下问题：

1. JavaBean 的规范有哪些？
2. 系统间的通信方式有哪些？
3. 内存回收算法有哪些？
4. XML 与注解各自的优缺点有哪些？
5. Servlet 的工作原理是什么？
6. 监听器、过滤器与拦截器的使用场景是什么？
7. Cookie 与 Session 机制的目的是什么？
8. Socket 建立连接的三次处理是什么？

4.1　通用处理方式

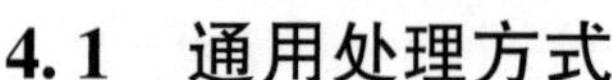

4.1.1　串行与并行

串行与并行是任务处理控制的两种方式。串行指的是多个任务按照顺序执行，并行指的是多个任务同时执行。

另外，要注意与并发的区别。并发指的是在单核 CUP 中只能有一条线程，但是又需要执行多个任务。因此需要在一条线程上不停地切换任务，例如任务 A 执行了 20%后就停下来执行任务 B；当任务 B 执行了 30%时停下，再执行任务 A；这样循环执行直到任务完成。由于 CUP 处理速度快，用户看起来好像是在同时执行。

4.1.2　同步与异步机制

同步与异步是程序调用的方式。这里的程序是比较抽象的概念，具体来说就是方法的调用方式。

1. 同步

所谓同步调用指的是 foo( )方法调用 bar( )方法时，在 bar( )方法返回处理结果之前一直等待的处理方式。这种处理方式，在获取 bar( )方法执行结果的这部分代码会比较简单。但是，如果 bar( )方法处理比较复杂需要花费一定的时间时，foo( )方法也只能等待而不能继续进行后续处理。如图 4-1 所示。

2. 异步

所谓异步调用指的是 foo( )方法调用 bar( )方法时，在 bar( )方法返回处理结果之前不等待的处理方式。虽然这种方式可以不等 bar( )的返回结果而继续处理，达到了提高效率的效果。但是比起同步处理，foo( )在取得 bar( )的返回结果处理上要复杂得多。异步的实现方式有两种：

（1）轮询机制

轮询机制指的是 foo( ) 调用 bar( ) 后继续执行 foo( ) 的后续内容，之后 foo( ) 每隔一定时间便询问 bar( ) 是否执行完毕。如果执行完毕则取回执行结果；如果没有执行完毕，再间隔一定时间去取，如图 4-2 所示。

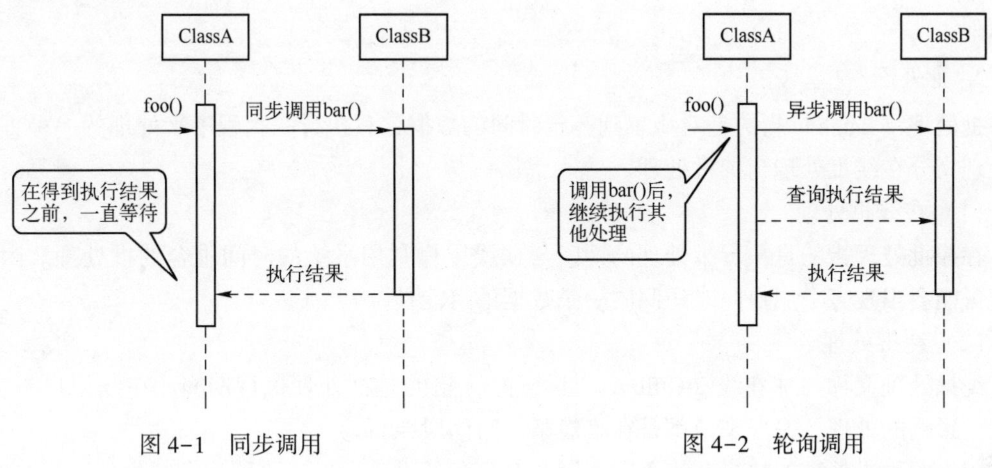

图 4-1　同步调用　　　　图 4-2　轮询调用

（2）回调机制

回调机制（Call Back）指的是类 A 的 foo( ) 方法调用类 B 的 bar( ) 方法时，在 bar( ) 执行完毕后主动调用类 A 的 callback( ) 方法的机制。这是一种双向调用方式，目的是让更专业的模块来处理相应的内容，之后再把结果返回本程序中，更好地实现了代码重用，如图 4-3 所示。

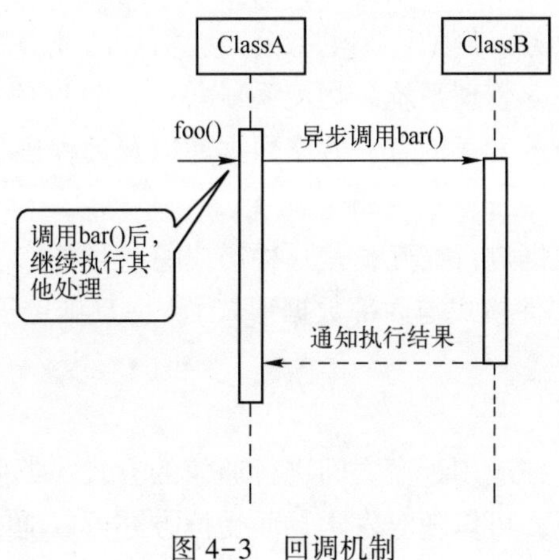

图 4-3　回调机制

在 Java 中回调机制有着广泛的用途。如 Ajax 进行异步调用，Spring 中的 JdbcTemplate 模板模式中回调方法的应用等。

4.1.3　在线处理与批处理

一般企业级应用开发都有在线处理与批处理两种处理形态。

1. 在线处理

在线（Online）处理指的是用户通过操作网页与系统进行交互的处理形态，又称“实时处理”。这种处理方式会发生多个用户操作同一条数据的情况，因此为避免数据的不整合，要注意此时的事务设计的合理性。

另外，在线处理又分为同步与异步处理。异步实现方式又分为线程的非同步调用以及消息队列。

2. 批处理

批处理（Batch）指的是对积累到一定时间的数据，只执行一次程序来处理的一种方式。批处理又分在线批处理与纯批处理。

（1）在线批处理

在线批处理指的是执行批处理的期间与在线用户利用系统的时间重合的批处理。因此，就有可能会出现多个用户同时访问同一条数据的可能性。

（2）纯批处理

纯批处理又称“非在线（Offline）批处理”，指的是批处理执行期间，在线用户不会对其产生影响的处理。一般来说都是在凌晨某一时间段执行。

因为两种批处理的执行环境不同，因此对事务的设计要求也不同。在线批处理与在线处理基本是使用同样方式进行的；而批处理执行中没有其他处理与其竞争，因此主要关注吞吐量以及性能等方面的问题即可。

4.1.4 系统间通信方式

一个应用系统往往只专注于某一项业务，而在大型企业级应用中，需要多个系统联合起来才可以完成企业的整个业务。例如：某电商公司，需要的业务系统就有商品查询系统、会员管理系统、决算系统、库存管理系统、物流系统等。而且这些系统之间，需要数据通信。常用的通信方式有文件传输、发送消息、共享数据库以及远程过程调用 4 种。

（1）文件传输

文件传输指的是使用数据进行交互，是一种历史悠久且被广泛使用的通信方式。这种方式的重点就是文件形式（文件格式与内部数据形式）。一旦确定了文件形式，那么文件的生成与读取都是比较容易的。

（2）发送消息

使用消息传输中间件，在应用程序之间进行通信的方式。类似发送电子邮件，在不需要考虑对方是否方便的情况下，可以随时发送，而受信方亦可以随时处理。

（3）共享数据库

多个系统查询同一个数据库以获取需要的数据。

（4）远程过程调用

系统开放一些别的系统可以访问的服务，如 SOAP 与 REST。

4.2 核心机制

4.2.1 虚拟机机制

1. 虚拟机概述

Java 虚拟机（Java Virtual Machine，JVM）指的是可运行 Java 代码的虚拟计算机，有自己虚拟的硬件（如处理器、堆栈、寄存器等），还具有相应的指令系统（可以执行 Java 的字节码程序）。不同的厂商对 JVM 会有不同的实现（如 IBM J9、Sun Hotspot 等）。Java 虚拟机屏蔽了与具体平台相关的信息，使得 Java 语言编译器生成只在 Java 虚拟机上运行的目标代码（字节码），因此这些代码可以在多种平台上不加修改地运行。正因为 Java 语言的这种特性，才使其有了广泛的使用范围与快速的发展。

> NOTE: **JVM 实例与 JVM 执行引擎实例的区别**
>
> JVM 实例对应了一个独立运行的 Java 程序，它是进程级别的；而 JVM 执行引擎实例则对应了属于用户运行程序的线程，一个 JVM 实例中同时会有多个执行引擎在工作。

2. 体系结构

（1）执行引擎

JVM 通过执行引擎来完成字节码文件（.class）的执行，在执行过程中每个线程在创建之后都会产生一个程序计数器和虚拟机栈，其中程序计数器中存放了下一条将要执行的指令，虚拟机栈中存放栈帧集合，每个方法的执行都会产生一个栈帧。

栈帧中存放了传递给方法的参数、方法内的局部变量以及操作数栈。操作数栈用于存放指令所计算出的中间结果，指令负责从操作数栈中弹出参与运算的操作数。指令执行完毕，再将计算结果压回到操作数栈，当方法执行完毕，则从栈中弹出，继续其他方法的执行。在执行方法时 JVM 提供了以下四种指令来执行。

1）invokestatic()：调用类的静态方法。

2）invokevirtal()：调用对象实例方法。

3）invokeinterface()：调用接口方法。

4）invokespecial()：调用实例初始化、父类初始化和私有方法。

（2）运行时数据区

JVM 在运行时将数据划分为 5 个区来存储，如图 4-4 所示。其中方法区与堆区为所有线程共享数据，而虚拟机栈、本地方法栈、程序计数器为各个线程独自所有。

1）程序计数器

程序计数器（Program Counter Register）可以看作是当前线程所执行字节码的行号指示器，用于存储每个线程下一步将执行的 JVM 指令。如果该方法为本地的，则程序计数器中不会存储任何信息。

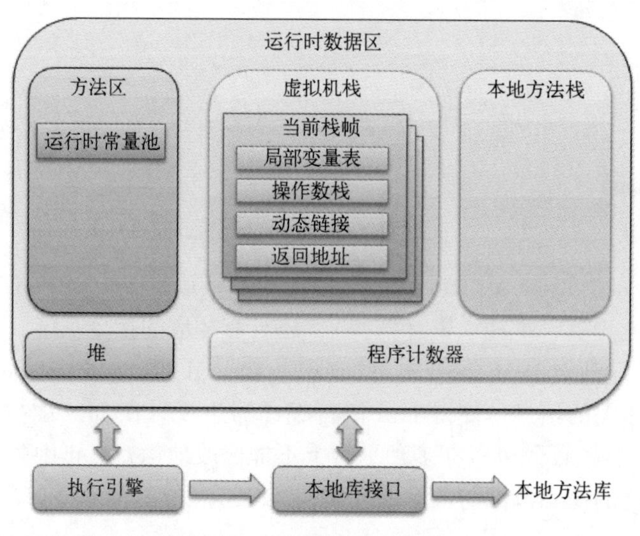

图 4-4　虚拟机运行时数据区

2）虚拟机栈

虚拟机栈（Stack）记录了线程的方法调用，每个线程拥有一个栈。在某个线程的运行过程中，如果有新的方法调用，那么该线程对应的栈就会增加一个存储单元，即帧（frame）。在栈中保存有该方法调用的参数、局部变量和返回地址。

Java 的参数和局部变量只能是基本类型的变量（比如 int）或者对象的引用（reference）。因此，在栈中只保存有基本类型的变量和对象引用（引用所指向的对象保存在堆中）。

当被调用方法运行结束时，该方法对应的帧将被删除，参数和局部变量所占据的空间也随之释放；线程回到原方法继续执行；当所有的栈都清空时，程序也随之运行结束。

3）堆

堆（Heap）是 JVM 用来存放对象实例以及数组值的区域，可以认为 Java 中所有通过 new 命令创建的对象的内存都在此分配。与栈不同，堆的空间不会随着方法调用结束而清空。因此，在某个方法中创建的对象，可以在方法调用结束之后，继续存在于堆中。这带来的一个问题是，如果不断地创建新的对象，内存空间最终将消耗殆尽。因此需要进行内存回收，如果回收后还是存放不下程序的数据就会发生 OutOfMemory 异常。

JVM 将堆分为新生代（New Generation）和旧生代（Old Generation 或 Tenured Generation）来进行管理。程序中新建的对象都将分配到新生代中，新生代又分为 Eden Space 和 Survivor Space，可通过-Xmm 参数来指定其大小；程序中经过几次内存回收之后还存活的对象存放于老年代中（如缓存对象），老年代所占用的内存大小即为-Xmx 减去-Xmm，如图 4-5 所示。

堆是 JVM 中所有线程共享的，因此在其上进行对象内存的分配均需要进行加锁，这也导致了 new 对象的开销会比较大。因此，Sun Hotspot JVM 为了提升对象内存分配效率，对所创建的线程都会分配一块独立空间，这块空间又称为 TLAB（Thread Local Allocation Buffer），大小由 JVM 根据运行情况计算而得。在 TLAB 上分配对象时不需要加锁，因此 JVM 在给线程的对象分配内存时会尽量在 TLAB 上分配。此时 JVM 中分配对象内存的性能和 C 语

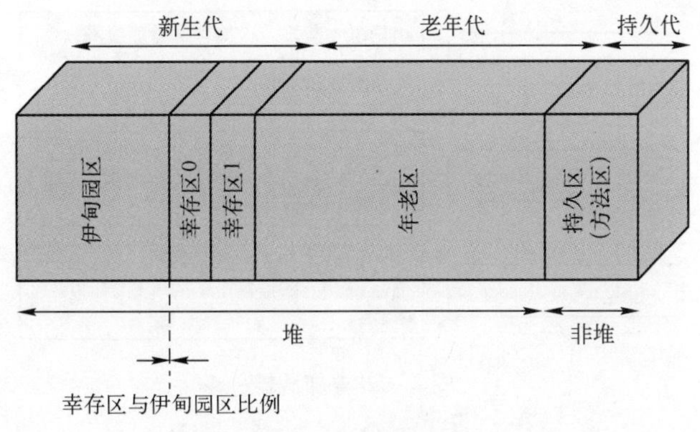

图 4-5　内存堆模型

言基本是一样的高效（如果对象过大的话，则仍然是直接使用堆空间进行分配）。TLAB 仅作用于新生代的 Eden Space 区，因此通常多个小的对象比大的对象内存分配起来更加高效。

4）方法区

方法区（Method Area）与 Java 堆一样，是各个线程共享的内存区域，它用于存储已被虚拟机加载的类信息、常量、静态变量等数据。方法区在内存分配的空间称为持久代（Permanent Generation，简称“Perm”）又叫“非堆”（Non-Heap），目的是与 Java 堆区分开来。可通过“-XX：PermSize”以及“-XX：MaxPermSize”来指定其大小，默认大小是 64 MB。

方法区中还有一块重要的内存区，也就是运行的常量池（Runtime Constant Pool），类似 PC 中的符号表，存放类中固定的常量信息、方法以及 Field 的引用信息等。

5）本地方法栈

JVM 采用本地（Native）方法栈来支持方法的执行，此区域用于存储每个本地方法的调用状态。

3. 类加载机制

（1）加载过程

从源文件创建到程序运行，Java 程序要经过两大步骤。

1）编译

编译即源文件由编译器编译成字节码（ByteCode）。创建完源文件后，程序会被编译器编译为“. class”文件。Java 编译一个类时，如果这个类所依赖的类还没有被编译，编译器就会先编译这个被依赖的类，然后引用，否则直接引用。编译后的字节码文件格式主要分为常量池和方法字节码。

2）运行

运行即字节码文件被 Java 虚拟机解释运行。Java 类运行大致分为 3 个过程。

① 装载。类的装载是通过类加载器完成的，加载器将 . class 文件的二进制文件装入 JVM 的方法区，并且在堆区创建描述这个类的 java. lang. Class 对象，如图 4-6 所示。JVM 在程序第一次主动使用类的时候，才加载该类。也就是说，JVM 并不是在一开始就把一个程序所有的类都加载到内存中，而是在用的时候才把它加载进来，而且只加载一次。

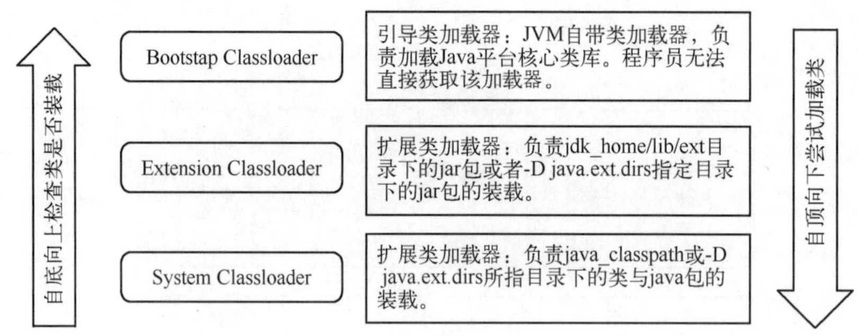

图 4-6　类加载器

加载阶段是可控性最强的阶段，因为开发人员既可以使用系统提供的类加载器来完成加载，也可以自定义自己的类加载器来完成加载。

加载过程中会先检查类是否已被加载，检查顺序是自底向上，从 System Classloader 到 BootStrap Classloader 逐层检查，只要某个 Classloader 已加载就视为已加载此类。而加载的顺序是自顶向下，也就是由上层来逐层尝试加载此类。这种层次关系称为类加载器的双亲委派模型——如果一个类加载器收到了类加载的请求，它首先不会自己去尝试加载这个类，而是把请求委托给父加载器去完成，依次向上。因此，所有的类加载请求最终都应该被传递到顶层的类加载器中，只有当父加载器在它的搜索范围中没有找到所需的类时，即无法完成该加载，子加载器才会尝试自己去加载该类。

② 链接。链接分为验证、准备、解析 3 个阶段。

a、验证。验证的目的是确保 Class 文件中的字节流包含的信息符合当前虚拟机的要求，而且不会危害虚拟机自身的安全。不同的虚拟机对类验证的实现可能会有所不同，但大致都会完成文件格式的验证、元数据的验证、字节码验证和符号引用验证四个阶段。

b、准备。准备就是为静态成员分配内存空间，并设置默认值。

c、解析。解析指的是转换常量池中的代码作为直接引用的过程，直到所有的符号引用都可以被运行程序使用（建立完整的对应关系）为止。

③ 初始化。类初始化是类加载过程的最后一个阶段。到初始化阶段才真正开始执行类中的 Java 程序代码。虚拟机规范严格规定了有且只有四种情况必须立即对类进行初始化（称为对一个类进行主动引用），除此之外所有引用类的方式都不会触发其初始化（称为被动引用）。

a、遇到 new、getstatic、putstatic、invokestatic 这四条字节码指令时，如果类还没有进行过初始化，则需要先触发其初始化。生成这四条指令最常见的场景是：使用 new 关键字实例化对象时、读取或设置一个类的静态字段时（被 static 修饰又被 final 修饰的，已在编译期把结果放入常量池的静态字段除外）以及调用一个类的静态方法时。

b、使用 java. lang. refect 包的方法对类进行反射调用时，如果类还没有进行初始化，则需要先触发初始化。

c、当初始化一个类的时候，如果发现其父类还没有进行初始化，则需要先触发父类的初始化。

d、当虚拟机启动时，用户需要指定一个要执行的主类，虚拟机会先执行该主类。

（2）加载种类

Java 的加载方式有两种，一种是静态加载，另外一种是动态加载。

静态加载指的是 Java 初始化一个类的时候用 new 操作符来初始化，之后再加载。如果加载时在运行环境中找不到要初始化的类，抛出的是 NoClassDefFoundError，它在 Java 的异常体系中是一个 Error。

动态加载指的是通过 Class. forName 的方式来得到一个 Class 类型的实例，然后通过这个 Class 类型的实例的 newInstance()来初始化，之后再加载。如果加载时在运行环境中找不到要初始化的类，抛出的是 ClassNotFoundException，它在 Java 的异常体系中是一个 checked 异常（在写代码的时候需要用 catch 捕获）。

4.2.2　内存管理机制

1. 内存分配

Java 内存分为堆（Heap）与非堆（Non-heap）。堆是 Java 代码可及的内存，是留给开发人员使用的。非堆是 JVM 留给自己用的，所以方法区、JVM 内部处理或优化所需的内存、类结构以及方法等代码都存在非堆内。

JVM 初始分配的内存由-Xms 指定，默认是物理内存的 1/64；JVM 最大分配的内存由-Xmx 指定，默认是物理内存的 1/4。默认空余堆内存小于 40%时，JVM 就会逐渐增大堆直到-Xmx 的最大限制；空余堆内存大于 70%时，JVM 会逐渐减少堆直到-Xms 的最小限制。因此一般会设置-Xms、-Xmx 相等，以免在每次 GC 后调整堆的大小。

JVM 内存的最大值跟操作系统有关：32 位处理器虽然可控内存空间有 4 GB，但是操作系统会给一个限制（Windows 系统大概为 1. 5~2 GB，Linux 系统大概为 2~3 GB），而 64 位操作系统就不会有限制了，因此在做性能测试时，要注意操作系统的选型。

2. 垃圾回收机制

Java 垃圾回收机制（Garbage collection，GC）指的是程序运行过程中自动释放不使用对象的内存空间。由于不需要手动释放内存，程序员在编程中可以避免一些指针和内存相关 bug，大大缩短编程时间，保护了程序的完整性。这个特性是 Java 语言安全策略的一个重要组成部分。

由于 GC 需要耗费一些资源和时间，Java 在对对象的生命周期特征进行分析后，采用分代方法来进行对象的收集，即按照新生代、旧生代的方式进行对象收集，以尽可能地缩短 GC 对应用造成的影响。

（1）新生代 GC

新生代对象的特点是存活时间较短，采用节点复制算法实现对新生代对象的回收。在执行复制时，需要一块未使用的空间来存放活的对象，这时新生代又被划为 Eden、S0（Survivor0）和 S1。Eden Space 存放新创建的对象，S0 或 S1 的其中一块用于 GC 触发时作为复制的目标空间，另外一块中的内容则会被清空。因此通常又将 S0、S1 称为 From Space 与 To Space。

（2）旧生代和持久代 GC

JDK 提供了串行、并行以及并发三种 GC 来对旧生代以及持久代对象所占内存进行回收。串行 GC 是基于 Mark-Sweep-Compact 算法实现的，它结合 Mark-Sweep 算法和 Mark-

Compact 算法做了些改进。并行标记压缩 GC，是并行实现 Mark-Compact 算法；并发标记清除 GC，是并发实现 Mark-Sweep 算法。

（3）Full GC

对新生代、旧生代、持久代都进行 GC 时，称为 Full GC。当触发 Full GC 时，首先按照新生代所配置的 GC 方式进行 GC，然后再按照旧生代的 GC 方式对旧生代、持久代进行 GC。

3. 内存回收算法

（1）对象状态转移

Java 对象状态在内存中的转移状况如图 4-7 所示。

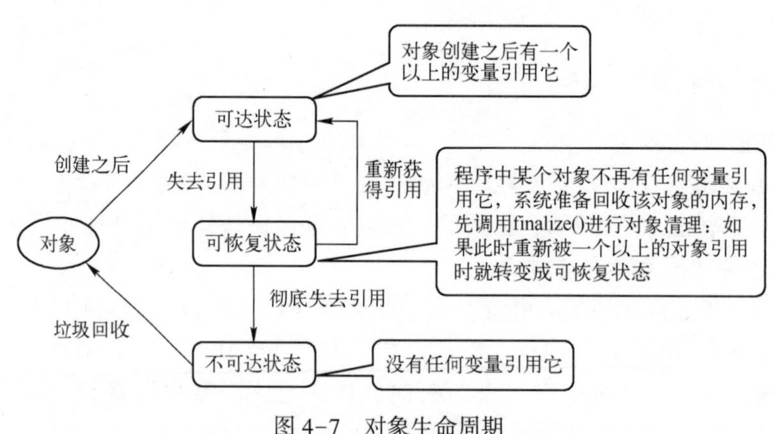

图 4-7　对象生命周期

Finalize( )方法的工作原理是：一旦垃圾回收器准备好释放对象占用的存储空间，将首先调用并且只能调用一次该对象的 finalize( )方法（通过代码 System. gc( )实现），并且在下一次垃圾回收动作发生时，才会真正回收对象占用的内存。所以如果重载 finalize( )方法就能在垃圾回收时做一些重要的清理工作（调用非 Java 代码时分配的内存）或者自救该对象一次（只要在 finalize( )方法中使该对象重新和引用链上的任何一个对象建立关联即可）。

（2）内存回收算法

在 Java 中经典的内存回收算法有以下 4 种：

1）引用计数器

引用计数器（Reference Counting）计算每个对象指向它的指针数量，当有一个指针指向自己时计数器加 1；当删除一个指向自己的指针时计数器减 1。如果计数器的值减为 0，说明已经不存在指向该对象的指针了，所以它可以安全地被销毁了，如图 4-8 所示。

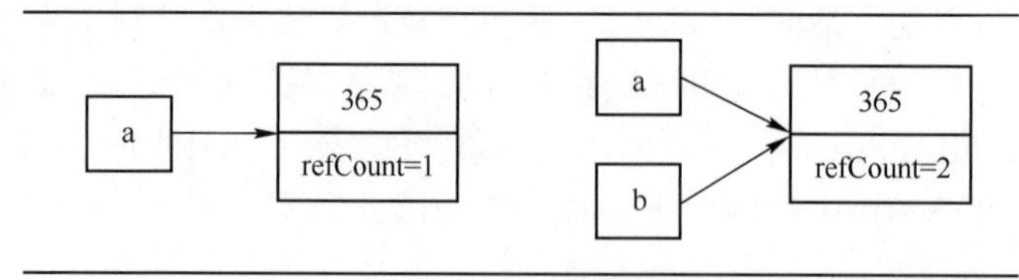

图 4-8　引用计数器

引用计数收集器算法的优点是：简单，适于做增量收集，对于程序不能被长时间打断的实时环境特别适合。

该算法的缺点是：

1）无法处理循环引用（两个或多个对象之间相互引用），因为它们的引用计数永远不会为0。

2）每次增减引用计数都带来额外开销，而且该算法还需要编译器的高度配合。

（2）标记-清除

整个过程分为两个阶段，如图4-9所示。

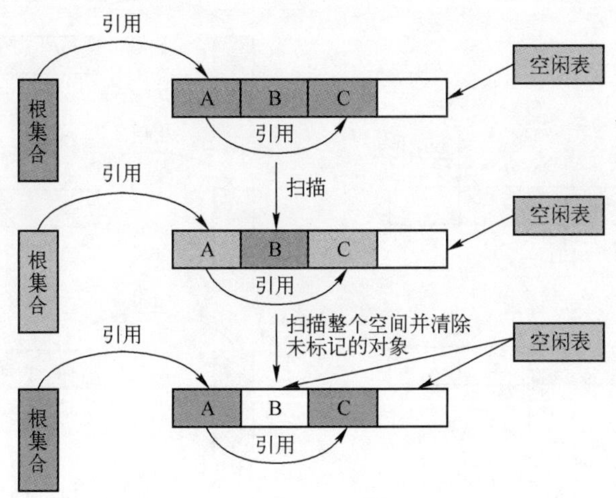

图4-9 标记-清除

1）标记阶段，垃圾收集器遍历引用树，标记每一个遇到的对象。

2）清除阶段，未被标记的对象被释放，相应内存被返还。

该算法的优点是：可以回收循环结构的对象内存，而且避免了维护引用计数而付出的额外开销和对编译器的依赖。

该算法的缺点是：

1）在清理阶段，堆中的所有对象，不论是否可达，都会被访问。一方面这对于可能有页面交换的堆所依赖的虚拟系统有着非常负面的性能影响；另一方面，因为其中很大一部分对象可能是垃圾，这就意味着垃圾收集器把大量精力都花费在检查和处理垃圾上面了。无论从哪个角度来看，该算法都可能产生收集暂停时间过长、收集开销偏大的问题。

2）标记并清理收集器的另一个不足是它容易导致堆的碎片化，从而引发引用局部性或者大对象分配失败等方面的问题。

（3）节点复制

把整个堆分成两个半区（From与To），GC的过程其实就是把存活对象从一个半区（From）复制到另外一个半区（TO）的过程。下一次回收时，两个半区再互换角色。移动结束后，更新对象的指针引用。如图4-10所示。

该算法的优点是：复制的收集算法每次都是对其中的一块进行内存回收，内存分配时也就无须考虑内存碎片等复杂情况，只要移动堆顶指针，按顺序分配内存即可，实现简单，运行高效。

其缺点是：需要两倍内存空间。

（4）标记-整理

标记并整理收集器结合了“标记-清除”和“复制”两个算法的优点，分为两个阶段：第一阶段从根节点开始标记所有被引用对象；第二阶段遍历整个堆，清除未标记对象并且把存活对象“压缩”到堆的其中一块，按顺序排放。如图 4-11 所示。

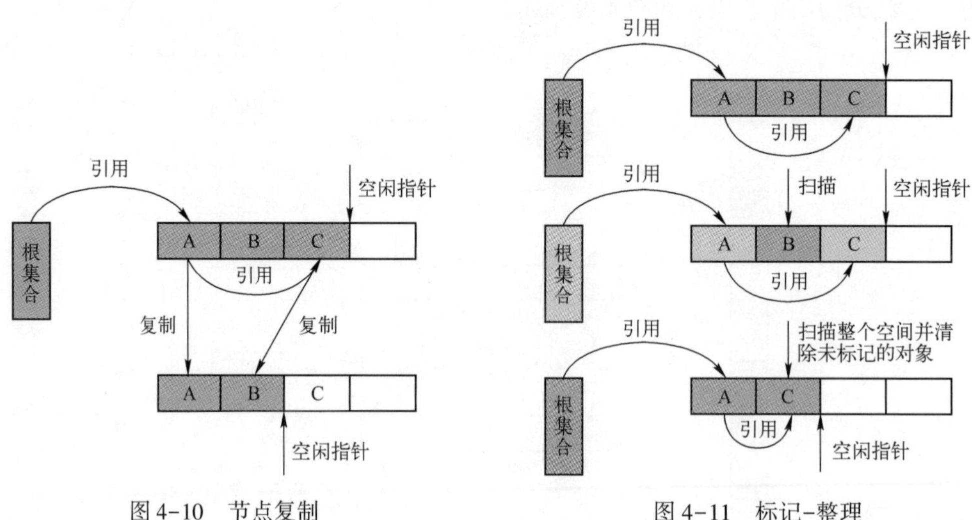

图 4-10　节点复制

图 4-11　标记-整理

此算法的优点是：避免了“标记-清除”算法的碎片问题，同时也避免了“复制”算法的空间问题。

4.3　反射与内省

4.3.1　反射机制

1. 概念

在运行状态中，对于任意一个类，都能够知道这个类的所有属性和方法；对于任意一个对象，都能够调用它的任意一个方法和属性。这种动态获取信息以及动态调用对象方法的功能称为 Java 语言的反射机制。

2. 功能

反射机制提供了动态链接程序组件的方法，允许程序创建和控制任何类的对象而无须提前编码目标类。它使类和数据结构能按名称动态检索相关信息，并允许在程序运行中操作这些信息。可以在运行时构造一个类的对象；判断一个类所具有的成员变量和方法；调用一个对象的方法；生成动态代理等。这些特性使得反射特别适用于库与框架等技术应用（例如数据库、XML 或其他外部格式的框架中）。Java 的这一特性非常强大，并且是其他一些常用语言（如 C、C++、Fortran 或者 Pascal 等）所不具备的。

3. 缺点

（1）性能

用于字段和方法接入时反射远慢于直接代码。性能问题的程度取决于程序中使用反射的方式。如果它作为程序运行中相对很少涉及的部分，缓慢的性能将不是一个问题。只是反射在性能关键应用的核心逻辑中使用时，性能问题才需要关注。

（2）复杂

使用反射会模糊程序内部逻辑，而且绕过了源代码，增加了代码阅读的难度。解决此问题的最佳方法就是保守地使用反射——仅在它可以真正增加灵活性的地方使用。

4. 内部方法

（1）Class 类

Class 类是整个反射操作的源头，定义如下：

```
public final class Class<T>
extends Object implements Serializable, GenericDeclaration, Type, Annotat-
edElement
```

1）Class 是一个类，一个描述类的类（也就是描述类本身），封装了描述方法、字段、构造器以及注解等属性的方法。

2）通过反射可以得到某个类的数据成员名、方法、构造器以及接口。

3）对于每个类而言，JRE 都为其保留一个不变的 Class 类型的对象。一个 Class 对象包含了类自身的有关信息。

4）Class 对象只能由系统建立。

5）一个类在 JVM 中只会有一个 Class 实例。

如果要想使用 Class 类进行操作，就必须首先产生 Class 类的对象，获取这个对象的方法有三种。

```
//第一种方法:利用 Object 类中提供的 getClass()方法
Employee e = new Employee();
Class c1 = e.getClass();
//第二种方法:利用"类.class"Java 中每个类型都有 class 属性
Class c2 = Employee.class;
//第三种方法:利用 Class 类的静态方法
Class c1 = Class.forName("Employee");
```

在程序开发过程中，第一种方法使用比较多。但是在程序框架设计中，则选择第三种方法，也就是反射机制用到的方法。

NOTE:

特殊 Class 类型

父类类对象：Class. getSuperClass( )

基本数据类型类对象：int. class

数组基本数据类型类对象：int[ ]. class

包装类型类对象：Integer. class/Integer. TYPE

（2）API 提供的反射机制相关类

很多反射中的方法、属性等操作可以从以下四个类中查询。

```
java.lang.reflect.Constructor;          //对应类中的构造方法
java.lang.reflect.Field;                //对应类中的成员变量
java.lang.reflect.Method;               //对应类中的方法
java.lang.reflect.Modifier;             //获取类、方法、成员变量的修饰符
```

（3）利用反射机制创建对象

```
Class c =Class.forName("Employee");
//创建此 Class 对象所表示的类的一个新实例
Object o = c.newInstance();
```

实际调用的是类的无参构造方法（这就是为什么在编写有参构造方法时，必须再明确写一个无参构造方法的原因）。

（4）invoke()方法

```
public Object invoke(Object obj,Object... args) throws IllegalAccessExcep-
tion, IllegalArgumentException, InvocationTargetException{}
```

Invoke 即调用，该方法在 Method 类中。Method 类本身就代表一个方法，当 Method 类中的对象调用 invoke()方法时，相当于调用了 Method 对象所代表的方法，方法里面传入对应的参数，实现动态方法调用。这在动态代理里面有广泛的应用。

5. 应用

"反射机制" + "Properties" 属性文件是常用的架构设计方案之一。例如：单例模式实现方案、数据库配置实现方案、Spring 以及 Dozer 中间件中都有相应的应用。通过反射利用 JAR 里的固定内容，而配置文件却给用户留下了可修改的接口，这种设计使代码更加灵活，更加容易实现面向对象。

4.3.2 内省机制

1. 内省概述

内省（Introspector）是 Java 语言对 JavaBean 类以及父类私有或公共属性、方法、事件进行查询的标准处理方法。

通过类 Introspector 来获取某个对象的 BeanInfo 信息，然后通过 BeanInfo 来获取属性的描述器（PropertyDescriptor），通过这个属性描述器就可以获取某个属性对应的 getter/setter()方法，然后就可以通过反射机制来调用这些方法。

```
BeanInfo beanInfo = Introspector.getBeanInfo(person.getClass());
//通过构造器来创建 PropertyDescriptor 对象
PropertyDescriptor[] proDescriptors = beanInfo.getPropertyDescriptors();
for(PropertyDescriptor prop: proDescriptors){
  Method methodGet = prop.getReadMethod();
  Object object = methodGet.invoke(person)
}
```

另外也可以通过属性描述类获得读取属性以及写入属性的方法，进而可以对 JavaBean 的属性进行读取操作。

```
//通过构造器来创建 PropertyDescriptor 对象
PropertyDescriptor pd = new PropertyDescriptor("name", Student.class);
//通过该对象来获得写方法
Method method1= pd.getReadMethod();
Object object=method1.invoke(st);
```

2. JavaBean

JavaBean 是一种特殊的类，要符合 Bean 命名规范，主要用于传递数据信息，被称为“数据值对象”（Date Value Object，DVO）或“数据传输对象”（Date Transfer Object，DTO）。

JavaBean 规范概要如下：

1）JavaBean 类必须是一个公共类，并将其访问属性设置为 public。

2）JavaBean 类必须有一个空的构造方法（可以是省略的默认构造方法）。

3）一个 JavaBean 类不应有共有实例变量（实例成员变量），而静态变量（静态成员变量）需为“private”。

4）属性应该通过一组存取方法（一般为 getXxx()与 setXxx()）来访问。

一般 JavaBean 属性以小写字母开头，用驼峰命名格式。但是，还有一些特殊情况，整理归纳见表 4-1。

表 4-1 JavaBean 规范

编号	属　性	getter 方法	setter 方法
1	<propertyName>	public <PropertyType> get<PropertyName>	public void set<PropertyName>(<PropertyType> <propertyName>)
2	<pRopertyName>	public <PropertyType> get<pRopertyName>	public void set<pRopertyName>(<PropertyType> <pRopertyName>)
3	<PRopertyName>	public <PropertyType> get<PRopertyName>	public void set<PRopertyName>(<PropertyType> <PRopertyName>)
4	<PropertyName>	不存在	不存在

如果是 Boolean 型变量，getXxx()方法可以换成 isXxx()，此时成员变量不以“is”开头。

Java 提供了一套 API 用来访问某个属性的 getter/setter()方法，这些 API 存放于包 java.beans 中。对一个 Bean 类来讲，可以没有属性，但是只要有 getter/setter()方法中的一个，那么 Java 的内省机制就被认为存在一个属性。例如类中有 getName()方法，那么就认为存在一个“name”的属性。

在实际应用中，有很多项目都是同时采用反射以及内省两种技术来实现其核心功能，二者的相互结合可以发挥出 Java 四两拨千斤的威力。

4.4 注解

4.4.1 注解机制

注解（Annotation）是一种应用于类、方法、参数、变量及包声明中的特殊修饰符。它是由 JSR－175 标准来描述元数据的一种工具。从 JDK5.0 开始，Java 增加了对元数据（MetaData）的支持，即一种描述数据的数据。可以说注解就是源代码的元数据。如下面这段代码：

```
@Override
public String toString() {
  return "姓名:"+name;
}
```

上面代码中，重写了 toString( ) 方法并使用了@Override 注解。但是，即使不使用@Override 注解标记代码，程序也能够正常执行。那么，该注解表示什么呢？这么写有什么好处呢？事实上@Override 告诉编译器这个方法是一个重写方法，如果父类中不存在该方法，编译器便会报错（提示该方法没有重写父类中的方法）。如果不小心拼写错误，例如：将 toString( )写成了 toSting( )，而且也没有使用@Override 注解，程序依然能编译运行。但运行结果也许会和期望的结果大不相同。大家对于@Override 注解也许会有疑问——它什么都没做，那它是如何检查到父类中有一个同名的方法呢？@Override 注解的定义不仅只有这么一点代码，这些定义中的逻辑处理全部由后台 JVM 来完成。

4.4.2 注解分类

注解按照来源可以分为以下 3 种：

1. 标准注解

标准注解指的是 Java 自带的几个注解，包括@Override、@Deprecated、@SuppressWarnings 等。

2. 元注解

元注解是为注解写的注解。JDK5.0 在 java.lang.annotation 中提供了四种元注解，见表 4-2。

表 4-2 元注解

编　号	注解名称	说　明
1	@Documented	注解是否将包含在 JavaDoc 中
2	@Retention	什么时候使用该注解
3	@Target	注解用于什么地方
4	@Inherited	是否允许子类继承该注解

（1）@Documented

表示是否将注解信息添加在 Java 文档中。

(2) @Retention

定义该注解的生命周期。主要有三种，见表 4-3。

表 4-3　注解生命周期种类

编　号	类　　型	说　　明
1	RetentionPolicy. SOURCE	在编译阶段丢弃。这些注解在编译结束之后就不再有任何意义，所以它们不会写入字节码。@Override，@SuppressWarnings 都属于这类注解
2	RetentionPolicy. CLASS	在类加载阶段丢弃，在字节码文件的处理中使用，注解默认使用这种方式
3	RetentionPolicy. RUNTIME	始终不会丢弃，运行期也保留该注解，因此可以使用反射机制读取该注解的信息。自定义的注解通常使用这种方式

(3) @Target

@Target 说明了 Annotation 所修饰的对象范围：Annotation 可被用于包（package）、类型（类、接口、枚举、注解）、类型成员（方法、构造方法、成员变量、枚举值）、方法参数和本地变量（如循环变量、catch 参数），见表 4-4。在 Annotation 类型的声明中使用 Target 可更加明确地修饰目标，默认值可以为任何元素。

表 4-4　@Target 修饰对象范围

编　　号	类　　型	说　　明
1	ElementType. TYPE	用于描述类、接口或 Enum 声明
2	ElementType. FIELD	用于描述字段（类成员变量）
3	ElementType. CONSTRUCTOR	用于描述类构造方法
4	ElementType. METHOD	用于描述方法
5	ElementType. PARAMETER	用于描述方法参数
6	ElementType. LOCAL_VARIABLE	用于描述方法中的本地变量
7	ElementType. ANNOTATION_TYPE	另一个注释
8	ElementType. PACKAGE	用于记录 Java 文件的 Package 信息
9	ElementType. TYPE_PARAMETER	泛型，1.8 新增特性
10	ElementType. TYPE_USE	任意类型，1.8 新增特性

(4) @Inherited

定义该注解和子类的关系。

3. 自定义注解

根据自己需求而定义的注解就是自定义注解，定义时需要用到元注解。

4.4.3　自定义注解

1. 注解元素

编写注解非常简单，与接口定义非常类似，只不过前面多了一个@ 符号。用户自定义注解示例“@MethodInfo”如下所示。

```
@Documented
```

```java
@Retention(RetentionPolicy.RUNTIME)
@Target(ElementType.METHOD)
@Inherited
public @interface MethodInfo {
  String author() default "yantingji@126.com";
  String date();
  int version() default 1;
}
```

注解定义时，有以下注意事项：

（1）使用@interface定义，注解名即为自定义注解名。

（2）注解配置时的参数名又称“成员”，为注解类的方法名。

1）方法的返回类型只能是基本数据类型以及String、Class、Annotation、Enumeration。

2）方法没有方法体，没有参数，不允许抛出异常，只允许使用public abstract进行修饰（默认为public）。

3）如果注解只有一个成员，则成员名必须为value()，在使用时可以忽略成员名和赋值号（=）。

4）可以加default来设定默认值。

（3）注解类可以没有成员，没有成员的注解称为“标识注解”（Mark Annotation）。

2. 使用方法

使用自定义注解的语法如下所示。

@<注解名>(<成员名1>=<成员值1>,<成员名2>=<成员值2>,...)

```java
public class App {
  @MethodInfo(
  author = "365itedu@gmail.com",
  date = "2018/08/08",
  version = 2)
  public String getAppName() {
    return "365itedu";
  }
}
```

4.4.4 注解解析

常用的注解解析主要是指运行时的注解解析，也就是指@Retention为RUNTIME的Annotation，此时需要调用以下三个常用API。

1）getAnnotation（AnnotationName.class）表示得到该Target某个Annotation的信息，因为一个Target可以被多个Annotation修饰。

2）getAnnotations()表示得到该Target所有Annotation。

3）isAnnotationPresent(AnnotationName.class)表示该Target是否被某个Annotation修饰。

以MethodInfo为例，利用Target（这里是Method）的getAnnotation()方法得到注解信息，就可以调用注解的方法得到响应属性值。

```java
public static void main(String[] args) {
```

```java
    try {
      Class clazz = Class.forName("com.itedu.chapter4.annotation");
      for (Method method : clazz.getMethods()) {
        MethodInfo methodInfo = method.getAnnotation(MethodInfo.class);
        if (methodInfo != null) {
          System.out.println("method name:" + method.getName());
        }
      }
    } catch (ClassNotFoundException e) {
      e.printStackTrace();
    }
  }
```

4.4.5 适用场景

1. XML 对比注解

使用注解之前，广泛应用于描述元数据的技术是 XML。XML 具有以下优点：

1）XML 作为可扩展标记语言使得代码和配置分离，修改配置时无须变动现有程序。

2）开发者能够为软件量身定制适用的标记，使代码更加易懂。

3）利用 XML 配置能使软件更具扩展性。

4）具有成熟的验证机制确保程序正确性。利用 Schema 或 DTD 可以对 XML 的正确性进行验证，避免了非法的配置导致应用程序出错。

虽然有如此多的好处，XML 也有自身的缺点。

1）随着系统变大，配置文件越来越多，导致管理变得困难。

2）需要解析工具或类库的支持。

3）解析 XML 势必影响应用程序性能，占用系统资源（有时还是影响程序性能的最大因素)。

4）编译器无法对配置项的正确性进行验证，因此查错变得很困难，有时一个很难发现的配置失误会导致莫名其妙的错误。

为解决 XML 这些缺点，注解便应运而生，也可以说注解是对 XML 过度使用的一种解决方案。注解主要针对的是编译器以及一些软件工具，对代码的运行效果没有直接影响，其优点如下：

（1）提高开发效率

和代码紧耦合，无须工具支持，减少配置。

（2）可以提前查错

编译器可以利用注解来探测错误和警告信息。也就是说编译器可验证正确性，使查错提前，也使得查错变得容易。

（3）提供编译时处理

软件工具可以利用注解信息来生成代码、HTML 文档或者做其他相应处理。

当然注解也有缺点。

1）对注解进行修改，需要重新编译整个工程。

2）业务类之间的关系不如 XML 配置那样一目了然。

3）程序中过多的注解，对代码的简洁度有一定影响。

4）注解功能没有 XML 的扩展性强。

2. 使用场景

假如想要为应用设置很多常量或参数，XML 是一个很好的选择，因为它不会同特定的代码相连。如果想把某个方法声明为服务，那么使用注解会更好，因为这种情况下需要注解和方法紧密耦合起来。本来可能需要很多配置文件，需要很多逻辑才能实现的内容，可以使用一个或者多个注解来替代，这样就使得编程更加简洁，代码更加清晰。目前，许多框架都是将 XML 和注解两种技术结合使用，来平衡两者之间的利弊。所以，为了解释代码而进行数据验证（@Size）、类注入（@Inject）、用法限制（@Override）时，最佳选择就是使用注解。在 JUnit、Spring、MyBatis 等主流框架与应用程序开发中都有大量注解的使用。

4.5 Servlet

4.5.1 Servlet 机制

1. Servlet 定义

实现了 Servlet 接口的 Java 代码称为 Servlet。它是运行于服务器端的 Java 应用程序，接受客户端发来的 HTTP 请求，进行相应的业务处理后，再动态生成 Web 页面返回 HTTP 响应。

2. Servlet 职责

Servlet 主要职责有：

1）读取客户端发送的显式数据（HTML 表单、applet 等）。

2）读取客户端发送的隐式 HTTP 请求数据（Cookies、媒体类型和浏览器能理解的压缩格式等）。

3）处理数据并生成结果（包括调用其他业务处理以及访问数据库等）。

4）发送显式的数据（HTML、XML、图像、Excel 等）到客户端。

5）发送隐式的 HTTP 响应到客户端（Cookies 和缓存参数等）。

3. Servlet 容器

Servlet 与 Servlet 容器之间的关系像子弹和枪的关系。虽然它们是彼此依存的，但是又相互独立发展，这一切都是为了适应工业化生产的结果。

可以运行 Servlet 的服务器有很多（参照表 7-1），本书以最常用的 Tomcat 为例进行说明。Tomcat 容器分为 Engine 容器、Host 容器、Context 容器以及 Wrapper 容器四个等级，如图 4-12 所示。而真正管理 Servlet 的容器是 Context，所以 Context 容器的运行方式将直接影响到 Servlet。

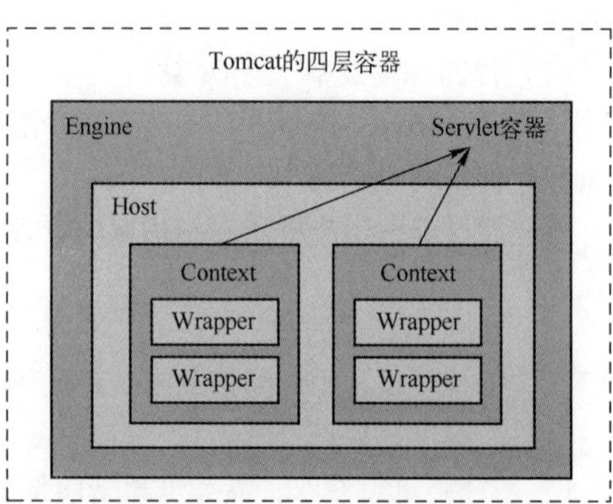

图 4-12　Tomcat 容器

一个 Context 对应一个 Web 工程，对应 Tomcat 配置文件如下所示。

```
<Context path="/project1" docBase="D:\projects\project1" reloadable=
"true" />
```

Tomcat 的启动逻辑采用的是观察者模式，所有的容器都会继承 Lifecycle 接口，它管理着容器的整个生命周期，所有容器的修改和状态的改变都会由它去通知已经注册的观察者（Listener），启动时的调用关系如图 4-13 所示。

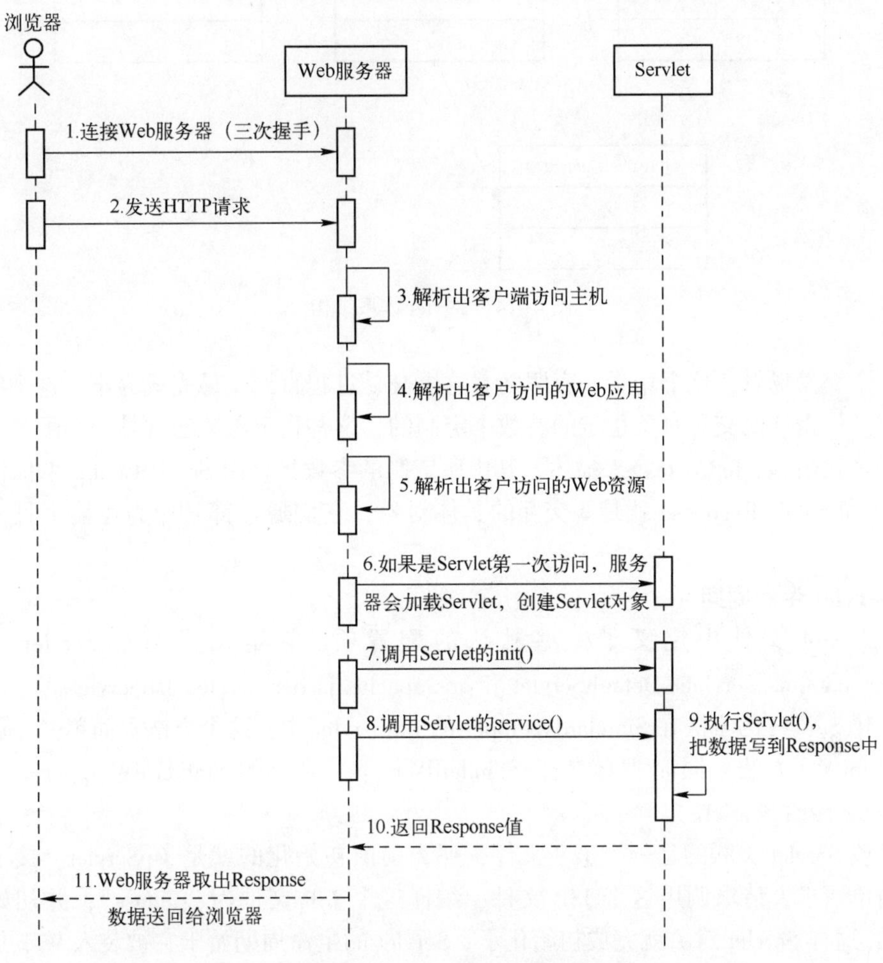

图 4-13　Tomcat 启动时流程

4. Servlet 体系结构

JavaWeb 应用是基于 Servlet 规范运转的，核心接口之间的关系如图 4-14 所示。

与 Servlet 主动关联的有 ServletConfig、ServletRequest 和 ServletResponse 三个类。这三个类都是通过容器传递给 Servlet 的，其中 ServletConfig 是在 Servlet 初始化时（只在启动时初始化一次）就传给 Servlet 了，而后两个是在请求到达时调用 Servlet 时传递过来的。ServletConfig 是为了获取这个 Servlet 运行时的一些配置属性。Servlet 的运行模式是一个典型的"握手型交互式"运行模式。所谓"握手型交互式"就是两个模块为了交换数据通常都

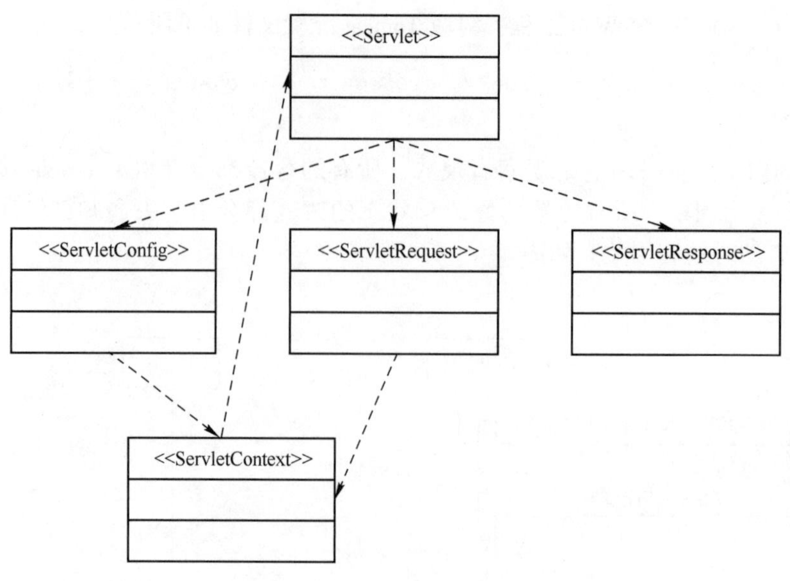

图 4-14 Servlet 体系结构

会准备一个交易场景，这个场景一直跟随着这个交易过程直到交易完成为止。这个交易场景的初始化是根据这次交易对象指定的参数来定制的，这些指定参数通常是一个配置类。而这个交易场景就由 ServletContext 来描述，其中所定制的参数集合由 ServletConfig 来描述，ServletRequest 和 ServletResponse 就是要交互的具体对象，它们通常都是作为运输工具来传递交互结果的。

5. Servlet 生命周期

在 web. xml 文件中定义了一些默认的配置项，它定义了两个 Servlet，分别是 org. apache. catalina. servlets. DefaultServlet 和 org. apache. jasper. servlet. JspServlet。

初始化 Servlet 的方法在 StandardWrapper 的 initServlet 中，这个方法很简单——就是调用 Servlet 的 init( ) 方法，同时把包装了 StandardWrapper 对象的 StandardWrapperFacade 作为 ServletConfig 传给 Servlet。

如果该 Servlet 关联的是一个 JSP 文件，那么前面初始化的就是 JspServlet。接下去会模拟一次简单请求，请求调用这个 JSP 文件，编译这个 JSP 文件为“. class”，并初始化这个“. class”，这样 Servlet 对象就完成初始化了。Servlet 的生命周期始于它被装入 Web 服务器内存时，并结束于 Web 服务器终止或重新装入 Servlet 时。Servlet 一旦被装入 Web 服务器，一般不会从 Web 服务器内存中删除，直至 Web 服务器关闭或重新开始。大体过程如图 4-15 所示。

1）装入：启动服务器时加载 Servlet 实例。

2）初始化：Web 服务器启动时或 Web 服务器接收到请求时，初始化工作由 init( ) 方法负责执行完成。

3）调用：从第一次到以后的多次访问，都是只调用 doGet( ) 或 doPost( ) 等方法。

4）销毁：停止服务器时调用 destroy( ) 方法，销毁实例。

事实上 Servlet 从被 web. xml 中解析到完成初始化，这个过程非常复杂，中间有很多步

图 4-15　Servlet 生命周期

骤，包括各种容器状态的转化引起监听事件的触发、各种访问权限的控制和一些不可预料的错误发生的判断行为等。

6. Servlet 工作原理

当用户从浏览器向服务器发起一个请求时，通常会包含如下信息：http://hostname:port/contextpath/Servletpath。其中“hostname”和“port”是用来与服务器建立 TCP 连接的，而后面的 URL 才是用来选择服务器中哪个子容器来服务用户的请求。在 Tomcat 7.0 以上版本，使用 org.apache.tomcat.util.http.mapper.Mapper 这个类来完成，它保存了 Tomcat 的 Container 容器中的所有子容器的信息，当 org.apache.catalina.connector.Request 类在进入 Container 容器之前，Mapper 会根据这次请求的“hostname”和“contextpath”将 Host 和 Context 容器设置到 Request 的 mappingData 属性中。所以当 Request 进入 Container 容器之前，它要访问哪个子容器已经确定了。

Request 请求到达最终的 Wrapper 容器的过程如图 4-16 所示。

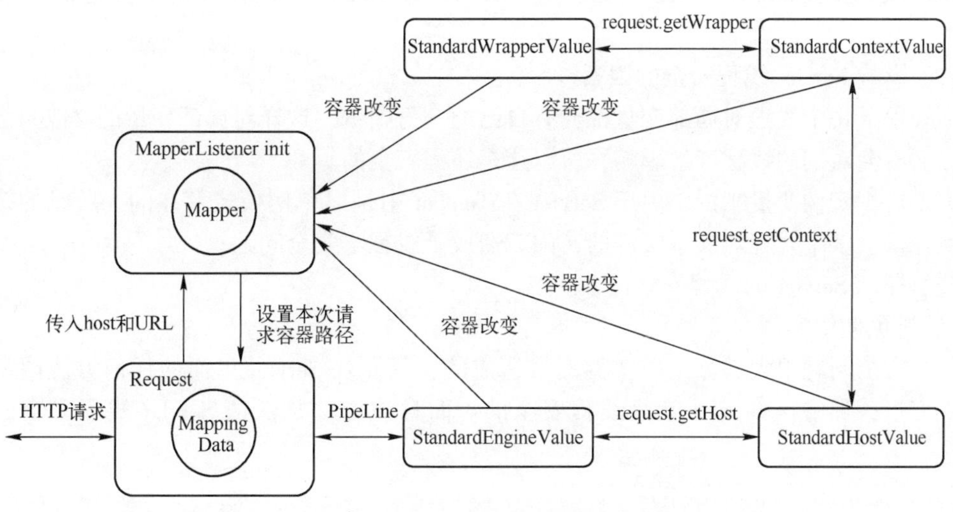

图 4-16　Request 请求到达 Wrapper 容器过程

请求到达最终的 Servlet 还要完成一些步骤，必须执行 Filter 链以及通知 web.xml 中定义的 Listener。接下去就要执行 Servlet 的 service( ) 方法。自己定义的 Servlet 并不是直接实现 javax.Servlet.Servlet 接口，而是继承更简单的 HttpServlet 类或者 GenericServlet 类，可以有选择地覆盖相应方法实现要完成的工作。Servlet 给我们提供两部分数据：一部分数据是在 XML 配置文件中，Servlet 初始化时调用 init( ) 方法时设置的 ServletConfig；另外一部分数据是由 ServletRequest 类提供，它的实际对象是 RequestFacade，也就是一次请求的 HTTP 协议信息。

7. Servlet 线程安全

（1）Servlet 线程安全机制

Servlet 容器默认是采用“单实例多线程”方式处理多个请求的，如图 4-17 所示。这种默认以多线程方式执行的设计可大大降低对系统的资源需求，提高系统的并发量及响应时间。但是，如果利用不当就会发生线程不安全现象。

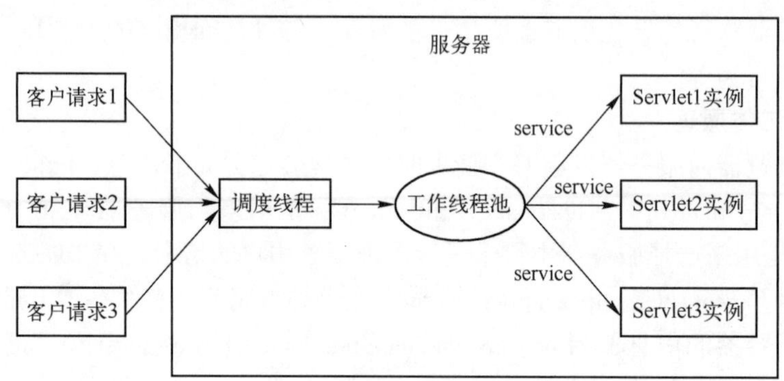

图 4-17　Servlet 线程安全

Servlet 本身是无状态的，一个无状态的 Servlet 是绝对线程安全的，无状态对象设计也是解决线程安全问题的一种有效手段。所以，Servlet 是否线程安全是由它的实现来决定的。

（2）影响 Servlet 线程安全的因素

多线程下每个线程对局部变量都会有自己的一份副本，这样对局部变量的修改只会影响到自己而不会对别的线程产生影响，所以这是线程安全的。

但是对于实例变量来说，由于 Servlet 在 Tomcat 中是以单例模式存在的，所有的线程共享实例变量，多个线程对共享资源的访问就造成了线程不安全问题。

（3）控制 Servlet 的线程安全性方法

1）避免使用实例变量

线程安全问题很大部分是由实例变量造成的，只要在 Servlet 里面的任何方法内都不使用实例变量，那么该 Servlet 就是线程安全的。而且该方法是保证 Servlet 线程安全的最佳选择。

2）避免使用非线程安全的集合

Java 常用的集合中，线程安全与否总结在表 4-5 中，在使用时需要根据需求来选择。

表 4-5　线程安全集合

编　号	非线程安全	线程安全
1	ArrayList	Vector
2	LinkedList	
3	HashMap	HashTable
4	HashSet	
5	StringBulider	StringBuffer
6	TreeMap	-
7	TreeSet	-

3）同步对共享数据的操作

在多个 Servlet 中，对某个外部对象（例如文件）的修改是务必加锁（Synchronized，或者 ReentrantLock）来互斥访问。

```
public class XXXXXX extends HttpServlet {
    synchronized (this ) {XXXX}
}
```

使用 synchronized 关键字能保证一次只有一个线程可以访问被保护的区段，可以通过同步块操作来保证 Servlet 的线程安全。如果在程序中使用同步来保护要使用的共享数据，也会使系统的性能大大下降。这是因为被同步的代码块在同一时刻只能有一个线程执行它，使得其同时处理客户请求的吞吐量降低，而且很多客户处于阻塞状态。另外为保证主内存内容和线程的工作内存中数据的一致性，要频繁地刷新缓存，这也会大大地影响系统的性能。所以在实际的开发中也应避免或最小化 Servlet 中的同步代码。

4）使用原型模式

Servlet 是单例模式，在对 Struts1、Struts2 以及 SpringMVC 框架进行配置时，可以把相应的 Action 以及 Controller 设置成（prototype）。

```
<bean id="assetAction" class="com.servicezone.itsd.asset.webapp.action.
AssetAction" cope="prototye"/>
```

另外，SpringMVC 中亦可以使用注解进行设置。

```
@Scope("prototype")
@Controller
public class ProjectCreateController {
//省略
}
```

5）使用 ThreadLocal

ThreadLocal 是线程的局部变量，是每一个线程所单独持有的，其他线程不能对其进行访问。

6）实现 SingleThreadModel 接口

该接口指定了系统如何处理对同一个 Servlet 的调用。如果一个 Servlet 被这个接口指定，那么在这个 Servlet 中的 service( )方法将不会有两个线程被同时执行，当然也就不存在线程安全的问题如下面代码所示（类 MyServlet 实现了 SingleThreadModel 接口）。但是，如果一个 Servlet 实现了 SingleThreadModel 接口，Servlet 引擎将为每个新的请求创建一个单独的 Servlet 实例，这将引起大量的系统开销（在现在的 Servlet 开发中基本看不到 SingleThreadModel 的使用，这种方式了解即可，应尽量避免使用）。

```
public class MyServlet extends HttpServlet implements SingleThreadModel {
......
}
```

4.5.2 Servlet 与 CGI

公共网关接口（Common Gateway Interface，CGI）是初期动态网页制作的主要技术。虽然使用广泛，但 CGI 脚本技术有很多缺陷，包括平台相关性和缺乏可扩展性。为了避免这些局限，JavaServlet 技术应运而生，它能够以一种可移植的方法来提供动态的、多线程处理的最佳技术。两者之间的对比关系，见表 4-6。

表 4-6 Servlet 对比 CGI

视角	Servlet	CGI
资源消耗	共享进程，每次启动新的线程，单实例多线程（非线程安全），消耗资源少	每次服务器端都要新启用一个进程而消耗大量资源
可移植性	具备 Java 的平台无关性	不具备平台无关性特征，系统环境发生变化，CGI 程序就要瘫痪
连接池	支持数据库连接池技术	不支持数据库链接池技术，无法克服 CGI 程序与数据库建立连接时速度慢的瓶颈

4.5.3 Servlet 与 JSP

在 Servlet 出现之后，随着使用范围的扩大，人们发现了它的一个很大的弊端：在 Java 代码中编写页面 HTML 代码时，不仅效率低下，而且容易出错，还会出现大量重复代码。为了解决这些问题，基于 Servlet 技术的 Java Server Pages 技术（也就是 JSP）问世了。Servlet 和 JSP 两者分工协作：Servlet 侧重于解决后台运算和业务逻辑问题，JSP 则侧重于解决前台展示问题。Servlet 与 JSP 一起为 Web 应用开发带来了巨大的贡献，后来出现的众多 Java Web 应用开发框架都是基于这两种技术的，更确切地说，都是基于 Servlet 技术的。两者具体区别见表 4-7。

表 4-7 Servlet 对比 JSP

视角	Servlet	JSP
目的	用于后台编程，来实现流程控制和业务处理	用于前台页面编程，将表示逻辑从 Servlet 中分离出来而生成动态网页
构成	纯 Java 代码	本质是 Servlet，但是由 HTML 与 JSP 标签以及脚本语言构成，还可以嵌入 Java 代码。例如 test. jsp 要变成 test_jsp.java 然后编译成 test_jsp.class
MVC 关系	用于控制层（Controller）	用于视图层（View）

4.5.4 Servlet 与普通 Java 类

Servlet 是一个供其他 Java 程序（Servlet 引擎）调用的 Java 类，它不能独立运行，完全由 Servlet 引擎来控制和调度。

针对客户端的多次 Servlet 请求，通常情况下，服务器只会创建一个 Servlet 实例对象。也就是说，Servlet 实例对象一旦创建，它就会驻留在内存中，为后续的其他请求服务，直至 Web 容器退出，Servlet 实例对象才被销毁。

在 Servlet 的整个生命周期内，Servlet 的 init( )方法只被调用一次。而对一个 Servlet 的每次访问请求都导致 Servlet 引擎调用一次 Servlet 的service( )方法。对于每次访问请求，Servlet 引擎都会创建一个新的 HttpServletRequest 请求对象和一个新的 HttpServletResponse 响应对象，然后将这两个对象作为参数传递给它调用的 Servlet 的 service( )方法，service( )方法再根据请求方式分别调用 doXXX( )方法。

4.5.5 自定义标签

JSP 标签也称为 JSP Action 元素，它用于在 JSP 页面中提供业务逻辑功能，避免在 JSP 页面中直接编写 Java 代码，造成 JSP 页面难以维护。JSP 是 Java EE 不可或缺的一部分。虽然在 JSP 内也可以写 Java 代码，甚至访问数据库，但这不是 JSP 技术最主要的目的，而只是为了某些特定场合的方便才提供的功能。虽然 JSP 有 13 个固有内置标签，但是开发项目时远远不够，因此由 Apache 的 Jakarta 小组开发了不断完善的开放源代码项目——JSP 标准标签库（JSTL，Java Server Pages Standard Tag Library），它封装了 JSP 应用的通用核心功能。功能主要由五部分组成，如表 4-8 所示。

表 4-8　常用标签库

名　称	URL	使用状况	说　明
核心标签	http://java.sun.com/jsp/jstl/core	最常用	核心标签是最常用的 JSTL 标签。如迭代、条件判断等功能
JSTL 函数	http://java.sun.com/jsp/jstl/functions	常用	函数标签包含一系列标准函数，大部分是通用的字符串处理函数
格式化标签	http://java.sun.com/jsp/jstl/fmt	常用	格式化标签用来格式化并输出文本、日期、时间、数字
SQL 标签	http://java.sun.com/jsp/jstl/sql	不常用	SQL 标签库提供了与关系型数据库（Oracle、MySQL、SQL Server 等）进行交互的标签
XML 标签	http://java.sun.com/jsp/jstl/xml	不常用	XML 标签库提供了创建和操作 XML 文档的标签

在大型项目中，JSTL 提供的这些标签往往不能完成所有的功能，此时就需要自定义标签（如翻页功能）。因此 JSTL 还提供了一个框架来支持自定义标签的制作（继承 SimpleTag-Support 类）。

自定义标签开发的判断标准

大型项目中，前台架构开发的一个重要功能就是自定义项目内标签。是否需要开发的标准是：前台 JSP 页面内逻辑的控制应该不需要写入任何 Java 代码。也就是说，现有标签集不能满足时就需要新开发（例如权限与翻页或者日历选择等）。

4.6 监听器、过滤器与拦截器

4.6.1 技术要点

过滤器、拦截器与监听器被称为 Java “三大器”，与 Servlet 技术一起形成了丰富的请求处理家族。

1. 监听器机制

Java 的监听器是 Servlet 规范中定义的一种特殊类。用于监听 ServletContext、HttpSession 和 ServletRequest 等对象的创建和销毁以及其属性发生修改的事件等，用于在事件发生前、发生后做一些必要的处理，如图 4-18 所示。主要用于统计在线用户、系统启动时加载初始化信息、统计网站访问量、记录用户访问路径等。

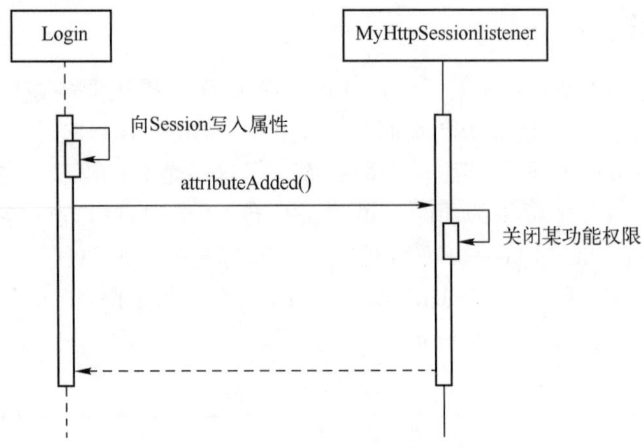

图 4-18 监听器处理流程

2. 过滤器机制

Java 的过滤器（Filter）能过滤所有 Web 请求，是系统级别的拦截，这一点是拦截器无法做到的。在 Java Web 中，对传入的 Request 提前过滤掉一些信息，或者提前设置一些参数，然后再传入 Servlet。如图 4-19 所示。

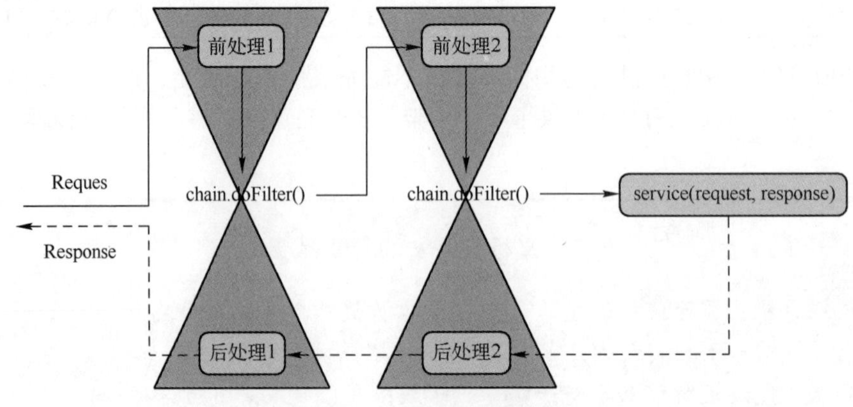

图 4-19 过滤器处理流程

启动服务器时加载过滤器的实例，并调用 init( ) 方法来初始化实例（与 Servlet 一样只在启动时初始化一次），每一次请求时都只调用 doFilter( ) 方法进行处理，而在停止服务器时调用 destroy( ) 方法销毁实例。

3. 拦截器机制

Java 里的拦截器提供的是非系统级别的拦截，就覆盖面来说，拦截器不如过滤器强大，却是更有针对性的拦截，如图 4-20 所示。Java 中的拦截器是基于 Java 反射机制来实现的，更准确地说是基于 JDK 动态代理实现的，是 AOP 的一种应用。Java 的拦截器主要是用在框架上，例如 Hibernate，Struts2，Spring 等。

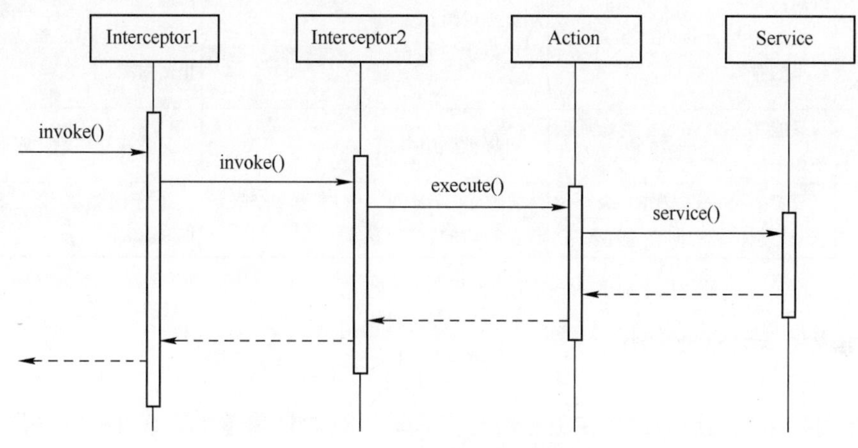

图 4-20　拦截器处理流程

4.6.2　三者对比

1. 执行顺序

Web 容器一启动就会执行监听器的 contextInitialized(ServletContextEvent event) 方法，然后是过滤器的 init( ) 方法，执行 Servlet 的方法，如果实现了拦截器则实行拦截器方法。处理流程关系示意图如图 4-21 所示。

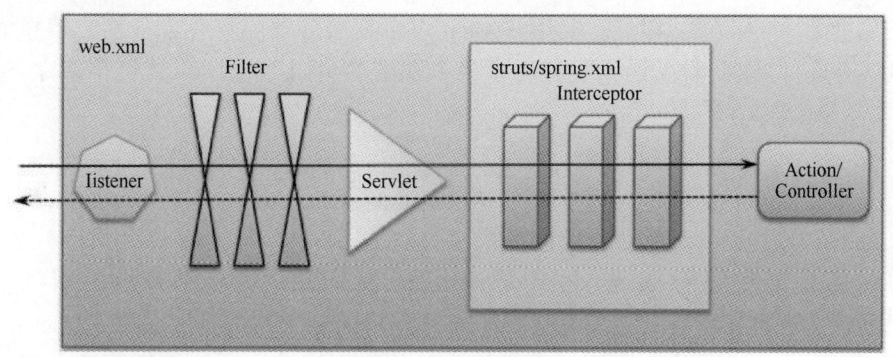

图 4-21　执行顺序

2. 区别与联系

三者有区别亦有联系，见表 4-9。

表 4-9 三者区别与联系

角度	过滤器	拦截器	监听器
实现方式	基于回调方法	基于 Java 反射机制，属于 AOP 的一种具体实现方式	事件驱动
是否依赖容器	依赖于 Servlet 容器	不依赖	不依赖
作用对象	可以对请求中的各种对象起作用（包括静态文件）	只能对请求中的 Action 起作用	只能对请求中的 Action 起作用
访问权限	无法获取 IOC 容器中的各个 Bean； 无法访问 Action 上下文、值栈里的对象	可以获取 IOC 容器中的各个 Bean（拦截器里注入一个 Service，可以调用业务逻辑）； 可以访问 Action 上下文、值栈里的对象	无法获取 IOC 容器中的各个 Bean； 无法访问 Action 上下文、值栈里的对象
生命周期	只能在一个 Action 生命周期中调用一次	可以被调用多次	只在容器初始化时调用
用途	设置字符编码、URL 级别的权限控制，敏感词汇的过滤等	方法执行时间、用户登录权限认证、日志输出等	统计网站在线人数，清除过期 Session

4.7 Cookie 与 Session

Web 应用程序是利用 HTTP 在服务器与客户端进行数据传输的。HTTP 协议是无状态的协议，一旦数据交换完毕，客户端与服务器端的连接就会关闭，再次交换数据需要建立新的连接。这就意味着服务器无法从连接上跟踪会话——即用户 A 购买了一件商品放入购物车内，当再次购买商品时服务器已经无法判断该购买行为是属于用户 A 的会话还是用户 B 的会话了。要跟踪该会话，必须引入一种机制——Cookie，它可以弥补 HTTP 协议无状态的不足。在 Session 出现之前，基本上所有的网站都采用 Cookie 来跟踪会话。Session 与 Cookie 的作用都是为了保持访问用户与后端服务器的交互状态。它们有各自的优点也有各自的缺陷。例如：使用 Cookie 来传递信息时，随着 Cookie 个数的增多和访问量的增加，它占用的网络带宽也会变得很大，试想假如 Cookie 占用 300 B，如果一天的 PV 有亿级访问量，那么它要占用非常大的带宽。相反，利用 Session 可以在服务器端保存部分客户信息而节省资源，但是 Session 的致命弱点是不容易在多集群服务器间共享，所以这也限制了 Session 的使用。

4.7.1 Cookie 机制

1. Cookie 概述

Cookie 是由 W3C 组织提出，最早由 Netscape 社区发展的一种身份识别机制。目前 Cookie 已经成为标准，所有的主流浏览器（如 IE、Firefox、Opera 等）都支持 Cookie。

由于 HTTP 是一种无状态的协议，服务器单从网络连接上无法知道客户身份。怎么办呢？可以模拟现实生活中的身份证功能，因此给客户端同样颁发一个身份证，无论谁访问都必须携带自己的身份证，这样服务器就能从身份证上确认客户身份了——这就是 Cookie 的工作原理，如图 4-22 所示。

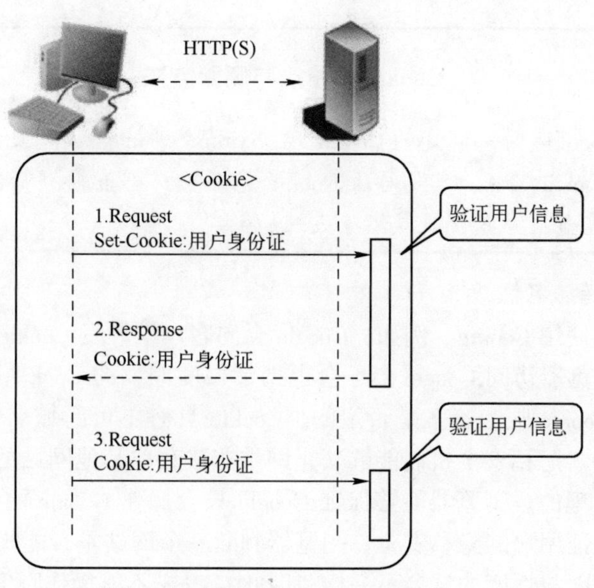

图 4-22　Cookie 工作原理

Cookie 实际上是一小段的文本信息。客户端向服务器发送请求，如果服务器需要记录该用户状态，就使用 Response 向客户端浏览器颁发一个 Cookie。客户端浏览器会把 Cookie 保存起来。当浏览器再请求该网站时，浏览器把请求的网址连同该 Cookie 一同提交给服务器。服务器检查该 Cookie，以此来辨认用户状态。服务器还可以根据需要来修改 Cookie 的内容。

2. Cookie 有效期

Cookie 的 MaxAge 值决定着 Cookie 的有效期，单位为秒。Cookie 中通过 getMaxAge( ) 方法与 setMaxAge(int maxAge) 方法来读写 MaxAge 属性。其设定值与对应的含义见表 4-10。

表 4-10　Cookie 有效期

编号	MaxAge 值	说　明
1	正数	表示该 Cookie 会在 MaxAge 秒之后自动失效。浏览器会将 MaxAge 为正数的 Cookie 持久化，即写到对应的 Cookie 文件中。无论客户关闭了浏览器还是计算机，只要还在 MaxAge 秒之前，登录网站时该 Cookie 仍然有效
2	0	表示删除该 Cookie。Cookie 机制没有提供删除 Cookie 的方法，因此通过设置该 Cookie 即时失效实现删除 Cookie 的效果。失效的 Cookie 会被浏览器从 Cookie 文件或者内存中删除
3	负数	表示该 Cookie 仅在本浏览器窗口以及本窗口打开的子窗口内有效，关闭窗口后该 Cookie 即失效。MaxAge 为负数的 Cookie，为临时性 Cookie，不会被持久化，不会被写到 Cookie 文件中。Cookie 信息保存在浏览器内存中，因此关闭浏览器该 Cookie 就消失了。Cookie 默认的 MaxAge 值为-1

从客户端读取 Cookie 时，包括 MaxAge 在内的其他属性都是不可读的，也不会被提交。浏览器提交 Cookie 时只会提交 “name” 与 “value” 属性。MaxAge 属性只被浏览器用来判断 Cookie 是否过期。

Cookie 并不提供修改操作。如果要修改某个 Cookie，只需要新建一个同名的 Cookie，添加到 Response 中覆盖原来的 Cookie。

Cookie 的修改与删除方法

修改或删除 Cookie 时，新建的 Cookie 除“value”“maxAge”之外的所有属性（例如 name、path、domain 等），都要与原 Cookie 完全一样。否则浏览器将视为两个不同的 Cookie 而不予覆盖，导致修改或删除失败。

3. Cookie 不可跨域名性

大部分网站都会使用 Cookie。例如，Google 会向客户端颁发 Cookie，百度也会向客户端颁发 Cookie。那么浏览器访问 Google 会不会也携带百度颁发的 Cookie 呢？或者 Google 能不能修改百度颁发的 Cookie 呢？答案是否定的，Cookie 具有不可跨域名性，这是由 Cookie 的隐私安全机制决定的。隐私安全机制能够禁止网站非法获取其他网站的 Cookie。Cookie 在客户端是由浏览器来管理的。浏览器能够保证 Google 只会操作 Google 的 Cookie 而不会操作百度的 Cookie，从而保证用户的隐私安全。浏览器判断一个网站是否能操作另一个网站 Cookie 的依据是域名。Google 与百度的域名不一样，因此 Google 不能操作百度的 Cookie。

正常情况下，同一个一级域名下的两个二级域名也是不能交互使用 Cookie 的，因为二者的域名并不严格相同。如果想让所有 365itedu. com 名下的二级域名都可以使用该 Cookie，需要设置 Cookie 的“domain”参数，例如：

```
Cookie cookie = new Cookie("time","20171208"); //新建 Cookie
cookie.setDomain(".365itedu.com");             //设置域名
cookie.setPath("/");                           //设置路径
cookie.setMaxAge(Integer.MAX_VALUE);           //设置有效期
response.addCookie(cookie);                    //添加响应中,最终输出到客户端
```

Cookie 与浏览器

如果浏览器不支持 Cookie（如大部分手机中的浏览器）或者把 Cookie 禁用了，Cookie 功能就会失效。另外，不同的浏览器对 Cookie 的保存方式也不一样。

4. Cookie 路径

“domain”属性决定允许访问 Cookie 的域名，而“path”属性决定允许访问 Cookie 的路径。设置为“/”时允许所有路径使用 Cookie。“path”属性需要使用符号“/”结尾。例如，如果只允许“/365itedu/”下的程序使用 Cookie，可以写为：

```
Cookie cookie = new Cookie("time","20171208"); //新建 Cookie
cookie.setPath("/365itedu/");                  //设置路径
response.addCookie(cookie);                    //添加响应中,最终输出到客户端
```

5. Cookie 安全属性

HTTP 不仅是无状态的，而且是不安全的。使用 HTTP 的数据如果没有经过任何加密就直接在网络上传播，就有被截获的可能。使用 HTTP 传输很机密的内容是一种隐患。如果不希望 Cookie 在 HTTP 等非安全协议中传输，可以设置 Cookie 的 Secure 属性为 True，浏览器只会在 HTTPS 和 SSL 等安全协议中传输此类 Cookie。

Cookie 安全性

Secure 属性并不能对 Cookie 内容加密，因而不能保证 Cookie 的绝对安全。如果需要高安全性，那么要在程序中对 Cookie 的内容进行加密与解密，以防泄密。

6. Cookie 与 JavaScript

Cookie 是保存在浏览器端的，因此浏览器具有操作 Cookie 的先决条件。浏览器可以使用脚本程序，如 JavaScript 或者 VBScript 等操作 Cookie。由于 JavaScript 能够任意地读写 Cookie，有些黑客便想使用 JavaScript 程序窥探用户在其他网站的 Cookie，然而这是徒劳的。因为 W3C 组织早就意识到 JavaScript 对 Cookie 的读写所带来的安全隐患，因此进行了防范——W3C 标准的浏览器会阻止 JavaScript 读写任何不属于自己网站的 Cookie。换句话说，A 网站的 JavaScript 程序读写 B 网站的 Cookie 不会有任何结果。

7. Cookie 与中文

中文与英文字符不同，中文属于 Unicode 字符，在内存中占 4 B，而英文属于 ASCII 字符，在内存中只占 2 B。Cookie 中使用 Unicode 字符时需要对 Unicode 字符进行编码，否则会乱码。Cookie 保存中文一般使用 UTF-8 编码，不推荐使用 GBK 等中文编码，因为有些浏览器不一定支持，而且 JavaScript 也不支持 GBK 编码。

Cookie 不仅可以使用 ASCII 字符与 Unicode 字符，还可以使用二进制数据。例如在 Cookie 中使用数字证书来提供安全度。

4.7.2 Session 机制

1. Session 概述

除了使用 Cookie 来记录客户端的状态，Web 应用程序中还经常使用 Session 技术。客户端浏览器访问服务器的时候，服务器把客户端信息以某种形式记录在服务器上，这就是 Session。Session 是服务器端使用的一种记录客户端状态的机制，使用上比 Cookie 简单一些，但是也增加了服务器的存储压力。客户端浏览器再次访问时只需要从该 Session 中查找该客户的状态就可以了。如果说 Cookie 机制是通过检查客户的“身份证”来确定客户身份的话，那么 Session 机制就是通过检查服务器上的“客户明细表”来确认客户身份。Session 相当于程序在服务器上建立的一份客户档案，客户来访的时候只需要查询客户档案表即可。当多个客户端执行程序时，服务器会保存多个客户端的 Session。获取 Session 的时候也不需要声明获取谁的 Session。Session 机制决定了当前客户只会获取自己的 Session，而不会获取别人的 Session。各客户的 Session 也彼此独立，互不可见。

对 Session 的生命周期的控制（如生成、破坏、过期）一般都由框架自动完成，其控制类就是由 Servlet API 提供的 javax. servlet. http. HttpSession 类来实现的。

Session 的工作原理如图 4-23 所示。

2. Session 的生命周期

Session 保存在服务器端。为了获得更高的存取速度，服务器一般把 Session 放在内存里。每个用户都会有一个独立的 Session，如果 Session 内容过于复杂，当大量客户访问服务器时可能会导致内存溢出。因此，Session 里的信息应该尽量精简。

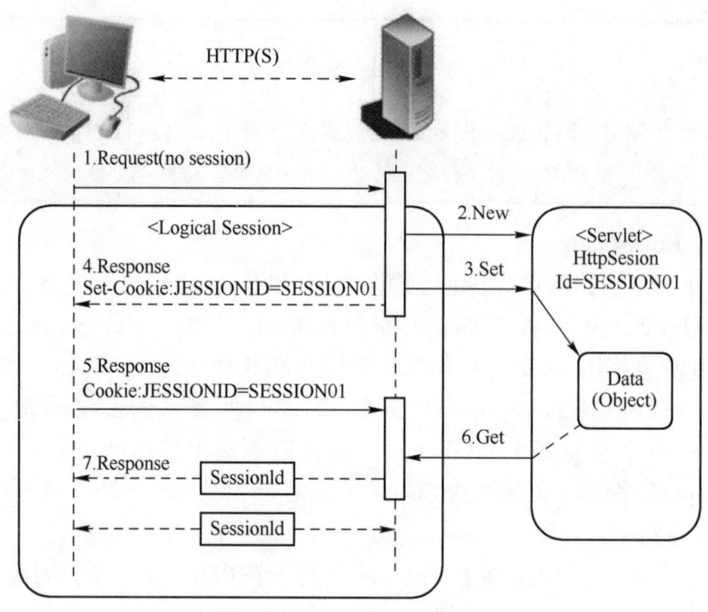

图 4-23　Session 工作原理

Session 在用户第一次访问服务器的时候会自动创建。只有访问 JSP、Servlet 等动态程序时才会创建 Session，如果只访问 HTML、IMAGE 等静态资源并不会创建 Session。如果尚未生成 Session，也可以使用 request. getSession（true）强制生成 Session。

Session 生成后，只要在有效期间内用户能继续访问，服务器就会更新 Session 的最后访问时间，并维护该 Session。用户每访问服务器一次，无论是否读写 Session，服务器都认为该用户的 Session“活跃”了一次。

Web 应用基本都是并发的多用户多线程系统，由于在使用过程中会有越来越多的用户访问服务器，因此 Session 也会越来越多。为防止内存溢出，服务器会把长时间没有活跃的 Session 从内存中删除。这个时间就是 Session 的超时时间（Tomcat 服务器默认失效时间是 30 分钟）。如果超时没访问过服务器，Session 就会自动失效。

Session 的超时时间为 maxInactiveInterval 属性，可以通过对应的 getMaxInactiveInterval( ) 获取，通过 setMaxInactiveInterval(longinterval)修改。Session 的超时时间也可以在 web. xml 中修改。另外，通过调用 Session 的 invalidate( )方法可以使 Session 失效。

3. Session 存储数据优缺点

在 Session 机制出现之前，客户端与服务器之间的数据交互是通过 Request 进行的。虽然可以解决数据互换问题，但是还有其自身的缺陷，见表 4-11。

表 4-11　Request 存储数据优缺点

优　点	缺　点
因为服务器不保持数据，所以可以使用多浏览器甚至同一个浏览器多个页面与服务器之间进行互不干扰的操作	服务器需要的数据，都需要客户端在发送请求时以参数的形式来传递，这样页面上不需要显示的数据就必须用 Hidden 项目来保存，大大增加了编程量
因为服务器不保持数据，可以减少内存占用量	增加了数据通信量
—	为取得页面必要的显示数据，有时会增加额外与服务器交互的次数

如果换成 Session 又如何呢？见表 4-12。

表 4-12 Session 存储数据优缺点

优　点	缺　点
在跨多个页面的应用处理中，可以方便地在页面间进行数据的传递	如果打开多个浏览器同时对同一页面的一个处理进行操作时，有可能会影响 Session 中的数据，而使数据出现不整合
把数据提前放在 Session 中，可以减少数据从数据库等存储设备中取得的次数，还可以减少网络上的数据传输量	Session 数据通常都是保存在内存里的，如果 Session 里存放了大量数据，而且处理完的数据不能进行适当删除的话，容易导致内存枯竭

基于 Session 特性，对其存储数据时应该考虑的要素如下：

（1）能够序列化（实现 java. io. Serializable 接口）

在 Session 中保存的数据，特定条件下会写到硬盘或者网络中。因此对象要能够进行序列化与反序列化。发生硬盘读写的情况有以下两种：

1）如果服务器停止时还存在活跃的 Session，那么 Session 及其内的数据就会存储到硬盘。这些被存储的数据又会在服务器启动时重新加载到内存。

2）如果内存中 Session 领域空间将要满时，最终访问后经过一定时间的 Session 就有可能会被从内存切换到硬盘。当再次访问时，又会从硬盘切换到内存。

（2）不要存储导致内存枯竭的大对象

Session 中保存的数据要尽可能简洁。如果保存大量数据，将会是性能低下的致命因素。Session 复制时要进行序列化与反序列化，这是非常消耗资源的处理；另外，Session 的换出处理也是非常消耗资源的。

4. Session 简洁化设计技巧

Session 内数据信息要尽可能简洁，设计时的相关技巧如下：

（1）页面上只显示不需要编辑的数据

对于这种情况只需要在必要的时机取得最新数据，将其保存在 Request 范围并在页面（JSP）上显示即可，不需要将其放在 Session 里。

（2）用几个连续页面处理完成的数据

几个连续的页面处理通常是一个 UseCase 场景（例如数据登录处理时，有这几个页面切换动作：输入页面→确认页面→完成页面），虽然数据可以编辑，但是可以使用 Hidden 项目在页面之间进行数据的传递，因此也不需要放在 Session 里。

5. SessionID 三种获取方法

SessionID 的三种获取方法，见表 4-13。

表 4-13 SessionID 获取方法

编号	实 现 方 式	说　明
1	基于 URL Path Parameter	默认支持，如果在 web. xml 中配置了 session - config，其 cookie - config 下的 "name" 属性就是 SessionCookieName 值；如果没有配置，默认 SessionCookieName 就是 "JSESSIONID"。接着 Request 根据这个 SessionCookieName 到 Parameters 拿到 Session ID 并设置到 request. setRequestedSessionId( ) 中
2	基于 Cookie	默认支持，如果客户端也支持 Cookie 的话，Tomcat 仍然会解析 Cookie 中的 Session ID，并会覆盖 URL 中的 Session ID
3	基于 SSL	默认不支持，只有 connector. getAttribute("SSLEnabled") 为 True 时才支持。此时会根据 javax. servlet. request. ssl_session 属性值设置 Session ID

有了 SessionID，服务器端就可以创建 HttpSession 对象，第一次触发是通过 request. getSession( )方法。如果当前的 SessionID 还没有对应的 HttpSession 对象，那么就创建一个新的，并将这个对象加到 org. apache. catalina. Manager 的 Sessions 容器中保存。Manager 类将管理所有 Session 的生命周期，Session 过期将被回收。服务器关闭时，还存活的 Session 将被序列化到磁盘上。只要这个 HttpSession 对象存在，用户就可以根据 SessionID 来获取这个对象，也就达到了状态的保持。其工作的时序图如图 4-24 所示。

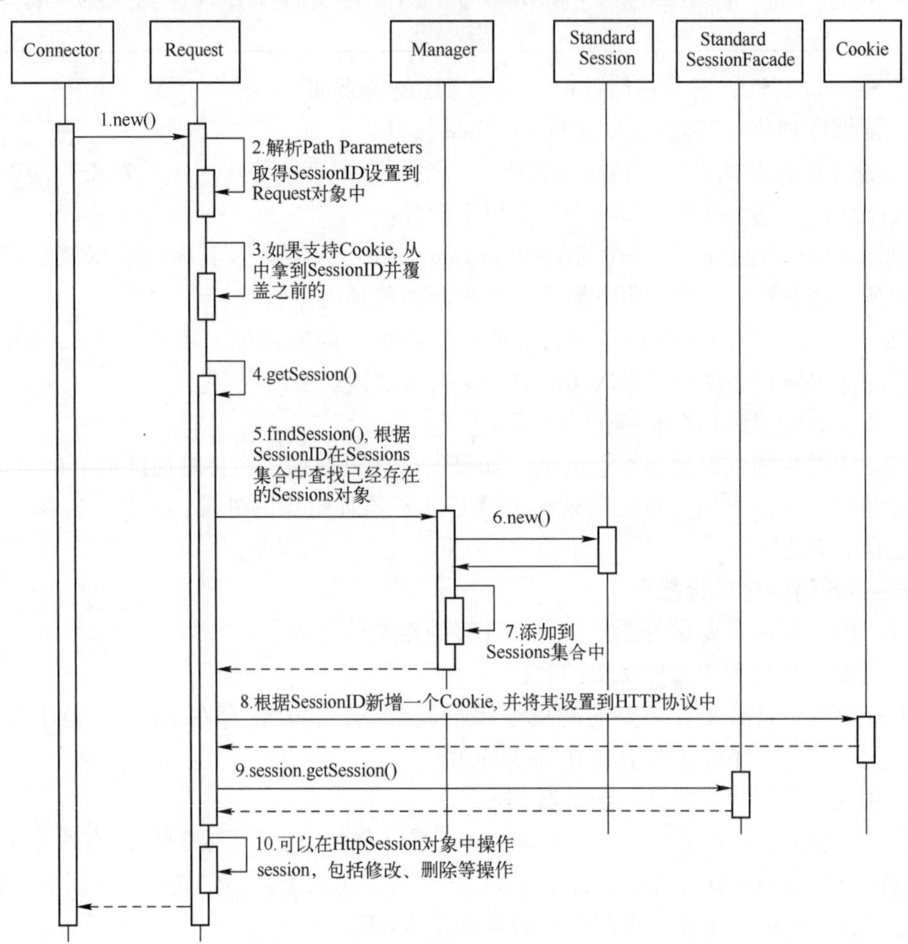

图 4-24　Session 工作时序图

6. Session 与 URL 地址重写

如果客户端不支持 Cookie 技术，如何实现客户端与服务器端之间的交互呢？URL 地址重写技术就是对客户端不支持 Cookie 的解决方案。URL 地址重写的原理是将该用户 Session 的 ID 信息重写到 URL 地址中。服务器能够解析重写后的 URL 获取 Session 的 ID。这样即使客户端不支持 Cookie，也可以使用 Session 来记录用户状态。HttpServletResponse 类提供了 encodeURL(String URL)实现 URL 地址重写，例如：

```
<td>
  <a href="<% =response.encodeURL("index.jsp?name=1&pwd=Java") % >"> Homepage</a>
</td>
```

该方法会自动判断客户端是否支持 Cookie。如果客户端支持 Cookie，会将 URL 原封不动地输出。如果客户端不支持 Cookie，则会将用户 Session 的 ID 重写到 URL 中。重写后的输出如下所示：

```
<td>
  <ahref="index.jsp;jsessionid=E00D09647FFF97B067608AFYU3E1991A?
name=1&pwd=Java ">Homepage</a>
</td>
```

在 URL 参数的前面添加了字符串“;jsessionid=XXX”。其中 XXX 为 Session 的 ID。稍微分析可知，增添的 jsessionid 字符串既不会影响请求的文件名，也不会影响提交的地址栏参数。用户单击这个链接的时候会把 Session 的 ID 通过 URL 提交到服务器上，服务器通过解析 URL 地址获得 Session 的 ID。

如果是页面重定向（Redirection），URL 地址重写可以这样写：

```
<%
response.sendRedirect(response.encodeRedirectURL("administrator.jsp"));
return;
% >
```

效果跟 response.encodeURL（String url）是一样的，如果客户端支持 Cookie，生成原 URL 地址；如果不支持 Cookie，传回重写后的带有“jsessionid”字符串的地址。

4.8 Socket

4.8.1 Socket 通信机制

Socket 又称“套接字”，是应用层与 TCP/IP 协议族通信的中间软件抽象层。它是一组接口，用于描述 IP 地址和端口，是一个通信链的句柄，可以用来实现不同虚拟机或不同计算机之间的通信，也就是一种进程间的通信机制。

TCP/IP（Transmission Control Protocol/Internet Protocol）是传输控制协议/网间协议，是一个面向连接通信的工业标准的协议集，它是为广域网设计的。

UDP（User Datagram Protocol）即用户数据报协议，与 TCP 相对，是一个面向非连接的通信协议。也就是说发送信息的一方只管发送，而不必关心接收者是否接收到，这种方式可以提高发送的效率。

三者之间的关系如图 4-25 所示。

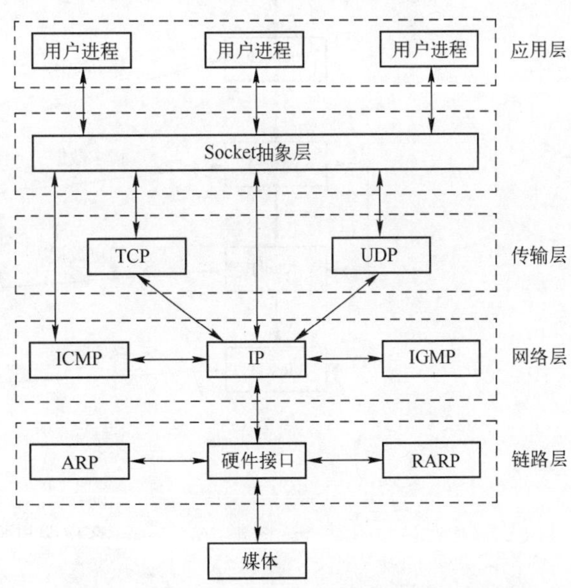

图 4-25　Socket、TCP/IP 与 UDP 之间的关系

TCP、UDP 属于传输层，IP 属于网络

层，而 Socket 把复杂的 TCP/IP、UDP 协议族隐藏在 Socket 接口后面。对用户来说就是一组简单的接口，也是设计模式中门面模式的一种实现——让 Socket 去组织数据以符合指定的协议，来简化编程复杂度。

本地进程间通信主要有消息传递（管道、FIFO、消息队列）、同步（互斥量、读写锁、信号量）、共享内存以及远程过程调用等四种形式，可是网络中进程之间如何通信？首先要解决的问题是如何唯一标识一个进程。本地可以通过进程 PID 来唯一标识一个进程，但是在网络中这是行不通的。而 TCP/IP 协议族已经帮我们解决了这个问题：网络层的“IP 地址”可以唯一标识网络中的主机，而传输层的“协议+端口”可以唯一标识主机中的应用程序（进程），这样利用三元组（IP 地址+协议+端口）就可以标识网络进程了，网络中的进程通信就可以利用这个标志与其他进程进行交互。而使用 TCP/IP 协议的应用程序通常采用的接口就是 UNIX BSD 套接字（Socket），现在又是网络时代，网络中进程通信是无处不在，因此可以说“一切皆 Socket”。

网络上的两个程序通过一个双向的通信连接实现数据的交换，这个连接的一端称为一个 Socket。建立网络通信连接至少要一对端口号（Socket）。Socket 本质是编程接口（API），是对 TCP/IP 的封装，也就是说 TCP/IP 也要提供可供程序员做网络开发所用的接口（例如 create、listen、accept、connect、read 和 write 等）。Socket 起源于 UNIX，而 UNIX/Linux 基本哲学之一就是“一切皆文件”，都可以用“打开 open→读写 write/read→关闭 close”模式来操作，如图 4-26 所示。

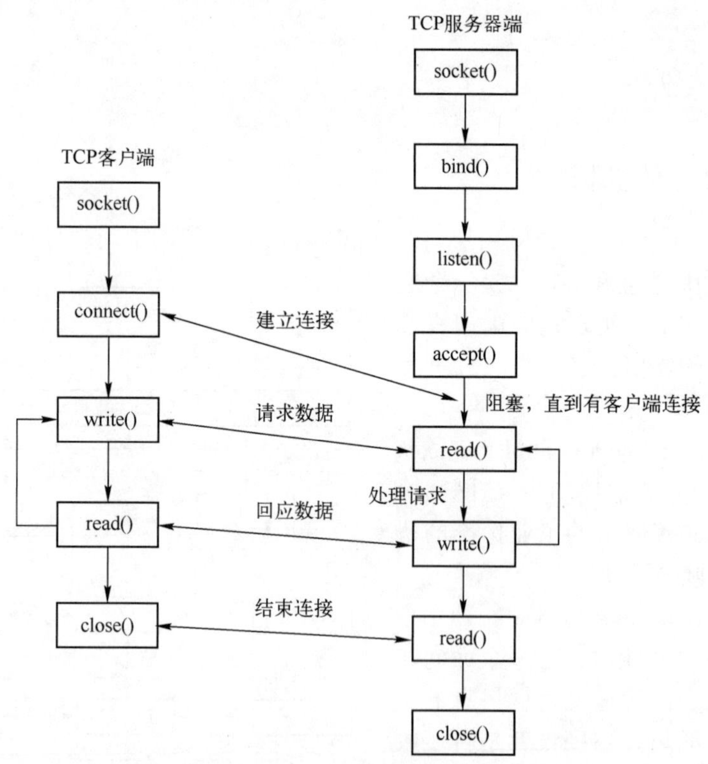

图 4-26　Socket 客户端与服务器端逻辑处理过程

在 Internet 的主机上一般运行了多个服务软件，同时提供几种服务。每种服务都打开一个 Socket，并绑定到一个端口上，不同的端口对应不同的服务。Socket 正如其英文原义那样，像一个多孔插座。

【案例 11——Socket 通信机制】

Socket 通信机制在 Java 中是通过“java. net. *”包的下面类来实现的，又称“Socket 编程”。客户端示例代码如下：

```
public class ClientSocket {
  public static void main(String[] args) {
    try {
      //初始化一个 socket
      Socket socket = new Socket("127.0.0.1", 9999);
      //通过 socket 获取字符流
      BufferedWriter bufferedWriter = new BufferedWriter (new OutputStreamWriter
(socket.getOutputStream()));
      //通过标准输入流获取字符流
      BufferedReader bufferedReader=new BufferedReader(new InputStreamReader(Sys-
tem.in , "UTF-8"));
      while (true ) {
        String str = bufferedReader.readLine();
        bufferedWriter.write(str);
        bufferedWriter.write("\n");
        bufferedWriter.flush();
        }
    }catch (IOException e) {
      e.printStackTrace();
    }
  }
}
```

服务器端示例代码如下：

```
public class IteduServerSocket {
  public staticvoid main(String[] args) {
    try {
      //初始化服务端 socket 并且绑定 9999 端口
      ServerSocket serverSocket  =new ServerSocket(9999);
      //等待客户端的连接
      Socket socket = serverSocket.accept();
      //获取输入流,并且指定统一的编码格式
      BufferedReader bufferedReader = new BufferedReader (new InputStream-
Reader(socket.getInputStream(), "UTF-8"));
      //读取一行数据
      Stringstr;
      //通过 while 循环不断读取信息
      while ((str = bufferedReader.readLine()) != null ) {
      System.out .println(str);
      }
    }catch (IOException e) {
      e.printStackTrace();
```

```
        }
      }
    }
```

4.8.2 三次握手建立连接

Socket 中 TCP 建立连接要进行“三次握手”，即交换三个分组。

(1) 客户端向服务器发送一个 SYN J。

(2) 服务器向客户端响应一个 SYN K，并对 SYN J 进行确认 ACK J+1。

(3) 客户端再向服务器发一个确认 ACK K+1。

此过程如图 4-27 所示。

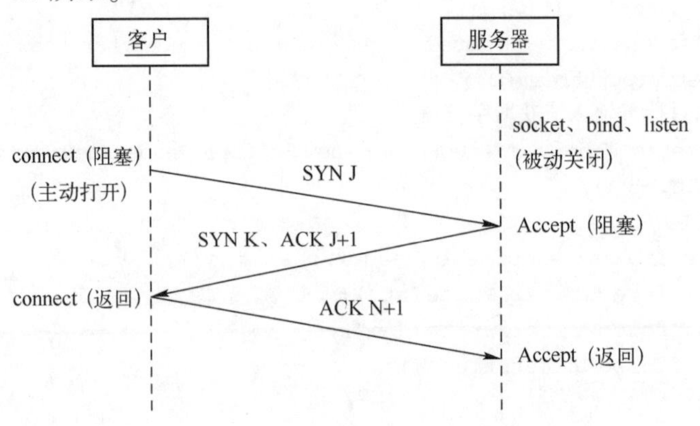

图 4-27　Socket 三次握手过程

从图中可以看出，当客户端调用 Connect 时，触发了连接请求，向服务器发送了 SYN J 包，这时 Connect 进入阻塞状态；服务器监听到连接请求，即收到 SYN J 包，调用 Accept 函数接收请求向客户端发送 SYN K、ACK J+1，这时 Accept 进入阻塞状态；客户端收到服务器的 SYN K、ACK J+1 之后，connect 返回，并对 SYN K 进行确认；服务器收到 ACK K+1 时，Accept 返回，至此三次握手完毕，连接建立。

客户端的 Connect 在三次握手的第二次返回，而服务器端的 Accept 在三次握手的第三次返回。

4.8.3 四次挥手释放连接

Socket 中 TCP 的四次挥手释放连接的过程，如图 4-28 所示。

具体过程为：

1）某个应用进程首先调用 close( )方法主动关闭连接，这时 TCP 发送一个 FIN M。

2）另一端接收到 FIN M 之后，执行被动关闭，对这个 FIN 进行确认。它的接收也作为文件结束符传递给应用进程，因为 FIN 的接收意味着应用进程在相应的连接上再也接收不到额外数据。

3）一段时间之后，接收到文件结束符的应用进程调用 close( )方法关闭它的 Socket。这导致它的 TCP 也发送一个 FIN N。

4）确认接收到这个 FIN N 之后，发出 ACKN+1 而最终关闭连接。

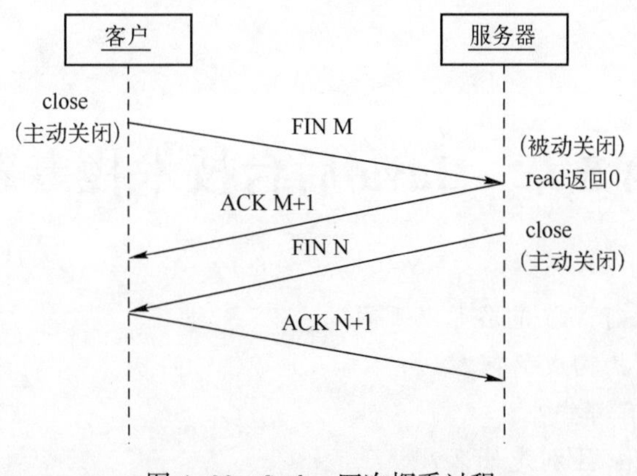

图 4-28 Socket 四次挥手过程

NOTE:

ACK 与 FIN

ACK 是一种确认应答数据包，是在数据通信传输中，接收者发给发送者的一种传输控制字符。它表示确认发来的数据已经接受无误。

FIN 是一种连接结束数据包，在数据通信传输中，连接结束时发送一个 FIN 包到目标端口，然后等待结束应答回应。

小结

本章介绍了 Java 中特有的机制以及计算机技术中重要机制的 Java 实现，只有清楚了这些机制，才可以更加深刻地认识 Java 核心技术内幕，进而在实际项目中快速找到解决问题的答案。其中虚拟机机制与内存机制是所有机制的核心，必须进行深刻把握，这也是解决某些性能问题的前提。

练习题

1. 使用 Fiddler 访问 www. 365itedu. com 并查看请求与响应信息。
2. 结合 SpringMVC 技术，用自定义注解方式实现中国手机号码的格式验证。
3. 使用回调方法读取文件夹与子文件夹下所有文件名。
4. 使用 JSP 与 Servlet 技术，实现简单用户注册（账号、姓名、密码）功能。
5. 参照 4.8.1 小节内容，使用 Socket 进行客户端与服务器端通信（客户端发送“365ItEdu”，服务器端返回“Hi,365ItEdu!”）。
6. 在大型系统开发特别是系统升级改造时，往往需要查看或者对比新旧系统的客户端发来的 Request 中的 Session 信息，设计一款工具把其输出到 sessionInfo. txt 文件中。

第 5 章　Java 后台技术栈专题

在阅读本章内容之前，首先思考以下问题：

1. HTTP 消息的结构构成如何?
2. XML 解析技术有哪些?
3. XML 与 Properties 区别是什么?
4. JDBC 重要接口有哪些?
5. 为什么要使用 AOP 技术?
6. 字符集与字符编码的关系如何?
7. JDK1.8 提供了哪些新的常用日期处理 API?
8. 页面上如果检索出大量数据时应该如何处理?
9. 如何对属性文件进行国际化处理?
10. 重复提交的类别有哪些?
11. 排他解决方案有哪些?
12. 调试时的问题定位点有哪些技巧?

5.1　XML

5.1.1　概述

1. 定义

XML 即可扩展标记语言（eXtensible Markup Language)，与 HTML 超文本标记语言一样，都是标准通用标记语言（Standard Generalized Markup Language，SGML)，也是文档对象模型（Document Object Model，DOM）的一种。只是 HTML 使用的标签是规定好的（每个标签都有自己特定的功能)，而 XML 的标签需要由使用者自己来定义（为防止误用以及方便维护，需要给 XML 语言定义一些约束文档，这就是 DTD 语言与 XSD 语言)。XML 是处理结构化文档信息的有力工具，是 Internet 环境中跨平台的简单数据存储语言。

2. 用途

1）作为配置文件存在。

2）可以在互不兼容的系统间交换复杂的关系模型数据。

3）纯文本文件可用于存储数据。

3. 特点

XML 特点见表 5-1。

4. 语法规则

XML 语法规则总结如下：

表 5-1 XML 特点

编号	特点	说明
1	良好的格式	使用格式化标签存储数据，如<name>365itedu</name>
2	使用格式验证机制	DTD 或 XSD 语言定义数据格式
3	灵活的 Web 应用	XML 中数据和显示格式是分离设计
4	丰富的显示样式	XML 数据定义打印、显示排版信息有 3 种方法
5	电子数据交换（EDI）格式	XML 是为互联网的数据交换而设计的
6	便捷的数据处理	XML 是以文本形式来描述的一种文件格式
7	面向对象的特性	XML 的文件是树状结构，同时也有属性，这非常符合面向对象方面的编程
8	开放的标准	XML 标准是在 Web 基础上进行的优化
9	技术大家族	XML 是一套完整的方案，有一系列相关技术

1）XML 文档必须有且只有一个根元素。
2）XML 元素必须有闭合标签。
3）XML 元素必须正确地嵌套顺序。
4）XML 标签区分大小写。
5）XML 属性值须加引号。
6）XML 中的空格符、回车换行符会被解析。
7）特殊字符必须转义——CDATA。

5. XML 与 HTML 对比

虽然 XML 和 HTML 都是 SGML 的子集，但是二者之间的区别还是很明显的。对比结果见表 5-2。

表 5-2 XML 对比 HTML

视角	XML	HTML
可扩展性	元标识语言，可用于定义新的标识语言	不具有扩展性
可读性	结构清晰，便于阅读	难以阅读
可维护性	便于维护	难以维护
保值性	具有保值性	不具有保值性
大小写敏感性	区分大小写	不区分大小写
侧重点	侧重于如何结构化地描述信息	侧重于如何表现信息
结构描述	文件结构嵌套，可以复杂到任何程度	不支持深层结构描述
语法要求	严格要求嵌套、配对，并遵循 XSD（或 DTD）的树形结构	不要求标记的嵌套、配对等，不要求标识之间具有一定的顺序
编辑及浏览工具	编辑与浏览工具不是很丰富	已经有大量编辑与浏览工具
数据与显示关系	内容描述与显示分离	内容描述与显示方式整合为一体
与数据库关系	与关系型和层状数据库均可以对应与转换	没有直接联系
超链接	可以定义双向链接、多目标链接、扩展链接	单文件、书签链接

6. XML 与 Properties 对比

XML 与 Properties 都是 Java 软件开发中常用的配置文件，作为配置文件使用时，二者的区别见表 5-3。

表 5-3　XML 对比 Properties

角度	XML	Properties
结构	格式清晰，为分层树形结构	格式简单，为键值对结构
解析	处理复杂	只需要简单属性值的读取即可
用途	主要配置一些具有复杂的层级关系的数据	主要配置一些 Key 和 Value 这样的数据
灵活性	文件更灵活，可以有很多种操作方法（如添加节点）	只有赋值功能，不能进行其他操作
便捷性	配置一般比较繁琐，通常要查看文档才可以配置完成	配置简单

5.1.2　DTD

DTD 即文档类型定义（Document Type Definition），是一种 XML 约束模式语言，是 XML 文件的验证机制之一。

一个 DTD 文档包含：元素的定义规则、元素间关系的定义规则、元素可使用的属性、可使用的实体及符号规则。DTD 可以单独写在文件中，也可以直接定义在 XML 中。对于简单结构的 XML 可以考虑使用 DTD。

5.1.3　XSD

1. 定义

XSD 即 XML 模型定义（XML Schemas Definition），描述了 XML 文档结构。可以用一个指定的 XML Schema 来验证某个 XML 文档，以检查该 XML 文档是否符合其要求。XML Schema 本身是一个 XML 文档，它符合 XML 语法结构，可以用通用的 XML 解析器进行解析。

一个 XML Schema 可以定义文档中出现的元素、元素的属性、子元素、子元素的数量、子元素的顺序、元素是否为空、元素和属性的数据类型、默认值及固定值。

代表性的 XSD 文件代码如下所示：

```
<?xml version="1.0"?>
<xsd:schema xmlns ="http://365itedu.com/schema/mapper"
xmlns:xsd="http://www.w3.org/2001/XMLSchema"
  targetNamespace="http://365itedu.com/schema/mapper"
    elementFormDefault="qualified" attributeFormDefault="unqualified">
  <xsd:element name="name" type="xsd:string"/>
  <xsd:element name="employee">
  <xsd:complexType>
    <xsd:sequence>
    <xsd:element name="id" type="xsd:int"/>
    <xsd:element ref="name"/>
    </xsd:sequence>
  </xsd:complexType>
  </xsd:element>
</xsd:schema>
```

2. URI

（1）命名空间

命名空间声明的形式一般为：第一部分是一个关键字“xmlns”，第二部分是命名空间的前缀，第三部分是命名空间标识，即统一资源定位符（Uniform Resource Identifier，URI）。在上述代码中命名空间代码片段为“xmlns：itedu ="http://365itedu.com/schema/mapper"”，其中“itedu”是命名空间的前缀，“http://365itedu.com/schema/mapper”是命名空间的标识。定义 XML 命名空间的主要目的是避免名称冲突。并不一定只在根元素声明命名空间，也可以在 XML 文档中的任何元素中声明。声明的命名空间的范围起始于声明该命名空间的元素，并应用于该元素的所有内容，直到被具有相同前缀名称的其他命名空间声明覆盖，元素内容是指该元素的<opening-tag>和</closing-tag>之间的内容。

命名空间类似于 Java 程序中的包，为了更好地理解其特性，对二者进行了对比，见表 5-4。

表 5-4 包与命名空间

角度	包	命名空间
包含内容	可以包含许多可重用的类和接口	可以有许多可重用的元素和属性
使用方法	使用程序包中的类或接口时必须使用程序包名称来完全限定该类或接口	要使用命名空间中的元素或属性，必须使用命名空间完全限定该元素或属性
传递关系	Java 程序包可能有一个内部类，该类并不直接位于程序包内部，而是借助它的外围类“属于”该程序包	某些元素或属性可能并不直接在命名空间中，而是借助它的父元素或外围元素而属于命名空间，这是一个传递关系

1）命名空间标识

命名空间标识是命名空间最重要的属性之一。标识的规范名称叫 URI。URI 的最大特点是唯一性，如果不具有唯一性就失去了辨识的意义。URI 分为两种类型：

① URL（统一资源定位器），通俗的说 URL 就是网页地址，因为每个网页在 Internet 上都是唯一的。

② URN（统一资源名称），可以不使用网页地址而使用唯一名称来定义。如：urn:2018-8-8/workgroup/365itedu/name 或 urn:A8f73B13-06EE-44ec-83CE-F998A6DCA5。二者之间的关系如图 5-1 所示。

2）前缀

因为 URI 太长了，前缀用于 XML 中作为 URI 的简化引用。在命名空间范围中引用前缀时，它将被解释为绑定到实际的命名空间。通常将“XSD”或“XS”用作 XML 模式（xmlns:xs="http://www.w3.org/2001/XMLSchema"）命名空间的前缀。

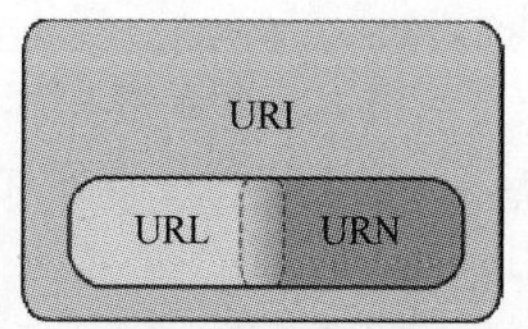

图 5-1 URI 构成

前缀的含义也可以类比 Java 中的变量，命名空间绑定可以比作一个变量的声明，并且每当引用该变量时，它将被所赋予的值替换。

在 Java 中，String pfx = "http://365itedu.com/schema/pfx"。

在 XML 中，<someElementxmlns:pfx="http://365itedu.com/schema/pfx"/>。

尽管命名空间通常看上去像 URL，但这并不意味着实际声明和使用命名空间时一定要连接到互联网上。实际上，通常将命名空间用作可以在互联网空间中共享的词汇，也可以是不显示内容的虚拟容器。在互联网空间中，URL 是唯一的。因此，通常选择使用 URL 来唯一标识命名空间。在浏览器中输入命名空间 URL 并不意味着这个 URL 将显示该命名空间中的所有元素和属性，URL 只是一个概念（一般开源软件的命名空间的 URL 都是可以访问的）。

虽然命名空间 W3C 推荐标准声明该命名空间名称应为 URI，但对此并无强制规定。因此，还可以使用代码<someElementxmlns:pfx="365itedu"/>，而且该代码也是完全合法的。

在下面的示例中，软件架构师之路-III 和软件架构师成长之路-I 的元素 Title 和 Author 与命名空间“http://365itedu.com/schema/lib”关联，软件架构师成长之路-II 的元素 Title 和 Author 与命名空间“http://quality1.cn/schema/lib”关联。

```
<?xml version="1.0"?>
<Book xmlns:lib="http://365itedu.com/schema/lib">
  <lib:Title>软件架构师成长之路- I </lib:Title>
  <lib:Author>颜廷吉</lib:Author>
  <purchase xmlns:lib="http://quality1.cn/schema/lib">
    <lib:Title>软件架构师成长之路 - II</lib:Title>
    <lib:Author>颜廷吉</lib:Author>
  </purchase>
  <lib:Title>软件架构师成长之路- III</lib:Title>
  <lib:Author>颜廷吉</lib:Author>
</Book>
```

3）命名空间约束

W3C 推荐标准规定了以下命名空间约束：

① 以 XML（采用任何大小写组合）开头的前缀被保留，仅供 XML 和 XML 相关的规范使用。前缀 XML 根据定义绑定到命名空间名称“http://www.w3.org/2001/XMLSchema”。

② 只有已声明并绑定到命名空间的前缀才能使用。

4）默认命名空间

还可以隐式地声明命名空间，即省略冒号和命名空间前缀。但是在一个文档中只能有一个隐式声明的命名空间。例如：xmlns="http://365itedu.com/schema/mapper"。

（2）targetNamespace

命名空间“http://www.w3.org/XML/1998/namespace”定义了“element”“attribute”“complexType”“group”“simpleType”等元素。而 targetNameSpace（也就是自定义命名空间）定义了 schema 新元素与属性的命名空间，其内部定义的元素、属性、类型等都属于该 targetNameSpace。自身或外部 XSD 文件使用这些元素时，属性等都必须从定义的 targetNameSpace 中查找。

（3）elementFormDefault 与 attributeFormDefault

elementFormDefault 和 attributeFormDefault 都各有两个选项：“unqualified”和“qualified”，默认值是“unqualified”。

elementFormDefault="unqualified"时，表示子元素不必使用命名空间前缀。所有被 Schema 定义的 Element 都应当属于目标命名空间，也就是从属于父顶级元素的目标命名空间。显然，这种写法使得 XML 格式上简化了很多。

elementFormDefault="qualified"时，表示子元素必须使用命名空间前缀。当然，这些子元素是位于目标命名空间之下的。

attributeFormDefault="unqualified"时，表示目标命名空间下的这个属性不要带命名空间前缀。

attributeFormDefault="qualified"时，表示来自目标命名空间下的属性必须用命名空间前缀修饰。

(4) 使用方法

【案例12——命名空间】

示例代码如下所示：

```
<?xml version="1.0"encoding="UTF-8"?>
<beans xmlns:beans="http://www.springframework.org/schema/beans"
  xmlns:xsi="http://www.w3.org/2001/XMLSchema-instance"
  xmlns="http://365itedu.com/schema/mapper"
  xsi:schemaLocation="http://365itedu.com/schema/mapper
  http://365itedu.com/schema/mapper/itedu.xsd
  http://www.springframework.org/schema/beans
  http://www.springframework.org/schema/beans/spring-beans.xsd ">

</beans>
```

1) schemaLocation

schemaLocation 属性引入目标命名空间的 XML 架构文档（XXX.xsd），将具有目标命名空间的架构文档与实例文档关联，指明该 XML 文件中用到的所有新创的元素、属性等 XSD 文件都必须在这里声明。可以列出多对 URI 引用，每一对 XSI 值的前半部分是命名空间名称，后半部分则是命名空间的位置。

Spring 提供了可扩展的 Schema 的支持。

首先，编写 NamespaceHandlerSupport 和 BeanDefinitionParser。

其次，在 META-INF 文件下使用“spring.schemas”与“spring.handlers”进行配置，此时就可以使具体的 XXX.xsd 文档与命名空间关联起来。

spring.schemas 示例代码如下：

```
http://365itedu.com/schema/mapper/mapper.xsd= mapper.xsd
```

spring.handlers 示例代码如下：

```
http://365itedu.com/schema/mapper=com.itedu365.mapper.config.MapperNamespaceHandler
```

2) noNamespaceSchemaLocation

noNamespaceSchemaLocation 是与 schemaLocation 相对的属性，用于引入没有目标的命名空间 XML 架构文档。因为此属性中引用的 XML 架构不能有目标命名空间，所以不接受 URL 列表，因此只能指定一个架构位置。例如：如果 365itedu.xsd 中没有 targetNamespace 属性，那么 XML 中的 XSI 定义信息应该使用绝对路径，示例如下：

```
xsi:noNamespaceSchemaLocation=file://C:/Users/Administrator/Desktop/
365itedu.xsd
```

根据万维网联合会 XML 架构建议，XML 实例文档可以同时指定 xsi:schemaLocation 和 xsi:noNamespaceSchemaLocation 属性。

3. DTD 对比 XSD

DTD 和 XSD 都可以作为 XML 数据的约束语言，但是二者还是有很大区别的，见表 5-5。由于 XSD 具有可扩展性，功能又比 DTD 强悍且支持数据类型与命名空间，因此已经成为 DTD

的实际代替者。

表 5-5 DTD 对比 XSD

角度	DTD	XSD
数据类型	支持部分数据类型	比 DTD 支持更多的数据类型，并且支持自定义数据类型
语义约束	语义约束粗略	语义约束更精确，强于 DTD
命名空间	基本不支持	较好的命名空间支持
使用范围	基本被 XSD 代替	使用广泛
学习成本	结构简单，学习成本低	结构复杂，学习成本高

5.1.4 XML 解析

前台可以用 JavaScript 进行解析，获取数据之后使用 HTML 在页面显示，这也是数据传输与显示分离的重要技术手段之一。而后台解析技术就非常丰富，由此也可以看出 XML 技术的重要性。概括来说有两大核心 API 类库：DOM 与 SAX 以及由二者衍生出来的解析技术 DOM4J、JDOM、JAXP 以及 JAXB 等技术。

1. 核心类库

(1) SAX

SAX 是 Simple API for XML 的简称，它是在 Java 平台上第一个被广泛使用的 XML API。SAX 是基于事件解析，解析过程中根据目前的 XML 元素类型，调用用户自己实现的回调方法来处理。基于事件处理的好处是不需要等到整个 XML 文件被加载完成后才开始处理，而是加载到哪儿处理到哪儿，也就是加载与处理保持同步。

(2) DOM

DOM 是 Document Object Model 的简称。DOM 采用的解析方式是一次性加载整个 XML 文档，在内存中形成一个树形的数据结构，这个数据结构称为“文档对象模型”。通过 DOM 解析器获取 Document 文档对象后，开发人员可以很方便地对其进行操作，而不需要像 SAX 一样自己设计模型保存获取的数据。

(3) 二者比较

二者之间的对比见表 5-6。

表 5-6 SAX 对比 DOM

角度	SAX	DOM
标准	XML 社区标准（几乎所有的 XML 解析器都支持）	W3C 组织推荐标准，独立于平台和语言
操作	事件驱动，轻量型方法，亦可对应大型文档	文件驱动，重量型方法，适合小型文档
访问方式	顺序访问	可以随机访问
修改	只能读取 XML 文件内容，但不能修改	可以任意修改文件树
内存消耗	XML 文件不需要加载进内存，因此不存在占用内存的问题	需要将整个 XML 文件以树形结构完全加载进内存后，再进行操作，耗费内存
效率	解析速度快	解析速度慢
对象模型	对开发人员更加灵活，可以用 SAX 建立自己的 XML 对象模型	系统为使用者自动建立 DOM 树，XML 对象模型由系统提供
复杂度	开发比较复杂，需要用户自定义事件处理器	易于理解，易于开发

2. 扩展类库

虽然DOM与SAX都可以解析XML，但是二者使用起来还是有些不便，因此又出现了表5-7所示的各种扩展类库。这些类库极大丰富了XML的API，使得XML解析更加专业与高效。具体使用时，可以根据各种类库的特点以及项目本身特征进行选择。

表5-7 XML解析扩展类库

编号	解析技术	说明	优点	缺点
1	JDOM	JDOM是一个开源项目，它基于树型结构，是第一款利用纯Java技术对XML文档实现解析、生成、序列化等多种操作的软件。弥补了DOM及SAX在实际应用中的不足之处。JDOM直接为Java编程服务，它利用更为强有力的Java语言的诸多特性（方法重载、集合概念以及映射），把SAX和DOM的功能有效地结合起来	① 基于树型处理XML的Java API ② 没有向下兼容的限制，比DOM简单 ③ 具有SAX的Java规则 ④ 速度快	① 不能处理大于内存的文档 ② 针对实例文档不提供DTD与Schema的任何实际模型 ③ 不支持DOM中相应遍历包
2	Dom4j	Dom4j是解析XML的一种开源API，是JDOM的升级品，用来读写XML文档。它具有性能优异、功能强大和极易使用的特点，它的性能超过DOM技术	① 高灵活性与易用性 ② 功能强大 ③ 性能优异 ④ 支持Xpath	① API较复杂 ② 移植性差
3	StAX	StAX，全称Streaming API for XML，一种全新的、基于流的Java XML解析标准类库。其最终版本于2004年3月发布，并成了JAXP1.4（发布于Java6版本）的一部分	① 相对SAX来说，更易于使用，编程更方便 ② 可进行读写 ③ 处理速度快 ④ 节省内存	不能再次读取已经读过的内容
4	JAXP	全称Java API for XML Processing，是SUN公司为了弥补Java在XML标准制定上的空白而制定的一套Java XML标准API。它封装了SAX、DOM以及StAX接口，并在其基础之上作了一套比较简单的API以供开发。除了解析接口，JAXP还提供了XSLT接口用来对XML文档进行数据和结构的转换	① 编程简单 ② JCP正式推荐的API ③ 灵活（改变具体的实现的时候也不需要修改代码，只需修改一下JAXP的相关配置）	“最小公分母”效应，也就是说它支持的东西很有限（必要时需要绑定到特定API，如绑定XPath相关的接口）
5	JAXB	JAXB（Java Architecture for XML Binding）是一个业界的标准，是一项可以根据XML Schema产生Java类的技术。通过Marshaller接口（将Java对象序列化为XML数据）与Unmarshaller接口（将XML数据反序列化为Java对象）实现了Java数据对象和XML结构之间的一种双向映射关系。同时JAXB能够使用Jackson对JAXB注解的支持实现（jackson-module-jaxb-annotations），既方便生成XML，也方便生成JSON	① 可以直接把XML内容转换成Java对象，简化了开发的工作量 ② 支持注解 ③ 方便生成JSON ④ 功能强大 ⑤ 新业界标准	相对复杂

5.2 HTTP

5.2.1 概述

协议是指计算机通信网络中两台计算机之间进行通信所必须共同遵守的规定或规则。超文本传输协议（HyperText Transfer Protocol，HTTP）是一种通信协议，它允许将超文本标记语言（HyperText Markup Language，HTML）文档从 Web 服务器传送到客户端的浏览器。目前使用的是 HTTP 1.1 版本。

打开浏览器，在地址栏中输入 URL 就可以访问网页。其原理为：输入 URL，浏览器给 Web 服务器发送一个 Request 请求，通过 IP 地址找到服务器并通过 HTTP 与端口号找到相应的进程，再利用 Socket 接口使用 TCP 与客户端建立连接（参照 4.8 节）；服务器（Tomcat）解析 Request（参照 5.2.2 节），启动 Servlet 进行业务处理（参照 4.5 节），返回处理结果（Response 应答），然后把应答结果发送给浏览器；浏览器解析 Response 中的 HTML 并显示，这样我们就看到了所访问的网页。

无状态是指协议对事务处理没有记忆能力，服务器不知道客户端是什么状态。从另一方面讲，打开一个服务器上的网页和之前打开这个服务器上的网页之间没有任何联系。HTTP 是一个无状态的面向连接的协议，无状态不代表 HTTP 不能保持 TCP 连接。从 HTTP 1.1 起，默认都开启了 Keep-Alive，保持连接特性。简单地说，当一个网页打开完成后，客户端和服务器之间用于传输 HTTP 数据的 TCP 连接不会关闭，如果客户端再次访问这个服务器上的网页，会继续使用这一条已经建立的连接。Keep-Alive 不会永久保持连接，它有一个保持时间，可以在不同的服务器软件（如 Apache）中设定这个时间。

5.2.2 URL

1. URL 详细结构

URL（Uniform Resource Locator）用于描述一个网络上资源的地址，基本格式如下：

```
schema://host[:port]/path/.../[?query-string][#anchor]
```

各部分含义见表 5-8。

表 5-8 URL 各部分含义

组成部分	说明
scheme	低层协议（例如：http、https、ftp）
host	服务器的 IP 地址或者域名
port	服务器的端口，默认是 80（可以省略）。如果使用了别的端口时必须指明，例如：http://www.365itedu.com:8080/
path	访问资源的路径
query-string	发送给服务器的数据
anchor	锚点，定位网页的开始位置

实际例子如下：

```
http://www.365itedu.com/login?name=yantingji&birth=1981#stuff

schema:            http
host:              www.365itedu.com
path:              /login
query string:      name=yantingji&birth=1981
anchor:            stuff
```

2. 页面显示过程

在浏览器中输入“http://www.365itedu.com”，浏览器会发送一个 Request 去获取此 URL 的 HTML，服务器把 Response 发回给浏览器。浏览器获取 Response 中的 HTML 代码后，按照从上到下的顺序进行解析。如果发现其中引用了很多其他文件，例如图片、CSS 文件、JS 文件等，会再次发送 Request 去获取这些资源。等所有的文件都下载成功后，网页就显示出来了。

3. Forward 与 Redirect 区别

Forward 与 Redirect 是页面跳转的两种基本方式，两者之间的区别见表 5-9。

表 5-9　Forward 对比 Redirect

视角	Forward	Redirect
效率	效率高	效率低
使用方式	直接跳转到相应的页面	跳转到别的子系统或网站
地址栏	服务器请求资源时，直接访问目标地址的 URL，把相应 URL 的响应内容读取过来，然后把这些内容再发给浏览器。所以其地址栏信息不变	服务端根据业务逻辑，发送一个状态码，告诉浏览器重新去请求相应的地址，所以地址栏显示的是新的 URL

5.2.3　HTTP 消息结构

Request 的消息结构与 Response 的消息结构类似，分为 3 部分。第一部分是请求行（Request Line），第二部分是请求头部（Request Header），第三部分是内容体（Body）即请求数据，结构如图 5-2 所示。

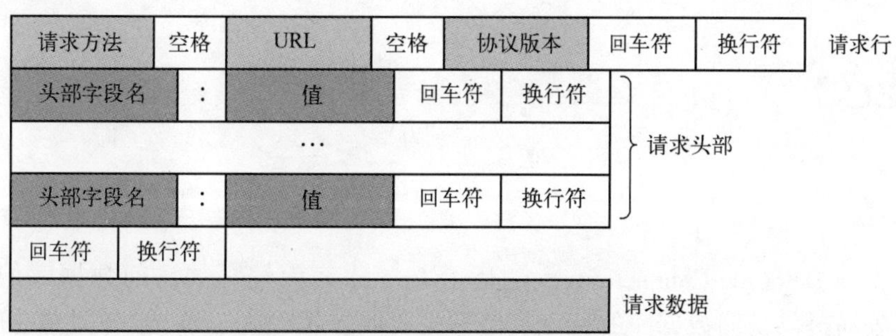

图 5-2　HTTP 消息结构

图中第一行常用的请求方法有 POST 与 GET。当使用 GET 时，Body 为空。例如打开 365IT 学院首页时的 request 如下所示：

```
GET http://www.365itedu.com/ HTTP/1.1
Host: www.365itedu.com
```

可以用报文查看工具 Fiddler 查看 Request 和 Response 信息。在 InspectorsTab 下以 Raw 的方式可以看到完整的 Request 消息，如图 5-3 所示。

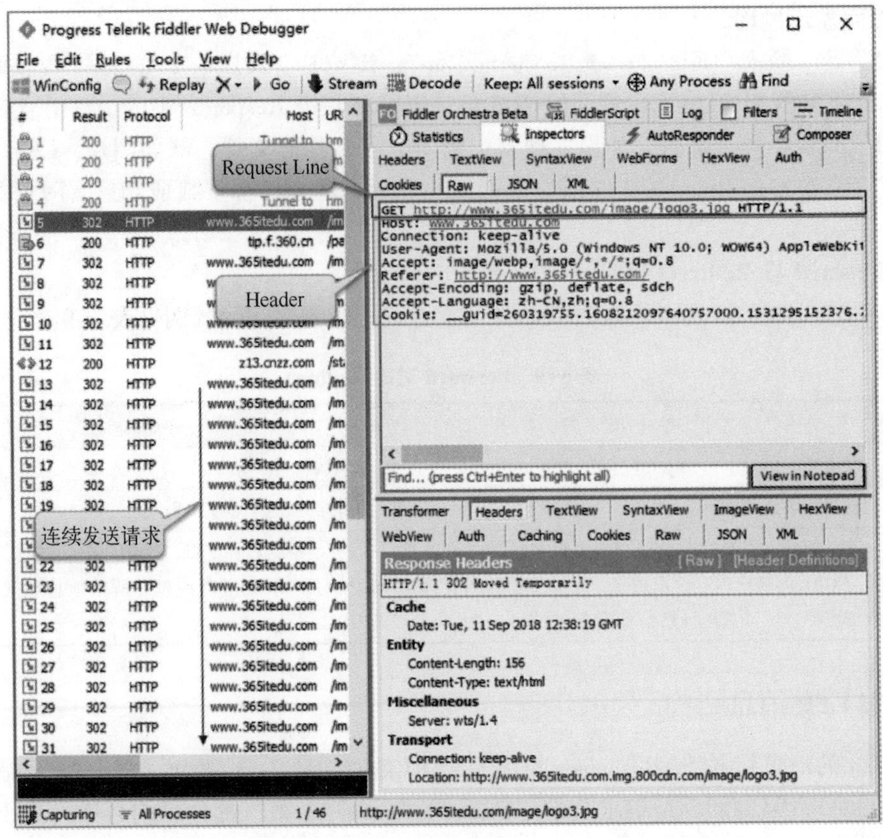

图 5-3　Fiddler 查看 Request 报文信息

5.3　JDBC

5.3.1　概述

JDBC（Java Database Connectivity）是基于 Java 语言而编写的访问数据库的一种技术，是由 Oracle 公司提供访问数据库的接口规范，主要的技术包有 java.sql（提供访问数据库基本的功能）以及 javax.sql（提供扩展的功能）。各数据库厂商提供了对这些接口的实现，因此程序员编程时，只针对这些接口编程即可。JDBC 核心接口有 5 个，见表 5-10。

表 5-10　JDBC 核心接口

编号	接　口	功　能
1	Connection	特定数据库的连接（会话），在连接上下文中执行 SQL 语句并返回结果
2	Statement	用于执行静态 SQL 语句并返回它所生成结果的对象
3	PreparedStatement	用于执行预编译的 SQL 语句的对象
4	CallableStatement	用于执行 SQL 存储过程的接口
5	ResultSet	表示数据库结果集的数据表，通常通过执行查询数据库的语句生成

有三个接口可以执行 SQL，它们之间的对比见表 5-11。

表 5-11　SQL 接口

角　　度	Statement	PreparedStatement	CallableStatement
代码创建	数据库服务器的客户端	数据库服务器的客户端	数据库服务器端
代码存储	客户端	服务器端	服务器端
编程语言	Java、SQL	Java、SQL	服务器端特定数据库语言
可配置性	灵活	差	差
可移植性	高	高	差
安全性	低	高	高
效率	低	第一次低，以后高	高

5.3.2　JDBC 开发方法

1. 建立连接

建立连接分为两个关键步骤：

（1）加载驱动程序

```
Class.forName("com.mysql.jdbc.Driver")
```

（2）建立连接

建立连接，需要提供 3 个必不可少的参数：数据库名称（url）、数据库账号（name）、数据库密码（password）。

```
Connection conn=DriverManager.getConnection(url,name,password);
```

JDBC 的 URL=协议名+子协议名+数据源名。其中协议名总是“JDBC”；子协议名由 JDBC 驱动程序的编写者决定；数据源名也可能包含用户与口令等信息（这些信息也可单独提供）。

常见的数据库连接方法见表 5-12。

表 5-12　常见数据库连接方法

编号	驱动类型	驱　　动	URL	默认端口号
1	MySQL	org.gjt.mm.mysql.Driver 或 com.mysql.jdbc.Driver	jdbc:mysql://<MachineName><:port>/DatabaseName	3306
2	Oracle	oracle.jdbc.driver.OracleDriver	jdbc:oracle:thin:@<MachineName><:port>:DatabaseName	1521
3	DB2	com.ibm.db2.jdbc.app.DB2Driver	jdbc:db2://<MachineName><:port>/DatabaseName	5000
4	Postgre	org.postgresql.Driver	jdbc:postgresql://<MachineName><:port>/DatabaseName	5432
5	JDBC-ODBC	sun.jdbc.odbc.JdbcOdbcDriver	jdbc:odbc:DatabaseName	—

2. 执行

虽然各个数据库具体执行过程的细节不一样，但是流程基本一致，如图 5-4 所示。

3. 读取数据

在执行查找时，返回的是结果对象的集合——ResultSet 对象。ResultSet 对象的初始游标位置为 BeforeFirst；next( )方法用于移动游标使其指向下一个位置，该方法的返回值是一个 Boolean 类型变量，移动游标后如果能指向一个有效记录就返回 True，如果移动到了 AfterLast 位置，就返回 False。

从 ResultSet 中获取具体字段信息的方法有两种：一种是通过 Index 获取字段的值，另外一种是通过字段名获取字段的值。二者取值的统一方法为 getXXX( )，作用是从游标指向的记录中读取数据（其中 XXX 是 String、Int、Double 类的变量类型）。

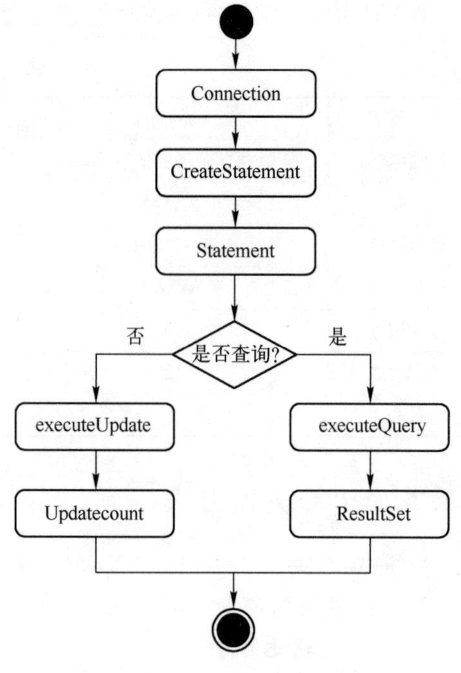

图 5-4　SQL 执行示意图

```
ResultSet rs=stmt.executeQuery(sql);
while(rs.next()){
String accId=rs.getString(1);   //或者 rs.getString("accId");
Char sex=rs.getChar(2);         //或者 rs.getChar("sex");
```

4. 动态 SQL

java.sql.PreparedStatement 是 Statement 的子接口，它存在意义是为了执行动态 SQL 语句，这样的 SQL 称为“预编译 SQL”。预编译 SQL 语句会将动态信息以“?”代替，先进行占位，然后将该 SQL 发送给数据库生成执行计划。当需要执行该 SQL 时，只需要将“?”对应的实际数据传递给数据库即可。使用动态 SQL 具有以下好处：

1）由于先将 SQL 语句发送给数据库，并生成了执行计划（语义已经确定），因此不存在拼接 SQL 导致改变 SQL 语义（SQL 注入攻击）的问题。

2）由于执行计划已经生成，当大批量执行 SQL 时，每次只需要将“?”表示的实际值传入，数据库就会重用这些执行计划，从而减轻服务器压力。具体代码如下：

```
String sql ="insert into mess(id,name)values(?,?)";
```

5. 关闭连接

关闭连接时要按照打开的相反顺序进行关闭：首先关闭记录集，其次关闭 Statement，最后关闭连接对象。

5.3.3　事务机制

事务最主要的功能是确保多个连续的数据库操作能作为一个整体被对待。即在执行时，要么全部执行成功，要么全部执行失败——回到最初状态，其处理流程如图 5-5 所示。

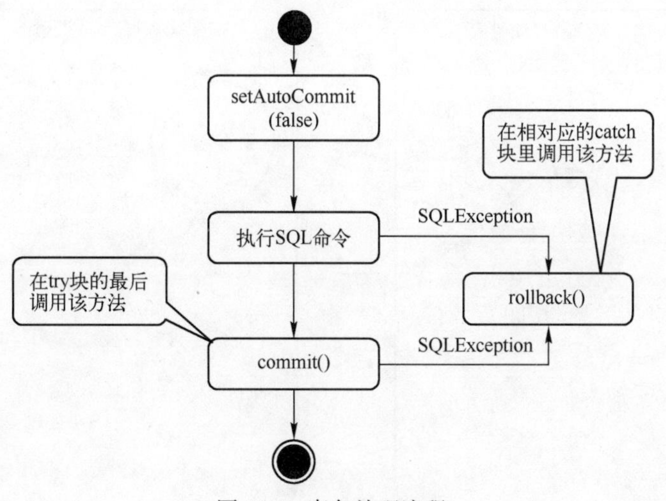

图 5-5　事务处理流程

1）Connection 对象调用setAutoCommit( )方法时会将 AutoCommit 设置为 False，以取消自动提交事务机制（自动提交事务机制是将每一条 SQL 命令看作是一个事务，每做一次数据库操作，会自动提交一次；当为 False 时，数据库系统不自动提交事务，直到程序员调用 commit( )方法为止）。

2）当一个逻辑事务所包含的 SQL 命令都被执行后，就可以调用 commit( )方法，向数据库系统提交事务（这条语句通常是 try 块里的最后一句）。

3）如果中途发生任何错误或不明原因导致操作中断，需要调用 rollback( )方法，要求数据库系统执行 Rollback 操作。

5.4　AOP

5.4.1　概述

AOP（面向切面编程）是在不改变现有代码的前提下，增加非业务功能的一种技术。传统程序处理过程中，不仅要关注核心业务逻辑（本质处理），还要关注其他非业务功能方面的处理，如图 5-6 所示。

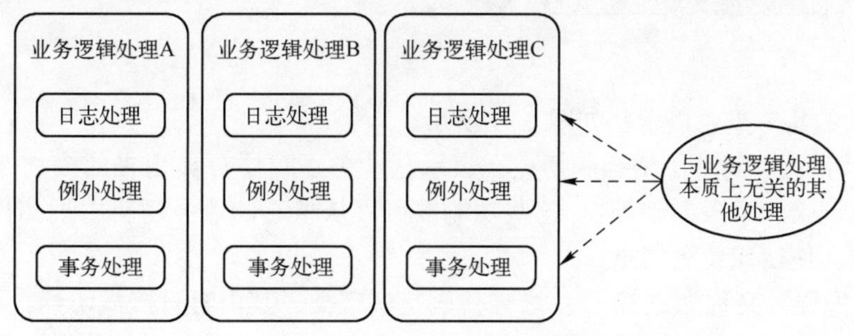

图 5-6　传统程序处理内容

AOP 与传统的系统业务处理关系如图 5-7 所示。

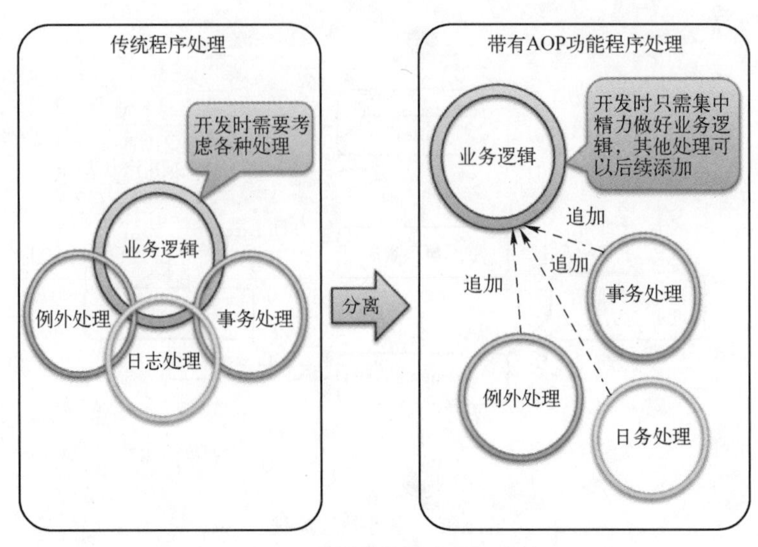

图 5-7　分离传统程序处理内容

AOP 思想主要包含以下三点：

1）处理时把核心业务逻辑与其他非业务功能方面的需求进行分离。

本质的业务逻辑=核心关注点

非业务功能需求=横切关注点

2）业务开发时，可以集中精力进行“核心关注点”的开发。

3）可以后期再追加“横切关注点”。

AOP 程序处理如图 5-8 所示。

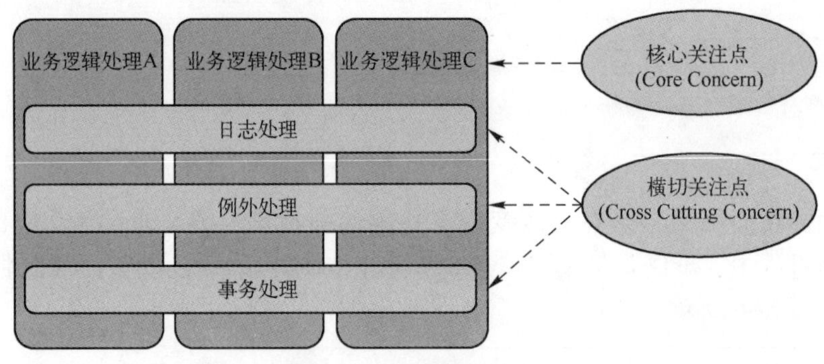

图 5-8　AOP 程序处理

AOP 相关的几个重要概念，如图 5-9 所示。

Aspect（切面）：封装了增强和切点，表示从业务逻辑中分离出来的横切逻辑（例如性能监控、日志记录、事务控制等）。这些功能都可以从核心的业务逻辑中抽离出去，以解决代码耦合问题，使得职责更加单一。

Advice（增强，又称“通知”）：增强代码是实现类，其内容直接横切到代码中。

PointCut（切入点）：增强的条件（规则），通过一个条件来匹配要拦截的类，这个条件称为切入点（如拦截所有带 Service 结尾的方法）。

JoinPoint（连接点）：实际增强场所，也是增强方法的参数，可以获取目标方法的信息。

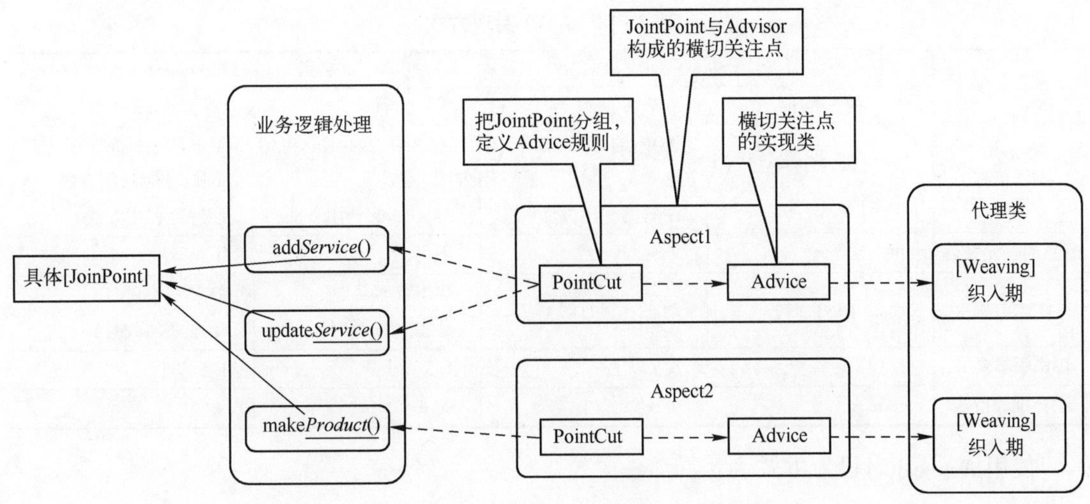

图 5-9　AOP 概念示意图

Weaving（织入）：把增强织入到类中。AOP 的 3 种织入方式见表 5-13。

表 5-13　AOP 三种织入方式

编号	织 入 方 式	说　　明
1	编译时织入	在对 Java 文件进行编译时，采用特殊的编译器将 Aspect 织入到 Class 文件中
2	类加载时织入	通过特殊的类加载器，在 Class 文件加载到 JVM 时，通过修改 Class 文件中的字节码，将 Aspect 织入到 Class 文件中
3	运行时织入	采用 CGLib 工具或 JDK 动态代理，达到 Aspect 被织入到 Class 中的目的

另外，程序中可以在多个地方引入 AOP，其具有以下优点：

1）可以提高代码可读性。

2）可以随时增加非业务功能。

3）可以使得开发者集中精力开发业务功能。

虽然 AOP 可以带来很多好处，但是在使用时要注意以下两点：

1）AOP 部分发生故障时往往很难查清楚原因，因此不要滥用 AOP。

2）使用 AOP 前必须定好使用规则（方法名后缀或者前缀）。

5.4.2　SpringAOP

（1）实现方式

SpringAOP 的实现方式有 4 种，它们之间的对比关系见表 5-14。

SpringAOP 默认使用 AspectJ 来实现，如果对象类没有实现接口，那么 Spring 会使用 Cglib 来实现。

注意：使用默认配置时，会出现二次代理的情况（可通过观察 $Proxy 的实现中是否包含 org. springframework. cglib. proxy. Factory 来判断是否发生二次代理），此时会抛出“Caused-by：java. lang. IllegalStateException”异常。为避免这种情况的发生，需要在配置时设定代理方式为 Cglib（此时也可以在性能上有所提高，而且对于代理对象无论是否继承接口都可以统一使用）。其设置方式有以下两种：

表 5-14　AOP 实现方式

角　　度	利用 SpringAOP		利用 Spring 与 AspectJ	
	AOP 的 Schema 方式	@ AspectJ 方式	AspectJ 方式	@ AspectJ 方式
学习成本	AOP 的 Schema 利用方法	AOP 的 Schema 利用方法 注解的利用方法	AOP 的 Schema 利用方法 AspectJ 的利用方法	AOP 的 Schema 利用方法 AspectJ 的利用方法 注解的利用方法
事务的一元管理	可	不可	不可	不可
织入时机	动态（运行时）	动态（运行时）	静态（编译时） 动态（加载时）	静态（编译时） 动态（加载时）
JDK 版本要求	1.3 以上	1.5 以上	1.3 以上	1.5 以上
综合推荐指数	★★★	★★	★★	★

使用 AspectJ 时设置方式为：

```
<aop:aspectj-autoproxy proxy-target-class="true"/>
```

使用 AOP 的 Schema 时设置方式为：

```
<aop:config expose-proxy="true" proxy-target-class="true">
```

（2）增强方式

Spring 提供了 5 种增强方式，见表 5-15。

表 5-15　AOP 增强方式

编号	种　　类	说　　明
1	前置增强（Before Advice）	在方法调用前执行
2	后置返回增强（After Returning Advice）	在方法调用后执行（只在正常完成后）
3	后置异常增强（After Throwing Advice）	在方法调用抛出异常时执行
4	后置最终增强（After（Finally）Advice）	在方法调用后执行（无论正常与异常）
5	环绕增强（Around Advice）	在方法调用前后执行

（3）切入点指示符

切入点指示符用来指示切入点表达式目的，在 Spring AOP 中目前只有 execution( ) 这一个连接点。但是 Spring AOP 支持的 AspectJ 切入点指示符还有 within( )（用于匹配指定类型内的执行方法）、this( )（用于匹配当前 AOP 代理对象类型的执行方法）、target( )（用于匹配当前目标对象类型的执行方法）及 args( )（用于匹配当前执行的方法传入的参数为指定类型的执行方法）等。

（4）通配符与运算符

匹配表达式中还可以使用的通配符号与运算符，见表 5-16。

事务型 AOP

定义事务类型 AOP 的 Execution 表达式时，需要定义在实现类的方法上，否则 AOP 不起作用。

表 5-16　AOP 通配符号与运算符

编号	符号	符号	说　　明	例　　子
1	通配符	*	不含有“.”的字符串	execution(* set * ( ))
2		..	含有“.”的字符串	execution(public setValue(..))
3		+	可以用在类或者接口右侧，表示子类或者子接口也适用	execution(public com. itedu365. Parent+. * ( ))
4	运算符	!	非（NOT）	execution(* set * (! java. lang. String))
5		&&	且（AND）	execution (* (com. itedu. IPointcutService + && java. io. Serializable +). * (..))
6		‖	或（OR）	execution(public setValue(java. lang. String ‖ java. lang. Integer))

（5）经典使用方式

在 Spring 配置文件中，所有 AOP 相关定义都必须放在<aop:config>标签下，该标签下有<aop:pointcut><aop:advisor><aop:aspect>标签可供使用。

<aop:pointcut>：用来定义切入点。

<aop:advisor>：用来定义切面，只能包含一个切入点和一个增强。

<aop:aspect>：也可以用来定义切面，可以包含多个切入点和增强（标签内部的增强和切入点的定义可以是无序的）。SpringAOP 经典的 Schema 配置方式有以下两种：

方式一

```
<! ---一般事务(REQUIRED) -->
<tx:advice id="txAdviceRequired" transaction-manager="transactionManager">
  <tx:attributes>
    <tx:method name="* " rollback-for="java.lang.Exception" isolation="DE-
FAULT"
      propagation="REQUIRED" />
  </tx:attributes>
</tx:advice>
<! --特殊事务(REQUIRES_NEW) -->
<tx:advice id="txAdviceRequiredNew" transaction-manager="transactionManager">
  <tx:attributes>
    <tx:method name="* " rollback-for="java.lang.Exception" isolation="DE-
FAULT"
      propagation="REQUIRES_NEW" />
  </tx:attributes>
</tx:advice>
<! -- PointCut -->
<aop:config>
  <aop:pointcut id="pointcut1"
    expression="execution(* com.itedu365.userServicet(..))" />
  <aop:pointcut id="pointcut2"
    expression="execution(* com.itedu365.* execute(..))" />
  <aop:advisor advice-ref="txAdviceRequired" pointcut-ref="pointcut1" />
  <aop:advisor advice-ref="txAdviceRequiredNew" pointcut-ref="pointcut2" />
</aop:config>
```

方式二

```
<! --性能日志 AOP -->
<aop:config expose-proxy="true" proxy-target-class="true">
  <aop:aspect id="efficiencyAspect" ref="beanEfficiencyLog">
    < aop: pointcut  id = " pointcut - service "  expression = " execution  ( * com.itedu365.service.* .execute(..))" />
    < aop: before  method = " beforeServiceMethod "  pointcut - ref = " pointcut - service"/>
    <aop:after method="afterServiceMethod" pointcut-ref="pointcut-service"/>
    < aop:  pointcut   id  =  " pointcut  -  sql "   expression  =  " execution   ( * com.itedu365.service.repository.* .* (..))"  />
    <aop:before method="beforeSqlMethod" pointcut-ref="pointcut-sql"/>
    <aop:after method="afterSqlMethod" pointcut-ref="pointcut-sql"/>
  </aop:aspect>
</aop:config>
<! --性能日志 Bean -->
<bean id="beanEfficiencyLog" class="com.itedu365.common.log.EfficiencyAopLog" />
```

5.5 字符集与乱码

字符集与乱码对程序员来说都是难以逾越的技术难点，笔者也曾经困惑了很久。本节将带领大家来彻底掌握字符集与乱码，并将其用各种图示来进行说明，以便大家能更好地理解这些晦涩难懂的技术。

5.5.1 字符集

1. 基本概念

在计算机领域，人们把文字、标点符号、图形符号、数字等统称为字符。然而计算机只能识别二进制数，所以需要把字符进行转换才可以与计算机进行交互。字符集就是在按照一定规则转换的过程中产生的，分为狭义字符集与广义字符集。

（1）狭义字符集

狭义字符集也就是人们常说的“字符集”，又称“字库表（Character Repertoire）”，指的是由字符组成的集合，是所有可读或者可显示字符的数据库。根据所包含的字符多少与异同而形成了各种字符集。如：英文字符集、中文字符集、日文字符集等。

（2）广义字符集

广义字符集不仅包括狭义字符集，还包含编码表（Encoding Table）以及字符编码（Character Encoding）。这也是对一个字符进行正确编码与转码所需要的三个关键元素。编码表用一个码位（Code Point）来表示一个字符（即该字符在编码表中的位置），这个值称为字符对应于字符集的编号（又称“序号”或“码位值”）。字符编码规定每个字符分别用一个字节或者多个字节存储，具体用哪些字节来存储是字符集和实际存储数值之间的转换关系决定的。字符是根据字符编码方式（Character Encoding Form，又称“字符编码”、“编码方式”、“编码方案”，简称“编码”）转换为一个二进制数值存储在计算机中。所以，字符编码是定义在字符集到字符存储值之间的映射规则，它们之间的关系如图 5-10 所示。这种规则有两重含义：

1）规定一个字符集中的字符由多少个字节表示，也就是存储形式。

2）制定该字符集中每个字符对应的二进制字符存储值，这个值是计算机可以识别的字符，也是最终编码结果。

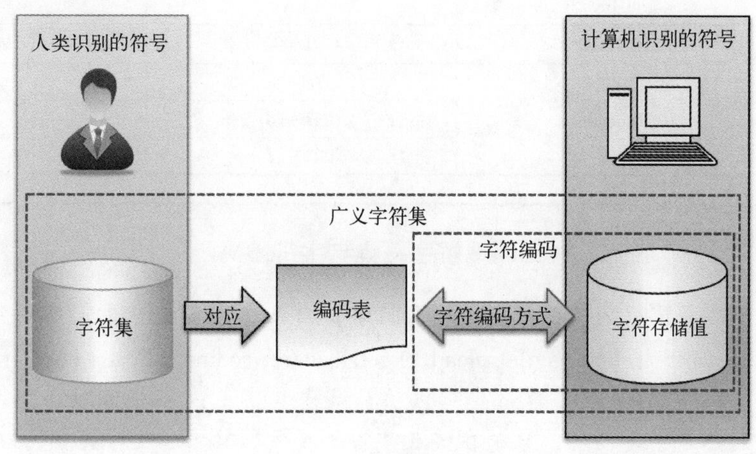

图 5-10　字符集概念关系

用 GB2312 的编码过程来解释图 5-10 所示内容。例如：以字符顿号（、）为例，其在字符集 GB2312 中的码位（Code Point）为 A1A2，通过 GB2312 的字符编码方式，转成二进制形式实际存储值（1010 0001 1010 0010）。这个过程就是字符编码过程，如图 5-11 所示。

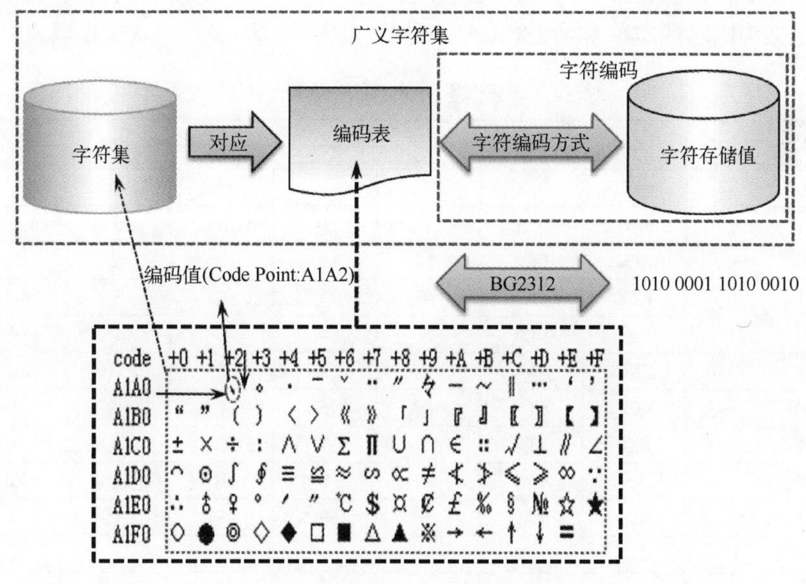

图 5-11　GB2312 字符编码过程

汉语中常用的字符集有 ASCII、GB2312、BIG5、GBK、GB18030、Unicode 等。其中 ASCII、GB2312、BIG5、GBK、GB18030 兼具字符编码的含义，而 Unicode 又有 UTF-8、UTF-16、UTF-32 字符编码方式，见表 5-17。

表 5-17　字符集与字符编码

编　号	字 符 集	字 符 编 码	备　注
1	ASCII	ASCII	-
2	GB2312	GB2312	又称 ANSI 编码
3	BIG5	BIG5	同上
4	GBK	GBK	同上
5	GB18030	GB18030	同上
6	Unicode	UTF-8	—
7		UTF-16	—
8		UTF-32	—

NOTE: **正确理解字符集与字符编码**

字符集与字符编码的含义很容易使人混淆，而且在很多 API 中对字符编码名称的使用也不统一，例如：ServletFileUpload 的 setHeaderEncoding（String encoding）方法与 String 的 getBytes（String charsetName）方法，两者其实都是字符编码。总之，在编程过程中使用的都是字符编码，只是在谈及字符所属种类时才涉及字符集的概念。

2. 各种字符集

（1）ASCII

ASCII（American Standard Code for Information Interchange），是 1961 年美国制定的一套字符编码标准，其字符集为英文字符集，规定字符集中的每个字符均由一个字节表示，已被国际标准化组织定义为国际标准（称为 ISO646 标准）。其字符编码表称为 ASCII 码表，见表 5-18。

表 5-18　ASCII 编码表

D4 D5 D6 / D3 D2 D1 D0	000	001	010	011	100	101	110	111
0000	NUL	DLE	SP	0	@	P	、	p
0001	SOH	DC1	!	1	A	Q	a	q
0010	STX	DC2	"	2	B	R	b	r
0011	ETX	DC3	#	3	C	S	c	s
0100	EOT	DC4	$	4	D	T	d	t
0101	ENQ	NAK	%	5	E	U	e	u
0110	ACK	SYN	&	6	F	V	f	v
0111	BEL	ETB	'	7	G	W	g	w
1000	BS	CAN	(	8	H	X	h	x
1001	HT	EM	)	9	I	Y	i	y
1010	LF	SUB	*	:	J	Z	j	z
1011	VT	ESC	+	;	K	[	k	{
1100	FF	FS	,	<	L	\	l	|
1101	CR	GS	-	=	M	]	m	}
1110	SO	RS	.	>	N	^	n	~
1111	SI	US	/	?	O	_	o	DEL

ASCII 码一共规定了 128 个字符的编码，例如空格“SPACE”是 32（二进制 00100000），大写的字母 A 是 65（二进制 01000001）等。这 128 个符号（包括 32 个不能打印出来的控制符号）只占用了一个字节的后面 7 位，最前面的 1 位统一规定为 0。这种采用一个字节来编码 128 个字符的 ASCII 码称为标准 ASCII 码。

标准 ASCII 字符集字符数目有限，在实际应用中往往无法满足要求。为此，国际标准化组织又制定了 ISO2022 标准，它规定在保持与 ISO646 兼容的前提下，将 ASCII 字符集扩充为 8 位代码的统一方法。ISO 陆续制定了一批适用于不同地区的扩充 ASCII 字符集，每种扩充 ASCII 字符集分别可以扩充 128 个字符，这些扩充字符的编码均为高位为 1 的 8 位代码（即十进制数 128~255），称为扩展 ASCII 码。各种扩展 ASCII 码除了编码为 0~127 的字符外，编码为 128~255 的字符并不相同。例如，130 在法语编码中代表了 é，而在俄语编码中又会代表另一个符号。

（2）ISO-8859-1

ISO-8859-1 编码由 ISO 组织制定，又称“Latin1”，是在 ASCII 编码基础上制定的一些新的标准，扩展了 ASCII 编码。ISO-8859-1 编码也是单字节编码，最多能够表示 256 个字符。由于是单字节编码，和计算机最基础的表示单位一致，所以很多软件程序编译过程以及各种协议都默认使用 ISO-8859-1 字符编码，而现在更好的选择是 UTF-8。

（3）ANSI

ANSI（American National Standards Institute）是美国国家标准学会，成立于 1918 年。标准 ASCII 码和扩展 ASCII 码满足了西方国家的需求，但是，随着计算机在世界范围内的普及，对于亚洲国家（如中日韩等）来说 ASCII 字符编码远远不能满足其需要，于是这些国家便针对本国的字符集指定了相应的字符编码标准，如 GB2312（简体中文）、BIG5（繁体中文）、JIS（日文）等。

这些字符编码标准统称为 ANSI 编码标准，这些 ANSI 编码标准有一些共同的特点。

1）每种 ANSI 字符集只规定自己国家或地区使用语言所需的“字符”，例如简体中文编码标准 GB-2312 的字符集就不会包含日语中的字符。

2）ANSI 字符集的空间都比 ASCII 要大很多，一个字节已经不够，绝大多数 ANSI 编码标准都使用多个字节来表示一个字符。

3）ANSI 编码标准一般都会兼容 ASCII 码。

例如：在 Windows 中打开记事本，“另存为”对话框的“编码”下拉框中有一项 ANSI 编码，如图 5-12 所示。

① ANSI 是默认的编码方式。在英文操作系统中，ANSI 代表的是 ASCII 编码，在简体中文操作系统中代表的是 GB2312 编码，而在日文操作系统中代表的是 JIS 编码。

② Unicode 编码指的是 UCS-2 编码方式（UTF-16），这个选项用的是 Little Endian 格式。

③ Unicode big endian 编码与②选项对应，只是采用了 Big Endian 格式。

④ UTF-8 编码为最通用的编码方式。

（4）GB2312

GB2312 是 1981 年发布的简体中文汉字编码国家标准。GB2312 对汉字采用双字节编码，收录了 7445 个图形字符，其中包括 6763 个汉字，为当今简体中文应用的主流字符集。

图 5-12　ANSI 编码

GB2312 中对所收录汉字进行了“分区”处理，每个区含有 94 个汉字或符号。这种表示方式也称为“区位码”，如图 5-13 所示的 GB2312 编码表的部分内容。

code	+0	+1	+2	+3	+4	+5	+6	+7	+8	+9	+A	+B	+C	+D	+E	+F
A1A0			、	。	·	ˉ	ˇ	¨	〃	々	—	～	‖	…	‘	’
A1B0	“	”	〔	〕	〈	〉	《	》	「	」	『	』	〖	〗	【	】
A1C0	±	×	÷	∶	∧	∨	∑	∏	∪	∩	∈	∷	√	⊥	∥	∠
A1D0	⌒	⊙	∫	∮	≡	≌	≈	∽	∝	≠	≮	≯	≤	≥	∞	∵
A1E0	∴	♂	♀	°	′	″	℃	＄	¤	￠	￡	‰	§	№	☆	★
A1F0	○	●	◎	◇	◆	□	■	△	▲	※	→	←	↑	↓	〓	

图 5-13　GB2312 编码表

（5）BIG5

BIG5 是中国台湾于 1984 年发布的繁体中文字符集编码标准，又称为“大五码”。该编码采用双字节编码，共收录 13060 个汉字。

（6）GBK

GBK 是 1995 年发布的全部汉字编码国家标准，是当今使用最广泛的中文字符编码。该编码是对 GB2312 编码的扩充，采用双字节编码，共收录 21003 个汉字，包含国家标准 GB13000-1 中的全部中日韩汉字以及 BIG5 编码中的所有汉字。但是与 BIG5 并不兼容，因此在海峡两岸网民交流时，若都使用 GBK 编码，则没有问题；若一方使用 GBK 编码，一方使用 BIG5 编码，那么就会出现乱码。

（7）GB18030

GB18030 是 2000 年发布的 GBK 字符集的超集，又叫“大汉字字符集”，也叫“CJK（Chinese、Japanese、Korea）字符集”，包含了中（首次包含藏文、蒙文、维吾尔文等）、日、韩三国语言中的所有字符。该标准收录了 27484 个汉字，现在的 PC 平台都支持 GB18030。

（8）Unicode

1）起源

随着互联网的兴起，问题又出现了：由于各个国家或地区在编制自己的 ANSI 码时并未考虑到其他国家或地区的编码情况，导致编码空间有重叠，例如：汉字“中”的编码是“0xD60xD0”，这个编码在其他国家的 ANSI 编码标准中则不一定就是该编码了。于是，同一个二进制数字可以被解释成不同的符号。因此，要想打开一个文本文件，就必须知道它的编码方式，否则用错误的编码方式解读，就会出现乱码。这样一来，当在不同 ANSI 编码标准之间进行信息交换和显示的时候，就很容易发生乱码现象。

可以想象，如果有一种编码能将世界上所有的符号都纳入其中，每一个符号都给予一个独一无二的编码，那么乱码问题就会消失。这就是 Unicode（Universal Multiple-Octet Coded Character Set）问世的根本原因，其中文含义是“通用多八位编码字符集”，就像它的名字所表示的，这是一种全世界所有字符的编码。它是由一个名为 Unicode 学会（Unicode. org）的机构制订的字符编码标准，Unicode 的目标是将世界上绝大多数国家的文字、符号都编入其字符集，它为每种语言中的每个字符设定了统一并且唯一的十六进制数编码值，以满足跨语言、跨平台进行文字转换、处理的要求，使全世界人民通过计算机进行信息交换时可以畅通无阻。

2）UCS

历史上有两个独立创立统一字符集的尝试，一个是国际标准化组织（ISO）的 ISO10646 项目，另一个是由 Unicode 学会（unicode. org）组织的 Unicode 项目。幸运的是，1991 年前后，两个项目的参与者都认识到，世界不需要两个不同的统一字符集。它们合并双方的工作成果，并为创立一个统一编码表而协同工作。现在，两个项目仍都存在并独立地公布各自的标准，但 Unicode 学会和 ISO/IEC JTC1/SC2 都同意保持 Unicode 和 ISO10646 标准的码表兼容，并紧密地共同调整任何未来的扩展。

国际标准 ISO10646 定义了通用字符集（Universal Character Set，UCS）。UCS 是所有其他字符集标准的一个超集。它保证与其他字符集是双向兼容的。也就是说，如果将任何文本字符串翻译到 UCS 格式，然后再翻译回原编码，此过程中不会丢失任何信息。

Unicode 字符编码标准与 ISO10646 的通用字符集 UCS 概念相对应，二者相互兼容。目前应用的 Unicode 版本对应于 UCS-2，即使用 16 位来表示一个 Unicode 字符，也就是每个字符占用 2 个字节。这样理论上最多可以表示 65536（2^{16}）个字符，基本满足各种语言的使用要求。

3）UTF

Unicode 只是一个字符集，它只规定了符号在编码表中的编码值，还有两个问题需要解决：第一个问题是“字符辨别”——也就是如何区别 Unicode 和 ASCII；另外计算机怎么知道两个字节表示一个符号，而不是分别表示两个符号呢？第二个问题是“存储空间”——英文字母只用一个字节表示就够了，如果 Unicode 统一规定，每个符号用两个字节表示，那么每个英文字母前都必然有 1 个字节是 0，这种做法极大地浪费了存储空间，文本文件的大小也会大出一倍，这是无法接受的。

为了解决这些问题，就出现了 UTF。UTF（Unicode Translation Format）是 Unicode 的字符编码方式。Unicode 的字符编码实现方式不同于编码表的码位，一个字符的 Unicode 码位是确定的，但是在实际编码过程中，由于不同系统平台的设计不一定是一致的，因此出现了 UTF-8、UTF-16 与 UTF-32 三种方式。

① UTF-8。UTF-8 是当今使用最广泛的变长 Unicode 字符编码方式，使用 1~6 个字节来存储，这样就节省了存储空间，从而很好地解决了前面提到的“存储空间”的问题。例如：标准 ASCII 字母继续使用 1 字节储存，重音文字、希腊字母或西里尔字母等使用 2 字节来储存，而常用的汉字使用 3 字节，辅助平面字符则使用 4 字节。UTF-8 更便于在使用 Unicode 的系统与现存的单字节的系统进行数据传输和转换。UTF-8 就是以 1 个字节（8 位二进制，也是最小编码单位）为单元对 Unicode 进行编码的。Unicode 字符编号与 UTF-8 字符编码之间的转换规则见表 5-19，其中 X 代表序号部分，把各个字节中的所有 X 部分拼接在一起就组成了 Unicode 编码表的编号。

表 5-19　UTF-8 字节构成

编号	Unicode	Byte1	Byte2	Byte3	Byte4	Byte5	Byte6	备　注
1	0000~007F	0XXX XXXX	-	-	-	-	-	-
2	0080~07FF	110X XXXX	10XX XXXX	-	-	-	-	-
3	0800~FFFF	1110 XXXX	10XX XXXX	10XX XXXX	-	-	-	基本定义范围：0~FFFF
4	1 000~1F FFFF	1111 0XXX	10XX XXXX	10XX XXXX	10XX XXXX	-	-	Unicode6.1 定义范围：0~10 FFFF
5	20 000~3FF FFFF	1111 10XX	10XX XXXX	10XX XXXX	10XX XXXX	10XX XXXX	-	早期规范中，UTF-8 可以到达 6 字节序列；2003 年 11 月 UTF-8 被 RFC3629 重新规范，只能使用 U+0000 到 U+10FFFF 区域，而此区域被 UCS-4 编码使用
6	400 000~7FFF FFFF	1111 110X	10XX XXXX	10XX XXXX	10XX XXXX	10XX XXXX	10XX XXXX	

具体来说，如果一个字节的第 1 位为 0，那么代表当前字符为单字节字符，占用一个字节的空间，0 之后的所有部分（7 个 bit）代表在 Unicode 中的编号；如果一个字节以 110 开头，那么代表当前字符为双字节字符，占用 2 个字节的空间，110 之后的所有部分（5 个 bit）加上后一个字节（第二个字节以 10 开头）的除去 10 外的部分（6 个 bit）代表在 Unicode 中的编号；其他以此类推。

例如：“汉”字的 Unicode 编码是 6C49。6C49 在 0800~FFFF 之间，所以要用 3 字节模板了：1110XXXX 10XXXXXX 10XXXXXX。将 6C49 写成二进制是 0110110001001001，用这个比特流依次代替模板中的 X，得到 11100110 10110001 10001001，即 E6B189。

再分别从一个字节到三个字节的 UTF-8 编码例子来认识 UTF-8 编码，见表 5-20。

表 5-20　UTF-8 编码例子

字节数	实际字符	Unicode 编号（十六进制）	Unicode 编号（二进制）	UTF-8 编码后（二进制）	UTF-8 编码后（十六进制）
1	$	0024	010 0100	0010 0100	24
2	¢	00A2	000 1010 0010	1100 0010 1010 0010	C2 A2
3		20AC	0010 0000 1010 1100	1110 0010 1000 0010 1010 1100	E2 82 AC

从以上的简单介绍中得出以下规律：

a. 1 个字节的 UTF-8 十六进制编码一定是以比 8 小的数字开头的。

b. 2 个字节的 UTF-8 十六进制编码一定是以 C 或 D 开头的。

c. 3 个字节的 UTF-8 十六进制编码一定是以 E 开头的。

② UTF-16。其本身就是标准的 Unicode 字符编码方式，又称“UCS-2”，它固定使用 16 bit（两个字节）来表示一个字符。

③ UTF-32。一种固定长度的 Unicode 字符编码方式，不管码位值大小，始终使用 4 个字节来存储，这足以容纳所有的 Unicode 字符，所以直接存储 Unicode 的码位值即可，不需要任何编码转换。这种方式虽然提高了效率但是浪费了空间。

（9）常用字符集之间的关系

常用字符集的关系如图 5-14 所示。

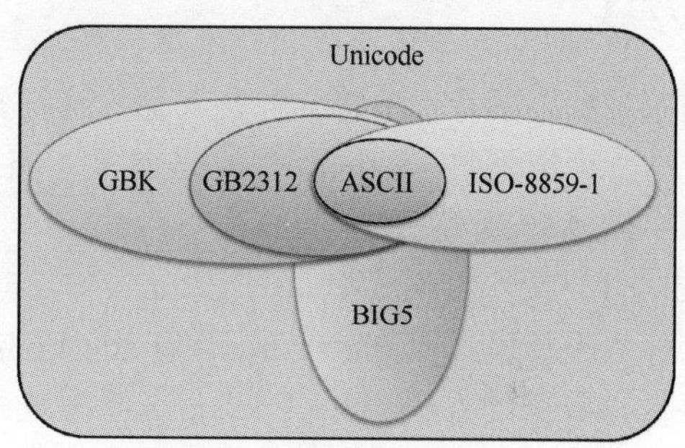

图 5-14　常用字符集关系

3. BOM 机制

字符 A 的 Unicode 编号为 65（十进制），十六进制为 41。根据 Unicode 编码规则采用 UTF-16 时需要使用两个字节进行编码。那么此时问题又来了：虽然知道了采用两个字节编码，可是这两个字节应该表示为 00 41（十六进制）还是 41 00（十六进制）呢？解决方案就是 BOM 机制。

BOM（Byte Order Mark）即字节顺序标记，Unicode 编码为 65279，又叫作“ZERO WIDTH NO-BREAK SPACE”（零宽度非换行空格），它出现在文本文件头部。Unicode 规范建议在传输字节流前，先传输字符“ZERO WIDTH NO-BREAK SPACE”。这样如果接收者收到 FEFF，就表明这个字节流是 Big-Endian 的；如果收到 FFFE，就表明这个字节流是 Little-Endian 的。这样既能知道字节顺序，也同时知道了编码方式，很好地解决了前面提到的“字符辨别”问题。与 UTF-16 与 UTF-32 两个编码方式不同，UTF-8 以字节为编码单元，没有字节顺序的问题。因此 UTF-8 不需要 BOM 来表明字节顺序，但可以用 BOM 来表明编码方式。字符“ZERO WIDTH NO-BREAK SPACE”的 UTF-8 编码是 EFBBBF。所以如果接收者收到以 EFBBBF 开头的字节流，就知道这是 UTF-8 编码了。Windows 就是使用 BOM 来标记文本文件的编码方式的。

根据识别前面的“ZERO WIDTH NO-BREAK SPACE”字符即可识别编码方式，字节流中前几个字节所表示的编码方式见表 5-21。

表 5-21　BOM 值与编码方式

编　号	BOM 值	编码方式	大小端模式
1	EF BB BF	UTF-8	
2	FE FF	UTF-16	Little Endian
3	FF FE	UTF-16	Big Endian
4	FE FF 00 00	UTF-32	Little Endian
5	00 00 FF FE	UTF-32	Big Endian

4. BASE64

BASE64 是一种编码方式，通常用于把二进制数据编码为可读写字符形式的数据。这是一种可逆的编码方式。编码后的数据是一个字符串，其中包含的字符为“A-Z、a-z、0-9、+、/”，共 64 个字符（26 + 26 + 10 + 1 + 1），因此称为 BASE64。

BASE64 用途非常广泛，主要为以下三类：

1）网络上常见的用于传输 8 bit 字节码的编码方式之一。

2）电子邮件系统。最初的电子邮件系统不支持非英文文字，为了能让邮件系统正常地收发信件，就需要把由其他编码存储的符号转换成 ASCII 码来传输。例如，在一端发送 GB2312 编码，根据 Base64 规则转换成 ASCII 码，接收端收到 ASCII 码，根据 Base64 规则再还原到 GB2312 编码。

3）把图片等转换成字符串进行传输与显示。每一个 JPG 格式的图片相当于一次 HTTP 请求，如果图片很多将会消耗大量的网络资源。而将 JPG 转化成 Base64 格式的图片则极大地减少了请求数——因为 Base64 是文本格式，可以直接放在 Body 里。

5. 大小端模式

（1）大小端模式概念

大小端模式即 Big Endian 和 Little Endian，是在设计计算机系统时的两种处理内存（或磁盘）数据的方法。Big Endian 是低地址存放最低有效字节（Least Significant Byte，LSB），即存放在内存中最低位的数值是来自数据的最左边部分（也就是数据的最高位部分），采用 Big Endian 方式存储数据是符合人类的思维习惯的。Little Endian 正好相反，指低地址存放最高有效字节（Most Significant Byte，MSB），即存放在内存中最低位的数值是来自数据的最右边部分（也就是数据的最低位部分）。

IBM、Motorola（Power PC）、Oracle 的计算机一般采用 Big Endian 方式存储数据，而 x86 系列则采用 Little Endian 方式存储数据。选择 Little Endian 还是 Big Endian 与操作系统和芯片类型有关，具体情形可参考相应的处理器手册。

大小端模式这两个术语出自斯威夫特所著的《格列佛游记》一书。这本书将所有的人分为两类：从大头将鸡蛋敲开的人被归为 Big Endian，从小头将鸡蛋敲开的人被归为 LittileEndian。后来，Danny Cohen，一位网络协议的早期开创者，第一次使用了这两个术语来指代字节顺序，之后就被广泛接纳了。

（2）大小端模式与移位运算

移位运算时，移动的是低字节还是低地址处的值？例如 0x1234，对于小端系统而言，因为低地址存低字节，所以不存在这个问题；但是对于大端系统而言，由于高地址存低字节，低地址存高字节，所以如果移动的是低字节，那么右移的结果应该为 0x0012，如果移动的是低地址，那右移结果应该是 0x3400。而正确结果究竟是哪个？

在回答这个问题的时候很容易陷入对字节序的转换的误区。大小端是在内存中存储多字节时的不同方式，移位运算（也包括其他的运算）移的是寄存器中的内容，而不是内存中的内容，所以与大小端无关。在运算的时候，CPU 从内存将数据读出到寄存器的时候会根据机器本身的大小端情况完成转换，所以在运算的时候无须考虑大小端的问题。

5.5.2 乱码

1. 乱码发生原理

读取或显示字符时所使用的字符集与写入时的字符集不兼容，就会出现乱码。例如：在日文 Windows 操作系统下文件名用日文命名（日本語 . txt），并压缩成 zip 文件（JIS 编码），之后到中文 Windows 操作系统下解压（用 GB2312 字符集进行解码），解压后的文件名称就会变成乱码。

另外，在网络传输中经常出现乱码，是因为从服务器端到客户端要经过非常多的环节，而在各个环节之间，如果有任何字符集不兼容，就会出现乱码。如图 5-15 所示。

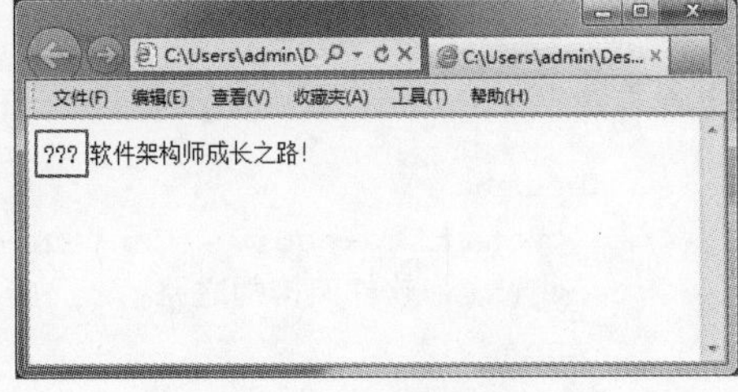

图 5-15 浏览器乱码

2. 设定字符编码

(1) 浏览器的字符编码

在浏览器中可以对要打开的内容设置字符编码，如图 5-16 所示。访问 HTML 等网页

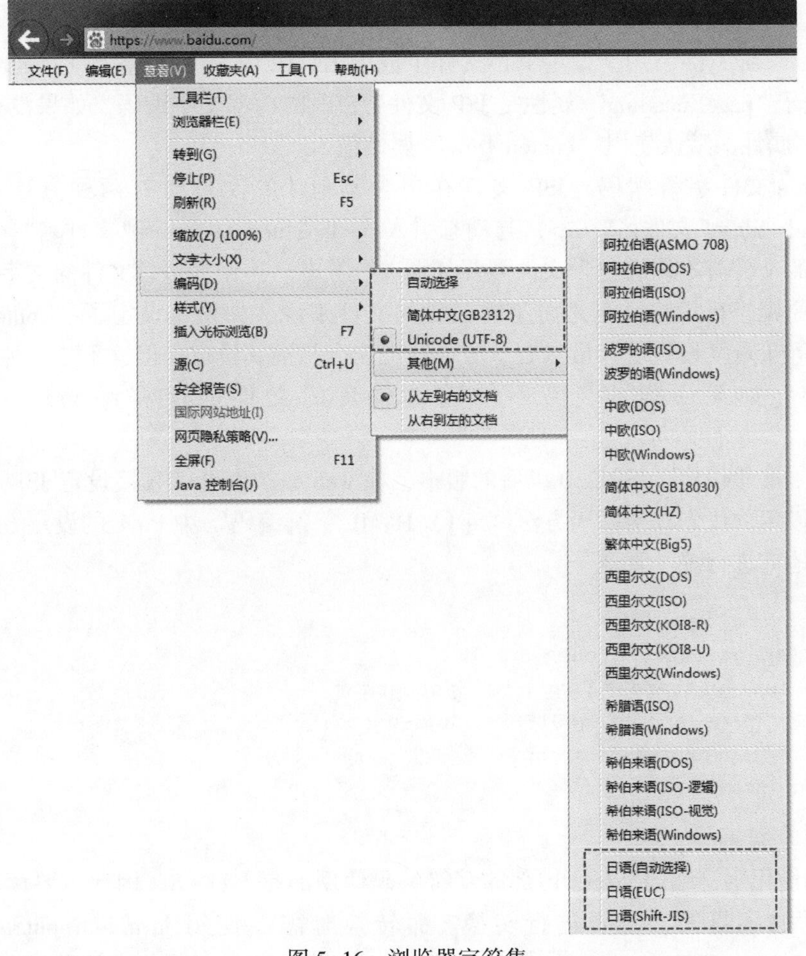

图 5-16 浏览器字符集

时，一般都是自动判别网页编码后再选择相应的字符编码进行显示。但是如果 HTML 设置的字符编码与内容编码不匹配，浏览器就会自动根据设置的字符编码进行显示，此时就会出现乱码。解决此乱码的方法就是手动选择浏览器编码与内容编码一致。

（2）开发语言字符编码

1）HTML 字符编码

HTML 字符编码是通过 Head 的 Meta 标签来设定的。所设定的文字编码是文件做成时的内部文字编码。

```
<head>
  <meta http-equiv="Content-Type" content="text/html;charset=GBK ">
  <title>软件架构师之路</title>
</head>
```

2）JSP 字符编码

① 通过 Page 的 Directive 标签设定字符编码。JSP 通过 Page 的 Directive 标签来设定字符编码时，此标签必须放在文件前面，否则不起作用。

```
<%@  page language =" Java " contentType = " text/html; charset = GBK "
pageEncoding="GBK" % >
```

其中“contentType”用于设定 JSP 文件生成的 HTML 内 Meta 标签的“content”属性的字符编码，而“pageEncoding”属性是 JSP 文件生成时的内部文字编码。如果没有设定“pageEncoding”属性，默认使用“contentType”属性值。

② include 文件字符编码。JSP 文件在包含其他 JSP 文件时有两种方法：静态引入（<%@ include file="文件名" %>）与动态引入（<jsp;include page="文件名" />）。

被包含的文件与不作为包含文件需要分别进行考虑。不作为包含文件的文字编码设定需要按照上述原则进行设定。可是对于被包含的文件来说，如果也设定了“contentType”属性，那么就等于重复设置了。虽然有些服务器可能会忽视其设定，但这不是一种好的设计习惯。反过来，如果不设定，又不知道被包含的文件的字符编码，只需要设定“pageEncoding”属性即可。

③ web. xml 里设定。JSP 2. 0 以后的版本，在 web. xml 里可以直接设定 JSP 文件的字符编码。此处设定的优先权会高于方法“（1）HTML 字符编码”中 Page 的设定方式。这样就可以在一个地方进行统一管理。

```
<jsp-config>
  <jsp-property-group>
    <url-pattern>* .jsp</url-pattern>
      <page-encoding>UTF-8</page-encoding>
    </jsp-property-group>
</jsp-config>
```

3）Java 字符编码

① 内部使用字符编码。Java 内部的字符编码使用的是 UTF-8。因此，要读取或写入其他字符编码的字符时，需要进行转换。而转换时需要使用 java. io. InputStreamReader、java. io. OutputStreamWriter、java. lang. String 以及 java. nio. charset 等包中的类。Java 默认字符

编码采用的是其动作平台的字符编码，查看默认字符编码的代码如下：

```
System.out.println(System.getProperty("file.encoding"));
```

② native2ascii 使用方法。native2ascii.exe 是一个文件转码工具，目的是将本地编码（UTF 编码除外）转为 UTF 编码标准（当然也可以把 UTF 编码转换成其他指定字符编码），它通常位于 JDK_home\bin 目录下，安装好 JavaSE 后，可使用 native2ascii 命令进行转码。其使用方法如下：

```
native2ascii [options] [inputfile ] [outputfile]
```

参数内容与含义如下所示：

-encoding：指定变换前的字符编码（如果不指定使用系统默认字符编码）。

-reverse：UTF 编码转换成其他字符编码时使用。

（3）HttpRequest/Response 字符编码

1）HttpRequest 字符编码

HttpRequest 接收的字符是从客户端页面上传来的 Form 或 URL 里的内容，接收时亦需要设定字符编码，设定方法是用 HttpServletRequest 的 setCharacterEncodin(String code)方法，示例如下：

```
request.setCharacterEncoding("UTF-8");
```

使用 request.getParameter()等方法取得字符串的字符编码是 Java 内部字符编码，其字符编码就是客户端 Windows 系统的默认 ANSI 编码。此时 HttpRequest 的字符编码需要在每次请求时设定。但是如果每次这样处理工作量会很大，因此在请求流程进入 HttpServlet 之前，可以使用 Filter 技术对整个系统进行一次设定。

2）HttpResponse 字符编码

使用 HttpResponse 向客户端传送数据也需要设定字符编码。设定的方法有两种，一种是 HttpServletResponse 的 setCharacterEncoding（String code）方式，另外一种是 HttpServletResponse 的 setContentType(String code)方式。setCharacterEncoding(String code)方式与 HTTPRequest 相同，而 setContentType(String code)方式设定方法（HTML 的情况）的示例代码如下所示：

```
response.setContentType("text/html; charset=UTF-8");
```

从 Servlet 直接输出的时候，根据 Servlet 的信息设定编码方式，如果两种方式都设定了，以 setCharacterEncoding(String code)设定的编码优先；如果是从 Servlet 转移到 JSP 的情况，字符编码以 JSP 设定的编码优先。

（4）应用程序生成时的字符编码

1）Filter 字符编码

【案例 13——Filter 字符编码】

javax.servlet.Filte 是 Java Servlet API 2.3 导入的新功能。可以利用此功能对发送过来的 Request 请求的字符编码进行设定。Tomcat 服务器使用时的设定例子代码如下：

```
public class SetCharacterEncodingFilter implements Filter {
```

```java
    protected String encoding = null ;
    protected FilterConfig filterConfig = null ;
    protected boolean ignore = true ;
    public void destroy() {
    this.encoding = null ;
    this.filterConfig = null ;
    }
    public void doFilter(ServletRequest request, ServletResponse response,
  FilterChain chain)
    throws IOException, ServletException {
    //设定字符编码
    if (ignore || (request.getCharacterEncoding() == null)) {
      String encoding = selectEncoding(request);
      if (encoding != null){
      request.setCharacterEncoding(encoding);
      }
      //继续传递过滤链
      chain.doFilter(request, response);
    }
    public void init(FilterConfig filterConfig) throws ServletException {
    this.filterConfig = filterConfig;
    this.encoding = filterConfig.getInitParameter("encoding");
    String value = filterConfig.getInitParameter("ignore");
    if (value == null){
      this.ignore = true;
      else if (value.equalsIgnoreCase("true"))
      this.ignore = true;
      else if (value.equalsIgnoreCase("yes"))
      this.ignore = true ;}
    else {
      this.ignore = false ;
    }
    protected String selectEncoding(ServletRequest request) {
      return (this.encoding);
    }
  }
```

生成的文件在 web. xml 里的配置如下所示。其中全体 Request 的字符编码值在此配置文件中进行一次设定即可。

```xml
<filter>
  <filter-name>encodingFilter</filter-name>
    <filter-class>
      filters.SetCharacterEncodingFilter
    </filter-class>
    <init-param>
      <param-name>encoding</param-name>
      <param-value>UTF-8</param-value>
    </init-param>
```

```
  </filter>
  <filter-mapping>
    <filter-name>encodingFilter</filter-name>
    <url-pattern>/* </url-pattern>
  </filter-mapping>
```

2）文件上传时的字符编码

① Commons FileUpload 字符编码的设定方法。Servlet 内文件上传时，使用 ServletFileUpload 的 setHeaderEncoding(String code)方法进行字符编码的设定。

```
DiskFileItemFactory factory = new DiskFileItemFactory();
ServletFileUpload upload = new ServletFileUpload(factory);
factory.setSizeThreshold(1024);
upload.setSizeMax(-1);
upload.setHeaderEncoding("GBK");
```

② FileItem 字符编码的设定方法。使用 commons-upload 文件上传时，在取得"multipart/Form-data"中指定的 Form 值后，需要使用 FileItem 的 getString(String code)方法进行字符编码的设定。

```
FileItem fItem = (FileItem) iterator.next();
String str = fItem.getString("UTF-8");
```

3）文件下载时的字符编码

① 文件名字符编码的设定方法。文件下载时，文件名字符编码的设定方法如下：

```
String tempFilename = new String(
"架构师成长之路~.csv".getBytes("GBK"), "ISO-8859-1");
response.setHeader("Content-Disposition", "attachment; filename="+ temp-
Filename);
```

② 文件内容字符编码的设定方法。不使用 Byte 数组而使用 Stream（InputStreamReader 或 OutputStreamWriter）直接写入下载的文件内容时，不能使用默认字符编码，而要设定必要的字符编码。

```
OutputStream os = response.getOutputStream();
OutputStreamWriter w = new OutputStreamWriter(os, "GBK");
BufferedWriter writer = new BufferedWriter(w);
writer.write("软件架构师成长之路~①\n");
```

（5）开发环境字符编码

下面以 Eclipse 为例进行设定方法的说明，其他开发工具基本类似。

1）全体设定

Eclipse 默认的字符编码是当前系统的字符编码，而 Java 领域编程时使用的却是 UTF-8，因此需要更改设定。设定方法为 Eclipse→Window→Preferences→General→Workspace，在 Text file encoding 的 Other 下拉菜单中，选择 UTF-8，如图 5-17 所示。

2）文件个别设定

此方法是最常用的方法，右击所要查看或者修改的文件，在弹出的菜单中选择 Properties→Resource，如图 5-18 所示。

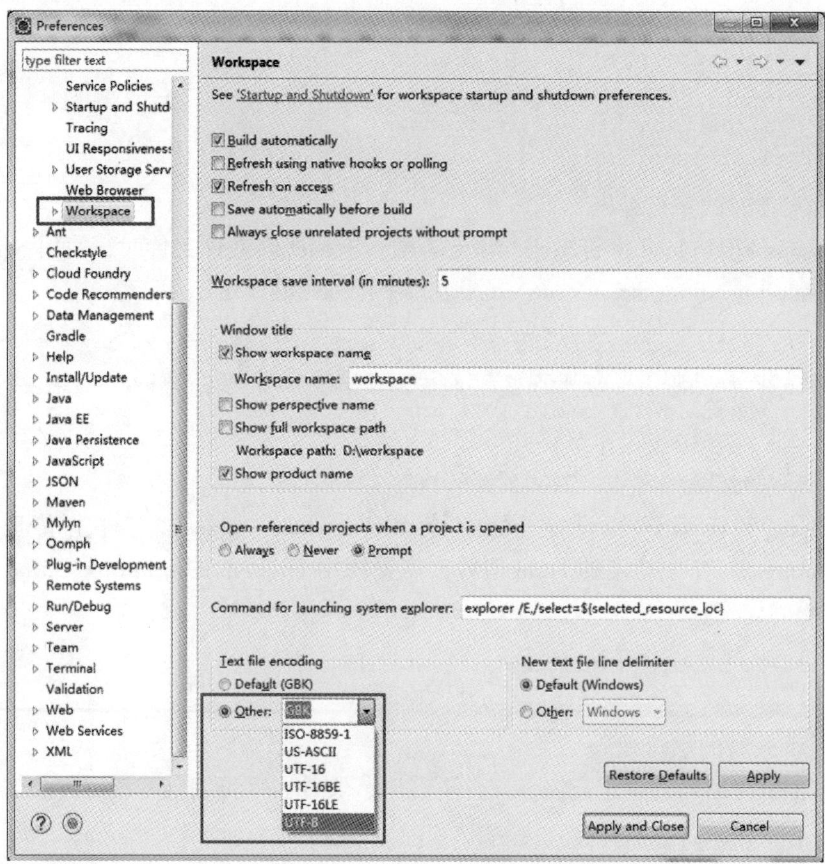

图 5-17　设定 Eclipse 字符集

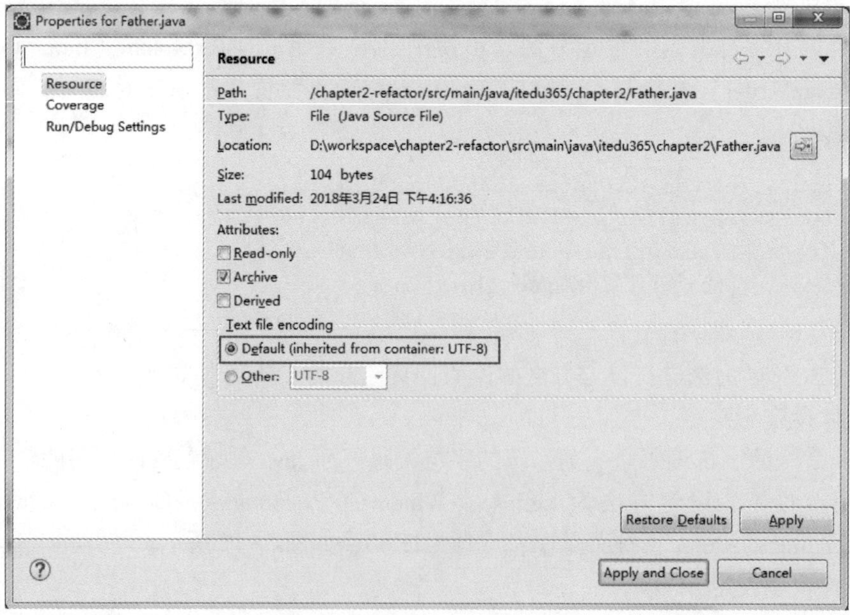

图 5-18　个别文件设定方法

（6）Tomcat 服务器字符编码

在 Tomcat 5.0.X 之后，因为 UseBodyEncodingForURI 的默认值为 False，因此用 GET 进行数据请求时，HttpRequest 字符编码设定会被忽略。这是因为 Java EE 标准规定查询字符串（Query String，例如 URL 问号之后的内容）的字符编码为 ISO-8859-1。在 CATALINA_HOME/conf 下的 server.xml 中对服务器字符编码的设定见表 5-22。

表 5-22　设定 Tomcat 字符集方法

属　性	说　明	备　注
UseBodyEncodingForURI	默认值为 False 设定值为 True 时，使用 Request.setCharacterEncoding()或 ContentType 的字符编码进行解析 URL 发来的请求	Tomcat 5.0.x 版本以后
URIEncoding	对 URL 进行解码时所用的字符编码	ISO-8859-1

实际设定例子如下：

```
<Connector acceptCount="100" connectionTimeout="20000" disableUploadTime-
out="true"
enableLookups="false" maxHttpHeaderSize="8192" maxSpareThreads="75"
maxThreads="150"
minSpareThreads="25" port="8080" redirectPort="8443"
URIEncoding="UTF-8" useBodyEncodingForURI="true"/>
```

（7）数据库字符编码

1）Oracle 字符编码

Oracle 数据库在安装时需设定字符编码，需要注意的是一旦设定完成就无法改变。如果需要换成别的字符编码，只有重新安装。Oracle 数据库字符集设定方法如图 5-19 所示。

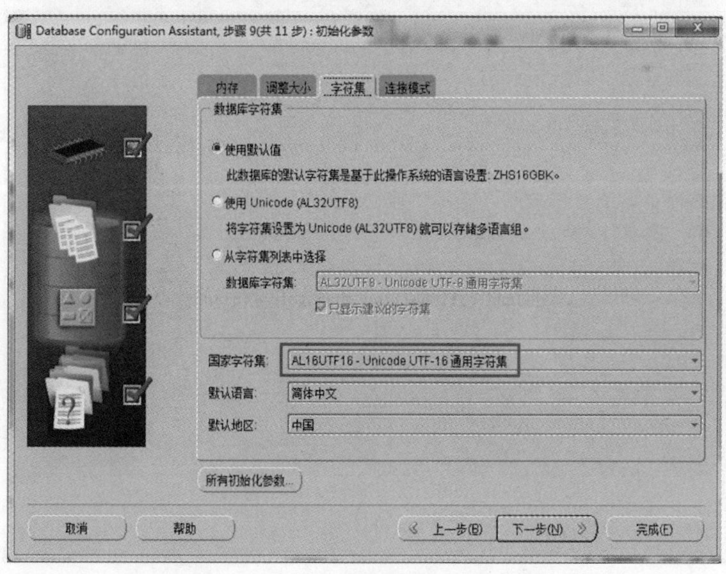

图 5-19　Oracle 数据库字符集设定方法

查看当前数据库字符编码的命令如下：

```
SELECT PARAMETER, VALUE
```

```
FROM NLS_DATABASE_PARAMETERS
WHERE PARAMETER IN ('NLS_CHARACTERSET', 'NLS_NCHAR_CHARACTERSET');
```

执行结果如下：

```
NLS_CHARACTERSET
AL32UTF8
NLS_NCHAR_CHARACTERSET
AL16UTF16
```

2）MySQL 字符编码

MySQL 的默认编码是 Latin1（不支持中文），以下为在 MySQL 5.7.13 中设置 UTF-8 的例子。

暂停 MySQL 服务，在 MySQL 的安装目录下找到 my.ini，如果不存在就把 my-medium.ini 复制为 my.ini，放在同一个目录下即可。之后打开 my.ini，在[client]和[MySQL]下面均加上character-set-server=utf8，保存并关闭。

```
[client]
port = 3306
character-set-server=utf8
[mysqlId]
character-set-server=utf8
```

设置好后，可以在命令提示符下输入以下命令查看字符编码。

```
SHOW VARIABLES LIKE 'char%'
```

结果如图 5-20 所示。

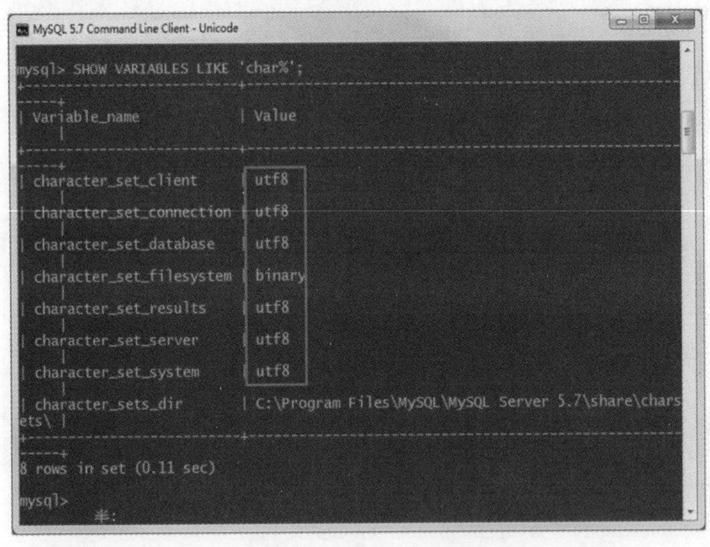

图 5-20　MySQL 字符编码

3）JDBC 字符编码

如果数据库使用 GBK 等 ANSI 编码，那么在与 Java 程序进行交互的时候，必然要进行转换。如果此时字符编码设定有误，就会引起乱码。有些数据库能自动转换字符编码，而有些数据库则需要特别设置，具体要看各种数据库手册。

以下实例为 MySQL 的 JDBC 字符编码设定方式。

```
URL:jdbc:mysql://127.0.0.1:3306/quality1?useUnicode=true&characterEncoding=utf8
```

3. 字符集测试观点

(1) 页面显示

需要查看页面或者输出的文件中各种字符可以正确显示。

(2) 数据库登录文字

需要确认数据库中是否可以正常登录。

(3) 不同字符集测试

如果页面上的所有文字都是乱码，那么一眼就可以看出字符集的设定是错误的。但是如果个别文字出现错误就很容易疏漏，特别是对烦琐的日文字符集更是难以辨别。因此必要时需要进行以下测试，见表 5-23。

表 5-23　字符集测试观点

编号	测 试 观 点	代表性文字	备　考
1	简体繁体中文	“干”与“幹”	
2	全角与半角	“亜”与“ﾇ”	日文
3	Shift-JIS 与 Windows-31J	NEC 特殊文字“～”	日文编码

4. 乱码解析技巧

(1) 乱码发生时的信息收集

乱码发生时，不要着急处理，而是要先收集相关信息。如果仓促处理可能会引发其他的故障，甚至有时会破坏文件内容导致无法恢复而造成更大的损失。

收集信息时，首先要对乱码的现象与范围进行调查，之后再对其发生的根本原因进行调查。调查时的观点见表 5-24。

表 5-24　乱码解析观点

编号	调 查 观 点	例　子
1	什么样的字符产生了乱码？	全部文字？部分文字？特殊文字？……
2	发生的环境是什么？	所有客户端种类？特定的客户端？特定的服务器发布时？……
3	什么时候发生的？	页面转移后发生？输入的文字登录后，再显示时？访问特定页面时？文件输出时？……

1) 关于“调查观点 1”的原因解析

首先，针对字符乱码，就应该找到其相应的正确字符编码。表 5-25 展示了具有代表性的三种。

表 5-25　字符乱码现象

编号	调 查 观 点	可 能 原 因	备注
1	汉字没有乱码，而藏文有乱码“ཚ，日本語”	应该使用 GBK 而使用了 GB2312	—
2	NEC 特殊文字“～①㈱”等	应该使用 Windows-31J 而使用了 Shift_JIS	日文
3	全部乱码	没有指定字符编码？浏览器设定字符编码不正确？没有进行正确的字符转换？	—

2）关于“调查观点 2”的原因解析

各种环境下乱码发生的原因见表 5-26。当很难辨别时，需要根据数据流程来分段界定。

表 5-26　字符乱码环境

编号	环　　境	可 能 原 因
1	特定的客户端	① 浏览器设置自动字符编码选择 ② 浏览器的故障
2	特定的服务器	① 服务器（业务服务器、数据库服务器）的设定有误 ② 服务器操作系统默认字符编码有误
3	任何地方都出现	仅此信息不能断定是哪里出了问题，需要进一步调查

3）关于“调查观点 3”的原因解析

用户输入数据之后，系统会有不同的处理流程，在各个流程处理的节点，都有可能发生乱码。图 5-21 为代表性的 Web 系统处理流程，能出现乱码的地方多达 14 处，因此可以采用二分法等方法确认可能发生乱码的节点。

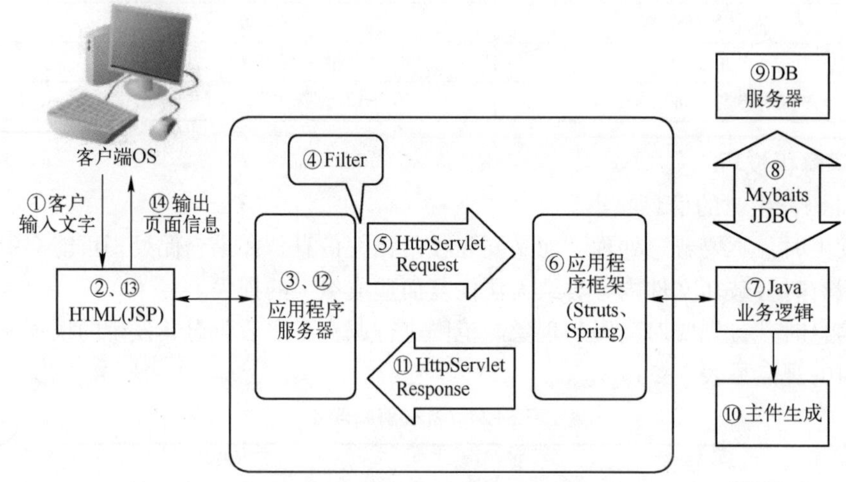

图 5-21　可能发生乱码的节点

① 用户使用键盘输入数据后，通过浏览器向服务器端发送请求。

② 通过 HTML（JSP）设定的字符编码向服务器发送数据。

③ 根据 Java EE 标准，服务器端不会对接收的数据进行字符编码的主动转换。此时需要查看服务器字符编码的设定情况。

④ 在使用框架提供的 Filter 或者单独生成的 Filter 时，都可以设定 HttpServletRequest 的字符编码。

⑤ 使用默认的 HttpServletRequest 时，字符编码的方法与 Filter 一样。使用框架时，用默认值即可。

⑥ 框架接受客户请求时，可以设定字符编码。

⑦ 业务逻辑部分，可以根据需求设定各种字符编码，如文件操作等。

⑧ 使用 MyBatis 或者 JDBC 进行数据库的访问。在插入与更新操作中，使用 JDBC 将字符编码转换成数据库字符编码。

⑨ 数据库所使用的字符编码。有些数据库只能在安装时设定，有些数据库可以在安装后进行修改，使用时要根据各自数据库手册进行合理配置。

⑩ 文件或者报表输出时，需要设定字符编码。

⑪ 在框架中设定 Response 响应值的字符编码。

⑫ 根据服务器种别不同，有些服务器可以对返回的响应值的编码进行设定。

⑬ 根据 JSP 设定的字符编码对接收的结果进行显示。

⑭ 浏览器使用相应的字符编码显示最终返回的字符。

（2）代表性乱码现象解析技巧

1）页面输入文字在业务逻辑中取值时乱码

① 现象。在 Eclipse 的 Debug 模式下，从 Request 或页面 Form 里取值（汉字）时发生乱码，如图 5-22 所示。

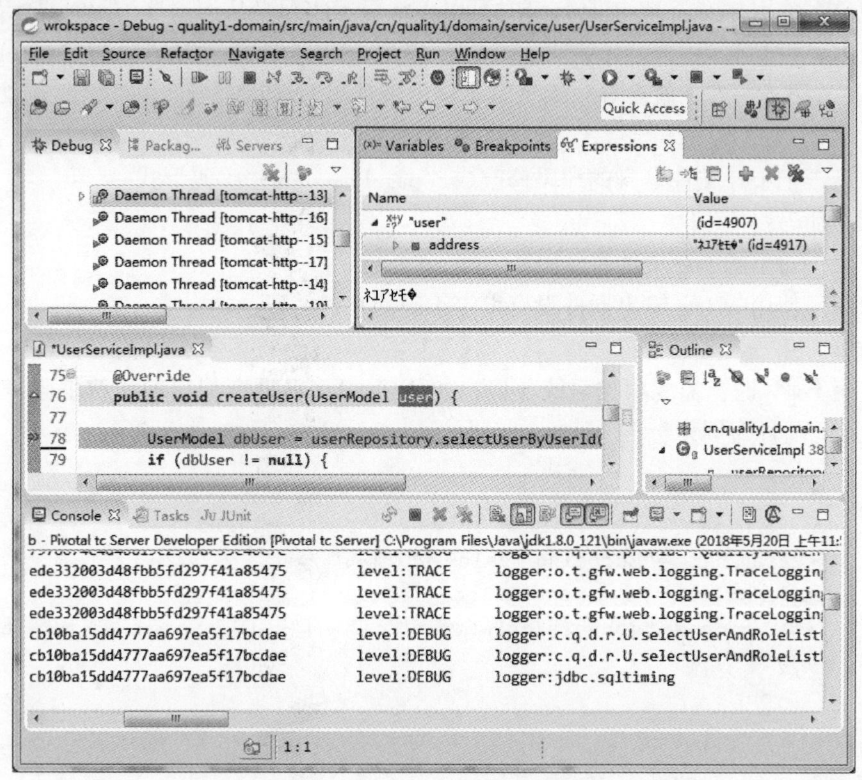

图 5-22　内部乱码

② 原因。没有在 HttpServletRequest 的 setCharacterEncoding(String code)方法里设定字符编码。

③ 对策。在上述值取得之前，设定 HttpServletRequest 编码方式（Filter 中或者能取得 HttpServletRequest 对象的地方）。

2）全部汉字为乱码，但是改变浏览器字符编码会正常显示

① 现象。页面显示时汉字全部变成了乱码，如图 5-23 所示。

但是修改浏览器字符编码为 GBK 时，可以正常显示，如图 5-24 所示。

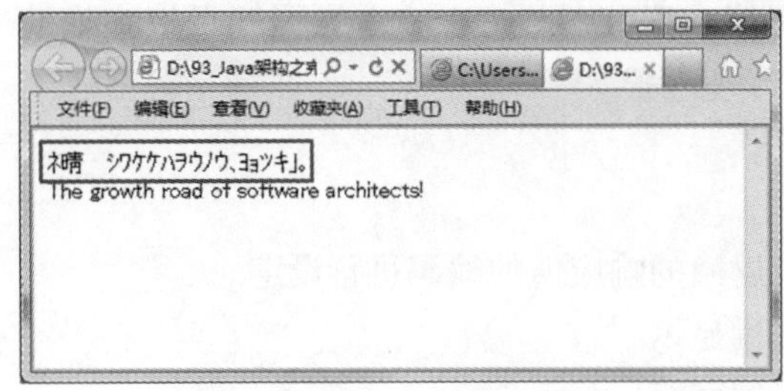

图 5-23　浏览器显示乱码

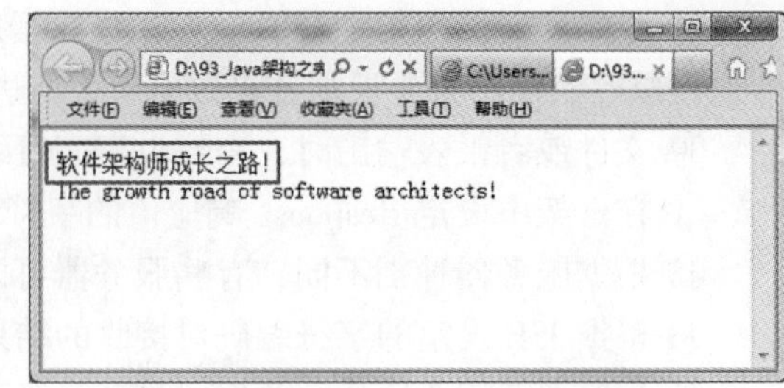

图 5-24　浏览器正常显示

② 原因。HTML 的字符编码没有设定，所以浏览器不能自主选择使用哪种编码。

③ 对策。在 HTML 或者 JSP 内设定汉字字符编码（GBK）。

3）JSP 乱码

① 现象。使用 Eclipse 等工具打开时可以正常显示，但是从浏览器访问时显示乱码。

② 原因。用 Eclipse 等工具编写 JSP 时，如果 JSP 自身的字符编码与"pageEncoding"设定的字符编码不一致，就会导致编辑时不会出现乱码而显示时会产生乱码的现象，因此要格外注意。

③ 对策。把 JSP 文件自身的编码修改成"pageEncoding"编码形式。

4）Log 乱码

① 现象。输出的 Log 文件有乱码。

② 原因。使用的 Log 输出插件没有设定正确的字符编码。

③ 对策。

a. 使用 Log4j 时，需要根据系统环境，在 Appender 里设定相应的字符编码。如下所示（以 XML 形式配置为例）：

```
<appender name="Appender1" class="org.apache.log4j.FileAppender">
  <param name="File" value="C:\\test\\TestLog4j.log" />
    <param name="Encoding" value="UTF-8" />
  <layout class="org.apache.log4j.PatternLayout">
    <param name="ConversionPattern" value="%d %-5p %c - %m [%t] (%F:%L)%n"/>
  </layout>
</appender>
```

b. 使用 Logback 时的设定方式如下所示：

```
<appender name="STDOUT" class="ch.qos.logback.core.ConsoleAppender">
  <encoder>
    <pattern>%d{yyyy-MM-dd HH:mm:ss.SSS} [%thread] %-5level %logger{50} - %msg%n</pattern>
    <charset>UTF-8</charset>
  </encoder>
</appender>
```

5）下载文件时文件名乱码

① 现象。下载文件时，要下载的文件名称显示乱码，如图 5-25 所示。

② 原因。Content-Disposition 的 Head 里没有设定相应的字符编码（设定成 UTF-8 或者其他字符编码）。

③ 对策。根据 5.5.2 小节介绍的字符编码设定方法进行设定。

6）属性文件字符在浏览器显示时乱码

① 现象。使用 java.util.Properties 等工具读取属性文件后，其内容在页面显示乱码，如图 5-26 所示（图中“最前页”与“最后页”两处显示乱码的字符，都是从属性文件里取得的）。

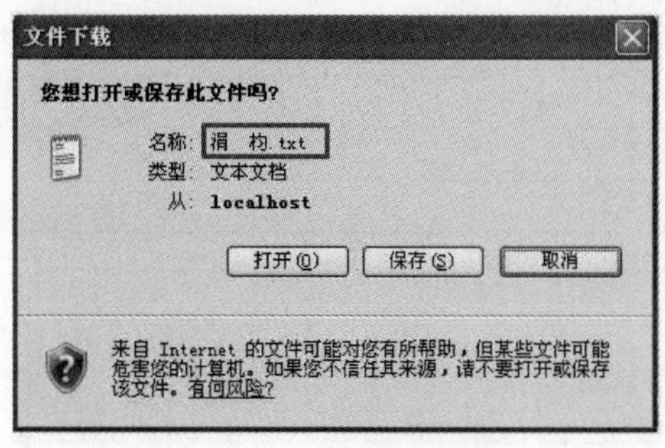

图 5-25　文件下载乱码

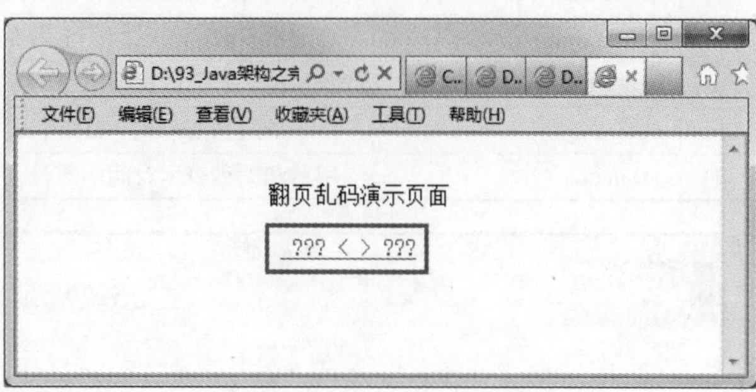

图 5-26　属性文件乱码

② 原因。属性文件中的汉字字符没有转换成 UTF 编码，因此不能正确读入，也就无法正常显示了。

③ 对策。使用 native2ascii 或者 Eclipse 等工具，把属性文件的文字转换成 UTF-8 编码形式。

5.6　日期处理

5.6.1　概述

很多程序员在使用 Java 操作日期和时间时，一般都是通过 System.currentTimeMillis() 来返回距离格林尼治时间 1970 年 1 月 1 日到今天的毫秒数；使用 Date 类来操作日期；使用 Calendar 类来计算加减月份、天数；使用 DateFormat 类来格式化日期。这种时间处理方式不是很方便。另外，旧的 API 还存在以下缺陷：

（1）线程安全

Date 和 Calendar 不是线程安全的，因此需要编写额外的代码处理线程安全问题。

（2）功能性

由于 Date 和 Calendar 的设计不当，而无法完成复杂的日期操作。

（3）易用性

使用 ZonedDate 和 Time 处理时区问题时，还必须编写额外的逻辑处理时区。

因此也促使了其他 API 的诞生，其中最受欢迎的就是 2005 年 Stephen Colebourne 创建的当今时间处理上最完美的 Joda Time 库。之后 Stephen 又向 JCP 提交了一个规范，该规范就是 JSR 310，在 Java 8 中已经公布，新的 API 与 Joda Time 一样可以完美解决时间处理问题。

因此在进行日期处理时如果采用的是 Java 8 以下版本，推荐使用 Joda Time；如果是 Java 8 之后的版本推荐使用 JSR310。

Java 8 版本中重要的时间 API 有 7 个，见表 5-27。

表 5-27 Java 8 重要时间 API

编号	API	说 明
1	ZoneId	时区 ID，用来确定 Instant 和 LocalDateTime 互相转换的规则
2	Instant	用来表示时间线上的一个点
3	LocalDate	表示没有时区的日期，不可变并且线程安全
4	LocalTime	表示没有时区的时间，不可变并且线程安全
5	LocalDateTime	表示没有时区的日期时间，不可变并且线程安全
6	Clock	用于访问当前时刻、日期、时间、时区
7	Duration	用秒和纳秒表示时间的数量

NOTE:

JSR 规范

JSR（Java Specification Requests）是 Java 规范提案，指的是向 JCP（Java Community Process）提出新增一个标准化技术规范的正式请求。任何人都可以提交 JSR，以向 Java 平台增添新的 API 和服务，JSR 已成为 Java 界的重要标准之一。

5.6.2 日期使用技巧

Java 8 版本中最常用操作日期和时间的 API 有 LocalDate、LocalTime 与 LocalDateTime，这些类主要用于不需要显式地指定上下文的时区，三者用法基本相似，以 LocalDate 为例，说明其使用技巧。

（1）LocalDate 使用技巧

LocalDate 代表一个 IOS 格式（yyyy-mm-dd）的日期，可以得到生日、纪念日等日期。

获取当前日期方法为：

```
LocalDate localDate = LocalDate.now();
```

LocalDate 可以指定特定的日期，返回该实例：

```
LocalDate.of(2018, 09, 01);
LocalDate.parse("2018-09-01");
```

增减日期方法：

```
//获取明天日期
LocalDate tomorrow = LocalDate.now().plusDays(1);
//获取 1 个月前日期
LocalDate prevMonth = LocalDate.now().minus(1, ChronoUnit.MONTHS);
```

获取某一日期的星期与日方法：

```
//获取星期,结果为"MONDAY"
DayOfWeekdayOfWeek = LocalDate.parse("2018-08-01").getDayOfWeek();
```

```
//获取月中的日,结果为"18"
int twenty = LocalDate.parse("2018-08-18").getDayOfMonth();
```

闰年判别方法：

```
boolean leapYear = LocalDate.now().isLeapYear();
```

日期比较，判断某日期是否在另外一日期之前或之后：

```
boolean isBefore = LocalDate.parse("2018-09-20").isBefore(LocalDate.parse
("2018-08-21"));
boolean isAfter = LocalDate.parse("2018-07-21").isAfter(LocalDate.parse("
2018-07-22"));
```

获取当月第一天：

```
LocalDate firstDayOfMonth =
LocalDate.parse("2018-08-28").with(TemporalAdjusters.firstDayOfMonth());
```

另外，LocalTime 类亦提供了每天开始常量（LocalTime.MAX，值为“23:59:59.999999999”）和结束常量（LocalTime.MIN，值为“00:00”）。

（2）日期格式化

在日常开发中经常会用到日期的格式化，Java 8 最新方法如下：

```
LocalDateTime now = LocalDateTime.now();
DateTimeFormatter dateTimeFormatter = DateTimeFormatter.ofPattern("yyyy-
MM-dd HH:mm:ss");
System.out.println("默认格式化: " + now);
System.out.println("自定义格式化: " + now.format(dateTimeFormatter));
LocalDateTime localDateTime = LocalDateTime.parse("2018-09-22 16:28:46",
dateTimeFormatter);
System.out.println("字符串转 LocalDateTime: " + localDateTime);
```

也可以使用 DateTimeFormatter 的方法将日期、时间格式化为字符串：

```
DateTimeFormatter dateTimeFormatter = DateTimeFormatter.ofPattern("yyyy-
MM-dd");
String dateString = dateTimeFormatter.format(LocalDate.now());
System.out.println("日期转字符串: " + dateString);
```

（3）日期周期

Period 类用于修改给定日期或获得的两个日期之间的区别。例如给初始化的日期添加 7 天：

```
LocalDate initialDate = LocalDate.parse("2018-09-20");
LocalDate finalDate = initialDate.plus(Period.ofDays(7));
```

周期 API 中亦提供了可以比较两个日期的差距天数：

```
long between = ChronoUnit.DAYS.between(initialDate, finalDate);
```

（4）与遗留代码转换

在旧系统中，可能会有大量的 Date 类，Java 8 提供了与新 API 之间进行转换的方法。

Date 和 Instant 互相转换如下所示：

```
Date date = Date.from(Instant.now());
Instant instant = date.toInstant();
```

Date 和 LocalDateTime 互相转换如下所示：

```
LocalDateTime localDateTime = LocalDateTime.from(new Date()tolnstant().Zoneld.
systemDefault());
Date date =Date.from(localDateTime.atZone(ZoneId.systemDefault()).toInstant());
```

LocalDate 和 Date 互相转换如下所示：

```
Date date =Date.from(LocalDate.now().atStartOfDay().atZone(ZoneId.system
Default()).toInstant());
LocalDate localDate = new Date().toInstant().atZone(ZoneId.systemDefault()).
toLocalDate();
```

5.7 翻页控件

翻页控件指的是对于检索到大量数据进行友好显示时进行封装的分页显示控件。

5.7.1 问题

取得大量数据后在页面显示时，可能会发生以下问题：

（1）服务器端内存枯竭

当大量用户查询时，发生“java.lang.OutOfMemoryError”的可能性比较大。

（2）网络阻塞

在查询时产生的大量冗余数据会加大网络负荷，进而可能会影响到系统的应答时间。

（3）页面响应延迟

取得大量数据时，服务器处理、网络流量处理以及客户端页面渲染处理等都需要花费大量时间，因此会产生页面响应延迟。

5.7.2 解决方案

程序员技能高低的表现之一是能否写出优质的 SQL 查询语句。面对复杂业务，能高效查询出有效数据是一个 SQL 语句的优秀与否的判断标准之一。这也是解决以上问题的方法之一。但是，如果经过优化之后的语句仍可以查询出上千、上万甚至几十万条数据，那么应该如何解决呢？此时，完美解决以上问题的方案就是分页查询：每次只查询本页显示所需要的数据，一般为 20~100 条。如图 5-27 所示。

分页查询控件的设计者应该给程序员留怎样的接口？程序员又应该给用户提供怎样的使用体验呢？

1. 设计方案

“研究”的英文单词是“Research”，根据构词法分析，它是由“Re”+“Search”构成。“Re”有再一次的含义，“Search”是调查，那么“Research”不言而喻，其本质含义是

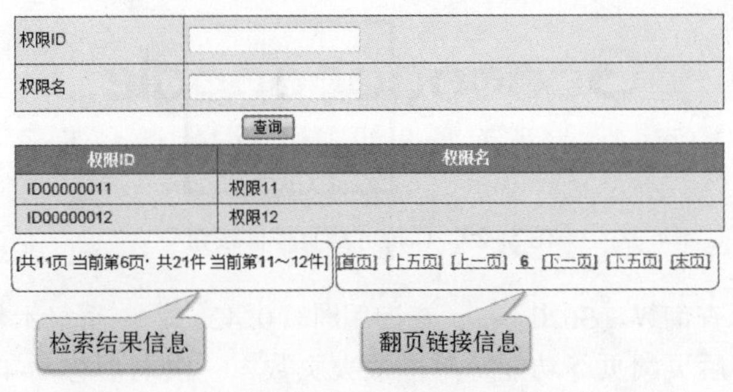

图 5-27　翻页控件

再一次调查。牛顿曾经有句名言："我之所以比别人看得远，是因为我站在了巨人的肩上。"同样，在软件领域亦是如此。设计任何系统、架构甚至一个处理，都有必要查询当前已经存在的解决方案，在此基础上进行优化设计，否则很容易造成"闭门造车"。

因此，在设计这个控件之前，有必要调查一下软件巨头公司是怎么设计分页技术的。

首先看看 Google 的设计方案，在 Google 浏览器搜索框，输入"颜廷吉"，单击搜索后效果，如图 5-28 所示。

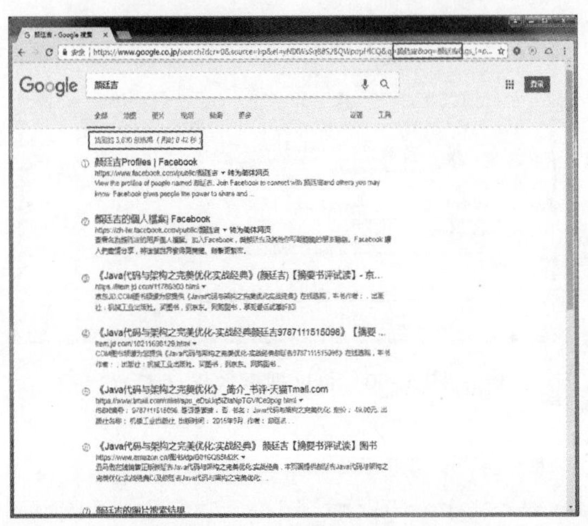

图 5-28　Google 搜索效果（一）

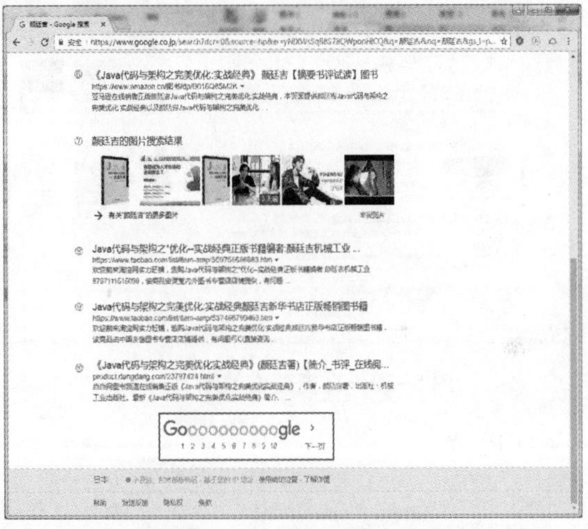

图 5-28　Google 搜索效果（二）

此时 URL 为：

```
https://www.google.co.jp/search?dcr=0&source=hp&ei=7N8XWruVI8W30QSF9rn4CA&q=
%E9%A2%9C%E5%BB%B7%E5%90%89&oq=%E9%A2%9C%E5%BB%B7%E5%90%89&gs_l
=psy-ab.3...1312.4683.0.5041.13.12.1.0.0.0.145.1157.6j5.11.0....0...1c.1j4.64.psy-
ab..1.9.8410...0j0i12k1.0.xDnlsoH6UJM
```

继续单击下面的翻页"10"，效果如图 5-29 所示。

URL 为：

```
https://www.google.co.jp/search?q=%E9%A2%9C%E5%BB%B7%E5%90%89&dcr
=0&ei=8t8XWr7MIcqw0gS_gpDwBw&start=90&sa=N&biw=1920&bih=1014
```

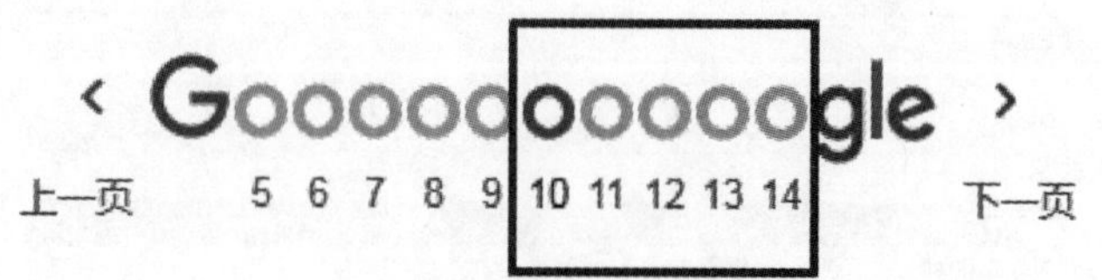

图 5-29　Google 翻页控件按钮

效果图提供了总查询数（3620 条）、查询用时（0.42 s）、一页显示数（10 条）、最大显示页数（10 页）、前后页翻页等功能。单击最大页数，一次向后移动 4 页。另外，从 URL 可以看出，用的是 get 形式向服务器传递参数且前页数据为“start=90”，即 90~99 条数据；从复制出的 URL（q=%E9%A2%9C%E5%BB%B7%E5%90%89）可以知道，查询时对参数（颜廷吉）进行了转码。

以上内容是 Google 搜索效果，下面来看一下百度搜索的情况，如图 5-30 所示。

图 5-30　百度搜索效果（一）

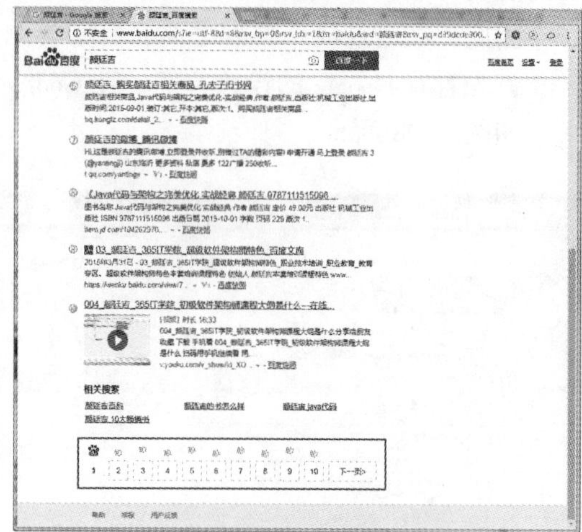

图 5-30　百度搜索效果（二）

URL 为：

```
http://www.baidu.com/s?ie=utf-8&f=8&rsv_bp=0&rsv_idx=1&tn=baidu&wd=
%E9%A2%9C%E5%BB%B7%E5%90%89&rsv_pq=d39dcde300009165&rsv_t=
a755B23oWvNz%2FmLfCkjHmneblmAW5mHuIgg1XsdfaXqmbb%2FJ9%2BnMDYOFLiE&rqlang=
cn&rsv_enter=1&rsv_sug3=13&rsv_sug1=5&rsv_sug7=100&rsv_sug2=0&inputT=
2982&rsv_sug4=3890
```

继续单击下面的翻页“10”，如图 5-31 所示。

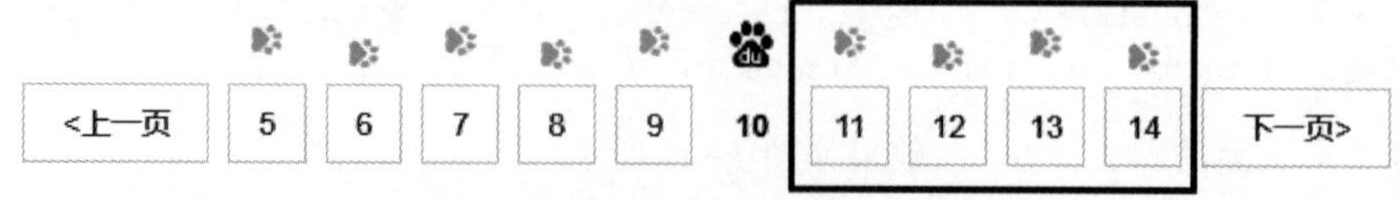

图 5-31　百度翻页控件按钮

URL 为：

http://www.baidu.com/s?wd=% E9% A2% 9C% E5% BB% B7% E5% 90% 89&pn=90&oq=% E9% A2% 9C% E5% BB% B7% E5% 90% 89&ie=utf-8&rsv_idx=1&rsv_pq=8e58a4fe0000980d&rsv _ t = ce7f06PRCRyOgvuQpnf1g1% 2FGUasxmX8qwJc%2BDU4YZWWK% 2FjIiDlS9db% 2BE28Q

通过对比，可知百度与谷歌的技术实现方式是一模一样的。可见这种形式的翻页控件，在搜索领域已经是最佳解决方案了。

那么在应用软件开发中，是否也可以如此设计呢？答案是，如果有同样的需求也可以这样设计。但是如果还有更多的功能需求，那么就需要额外考虑；特别是对于控件的开发，要考虑的要素就更多了。最重要的有两点，一是要考虑程序员编程时的便捷性、灵活性与可用性，二是要考虑最终用户使用的便利性与功能性。控件品质要素如图 5-32 所示。

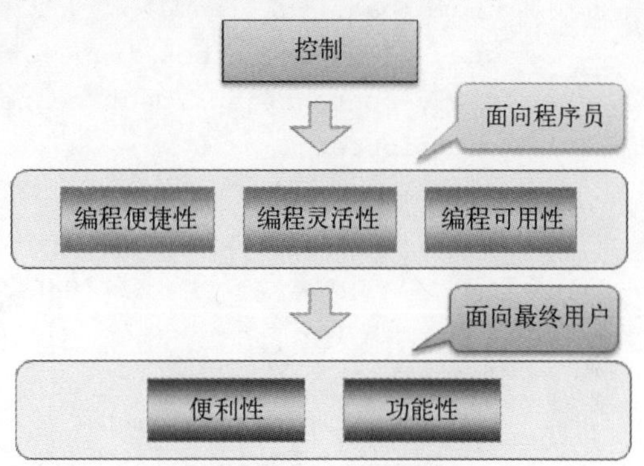

图 5-32　控件品质要素

便捷性，指的是使用控件编程时很容易上手，不需要花费很大力气学习，也不需要写烦琐的代码。

灵活性，指的是使用控件编程时，根据需求可以有多种实现方式。

可用性，指的是能够满足绝大部分场景下的使用需求。

便利性，指的是客户不仅不需要花大力气学习就知道如何使用，而且使用方便，系统可以与客户进行友好的交互。

功能性，指的是如果有特殊需求，控件也可以满足或者提供扩展接口。

【案例 14——翻页控件】

作为通用的翻页控件，以下因素是应该考虑的关键点。

（1）便捷性

翻页控件将使用标签的形式配合属性文件设置，以最大化减轻编程的复杂度。

（2）灵活性

检索结果信息与翻页链接信息的语言文字可以使用默认设置，也可以在属性文件中设置，还可以在国际化属性文件中设置。

（3）可用性

1）可以在多种浏览器中使用。

2）可以满足向前或向后一页程度的翻页。

3）可以实现国际化。

4）可以在某个特殊页面设置一页显示的数量。

（4）便利性

1）可以直接跳转到首页、末页（第一页中不需要显示“前一页”；末页中也不需要显示“后一页”）。

2）可以一次性前后 5 页或者 10 页程度的翻页（不到 5 页或者 10 页，不需要显示此功能）。

3）显示当前页面信息与数量信息（当前第 N 页、总共 M 页；当然第 X~Y 条、总共

Z 条)。

(5) 功能性

用户可以自定义设置整个系统每页所显示的数量。

2. 技术方案

本解决方案中，前台标签需要设置三个必选项，分别为“action”“namespace”“method”。另外还需要给用户一个可选接口“pageSize”用于接收特殊情况下页面显示数量的设置（例如，整个系统默认 1 页显示 20 条；但是对于用户一览这个页面，想显示 100 条，那么此时的 pageSize 就是来解决这个问题的)。

```
<tag>
  <name>pageLink</name>
  <tag-class>com.itedu.framework.tag.PageLinkTag</tag-class>
  <body-content>jsp</body-content>
  <attribute>
    <name>action</name>
      <required>true</required>
      <rtexprvalue>true</rtexprvalue>
  </attribute>
  <attribute>
    <name>namespace</name>
      <required>true</required>
      <rtexprvalue>true</rtexprvalue>
    </attribute>
    <attribute>
      <name>method</name>
      <required>true</required>
      <rtexprvalue>true</rtexprvalue>
    </attribute>
    <attribute>
      <name>pageSize</name>
      <required>false</required>
      <rtexprvalue>true</rtexprvalue>
    </attribute>
</tag>
```

给开发者留的属性文件配置项为：

```
theme.custom.left.bracket =[
theme.custom.right.bracket =]
theme.custom.dot =·
theme.custom.sum =共
theme.custom.item =件
theme.custom.page =页
theme.custom.current.item =当前第
theme.custom.between =~
```

```
theme.custom.first =[首页]
theme.custom.previous.extend.five =[上五页]
theme.custom.previous.extend.ten =[上十页]
theme.custom.previous =[上一页]
theme.custom.next =[下一页]
theme.custom.next.extend.five =[下五页]
theme.custom.next.extend.ten =[下十页]
theme.custom.last =[末页]
```

属性文件设置内容与其页面检索结果对应关系如图 5-33 所示。

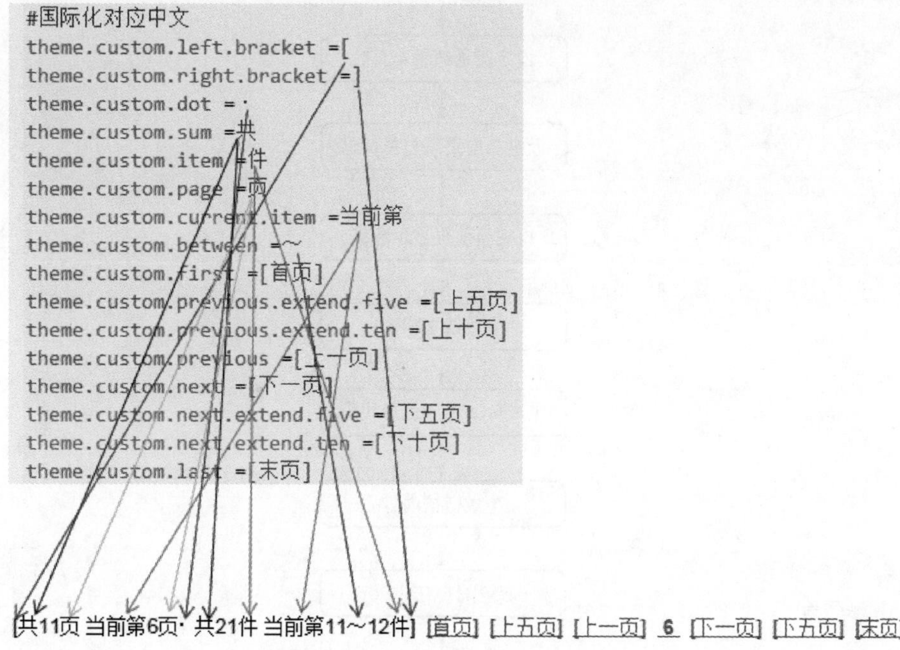

图 5-33　属性文件设计图

类结构关系图如图 5-34 所示。

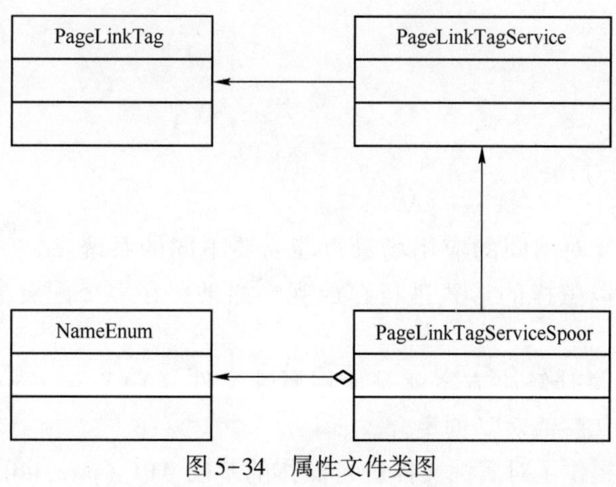

图 5-34　属性文件类图

处理流程图如图 5-35 所示。

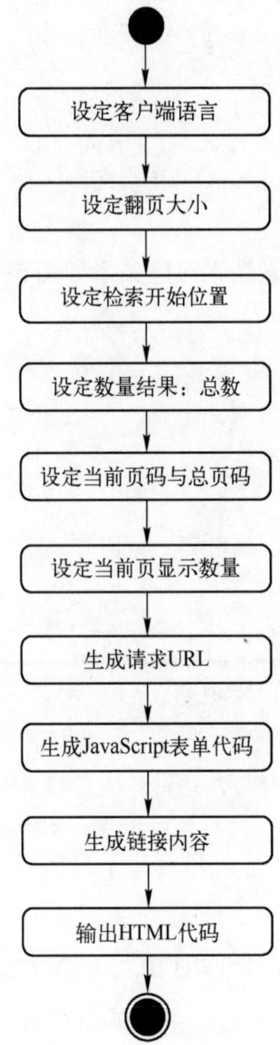

图 5-35　翻页控件处理流程图

5.8　属性文件

5.8.1　问题

在开发产品时，针对不同的应用场景可能需要不同的系统参数。那么这些配置数据应该存放在哪里呢？以怎样的形式进行存放呢？如果存在多个配置文件，又应该如何获取呢？

针对上述问题的最佳解决方案就是使用属性文件（XXX. properties），又称“配置文件”，它本身是一个“键-值对”的集合。

在 Java 领域已经提供了对属性文件进行操作的基础 API（java. util. Properties），能够实现对单个文件的操作。

```
InputStream is = getClass().getResourceAsStream("365itedu.properties");
Properties prop = new Properties();
prop.load(is);
System.out.println(prop.getProperty("name"));
```

如果系统中不只是存在一个属性文件，对属性文件的操作就显得比较复杂。因此站在架构师的角度，应该对其进行再次封装，以做成更加便捷的工具类。

5.8.2 解决方案

1. 设计方案

【案例 15——属性文件】

设计时，需要考虑以下要素：

（1）加载时机

属性文件一般只需读取一次，因此只需要第一次使用时加载即可。特殊情况下，如果属性文件值有变更，需要有再次加载机制。

（2）默认文件

在 Java Web 应用中属性文件默认放在 classpath 根目录下，为保持程序的严谨性，应用程序中默认属性文件一般命名为“applicationConfig. properties”。

（3）自定义文件

留给程序员自定义的属性文件一般放在 classpath 根目录下的“i18n” 文件夹下。

1）非国际化文件名称内不要含有下画线“_”。

2）国际化对应文件名称需要含有下画线“_”，且下画线以后为语言种类文字。

属性文件定义值与内存值如图 5-36 所示。

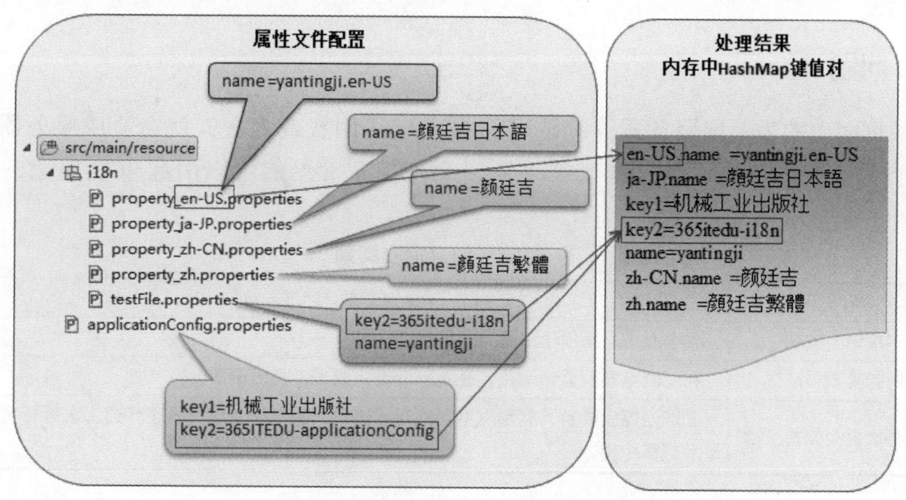

图 5-36 属性文件定义值与内存值

(4) 优先顺序

按照特殊大于一般的规定，在默认文件与i18n 文件中如果有重复 key 值的设定时，应该以 i18n 文件中的优先。

(5) 辅助功能

1) 可以读取全部属性键或者属性值的功能。

2) 可以读取根据某个属性文件内全部属性键或者属性值的功能。

3) 如果所有属性文件都没有设定属性值，程序员可以利用自定义默认属性值的功能。

2. 技术方案

业务处理主要流程图如图 5-37 所示。

工具类 PropertyUtil 实现时，需要考虑以下技术要素：

(1) 数据结构

推荐使用 TreeMap 保存属性键值对。

(2) 处理控制

推荐使用 Static 语句块进行处理控制。

(3) 日志

推荐使用 Logback 进行输出。

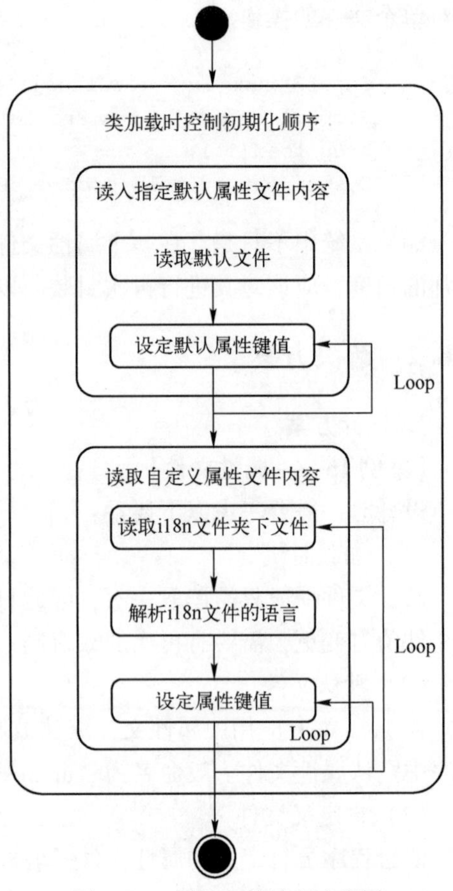

图 5-37 属性文件处理流程图

5.9 重复提交

5.9.1 问题

如果页面中的表单向服务器连续请求（提交）了两次或多次，就会造成服务器数据库出现两个或多个相同的订单，这就是重复提交现象。常见的可以引起重复提交的操作见表 5-28。

表 5-28 重复提交类别

编号	操　作	概　要
1	多次单击按钮	连续点击页面用于更新处理的按钮
2	刷新页面	利用浏览器的更新按钮，在更新处理完成后，再次刷新
3	再次提交以前页面	更新处理完成后，利用浏览器的返回按钮，从更新完成页面迁移到上次更新页面，再次单击更新按钮

1. 多次单击按钮

连续单击更新处理按钮时客户端与服务器会有怎样的交互，又会产生什么结果呢？详细解析如图 5-38 所示。

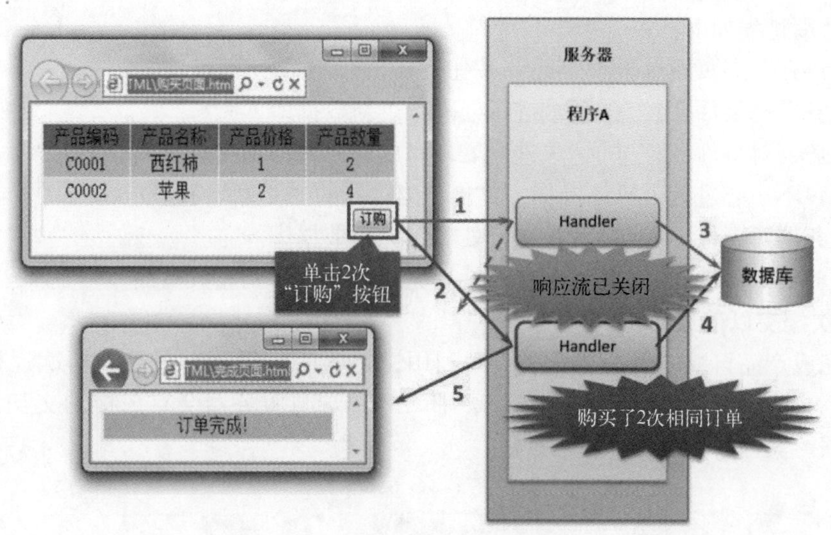

图 5-38　多次单击按钮式二重提交

具体处理过程如下：

1）客户在购买页面单击“订购”按钮。

2）在服务器对事件“1”响应返回之前，客户不小心再次单击“订购”按钮。

3）服务器对事件“1”的请求进行处理，更新数据库。

4）服务器对事件“2”的请求进行处理，更新数据库。

5）服务器对事件“2”的请求进行处理完成后，转移到完成页面。

2. 刷新页面

更新处理完成后的页面，如果客户不小心单击了浏览器的“刷新”按钮，那么客户端与服务器会有怎样的交互，又会产生什么结果呢？具体解析如图 5-39 所示。

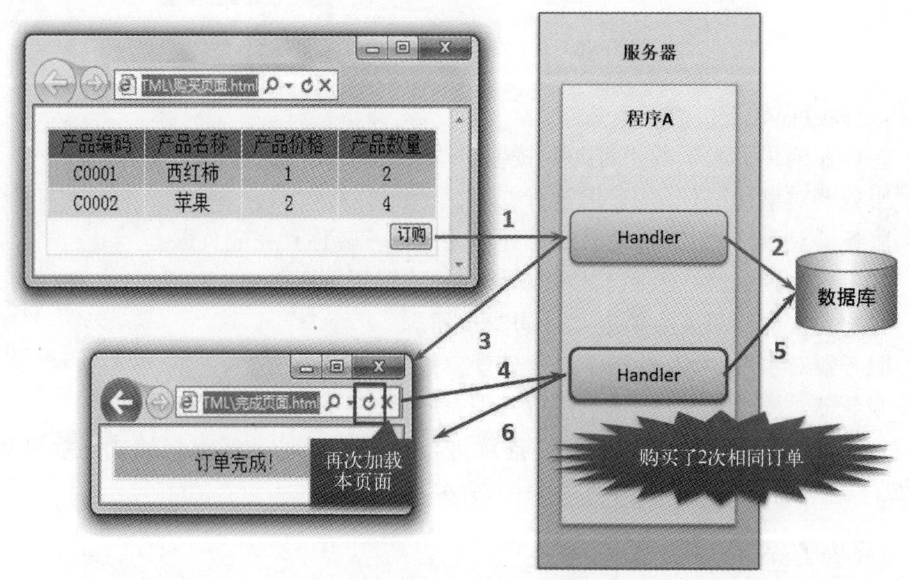

图 5-39　页面刷新式二重提交

具体处理过程如下：

1）客户在购买页面单击“订购”按钮。

2）服务器对事件“1”的请求进行处理，更新数据库。

3）服务器对事件“1”的请求进行处理完成后，转移到完成页面。

4）客户不小心进行了错误操作，单击了浏览器的“更新”按钮。

5）服务器对事件“4”的请求进行处理，更新数据库。

6）服务器对事件“4”的请求进行处理完成后，转移到完成页面。

3. 再次提交以前页面

客户完成产品订购之后，从完成页面利用浏览器的“返回”按钮，再次迁移到购买页面，如果不小心再次单击“订购”按钮，那么客户端与服务器会有怎样的交互，又会产生什么结果呢？具体解析如图 5-40 所示。

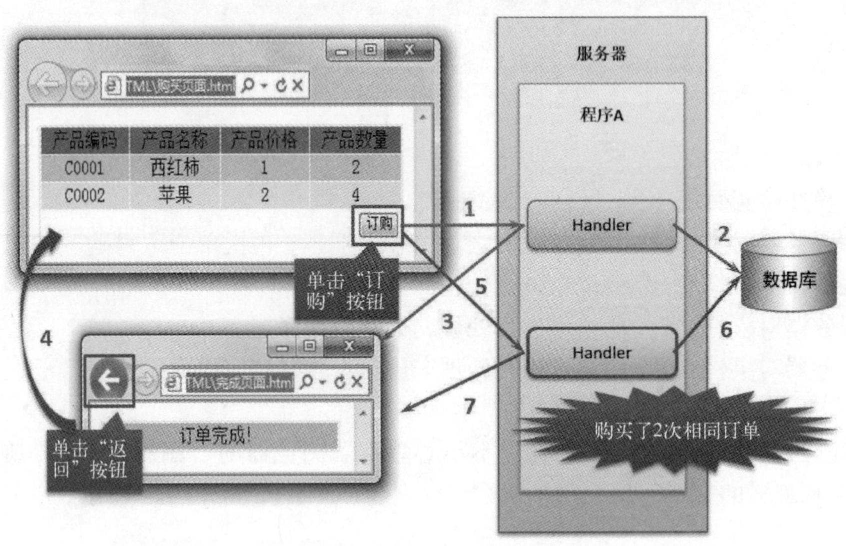

图 5-40　再次提交以前页面式二重提交

具体处理过程如下：

1）客户在购买页面单击“订购”按钮。

2）服务器对事件“1”的请求进行处理，更新数据库。

3）服务器对事件“1”的请求进行处理完成后，转移到完成页面。

4）客户单击浏览器“返回”按钮，转移到原购买页面。

5）客户再次在购买页面单击“订购”按钮。

6）服务器对事件“5”的请求进行处理，更新数据库。

7）服务器对事件“5”的请求进行处理完成后，转移到完成页面。

然而，因这种不正确的页面操作，连续进行更新处理时（恶意机械式连续更新请求），就会造成严重的恶意数据攻击，如图 5-41 所示。

5.9.2　解决方案

对于上述三种情况导致的表单重复提交问题，解决方案见表 5-29。

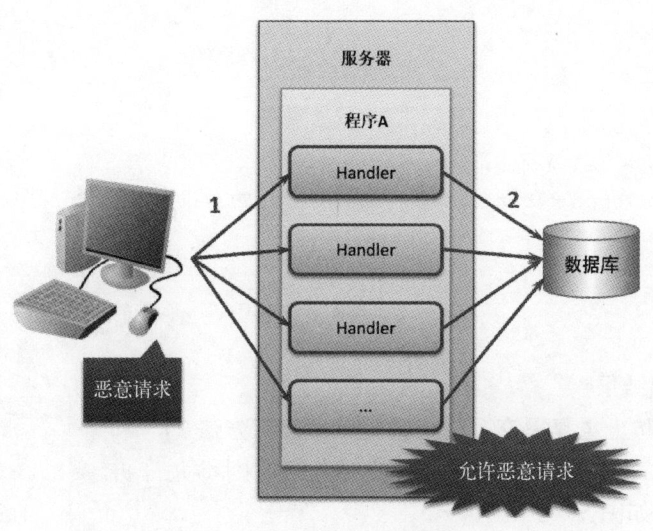

图 5-41　计算机恶意请求

表 5-29　重复提交解决方案

编号	解决方案	概　　要
1	防止重复单击按钮	在按下更新按钮的时候，使用 JavaScript 对其进行控制，即使再次单击也不发送请求
2	使用 PRG 模式	PRG（Post-Redirect-Get）模式是指对更新处理（POST）的响应用重定向（Redirect）方式进行应答，之后浏览器自动对返回的 GET 方法进行应答而转移到完成页面。使用 PRG 模式后，再加载（Reload）页面时，使用的方法因为是 GET，所以不会再次发送更新请求
3	使用 Token 验证	对于每次页面转移，都会在客户端与服务器端产生唯一的 Token 值对，服务器会对客户端送来的 Token 值与服务器端的 Token 值进行比较，一致时允许后续业务处理，不一致时报错。一次交易（Transaction）中使用 Token 验证，就可以解决通过单击浏览器“返回”按钮再提交表单的问题。另外本方法亦可以防止恶意篡改请求的问题，因此强烈推荐使用本方法

1. 防止重复单击按钮

在更新操作后使用 JavaScript 让按钮无效的最佳技术手段有以下两种：

(1) 让按钮非活性

【案例 16——防止重复提交：防止重复单击按钮方法 1】

这种手段可以让用户无法再次进行单击，效果如图 5-42 所示。

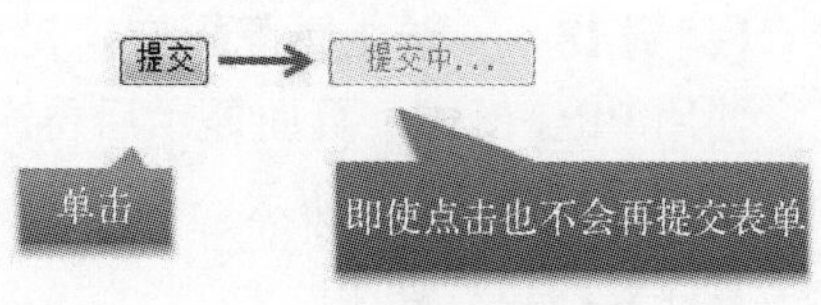

图 5-42　按钮非活性

示例代码如下所示：

```
<head>
<script type="text/Javascript">
function submitAndDisable() {
  var submitBtn = document.getElementById("submitBtn");
  submitBtn.disabled=true ;
  submitBtn.value="提交中...";
document.forms[0].submit();
```

```
}
</script>
</head>
<body>
  <form action="#"method="post">
    <input type="button"id="submitBtn"value="提交"onclick="return submi-
tAndDisable();"/>
    //omitted
  </form>
</body>
```

（2）判断处理结果

【案例 17——防止重复提交：防止重复单击按钮方法 2】

判断处理后页面是否加载完成，如果没有完成则不允许再次提交请求，效果如图 5-43 所示。

图 5-43　警告对话框

示例代码如下所示：

```
//防止重复提交
function checkDoubleSubmit(){
  if (window.document.readyState ! = null&& window.document.readyState ! =
' complete' ){
  alert("正在处理,请稍等! …");
    returnfalse;
  }
  else{
    MessageClear();
    returntrue;
  }
}
<formaction="#"method="post"onsubmit="checkDoubleSubmit();">
  //omitted
</form>
```

2. 使用 PRG 模式

【案例 18——防止重复提交：使用 PRG 模式】

使用 PRG 模式，页面显示后再次加载时，让请求方法变成 GET，这样就防止了表单的再次提交。如图 5-44 所示。

具体处理过程如下：

1）客户在购买页面单击“订购”按钮（请求时使用 POST 方法）。

2）服务器对事件“1”的请求进行处理，更新数据库。

3）服务器使用重定向处理（Redirect）来转移到完成页面。

4）浏览器发送购买完成页面的 URL 请求（请求时使用 GET 方法）。

5）服务器对请求进行响应返回购买完成页面。

6）客户误操作不小心单击了浏览器刷新按钮，此时因为是重定向后的购买完成页面，因此不会发生更新处理业务。

7）服务器对请求进行响应返回购买完成页面。

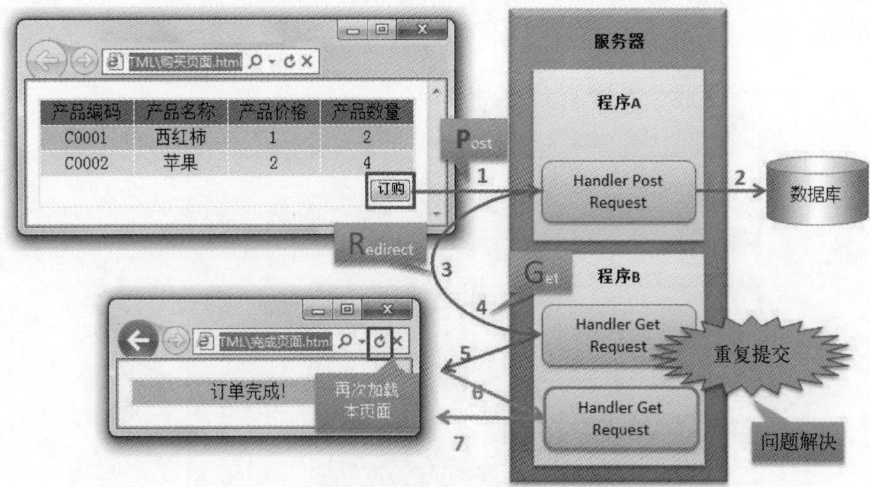

图 5-44　PRG 模式

示例代码如下所示（以 SpringMVC 架构为例）：

```
@RequestMapping(value = "update", method = RequestMethod.POST , params = "
change")
public String updateChange() {
//省略
return "redirect:/userUpdate/update? finish";
}
@RequestMapping(value = "update", method = RequestMethod.GET , params = "
finish")
public String updateFinishComplete() {
//省略
return "userUpate/finish";
}
```

NOTE:

PRG 模式使用方法

使用 PRG 模式时，如果利用浏览器返回按钮，到购买页面再次刷新页面进行购买操作时，还会发生重复提交的问题，因此还需要配合 Token 验证方法，才可以完全避免重复提交。

3. Token 验证

【案例 19——防止重复提交：使用 Token 验证】

Token 验证的主要理论如下：

1）服务器对从客户端来访的请求，会赋予一个唯一的事物标识，也就是 Token 值，这个值保存在服务器端。

2）服务器把这个 Token 值随应答客户端复制给客户端（一般使用 Form 的 Hidden 项）。

3）服务器再次向服务器发送请求时，会把上次得到的 Token 值一起发送给服务器。这样服务器就可以把保存的 Token 值与收到的 Token 值进行比较。如果不一致，说明请求不正确，就会报错，如图 5-45 所示。

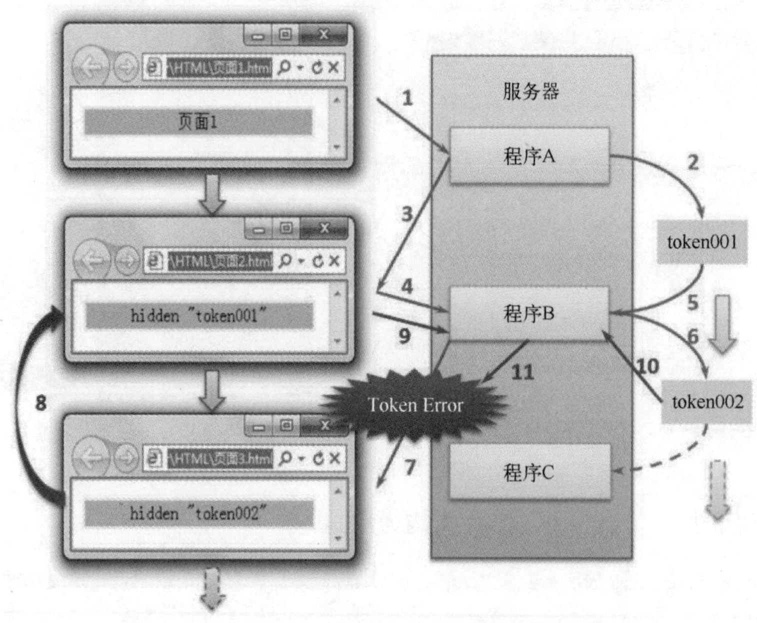

图 5-45　Token 验证过程

具体处理过程如下：

1）客户端向服务器端发送请求。

2）服务器端生成并保存 Token 值（token001）。

3）服务器端把请求结果返回给客户端，同时把 Token 值（token001）送到客户端。

4）客户端再次向服务器端发送带有 Token 值（token001）的请求。

5）服务器端接受请求，并比较 Token 值。

6）服务器端再次计算并保存下次请求的 Token 值（token002），同时破坏上次请求的 Token 值（token001）。

7）服务器端把请求结果返回给客户端，同时把新的 Token 值（token002）送到客户端。

8）客户利用浏览器返回按钮，转移到前次页面。

9）客户端把带有前次 Token 值（token001）的页面再次向服务器端发送请求。

10）服务器端当前 Token 值（token002）与客户端请求中的 Token 值（token001）进行比较。

11）若事件“10”中算出的 Token 值不一致则转移到 Token 错误页面。

虽然使用 Token 验证这种方法可以彻底解决重复提交问题，但是从系统的可用性方面看，它并不是最佳实践（对于用户单纯的误操作也会引起系统错误，而需要用户重新操作，降低系统的可用性）。因此使用时，不仅要配合“防止重复单击按钮”与“使用 PRG 模式”使用，还需要注意以下几点：

（1）防止过度使用

在没有更新数据库处理时，不能使用。

（2）防止复杂使用

在使用 Ajax 技术时，因其与 Web 服务之间使用 Token 验证的方式会非常复杂，因此推荐使用“防止重复单击按钮”方式。

（3）可选使用

从业务观点看，即使是更新处理，更新多次对数据也没有影响时，可以不使用。

（4）必须使用

从业务观点看，在处理订单、银行转账等业务时，必须使用。

5.10 排他

排他控制指的是多个事务（Transaction）同时对同一条数据进行更新操作时，为保持数据的整合性而进行的数据保护处理。在实际应用中，有多个事务对同一条数据同时进行更新的可能性，因此进行排他控制是系统的基本数据安全要求。这里的事务不仅是数据库自身的事务，也包括长事务。

> NOTE:
>
> **长事务**
>
> 长事务是在 WebService 技术出现之后出现的新名词，指的是数据检索与数据更新分别作为单独的数据库事务而发生的事务处理。例如：把检索到的数据在编辑页面上显示之后（检索事务），对数据进行编辑并把修改后的数据更新到数据库的业务处理操作（更新事务），就是长事务处理。

5.10.1 问题

因多用户对同一条数据修改的时机不同，会产生数据不整合的实际工程问题，具体又分为“负数据”“数据覆盖”“数据覆盖兼长时等待”三种情况。

1. 负数据

以客户在购物网站购买茶杯为例，两个客户的操作顺序如图 5-46 所示。

具体处理过程见表 5-30。

表 5-30 处理过程概述 1

编号	客户 A	客户 B	说明
1	○	—	客户 A 购买时，产品库存有 5 个
2	—	○	客户 B 购买时，产品库存有 5 个
3	—	○	客户 B 购买了 5 个，数据库数据减去 5，产品库存变成了 0 个
4	○	—	客户 A 购买了 5 个，数据库数据减去 5，产品库存变成了-5 个

虽然客户 A 正常下单了，但是库存没有了，这样商家就必须向客户 A 道歉，以免造成不必要的麻烦，此时数据库的数据已经变成了负数。

2. 数据覆盖

以客户在购物网站购买茶杯为例，两个管理员进行库存数量的更新操作顺序如图 5-47 所示。

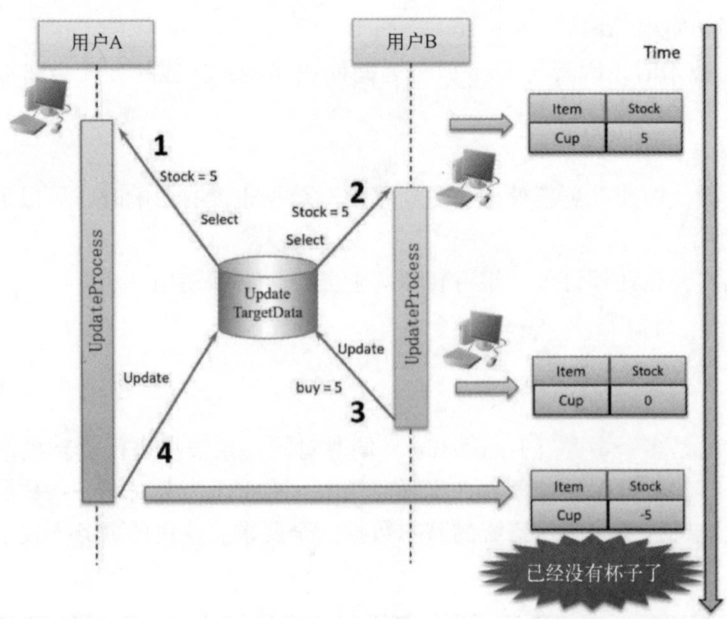

图 5-46　负数据

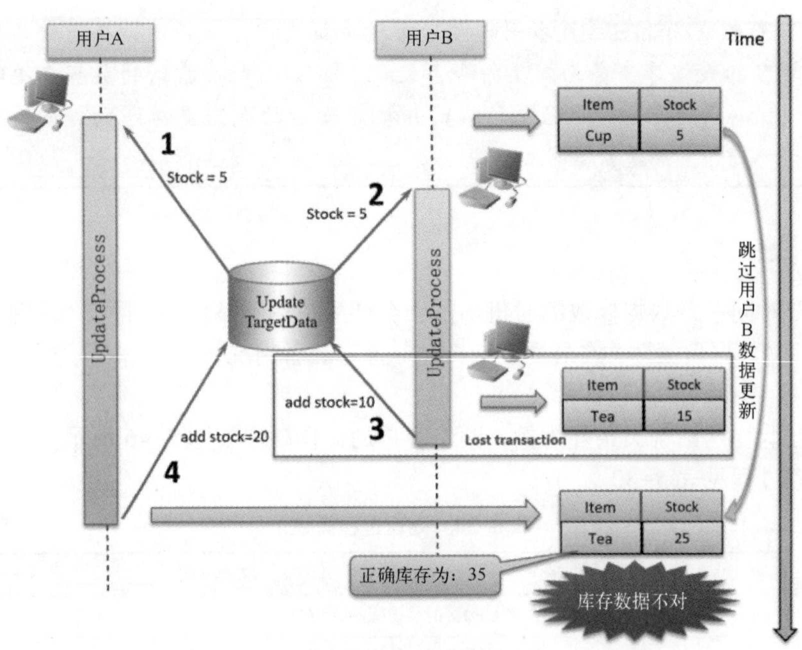

图 5-47　数据覆盖

具体处理过程见表 5-31。

表 5-31　处理过程概述 2

编号	管理员 A	管理员 B	说　　明
1	○	—	管理员 A 更新产品时，产品库存有 5 个
2	—	○	管理员 B 更新产品时，产品库存有 5 个

(续)

编号	管理员 A	管理员 B	说　明
3	—	○	管理员 B 入库了 10 个，数据库数据加上 10，产品库存变成了 15 个
4	○	—	管理员 A 入库了 20 个，数据库数据加上 20，产品库存变成了 25 个

处理 3 中管理员 B 入库的 10 个没有更新成功，造成了数据被覆盖，而实际库存数量是 35 个。

3. 数据覆盖兼长时等待

以客户在购物网站购买茶杯为例，在购物的同时后台执行批处理操作，它们之间的交互如图 5-48 所示。

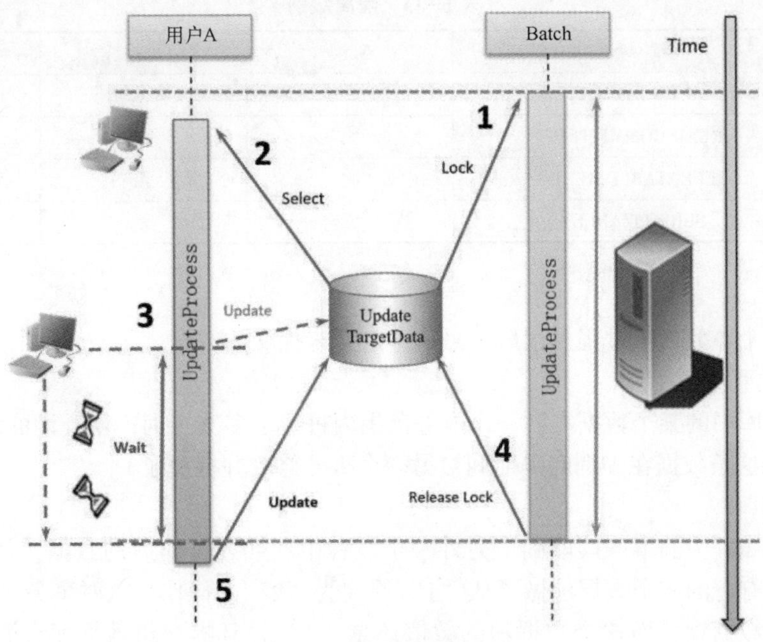

图 5-48　数据覆盖兼长时等待

具体处理过程见表 5-32。

表 5-32　处理过程概述 3

编号	客户 A	批处理	说　明
1	—	○	Batch 处理更新数据时，把相应的行上锁
2	○	—	客户 A 检索要更新的数据，此时 Batch 还没有 Commit，因此读取的数据是更新前的数据
3	○	—	客户 A 提交更新请求，但是此时数据库数据被 Batch 锁住，因此处于等待状态
4	—	○	Batch 处理完毕，放开数据库锁
5	○	—	客户 A 得到数据库锁，进行数据库的更新

客户 A 取得的数据是 Batch 更新前的数据，因此客户提交更新数据后就会被覆盖，而造成 Batch 的数据被覆盖。另外，客户 A 需要等待 Batch 处理完毕才可以进行更新操作。然

而，一般批处理的时间都会持续一段时间，因此客户的等待时间就会比一般操作要长，这样就给客户带来了使用的不便。

5.10.2 解决方案

1. 事务级别的排他控制

解决上述三个问题最简单的方式就是按访问数据库的操作顺序执行（给数据库上排他锁，这样事务之间的处理就不会有影响）。但是这样处理的最大问题就是性能问题：单位时间内可以处理的事务将大大减少，使得性能非常低。

ANSI/ISO SQL 标准的事务隔离技术有 4 个级别，之间的相互影响关系见表 5-33。

表 5-33 隔离级别

编号	隔 离 级 别	脏读	不可重复读	幻读
1	READ UNCOMMITTED	有	有	有
2	READ COMMITTED	无	有	有
3	REPEATABLE READ	无	无	有
4	SERIALIZABLE	无	无	无

（1）脏读

是指在一个事务处理过程里读取了另一个事务未提交的数据。

（2）不可重复读

是指数据库中的某个数据在同一个事务范围内进行了多次查询，但查询的结果不完全一致（这是由于这条数据在查询间隔期间被另一个事务修改并提交了）。

（3）幻读

是指一个线程中的事务读取到了另外一个线程中新插入操作后的数据。例如：事务 T1 对一个表中所有行的某个数据项做了从“1”修改为“2”的操作，这时事务 T2 又对这个表中插入了一行数据项，而这个数据项的数值还是“1”并且提交给数据库。而操作事务 T1 的用户如果再查看刚刚修改的数据，会发现还有一行没有修改，其实这行是从事务 T2 中添加的，就好像产生幻觉一样，因此这种情况称为“幻读”。

在表 5-33 中定义的隔离级别，越往下越高。级别越高数据的安全性就越好，但是需要等待的锁也就越多，这样就会导致性能下降。因此需要根据应用需求来平衡事务隔离和并发。表 5-34 总结了常见数据库对隔离级别的支持以及默认值。

表 5-34 常用数据库隔离级别

编号	数据库	READ UNCOMMITTED	READ COMMITTED	REPEATABLE READ	SERIALIZABLE
1	Oracle	×	○（default）	×	○
2	PostgreSQL	×	○（default）	×	○
3	DB2	○	○（default）	○	○
4	MySQL InnoDb	○	○	○（default）	○

2. 数据库锁的排他控制

在维护数据一致性、平衡隔离性和并发性时，需要使用数据库的锁定功能来执行排他性控制。有三种方法可以锁定数据库上管理的数据，见表5-35。

表5-35 数据库锁类别

锁 种 类	适 用 场 景	特 点
RDBMS 自动锁	① 更新条件可以保证数据一致性时 ② 同时更新同一数据的处理少，而且更新时间短时	① 验证与更新处理在一个 SQL 里，这样会比较高效 ② 与乐观锁相比，有必要单独考虑确保数据一致性的条件
乐观锁	① 当预先获得的数据已被另一个事务更新，有必要确认更新内容时 ② 同时更新同一数据的处理少，而且更新时间短时	① 保证所获取的数据尚未被其他事务更新 ② 有必要在表中定义一个用于管理版本的列
悲观锁	① 更新可能长时间锁定的数据时 ② 当不能使用乐观锁定（无法定义管理版本的列），有必要检查数据完整性时 ③ 同时更新同一数据的处理较多，而且更新时间可能会比较长时	① 可以避免因其他事务的处理，而导致自身处理失败的情况 ② 由于需要定义 Select 语句来获得悲观锁，因此就会花费相应的处理时间

（1）RDBMS 自动锁

RDBMS 自动锁，也就是行锁的排他控制。在大多数数据库中，当更新（UPDATE、DELETE）记录时，会获取一个行锁，使来自其他事务的更新操作处于等待状态，直到它被提交或回滚。利用该特征，可以通过指定更新时 WHERE 语句的条件以及最终更新结果状况，来执行排他控制。表5-36总结了常用数据库对行锁的支持状况。

表5-36 常用数据库行锁

锁种类	开始版本	默认锁级别	备 注
Oracle	11	行锁	被锁住的部分会占用大量内存
PostgreSQL	9	行锁	内存不会持有变更行的数据。因要写入数据库，所以会定期地进行内存清空
DB2	9	行锁	被锁住的部分会占用大量内存
MySQL InnoDb	5	行锁	被锁住的部分会占用大量内存

当不需要检查其他事务更新的内容时，可以使用数据库的行锁功能进行排他控制（例如：在购物网站的购买处理中，所要购入的产品的库存量不能为负数的处理）。但是，在有管理状态管理的类似处理中，由于以前的状态非常重要，因此不推荐使用该方法实现排他控制。

具体处理过程见表5-37。

表5-37 处理过程概述4

编号	客户 A	客户 B	说 明
1	○	—	客户 A 在商品购入页面，确认当前商品还有100件 select quantity from stock where itemId = '01'
2	—	○	客户 B 在商品购入页面，确认当前商品还有100件 select quantity from stock where itemId = '01'

(续)

编号	客户 A	客户 B	说　明
3	○	—	客户 A 在商品购入页面，购买了 5 件 itemId=01 的产品 update stock set quantity = quantity - 5 where itemId='01' and quantity >= 5
4	—	○	客户 B 在商品购入页面，也购买了 5 件 itemId=01 的产品。因为用户 A 的事务还没有完成，因此客户 B 处于等待状态
5	○	—	用户 A 的事务进行提交，完成购买
6	—	○	因为用户 A 的事务完成后，处于等待状态的用户 B 的操作可以继续进行。而此时虽然客户 B 在购买时页面上数据是 100 个，但是实际数据库数据是 95 个，还是超过客户 B 的购入数，因此不影响交易的继续进行。这样利用数据库行锁，就巧妙地解决了排他问题 update stock set quantity = quantity - 5 where itemId='01' and quantity >= 5
7	—	○	用户 B 的事务进行提交，完成购买

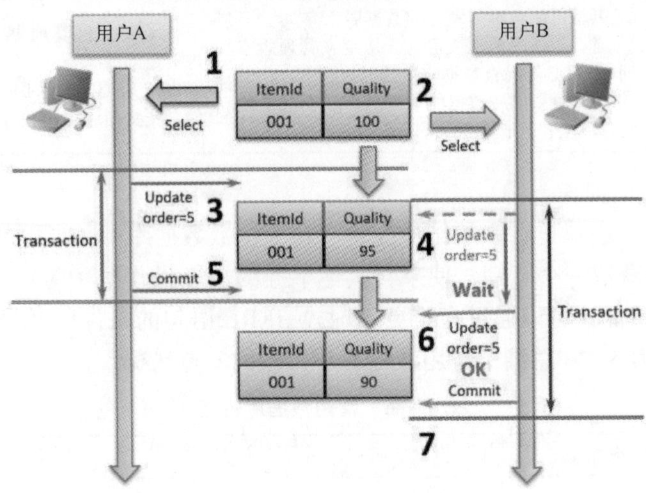

图 5-49　行锁的排他控制

如果页面上显示数据为 9 个时，发生了上述客户 A 与客户 B 的操作，那么在用户 B 进行更新处理时，数据库库存只有 4 件，不能满足 quantity>5 的条件，因此更新件数就是 0。这种情况就会进行购入操作的回滚，同时会把交易无法正常进行的原因反馈给客户。

> NOTE:
>
> **行锁使用方法**
>
> 巧妙利用行锁的关键是 SQL 的计算式（例如：quantity-5）以及更新条件（例如：quantity >= 5）；同时，应用程序也需要对更新结果（更新件数）进行检查，如果与预想的不一致时就会出现异常，此时就需要回滚事务。

（2）乐观锁

乐观锁不是通过对数据对象上锁，而是通过比较取得与更新时数据的状态是否相同来保证数据一致性的一种机制。乐观锁需要在数据库里准备用于管理版本的列（Version，用于管理记录更新次数的列，在插入记录时设置为 0，在更新成功时递增），以判断要更新的数据与数据获取时是否处于相同的状态。

当另一个事务更新数据并需要确认更新内容时，就需要使用乐观锁进行排他控制。如图 5-50 所示。

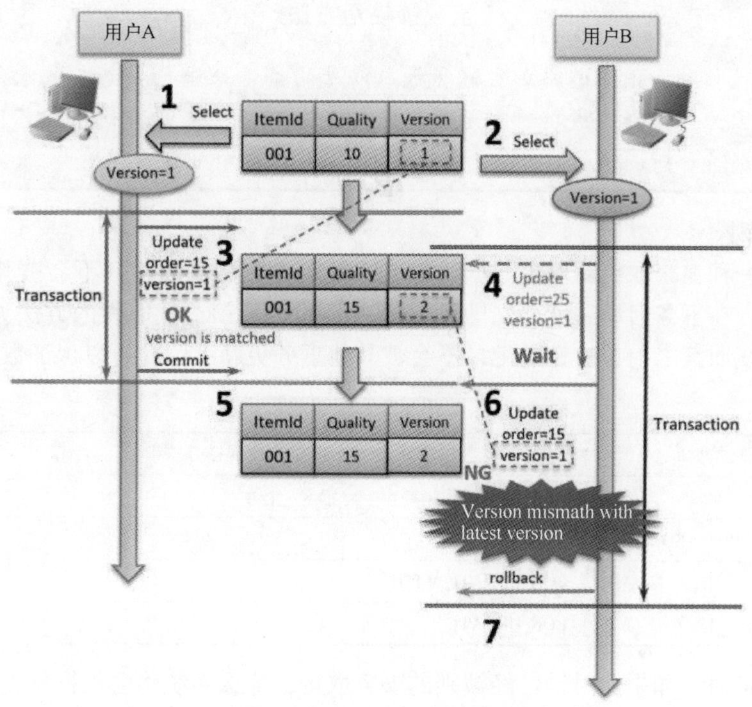

图 5-50　乐观锁的排他控制

具体处理过程见表 5-38。

表 5-38　处理过程概述 5

编号	管理员 A	管理员 B	说　　明
1	○	—	管理员 A 检索需要更新的产品，产品库存有 5 个。用于版本管理的 Version 数据为 1
2	—	○	管理员 B 检索需要更新的产品，产品库存有 5 个。用于版本管理的 Version 数据为 1
3	○	—	管理员 A 入库了 10 个，库存数量加上 10，产品库存变成了 15 个。更新条件里有 Version 对比信息 update stock set quantity = 15, version = version + 1 where itemId = '01' and version = 1
4	—	○	管理员 B 入库了 20 个，数据库数据加上 20，产品库存变成了 25 个。此时准备更新数据库，可是管理员 A 的事务还没有结束，因此需要等待
5	○	—	管理员 A 提交事务。用于版本管理的 Version 数据变为 2
6	○	—	因为管理员 A 提交了事务，所以处于等待状态的处理 4 得以恢复。但是此时的 Version 数据为 2，不能满足更新条件，产生排他错误 update stock set quantity = 25, version = version + 1 where itemId = '01' and version = 1
7	○	—	管理员 B 的事务进行回滚操作

乐观锁使用时的重点是 SQL 中指定版本增量（version+1）和更新条件（and version = 1）的处理。

NOTE:

乐观锁使用方法

使用乐观锁时，仅通过添加主键和版本以外的条件来进行更新或删除处理是不合适的。这是因为当更新不成功时，无法判断是版本不匹配还是其他条件不匹配。当还存在其他更新条件时，有必要检查这些条件是否可以提前处理。

（3）悲观锁

悲观锁是一种在获取更新对象数据时就进行锁定的方法，以使其不会被其他事务更新。使用悲观锁时，在事务启动后就会立即获取要更新的记录锁，获取锁的方法见表 5-39。由于在事务提交或回滚之前，被锁的记录不会被其他事务更新，因此可以保证数据的完整性。

表 5-39　RDBMS 悲观锁的取得方法

编号	数据库	悲观锁方法
1	Oracle	FOR UPDATE
2	PostgreSQL	FOR UPDATE
3	DB2	FOR UPDATE WITH
4	MySQL	FOR UPDATE

取得悲观锁时，如果此时锁已经被别的事务取得，那么系统将会根据预先的设定进行相应的处理。数据库不同，处理方法也会有所不同，因此使用悲观锁时需要讨论应该采用哪种处理手法。以 Oracle 为例，将会有以下三种选项：

1）select for update [wait]

为默认设定，锁被解除之前一直等待（wait 为可选项）。

2）select for update wait n

等待 n 秒，如果 n 秒后锁没有被解除，那么会立即抛出资源繁忙异常。

3）select for update nowait

如果锁被其他事务占用，会立即抛出资源繁忙异常。

悲观锁的适用状况分为以下三种：

1）更新多个被分开管理的表时

更新多个被分开管理的表时，各表在更新完成之前，需要保证不能让其他的事务进行相应数据的更新。

2）更新处理之前需要确认数据的状态时

更新对象的数据状态验证之后，需要保证此时的数据不被其他事务所更新。

3）批处理与在线处理同时执行

批处理时，不能发生排他错误，否则会发生大量数据的回滚，因此需要对更新的数据全部一次性上锁。如果此时有在线处理，就需要设置成悲观处理，在线处理可能会等待比较长的时间——这样通过设定在线处理的超时判断，就可以巧妙地解决两者之间的冲突。

悲观锁使用时的正常等待、等待超时以及非等待三种操作的交互情况，如下所示：

1）正常等待

如图 5-51 所示。

※SQL：select * from stock where quantity < 5 for update wait 10

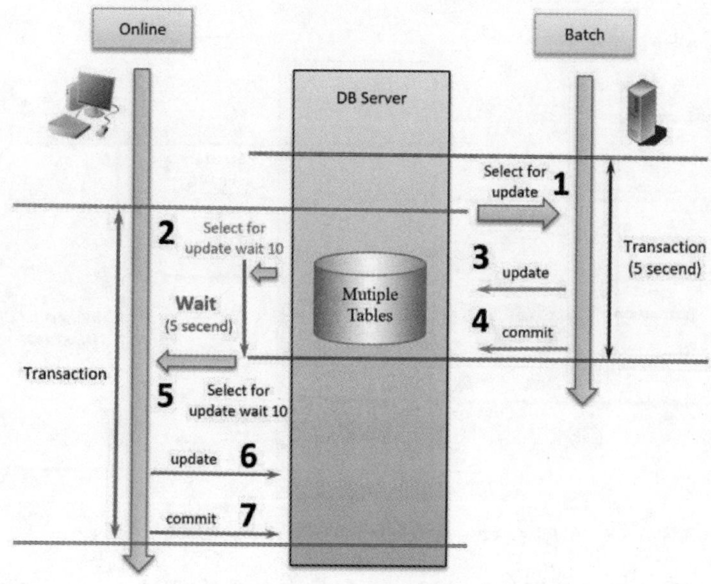

图 5-51 悲观锁的排他控制（正常等待）

2）等待超时

如图 5-52 所示。

※SQL：select * from stock where quantity < 5 for update wait 20

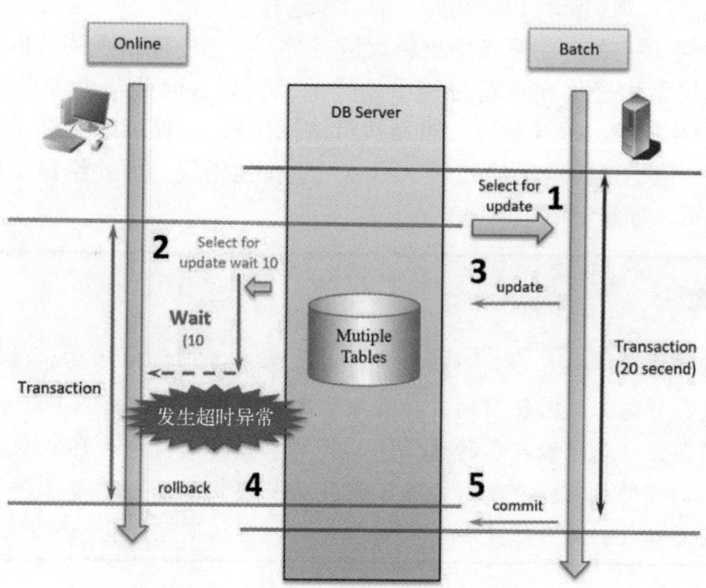

图 5-52 悲观锁的排他控制（等待超时）

3）非等待

如图 5-53 所示。

※SQL：select * from stock where quantity < 5 for update nowait

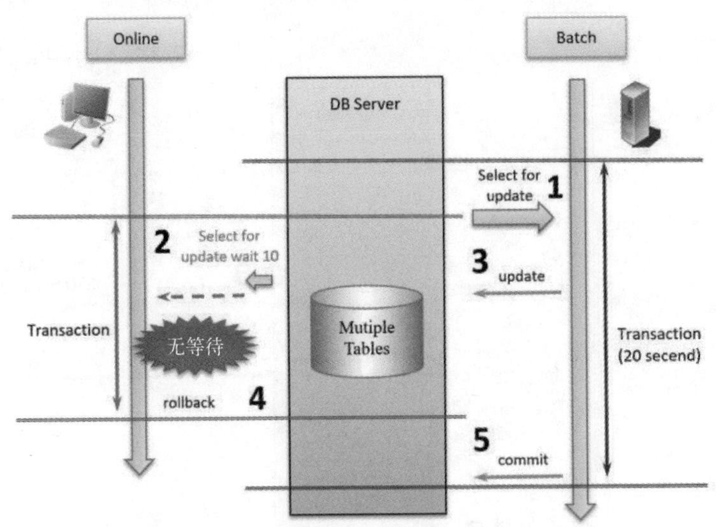

图 5-53 悲观锁的排他控制（非等待）

本节介绍了数据库管理数据的排他控制，但是在必要情况下，也需要留意其他的数据排他控制（例如：内存、文件等）。

在实际项目开发中，架构师应该考虑功能要求和性能要求，再决定选择采用哪种数据库锁，基本的选择标准有以下三点：

1）长事务时需要使用乐观锁。

2）在乐观锁与悲观锁都可以使用时，要尽量选择乐观锁。

3）在更新频率较高的一个事务中更新大量表时，虽然使用乐观锁可以尽量减少获取锁的等待时间，但是无法避免在更新过程中的排他性错误，因此错误发生的概率就会较大（发生错误就要发生回滚，这样就需要重新执行该操作）；而使用悲观锁虽然可能会增加获取锁的等待时间，但是锁获取后的处理中不会发生排他错误，因此错误发生的概率就会减小。在这种情况下，推荐使用悲观锁。

NOTE: **业务事务**

业务流程事务的一个典型例子就是旅行社业务员进行旅行预约处理，这是一个与客户交谈并进行预订工作时使用的应用程序：在进行旅行预订时业务员会在讨论交通、住宿设施以及其他计划时做出各种选择，此时就有必要建立一个防止住宿等被其他用户预定而采取的预留机制；在这种情况下需要将状态提供给数据库，将其更新为临时预订，直到变成预订，并且即使在暂定预订的情况下也不允许其他用户更新。

5.10.3 防止数据死锁

数据的死锁分为同一表内数据条目及不同表数据条目更新时发生的死锁。二者的发生条件（多个事务同时处理两条相互有影响的数据）以及解决方案都是一样的。以表内数据死锁为例，说明数据之间的交互情况，如图 5-54 所示。

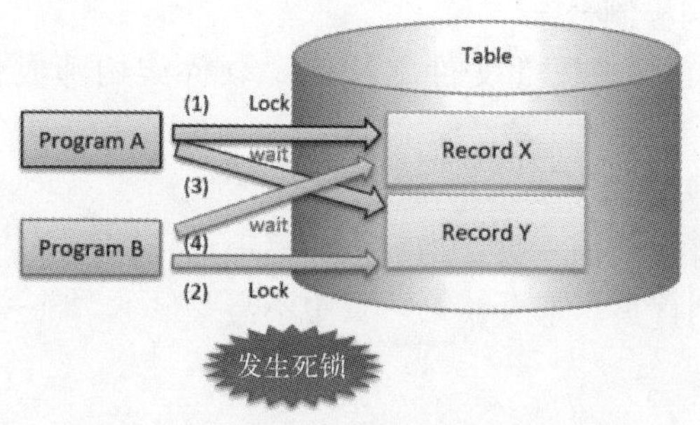

图 5-54　防止数据死锁

具体处理过程见表 5-40。

表 5-40　处理过程概述 6

编号	Program A	Program B	说　明
1	○	—	Program A 取得 Record X 的锁
2	○	—	Program B 取得 Record Y 的锁
3	○	—	Program A 想取得 Record Y 的锁，但是已经被 Program B 取得，因此处于解锁的等待状态
4	—	○	Program B 想取得 Record X 的锁，但是已经被 Program A 取得，因此处于解锁的等待状态
5	—	○	Program A 与 Program B 对相互持有的锁都处于待解锁状态，因此发生数据死锁，根据数据库的不同，会做出不同的处理

解决方案为：超时或者重试以及制定同一个表上数据更新顺序的规则（例如：一行一行更新时，按照主键的升序进行更新就不会出现这种死锁的问题）。

小结

一位优秀的老中医之所以会根据病号开出各种最佳处方，是因为他们掌握了各种中草药的特性。本章也正是架构师必须掌握的重要后台技能专题“中草药”，只有熟练掌握了这些高级技能，才能在架构设计中融会贯通。另外，在调试复杂程序时，往往需要使用多种调试技巧才可以找出问题，切莫轻易放弃（各种高级调试技巧参照附录 F）。

练习题

1. 在业务逻辑中，无论什么处理都可以加 AOP 吗？
2. 使用 AOP 时，需要明确定义连接点规则吗？
3. 程序员开发过程中可以完全无视被织入的增强吗？
4. 使用 SpringMVC 设计一个类，配置 AOP 使其抛出二次代理异常（Caused by:

java. lang. IllegalStateException)，通过修改 AOP 配置文件解决此异常。

5. 把“路”分别用 GB2312 与 UTF-8 两种字符编码进行解析，得到其各自编码表中的编号后（16 进制）输出到控制台。

6. 使用 native2ascii 工具把属性文件字符串“软件架构师成长之路”转换成 Unicode 字符。

7. 用 Java 标签技术实现以下要求的翻页控件：

（1）有连续的三页链接（前一页、当前页、后一页）。

（2）可以直接跳转到首页、末页（第一页中不需要显示“前一页”，末页中不需要显示“后一页”）。

（3）可以向前或向后一页翻页。

（4）可以前后一次翻 5 或者 10 页（不到 5 页或者 10 页，不需要显示）。

（5）用户可以在页面设置当前页一页显示多少数量。

（6）一页显示多少实现设置优先级——用户设置（数据库）>系统设置（属性文件设置）>默认设置。

（7）显示当前页面信息与数量信息（当前第 N 页、总共 M 页；当前第 X~Y 条、总共 Z 条）。

（8）实现国际化（根据客户浏览器语言设置，显示中、英、日三种翻页效果）。

第 6 章　Java 核心架构体系

在阅读本章内容之前，首先思考以下问题：

1. 常用日志框架有哪些？
2. 安全注册的方式有哪些？
3. 角色与权限之间的关系是什么？
4. 单项目验证与相关项目验证应该如何处理？
5. 架构师关注的异常种类有哪些？
6. 什么是阻塞架构？
7. 数据字典的数据处理方式应该如何设计？

6.1　日志架构设计

6.1.1　概述

日志架构是把系统行为以日志形式输出与管理的架构设计与实现。这个架构设计对后期的系统维护、故障调查分析、商业信息分析等都有重大影响。特别是当系统出现诡异的异常或者存在潜在的故障时，如果没有日志，程序员会束手无策，正如“巧妇难为无米之炊”之感觉！更让程序员欲哭无泪的是，有些故障是不能重现的。

6.1.2　日志设计技巧

日志设计是没有后悔药的，所以每一个架构师进行系统架构时，必须根据项目需求考虑表 6-1 所列举的设计要素。

表 6-1　日志架构设计要素

编号	设计要素	说　明
1	设置地点	在系统的哪些地方设置日志（构件前后，收送信电文前后等）
2	实现方式	是否可以自动注入日志（用 AOP 面向切面的技术形式注入日志）
3	输出时机	应该在什么时候出日志，是行为前，还是行为后（一般行为前后都需要）
4	输出内容	对于一条日志应该输出哪些必要信息（包括必要的客户信息、程序信息等）
5	输出格式	日志信息应该以怎样的格式进行输出（为了方便大数据分析，格式必须统一有序；对于一条日志信息，一般来说固定长度的在前面，不定长度的在后面）
6	集成环境	使用哪种开源插件最合适（在 Java 领域日志框架新秀为 Logback）
7	日志等级	应该设置什么等级的日志，一般来说常用的有错误（Error）、警告（Warning）、信息（Info）三种
8	文件管理	输出文件如何进行管理（一般以日为单位形成文件；文件超过 10 MB，进行自动分割）

(续)

编号	设计要素	说　明
9	保存期间	日志以怎样的形式进行归档（一般以月为单位对生成的日志文件进行整理，按照年份保存最近 5 年日志）
10	文件种类	需要确定哪些日志输出到哪些日志文件里，同时还要考虑日志文件的命名规则（可按照 Session、Application、Error、Security 等分别输出）

只有考虑到这些有价值的信息，才可以进行系统日志的有效设计。得到有价值的日志数据后，就可进行智能分析与系统监控等工作。常用日志架构设计图如图 6-1 所示。

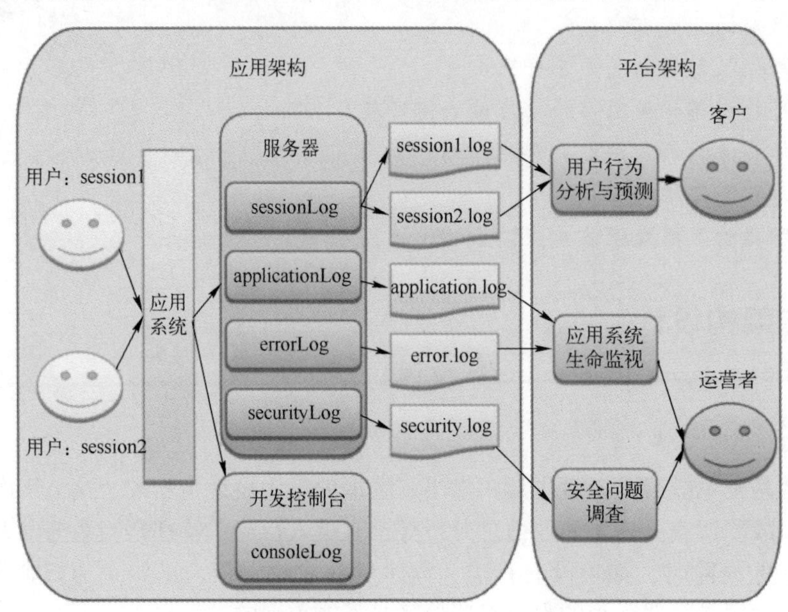

图 6-1　日志架构

在系统间进行报文交换的过程中，一般需要把报文信息而不是 Session 信息打印出来，因此设计这种系统时，需要把图中的“sessionLog”换成“telegramLog”。

6.1.3　日志框架

Java 领域存在多种日志框架，目前常用的日志框架有 Jul、Log4j、Log4j2、Commons Logging、Slf4j 以及 Logback，它们之间的关系见表 6-2。

表 6-2　常用日志框架种类

编号	名称	分类	说　明
1	Jul	官方	JavaUtil Logging，Java1.4 以来的官方日志实现方案
2	Log4j	Commons Logging	Log For Java（Log4j）是一个功能非常丰富的 Java 日志库实现，用来控制 Java 日志信息输出场所（控制台、文件、GUI 组件等）、输出格式以及输出级别
3	Log4j2		Log4j 的升级产品
4	Commons Logging		一套 Java 日志接口，用于避免系统与具体日志实现框架的紧耦合

（续）

编号	名称	分类	说　明
5	Slf4j	Slf4j	Simple Logging Facade for Java（缩写为 Slf4j），一套简易 Java 日志门面接口，类似于 Commons Logging
6	Logback		一套日志组件的实现，由三个模块组成：logback-core、logback-classic 和 logback-access。logback-core 是其他两个模块的基础模块；logback-classic 是 Log4j 的一个改良版本，另外还完整实现了 Slf4j API；logback-access 可以与 Servlet 容器集成，提供了利用 HTTP 来访问日记的功能

1. 日志框架历史

1996 年早期，欧洲安全电子市场项目组决定编写自己的程序跟踪 API（Tracing API）。经过不断完善，这个 API 最终成为一个十分受欢迎的 Java 日志软件包，即 Log4j。后来 Log4j 成为 Apache 基金会项目中的一员。因此，相当长一段时间 Log4j 几乎成为 Java 社区的日志标准。

2002 年 Java1. 4 发布，Sun 推出了自己的日志库 Jul（Java Util Logging）。其设计方案基本模仿了 Log4j，但是由于 Log4j 的先机优势，Jul 并没有如 Log4j 一样被大量应用。

接着，Apache 推出了 Jakarta Commons Logging，后来改名为“Commons Logging”，定义了一套日志接口（内部也提供了一个 Simple Log 的简单实现），支持运行时动态加载日志组件的实现。也就是说，在应用代码里只需调用 Commons Logging 的接口，底层实现可以是 Log4j，也可以是 Jul。

2006 年 Log4j 创始人离开 Apache 之后，又设计了一套新的开源日志框架 Slf4j 与 Logback，它具有通用、可靠、快速且灵活的特性而成为近年来各种系统的首选框架。因此，现今 Java 日志领域被划分为两大阵营——Commons Logging 和 Slf4j。

由于 Logback 的迅速发展，有反超 Log4j 的势头，于是 Apache 于 2012 年重写了 Log4j1. x，使其具有 Logback 的所有特性而升级为 Log4j2。

2. 日志框架关系

Log4j2 是 Log4j 的升级版本。Log4j2 基本上把 Log4j 版本的核心全部重构了，而且基于 Log4j 做了很多优化和改变，因此不兼容 Log4j。

Commons Logging 和 Slf4j 是日志门面，而 Log4j 和 Logback 则是具体的日志实现方案。可以简单地理解为接口与接口的实现，目的是做到解耦。

比较常用的组合使用方式是 Logback 与 Slf4j 组合使用，Log4j 与 Commons Logging 组合使用。由于 Logback 和 Slf4j 是同一个作者，因此二者具有良好的兼容性。

3. 日志框架选择

如果是开发一个新项目，建议使用 Slf4j 与 Logback 组合，其优越性见表 6-3。

表 6-3　Commons Logging 对比 Slf4j

角　度	Commons Logging	Slf4j
实现机制	Commons Logging 是通过动态查找机制，在程序运行时，使用自己的 ClassLoader 寻找和载入本地具体的实现。由于 OSGi（Open Service Gateway Initiative）不同的插件使用独立的 ClassLoader，虽然这种机制保证了插件互相独立，但是其机制限制了 Commons Logging 在 OSGi 中的正常使用	Slf4j 在编译期间静态绑定本地的 LOG 库，因此可以在 OSGi 中正常使用。它是通过 org. slf4j. impl. StaticLoggerBinder 类来完成绑定工作的

（续）

角　度	Commons Logging	Slf4j

性能	相对来说，某些关键操作性能比较高。为了减少构建日志信息的开销，通常的做法是加上判断语句。
	例：
	if(log. isDebugEnabled( )) {
	log. debug(" User " + user. getName( ) + " buy goods" + good. getName( )) ;
	}
		拥有更好的性能。把构建日志的开销放在确认需要显示这条日志之后，减少了内存和 CPU 的开销；另外使用占位符号，代码也更为简洁。
		例：
		log. debug(“User {} ,buy goods {}”, user. getName( ) ,good. getName( )) ;

文档	只提供部分免费文档	所有文档免费

另外，Slf4j 与其他各种日志组件的“拼接”方案见表 6-4。

表 6-4　Slf4j 拼接开源 API

拼接 Jar 包	说　明
Slf4j-logj12-1. 7. 13. jar	Log4j1. 2 版本的桥接器，需要将 Log4j. jar 加入到 classpath 中
Slf4j-jdk14-1. 7. 13. jar	Java. util. logging 的桥接器，JDK 原生日志框架
Slf4j-jcl-1. 7. 13. jar	Jakarta Commons Logging 的桥接器，将 Slf4j 所有日志委派给 JCL
Logback-classic-1. 0. 13. jar	Slf4j 的原生实现，Logback 直接实现了 Slf4j 的接口，因此 Slf4j 与 Logback 的结合使用也意味着更小的内存与计算开销
Slf4j-simple-1. 7. 13. jar	一个简单实现的桥接器，该实现输出所有事件到 system. err，只有 info 以及高于该级别的消息被打印
Slf4j-nop-1. 7. 13	NOP 桥接器，丢弃一切日志

在实际环境中还会经常遇到同一个系统中使用了不同的组件，而这些组件本身使用的日志框架却不同的情况，例如：Spring Framework 使用的日志组件是 Commons Logging，XSocket 依赖的则是 Java Util Logging。当在同一项目中使用不同的组件时，就需要统一日志框架，而此时的不二选择就是 Slf4j。所以，就需要把它们各自的日志输出重定向到 Slf4j，然后 Slf4j 又需要根据绑定器，再把日志交给具体的日志实现工具。Slf4j 带有几个桥接模块，可以把 Log4j、Jcl 和 Jul 重定向到 Slf4j，见表 6-5。

表 6-5　Slf4j 重定向开源 API

重定向 Jar 包	作　用
Log4j-over-slf4j-version. jar	将 Log4j 重定向到 Slf4j
Jcl-over-slf4j-version. jar	将 Commons Logging 里的 SimpleLogger 重定向到 Slf4j
Jul-to-slf4j-version. jar	将 java. util. logging 重定向到 Slf4j

在使用 Slf4j 桥接时要注意避免形成死循环，在项目依赖的 JAR 包中，不要存在表 6-6 所示情况。

表 6-6　Slf4j 桥接死循环条件

死循环的条件	原　因
Log4j-over-slf4j. jar 和 Slf4j-log4j12. jar 同时存在	ZQ＊4 由于 Slf4j-log4j12. jar 的存在会将所有的日志调用委托给 Log4j，又由于 Log4j-over-slf4j. jar 的存在，会将所有对 Log4j. api 的调用委托给相应等值的 Slf4j

（续）

死循环的条件	原　因
Jul-to-slf4j. jar 和 Slf4j-jdk14. jar 同时存在	由于 Slf4j-jdk14. jar 的存在会将所有的日志调用委托给 JDK 的 Log，又由于 Jul-to-slf4j. jar 的存在，会将所有对 jul. api 的调用委托给相应等值的 Slf4j

6.2 安全架构设计

6.2.1 安全设计原则

安全架构（Authorize）是系统访问的安全架构设计。系统安全是软件重要的组成部分，包含的内容非常多，很容易过度设计或者设计不足。本节系统阐述一般软件应该考虑的最核心的安全要素，而对于特殊系统，可以根据客户需求，考虑额外的安全策略。以下为系统安全设计原则：

（1）从系统设计之初就应考虑安全

在考虑系统体系结构的同时就应该考虑相应的安全体系结构。

（2）实现安全控制的极小化和隔离性

并不是建立的控制越多就越安全，争取用最小开销构建最大的安全体系。另外，安全组件要与其他组件隔离开来。

（3）安全相关功能必须结构化

具有一个好的体系结构，安全相关的部分能够被确定，总体上能够很快对系统进行检查。

（4）实施极小特权

不应该让某些用户具有过高的权限。

（5）使安全性友好

增加安全性不要给合法用户带来负担。

（6）考虑未来需求

在条件允许的情况下，应尽量考虑未来可能面临的安全需求。

（7）安全性不依赖于保密

要告诉用户整个系统的安全架构体系（包括硬件设施）。

6.2.2 安全注册

安全注册方式主要有三种，见表 6-7，系统设计时需要根据用户的具体需求进行适当选择。

表 6-7　安全注册方式

方　式	说　明	特　点	安全验证方式
用户注册	用户访问网站后，进行会员注册的常用方式	用户自己控制登录信息；系统对用户的管理会比较方便；但是要防止恶意注册（机器注册）以及保证账号的安全性；一般用在开放性系统中，如论坛	注册时，填入注册必要信息后，一般还需要手机短信验证或者邮箱安全验证

（续）

方　式	说　明	特　点	安全验证方式
系统注册	由系统统一生成账号与密码，用户获得注册信息后再登录系统	系统账号相对比较安全；一般用在企业内部封闭性系统中，如企业内部 OA 系统	初次登录时，需要在一定期限内修改密码来保障账号安全
第三方授权	使用第三方提供的控件进行注册，用户信息默认为用第三方插件登录时传递来的信息。例如使用微信扫描登录、QQ 登录等	对用户省时省力，但是对于系统开发来说比起前两种实现方式要相对难一些；一般用在社交与购物网站	每次登录时，都需要用户进行授权以保证系统安全

其中对于系统注册方式的页面转移图，如图 6-2 所示。

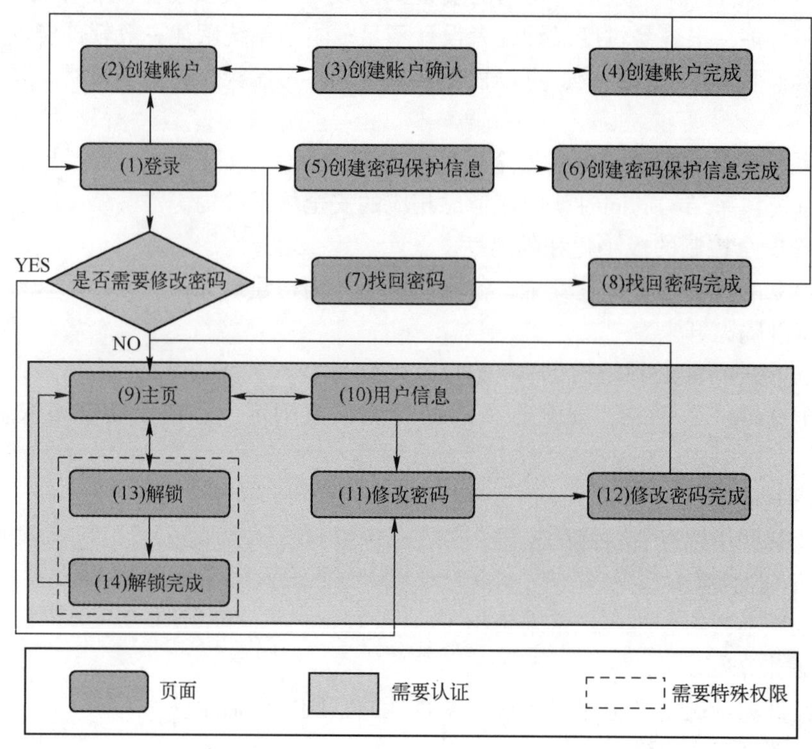

图 6-2　系统注册页面转移图

6.2.3　认证

1. 安全登录

认证（Authentication）指的是确认用户是否为系统有效用户的处理。根据注册方式的不同，认证方式也不一样（本书以最常用的用户注册方式与系统登录认证为例来说明）。认证又分为前台安全验证与后台安全验证。

（1）前台安全验证方式

前台安全验证方式分为字符输入验证与图片操作验证两种。字符验证指的是显示此页面时，后台产生一个字符串（一般为四位）以图片的形式显示，在用户登录时，必须输入与此图片一致的字符才可以进行登录，如图 6-3 所示。

图 6-3　字符输入验证

图片操作验证指的是在页面验证区，滑动图片验证；或者图片选择验证（或按照某一顺序单击图片上文字），如图 6-4 所示。

图 6-4　滑动图片验证与图片选择验证

（2）后台安全验证方式

后台安全验证的处理方式如图 6-5 所示，其中前半部分是典型的安全处理，之后的“其他处理”为各个系统所特有的登录处理。

另外，在其他处理中，有些系统会对访问 IP 进行控制，控制方式又分为范围排他型与个别特定限制型。范围排他型指的是限制一定区域的 IP 访问（例如禁止日本地区的客户访问）。个别特定限制型，指的是只允许特定 IP 地址的客户访问网站信息。这种应用在大型企业与政府部门中广泛应用（如政府有几个办事处，只允许这几个办事处的 IP 地址的客户来访问重要信息）。

2. 安全退出

（1）删除 Session 信息

在默认情况下，Session 对象在关闭浏览器后并不是立刻被销毁。因此，为了系统安全，在用户退出时，需要使用 clear( ) 或 invalidate( ) 方法即刻清除 Session 信息，防止他人盗用 Session 对象中的信息。

（2）删除 Cookie 信息

为了系统安全需要使用“setCookie(name, "", -1);”方法来删除 Cookie。

3. 密码找回

在用户忘记密码时，可以通过以下三种方式找回密码。

（1）手机验证码

发送手机短信的系统中，可以使用短信验证码方式。

（2）提示问题

在首次登录系统时，可以强制让用户选择或者填写找回密码的提示问题。一般设置 1~3 个问题，全部答对就可以重新设置密码，如图 6-6 所示。

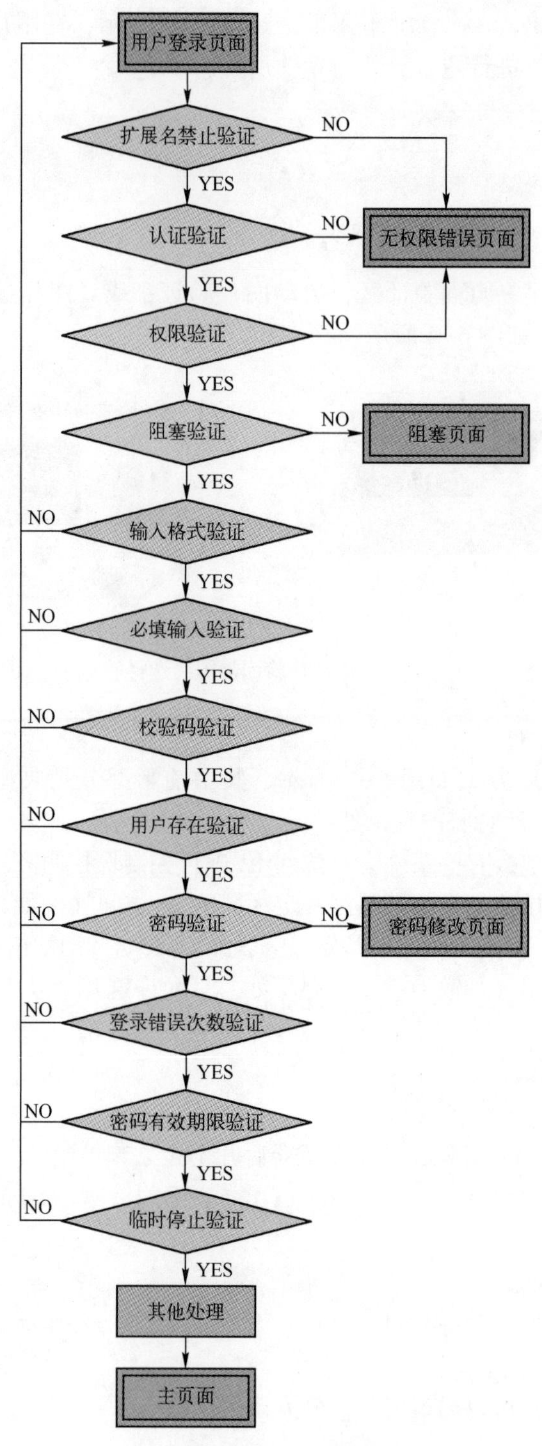

图 6-5　登录安全验证方式

（3）有效 URL

在用户使用邮箱登录时，可以向用户邮箱发送安全验证 URL，其格式为：

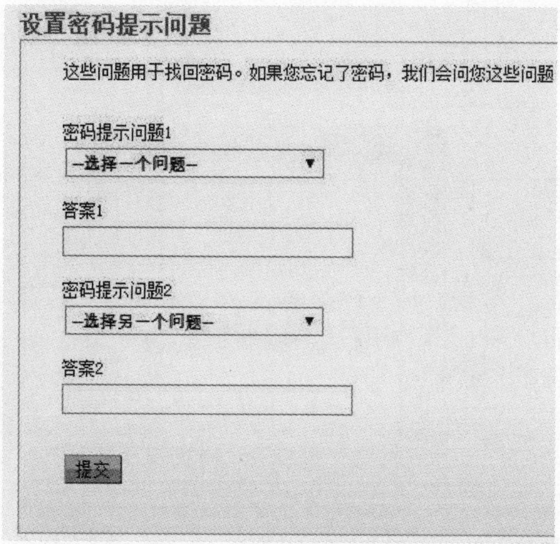

设置密码提示问题

这些问题用于找回密码。如果您忘记了密码，我们会问您这些问题

密码提示问题1

--选择一个问题--

答案1

密码提示问题2

--选择另一个问题--

答案2

提交

图 6-6　设置密码提示问题

```
{baseUrl}/reissue/resetpassword? form&token={token}
```

1）baseUrl。应用程序的基本 URL。

2）token。UUID version4 形式的文字串（36 个字符，128 位）。

另外，URL 验证的有效期限一般设置为 30 min，过期后需要重新生成。

6.2.4　SSL 与 HTTPS

1. SSL

SSL（Secure Socket Layer）即安全套接字协议，是一个 TCP 连接之间安全交换信息的协议，提供了以下功能：

1）认证用户和服务器，确保数据发送到正确的客户机和服务器。

2）加密数据以防止数据中途被窃取。

3）维护数据的完整性，确保数据在传输过程中不被篡改。

1999 年，SSL 已经成为互联网上的事实标准，IETF 就在当年把 SSL 标准化为传输层安全协议（Transport Layer Security，TLS），后来两者被并列称为 SSL/TLS，可以视两者为同一个东西的不同阶段。

Java SE 中提供了 Keytool 工具支持 SSL 连接的实现，一般需要实现客户端与服务端的互相认证，实现过程如图 6-7 所示。

2. HTTPS

HTTPS（HyperText Transfer Protocol Secure）即安全超文本传输协议，它由 Netscape 研发，用于对数据进行压缩和解压操作，并返回网络上传送回的结果。HTTPS 是以安全为目标的 HTTP 通道，应用了 SSL 作为 HTTP 应用的子层。简单来说，HTTPS 是 HTTP 的安全版，即在 HTTP 基础上加入了 SSL 层，HTTPS 的安全基础就是 SSL，如图 6-8 所示。浏览器在访问 HTTPS 时会增加一个锁的标志。

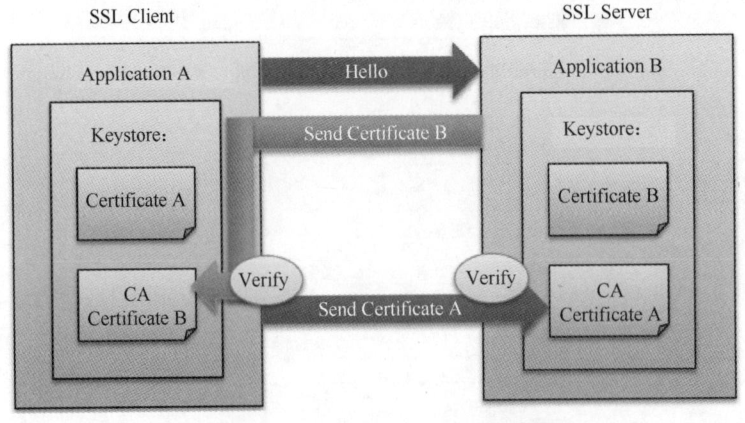

图 6-7　客户端与服务器端双向认证

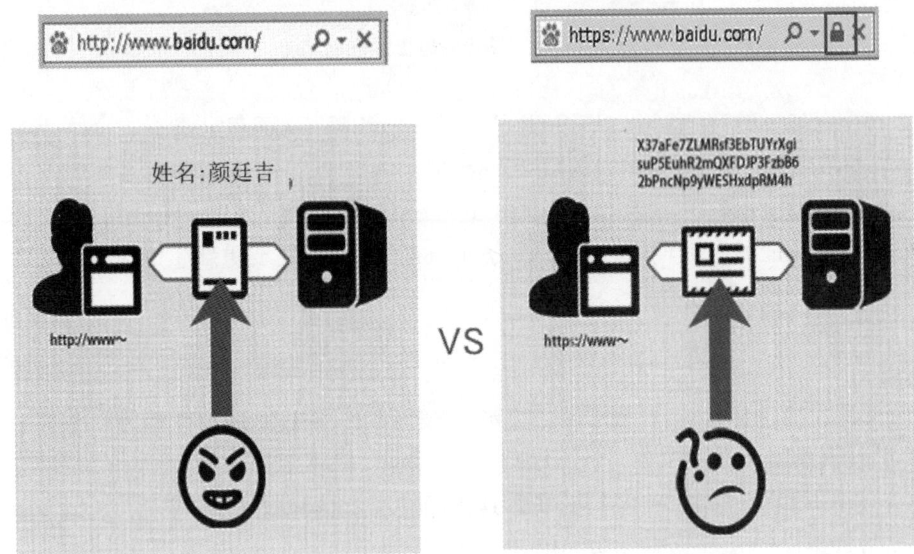

图 6-8　浏览器访问 HTTP 与 HTTPS 区别

6.2.5　CSRF

CSRF（Cross Site Request Forgery），跨站请求伪造。可以理解为攻击者盗用客户身份，以客户的名义发送恶意请求。CSRF 所带来的危害主要是以客户名义发送邮件、发消息、盗取账号、甚至购买商品、虚拟货币转账等，从而造成个人隐私泄露以及财产安全问题。图 6-9 简单阐述了 CSRF 攻击的原理。

对于 CSRF 攻击的最佳对策就是使用 Token，这个 Token 的值必须是随机的、不可预测的。由于 Token 的存在，攻击者无法再构造一个带有合法 Token 的请求实施 CSRF 攻击。另外使用 Token 时应注意 Token 的保密性，尽量把敏感操作由 GET 改为 POST，以 Form 或 AJAX 形式提交，避免 Token 泄露。

CSRF 的 Token 仅用于对抗 CSRF 攻击。当网站同时存在 XSS 漏洞时，这个方案也就失效了。所以 XSS 带来的问题，应该使用 XSS 的防御方案予以解决。

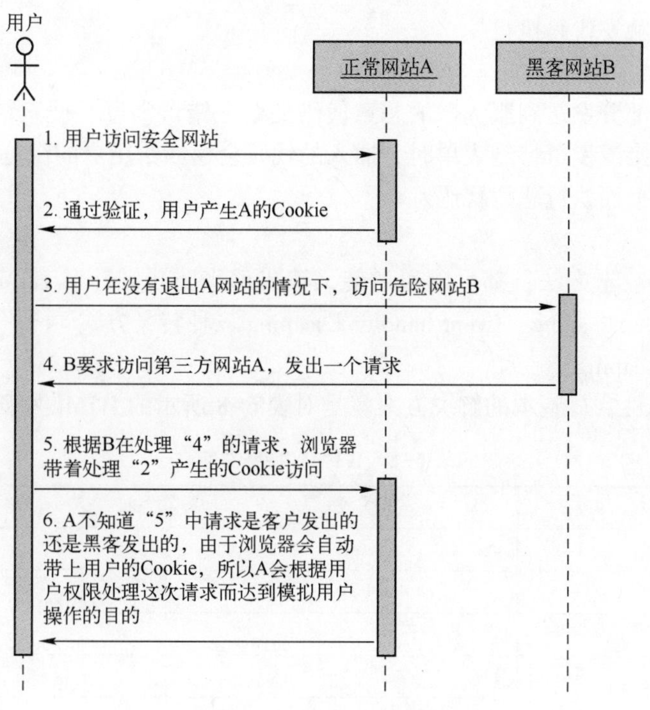

图 6-9　CSRF 攻击模型

6.2.6　XSS

1. 概述

跨站脚本攻击（Cross Site Scripting），为了不和层叠样式表（Cascading Style Sheets）的缩写混淆，将跨站脚本攻击缩写为 XSS。恶意攻击者往 Web 页面里插入恶意代码，当用户浏览该页时，嵌入其中的恶意代码会被执行，从而达到恶意攻击用户的目的。XSS 所带来的危害主要有以下 5 点：

1）盗取各类用户账号以及企业重要的具有商业价值的资料。

2）通过 document. cookie( ) 盗取 Cookie。

3）利用合理的客户端请求来占用过多的服务器资源，从而使合法用户无法得到服务器响应。

4）利用 Iframe、Frame、XMLHttpRequest 或 Flash 等方式，以（被攻击）用户的身份执行一些管理动作或执行一些一般的操作（如发微博、加好友、发私信等）。

5）利用可被攻击的域受到其他域信任的特点，以受信任来源的身份请求一些平时不允许的操作（如进行不当的投票活动、非法转账等）。

2. 类别

XSS 攻击分为存储型和反射型两种。

（1）存储型

攻击代码存储在服务器上，这种 XSS 比较危险，容易造成蠕虫。例如，在个人信息或发表的文章中加入代码，如果没有过滤或过滤不严，那么这些代码将储存到服务器中，用户访问该页面的时候触发代码执行。

（2）反射型

作为请求的一部分发送到服务器的恶意代码夹杂在错误消息、搜索结果和各种响应中。当用户单击恶意链接或发送特制表单时，插入的代码会返回给用户的浏览器。浏览器会因信赖服务器发来的数据而执行恶意代码。

3. 防御方法

无论 XSS 哪种攻击方法，都可以通过转义输出值来防止。针对 HTML 语言，有 Output Escaping、JavaScript Escaping、Event handler Escaping 三种转义方式。

（1）Output Escaping

针对 XSS 脆弱性，最基本的解决方案就是对表 6-8 所示的 HTML 特殊文字进行转义。

表 6-8 HTML 特殊文字

编 号	转 义 前	转 义 后
1	&	&
2	<	<
3	>	>
4	"	"
5	'	'

转义方法见表 6-9。

表 6-9 HTML 转义方法

编号	方 法	例 子	备 注
1	f:h()	<td>${f:h(customerForm.job)}</td>	f:h()为 EL 表达式的一个方法
2	<fmt:formatDate>	<fmt: formatDate value = " ${form.date}" pattern = " yyyyMMdd" />	JSTL 标签
3	<fmt:formatNumber>	<fmt: formatNumber value = " ${f: h (form.price)}" pattern = " ###,###" />	JSTL 标签

（2）JavaScript Escaping

JavaScript 必要的转义字符见表 6-10。

表 6-10 JavaScript 转义字符

编 号	转 义 前	转 义 后
1	<	\x3c
2	>	\x3e
3	"	\"
4	'	\'
5	\	\\
6	/	\/
7	\	\\

所使用的方法为 EL 中的 f:js()方法，使用示例如下：

```
<script  type="text/javascript">
  var v1 = '${f:js(warnCode)}';
  document.write(v1);
</script>
```

（3）Event handler Escaping

如果有<input type="submit" onclick="callback('xxxx');">这样的代码，当“xxxx”为“');alert("XSS Attack");//”时，就会引入别的 Script 代码，变成字符串之后还需要再次执行 HTML 转义方法。因此 EL 表达式给出了 f:hjs()方法，等同于${f:h(f:js())}。

6.3 权限架构设计

6.3.1 概述

权限架构（Authorization），是赋予用户访问系统资源（功能与文件）的权限设计。根据系统业务需求，权限设计可简单也可复杂。但无论简单与否，设计系统的权限架构时都要考虑权限策略，也就是系统有哪些角色，不同角色在访问系统时，所允许访问的资源对象有哪些。

对功能资源的控制，根据权限粒度的粗细，一般分为菜单级别（菜单又可以分为一级、二级等级别）与按钮级别。对文件资源的控制，一般以访问 URL 的后缀来进行控制（如禁止访问以“.jsp”“.js”等为文件名的资源）。

6.3.2 设计技巧

从实践中总结的权限架构设计技巧有以下 3 点：

（1）权限赋予

角色设计，是进行权限管理通用的解决方案。具体来说就是先设计好角色，然后给角色赋予访问的功能权限，再把角色授予客户。客户登录时，到数据库读取其所属的角色，之后再读取角色对应的权限，根据这种权限策略来动态分配菜单及所能访问的按钮。这样就可以巧妙解决系统权限设计的问题。

（2）权限控制

权限的控制方式有静态控制与动态控制。静态控制，就是设定好客户权限后保持固定不变。登录系统后，根据提前设定好的权限内容来访问资源。动态控制，指的是根据系统运行情况，动态设定客户访问资源权限——这种实现方式就是权限阻塞功能。完美的高品质权限控制系统需要静态与动态控制相互配合。

（3）权限验证

经过设计的功能（功能 ID）会保存在数据库里，客户登录系统后会读取相应的权限，然后放在会话（Session）信息里面。客户在访问任何资源时（通过单击链接或者按钮访问或者手动直接输入资源 URL），都要根据所授予的权限范围对其权限进行验证。

图 6-10 为一般系统常用权限架构图，“**”为对应关系中的“多对多”关系（例如：

用户可以有多个角色，角色也可以赋予多个用户）。

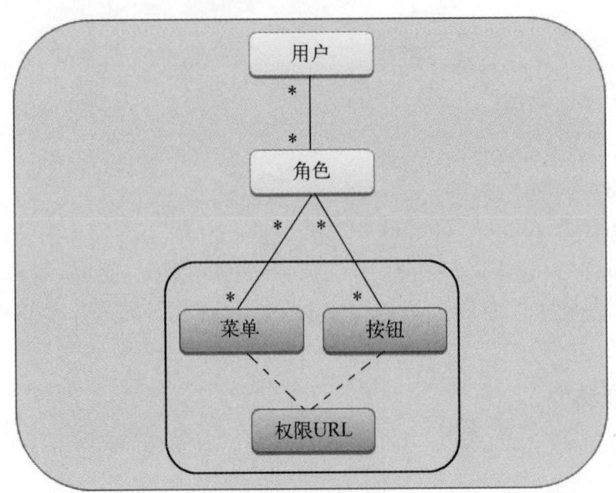

图 6-10　权限架构

6.4　验证架构设计

6.4.1　概述

验证架构是用户输入数据验证时的架构设计。输入数据的验证系统，包括单项目验证（字段类型、长度、必填项等方面的验证）与相关项目验证（字段之间的相关逻辑验证）。如果验证系统设计不好，会使存入数据库的数据出现纰漏，有时甚至会导致致命错误。如果系统出现不可信数据，将会带来不可估量的损失。

6.4.2　设计技巧

对于 BS 架构的系统来说，一般分为前台验证与后台验证。Java 技术里，前台一般用 JS 进行验证，这种验证不仅可以及时反馈用户输入信息正确与否，还可以减少客户端与服务器端之间的通信量。但是这种验证存在潜在的风险——如果客户故意屏蔽了 JS 功能，那么就不会对前台数据进行校验。此时，如果系统再没有后台验证机制，那么这个系统就会存在很高的风险。因此，无论是否存在前台验证，后台验证是必不可少的。验证架构如图 6-11 所示。

从实践中总结的验证架构设计技巧如下：

（1）单项目验证

单项目验证，属于非短路性验证（设计时原则上要把所有的单项目错误都验证完，有错才返回错误页面），一般框架会提供验证工具（如 SpringMVC 中，可以使用即存注解进行验证），如果配合自动化代码生成工具，这部分代码会自动生成（代码的全自动化）。

（2）相关项目验证

相关项目验证，属于短路性验证（一旦有错就返回错误页面），利用自动化代码生成工具，可以生成代码文件的基本框架（代码的半自动化），而具体的内部逻辑代码需要程序员手动完成。

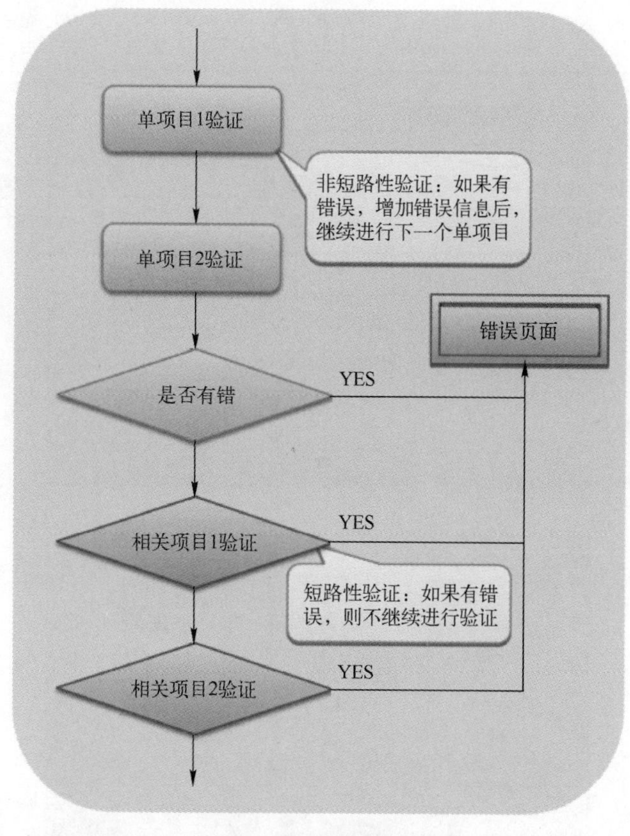

图 6-11　验证架构

6.5　异常架构设计

6.5.1　概述

异常架构是系统发生异常时的架构设计。如果异常设计得非常糟糕，那么会给系统维护与开发带来灾难性的后果。在 Java 领域，其 API 已经提供了基本的异常架构体系，但在大型系统的开发中还远远不够，需要进行合理扩展。以 SpringMVC 架构为例，异常的控制分为 Web 容器处理以及 Spring 处理。应用程序扩展异常，如果是全局性的，一般在 Web 容器里处理；如果是业务性的，一般在 Spring 里处理。另外，在 Spring 内部又分为控制层异常（Dispatch、Domain）、业务层异常（Application）以及持久层异常（Infrastructure），如图 6-12所示。

6.5.2　异常分类

执行应用程序时发生的异常有 3 大类，见表 6-11。

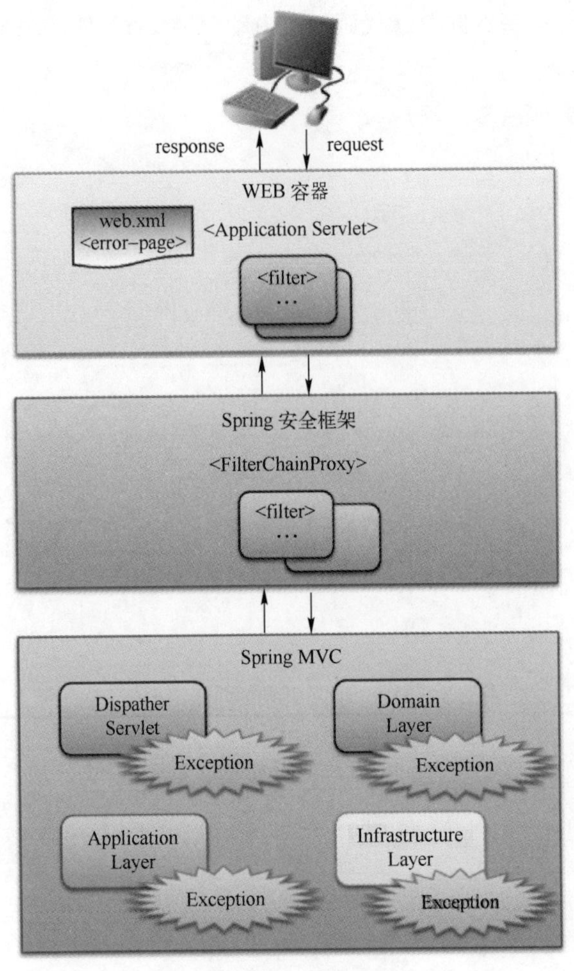

图 6-12 异常架构概念图

表 6-11 异常大分类

编号	大 分 类	说 明	详 细 种 类
1	客户再次操作可以避免的异常	需要在业务代码中进行捕获，之后再进行异常处理（Handling）	① 业务异常 ② 正常运行时发生的库异常
2	客户再次操作不可避免的异常	需要在框架代码中进行捕获，之后再进行异常处理（Handling）	③ 系统异常 ④ 预期外的系统异常 ⑤ 致命异常
3	客户端不正确操作引起的异常	需要在框架代码中进行捕获，之后再进行异常处理（Handling）	⑥ 因请求错误而发生的框架异常

其中编号 1 是需要程序员关注的异常，编号 2 与 3 是需要架构师关注的异常。根据异常性质又详细分为 6 种，见表 6-12。

表 6-12　异常详细种类

编号	种类	说　明	案　例	运营者处理与否
1	业务异常	在业务逻辑层发生了预想内的违反业务规则的异常（编码时程序员用自定义异常进行处理）	① 购买商品时库存为 0 ② 预约旅行，预约日过期时	不需要
2	正常运行时发生的库异常	框架或者库（Library）内发生的异常，为预想内的异常	① org.springframework.dao.OptimisticLockingFailureException（乐观排他异常） ② org.springframework.dao.PessimisticLockingFailureException（悲观排他异常） ③ org.springframework.dao.DuplicateKeyException（唯一约束异常）	不需要
3	系统异常	系统正常运行时，在控制层或者业务逻辑层，检测到了不应该有的状态而抛出的异常	应该存在的文件夹、文件、数据字典等不存在时，需要当做系统异常处理时（如文件操作时发生的 IOException）	需要（一个系统定义一个系统异常即可）
4	预期外的系统异常	系统正常运转时，发生了非检查异常（无法 try-catch）	① 应用程序、框架、库中潜在的 BUG ② java.lang.NullPointerException（潜在 BUG 引起的异常） ③ org.springframework.dao.DataAccessResourceFailureException（数据库异常时发生的异常）	需要（必要时需要架构师一起分析）
5	致命异常	发生了影响系统使用的致命错误，为 java.lang.Error 继承的类抛出（无法 try-catch）	java.lang.OutOfMemoryError（内存不足）	需要（必要时需要架构师一起分析）
6	因请求错误而发生的框架异常	框架检测到了错误请求时发生的异常，为 SpringMVC 框架内发生的异常	① org.springframework.web.HttpRequestMethodNotSupportedException（只允许 POST 方法发送的请求路径，而使用了 GET 方法时发生的异常） ② org.springframework.beans.TypeMismatchException（使用@PathVariable 时，URL 值的类型不能正常转换时发生的异常）	不需要（客户端操作错误）

6.5.3　异常处理方式

以 SpringMVC 框架为例，应用程序发生异常时，有 4 种处理方式，见表 6-13。

表 6-13　异常处理方式

编号	处理方式	说　明	异常处理目的
1	try-catch	以 Request 为单位进行处理（在 Controller 的方法内处理）	① 建议用户在一个 Use Case 流程的某个部分重新开始
2	@ExceptionHandler	以 Use Case 为单位进行处理（Controller）	② 建议用户在一个 Use Case 流程的开头重新开始
3	HandlerExceptionResolver	以 Servlet 为单位进行处理	③ 系统出现非正常状态而发生异常来通知用户 ④ 请求内容不正确而发生异常来通知用户
4	error-page	致命错误（SpringMVC 管理外发生的异常）	⑤ 检测到致命异常来通知用户 ⑥ 显示层（JSP）发生异常来通知用户

其中编号 1 与 2 是需要程序员设计与编码的异常，编号 3 与 4 是需要架构师设计与编码的异常。4 种异常处理的示意图，如图 6-13 所示。

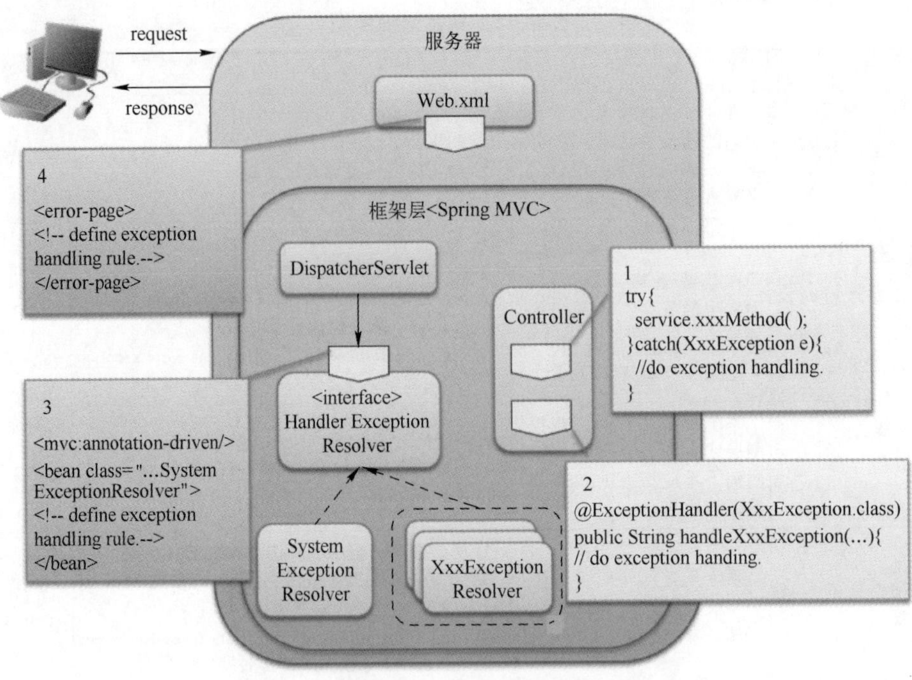

图 6-13　异常处理场所

配置<mvc：annotation-driven>时 HandlerExceptionResolver 会自动生效，其相关类的作用与处理优先级，见表 6-14。

表 6-14　HandlerExceptionResolver 处理内容

类	优先级	作　用
ExceptionHandlerExceptionResolver	order=0	@ExceptionHandler 注解的处理类（用在 Controller 中的方法上，来调用相应的异常处理），也是 ResponseStatusExceptionResolver 进行异常处理时的必要注解
ResponseStatusExceptionResolver	order=1	@ResponseStatus 注解的处理类（用在类上），根据其指定的值调用 HttpServletResponse 的 sendError（int sc，String msg）
DefaultHandlerExceptionResolver	order=2	SpringMVC 内发生的框架异常处理类，根据异常对应的 HTTPResponse 码调用 HttpServletResponse 的 sendError(int sc，String msg)

另外，如果 HandlerExceptionResolver 不能处理时，调用 SystemExceptionResolver 进行处理。

异常处理根据异常处理目的又分为 6 种，见表 6-15。

表 6-15　异常处理目的

编号	异常处理目的	异 常 种 类	处 理 方 法	处理单位
1	建议用户在一个 Use Case 流程的某个部分重新开始	① 业务异常	应用程序内（try-catch）	Request
2	建议用户在一个 Use Case 流程的开头重新开始	① 业务异常 ② 正常运行时发生的库异常	应用程序内（@ExceptionHandler）	Use Case

（续）

编号	异常处理目的	异常种类	处理方法	处理单位
3	系统出现非正常状态而发生异常来通知用户	③ 系统异常 ④ 预期外的系统异常	框架内（在 spring-mvc.xml 配置处理规则）	Servlet
4	请求内容不正确而发生异常来通知用户	⑥ 因请求错误而发生的框架异常	框架内	Servlet
5	检测到致命异常来通知用户	⑤ 致命异常	Servlet 容器内（在 web.xml 配置处理规则）	Application
6	显示层（JSP）发生异常来通知用户	⑥ 因请求错误而发生的框架异常	Servlet 容器内（在 web.xml 配置处理规则）	Application

6.5.4 异常处理目的

表 6-15 所示的 6 种异常处理目的的发生场景以及处理流程如下：

（1）建议用户在一个 Use Case 流程的某个部分重新开始

在某购物网站购物时，库存不足而发生的业务异常。这种情况下，向用户提示库存数量不足的消息，转移到订单数量修改页面即可。其处理流程如图 6-14 所示。

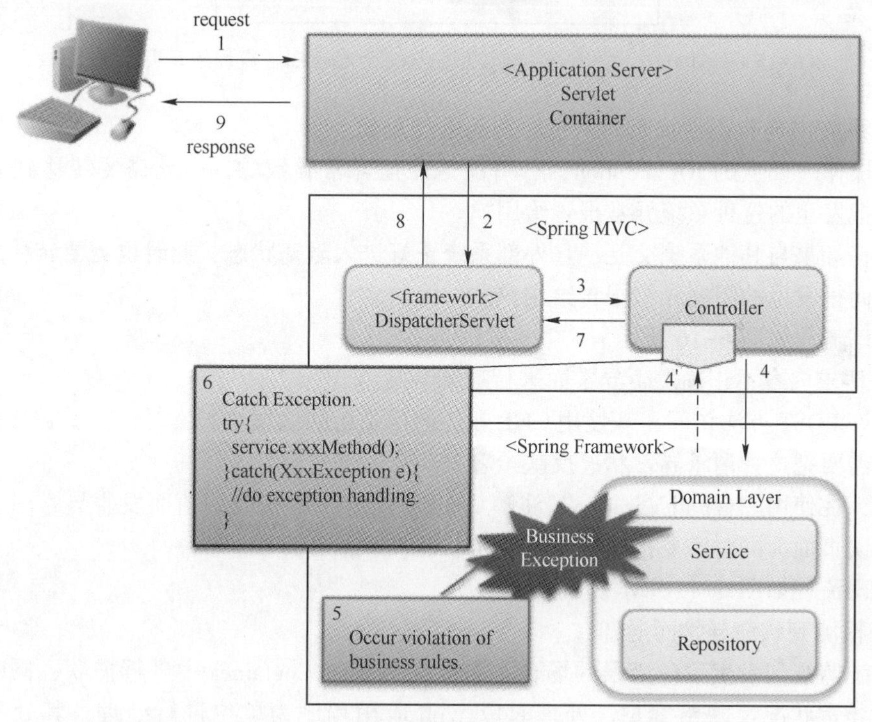

图 6-14 处理方法示意图——建议用户在一个 Use Case 流程的部分重新开始

（2）建议用户在一个 Use Case 流程的开头重新开始

在某购物网站，网站管理员 A 在对某一款产品数据进行更新时，发现此产品信息被管理员 B 进行了更改而发生了乐观排他错误。此时需要获取产品的最新信息后，管理员 A 才可以进行数据的更新，因此需要从此 UseCase 起始页面进行重新操作（例如：检索页面）。

其处理流程如图 6-15 所示。

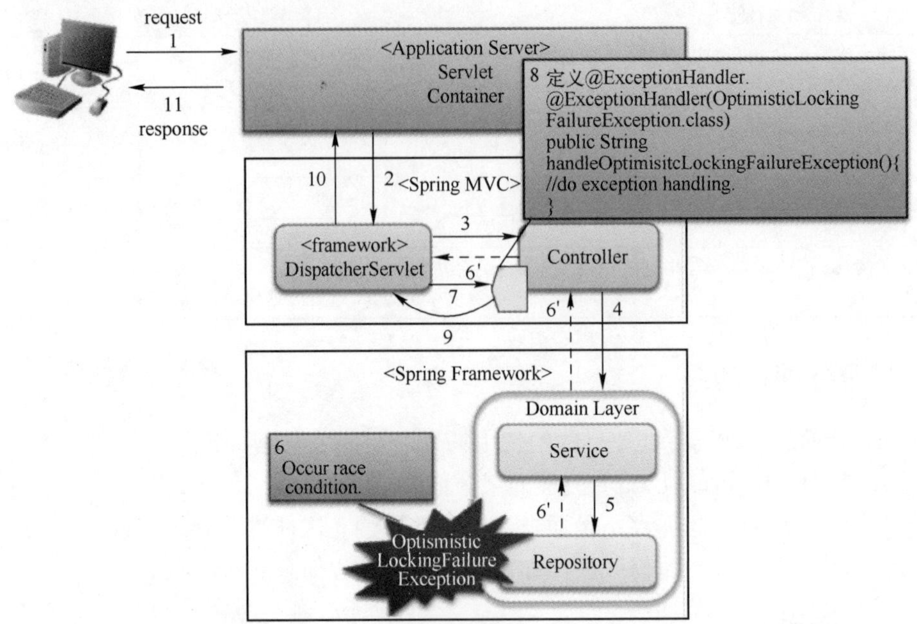

图 6-15　处理方法示意图——建议用户在一个 Use Case 流程的开头重新开始

（3）系统出现非正常状态时发生异常而进行通知

文件操作时发生的 IOException，有可能是磁盘异常导致的，因此需要转移到系统错误页面，并把发生的这种系统异常报告给用户。

另外，如果与其他系统交互，且外部系统正好进入阻塞状态，此时也需要转移到系统错误页面，而把发生的阻塞异常报告给用户。

其处理流程如图 6-16 所示。

（4）请求内容不正确发生异常而进行通知

只允许 POST 方法访问，却使用 GET 方法进行了访问而发生异常时，需要转移到错误页面，同时需要把这种请求异常状况反映给客户。

另外，在使用“@PathVariable”注解从 URL 提取不出相应的值而发生异常时，也需要转移到错误页面，同时需要把这种请求异常状况反映给客户。

其处理流程如图 6-17 所示。

（5）检测到致命异常而通知

当系统监视到发生致命错误的场合，需要在 Servlet Container 中进行捕获，同时需要把这种请求异常状况反映给客户。处理时以 Web 应用程序为单位进行处理，其处理流程如图 6-18 所示。

（6）显示层（JSP）发生异常而通知的场合

在显示层发生的错误，需要在 Servlet Container 中进行捕获，同时需要把这种请求异常状况反映给客户。在处理时以 Web 应用程序为单位进行处理，其处理流程如图 6-19 所示。

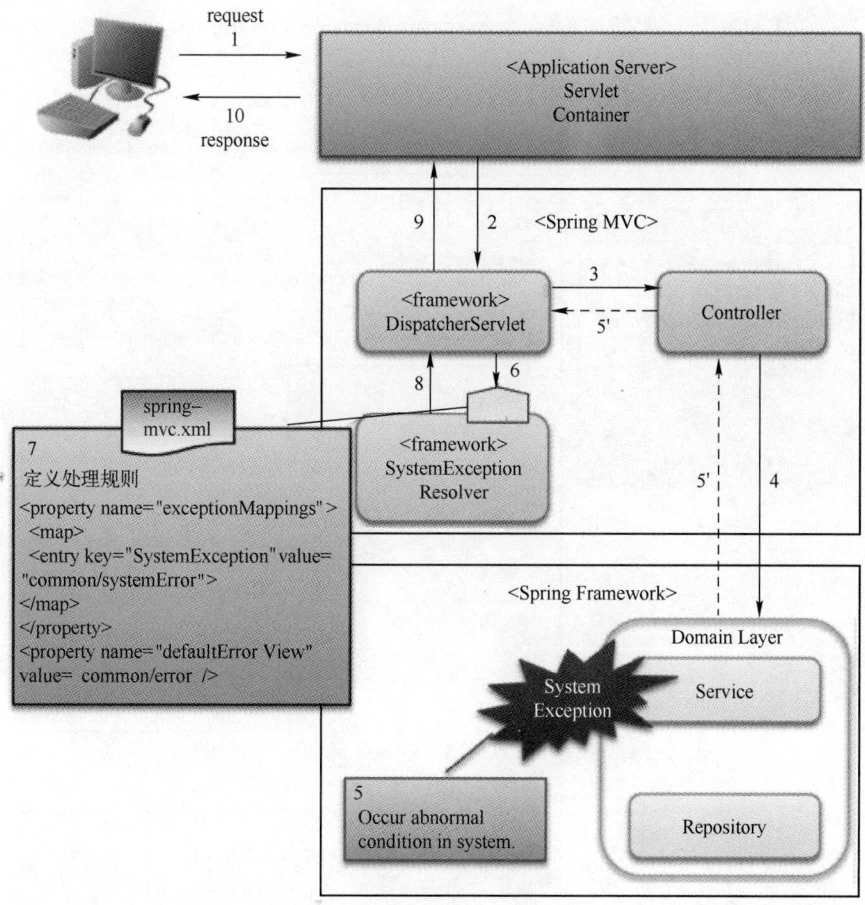

图 6-16 处理方法示意图——系统出现非正常状态时发生异常而进行通知

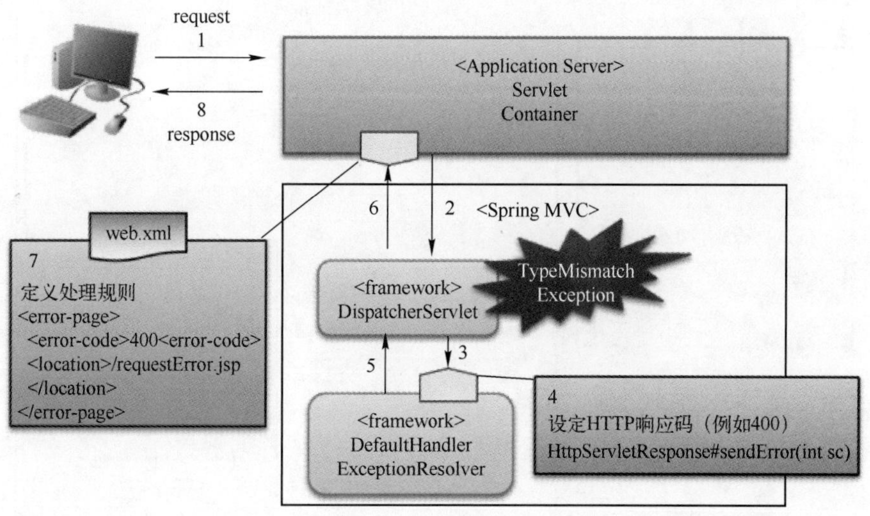

图 6-17 处理方法示意图——请求内容不正确发生异常而进行通知

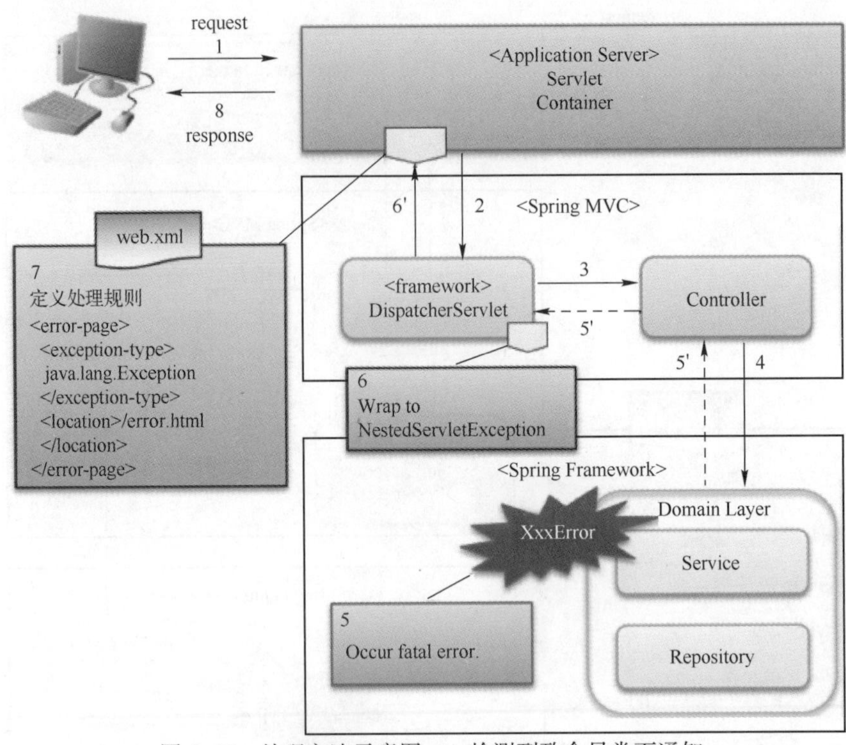

图 6-18　处理方法示意图——检测到致命异常而通知

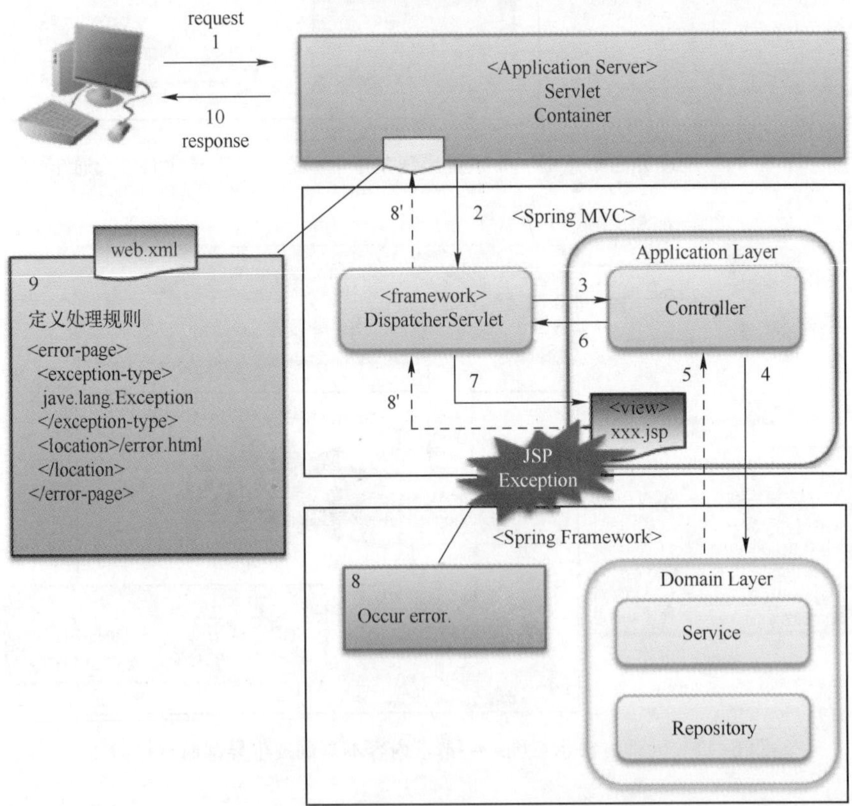

图 6-19　处理方法示意图——显示层发生异常而通知的场合

6.5.5 异常处理流程

异常及 Stack Trace 的日志输出信息，可以使用共通库提供的类（Filter 或者 Interceptor）。异常及 Stack Trace 之外的信息，在有必要输出日志的情况下，需要在各个逻辑处理内部分别加入。

（1）以请求为单位，在 Controller 类内部进行异常处理的基本流程

以请求为单位进行异常处理时，需要在 Controller 类的代码中，使用 try-catch 进行处理。图 6-20 为用户自定义业务异常类（com. itedu. common. exception. BusinessException）进行处理基本流程，日志信息使用客户扩展的拦截器（com.itedu.common.exception.ResultMessagesLoggingInterceptor）进行输出。

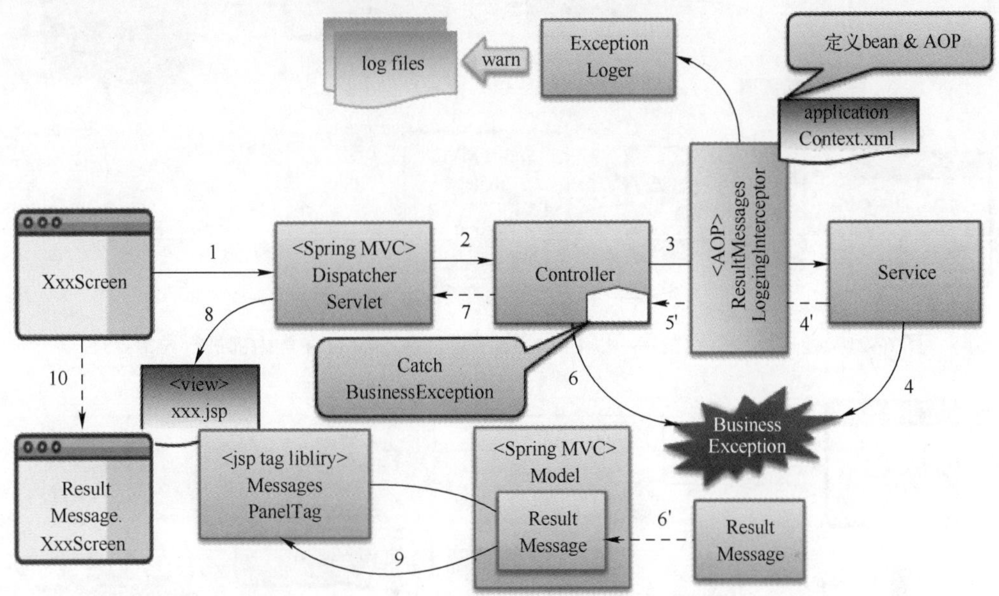

图 6-20　处理流程示意图——以请求为单位在 Controller 类内部进行异常处理

（2）以 Use Case 为单位，在 Controller 类内部进行异常处理的基本流程

以 Use Case 为单位进行异常处理时，需要在 Controller 类的代码中使用@ExceptionHandler 进行捕获后来处理。图 6-21 为用户自定义异常类（XxxException）进行处理基本流程，日志信息根据 HandlerExceptionResolver 使用客户扩展的拦截器（com.itedu.common.exception. HandlerExceptionResolverLoggingInterceptor）进行输出。

（3）以 Servlet 为单位，使用框架进行异常处理的基本流程

以 Servlet 为单位用框架进行异常处理时，使用 SystemExceptionResolver 进行捕获后来处理。图 6-22 为扩展的框架类（SystemException）抛出异常，使用 SystemExceptionResolver 进行处理基本流程，日志信息使用客户扩展的拦截器（com. itedu. common. exception. HandlerExceptionResolverLoggingInterceptor）进行输出。

（4）以 Web 应用程序为单位，使用 Servlet 进行异常处理的基本流程

以 Web 应用程序为单位，使用 Servlet 进行捕获后来处理。此时的异常一般为致命错误，为框架无法处理的异常（如 JSP 内出现的异常，Filter 里发生的异常处理）。图 6-23 为使用

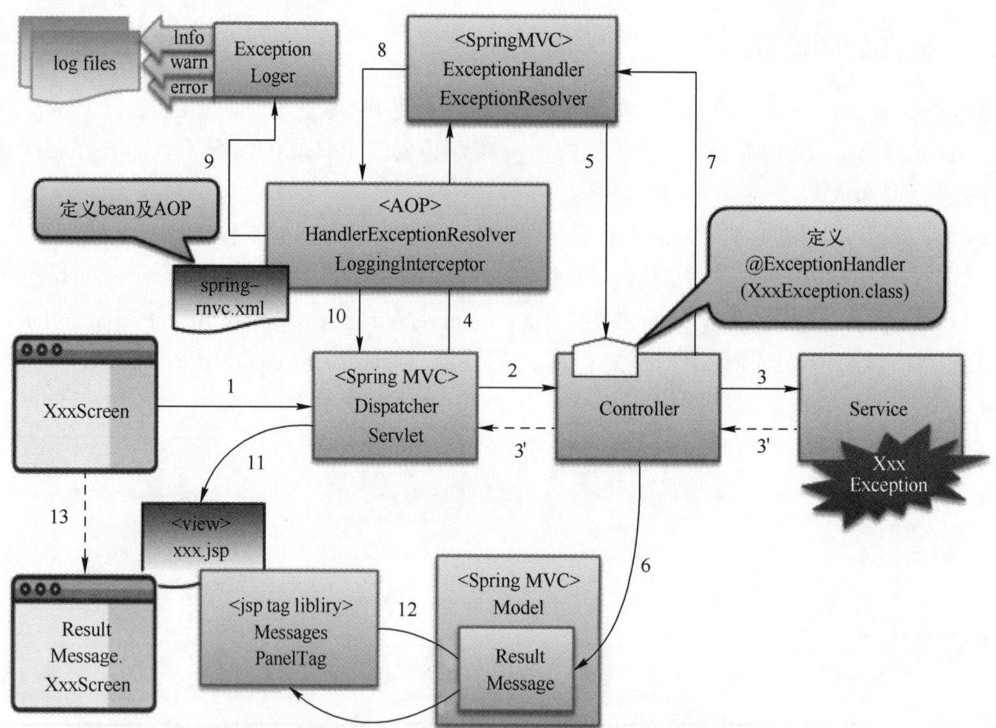

图 6-21 处理流程示意图——以 Use Case 为单位在 Controller 类内部进行异常处理

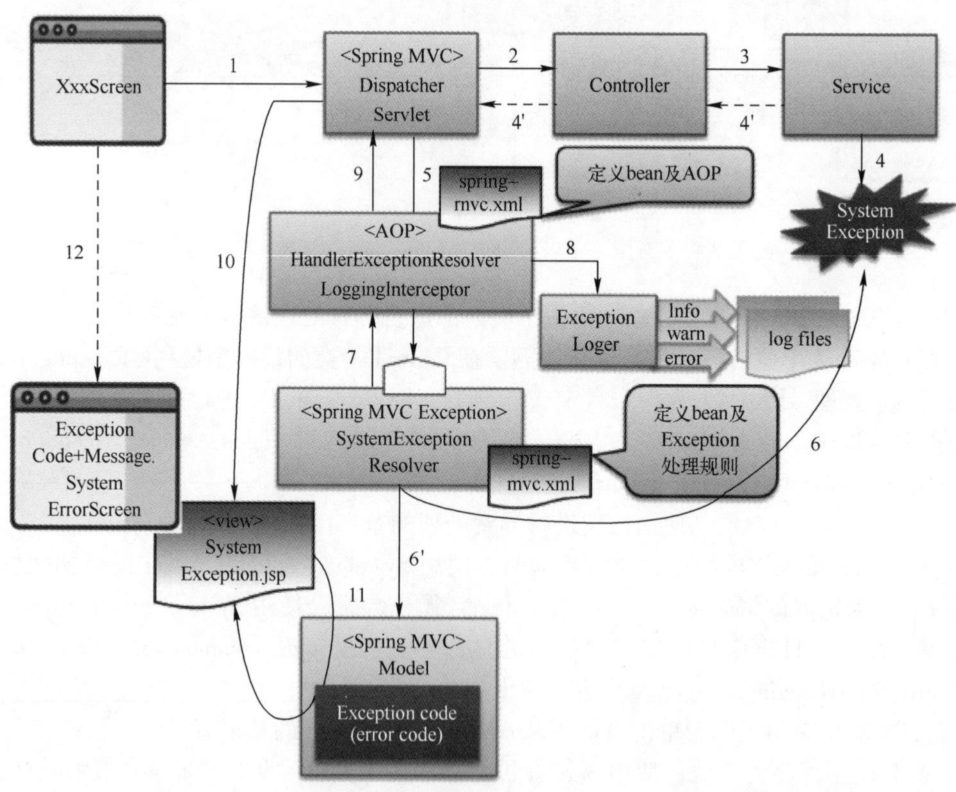

图 6-22 处理流程示意图——以 Servlet 为单位使用框架进行异常处理

"error page" 处理 "java. lang. Exception" 异常的基本流程，日志信息使用客户扩展的拦截器(com. itedu. common. exception. ExceptionLoggingFilter) 进行输出。

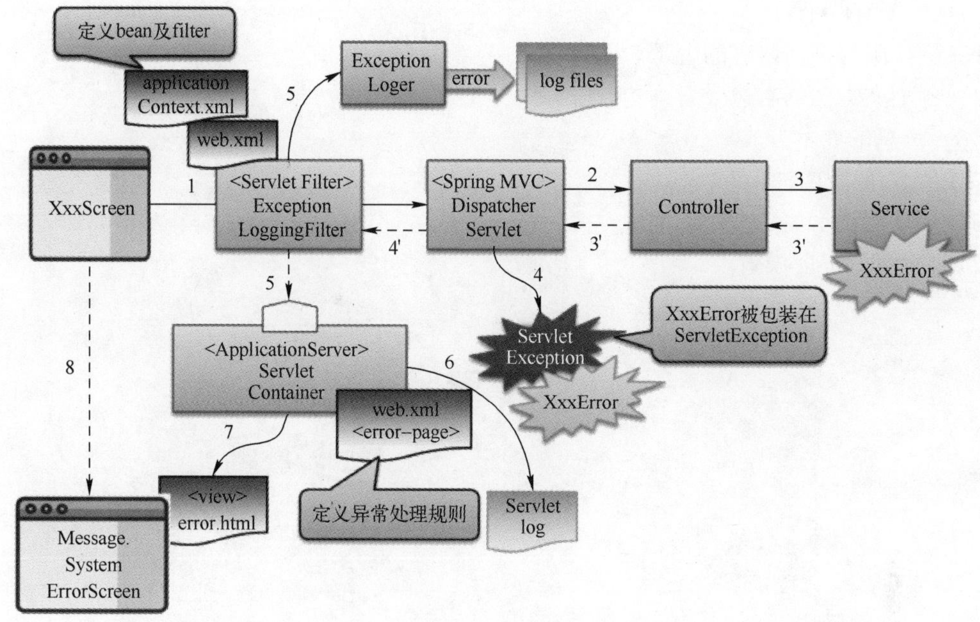

图 6-23　处理流程示意图——以 Web 应用程序为单位使用 Servlet 进行异常处理

6.6　消息架构设计

6.6.1　概述

消息架构是把系统内部信息传递给用户的架构设计，如图 6-24 所示。需要考虑的要素有以下六点：

(1) 消息的来源

消息可以是视图层、控制层、业务层、持久层中的消息，也可以是架构内部的消息。另外，定义位置可以在常量文件、属性文件，也可以直接写在代码里。

(2) 消息的优先级

优先级的种类一般有以下三种：

1) 同样消息，因在不同文件内定义而优先级不同。

2) 同样消息，虽在同一文件内定义，因定义格式不同而优先级不同。

3) 同样消息，因不同的消息来源而优先级不同。

(3) 消息的分类

消息一般分为错误消息、警告消息与提示消息。

(4) 消息的标识

消息的标识主要有以下三点：

1) 对于消息类别是否需要用不同的颜色以及图标进行区别。

2) 消息在统一区域显示时，是否单击消息就可以直接跳转到相应的文本框。

3）相应的文本框是否需要用背景色进行提示。

（5）消息的位置

消息位置有两个：

1）最显眼的页面内容的上部。

2）各个文本框的右边或者下边。

（6）消息的展示方式

常用的一般有两种：

1）本页面展示。

2）子页面 Mode 模式。

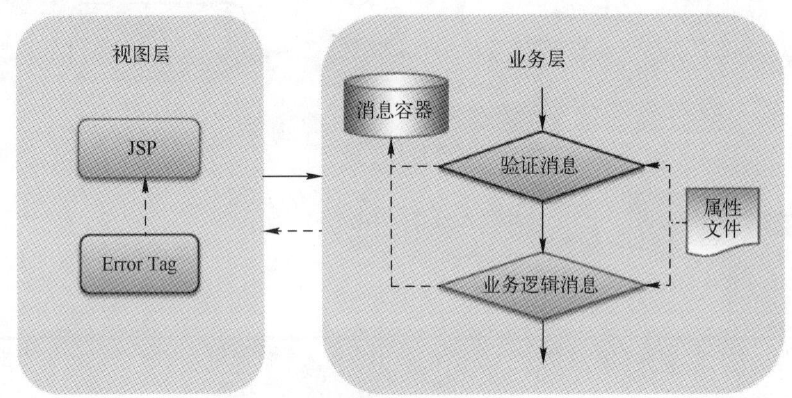

图 6-24　消息架构

6.6.2　设计范例

最为完美的实现方式莫过于 Spring 框架，而且框架考虑到国际化，所涉及的主要类如图 6-25所示。

（1）MessageSource

消息源接口定义了国际化最核心的获取消息的方法，可以获得“编码”“实参数组”“默认消息”“本地化对象”。

（2）HierarchicalMessageSource

分层消息源接口定义了获取父消息源和设置父消息源两个方法，因此实现了该接口的类具备访问父消息源的功能。

（3）MessageSourceSupport

抽象消息源支持抽象类，提供了渲染默认消息的功能，首先它会创建消息格式化对象，并且会把用过的格式化对象缓存起来。

（4）DelegatingMessageSource

代理消息源对象，会把获取消息的任务委托给父消息源对象来处理，如果父消息源对象为 Null，它会判断是否有提供默认消息，如果有的话就会调用父类方法，对默认消息执行格式化操作。

（5）AbstractMessageSource

抽象消息源抽象类，这是 Spring 消息架构的核心类，实现了获取消息的主体逻辑。

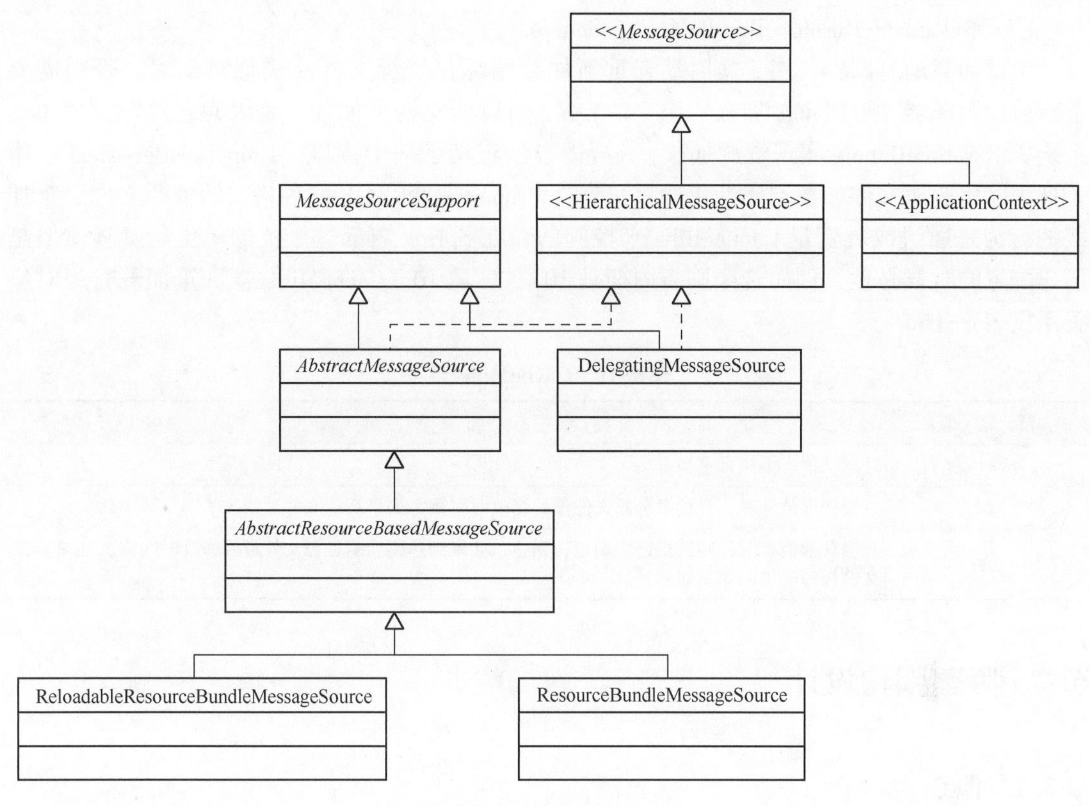

图 6-25　Spring 消息架构

根据编码和本地化对象获取消息格式化对象（抽象方法），然后调用格式化方法渲染消息。

如果未能成功获取消息格式化对象，则委托给父消息源对象。

如果父消息源为 Null 或者父消息源也未能成功获取消息，并且默认消息不为 Null，则调用超类方法渲染消息。

如果默认消息为 Null，则判断是把 Code 作为消息返回还是抛出异常，这个行为由成员变量 useCodeAsDefaultMessage 来控制，默认值是 False，所以会抛出异常。

上面的第一个步骤是获取消息格式化对象，并且被定义成抽象方法，说明需要派生类实现，方法的入参是 Code 和本地化对象，可以参考 Java 的 API 对 MessageFormat 类构造方法的定义。

无论哪个构造方法，都需要传入消息（可能包含占位符），那么消息从哪里来呢？是从用户配置的国际化资源文件根据 Code 获取的。既然派生类要实现获取消息格式化对象的抽象方法，那就说明派生类首先要实现加载国际化资源文件的功能。

（6）ResourceBundleMessageSource

ResourceBundle 消息源类，该类通过 JDK 系统类 ResourceBundle 加载国际化资源文件，由于 ResourceBundle 不支持重写，所以这个实现类不具备重加载的功能。这个类会缓存获取的 ResourceBundle 对象和创建的 MessageFormat 对象。

(7) ReloadableResourceBundleMessageSource

可重加载消息源类，用于实时动态重新加载国际化资源文件（类似热部署，否则需要重新启动服务器才可以重新加载资源文件）。之所以能支持重加载，是因为它并非使用 Java 系统类 ResourceBundle 实现资源加载，Spring 自己定义了一个接口“PropertiesPersister”，用于把国际化资源文件加载到属性集对象，支持 Properties 和 XML 两种格式的资源文件。重加载的行为是通过成员变量 CacheMillis 来控制的，在 Spring 内部这个值的单位是毫秒，但是用户配置的时候是秒，例如希望刷新周期是 10 s，就填 10。CacheMillis 值和重加载行为对应关系见表 6-16。

表 6-16 CacheMillis 值

设 置 值	说 明
-1	默认值，不执行重加载。
0	当获取消息时，只检测资源文件最后修改时间戳，如果资源文件被修改了则重新加载
正数	当获取消息时，判断指定周期是否到达，如果到达再检测资源文件最后修改时间戳，如果资源文件被修改了则重新加载

6.7 阻塞架构设计

6.7.1 概述

阻塞架构是系统运行中对部分用户（在报文交互系统中，“用户”指的是报文数据）或者系统部分功能进行实时停止访问的架构设计，如图 6-26 所示。阻塞设计时需要考虑联机阻塞与批处理阻塞。如果没有实施阻塞，那么对可疑用户或者部分功能安全的实时限制就会比较麻烦，系统的控制品质与安全就会出现隐患。

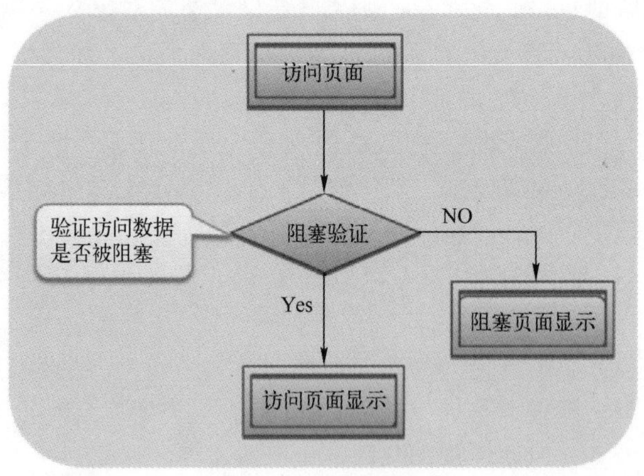

图 6-26 阻塞架构

6.7.2 设计技巧

从实践中总结的阻塞架构设计技巧有以下 3 点：

（1）数据存储方式

阻塞信息（可疑用户账号 ID，功能 ID）的数据存储方式一般只使用数据库。

（2）数据处理方式

为提高性能，需要在系统启动时把相关数据读入内存（一般放在 ApplicationContext 里），在内存中实现数据阻塞匹配。

（3）更新方式

因为阻塞信息也不是一成不变的，需要有动态实时更新的功能。在更新数据库信息时，需要同时更新内存信息。

6.8 数据字典架构设计

6.8.1 概述

数据字典架构又称“编码列表架构（CodeList）”，如图 6-27 所示。在 Web 系统中，其主要功能是把下拉列表表示的数据进行统一读取（在数据库中进行管理或者在配置文件中进行配置）与显示（封装标签），而对于非 Web 系统主要用于提高性能。反过来说，如果没有统一设计，那么每个开发者定义的值可能就会不一样，从而造成编码的混乱。例如：页面项目“性别”，程序员甲在某 JSP 页面设置可能为 Key（“0”“1”）与 Value（“男”“女”），而程序号 Z 在另外某 JSP 页面设置可能为 Key（“1”“2”）与 Value（“女”“男”），从而导致系统中键与值不一致。

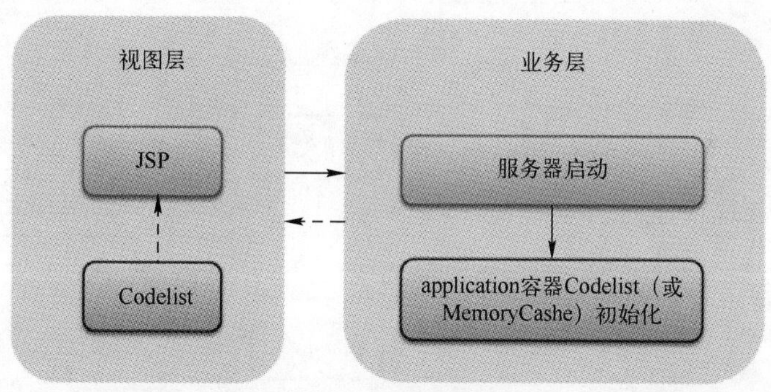

图 6-27　数据字典架构

6.8.2 设计技巧

从实践中总结的数据字典架构设计技巧有以下 3 点：

（1）数据存储方式

数据存储方式有数据库、Properties 以及 CSV 三种形式。

（2）数据处理方式

为提高性能，需要在系统启动时把相关数据读入内存。在内存中（Memory Cache）实现数据的查询与其他操作。

(3) 更新方式

因为数据字典也不是一成不变的，需要有动态实时更新的功能。其实现方式可以采用与 Spring 的 ReloadableResourceBundleMessageSource 一样的机制。

6.9 体系架构之间的关系

八大体系架构之间并不是孤立的，而是相互联系的。如果设计不好，不但影响性能，而且会给开发与维护带来很多困难。以 SpringVMC 架构技术为例，图 6-28 介绍了八大体系架构之间的相互关系。

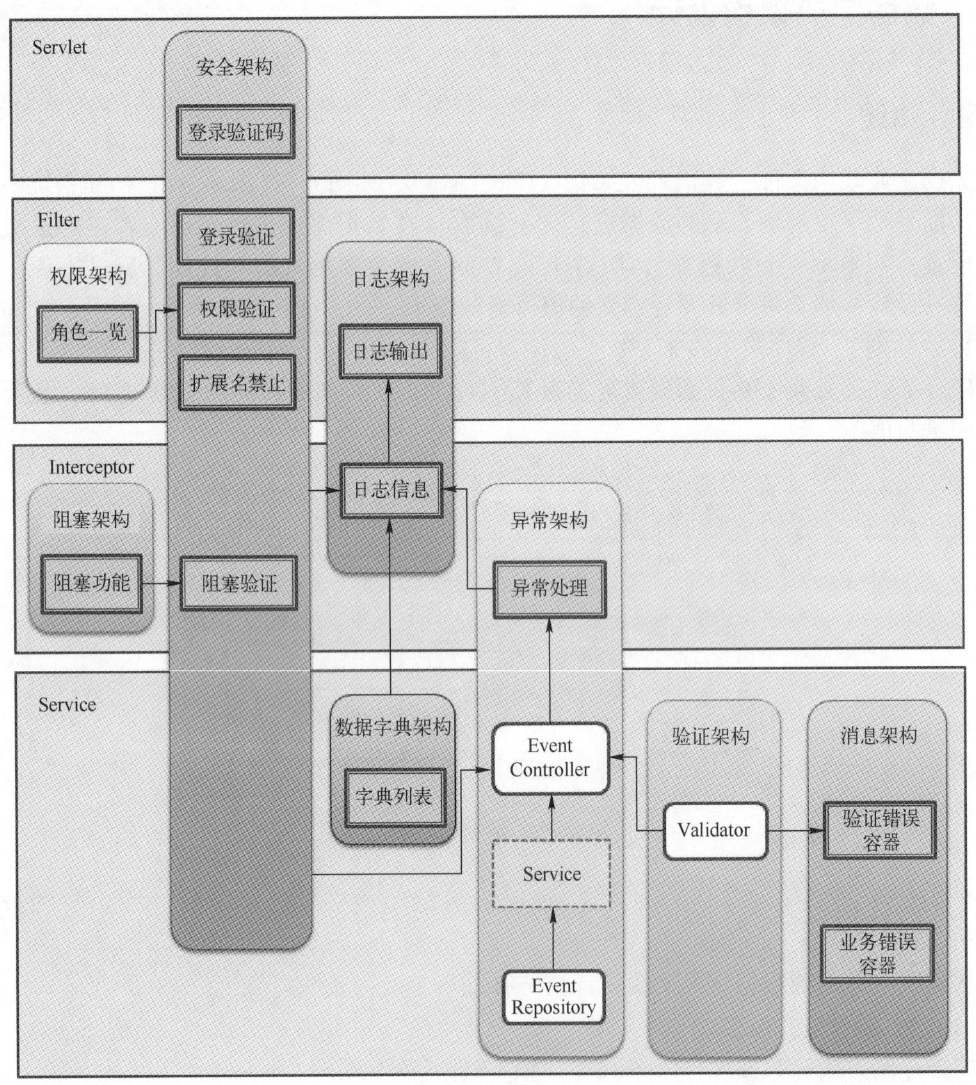

图 6-28 软件横向架构关系

小结

本章介绍了 Java 八大核心架构体系，架构师在设计任何系统时，都必须根据系统本身特点对这些体现结构进行合理的设计，否则就不能算是一个合格的系统。另外，本章以 SpringMVC 为代表，介绍了部分技术细节的实现，如果能掌握其精髓，其他框架亦会融会贯通。

练习题

1. 使用 Logback 按照表 6-1 与图 6-1 要求进行日志配置。
2. 结合 SpringMVC 技术实现图 6-2 所示的功能，实现系统用户注册业务。
3. 按照图 6-5 所示，实现典型的用户登录，并用字符码实现前台安全验证。
4. 使用 Spring Security 实现系统管理员与一般用户角色的菜单、按钮以及方法的权限控制。
5. 实现用户登录时的阻塞控制。
6. 实现数据字典的 Memery Cache 功能，而且可以动态更新已经读入内存的数据（数据来源为 Property 与数据库）。

第 7 章　JavaWeb

在阅读本章内容之前，首先思考以下问题：

1. Tomcat 初始化过程是什么？
2. Tomcat 架构是什么？
3. Tomcat 核心结构由哪两个组件组成？
4. 常用 JavaWeb 服务器有哪些？
5. Struts1 与 Struts2 的区别有哪些？
6. SpringMVC 与 Struts2 的区别有哪些？
7. Hibernate 与 MyBatis 的区别有哪些？
8. 为什么要集成各种框架？

7.1　Web 服务器

7.1.1　服务器种类

随着 JavaWeb 技术的广泛应用，各大厂家亦推出了相应的 Web 服务器，见表 7-1。

表 7-1　JavaWeb 服务器

服务器名	服务器类别	所属组织	是否免费	说　明
Apache HTTP Server	静态	Apache	免费	简称 Apache（阿帕奇），是 Apache 软件基金会的一个开源网页服务器，因具有多平台和高安全性而被广泛使用，是最流行的 Web 服务器之一
Tomcat	动态	Apache	免费	属于轻量级应用服务器，在并发访问用户不是很多的场合下被普遍使用，是开发和调试 JSP 程序的首选
Jetty	动态	Eclipse	免费	一个纯粹的基于 Java 的网页服务器和 Java Servlet 容器
JBoss	动态	Redhat	社区版免费 企业版收费	支持 Java EE，支持 EJB 容器，应用比较广
GlassFish	动态	Orcale	免费	Oracle 开发的 JavaWeb 服务器，目前应用不是很广
Resin	动态	Caucho	个人版免费 企业版收费	是一个非常流行的支持 Servlet 和 JSP 的引擎，速度非常快，应用越来越广
Weblogic	动态	Orcale	收费	用于开发、集成、部署和管理大型分布式 Web 应用、网络应用和数据库应用的 Java 应用服务器
Websphere	动态	IBM	收费	包含编写、运行和监视的综合性跨平台、跨产品解决方案基础设施，用于特大型系统开发

7.1.2 Tomcat

1. Tomcat 架构

Tomcat 内部逻辑非常复杂，但设计非常巧妙，因此掌握了 Tomcat 的核心模块，也就抓住了要点。其总体结构如图 7-1 所示。

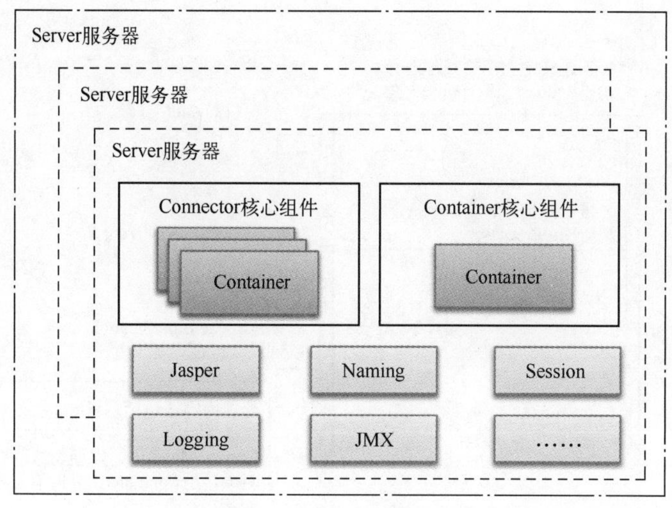

图 7-1　Tomcat 的总体结构

从上图可以看出 Tomcat 的核心模块有两个组件：Connector 和 Container。Connector 主要负责对外数据交互，因为不同的应用场景会用到不同的 Connector，因此 Connector 是可以被替换的，这样就可以给服务器设计者提供更多的选择。Container 主要处理 Connector 接受的请求，一个 Container 可以选择对应多个 Connector，而多个 Connector 和一个 Container 需要通过 Service 进行连接。有了 Service 就可以对外提供服务了，而 Service 的生存环境又是由 Server 提供的。所以整个 Tomcat 的生命周期是由 Server 进行管理的。

Server 要提供服务，需要提供一个接口让其他程序能够访问这个 Service 集合，同时还需要维护它所包含的所有 Service 的生命周期。

Tomcat 中组件的生命周期是通过 Lifecycle 接口来控制的，组件只要继承这个接口并实现其中的方法就可以被拥有它的组件统一控制，这样一层一层地传递下去，直到一个最高级的组件——Server，它可以控制 Tomcat 中所有组件的生命周期。而控制 Server 的是 Startup 命令，该命令可启动和关闭 Tomcat。

2. Connector 组件

Connector 组件的主要任务是负责接收浏览器发送的 TCP 连接请求，将 Socket 连接封装成一个 Request 和 Response 对象，与请求端进行数据交换。之后会产生一个线程来处理这个请求，并把产生的 Request 和 Response 对象传给处理这个请求的线程——Container。

这个过程比较复杂，大体处理流程如图 7-2 所示。

Tomcat 8 中默认的 Connector 是 Coyote，Connector 是可以替换的。Connector 最重要的功能就是接收连接请求然后分配线程让 Container 来处理，所以这必然是多线程的，多线程处理是 Connector 设计的核心。

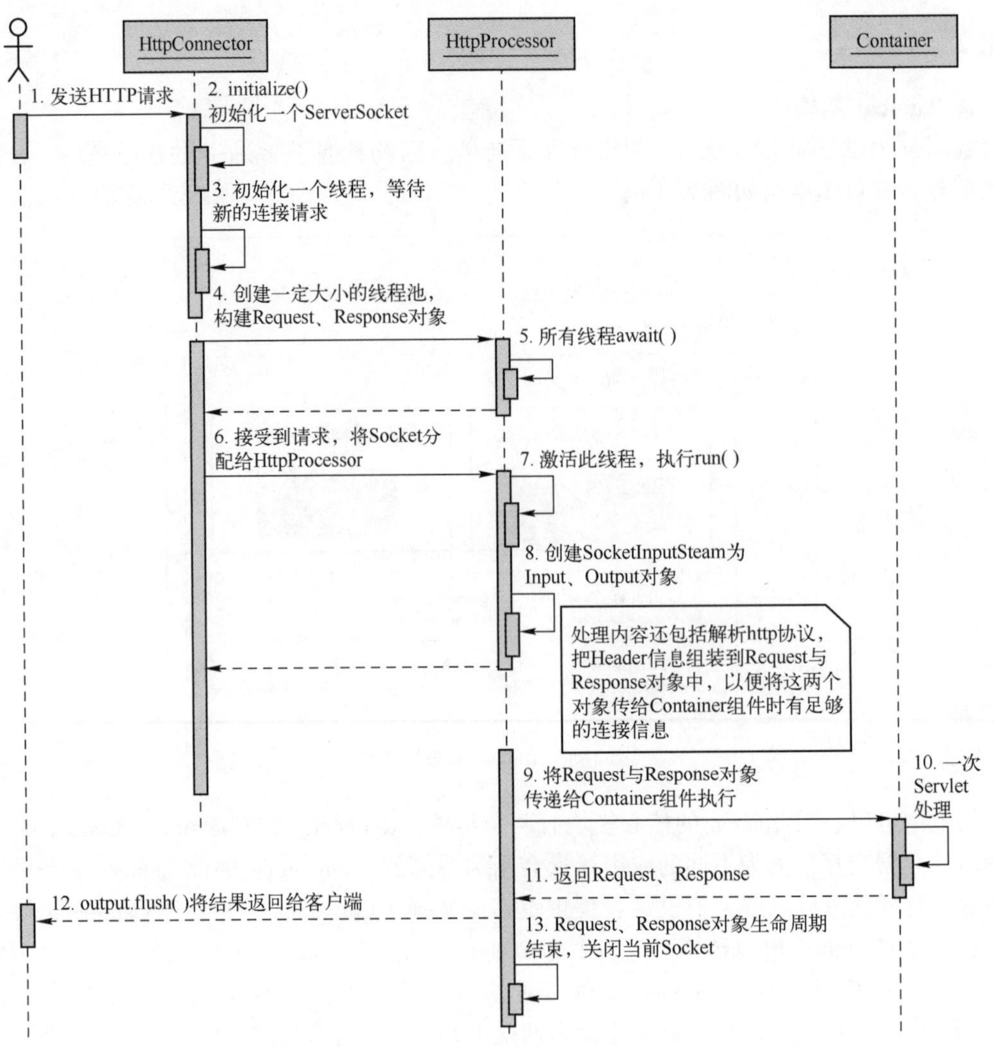

图 7-2　Connector 处理流程

3. Container 容器

Container 是 Tomcat 容器的父接口，所有子容器都必须实现这个接口，Container 容器的设计用的是典型的责任链设计模式，它由 Engine、Host、Context、Wrapper 四个子容器组件构成。这四个组件不是平行的，而是父子关系，Engine 包含 Host，Host 包含 Context，Context 包含 Wrapper。通常一个 Servlet 类对应一个 Wrapper，如果有多个 Servlet 就可以定义多个 Wrapper。

（1）Engine 容器

Engine 容器比较简单，只定义了一些基本的关联关系，它的标准实现类是 StandardEngine。这个类没有父容器，且添加的子容器也只能是 Host 类型的。

（2）Host 容器

Host 是 Engine 的子容器，一个 Host 在 Engine 中代表一个虚拟主机，这个虚拟主机的作用就是运行多个应用程序。它的子容器通常是 Context，除关联子容器外，同时还保存一个主机应该有的信息。

（3）Context 容器

Context 代表 Servlet 的 Context，它具备 Servlet 运行的基本环境，理论上只要有 Context 就能运行 Servlet。Context 最重要的功能就是管理它里面的 Servlet 实例，Servlet 实例在 Context 中是以 Wrapper 出现的。

（4）Wrapper 容器

Wrapper 代表 Servlet，负责管理一个 Servlet，包括 Servlet 的装载、初始化、执行以及资源回收。Wrapper 没有子容器。

Context 可以定义在父容器 Host 中，Host 不是必需的，但是要运行 war 包程序就必须有 Host。因为 war 包中必有 web. xml 文件，这个文件的解析需要 Host，如果有多个 Host 就要定义一个 Top 容器 Engine。而 Engine 没有父容器，一个 Engine 代表一个完整的 Servlet 引擎。

当 Connector 接收到一个连接请求时，将请求交给 Container，Container 经过一系列处理之后，把最终请求再交给 Servlet 处理。这个过程也比较复杂，Engine 和 Host 容器之间的大体处理流程如图 7-3 所示。

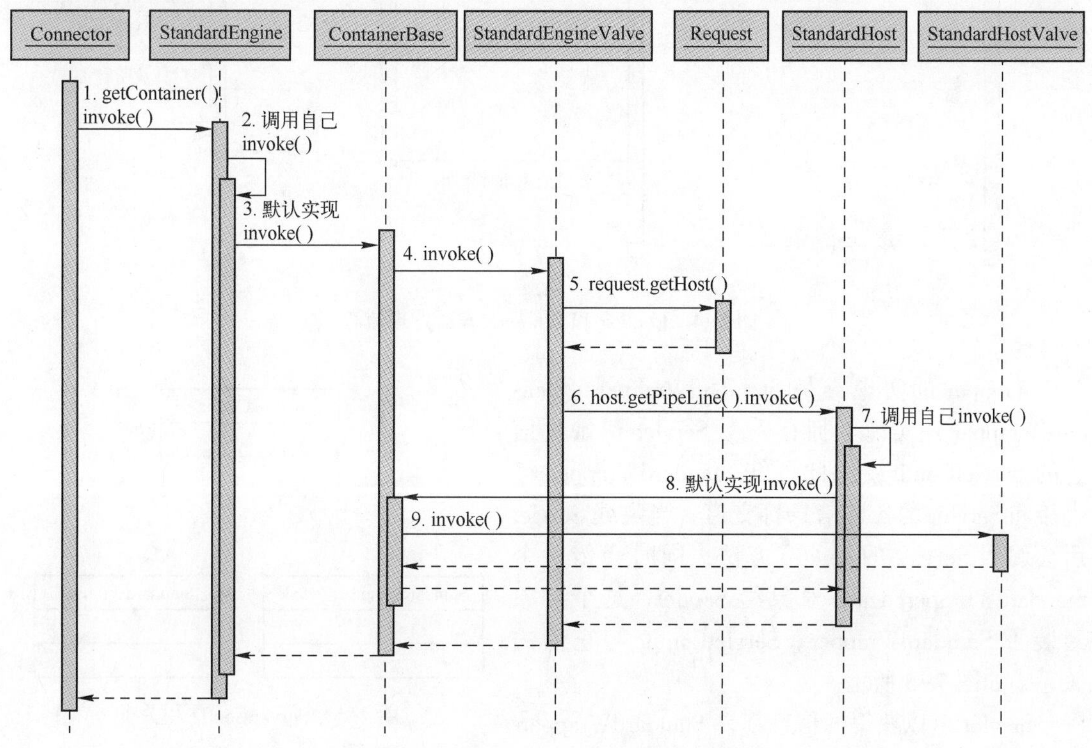

图 7-3　Engine 和 Host 容器处理流程

处理过程中使用了 Pipeline 原理。它是一个管道，Engine 和 Host 都会执行这个 Pipeline，可以在这个管道上增加任意的 Value，Tomcat 会依次执行这些 Valve，而且四个组件都有自己的一套 Value 集合。StandardEngineValve 和 StandardHostValve 是 Engine 和 Host 的默认 Value，负责将请求传给它们的子容器，并继续往下执行。

以上是 Engine 和 Host 容器之间的请求交互过程，Context 和 Wrapper 容器处理时序图如

图 7-4 所示。

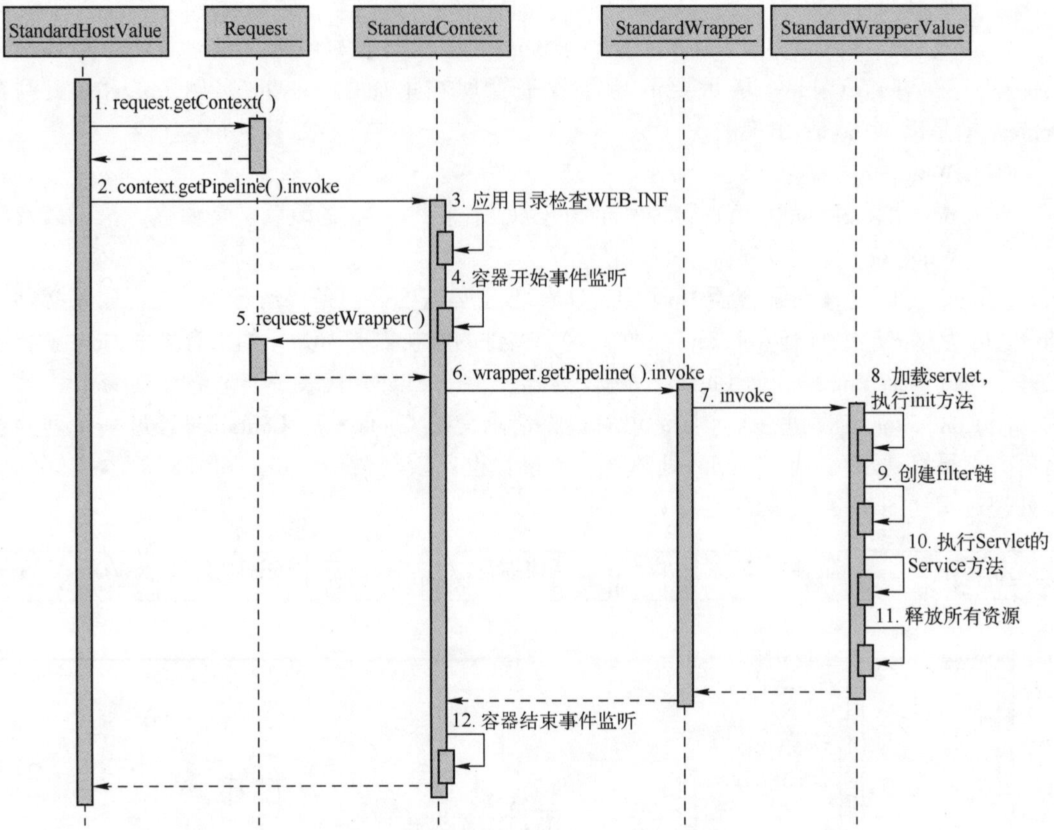

StandardHostValue
Request
StandardContext
StandardWrapper
StandardWrapperValue
1. request.getContext( )
2. context.getPipeline( ).invoke
3. 应用目录检查WEB-INF
4. 容器开始事件监听
5. request.getWrapper( )
6. wrapper.getPipeline( ).invoke
7. invoke
8. 加载servlet，执行init方法
9. 创建filter链
10. 执行Servlet的Service方法
11. 释放所有资源
12. 容器结束事件监听

图 7-4　Context 和 Wrapper 容器处理流程

Wrapper 的实现类是 StandardWrapper，StandardWrapper 还实现了拥有一个 Servlet 初始化信息的 ServletConfig，由此可知 StandardWrapper 将直接和 Servlet 的各种信息打交道。当装载 Servlet 后会调用 Servlet 的 init( ) 方法，同时会传一个 StandardWrapperFacade 对象给 Servlet，这个对象封装了 StandardWrapper。ServletConfig 与它们的关系，如图 7-5 所示。

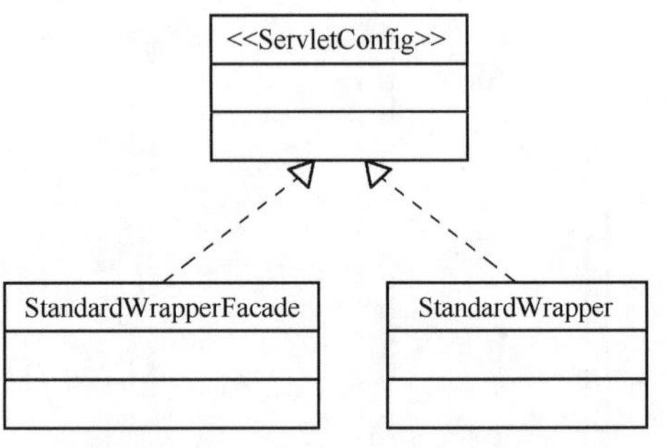

图 7-5　ServletConfig 相关类

Servlet 可以获得的信息都在 StandardWrapperFacade 中进行封装，而这些信息又是在 StandardWrapper 对象中获得的。当 Servlet 被初始化完成后，等待 StandardWrapperValve 调用它的 service( ) 方法，而调用 service( ) 方法之前要调用 Servlet 所有的 Filter。

4. Tomcat 初始化

Web 应用的初始化工作是在 ContextConfig 的 configureStart( ) 方法中实现的，应用的初始化主要是解析 web. xml 文件，这个文件描述了一个 Web 应用的关键信息，也是一个 Web 应用的入口。web. xml 文件中的各个配置项将会被解析成相应的属性保存在相应的对象中。如果当前应用支持 Servlet 3.0，解析还将完成额外 9 项工作，这些工作主要是 Servlet 3.0 新增的特性，包括 JAR 包中的 META-INF/web-fragment.xml 的解析以及对注解的支持。

接下去会将 web.xml 对象中的属性设置到 Context 容器中，包括创建 Servlet 对象、Filter、Listener 等。这段代码在 web.xml 的 configureContext()方法中。除了将 Servlet 包装成 StandardWrapper 并作为子容器添加到 Context 中，其他所有 web.xml 属性都被解析到 Context 中，所以说 Context 才是真正运行 Servlet 的 Servlet 容器。一个 Web 应用对应一个 Context 容器，它的配置属性由应用的 web.xml 指定，这样就能理解 web.xml 到底起到什么作用了。

7.1.3 服务器集群

在 Java 企业级大型系统开发中，一般需要开发静态网页与动态网页。静态网页往往用于动态网页系统维护期间声明性质等内容，动态网页用来实现业务功能。因此服务器也需要静态服务器与动态服务器结合，常用的技术是由一台 Apache 与多台 Tomcat 服务器配合起来组成服务器集群，来实现负载均衡与静动网页结合，如图 7-6 所示。

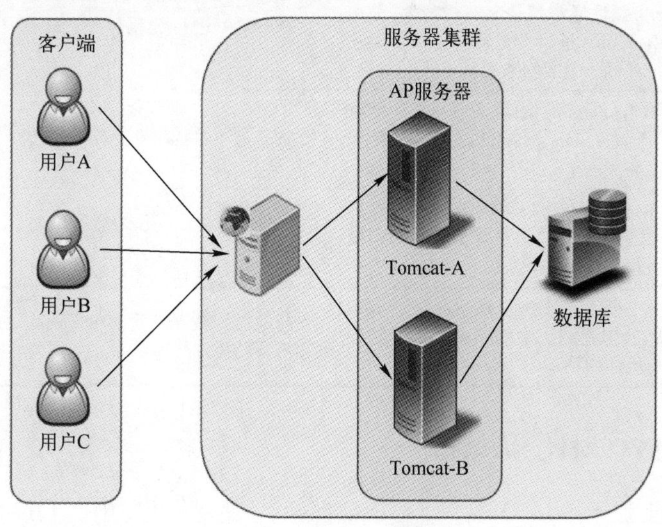

图 7-6 服务器集群

7.2 框架对比

7.2.1 Struts1 对比 Struts2

Struts1 是 Apache 组织在 2000 年发起的，曾在 2005 年升级为最顶级优先项目，当时在全球红极一时，成为 Web 开发的首选框架。随着技术的进步，它在最初设计时的一些先天缺陷逐渐暴露，所以渐渐被其他框架所取代，最著名的就是由 WebWork 发展而来的 Struts2。因此，2008 年 10 月 4 日，Struts 发布了最终版本 1.3.10 之后就没有再发布新的版本，对它的支持也于 2013 年 4 月 5 日终止。两款框架之间的对比见表 7-2。

表 7-2 Struts1 对比 Struts2

视角	Struts1	Struts2
继承关系	要求 Action 类继承一个抽象基类，而不是接口	继承 ActionSupport 类或实现 Action 接口
线程安全	单例模式，Action 资源必须是线程安全的或同步的，会有线程安全问题	为每一个请求都实例化一个对象，不存在线程安全问题
容器依赖	依赖 Servlet API。因为 execute( ) 方法的参数有 HttpServletRequest 和 HttpServletResponse 对象	不需要依赖 Servlet
可测试	依赖 Servlet API，所以测试要依赖 Web 容器，测试难	允许 Action 脱离容器单独被测试
ActionForm	普通的 JavaBean 不能用作 ActionForm，必须继承其提供基类	提供了 ModelDriven 模式，可以让开发者使用单独的 Model 对象来封装用户请求参数，而且该 Model 对象无需继承任何 Struts2 基类，是一个 POJO，从而降低了对代码的污染
显示层支持	支持 JSP 作为表现层技术	不仅支持 JSP，还支持 Velocity、Freemarker 等显示层技术
类型转换	ActionForm 属性通常都是 String 类型，使用 Commons-BeanUtils 进行类型转换，每个类一个转换器，对每一个实例来说是不可配置的	使用 OGNL 进行类型转换，提供了基本和常用对象的转换器
校验	支持在 ActionForm 的 validate 方法中手动校验，或者通过 CommonsValidator 的扩展来校验	支持通过 Validate 和 XWork 校验框架来进行校验
JSTL 支持	整合了 JSTL，因此可以使用 JSTLEL，这种 EL 有基本对象图遍历，但是对集合和索引属性的支持很弱	可以使用 JSTL，还支持一个更强大和灵活的表达式语言 OGNL
生命周期	支持每一个模块有单独的 RequestProcessors (生命周期)，但是模块中的所有 Action 必须共享相同的生命周期	支持通过拦截器堆栈（Interceptor Stacks）为每一个 Action 创建不同的生命周期

7.2.2 SpringMVC 对比 Struts2

SpringMVC 是类似于 Struts2 的一个 MVC 框架，在实际开发中，它接收浏览器的请求响应并对数据进行处理，然后返回页面进行显示。SpringMVC 比 Struts2 上手简单，而且由于 Struts2 所暴露出来的安全问题，SpringMVC 已经成为大多数企业优先选择的框架。SpringMVC 与 Struts2 对比见表 7-3。

表 7-3 SpringMVC 对比 Struts2

视角	SpringMVC	Struts2
机制	入口是 Servlet	入口是 Filter
拦截级别	方法级别的拦截（一个方法对应一个 Request 上下文，而方法同时又跟一个 URL 对应）	类级别的拦截（一个类对应一个 Request 上下文）
性能	基于方法的设计，粒度更细，比 Struts 微快。一个方法对应一个 Request 上下文，拦截到方法后根据参数上的注解，把 Request 数据注入进去（用属性来接受参数）	基于类，每次发一次请求都会实例一个 Action，每个 Action 都会被注入属性
验证	提供了编程式验证（注解验证），而且支持 JSR-303，处理起来相对灵活方便	提供了声明式验证与编程式验证，但是验证比较麻烦

（续）

视角	SpringMVC	Struts2
Ajax 集成	集成了 Ajax，使用方便（只需一个注解@ ResponseBody 就可以实现）	拦截器集成了 Ajax，在 Action 中处理时一般必须安装插件或者自己写代码进行集成，使用不方便
Spring 集成	与 Spring 无缝集成，项目管理容易和安全性高	配置比较复杂

7.2.3 Hibernate 对比 MyBatis

Hibernate 是当前流行的 ORM 框架之一，对 JDBC 提供了较为完整的封装。Hibernate 的 O/R Mapping 实现了 POJO 和数据库表之间的映射以及 SQL 的自动生成和执行。Hibernate 通过数据表和实体类之间的映射，使得对象的修改对应于数据行的修改，而不需要考虑数据库表，使程序思考角度完全对象化，更符合面向对象思维，同时也简化了持久层的代码，使逻辑结构更清晰。

Mybatis 是由 Ibatis 演变而来的，在版本 2.3.4 之前叫 Ibatis，2.3.5 版本以后叫 MyBatis。MyBatis 同样也是当前流行的 ORM 框架之一，主要着力点在于 POJO 与 SQL 之间的映射关系。然后通过映射配置文件，将 SQL 所需的参数以及返回的结果映射到指定 POJO。相对 Hibernate“O/R”而言，MyBatis 是一种“SQL Mapping”的 ORM 实现。二者之间的对比见表 7-4。

表 7-4 Hibernate 对比 MyBatis

视角	Hibernate	Mybatis
难易度	比 Mybatis 更加重量级，学习门槛相对较高，不容易上手	框架简单，容易上手
缓存机制	有好的二级缓存机制，可以使用第三方缓存	本身提供的缓存机制不佳
开发工作量	强大高效，属于 SQL 全自动化工具，虽然也可以自己写 SQL 语句来指定需要查询的字段，但这样破坏了 Hibernate 封装以及简洁性	专注 SQL 本身，需要手动编写 SQL 语句，SQL 的优化比较方便，属于半自动化工具
数据库移植性	与数据库具体的关联都在 XML 中，所以 SQL 对具体用什么数据库并不是很关心	所有 SQL 都是依赖数据库书写的，所以扩展性、迁移性相对较差
应用范围	应用于需求变化较少的中小型项目，例如后台管理系统、ERP、ORM、OA	适用于需求变化较多的项目，例如 J2EE 项目、互联网项目

7.3 框架集成

在小规模应用系统开发中，使用基础的 Servlet 或者 JSP 就可以实现其功能，但是这种系统存在架构不清、扩展不强、开发效率低、难度高等弊端。各种框架正是为解决这些问题而出现的。然而一种框架往往只专注解决一个领域的问题，因此开发一款优秀的软件需要集成各种框架与中间件，这在大中型系统开发时会显示出巨大威力。反之，如果架构不清就会出现各种乱象，例如：如果系统出现问题需要修改时，就很难判明修改的影响范围；另外处理方式的不统一很难增加面向切面编程（AOP）；系统进行框架升级时，控件之间调用关系的不统一也会带来巨大麻烦。

7.3.1 SSH

【案例 20——SSH 框架集成】

SSH 指的是曾经是主流 J2EE 解决方案之一的 Struts+Spring+Hibernate 技术，根据 Struts 发展历程又分为 Struts1 与 Struts2。由于目前还存在大量由 Struts1 开发的各种系统，因此本节以 Struts1 为例说明框架的整合。

Struts1 的核心思想是实现 MVC，也就是控制层逻辑。Spring 的核心思想是实现解耦，也就是代码中不使用 new( )方法来实例化一个类，而由 Spring 来注入。Hibernate 的核心思想是实现 ORM（Object/Relational Mapping 对象关系映射），三者集成后的框架如图 7-7 所示。

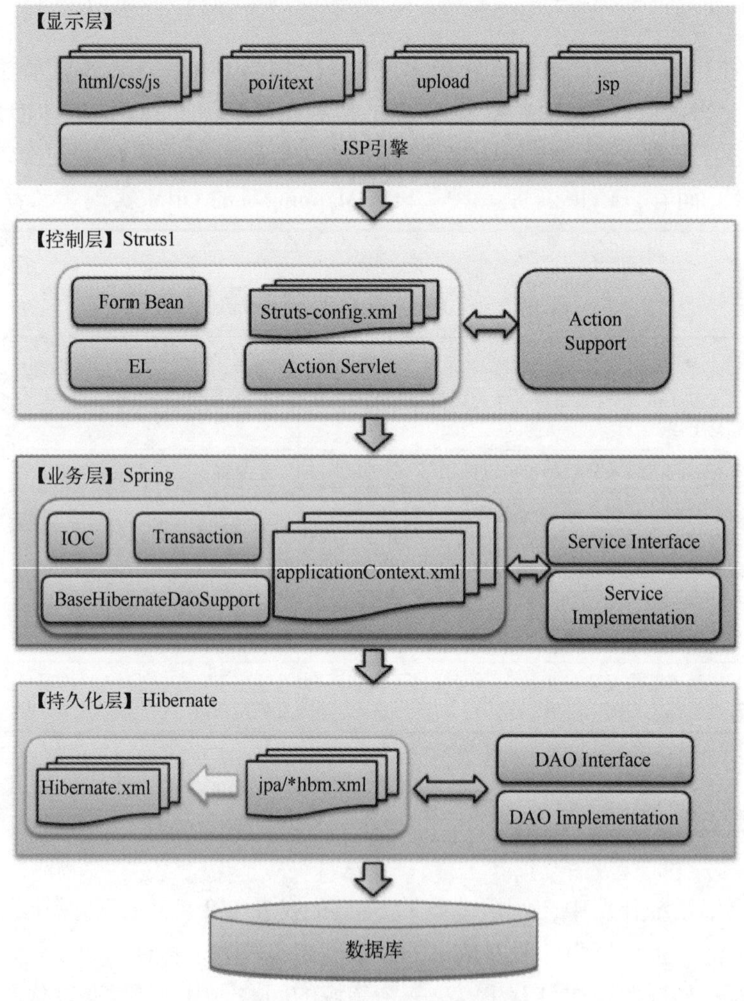

图 7-7　SSH 框架集成

7.3.2 SSI

【案例 21——SSI 框架集成】

SSI 指的是另外一款曾经的主流 J2EE 解决方案——Struts+Spring+Ibatis 技术，Struts 同样分为 Struts1 与 Struts2。本节以 Struts2 为例说明框架的整合。虽然 Ibatis 已经进化成 MyBatis，但由于有很多现存项目是用 Ibatis 开发的，因此本节以 Ibatis 为例说明框架的整合。三者集成后的关系图如图 7-8 所示。

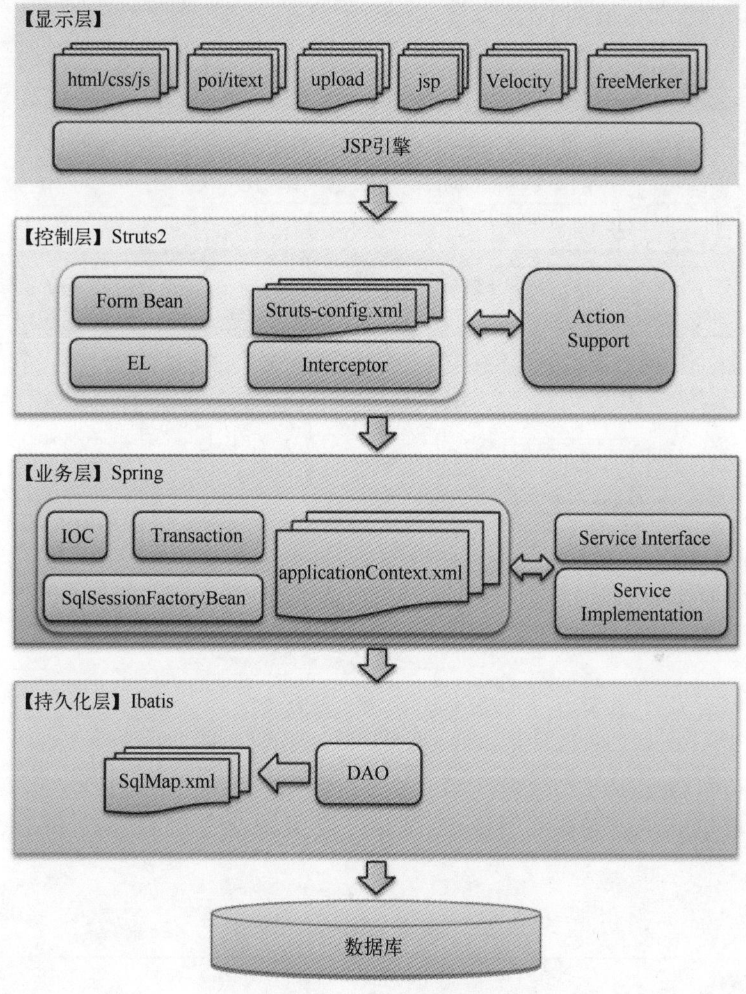

图 7-8　SSI 框架集成

7.3.3 SSM

【案例 22——SSM 框架集成】

SSM 指的是由 Spring+SpringMVC+MyBatis 三者集成的框架，因为具有简单、可测试、松耦合以及安全等特征，正逐渐代替 SSH 与 SSI，成为当今乃至未来很长一段时间内的 Java EE 主流架构，集成后的框架如图 7-9 所示。

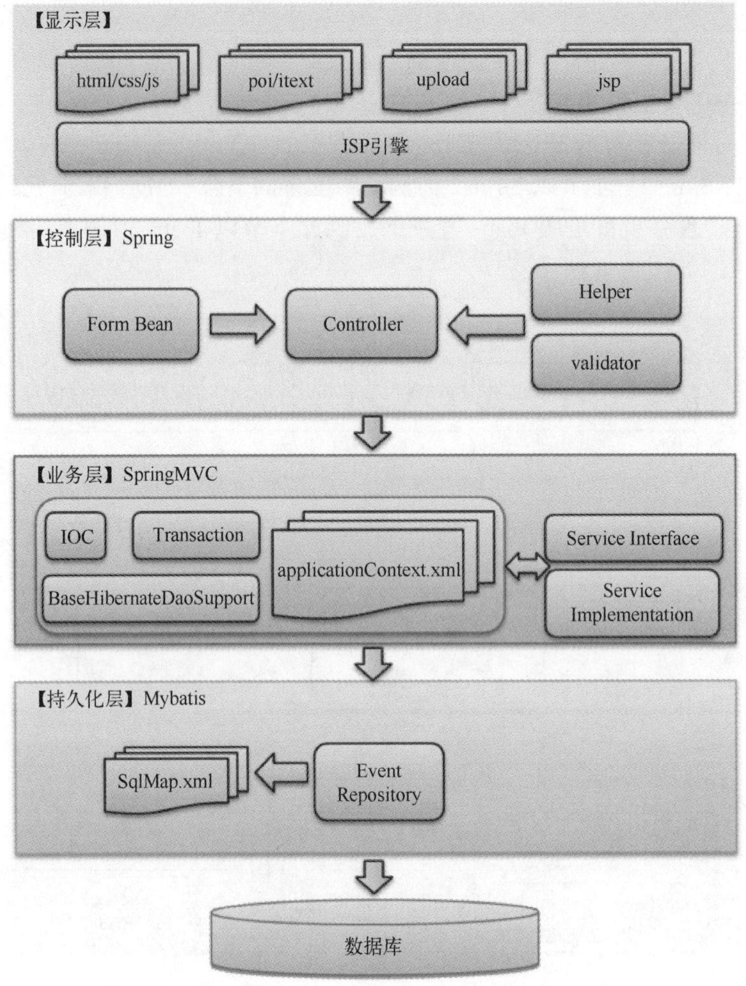

图 7-9　SSM 框架集成

各层组件之间的调用关系见表 7-5。多个 SpringIOC 容器之间可以设置为父子关系，以实现良好的解耦。也就是说，Web 层容器可以应用业务层容器的 Bean，反过来却不可以。

表 7-5　组件之间的调用关系

调用者/被调用者	Controller	Service	Repository	O/RMapper
Controller	×	○	×	×
Service	×	△	○	×
Repository	×	×	×	○

业务逻辑处理构成分为可重用与不可重用的处理，可重用的处理一般放在 SharedService 类中，即表 7-5 中所示的“△”部分，也就是说，如果一个 Service 调用 SharedService 时是允许的，则其他情况是禁止的；“×”表示不允许调用者调用；“○”表示允许调用者调用。

组件层次之间的依赖关系如图 7-10 所示。

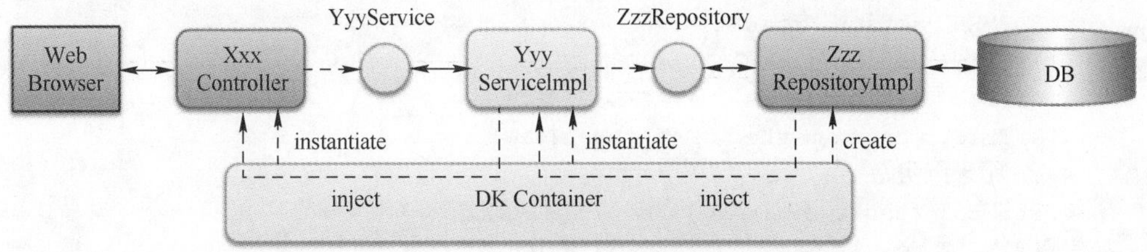

图 7-10　组件各层依赖关系

7.4　框架模拟

7.4.1　Struts2 框架模拟

【案例 23——Struts2 框架模拟】

Struts2 不是从 Struts1 演化来的，而是从大名鼎鼎的 Webwork2 发展而来的，在经历几年发展之后，已经成为当今 Web 开发主流框架之一。因此有必要对其核心功能与思想进行模拟来加深对其架构的理解，处理流程如图 7-11 所示。

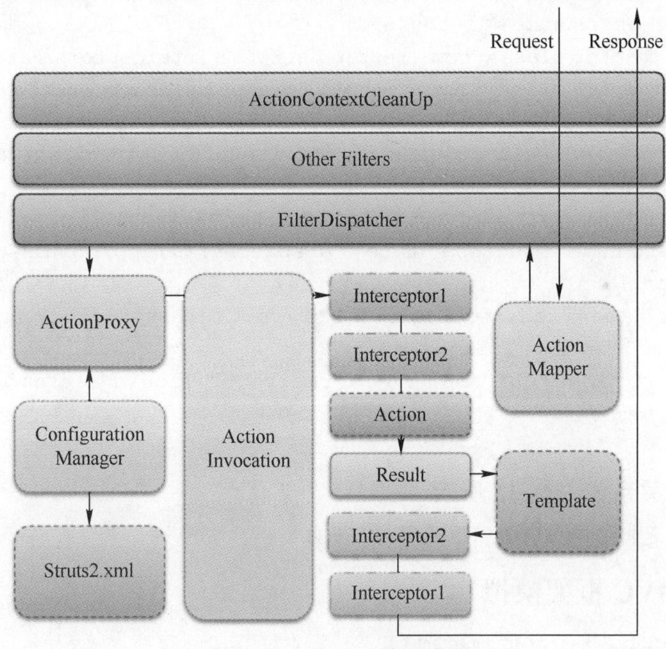

图 7-11　Struts2 处理流程

365IT 学院模拟的主要功能有 Struts2 配置文件解析，通过拦截器链实现对传递参数解析以及对 Action 的执行、控制以及结果的返回（Controller）等。模拟中所使用的 DTD 设计如下：

```
<?xml version="1.0" encoding="UTF-8"? >
<!-- 最顶级元素声明 -->
<!ELEMENT struts (interceptors?,action* )>
<!-- 行为声明 -->
```

```
<!ELEMENT action (result* )>
<!ATTLIST action name CDATA#REQUIRED>
<!ATTLIST action class CDATA#REQUIRED>
<!ATTLIST action method CDATA#IMPLIED>
<!-- 结果声明 -->
<!ELEMENT result(#PCDATA )* >
<!ATTLIST result name CDATA#REQUIRED>
<!ATTLIST result type CDATA#IMPLIED>
<!--总拦截器声明 -->
<!ELEMENT interceptors (interceptor* )>
<!ATTLIST interceptors name CDATA#REQUIRED>
<!--拦截器声明 -->
<!ELEMENT interceptor EMPTY>
<!ATTLIST interceptor class CDATA#REQUIRED>
```

需要解析的 struts2. xml 如下所示：

```
<?xml version="1.0" encoding="UTF-8"? >
<!DOCTYPE struts2 PUBLIC"-//365itedu. com//DTD STRUTS2 1.0//CN"
"D:\workspace\365itedu-struts2-simulate\WebContent\WEB-INF\dtd\365itedu-
struts2.dtd">
<struts>
  <interceptors name="itedu365">
    <interceptor class="com.itedu365.struts2.interceptors.ParamInterceptor"/>
    <interceptor class="com.itedu365.struts2.interceptors.TimerInterceptor"/>
  </interceptors>
  <action name="login_* " class="com.itedu365.struts2.actions.LoginAction"
method="{1}">
    <result name="login" type="dispatcher">/jsp/login.jsp</result>
    <result name="success" type="dispatcher">/jsp/main.jsp</result>
  </action>
  <action name="redirectLogin_* " class="com.itedu365.struts2.actions.
MainAction" method="{1}">
    <result name="success" type="redirect">/login.action</result>
  </action>
</struts>
```

核心类之间的关系如图 7-12 所示。

相应的核心类之间的序列图，如图 7-13 所示。

7.4.2 SpringMVC 框架模拟

【案例 24——SpringMVC 框架模拟】

SpringMVC 架构图请参照图 8-3，365IT 学院所模拟的核心类之间的关系如图 7-14 所示。

7.4.3 MyBatis 框架模拟

【案例 25——Mybatis 框架模拟】

1. 功能架构设计

MyBatis 的功能架构分为三层，如图 7-15 所示。

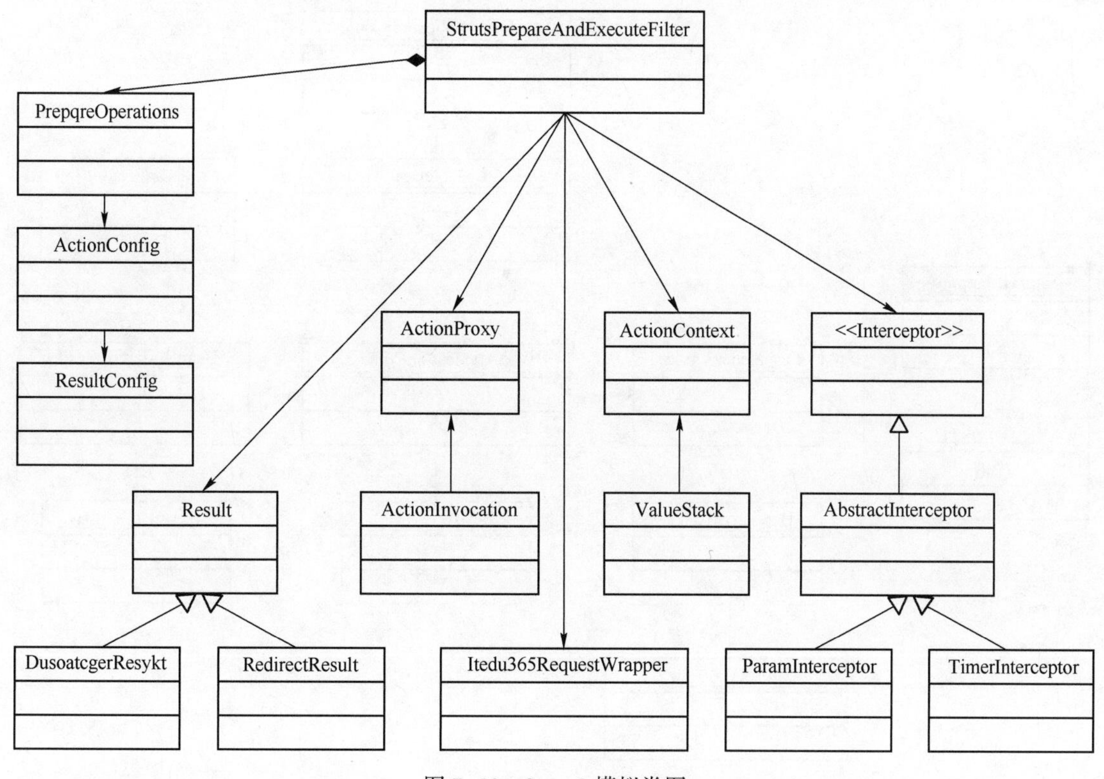

图 7-12　Struts2 模拟类图

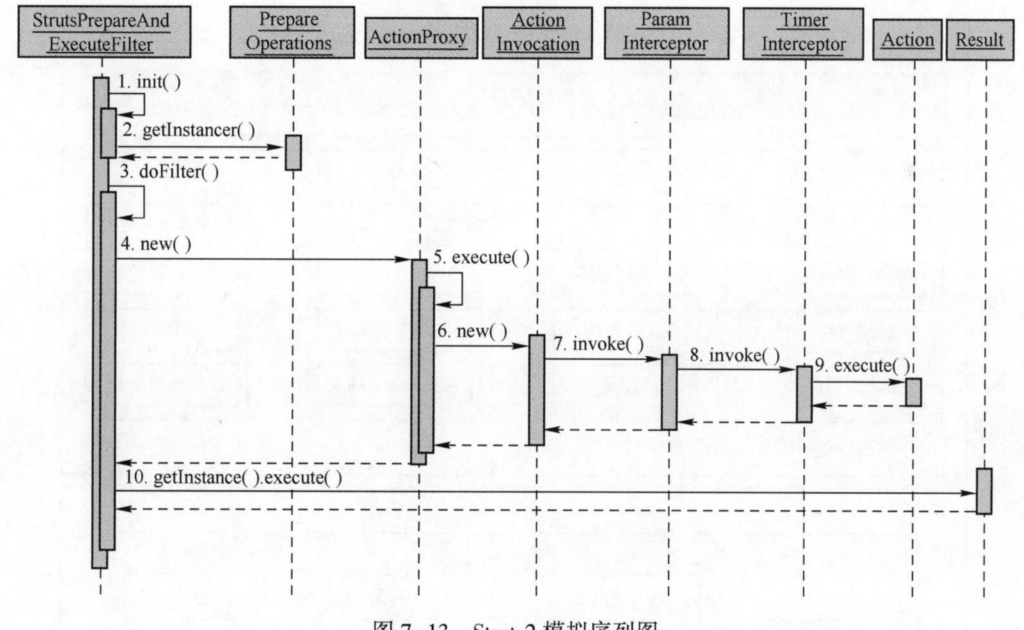

图 7-13　Struts2 模拟序列图

（1）接口层

提供给外部使用的接口 API，开发人员通过这些 API 来操作数据库。MyBatis 和数据库的交互有两种方式。

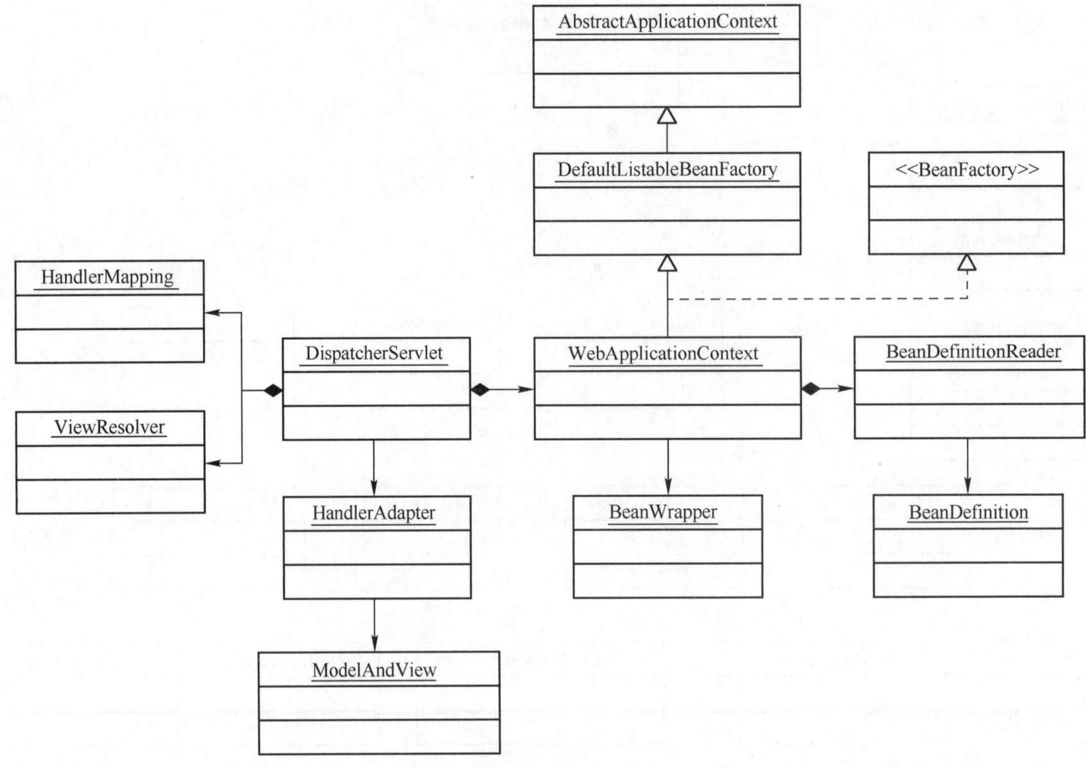

图 7-14　SpringMVC 模拟类图

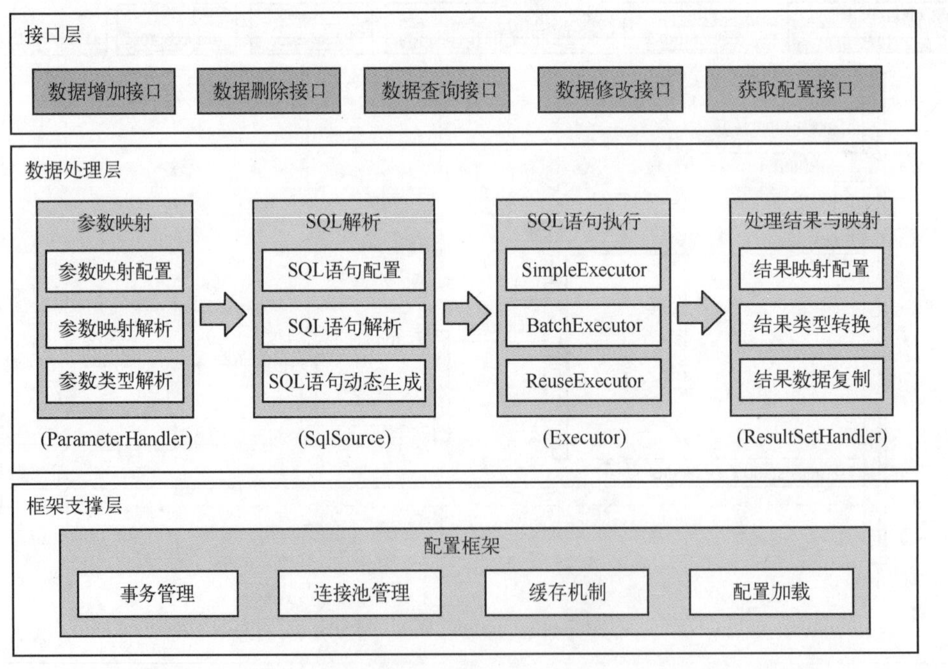

图 7-15　MyBatis 三层架构

1）使用传统的 IBatis 提供的 API。StatementId 和查询参数传递给 SqlSession 对象，然后使用 SqlSession 对象完成与数据库的交互，如图 7-16 所示。

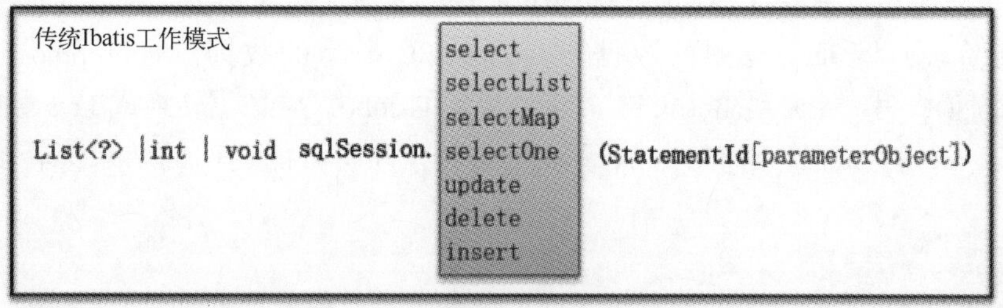

图 7-16　传统 Ibatis 工作模式

上述方式固然简单和实用，但是它不符合面向对象语言的概念和面向接口编程的编程习惯。由于面向接口的编程是面向对象的大趋势，MyBatis 为了适应这一趋势，增加了第二种使用 MyBatis 支持接口（Interface）的调用方式。

2）使用 Mapper 接口。MyBatis 将配置文件中的每一个<mapper>节点抽象为一个 Mapper 接口，且这个接口中声明的方法与<mapper>节点中的<select | update | delete | insert>节点对应，即节点的 ID 值为 Mapper 接口中的方法名称，“parameterType” 值表示 Mapper 对应方法的参数类型，而 ResultMap 值则对应 Mapper 接口表示的返回值类型，如图 7-17 所示。

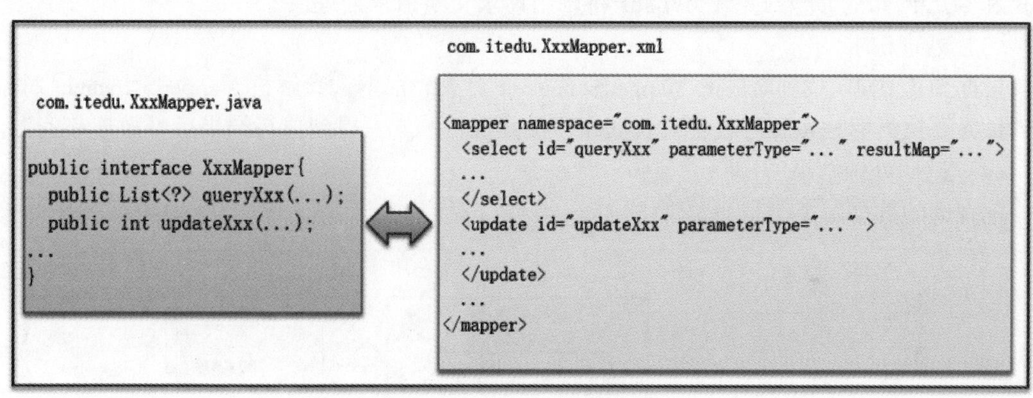

图 7-17　Mapper 接口模式

根据 MyBatis 的配置规范配置后，通过 SqlSession. getMapper（XXXMapper. class）方法，MyBatis 会根据相应的接口声明的方法信息，通过动态代理机制生成一个 Mapper 实例，使用 Mapper 接口的某一个方法时，MyBatis 会根据这个方法的方法名和参数类型，确定 Statement Id，底层还是通过 SqlSession. select（"statementId", parameterObject）等来实现对数据库的操作。

MyBatis 引用 Mapper 接口这种调用方式，不仅满足面向接口编程的需要，而且还可以使用注解来配置 SQL 语句。

（2）数据处理层

负责具体的 SQL 查找、解析、执行以及结果映射处理等。主要目的是根据调用的请求完成一次数据库操作。

动态语句生成是 MyBatis 框架非常优雅的设计，MyBatis 通过传入的参数值，使用 OGNL

来动态地构造 SQL 语句，使得 MyBatis 有很强的灵活性和扩展性。

参数映射指的是对于 Java 数据类型和 JDBC 数据类型之间的转换，这里又包括两个过程：一个是查询阶段，将 Java 类型的数据转换成 JDBC 类型的数据，通过 preparedStatement.setXXX()来设值；另一个是对 ResultSet 查询结果集的 JdbcType 数据转换成 Java 数据类型。

动态 SQL 语句生成后，MyBatis 执行 SQL 语句，并将可能返回的结果集转换成List<E>列表。

(3) 框架支撑层

负责最基础的功能支撑，包括连接管理、事务管理、配置加载和缓存处理，为上层的数据处理层提供支持。

2. MyBatis 执行流程

(1) 加载配置信息并初始化

配置信息来源于两个地方，一个是配置文件（主配置文件 conf. xml 与 mapper. xml)，另一个是 Java 代码中的注释。将 SQL 的配置信息加载成为一个 MappedStatement 对象存储在内存之中（包括入参的映射配置、结果映射配置、执行的 SQL 语句等)。

(2) 接收调用请求

调用 MyBatis 提供的 API，传入的参数为 SQL 的 ID（由 Namespace 与具体 SQL 的 ID 组成）和 SQL 语句的参数对象，MyBatis 将调用请求交给请求处理层。

(3) 处理请求

根据 SQL 的 ID 找到对应的 MappedStatement 对象。根据入参解析 MappedStatement 对象，得到最终要执行的 SQL。之后获取数据库连接并执行 SQL，得到执行结果后释放连接资源。

(4) 返回处理结果

把查询的数据库类型信息转换成 Java 类型，返回给调用者。整个处理流程如图 7-18 所示。

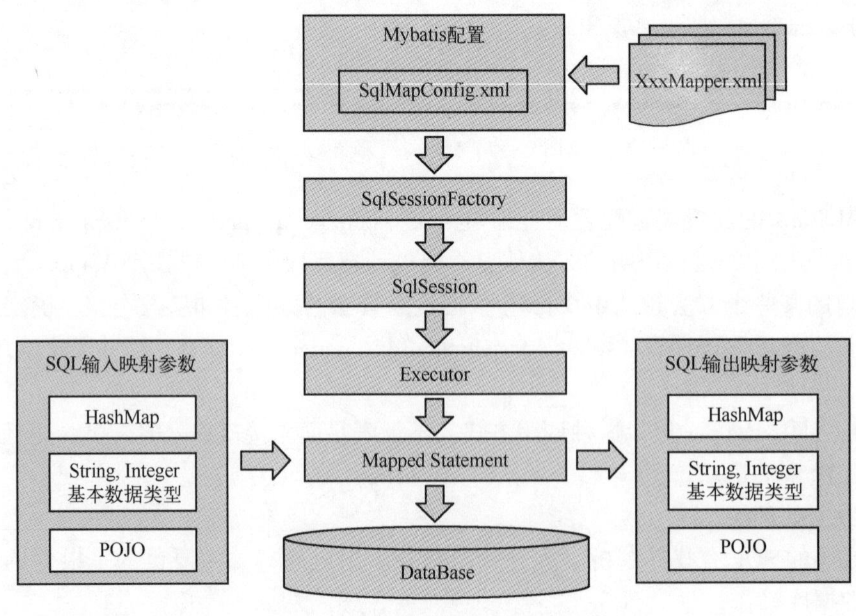

图 7-18　MyBatis 处理流程

3. 模拟设计

根据以上分析的 Mybatis 功能，365IT 学院进行了数据库连接属性文件、配置文件的解析、查询语句的执行以及结果返回等核心功能的模拟，核心类之间的序列图如图 7-19 所示。

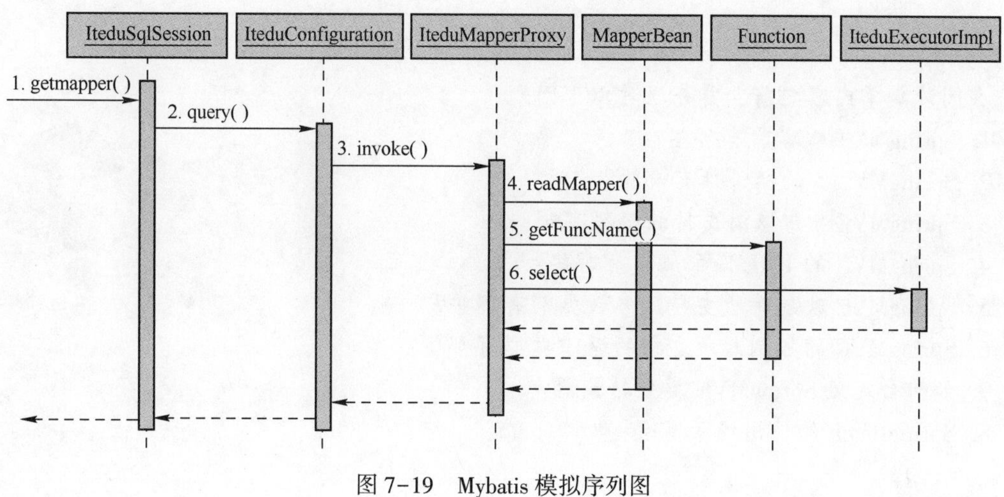

图 7-19　Mybatis 模拟序列图

小结

本章介绍了 JavaWeb 开发中常用开源框架的架构选型根据以及架构的模拟与集成，目的是掌握这些框架的设计思想。在框架集成中，细心的读者会发现，还有很多功能是可以扩展的，感兴趣的读者可以参照本书作者在 SSI 的基础上开发的“颐凡 Java 应用开发平台”。另外，可以思考一下如何借鉴 Spring、SpringMVC（Struts2）与 MyBatis（Hibernate）各自的核心思想与必要功能，开发一款全能的框架。

练习题

1. 根据 7. 3. 1 小节的叙述集成 SSH，并思考其中的不足与可以扩展的功能。
2. 根据 7. 3. 2 小节的叙述模拟 SSI，并思考其中的不足与可以扩展的功能。
3. 根据 7. 3. 3 小节的叙述模拟 SSM，并思考其中的不足与可以扩展的功能。
4. 根据 7. 4. 1 小节的叙述模拟 Struts2。
5. 根据 7. 4. 2 小节的叙述模拟 SpringMVC。
6. 根据 7. 4. 3 小节的叙述模拟 MyBatis。

第 8 章　SpringMVC

在阅读本章内容之前，首先思考以下问题：

1. Spring 的核心容器有哪些？
2. SpringMVC 5 的新特性有哪些？
3. SpringMVC 5 中取消支持的框架有哪些？
4. SpringMVC 的 URL 匹配风格有哪些？
5. SpringMVC 映射时所支持的参数类别有哪些？
6. SpringMVC 的控制器所支持的返回类型有哪些？
7. 如何自定义 SpringMVC 类型转换器？
8. SpringBatch 的使用场景有哪些？

8.1　Spring 概述

8.1.1　Spring 与 Java EE

Spring 是 2003 年兴起的一个轻量级的 Java 开源框架，由“Spring 之父”Rod Johnson 在其著作《Expert One-On-One J2EE Development and Design》中阐述的部分理念和原型衍生而来。它是为了解决企业应用开发的复杂性而创建的，主要优势是一种多层的 J2EE 应用程序框架。这种分层架构的灵活性体现在允许使用者根据需求选择使用哪一层的某个组件；Spring 又是企业级应用开发的“一站式”选择。针对 Java EE 的三层结构，提供了 Web 层的 SpringMVC、业务层的 Spring IOC（Inversion of Control）及持久层的 Spring JDBC Template 三种综合解决方案。

从表面上看 Spring 与 Java EE 是竞争关系，实际上 Spring 是对 Java EE 的改进和补充。Spring 本身已经集成了很多 Java EE 平台规范，例如 Servlet API（JSR-340）、WebSocket API（JSR-356）、JMS（JSR-914）等。

Spring 的目标就是要简化 Java EE 开发，主要表现在以下 4 点：

（1）轻量级 IOC

IOC 容器用于管理所有 Bean 的生命周期，是 Spring 的核心组件。在此基础上，开发者可以自由选择要集成的组件。

（2）采用 AOP 编程方式

Spring 推荐使用 AOP 的方式来减少重复而专注于业务开发。

（3）大量使用注解

Spring 提供了大量注解，支持声明式注入方式，极大地简化了配置。

（4）避免重复“造轮子”

Spring 集成了大量成熟的开源软件，既增强了 Spring 功能，又避免了重复“造轮子”。

Spring 的模块划分、架构设计、代码品质、文档等也是开发者模仿的对象，而且保持了很好的向后兼容性。Spring 社区也非常活跃。如今 Spring 已成为 Java EE 开发的集大成者，可以说是 Java EE 的代名词，成为构建 Java EE 应用的实际标准。

8.1.2 Spring 技术栈

本书成稿时，Spring 的最新版本是 2019 年 1 月发布的 5.1.4. RELEASE。官方发布的技术栈关系如图 8-1 所示。

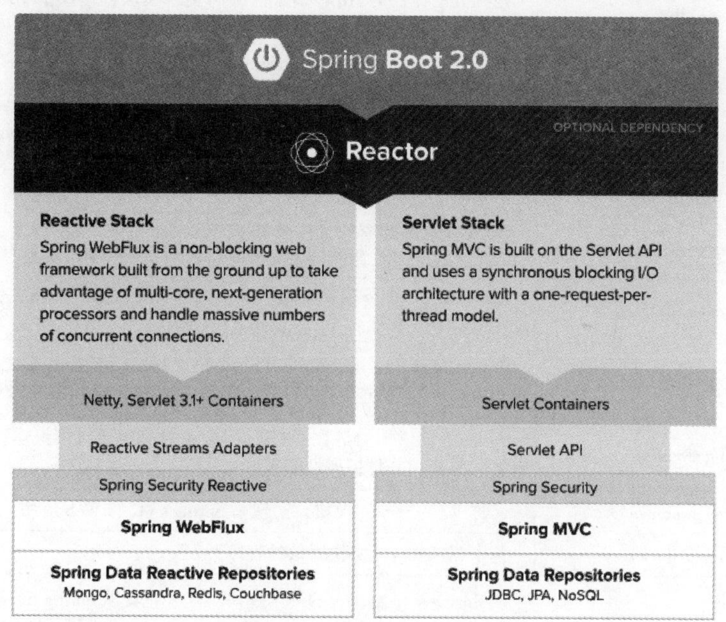

图 8-1　Spring 5 产品构成图

Spring 框架基本涵盖了企业级应用开发的各个方面，它由 20 多个模块组成，见表 8-1。

表 8-1　Spring 框架模块

分　类	模　块	说　明
核心容器	Spring-core	Spring-beans 和 Spring-core 是 Spring 框架的核心模块，包含了控制反转和依赖注入。BeanFactory 是 Spring 框架中的核心接口，它是工厂模式的具体实现。BeanFactory 使用控制反转把应用程序配置和依赖性规范与实际应用程序代码进行了分离
	Spring-beans	
	Spring-context	位于核心模块之上，扩展了 BeanFactory，添加了 Bean 的生命周期控制、框架事件体系以及资源加载等功能。此外该模块还提供了许多企业级支持，如邮件访问、远程访问、任务调度等。ApplicationContext 是此模块的主要表现形式，为该模块的核心接口
	Spring-context-support	提供了对常见第三方库的支持，以便集成到 Spring 应用上下文中，例如缓存（EhCashe、JCashe）、调度（CommonJ、Quartz）
	Spring-expression	统一表达式语言（EL）的扩展模块，可以查询、管理运行中的对象，同时也可以方便地调用对象方法、操作数组、集合等。其语法类似于传统 EL，也是基于 Spring 产品的需求而设计的，可以方便地同 Spring IOC 进行交互

(续)

分类	模块	说明
AOP 和设备支持	Spring-aop	Spring 的另一个核心模块，是 AOP 的主要实现模块
	Spring-aspects	集成自 AspectJ 框架，主要为 Spring AOP 提供多种 AOP 实现方法
	Spring-instrument	是基于 Java SE 中的"java. lang. instrument"进行设计的，为 AOP 的一个支援模块，主要作用为在 JVM 启用时生成一个代理类，程序员通过代理类来改变类的功能而实现 AOP
数据访问	Spring-jdbc	是 Spring 提供的 JDBC 抽象框架的实现模块，提供了 JDBC 模板方式、关系数据库对象化方式、SimpleJdbc 方式、事务管理来简化 JDBC 编程
	Spring-jms	能够发送和接受信息，自 Spring Framework 4. 1 起提供了对 Spring-messaging 模块的支持
	Spring-oxm	提供了一个抽象层以支撑 OXM（Object-to-XML-Mapping，OXM；它是一个 O/M-mapper，将 Java 对象映射成 XML 数据或者将 XML 数据映射成 Java 对象），例如：JAXB、Castor、XMLBeans、JiBX 和 XStream 等
	Spring-orm	ORM 框架支持模块，主要集成 Hibernate、Mybaits 以及 Java Persistence API（JPA），用于资源管理、数据访问对象的实现和事务策略
	Spring-tx	Spring JDBC 事务控制实现模块，支持实现特殊接口和所有 POJO 类的编程以及声明式事务管理
Web	Spring-web	为 Spring 提供了最基础的 Web 支持，建立于核心容器之上，通过 Servlet 或者 Listeners 来初始化 IOC 容器，也包含一些与 Web 相关的支持
	Spring-webflux	Spring 5 新增加的函数式 ReactiveWeb 框架，可以用来建立异步的非阻塞事件驱动的服务，并且扩展性非常好
	Spring-webmvc	又称 Web-Servlet 模块，实现了 SpringMVC 的 Web 应用
	Spring-websocket	基于 WebSocket 协议通信的程序开发
其他	Spring-messaging	从 Spring 4 开始加入的一个模块，主要包含从 Spring Integration 项目抽象出来的，如 Message、MessageChannel、MessageHandler 及其他用来提供基础消息的基础服务
	Spring-test	支持通过组合 JUnit 或 TestNG 来实现单元测试和集成测试等功能
	Spring-framework-bom	可以统一管理 jar 包版本
	Spring-jcl	Spring 5. 0 框架自带的通用日志
	Spring-beans-groovy	提供了对 Groovy 的支持
	Spring-context-indexer	可以自动创建类的索引

模块之间的关系，如图 8-2 所示。

8. 1. 3 Spring 5 新特性

Spring 5 是一个重要的版本，距离 2013 年发布的 SpringFramework 4. 0 到现在已经 5 年多了。在此期间，大多数增强都是在 Spring Boot 项目中完成的，Spring 5 提供了一些令人兴奋的特性。

(1) 基准升级

要构建和运行 Spring 5 应用程序，至少需要 Java EE 7 和 JDK 8，相关软件版本要求见表 8-2。

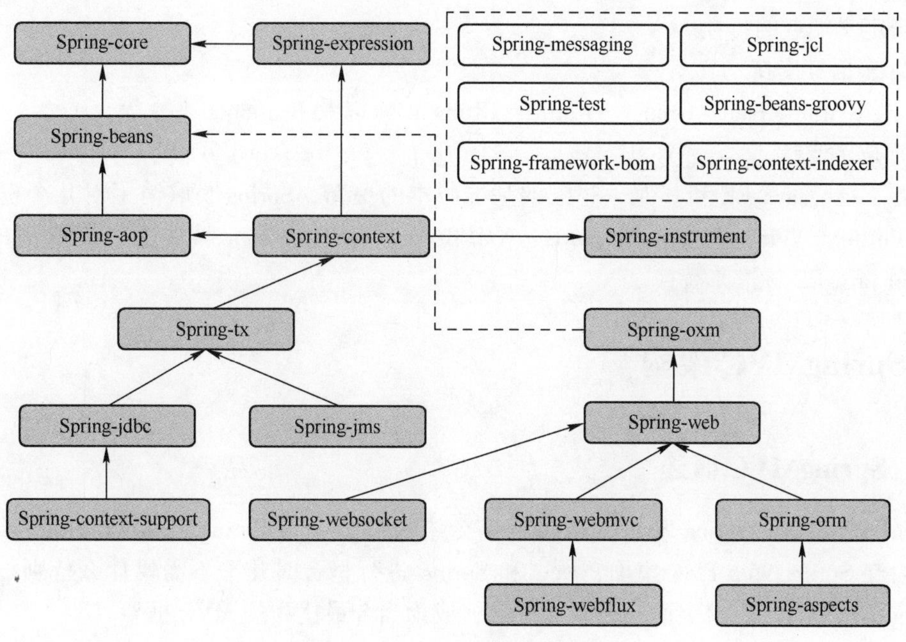

图 8-2　Spring 模块间关系

表 8-2　Spring 5 软件基准

JavaEE	相关框架	服务器
Servlet 3. 1	Hibernate 5	Tomcat 8. 5+
JMS 2. 0	Jackson 2. 6	Jetty 9. 4+
JPA 2. 1	EhCashe 2. 10	Netty 4. 1+
JAX-RS 2. 0	JUnit 5	WildFly 10+
BeanValidation 1. 1	Tiles 3	Undertow 1. 4+

（2）兼容 JDK 9

Spring 5 支持 JDK 9，类路径以及模块路径与 JDK 9 完全一致。Spring 5 使用了 Java 8 和 Java 9 版本中的许多新特性，主要有以下几方面：

1）Spring 接口中的默认方法。

2）基于 Java 8 反射增强的内部代码改进。

3）在框架代码中使用函数式编程，例如 Lambda 表达式和 Stream 流。

同时 Spring 5 的后续版本也将会积极做好 JDK 10 的适配工作。

（3）响应式编程

响应式编程是 Spring 5 最重要的特性之一，它提供了另外一种编程风格，专注于构建对事件做出响应的应用程序。Spring 5 包含响应流和 Reactor（由 Spring 团队提供的 Reactive Stream 的 Java 实现）。在 Spring 5 中，Web 开发将会被划分为两个分支，即传统的基于 Servlet 的 Web 编程（Spring-webmvc）和使用 SpringWebFlux 实现的响应式编程（Spring-web-reactive）。

（4）函数式编程

除了响应式功能外，Spring 5 还提供了一个函数式的 Web 框架，它提供了使用函数式编程风格来定义端点的特性。

(5) 多语言支持

Spring 5 支持 Apache Groovy、Kotlin、JRuby 1.5+以及 BeanShell 2.0 等。

(6) 取消支持

随着 Java、Java EE 和其他一些框架基准版本的更新，Spring 5 取消了对几个框架的支持，如 Portlet、Velocity、JasperReports、XMLBeans、JDO、Guava 等。这些被取消的框架，都可以用 Java EE 标准来替换。

8.2 SpringMVC 架构

8.2.1 SpringMVC 概述

SpringMVC 属于 Spring 基本架构里的一个组成部分，是 SpringFrameWork 的后续产品，已经融合在 Spring Web Flow 里面，所以和 Spring 进行整合时几乎不需要什么特别配置。它在 Spring 3.0 发布之后就全面超越了 Struts2，成为当今最优秀的 MVC 框架。

SpringMVC 分离了控制器、模型对象、分派器以及处理程序对象的角色，这种分离让它更具有扩展性与灵活性。通过一套 MVC 注解，让 POCO 成为处理请求的控制器，而无须实现任何接口。另外还支持 REST 风格的 URL 请求，可以和 REST 进行巧妙结合。

8.2.2 SpringMVC 架构图

随着 Spring 社区技术的发展，SpringMVC 也越来越成熟，其核心架构如图 8-3 所示。

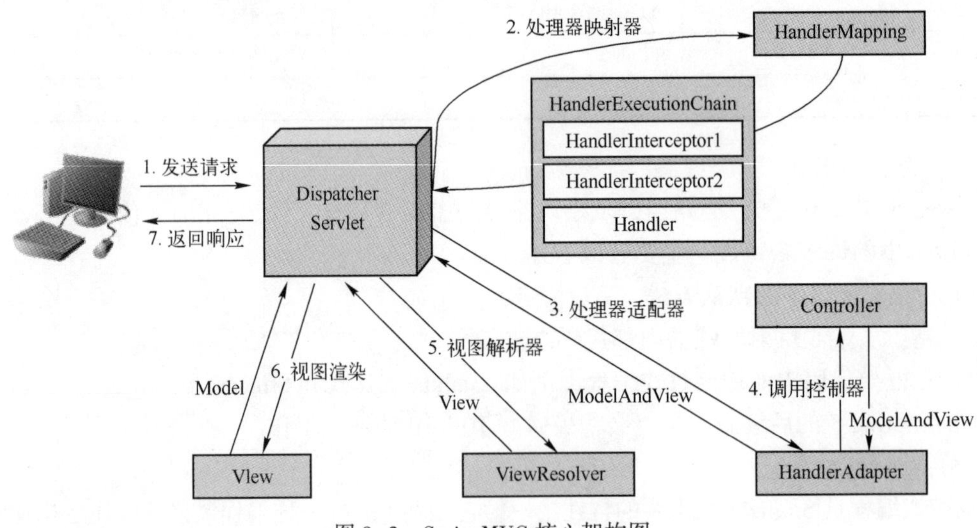

图 8-3 SpringMVC 核心架构图

正常处理流程如下：

(1) Use Request→DispatcherServlet

DispatcherServlet 作为统一访问点，进行全局的流程控制，接受用户发来的请求后委托给其他解析器进行处理。

（2）DispatcherServlet→HandlerMapping

HandlerMapping（处理器映射器）把请求映射为 HandlerExecutionChain 对象（包含一个 Handler 处理器、多个 HandlerInterceptor 拦截器）。拦截器需要实现 HandlerInterceptor 接口，并提供了 preHandler(…)、postHandler(…)、afterCompletion(…)三个方法。其中 preHandler(…)方法返回一个 Boolean，可以用此方法中断或者继续处理执行链：当此方法返回 True 时，继续处理程序执行链；当返回 False 时，DispatcherServlet 认为拦截器本身已经处理完请求，因而中断执行链中的其他拦截器。

（3）DispatcherServlet→HandlerAdapter 处理器适配器

HandlerAdapter（处理器适配器）会把处理包装为适配器，从而支持多种类型的处理器，即适配器设计模式的应用。

（4）HandlerAdapter→Controller

Controller 类似 Struts 的 Action，调用相应功能的处理方法，并返回一个 ModelAndView 对象（包含模型数据、逻辑视图名）。

（5）ModelAndView→ViewResolver

视图解析器将逻辑视图名解析为具体的 View。

（6）View→视图渲染

View 会根据传进来的 Model 模型数据进行渲染，此处的 Model 实际是一个 Map 数据结构。

（7）返回响应

返回控制权给 DispatcherServlet，由 DispatcherServlet 返回响应给用户，至此一个流程结束。

8.2.3 分派器

分派器（DispatcherServlet）需要根据 Servlet 规范，使用 Java 或者在 web.xml 中进行编码配置。DispatcherServlet 依次使用 Spring 配置来调用其在请求映射、请求处理、异常处理等方面的委托组件。

分派器需要一个 WebApplicationContext 用于其配置。对于大多数应用来说，使用单个 WebApplicationContext 即可，而对于比较复杂的应用来说，可以使用具有层次结构的上下文，如图 8-4 所示——包含一个 WebApplicationContext（可以在多个 Servlet 实例中共享）以及多个子 WebApplicationContext（每个 Servlet 实例都有自己的配置）。

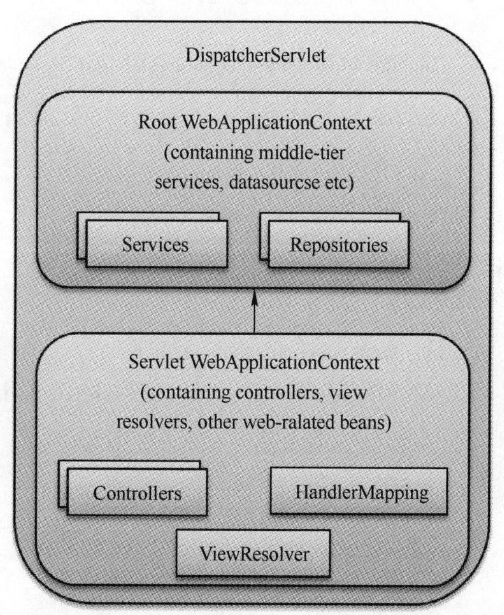

图 8-4　WebApplicationContext 层次

（1）基于 web.xml 的传统 Spring 配置

这是传统的方式，示例代码如下：

```
<context-param>
  <param-name>contextConfigLocation<param-name>
```

```
  <param-value>/WEB-INF/root-context.xml</param-value>
</context-param>
<servlet>
  <servlet-name>springMVC</servlet-name>
  <servlet-class>org.springframework.web.servlet.DispatcherServlet
</servlet-class>
    <init-param>
      <param-name>contextConfigLocation</param-name>
      <param-value>/WEB-INF/spring-mvc.xml</param-value>
    </init-param>
  <load-on-startup>1</load-on-startup>
</servlet>
<servlet-mapping>
  <servlet-name>springMVC</servlet-name>
  <url-pattern>/</url-pattern>
</servlet-mapping>
```

（2）基于 Java 的 Spring 配置

这是当前推荐的方式，示例代码如下：

```
public class MyWebApplicationInitializer extends
AbstractAnnotationConfigDispatcherServletInitializer {
  @Override
  protected Class<?>[] getRootConfigClasses(){
    return new Class<?> {RootConfig.class };
  }
  @Override
  protected Class<?>[] getServletConfigClasses(){
    return new Class<?> {MyWebConfig.class};
  }
  @Override
  protected String<?>[] getServletMappings(){
    return new String[] {"/"};
  }
}
```

（3）基于 XML 的 Spring 配置

直接继承 AbstractDispatcherServletInitializer 的形式进行扩展。

```
public class MyWebApplicationInitializer extends AbstractDispatcherServlet
Initializer {
  @Override
  protected WebApplicationContext createRootApplicationContext(){
    return null;
  }
  protected WebApplicationContext createServletApplicationContext(){
  XmlWebApplicationContext cxt= new XmlWebApplicationContext();
  cxt.setConfigLocation("/WEB-INF/spring/spring-mvc.xml");
  return cxt;
 }
```

8.2.4 处理器映射器

设置 URL 匹配形式时，不要使用 Struts1 的“ *. do”与 Struts2 的“ *. action”，推荐使用 REST 格式。

SpringMVC 的处理器映射器（HandlerMapping）使用@RequestMapping 注解，在类或者方法上为控制器指定可以处理的 URL 请求形式。

1）在类上定义时，提供初步的请求映射信息，其路径为 Web 应用的根目录。

2）在方法上定义时，进一步细分映射信息，相对于类定义处的 URL（如果类上没有标注，则方法上标记的 URL 即为 Web 应用的根目录）。

1. URL 匹配

（1）Ant 风格匹配

在分派器截获请求后，通过控制器上@RequestMapping 提供的映射信息确定请求所对应的处理方法。而且映射处理器还支持 Ant 风格的 3 种匹配，见表 8-3。

表 8-3　Ant 风格匹配

匹配符	说　明	例　子	备　注
?	匹配文件名中的一个字符	/itedu/user??	匹配“/itedu/useraa”“/itedu/userbb”等
*	匹配文件名中的任意字符	/itedu/ * /user	匹配/itedu/v1/user”“/itedu/v2/user”等
**	匹配多层路径	/itedu/ ** /user	匹配“/itedu/2018/v1/user”“/itedu/2019v2/user”等

（2）占位符匹配

Spring 3.0 之后，还可以通过@PathVariable 将 URL 中占位符参数绑定到控制器处理方法的参数中，如图 8-5 所示。

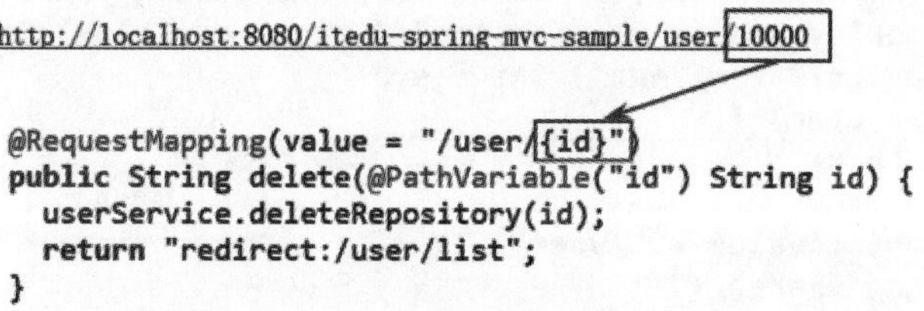

```
http://localhost:8080/itedu-spring-mvc-sample/user/10000

@RequestMapping(value = "/user/{id}")
public String delete(@PathVariable("id") String id) {
  userService.deleteRepository(id);
  return "redirect:/user/list";
}
```

图 8-5　占位符匹配

（3）参数匹配

@RequestMapping 除了可以使用 URL 映射请求外，还可以使用请求方法、请求参数以及请求头来映射请求，对应注解的参数名分别为“value”“method”“params”与“heads”。因为这些参数之间是“与”的关系，所以可以使用“与”表达式，同时联合使用多个条件可以让请求映射更加精细化，例如：

1）“param1”表示请求必须包含名为“param1”的请求参数。

2）“!param1”表示请求不能包含名为“param1”的请求参数。

3）“param1! = value1”表示请求包含名为“param1”的请求参数，但其值不能为“value1”。

4）“{"param1=value1","param2"}”表示请求必须包含名为“param1”与“param2”

的两个请求参数，且“param1”参数值必须为“value1”。

2. 方法参数

SpringMVC 通过分析处理方法的签名，将 HTTP 请求信息绑定到处理方法的相应参数中，必要时可以为方法参数加上相应注解（例如@RequestParam、@RequestHeader 等），支持的数据类别见表 8-4。

表 8-4　方法参数类别

类　别	说　明
HttpServlet 对象	HttpServletRequest、HttpServletResponse、HttpSession
Spring 的 WebRequest	Spring 自己的 WebRequest 对象，使用这些对象可以访问存放在 HttpServletRequest 与 HttpSession 中的属性值
流对象	InputStream、OutputSteam、Reader、Writer
注解参数	使用@PathVariable、@RequestParam、@CookieValue 以及@RequestHeader 标记的参数
集合	java. util. Map 以及 Spring 封装的 Model 与 ModelMap，Map 中的数据会自动加入到模型中
实体类	类似于 Form，可以用来接收参数（支持级联映射）
Locale 对象	本地化使用时的参数
文件类型	用于接收 Spring 封装的上传文件用的 MultipartFile

相应的代码示例，如图 8-6 所示。

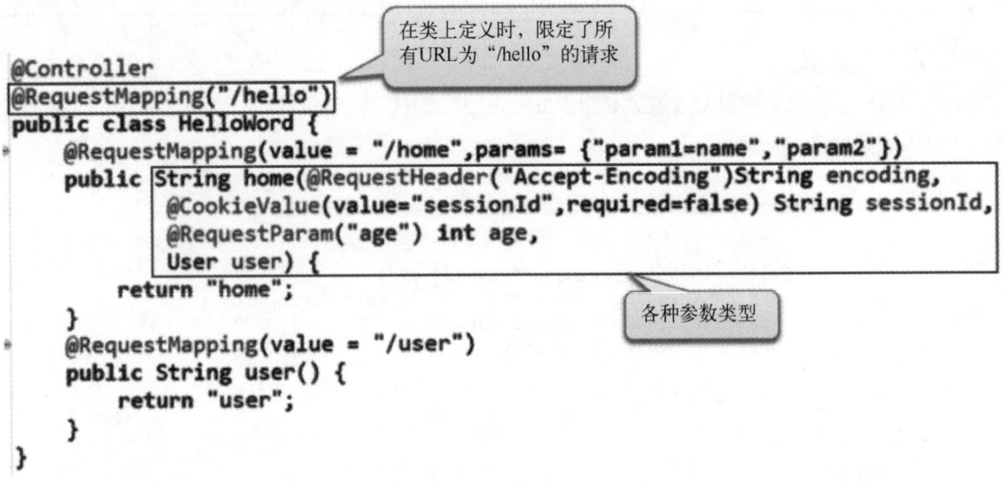

```
@Controller
@RequestMapping("/hello")
public class HelloWord {
    @RequestMapping(value = "/home",params= {"param1=name","param2"})
    public String home(@RequestHeader("Accept-Encoding")String encoding,
        @CookieValue(value="sessionId",required=false) String sessionId,
        @RequestParam("age") int age,
        User user) {
        return "home";
    }
    @RequestMapping(value = "/user")
    public String user() {
        return "user";
    }
}
```


图 8-6　方法参数类别

8.2.5　控制器

@Controller 与@RestController（相当于@Controller+@ResponseBody）是 SpringMVC 中实现控制器（Controller）的常用注解。@Controller 负责处理由分派器分发的请求，它把用户请求的数据经过业务处理层处理之后封装成一个 Model，然后再把该 Model 返回给对应的 View 进行展示。在 SpringMVC 中提供了一个非常简便的定义 Controller 的方法，只需使用@Controller 标记一个类是控制器，然后使用@RequestMapping 和@RequestParam 等一些注解用以定义 URL 请求和控制器方法之间的映射，这样的控制器就能被外界访问。

1. @SessionAttributes

如果想要在多个请求之间共享某个模型的数据，可以在控制器类上标注“@SessionAttributes”注解，这样 SpringMVC 就会将模型中对应的属性存储到 HttpSession 中。

2. @ModelAttributes

（1）在方法定义上使用

在方法定义上使用“@SessionAttributes”注解，SpringMVC 会在调用目标处理方法前，逐个调用在方法级别上标注的此注解。它具有两种功能：

1）初始化模型数据。

2）将对象添加到隐形模型中，如图 8-7 所示。

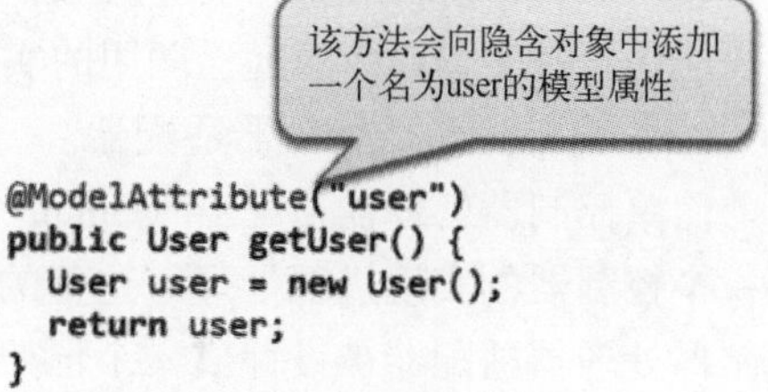

图 8-7　添加隐形模型对象

（2）在方法的参数上使用

有两种功能：

1）从隐含对象中获取相应的对象，再把请求参数绑定到对象中，之后把数据传递给入参。

2）将方法的入参对象添加到模型中。

（3）支持的返回类型

支持的返回类型见表 8-5。

表 8-5　支持返回类型

类　别	说　明
模型对象	Model、ModelMap 以及 java. util. Map
视图对象	返回一个逻辑视图名称，ViewResolver 会把该逻辑视图名称解析为真正的视图 View 对象
模型与视图对象	ModelAndView 对象
String 字符串	逻辑视图名
void	返回空值
注解值	使用@ResponseBody 直接返回浏览器显示内容（包括 JSON 对象）

SpringMVC 在内部使用了一个 org. springframework. ui. Model 接口存储模型数据。SpringMVC 在调用方法前会创建一个隐含的模型对象作为模型数据的存储容器。如果方法的入参为 Map 或者 Model 类型，SpringMVC 会将隐含模型的引用传递给这些入参。在方法体内，开发者可以通过这个入参对象访问模型中的所有数据，也可以向模型中添加新的属性数据，如图 8-8 所示。

```
@Controller
public class HelloWord {
    @RequestMapping(value = "/hello")
    public String user(Model model) {
      model.addAttribute("hello", "helloItedu");
      return "homePage";
    }
}
                    <P>${hello}</p>
```

图 8-8　添加模型属性

8.2.6 处理器适配器

作为总控制器的 Servlet 通过处理器映射器，会轮询处理器适配器（HandlerAdapter）模块，查找能够处理当前请求的处理器的实现。处理器适配器模块根据处理映射返回的处理类型来选择某一个适当的适配器的实现。常用处理器适配器有以下 3 种：

（1）HTTP 请求处理器适配器

HTTP 请求处理器适配器（HttpRequestHandlerAdapter）仅支持对 HTTP 请求处理器的适配。它将 HTTP 请求对象和响应对象传递给 HTTP 请求处理器的实现，且不需要返回值。它主要应用于基于 HTTP 的远程调用的实现上。

（2）简单控制器处理器适配器

简单控制器处理器适配器（SimpleControllerHandlerAdapter）的实现类将 HTTP 请求适配到一个控制器的实现进行处理。这里的控制器的实现是一个简单的控制器接口的实现。简单控制器处理器适配器被设计成一个框架类的实现，不需要被改写，客户的业务逻辑通常是在控制器接口的实现类中实现的。

（3）注解方法处理器适配器

注解方法处理器适配器（AnnotationMethodHandlerAdapter）的实现是基于注解的实现，它需要结合注解方法映射和注解方法处理器协同工作。它通过解析声明在注解控制器的请求映射信息来解析相应的处理器方法来处理当前的 HTTP 请求。在处理的过程中，它通过反射来发现探测处理器方法的参数，调用处理器方法，并且映射返回值到模型和控制器对象，最后返回模型和控制器对象给作为主控制器的分派器 Servlet。

8.2.7 数据绑定器

SpringMVC 主框架将 ServletRequest 对象及目标方法的入参实例传递给 WebDataBinder-Factory 实例，以创建 DataBinder 实例对象。

数据绑定器（DataBinder）调用装配在 SpringMVC 上下文中的 ConversionService 组件。此组件进行数据类型转换和数据格式化的工作，将 Servlet 中的请求信息填充到输入参数对象中。

调用 Validator 组件对已经绑定了请求信息的入参对象进行数据的合法性校验，并最终生成数据绑定结果 BindingData 对象。

SpringMVC 抽取 BindingResult 中的入参对象和校验错误对象，将它们赋给处理方法的响应入参。

（1）运行机制

SpringMVC 通过反射机制，对目标处理方法进行解析，将请求消息绑定到处理方法的入参中。数据绑定的核心组件是 DataBinder，运行机制如图 8-9 所示。

（2）自定义格式转换器

【案例 26——自定义格式转换器】

实现 FormatterRegistrar 接口，就可以实现自定义格式转换器。常用日期格式转换器如下所示：

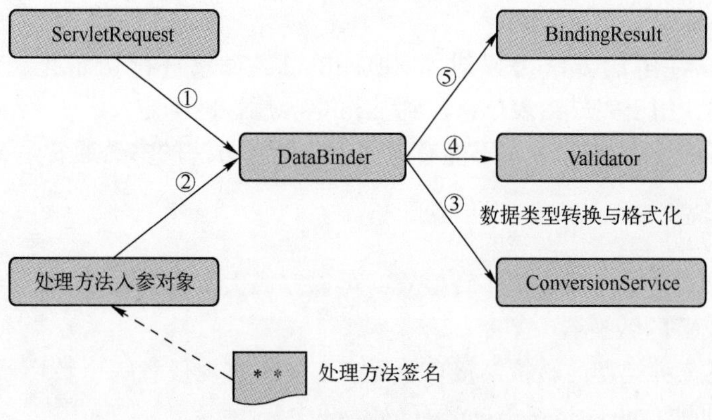

图 8-9　DataBinder 运行机制

```
public class IteduFormatterRegistrar implements FormatterRegistrar{
  private String dataPattern;
  public IteduFormatterRegistrar(String dataPattern){
    super();
    this.dataPattern = dataPattern;
  }
  public registrarFormatter (FormatterRegistry registry){
    registry.addFormatter(new DateFormatter(dataPattern));
  }
}
```

在 spring-mvc.xml 中需要进行以下配置：

```
<!--启动 MVC -->
<mvc:annotation-drivenconversion-service="conversionService">
  <mvc:message-converters>
    <beanclass="org.springframework.http.converter.StringHttpMessage
Converter"/>
    <beanclass="org.springframework.http.converter.json.MappingJackson2
HttpMessageConverter"/>
  </mvc:message-converters>
</mvc:annotation-driven>
<!--格式化日期 -->
<beanid="conversionService" class="org.springframework.format.support.
FormattingConversionServiceFactoryBean">
  <propertyname="formatterRegistrar">
    <set>
      <beanclass="com.itedu.config.IteduFormatterRegistrar">
        <constructor-argtype="java.lang.String"value="yyyy-MM-dd HH:mm:ss"/>
      </bean>
    </set>
  </property>
</bean>
```

(3) @InitBinder

由@InitBinder注解的方法可以对WebDataBinder对象进行初始化。WebDataBinder是DataBinder的子类，用于完成由表单字段到JavaBean属性的绑定。

另外@InitBinder所注解的方法不能有返回值，而且方法的参数通常是WebDataBinder。

8.2.8 类型转换

SpringMVC上下文中内建了很多转换器，可以完成大多数Java类型的转换工作。

(1) Spring支持的转换器

Spring定义了三种类型的转换器接口，见表8-6。实现任意一个转换器接口都可以作为自定义转换器注册到ConversionServiceFactoryBean中。

表8-6 转换器接口

类　别	说　明
Converter<S, T>	将S类型对象转换为T类型对象
ConverterFactory	将相同系列多个Converter封装在一起。如果希望将一种类型的对象转换为另一种类型及其子类的对象（例如将String转换为Number及其子类），可以使用该转换器工厂类
GenericConverter	根据源类对象及目标类对象所在宿主类中的上下文信息进行类型转换

(2) <mvc:annotation-driven>

在spring-mvc.xml里配置此设定时，会自动注册RequestMappingHandlerMapping、RequestMappingHandlerAdapter以及ExceptionHandlerExceptionResolver三个Bean，另外还将提供以下支持：

1) 使用ConversionService实例对表达参数进行类型转换。

2) 使用@NumberFormat与@DataTimeFormat注解进行数据类型的格式化。

3) 使用@Validated对JavaBean实例进行JSR-303验证。

4) 使用@RequestBody和@ResponseBody注解。

(3) 处理JSON

JSON是REST架构中客户端与服务器端进行数据传输的标准数据格式。在Controller里返回数据时，需要返回JSON对应的Java对象与集合，如下所示：

```
@ResponseBody
@RequestMapping("/user")
public User getUser(User user) {
  user.setName("365Itedu");
  returnuser;
}
```

(4) HttpMessageConverter<T>

HttpMessageConverter<T>是Spring 3.0新添加的一个接口，负责将请求信息转换为一个对象（类型T），将对象（类型T）输出为响应信息，处理流程如图8-10所示。

HttpMessageConverter主要方法见表8-7。

表 8-7　转换方法

方　　法	说　　明
Boolean canRead（Class<?>class，MediaType mediaType）	指定转换器可以读取的对象类型，即转换器是否可将请求信息转换为 clazz 类型的对象，同时指定支持 MIME 类型（text/html，application/json 等）
Boolean canWrite（Class<?>class，MediaType mediaType）	指定转换器是否可将 clazz 类型的对象写到响应流中，响应流支持的媒体类型在 MediaType 中定义
List<MediaType> getSupportedMediaTypes	该转换器支持的媒体类型
T read（Class<? Extends T>）clazz，HttpInputMessage inputMessage）	将请求信息流转换为 T 类型的对象
void write（T t，MediaType contentType，HttpOutputMessage outputMessage）	将 T 类型的对象写到响应流中，同时指定相应的媒体类型为 contentType

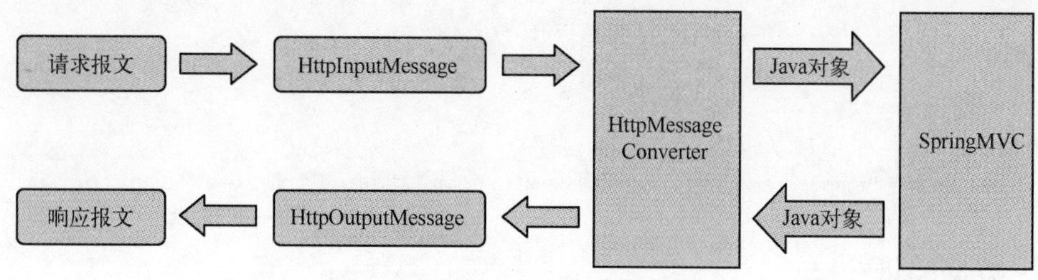

图 8-10　报文转换处理流程

HttpMessageConverter 主要的实现类见表 8-8。

表 8-8　实现类

实　现　类	说　　明
StringHttpMessageConverter	将请求信息转换为字符串
FormHttpMessageConverter	将表单数据读取到 MultiValueMap 中
ResourceHttpMessageConverter	读写 org. springframework. core. io. Resource 资源
BufferedImageHttpMessageConverter	读写 BufferedImage 对象
ByteArrayHttpMessageConverter	读写二进制数据
SourceHttpMessageConverter	读写 javax. xml. transform. Source 类型数据
MarshallingHttpMessageConverter	通过 Spring 的 org. springframework. xml. Marshaller 和 Unmarshaller 读写 XML 消息
Jaxb2RootElementHttpMessageConverter	通过 JAXB2 读写 XML 消息，将请求消息转换到标注 XmlRootElement 和 XmlType 直接类中
MappingJacksonHttpMessageConverter	利用 Jackson 开源包的 ObjectMapper 读写 JSON 数据
RssChannelHttpMessageConverter	读写 RSS 种子消息

默认的 RequestMappingHandlerAdapter 装配的 HttpMessageConverter 的实际转换类为 MappingJackson2HttpMessageConverter。

使用 HttpMessageConverter 将请求信息转换并绑定到处理方法的入参中或将响应结果转为对应类型的响应信息，Spring 提供了两种途径：

1）使用@RequestBody 或@ResponseBody 对处理方法进行标注。

2）使用 HttpEntity<T>或 ResponseEntity<T>作为处理方法的入参返回值。

当控制器处理方法使用上述类时，Spring 首先根据请求头或者响应头的 Accept 属性选择匹配的 HttpMessageConverter，进而根据参数类型或泛型类型的过滤得到匹配的 HttpMessage-Converter，如果找不到可用的 HttpMessageConverter 则报错。

（5）自定义类型转换器

Spring 没有提供把一个字符串转换成其他实体类型的默认功能，需要自定义类型转换器。通过实现 Converter<S，T>接口即可，配置信息如下：

```
<beanid="conversionService" class="org.springframework.context.support.
ConversionServiceFactoryBean">
  <propertyname="converters">
    <set>
      <refbean="employeeConverter"/>
    </set>
  </property>
</bean>
<beanid="employeeConverter" class="com.itedu.EmployeeConverter">
```

8.2.9 数据验证

JSR-303 是 Java 为 Bean 数据合法校验提供的标准框架，通过在 Bean 属性上标注注解来指定校验规则。常用的注解见表 8-9。

表 8-9 常用注解

分类	注解	说明
空检查	@Null	被注释的元素必须为 Null
	@NotNull	被注释的元素必须不为 Null
	@NotBlank	被注释的元素必须不为 Null，且 Trim 后的字符串长度不能小于 0（只适用于字符串）
	@NotEmpty	被注释的元素必须不为 Null，也不能为 Empty
Boolean 检查	@AssertTrue	被注释的元素必须为 True
	@AssertFalse	被注释的元素必须为 False
数值检查	@Min（value）	验证 Number 或 String 对象是否大于或等于指定的值
	@Max（value）	验证 Number 或 String 对象是否小于或等于指定的值
	@DecimalMin（value）	被注释的元素必须是 BigDecimal 数字，值必须大于或等于指定的值
	@DecimalMax（value）	被注释的元素必须是 BigDecimal 数字，值必须小于或等于指定的值
长度检查	@Size（max，min）	被注释的元素的大小必须在指定的范围内
	@Length（max，min）	被注释的元素的长度必须在指定的范围内（只适用于字符串）
	@Digits（integer，fraction）	被注释的元素必须是一个数字，值必须在可接受的范围内
日期检查	@Past	被注释的元素必须是一个过去的日期
	@Future	被注释的元素必须是一个将来的日期
正则表达式	@Pattern（value）	被注释的元素必须符合指定的正则表达式

其他常用的开源验证包还有 HibernateValidator，它是 JSR-303 的一个实现，除了支持所有标准的校验注解外，还提供了表 8-10 所示的注解。

表 8-10　HibernateValidator 注解

注　解	说　明
@Email	被注释的元素必须是电子邮箱地址
@Length	被注释的字符串的长度必须在指定的范围内
@NotEmpty	被注释的字符串必须非空
@Range	被注释的元素必须在特定的范围内

需要校验的 Bean 对象和绑定的结果对象（或错误对象）是成对出现的，它们之间不允许有其他的入参，如图 8-11 所示。

@ModelAttribute("/user")
public User getUser(@Validated User user,BindingResult userBindingResult) {
return user;
}
User和其绑定对象，之间不能有其他参数

图 8-11　入参顺序

在同一个属性上可以加多个注解，默认各个注解都有效，即单项目验证为非短路验证。如果需要短路验证，需要使用“groups”参数进行控制。另外，还可以根据业务需求自定义验证标签，具体技术请参考 4.4 节。

8.2.10　视图解析器

请求处理方法执行完成之后，最终返回一个 ModelAndView 对象，它是包含逻辑名和模型对象的视图。对于返回 String、View 或者 ModelMap 等类型的数据，SpringMVC 也会在内部将它们装配成一个 ModelAndView 对象。SpringMVC 借助视图解析器（ViewResolver）得到最终的视图对象（View），最终的视图可以是 JSP，也可以是 Excel、JFreeChart 等各种表现形式的视图。

SpringMVC 定义了 ViewResolver 和 View 接口，可以在浏览器中呈现模型，而无须绑定特定的视图技术。ViewResolver 提供了视图名称和实际视图之间的映射。View 在交付给特定视图技术之前会做处理数据的准备。

开发者可选择使用一种或者混用多种视图解析器，每个视图解析器都实现了 Ordered 接口并开放出一个“order”属性，可以通过“order”属性指定解析器的优先顺序，“order”越小优先级越高。

有关 ViewResolver 层次结构更多的详细信息，见表 8-11。

表 8-11　ViewResolver

分　类	视图类型	说　明
解析为 Bean 名称	BeanNameViewResolver	将逻辑视图解析为一个 Bean，Bean 的 ID 等于逻辑视图名
解析为 URL 文件	InternalResourceViewResolver	UrlBasedViewResolver 的便捷子类，支持 InternalResourceView（即 Servlet 与 JSP）和子类（如 JstlView 与 TilesView）
	JasperReportsViewResolver	JasperReports 是一个基于 Java 的开源报表工具，该解析器将视图名解析为报表文件对应的 URL

(续)

分　类	视图类型	说　明
模板文件	FreeMarkerViewResolver	UrlBasedViewResolver 的便捷子类，支持 FreeMarkerView 及其自定义子类
	XmlViewResolver	ViewResolver 的实现，它接受用 XML 编写的配置文件，其中使用与 Spring 的 XMLbean 工厂相同的 DTD。默认配置文件为/WEB-INF/views. xml

InternalResourceViewResolver 是最常用的视图解析器，也是对 ViewResolver 的一种简单实现。它继承了 AbstractCachingViewResolver，用一种拼接 URL 的方式来解析视图，可以通过“prefix”属性指定一个前缀，通过“suffix”属性指定一个后缀，然后把返回的逻辑视图名称与前缀和后缀拼接之后就是视图的 URL。例如“prefix =/WEB-INF/views/”，“suffix =. jsp”，如果返回的视图名称是“viewName = test/index”，那么解析出来的视图 URL 就是“/WEB-INF/views/test/index. jsp”。具体设置示例如下：

```
<beans:beanclass="org.springframework.web.servlet.view.InternalResource
ViewResolver">
  <beans:propertyname="prefix" value="/WEB-INF/views/" />
  <beans:propertyname="suffix" value=".jsp" />
</beans:bean>
```

另外，InternalResourceViewResolver 支持返回视图名称中包含“forward:”与“redirect:”的前缀，来支持 URL 在客户端的跳转。

8.2.11 视图

视图的作用是渲染模型数据，将模型里的数据以某种形式呈现给客户。视图解析器负责实例化视图对象，由于视图是无状态的，所以不会有线程安全的问题。常用的视图类型见表 8-12。

表 8-12　常用视图类型

类　别	视图类型	说　明
URL 视图	InternalResourceView	将 JSP 或者其他资源封装成一个视图，是 InternalResourceViewResolver 默认使用的视图实现类
	JstlView	如果 JSP 文件中使用了 JSTL 国际化标签的功能，则需要使用该视图类
JSON 视图	MappingJacksonJsonView	将模型数据通过 Jackson 开源框架的 ObjectMapper 以 JSON 方式输出
文档视图	AbstractXlsView	Excel 文档视图的抽象类，该视图类基于 POI 构造 Excel 文档
	AbstractPdfView	PDF 文档视图的抽象类，该视图类基于 iText 构造 PDF 文档
报表视图	ConfigurableJsperReportsView	使用 JasperReport 报表技术的视图
	JsperReportsCsvView	
	JsperReportsMultiFormatView	
	JsperReportsHtmlView	
	JsperReportsPdfView	
	JsperReportsXlsView	

视图处理流程如图 8-12 所示。

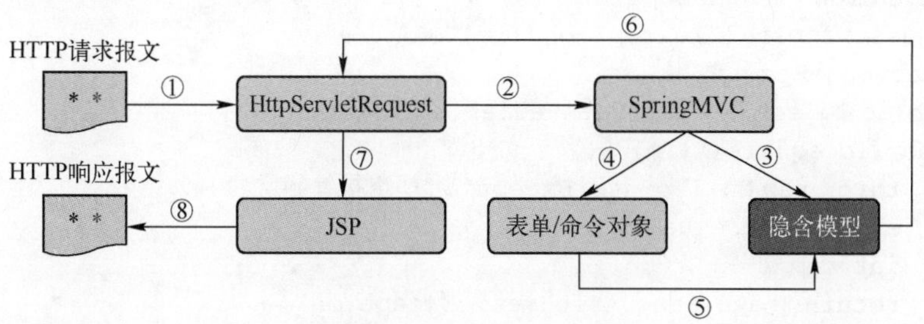

图 8-12　视图处理流程

8.2.12　异常处理

SpringMVC 通过 HandlerExceptionResolver 的 Bean 链来解决异常并提供代替处理，这个代替处理通常是一个错误响应状态码。常用 HandlerExceptionResolver 实现的 Bean 类见表 8-13。

表 8-13　HandlerExceptionResolver 实现类

异　常　类	说　　明
DefaultHandlerExceptionResolver	用于解决 SpringMVC 引发的异常并将它们映射到 HTTP 状态码
AnnotationMethodHandlerException Resolver	默认注册了 AnnotationMethodHandlerExceptionResolver，它允许通过@ExceptionHandler 的注解支持处理特定异常的方法
ResponseStatusExceptionResolver	使用@ResponseStatus 注解来解决异常，并根据注解中的值将它们映射到 HTTP 状态码
SimpleMappingExceptionResolver	处理异常类名称和错误视图名称之间的映射，用于在浏览器应用程序中呈现错误页面

【案例 27——SpringMVC 异常处理方式】

常用的 SpringMVC 异常处理方式有以下两种：

（1）web. xml 中异常处理

为了给用户提供良好的人机接口，通常会为整个 Web 应用提供处理异常或者错误的通用页面，而这些通用页面需要在 web. xml 中进行配置。

主要有 HTTP 响应状态码与异常类名配置两种方式，如下所示：

```
<!--方式一:exception-type-->
<error-page>
  <exception-type>java.lang.NullPointerException</exception-type>
  <location>/WEB-INF/views/commons/error/error_web_null.jsp</location>
</error-page>
<!--方法二:error-code-->
<error-page>
  <error-code>500</error-code>
  <location>/WEB-INF/views/commons/error/error500.jsp</location>
</error-page>
```

测试用异常代码如下：

```
@Controller
```

```java
@RequestMapping(value="/exception")
public class TestException {
@RequestMapping("/exception/{id}")
  @ResponseBody
  public Object hello(@PathVariable String id)  {
    if (id.equals("1")) {
      throw new NullPointerException("空指针异常");
    } else if (id.equals("2")) {
      int value = 1 / 0;
      return "java.lang.ArithmeticException";
    } else {
       return "ok";
    }
}
```

（2）在 SpringMVC 中配置全局异常

在 spring-mvc. xml 的文件中配置如下：

```xml
<!--全局异常配置 -->
<beanid="simpleMappingExceptionResolver"class="org.springframework.web.servlet.handler.SimpleMappingExceptionResolver">
  <propertyname="exceptionMappings">
    <props>
      <!--自定义异常类 -->
        <propkey =" com.itedu.BusinessException " > commons/error/error_business</prop>
      <propkey="java.lang.NullPointerException">commons/error/error_null</prop>
      <propkey="java.lang.ArithmeticException">commons/error/error_math</prop>
      <propkey="java.lang.Exception">commons/error/error_excep</prop>
    </props>
  </property>
</bean>
```

在实际项目中，往往是两种方式配合使用。如果 web. xml 和 spring-mvc. xml 配置了同样的异常信息，服务器会根据 web. xml 中元素的加载顺序来选择使用哪一个，通常“error-page”是在最后，所以服务器会首先使用 spring-servlet. xml 中的配置来处理；如果 spring-servlet. xml 没有配置或者无法处理时，再根据 web. xml 中的异常配置进行处理。

另外，在 spring-servlet. xml 中配置处理异常时，也是根据从上到下的配置顺序寻找匹配的异常处理类。因此，在配置时，子类要放在父类的前面，否则子类永远无法被执行。例如“java. lang. ArithmeticException”要放在“java. lang. Exception”之前。

8.3 SpringBatch

8.3.1 SpringBatch 概述

SpringBatch 是 SpringSource 和埃森哲公司为了统一 Java 业界并行处理标准而为广大开发

者提供的一套轻量级批处理开源框架。通常用于数据的离线迁移和数据处理，并支持事务、并发、流程控制、监控、纵向和横向扩展等功能，另外还提供了统一的接口管理以及任务管理，同时也提供了重试、异常处理、跳过、重启、任务处理统计以及资源管理等重要特性，亦符合 JSR-352（Java 平台的批处理应用）标准。SpringBatch 基于 Spring 框架，可以与 Spring 各种框架进行无缝连接。

该框架的使用场景有以下几点：

1）定期提交批处理。

2）并行批处理。

3）分阶段式企业消息驱动处理。

4）手动或故障后的计划重新启动。

5）依赖步骤的顺序处理（工作流程驱动的批处理）。

6）部分处理（跳过记录）。

Spring 批处理具有以下特点：

1）事务管理，专注于业务处理，实现批处理机制，可以引入平台事务机制或其他事务管理器机制。

2）基于块（Chunk）的处理，将一大段数据分成一段段小数据来处理。

3）基于数据库管理的批处理，可与 Spring Cloud Task 结合，适合分布式集群中的处理。

4）能够进行多线程并行处理，分布式系统下并行处理，变成一种弹性 Job 分布式处理框架。

5）基于 Web 的管理界面（Spring Batch Admin），它提供了一个用于管理任务的 API。

然而对于任务调度的功能（周期性的调用批处理任务）需要额外框架的支持（例如 Quartz）或者自己写脚本进行处理。

8.3.2 SpringBatch 架构

Spring 批处理的基本单元是 Job，一个 Job 代表一次批处理工作，每个 Job 分为很多 Step，每个 Step 里面有两种处理方式：Tasklet（可重复执行的小任务）和 Chunk（块），其架构如图 8-13 所示。

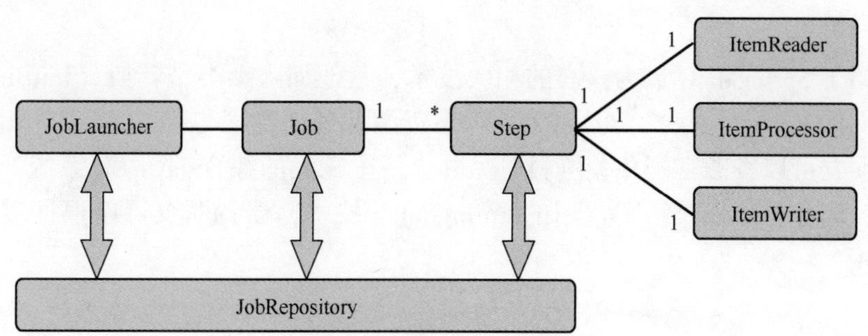

图 8-13 SpringBatch 架构

在进行读入处理和写出时，如果任何一个步骤出错都会回滚事务，只有这三个步骤全部完成，才能提交事务进而完成一个 Job。处理流程如图 8-14 所示。

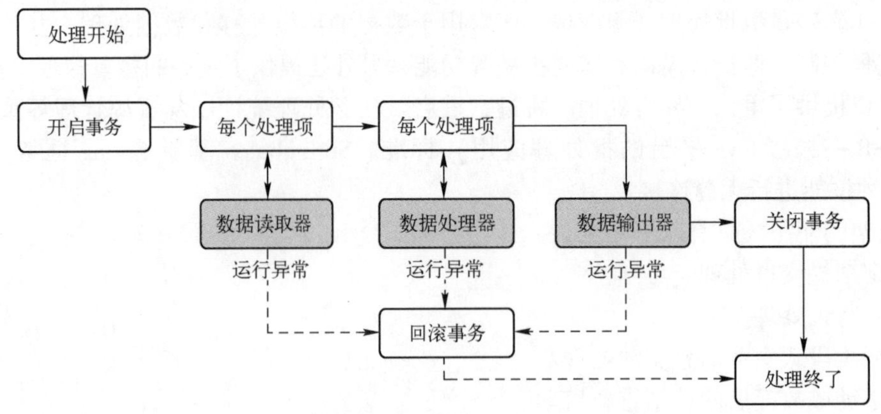

图 8-14 SpringBatch 处理流程

JobRepository 用于存储任务执行的状态信息，例如任务执行时间、任务执行结果等。框架提供了两种实现：一种是通过 Map 形式保存在内存中，但是当 Java 程序重启后，任务信息就丢失了，并且在分布式下无法获取其他节点的任务执行情况；另一种是保存在数据库中，并且将数据保存在下面 6 张表里：

1） BATCH_JOB_INSTANCE
2） BATCH_JOB_EXECUTION_PARAMS
3） BATCH_JOB_EXECUTION
4） BATCH_STEP_EXECUTION
5） BATCH_JOB_EXECUTION_CONTEXT
6） BATCH_STEP_EXECUTION_CONTEXT

Spring Batch 框架的 JobRepository 支持主流的数据库，如：DB2、Derby、H2、HSQLDB、MySQL、Oracle、PostgreSQL、SQLServer、Sybase。

Spring Boot 架构下，如果在 Application. properties 中配置了 Datasource，那么 Spring Boot 启动时会自动将 Batch 需要的库表导入到数据库中（JobRepository）。

小结

本章介绍了 SpringMVC 最为核心的相关技术，其他如入参类型转换（InitBinder）、输入数据验证、文件上传、拦截器、国际化、静态资源处理、主题与 Tiles 集成等相关内容，感兴趣的读者朋友可以查阅官网相关资料。另外，一个庞大的综合 Java EE 系统，还包括相关批处理程序，因此本章也介绍了常用的 SpringBatch 技术，读者朋友可以根据实际项目的需求来灵活运用。

练习题

1. 搭建 SpringMVC 5 环境，结合 Maven 技术，实现 Form 表单验证与页面跳转。
2. 利用 SpringBatch 把 CSV 文件中的数据读取到数据库中。

第 9 章　Spring Integration

在阅读本章内容之前，首先思考以下问题：

1. Spring Integration 的核心组件有哪些？
2. Spring Integration 的消息体包含几部分？
3. Spring Integration 适用于什么场景？
4. Spring Integration 的架构模式是什么？

9.1　基本原理

1. 概念

Spring Integration 是 Spring 框架创建的又一个面向企业集成应用的实现，是典型的“管道-过滤器”架构模式，是一个功能强大的 EIP（Enterprise Integration Patterns），即企业集成模式。“过滤器”代表任何能够生产和（或）消费消息的组件，消息在“管道”中传递，在过滤器间转换，组件间才能保持松耦合，如图 9-1 所示。主要解决的问题是不同系统之间的交互问题，通过异步消息驱动来达到交互时系统之间的松耦合。

图 9-1　管道示意图

Spring Integration 支持消息驱动架构，也支持路由和消息转换，所以不同的传输协议和不同的数据格式能在不影响易测试性的前提下进行集成。在这种模式中，消息和集成关注点都通过框架来处理，而业务组件能更好地与基础设施隔离，从而降低开发者所要面对的复杂集成。

作为 Spring 编程模型的扩展，Spring 集成提供了多种配置选项，包括注释、支持命名空间的 XML、具有通用“bean”元素的 XML 以及直接使用底层 API。该 API 基于定义良好的策略接口和非侵入式授权适配器。Spring Integration 的设计灵感来自对 Spring 中常见模式与企业集成模式中所描述的知名模式之间的密切关系的认识。

2. 目标

Spring Integration 主要目标有以下三个：

1）提供一个简单的模型来实现复杂的企业集成解决方案。

2）为基于 Spring 的应用添加异步的、消息驱动的行为。

3）高度重视代码的可重用性、可测试性与维护性。

3. 原则

Spring Integration 基于三个原则：

1）组件应该松耦合，方便模型化和易测试。

2）框架应该强制将业务逻辑和集成逻辑的关注点分离。

3）扩展点本质上应该是抽象的，而且限定在一个清晰的边界内，来促进可重用性和可移植性。

4. 优点

在 Java 领域主要的集成技术有硬编码的 Java 客户端、消息队列以及其他企业服务总线（Enterprise Service Bus，ESB）产品等。而 Spring Integration 对以上各种解决方法都有所改进而且效果明显，主要优点见表 9-1。

表 9-1 Spring Integration 优点

编 号	特 色	说 明
1	易集成	属于 Spring 家族中的一员，与 Spring 其他 OSS 很容易集成
2	易解耦	几乎完全解耦集成所涉及的系统
3	易测试	使用 POJO，因此组件之间的测试非常容易
4	易扩展	因为是开源软件 OSS，所以可以查看源代码，并且根据项目需求，可以较容易地进行功能扩展
5	轻量级	和应用一起部署而不需要单独建立 ESB 服务器，JUnit 或者 Web 应用程序都可以启动
6	重视重用	鼓励集成中涉及组件的开发和重用
7	使用灵活	与外部服务器通信时，具有多种适配器可供灵活选择，允许集成中的参与者系统完全不了解彼此的底层协议、格式设置或其他实现细节

9.2 核心组件

9.2.1 Message

Message 是 Spring Integration 里 Java 对象的通用包装器，它与框架在处理该对象时使用的元数据相结合，由 Header 与 Payload 组成，是上下文中的数据传输单元，如图 9-2 所示。如果把 Spring Integration 比作一系列的管道的话，那么 Message 就是管道中流动的水。

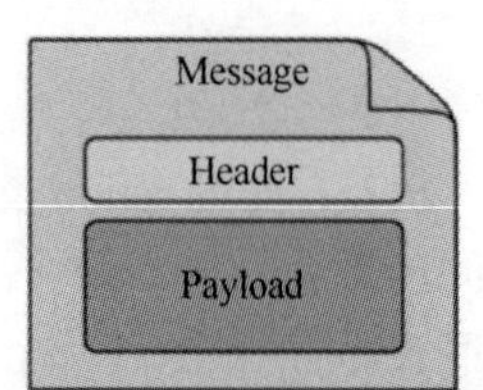

图 9-2 Message 组成

Header 是 Map<String，Object>类型数据的键-值容器，用于传输一般请求信息。在 Header 里面，有预定义字段，见表 9-2。

表 9-2 Header 预定义字段

编 号	消息头名称	消息头数据类型
1	ID	java. util. UUID
2	TIMESTAMP	java. lang. Long
3	CORRELATION_ID	java. lang. Object
4	REPLY_CHANNEL	java. lang. Object
5	ERROR_CHANNEL	java. lang. Object

(续)

编　号	消息头名称	消息头数据类型
6	SEQUENCE_NUMBER	java. lang. Integer
7	SEQUENCE_SIZE	java. lang. Integer
8	EXPIRATION_DATE	java. lang. Long
9	PRIORITY	java. lang. Integer

Payload 是消息有效负载，它是要传输的实际数据，可以为任何类型数据。示例代码如下所示：

```
public interface Message<T> {
  MessageHeaders getHeaders();
  T getPayload();
}
public final class MessageHeaders implements Map<String, Object>, Serializable{
  //省略
}
```

9.2.2 Channel

Channel 即消息传输管道，是 Spring Integration 体系结构中的基本管道，它是消息从一个系统传递到另一个系统的管道。消息生产者发送一个消息到 Message Channel，消息消费者从一个 Message Channel 中接收一条消息。

Message Channel 支持点对点（point-to-point）与发布订阅（publish-subscribe）两种模型。对于点对点模型，每个发送到管道的消息只能由一个使用者接收。另一方面，发布订阅管道尝试将每条消息广播给频道上的所有用户。

1. 顶级接口

（1）MessageChannel

MessageChannel 是 Spring Integration 消息通道的顶级接口。

```
public interface MessageChannel {
  boolean send(Message<?> message);
  boolean send(Message<?> message, long timeout);
}
```

MessageChannel 有 PollableChannel 与 SubscribableChannel 两个子接口。所有的消息通道类都是这两个接口的现实。

（2）PollableChannel

PollableChannel 具备轮询获得消息的能力，属于点对点形式（point-to-point），至少会有一个消费者 Consumer 能收到发送的 Message。

```
public interface PollableChannel extends MessageChannel {
  Message<?>receive();
  Message<?>receive(long timeout);
}
```

（3） SubscribableChannel

SubscribableChannel 发送消息给订阅了 MessageHanlder 的订阅者，属于发布订阅形式（publish-subscribe）。

```
public interface SubscribableChannel extends MessageChannel {
  boolean subscribe(MessageHandler handler);
  boolean unsubscribe(MessageHandler handler);
}
```

2. 常用消息管道

MessageChannel 有 6 种分类，见表 9-3，使用时可根据业务需求选择适当的类别。

表 9-3 Message Channel 类别

大 分 类	小 分 类	说 明
PollableChannel	QueueChannel	FIFO 形式的队列。可以缓存消息，在缓存消息没有达到上限时，消息发送者将消息发送到该通道后立即返回。如果缓存消息数量达到设定的容量，则消息发送者发送消息后会被阻塞，直到消息队列中有空间为止或者超时。对于消息接收者正好相反，尝试获取消息时，如果队列中有消息会立即返回，如果队列中没有消息则会一直阻塞直到超时（需要设定超时时间，不设定的话将一直阻塞）
	PriorityChannel	一个排序队列。默认是根据消息头中的“priority”属性值进行排序，也可以通过实现 Comparator<Message<?>>接口的逻辑来进行排序
	RendezvousChannel	类似于 QueueChannel，只是容量为 0。即发送者发送消息时，接受者必须将其接收才会返回，否则一直被阻塞
SubscribeChannel	PublishSubscribeChannel	将消息广播给所有的订阅者
	DirectChannel	用于点对点场景，但实现的是 PublishSubscribeChannel 接口，因此该通道会将消息直接分发给接收者，和 PublishSubscribeChannel 的区别在于接收者只有一个。除此之外，DirectChannel 还有一个最重要的特点就是发送和接收双方处于一个线程当中
	ExecutorChannel	用于点对点场景，和 DirectChannel 的配置相同，但主要的区别是 ExecutorChannel 将消息分发的操作委派给一个 TaskExecutor 的实例来进行（启用新的线程），因此发送消息时不会进行阻塞

3. 管道拦截器

Spring Integration 给消息通道提供了管道拦截器（ChannelInterceptor），用来拦截发送和接收消息。

9.2.3 Endpoint

Endpoint 是介于消息系统和应用程序代码之间的一个抽象层，用来执行类似生成或者消费消息，连接应用层代码，连接扩展服务或者其他应用等任务。当以 Spring Integration 的方式传送数据时，数据会沿着 Message Channel 从一个 Endpoint 移动到另一个 Endpoint；数据还可以通过适配器（adapter）的 Endpoint 从外部系统传入消息框架。Spring Integration 提供了大量的适配器来对接外部系统和服务。

Message、Channel 以及 Endpoint 之间的关系，如图 9-3 所示。

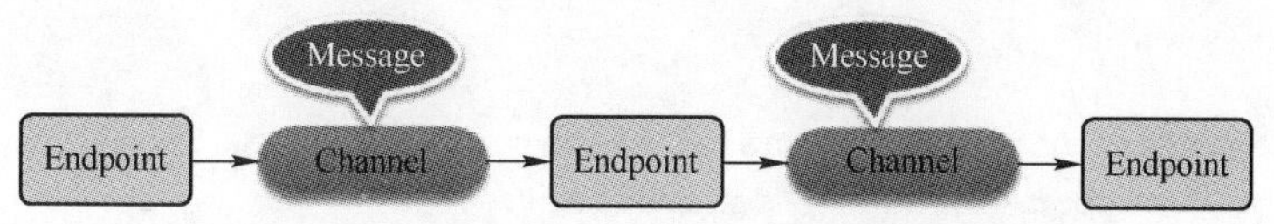

图 9-3　Endpoint、Channel、Message 之间的关系

(1) 转换器

转换器（TransFormer）可以对消息的内容或者结构进行转换，并返回转换后的消息。最常见的是修改消息内容的格式或者对消息头的内容进行添加、修改和删除。用法如下：

```
<int:transformer id="testTransformer" ref="testTransformerBean" input-
channel="inChannel"method="transform" output-channel="outChannel"/>
<beans:bean id="testTransformerBean" class="org.foo.TestTransformer" />
```

(2) 过滤器

过滤器（Filter）决定消息是否能够通过消息通道（是否被过滤掉），只有没有被过滤掉的消息才能被发送到输出通道上。过滤器多用于 Publish Subscribe 模式中，很多消费者可以收到相同的 Message 并且可以用 Filter 来接收指定类型的消息并将其加工处理。用法如下：

```
<int:filter input-channel="input" output-channel="output"
ref="exampleObject" method="someBooleanReturningMethod"/>
<bean id="exampleObject" class="example.SomeObject"/>
```

(3) 路由器

路由器（Router）基于一个指定消息的上下文，决定将消息发送到哪个消息通道。通常是一个输入通道，多个输出通道，如图 9-4 所示。根据消息头或者消息体的内容，决定将消息转发到哪个输出通道上。用法如下：

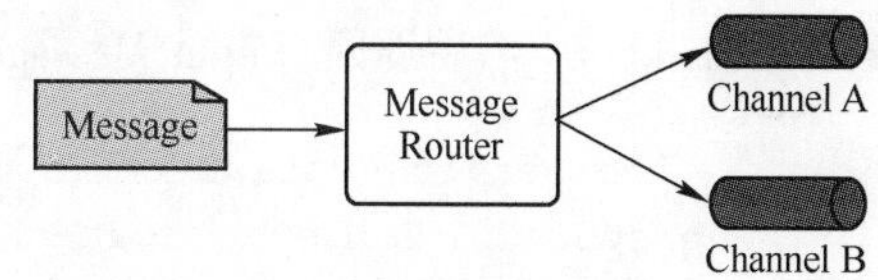

图 9-4　路由器示意图

```
<int:router input-channel="drinks" ref="drinkRouter" method="route"/>
```

(4) 分离器

分离器（Splitter）可以将一个输入消息分解为多个，并发送到合适的消息通道。对应一个输入通道，多个输出通道。Splitter 把消息从输入通道上分割发送到它的输出通道上。例如把一个复合型的“payload”负载分割成很多子负载，发送到多个输出通道上。用法如下：

```
<int:splitter input-channel="orders" ref="orderSplitter" method="split"
output-channel="drinksTransform"/>
```

(5) 聚合器

聚合器（Aggregator），和 Splitter 对应。可以将多个消息组合成一个消息。和分离器相比，聚合器通常比较复杂，因为它需要维持消息状态，如：决定什么时候提供组合，什么时候超时，甚至可以将一个局部的结果放弃，并发送到一个隔离的 Channel 里。Spring Integration 提供了一个 CompletionStrategy 来配置超时，决定是否在超时的时候发送一个结果并且废弃这个 Channel。Aggregator 在聚合时，会将消息头中消息 ID 相同的消息进行聚合。

用法如下：

```
<int:aggregator input-channel="preparedDrinks"  method="prepare
Delivery" output-channel="deliveries">
  <beans:bean class="com.abc.springintegration.cafe.xml.Waiter"/>
</int:aggregator>
```

（6）服务对接器

服务对接器（Service Activator）是消息通道和服务实例之间的接口，通常包含应用层的业务逻辑代码。也就是说，是一个连接服务实例到消息系统的通用端点，如图 9-5 所示。

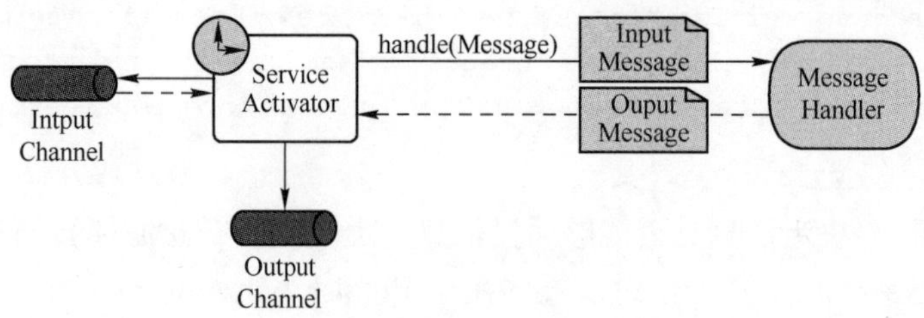

图 9-5　服务对接器

一个输入频道 Input Message Channel 必须被设定，一个服务对接器的方法被执行并且返回一个值，还可以提供一个输出频道 Output Message Channel（如果消息提供自己的返回地址，那么这是可选的）。这个规则适用于所有的 Consumer Endpoints。输入从 Input Channel 到服务对接器再到 Message Handler，然后返回 Output Message 到服务对接器再到 Output Message Channel。用法如下：

```
<int:service-activator input-channel="coldDrinks" ref="barista" method="
prepareColdDrink" output-channel="preparedDrinks"/>
```

（7）管道适配器

管道适配器（Channel Adapter），用来连接一个消息通道和其他实体（系统）之间的对象。管道适配器分为内绑定（Inbound）和外绑定（Outbound）两种。

Inbound 管道适配器：通常的作用是将一个外部系统的资源进行转换，通过消息通道输送到系统中，用于进行后续的处理，如图 9-6 所示。

图 9-6　Inbound 管道适配器

Outbound 管道适配器：将系统中的资源通过消息通道发送给 Outbound 通道适配，然后该 Outbound 通道适配将其转换为外部的资源，如图 9-7 所示。

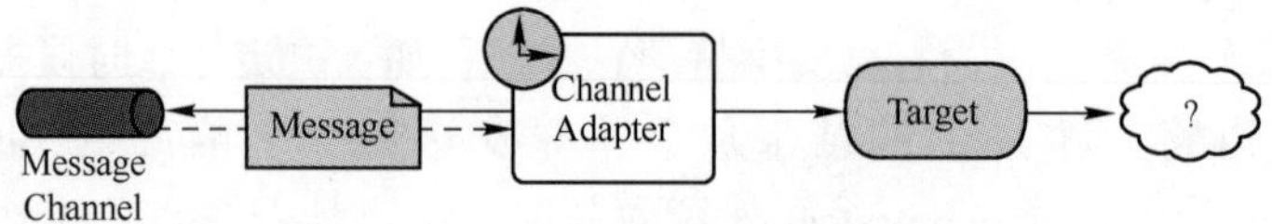

图 9-7　Outbound 管道适配器

Spring Integration 目前支持的常用管道适配器有 RabbitMQ、Feed、File、FTP/SFTP、Gemfire、HTTP、TCP/UDP、JDBC、JPA、JMS、Mail、MongoDB、Redis、RMI、Twitter、XMPP、WebServices（SOAP、REST）、WebSocket 等。

9.3 可视化设计

在 Eclipse 中，安装“STS”插件之后（在 Eclipse Market Place 里搜索“STS”）可以把 XML 配置结果以图形的形式进行显示。

方法为：选择所要查看的配置文件，用 Spring Coding Editor 打开，如图 9-8 所示。

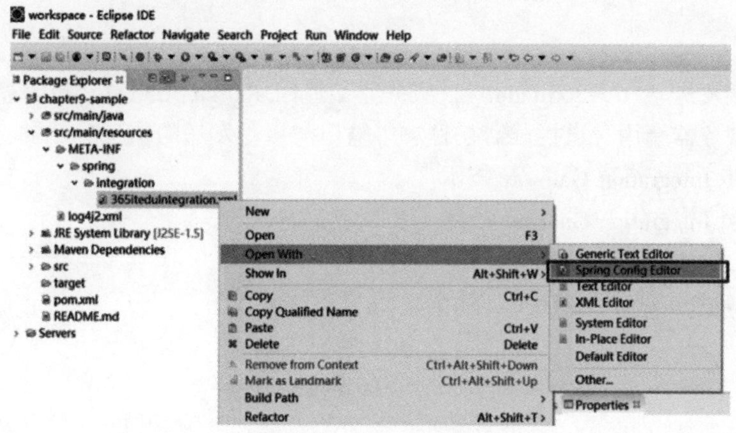

图 9-8　Spring Config Editor

之后，在右侧控制面板中选择“integration-graph”选项卡，即可看到图形效果，如图 9-9 所示。左侧选项卡又包括 Select、Channels、Routing、Transformation、Endpoints 五种，拖曳各选项卡组件到右侧面板，就可以进行自动图形化编辑。默认情况下，组件的排版是自动进行的；若想自己排版也可以，单击“排版模式”按钮，即可进行自动与手动编辑的转换。

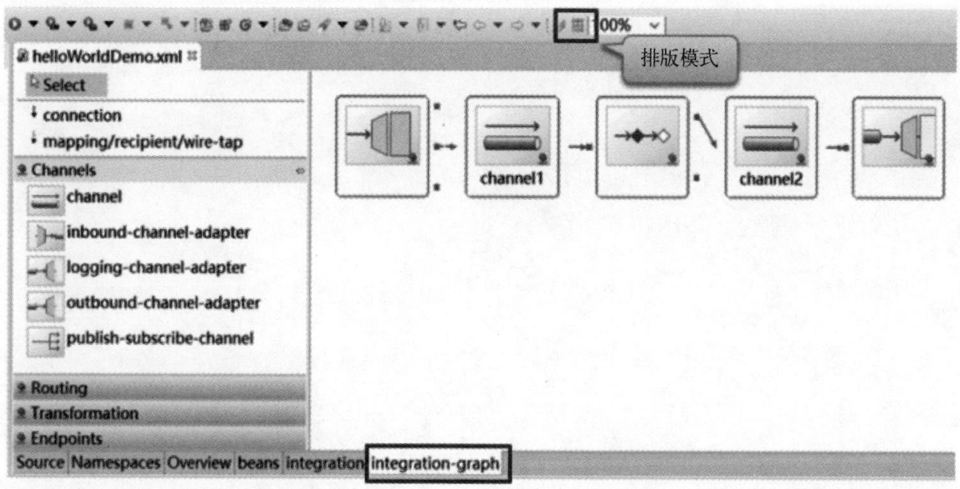

图 9-9　Integration-graph 选项卡

小结

使用Spring框架时推荐使用接口进行编码，并使用依赖注入（DI）来提供一个普通的Java对象（POJO）及其执行任务所需的依赖关系。Spring Integration将这个概念进一步发展，单个组件可能不知道应用程序中的其他组件，使用POJO形式的消息传递，就可以把它们连接在一起。这种应用程序是通过组装细粒度可重用组件来构建的，以形成更高级别的功能。通过精细的设计，这些POJO“管道”可以模块化，并且可以在更高的层次上重用。

练习题

以从客户端发送“Hi，365itedu.”，服务器端返回“I am 365itedu.”为需求，分别做技术演示，并在服务器端用管道拦截器在日志里输出与接受发送的信息。要求：

1. 实现同步Integration Gateway技术。
2. 实现异步Integration Gateway技术。
3. 实现REST-Integration架构组合技术。
4. 实现Soap-Integration架构组合技术。

第 10 章　Spring Boot

在阅读本章内容之前，首先思考以下问题：

1. 为什么要用 Spring Boot?
2. Starter 的类别有哪些?
3. 如何方便地构建 Spring Boot 工程?
4. Spring Boot 与 Spring Cloud 有什么关系?
5. 微服务设计原则有哪些?

10.1　Spring Boot 概述

Spring 组件代码是轻量级的，但它的配置却是烦琐的，可谓“重量级”。其配置技术发展大致经历了 3 个阶段。

（1）XML 配置阶段

在 Spring 1. x 时代，使用 Spring 开发时基本都是用 XML 配置 Bean。但是随着项目的扩大，会出现大量 XML 配置文件，这不但增加了项目复杂度，而且大大降低了开发效率。

（2）注解配置阶段

在 Spring 2. x 时代，随着 JDK 1. 5 带来的注解支持，Spring 提供了声明 Bean 的注解，大大减少了配置量。使用的主要方式是：系统的基本配置用 XML，业务配置用注解。

（3）Java 配置阶段

Spring 3. 0 引入了基于 Java 的配置能力，这是一种类型安全的可重构配置方式，可以代替 XML。当前 Spring 5. x 和 Spring Boot 都推荐使用 Java 配置。

如果项目很大，类似 Maven 的依赖管理也是一件非常烦琐的事情。决定项目里使用哪些库已经很费脑了，还需防止这些库之间发生冲突，处理起来实在太棘手。一旦选错了库版本，带来的不兼容问题，往往会让很多优秀的程序员不知所措。

Spring Boot 让这一切成为过去。Spring Boot 是伴随着 Spring 4. 0 诞生的，Boot 是引导的意思，它的作用其实就是帮助开发者快速地搭建 Spring 框架。因此 Spring Boot 继承了 Spring 的优秀基因，Spring Boot 并不是用来替代 Spring 的，而是和 Spring 框架紧密结合，简化了 Spring 应用的配置、编码、部署、监控等，提升了 Spring 开发者的体验。同时，它集成了大量常用的第三方库配置，Spring Boot 应用中这些第三方库几乎是零配置，可以开箱即用（out-of-the-box）。大部分的 Spring Boot 应用只需要非常少量的配置代码（基于 Java 的配置），能够让开发者更加专注于业务逻辑。

10.1.1　特性

Spring Boot 具有以下特性：

1）遵循“约定优于配置”的原则，开发人员仅需规定应用中不符合约定的部分，在没有规定配置的地方，采用默认配置即“开箱即用”，以力求最简配置为核心思想。

2）项目快速搭建，Spring Boot 帮助开发者快速搭建 Spring 框架，无须配置而自动整合第三方框架，对主流框架无配置集成。

3）可以完全不使用 XML 配置，只需要自动配置和 Java 配置。

4）内嵌 Servlet 容器，降低了对环境的要求，可用命令直接执行项目。

5）提供了 Starter POM，能够非常方便地进行包管理。

6）与云计算天然集成。

> NOTE: **约定优于配置**
>
> 也就是按照默认的约定进行编程，旨在减少软件开发人员需要做出明确决定的数量。从而达到减少配置、降低复杂性与学习成本、提高开发效率、增加团队协作的目的。

10.1.2 核心功能

（1）简化配置

虽然 Spring 是 Java EE 的轻量级框架，但是由于其烦琐的配置，一度被认为是“配置地狱”。如果配置烦琐，一旦出错会很难找出原因。而各种 XML、Annotaion 配置会让人眼花缭乱，为了简化配置，Spring Boot 更多的是采用 Java 配置方式。

【案例 28——Spring Boot 注解配置方法】

新建一个普通类，不用@Service 注解，只使用@Configuration 和@Bean 两个注解即可使其成为一个 Bean 而让 Spring 来管理。示例代码如下：

```
public class TestService {
  public String sayHello () {
  return "Hello Spring Boot!";
  }
}
@Configuration
public class JavaConfig {
  @Bean
  public TestService getTestService() {
    return new TestService();
  }
}
```

@Configuration 表示该类是个配置类，@Bean 表示该方法返回一个 Bean。这样就把 TestService 作为 Bean 让 Spring 去管理。在其他地方，如果需要使用该 Bean，直接使用@Resource 注解注入进来即可（@Resource private TestServicetestService;）。

另外，部署配置方面，原来 Spring 有多个“xml”和“properties”配置，而在 Spring Boot 中只需要一个“application. yml”即可。

（2）简化编码

Spring Boot 提供了一系列的 StarterPOM 来简化 Maven 依赖。在使用 Spring 创建一个 Web 项目时，需要在 POM 文件中添加多个依赖。而使用 Spring Boot 时，只需要在 POM 文件中添加如下一个 starter-web 依赖即可。

```
<dependency>
  <groupId>org.springframework.boot</groupId>
  <artifactId>spring-boot-starter-web</artifactId>
</dependency>
```

单击进入该依赖后可以看到，Spring Boot 中的 starter-web 已经包含了多个依赖，包括之前在 Spring 工程中需要导入的依赖，其中的一部分如下：

```
<!--省略其他依赖 -->
<dependency>
  <groupId>org.springframework</groupId>
  <artifactId>spring-web</artifactId>
  <version>5.1.4.RELEASE</version>
  <scope>compile</scope>
</dependency>
<dependency>
  <groupId>org.springframework</groupId>
  <artifactId>spring-webmvc</artifactId>
  <version>5.1.4.RELEASE</version>
  <scope>compile</scope>
</dependency
```

由此可以看出，Spring Boot 大大简化了编码，不用一个个导入依赖，直接一个依赖即可。内嵌的容器使得程序员可以执行项目的主程序 main( ) 方法。

（3）简化部署

在使用 Spring 部署项目时需要在服务器上部署 Tomcat，然后把项目打成 war 包放到 Tomcat 里。在使用 Spring Boot 后，就不需要在服务器上部署 Tomcat，因为 Spring Boot 内嵌了 Tomcat，只需要将项目打成 JAR 包，就可使用 java-jarxxx.jar 一键启动项目。

（4）简化监控

Spring Boot 提供了 Actuator 组件，只需要在配置中加入 spring-boot-starter-actuator 依赖，就可以使用 REST 方式来获取进程的运行期性能参数，从而达到方便监控的目的。然而 Spring Boot 只是个微框架，没有提供相应的服务发现与注册的配套功能，没有外围监控集成方案，没有外围安全管理方案，所以在微服务架构中，还需要配合 Spring Cloud 一起使用。

10.1.3 Starter

正如 Starter 的名称一样，Starter 是用于快速启动 Spring 应用的“启动器”。其本质是与某些功能相关的技术框架进行集成，统一到一组方便的依赖关系描述符中，这样开发者就无须花费太多的精力进行应用程序的依赖配置工作。可以说各种 Starter 是 Spring Boot 团队为用户提供各种专业技术方案的最佳组合的结果。例如，要使用 Spring 与 Batch 处理，那么只需要在项目中包含 spring-boot-starter-batch 依赖就可以把相关的 JAR 包全部自动引入，这极大地提高了用户的开发体验。

Spring Boot 官方提供的所有 Starter 都以“spring-boot-starter-*”的形式来命名，其中“*”是特定业务功能类型的应用程序名。这样开发者就能通过命名结构方便地查找到自己所需要的 Starter。Spring Boot 所提供的主要 Starter 见表 10-1。

表 10-1 Spring Boot 主要 Starter

分类	名称	描述	备注
应用型	spring-boot-starter	核心 starter，包括自动配置支持、日志以及 YAML	Logging 是 Starter 的专有框架；YAML 是“另一种标记语言”的外语缩写，它参考了其他多种语言，包括 XML、C 语言、Python、Perl 以及电子邮件格式 RFC2822
	spring-boot-starter-activemq	使用 ApacheActiveMQ 来实现 JMS 的消息通信	ActiveMQ 是 Apache 出品的当前最流行的能力最强劲的开源消息总线
	spring-boot-starter-amqp	使用 SpringAMQP 与 RabbitMQ	Spring AMQP 是基于 Spring 框架的 AMQP 消息解决方案：提供了模板化发送和接收消息的抽象层；提供了基于消息驱动的 POJO；RabbitMQ 是一个在 AMQP 基础上完整的可复用的企业消息系统
	spring-boot-starter-aop	通过 Spring AOP 与 AspectJ 来实现面向切面编程	AspectJ 是一个面向切面的框架，它扩展了 Java 语言
	spring-boot-starter-artemis	使用 ApacheArtemis 来实现 JMS 的消息通信	HornetQ 代码库捐献给了 ApacheActiveMQ 社区，现在成为 ActiveMQ 旗下的一个子项目
	spring-boot-starter-batch	使用 Spring Batch	Spring Batch 是一个轻量级的，完全面向 Spring 的批处理框架，可以应用于企业级大量的数据处理系统
	spring-boot-starter-cache	启用 Spring 框架的缓存功能	Spring Caching 是 Spring 提供的缓存框架
	spring-boot-starter-cloud-connectors	用于简化连接到云平台，如 Cloud Foundry、Heroku	Cloud Foundry 是 VMware 推出的业界第一个开源 PaaS 云平台；Heroku 是一个支持多种编程语言的云平台
	spring-boot-starter-data-cassandra	使用 Cassandra 分布式数据库与 Spring Data Cassandra	Apache Cassandra 是一套开源分布式 NoSQL 数据库系统
	spring-boot-starter-data-cassandra-reactive	使用 Cassandra 分布式数据库与 Spring Data Cassandra Reactive	—
	spring-boot-starter-data-couchbase	使用 Couchbase 文件存储数据库与 Spring Data Couchbase	Spring Data 是一个用于简化数据库访问并支持云服务的开源框架
	spring-boot-starter-data-elasticsearch	使用 ElasticSearch、Analytics Engine、Spring Data Elasticsearch	ElasticSearch 是一个基于 Lucene 的搜索服务器，它提供了一个基于 RESTful Web 接口的分布式多用户能力的全文搜索引擎
	spring-boot-starter-data-jpa	通过 Hibernate 使用 Spring Data JPA（Spring-data-jpa 依赖于 Hibernate）	JPA 通过注解或 XML 描述对象-关系表的映射关系并将运行期的实体对象持久化到数据库中
	spring-boot-starter-data-mongodb	使用 MongoDB 文件存储数据库与 Spring Data MongoDB	—
	spring-boot-starter-data-mongodb-reactive	使用 MongoDB 文件存储数据库与 Spring Data MongoDB Reactive	—
	spring-boot-starter-data-neo4j	使用 Neo4j 图形数据库与 Spring Data Neo4j	Neo4j 是一个高性能的 NoSQL 图形数据库，它将结构化数据存储在网络上而不是表中
	spring-boot-starter-data-redis	通过 Spring Data Redis 与 Jedis Client 使用 Redis 键值存储数据库	Jedis 是 Redis 官方首选的 Java 客户端开发包

（续）

分类	名　称	描　述	备　注
应用型	spring-boot-starter-data-redis-reactive	使用 Redis、Spring Data Redis Reactive 以及 Lettuce 客户端	—
	spring-boot-starter-data-rest	使用 Spring Data REST 以 REST 方式呈现 Spring Data 仓库	REST 技术实现方式之一
	spring-boot-starter-data-solr	通过 Spring Data Solr 使用 Apache Solr	Apache Solr 是一个开源的搜索服务器。Solr 使用 Java 语言开发，主要基于 HTTP 和 Apache Lucene 实现
	spring-boot-starter-freemarker	使 MVC Web Applications 支持 FreeMarker	FreeMarker 是模视图模板
	spring-boot-starter-groovy-templates	使 MVC Web Applications 支持 Groovy Templates	Groovy Templates 是模视图模板
	spring-boot-starter-hateoas	使用 Spring MVC、Spring HATEOAS 构建 Hypermedia-based RESTful Web 应用	Spring HATEOAS 是一个用于支持实现超文本驱动的 REST Web 服务的开发库
	spring-boot-starter-integration	使用 Spring Integration	Spring Integration 是 Spring 框架创建的一个 API，面向企业应用集成（EAI）
	spring-boot-starter-jdbc	通过 TomcatJDBC 连接池使用 JDBC	—
	spring-boot-starter-jersey	通过 JAX-RS、Jersey 构建 RESTful Web 应用	JAX-RS 是 JavaEE6 引入的一个新技术；Jersey 不仅是一个 JAX-RS 的参考实现，还提供了自己的 API。其 API 继承自 JAX-RS，提供了更多的特性和功能，以进一步简化 RESTful Service 和客户端的开发。是 spring-boot-starter-web 的另一替代方案
	spring-boot-starter-jooq	使用 JOOQ 链接 SQL 数据库	JOOQ（Java Object Oriented Querying，面向 Java 对象查询）是一个高效地合并了复杂 SQL、类型安全、源码生成、ActiveRecord、存储过程以及高级数据类型的 Java API 的类库。是 spring-boot-starter-data-jpa、spring-boot-starter-jdbc 的另一替代方案
	spring-boot-starter-jta-atomikos	使用 Atomikos 处理 JTA 事务	JTA 允许应用程序执行分布式事务处理，Atomikos 是一个为 Java 平台提供增值服务的开源类事务管理
	spring-boot-starter-jta-bitronix	使用 Bitronix 处理 JTA 事务	Bitronix Transaction Manager 是一个简单但完整实现了 JTA 1.1 API 的类库，完全支持 XA 事务管理器，提供 JTA API 所需的服务并让代码保持简洁
	spring-boot-starter-jta-narayana	使用 Narayana 处理 JTA 事务	—
	spring-boot-starter-mail	使用 Java Mail 与 Spring Email 发送支持	Java Mail 与 Spring email 为邮件发送工具
	spring-boot-starter-mobile	通过 Spring Mobile 构建 Web 应用	Spring Mobile 是 Spring MVC 的扩展，用来简化手机上的 Web 应用开发
	spring-boot-starter-mustache	通过 Mustache 视图来构建 Web 应用	Mustache 是基于 JavaScript 实现的模版引擎，类似于 jQuery Template，但是这个模版更加轻量级，语法更加简单易用，很容易上手
	spring-boot-starter-quartz	使用 Quartz	批处理任务调度器
	spring-boot-starter-security	使用 Spring Security	Spring Security 是一个能够为基于 Spring 的企业应用系统提供声明式的安全访问控制解决方案的安全框架

（续）

分类	名　称	描　述	备　注
应用型	spring-boot-starter-social-facebook	使用 Spring Social Facebook	Facebook 提供用户使用第三方社交网络的账号 API
	spring-boot-starter-social-linkedin	使用 Spring Social LinkedIn	LinkedIn 提供用户使用第三方社交网络的账号 API
	spring-boot-starter-social-twitter	使用 Spring Social Twitter	Twitter 提供用户使用第三方社交网络的账号 API
	spring-boot-starter-test	测试 Spring Boot Applications，包含 JUnit、Hamcrest、Mockito	JUnit、Hamcrest、Mockito 为测试框架
	spring - boot - starter-thymeleaf	使 MVC Web Applications 支持 Thymeleaf	Thymeleaf 是一个 Java 库，一个 XML/XHTML/HTML5 的可扩展的模板引擎
	spring-boot-starter-validation	启用基于 Hibernate Validator 的 Java Bean Validation 功能	Bean Validation 是一个数据验证的规范；Hibernate Validator 是一个数据验证框架
	spring-boot-starter-web	构建 Web 应用，包含 RESTful 风格框架的 SpringMVC	使用 Tomcat 为默认服务器
	spring-boot-starter-web-services	使用 Spring Web Services	Spring Web Services 是基于 Spring 框架的 Web 服务框架，主要侧重于基于文档驱动的 Web 服务，提供 SOAP 服务开发，允许通过多种方式创建 Web 服务
	spring-boot-starter-websocket	使用 Spring WebSocket 构建 WebSocket 应用	WebSocket 是一个持久化的 HTTP 协议
产品型	spring-boot-starter-actuator	使用 Spring Boot Actuator 的 production-ready 功能来监视和管理应用	产品级别的功能
技术型	spring-boot-starter-jetty	使用 Jetty 作为内嵌服务器	Jetty 是开源 Java 应用服务器，spring-boot-starter-tomcat 的另一替代方案
	spring - boot - starter-log4j2	使用 Log4j2 记录日志	spring-boot-starter-logging 的另一替代方案
	spring-boot-starter-logging	为 Logging 使用 Logback，默认的 logging Starter	Logback 是由 Log4j 创始人设计的又一个开源日志组件
	spring - boot - starter - reactor-netty	使用 Reactor Netty 作为内嵌响应式的 HTTP 服务器	Netty 是 JBoss 开源组织旗下一款 HTTP 服务器
	spring-boot-starter-tomcat	使用 Tomcat 作为内嵌服务器	默认作为 spring-boot-starter-web 的内嵌服务器
	spring-boot-starter-undertow	使用 Undertow 作为内嵌服务容器	Undertow 是 JBoss 开源组织旗下一款 Web 服务器，spring-boot-starter-tomcat 的另一替代方案

10.2 Spring Boot 工程

10.2.1 SpringInitializr

Spring Initialzr 是用于初始化 Spring Boot 项目的可视化平台。虽然通过 Maven 或 Gradle 来添加 Spring Boot 提供的 Starter 使用起来非常简单，但是由于组件和关联部分众多，有这样一个可视化的配置构建管理平台对于用户来说还是非常方便的。

【案例 29——SpringInitializr 建立工程方法】

https://start. spring. io/是 Spring 提供的官方 Spring Initializr 网站。按照 Spring Initializr 页

面提示，选择 GradleProject，输入相应的项目元数据（ProjectMetadata）资料，并在依赖搜索框中输入关键字“Web”，并且选择“Servlet web application with Spring MVC and Tomcat”，如图 10-1 所示。

单击“Generate Project”按钮，此时可以下载到以“chapter10-spring-boot-demo”命名的 zip 包。该压缩包包含了这个项目的雏形所必有的源码及配置。不用输入一行代码就可以完成一个完整的 Spring Boot 项目的搭建，是不是很便捷？解压 zip 文件，导入 Eclipse 之后的项目结构如图 10-2 所示。

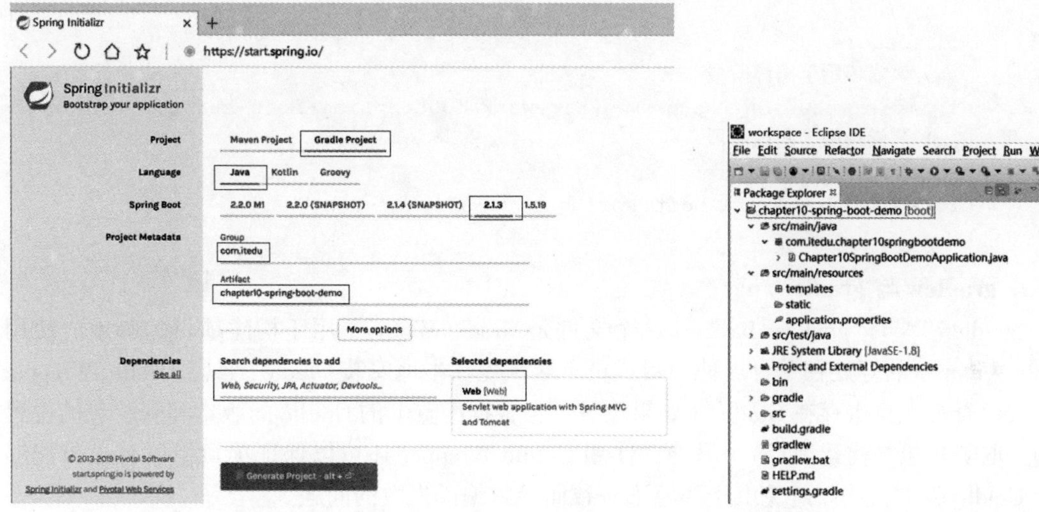

图 10-1　Spring Initializr　　　　图 10-2　Spring Boot 项目雏形

启动类代码如下：

```
@Spring BootApplication
public class Chapter10Spring BootDemoApplication {
  public static void main(String[] args) {
      SpringApplication.run (Chapter10Spring BootDemoApplication.class,
args);
   }
}
```

10.2.2 Gradle

1. build.gradle

在项目的根目录下，可以看到“build.gradle”文件，这是项目的构建脚本，如下所示（其中的注释是本书作者添加的）：

```
//使用插件
plugins {
    id'org.springframework.boot' version '2.1.3.RELEASE'
    id'java'
}

apply plugin:'io.spring.dependency-management'
```

```
//指定生成的编译文件版本,默认打成 jar 包
group ='com.itedu'
version ='0.0.1-SNAPSHOT'
//指定 Java 编译版本
sourceCompatibility = '1.8'
//使用中央仓库
repositories {
    mavenCentral()
}

dependencies {
    //该依赖用于编译阶段
    implementation'org.springframework.boot:spring-boot-starter-web'
    //该依赖用于测试阶段
    testImplementation
'org.springframework.boot:spring-boot-starter-test'
}
```

2. gradlew 与 gradlew.bat

“gradlew”与“gradlew.bat”这两个文件是 Gradle Wrapper 用于构建项目的脚本。使用 Gradle Wrapper 的好处在于可以使项目成员不必预先在本地安装 Gradle 工具，Gradle Wrapper 会先去检查本地是否存在 Gradle（如果没有，会根据配置上的 Gradle 的版本和安装包的位置自动获取安装包并构建项目)。另外，使用 Gradle Wrapper 还可以保证项目组所有成员能够统一 Gradle 版本，从而避免由于环境不一致而导致编译失败的问题。

对于 Gradle Wrapper 的使用，在 Linux 与 Mac 系统上，使用 Gradlew 脚本就会自动完成 Gradle 环境的搭建；而在 Windows 环境下，则需要执行“gradlew.bat”，使用方法是：gradlew.bat task。

3. gradle wrapper

Gradle Wrapper 免去了用户在使用 Gradle 进行项目构建时安装 Gradle 的过程。每个 Gradle Wrapper 都绑定到一个特定版本的 Gradle，所以当第一次执行 Gradle 命令时，将下载相应的 Gradle 发布包，并执行相应的命令。默认 Gradle Wrapper 的发布包是指向官网的 Web 服务地址，相关配置被记录在 gradle-wrapper.properties 文件中。

```
distributionBase=GRADLE_USER_HOME
distributionPath=wrapper/dists
distributionUrl = https//: services.gradle.org/distributions/gradle - 5.2.1
-bin.zip
zipStoreBase=GRADLE_USER_HOME
zipStorePath=wrapper/dists
```

其中“distributionUrl”用于指向发布包的位置。另外，开发人员也可以指定自己发布包的位置，如“distributionUrl=file//:D:software/webdev/java/gradle-5.2-all.zip”。

4. build 与 gradle

目录“build”和“gradle”都是在 Gradle 对项目进行构建后生成的目录与文件。

5. 执行

正如 3.2.3 小节所述，Gradle 为后起之秀，在 Eclipse 中的功能比 Maven 多，而且操作

也方便，如图 10-3 所示。由图可知，所有可执行命令一目了然，相信一旦用上 Gradle 就会爱不释手。

选择“build”，执行效果如图 10-4 所示。

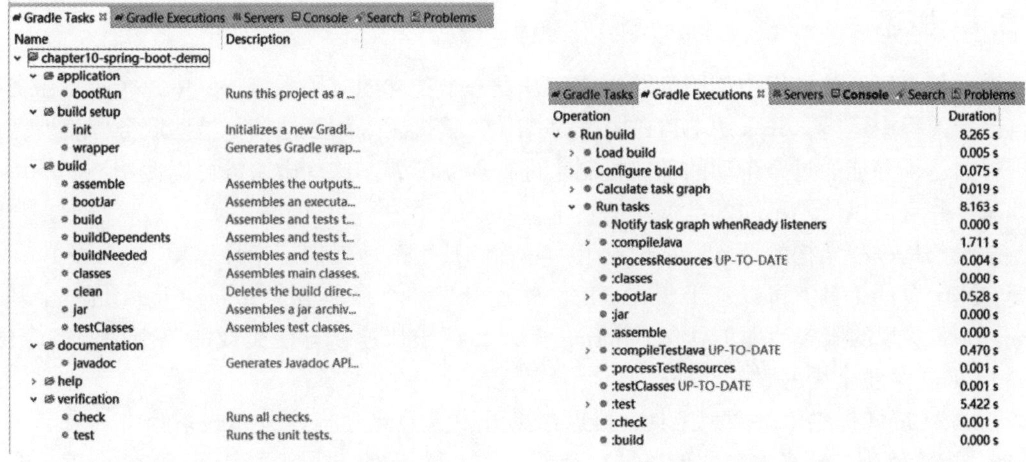

图 10-3　Gradle 命令一览　　　　图 10-4　Gradle 执行过程

从上图可以清晰地看出整个编译过程整体分为 4 个阶段。在编译开始阶段，Gradle 解析项目配置文件，然后去 Maven 仓库查找相关的依赖并下载到本地。如果编译通过，则此控制面板各个执行的结果都为绿色。另外，控制台也会打印整个下载、编译、测试过程，最后看到“BUILD SUCCESSFUL”字样，就证明编译成功了。

回到项目的根目录下，可以发现多出了一个“build”目录。在该目录“build/libs”下，可以看到一个“chapter10-spring-boot-demo-0.0.1-SNAPSHOT.jar”文件，该文件就是项目编译成功后的可执行文件，在项目的根目录下，可以通过以下命令来运行：

```
java -jar chapter10-spring-boot-demo-0.0.1-SNAPSHOT.jar
```

运行成功后，可以在控制台中看到如图 10-5 所示的输出信息。

```
C:\WINDOWS\system32\cmd.exe - java  -jar chapter10-spring-boot-demo-0.0.1-SNAPSHOT.jar
D:\workspace_book\chapter10-spring-boot-demo\chapter10-spring-boot-demo\build\libs> java -jar ch
apter10-spring-boot-demo-0.0.1-SNAPSHOT.jar

 :: Spring Boot ::        (v2.1.3.RELEASE)

2019-03-24 08:51:31.858  INFO 15632 --- [           main] c.i.c.Chapter10SpringBootDemoApplicati
on : Starting Chapter10SpringBootDemoApplication on DESKTOP-7H3U1QB with PID 15632 (D:\workspace
_book\chapter10-spring-boot-demo\chapter10-spring-boot-demo\build\libs\chapter10-spring-boot-dem
o-0.0.1-SNAPSHOT.jar started by ThinkPad in D:\workspace_book\chapter10-spring-boot-demo\chapter
10-spring-boot-demo\build\libs)
2019-03-24 08:51:31.861  INFO 15632 --- [           main] c.i.c.Chapter10SpringBootDemoApplicati
on : No active profile set, falling back to default profiles: default
2019-03-24 08:51:33.324  INFO 15632 --- [           main] o.s.b.w.embedded.tomcat.TomcatWebServe
r  : Tomcat initialized with port(s): 8080 (http)
2019-03-24 08:51:33.359  INFO 15632 --- [           main] o.apache.catalina.core.StandardService
   : Starting service [Tomcat]
2019-03-24 08:51:33.360  INFO 15632 --- [           main] org.apache.catalina.core.StandardEngin
e  : Starting Servlet engine: [Apache Tomcat/9.0.16]
2019-03-24 08:51:33.371  INFO 15632 --- [           main] o.a.catalina.core.AprLifecycleListener
   : The APR based Apache Tomcat Native library which allows optimal performance in production e
nvironments was not found on the java.library.path: [C:\Program Files\Java\jdk1.8.0_181\bin;C:\W
INDOWS\Sun\Java\bin;C:\WINDOWS\system32;C:\WINDOWS;C:\Program Files\Java\jdk1.8.0_181\bin;C:\Pro
gram Files (x86)\Intel\iCLS Client\;C:\Program Files\Intel\iCLS Client\;C:\WINDOWS\system32;C:\W
```

图 10-5　Spring Boot 执行结果

10.3　Spring Cloud

10.3.1　概述

微服务是以开放一组小型服务的方式来开发一个独立的应用系统，其中每个小型服务都在自己的进程中运行，并采用 HTTP 协议的 API 轻量机制来相互通信。这些服务围绕业务功能进行构建，并能通过全自动的部署机制来进行独立部署。这些微服务可以使用不同的语言来编写，并且可以使用不同的数据存储技术。

微服务是一种架构的理念，从理论上为具体的技术落地提供了指导思想。Spring Boot 是一套快速配置的工具，可以基于 Spring Boot 快速开发单个微服务。Spring Cloud 是一个基于 Spring Boot 实现的服务治理工具包。Spring Boot 专注于快速、方便集成的单个微服务个体，Spring Cloud 关注全局的服务治理框架。

Spring Cloud 提供了一系列工具，可以帮助开发人员迅速搭建分布式系统中的公共组件（例如：配置管理、服务发现、断路器、智能路由、微代理、控制总线、一次性令牌、全局锁、主节点选举、分布式 Session、集群状态等），如图 10-6 所示。协调分布式环境中各个系统，为各类服务提供模板性配置。使用 Spring Cloud 的开发人员可以搭建实现了这些样板的应用，并且在任何分布式环境下都能工作得非常好，小到笔记本电脑，大到数据中心和云平台，感兴趣的读者可以参考中文社区网相关信息，网址为**https://springcloud.cc/**。

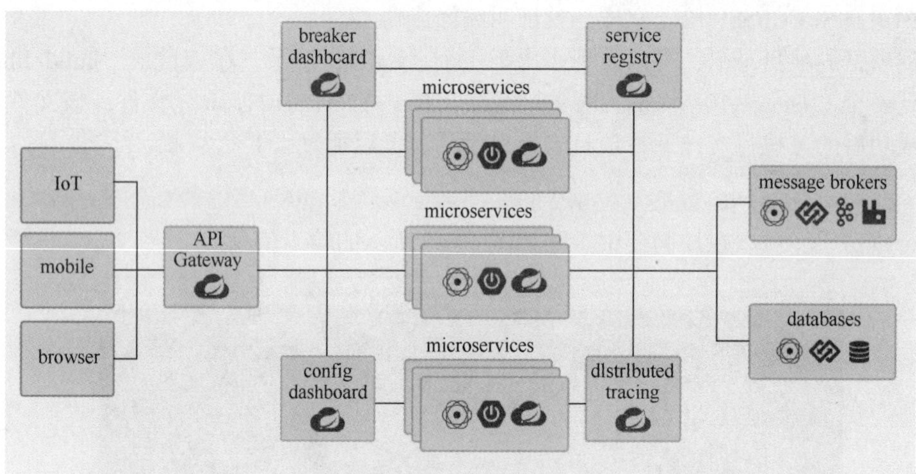

图 10-6　Spring Cloud 概念图

常用的微服务子项目见表 10-2。

表 10-2　常用微服务子项目

子　项　目	说　　明
Bus	消息总线，配合 Config 仓库修改的一种 Stream 实现
Config	分布式配置中心，支持本地仓库、SVN、Git、Jar 包内配置等模式
Dashboard	Hystrix 仪表盘，监控集群模式和单点模式，其中集群模式需要收集器 Turbine 配合

（续）

子 项 目	说 明
Eureka	服务注册中心，特性有失效剔除、服务保护
Feign	声明式服务调用，本质上就是 Ribbon+Hystrix
Hystrix	客户端容错保护，特性有服务降级、服务熔断、请求缓存、请求合并、依赖隔离
Ribbon	客户端负载均衡，特性有区域亲和、重试机制
Sleuth	分布式服务追踪，需要搞清楚 TraceID 和 SpanID 以及抽样，如何与 ELK 整合
Stream	消息驱动，有 Sink、Source、Processor 三种通道，特性有订阅发布、消费组、消息分区
Zuul	API 服务网关，功能有路由分发和过滤

10.3.2 Spring Boot 与 Spring Cloud

SpringBoot 是构建 Spring Cloud 架构的基石，专注于快速、方便集成的单一个体；Spring Cloud 是关注全局的服务治理框架。

Spring Cloud 版本的命名方式与传统版本的命名方式稍有不同。由于 Spring Cloud 是一个拥有诸多子项目的大型综合项目，原则上其子项目也都维护着自己的发布版本号。那么每一个 Spring Cloud 的版本都会包含不同的子项目版本，为了管理每个版本的子项目，避免版本名与子项目的发布号混淆，没有采用版本号的方式，而是通过命名的方式。见表 10-3。

表 10-3　Spring Cloud 版本号

Spring Cloud	Spring Boot
Finchley	兼容 Spring Boot 2. 0. x，不兼容 Spring Boot 1. 5. x
Dalston 和 Edgware	兼容 Spring Boot 1. 5. x，不兼容 Spring Boot 2. 0. x
Camden	兼容 Spring Boot 1. 4. x，也兼容 Spring Boot 1. 5. x
Brixton	兼容 Spring Boot 1. 3. x，也兼容 Spring Boot 1. 4. x
Angel	兼容 Spring Boot 1. 2. x

这些版本命名采用了伦敦地铁站的名称，根据字母表的 A～Z 顺序来对应版本时间顺序，如早期 Release 的版本为 Angel，第二个 Release 版本为 Brixton。

10.3.3 微服务设计原则

微服务是未来发展的趋势，项目会从传统架构慢慢转向微服务架构，因为微服务可以使不同的团队专注于更小范围的工作职责，使用独立的技术，更安全、更频繁地进行部署。它与 Spring 一脉相承，具有 Spring 的优良特性，支持各种 REST API 的实现方式。Spring Boot 也是官方大力推荐的技术，由此可以看出，Spring Boot 也是未来发展的一大趋势。

从 SOA 应用走向基于微服务的架构时，首先面临的一个问题就是如何进行拆分？“微”的粒度又应该把握到什么程度？除了需要遵循 2.9 节所述的设计原则外，还需要遵循以下原则。

1. 微粒适中原则

确定微服务的粒度是难点，也常常是争论的焦点。应当使用合理的粒度划分微服务，而不是一味将服务做小。

合理拆分具有以下优点：

1）服务独立部署。

2）扩容与缩容方便，有利于提高资源利用率。

3）各服务之间耦合度小。

4）容错好（一个服务出问题不影响其他服务）。

否则会有以下不足：

1）拆得越细，系统越复杂。

2）系统之间的依赖关系更复杂。

3）运维困难。

4）监控复杂。

5）出问题时定位问题难。

在微服务的设计阶段，就应确定其边界。微服务之间应该相对独立并保持松耦合。领域驱动设计中的"界限上下文"可作为微服务边界、确定微服务粒度的重要依据。

代码量的多少不能作为微服务划分的依据，因为不同服务本身的业务复杂性不同，代码量也不同。

微服务架构的演进是一个循序渐进的过程。在演进过程中，常常会根据业务的变化，对微服务进行重构，甚至是重新划分，从而让架构更加合理。最终，如果微服务的开发、部署、测试以及运维效率很高，但成本很低，那就说明一个好的微服务架构已经形成了。

实际操作中，笔者认为以"系统业务"粒度作为微服务的单位进行划分是最佳选择。例如按照资源的定义进行划分，每个资源的 CRUD 自然就成了一个微服务。

另外，也可以从开发团队规模上进行划分。根据贝索斯在定义团队规模时提出的"两个比萨"理论（让团队尽可能小，如果两个比萨都喂不饱一个团队，那说明它太大了），可以把一个微服务划分成由 3 个成员组成的团队进行开发与设计。

2. 服务自治原则

服务自治是指每个微服务应当具备独立的业务能力、依赖与运行环境。在微服务架构中，服务是独立的业务单元，应该与其他服务高度解耦。每个服务从开发、测试、构建到部署，都应当可以独立运行，而不应该依赖其他服务。

3. 轻量级通信原则

微服务之间应该通过轻量级通信机制进行交互。轻量级通信机制应该具备两点：首先是它的体量较轻；其次是它应该是跨语言、跨平台的。例如大家熟悉的 REST 协议，就是一个典型的"轻量级通信机制"；而 Java 的 RMI 协议则不符合轻量级通信要求，因为它绑定了 Java 语言，如图 10-7 所示。

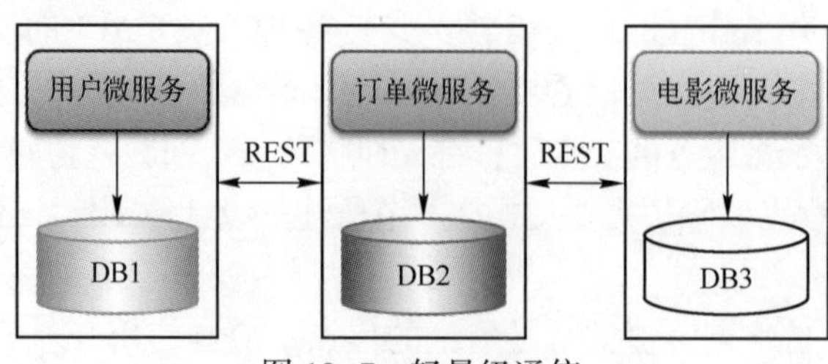

图 10-7　轻量级通信

10.3.4 微服务注册与发现

1. 概述

在微服务的架构中，服务的注册与发现是最为核心的功能。通过服务的注册和发现机制，微服务之间才能相互通信、相互协作。

服务发现意味着发布的服务可以让别的服务找得到。在互联网中，最常用的服务发现机制莫过于域名。通过域名，可以发现该域名所对应的 IP，继而能够找到发布这个 IP 的服务。域名与主机的关系并不是一对一的，有可能多个域名都映射到了同一个 IP 下面。DNS 是互联网的一项核心服务，它作为可以将域名与 IP 地址相互映射的一个分布式数据库，能够使人们更方便地访问互联网，而不用去记住能够被计算机直接读取的 IP 地址。在局域网内，同样也可以设置相应的主机名来让其他主机访问。

在 Spring Cloud 技术栈中，Eureka 作为服务注册中心对整个微服务架构起着最核心的整合作用。Eureka 是 Netfix 开源的一款提供服务注册和发现的产品。Eureka 官网为 https://github.com/spring-cloud/spring-cloud-netfix。它具有以下优点：

（1）完整的服务注册和发现服务

Netfix 提供了完整的服务注册和发现机制，也经受了 Netfix 生产环境的考验。

（2）与 Spring Cloud 无缝集成

Spring Cloud 有一套非常完善的开源代码来整合 Eureka，所以在 Spring Boot 上应用起来也非常方便，与 Spring 框架的兼容性也良好。

（3）高可用性

Eureka 还支持在应用自身的容器中启动，自己的应用启动完成后，既充当了 Eureka 客户端的角色，同时又是服务的提供者。这样就极大地提高了服务的可用性，同时也尽可能地减少了外部依赖。

（4）开源

由于代码是开源的，所以非常便于程序员了解其实现原理和排查原因，而且网上有很多资料可以查询。

2. 微服务注册

【案例 30——微服务注册】

按照 Spring Initializr 页面提示，选择 Maven Project，输入相应的项目元数据（Project-Metadata）资料，并在依赖搜索框中输入关键字“eureka”，然后选择“Service discovery using spring-cloud-natflix and Eureka”，如图 10-8 所示。

导入项目之后，加入 application.yml，内容如下：

```
server:
  port: 8761
eureka:
  client:
    register-with-eureka:false
    fetch-registry:false
    service-url:
      defaultZone: http://localhost:8761/eureka
```

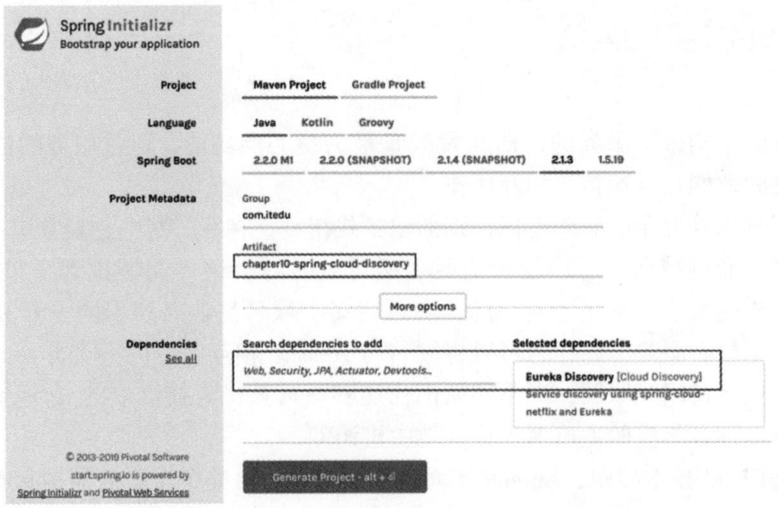

图 10-8　创建 Discovery 工程

先在启动类“Chapter10SpringCloudDiscoveryApplication”中加入“@EnableEurekaServer”注解，之后启动应用，访问 http://localhost:8761/，可以看到如图 10-9 所示的 Eureka Server 自带的 UI 管理界面。

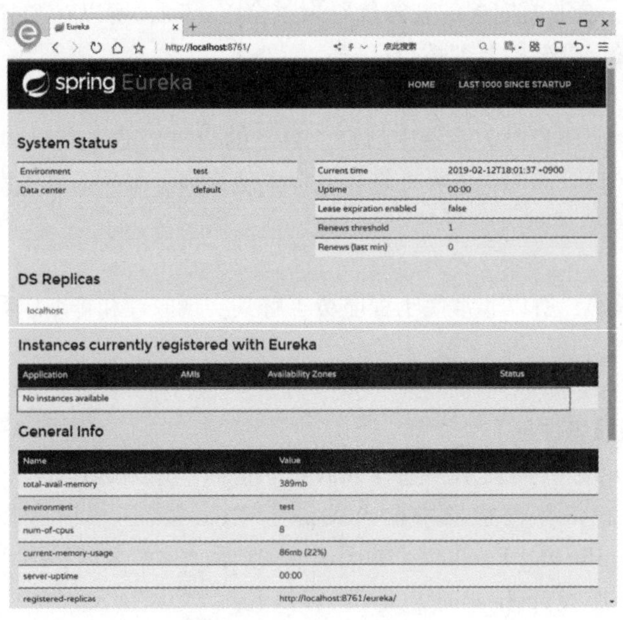

图 10-9　Eureka Server 页面

3. 微服务发现

【案例 31——微服务发现】

（1）创建微服务提供者

按照图 10-8 所示，修改 Artifact 为“chapter10-spring-cloud-provider”，生成 REST 微服务提供者项目。

在 pom. xml 里加入以下依赖：

```
<dependency>
  <groupId>org.springframework.boot</groupId>
  <artifactId>spring-boot-starter-web</artifactId>
</dependency>
```

在 resources 目录下，添加 application. yml 文件，内容如下：

```
server:
  port: 8081
spring:
  application:
    name: chapter10-spring-cloud-provider
eureka:
  client:
    serviceUrl:
    defaultZone: http://localhost:8761/eureka
  instance:
prefer-ip-address:true
instanceId:${spring.application.name}:${spring.application.instance_id:$
{server.port}}
```

修改启动类“Chapter10SpringCloudProviderApplication”，内容如下：

```
@Spring BootApplication
@EnableEurekaClient
@RestController
public class Chapter10SpringCloudProviderApplication {
  @GetMapping("/hello/{name}")
  public String hello(@PathVariable String name){
    System.out .println("Welcome: "+name);
    return "Welcome:"+name;
  }
  public static void main(String[] args) {
   SpringApplication.run  (Chapter10SpringCloudProviderApplication.class,
args);
  }
}
```

（2）创建微服务消耗者

按照图 10-8 所示，修改 Artifact 为“chapter10-spring-cloud-consumer”，生成 REST 微服务提供者项目。

在 pom. xml 里加入以下依赖。

```
<dependency>
  <groupId>org.springframework.boot</groupId>
  <artifactId>spring-boot-starter-web</artifactId>
</dependency>
```

在 resources 目录下，添加 application. yml 文件，内容如下。

```
server:
  port: 8082
user:
  userServerPath: http://localhost:8081/hello/
spring:
  application:
    name: chapter10-spring-cloud-consumer
eureka:
  client:
    serviceUrl:
      defaultZone: http://localhost:8761/eureka
  instance:
    prefer-ip-address:true
    instanceId: ${spring.application.name}:${spring.application.instance_
id:${server.port}}
```

修改启动类“Chapter10SpringCloudConsumerApplication”，内容如下。

```
@Spring BootApplication
@EnableEurekaClient
public class Chapter10SpringCloudConsumerApplication {
  @Bean
  public RestTemplate restTemplate(){
    return new RestTemplate();
  }
  public static void main(String[] args) {
    SpringApplication.run(Chapter10SpringCloudConsumerApplication.class,
args);
  }
}
```

添加 RestController 类。

```
@RestController
public class ConsumerController {
  @Value("${user.userServerPath}")
  private String url;
  @Autowired
  private RestTemplate restTemplate;
  @GetMapping("/user/{name}")
  public String getUserById(@PathVariable String name){
    return this.restTemplate.getForObject(this.url+name, String.class);
  }
}
```

(3) 查看微服务发现结果

启动 Provider 与 Consumer 微服务工程，更新 http://localhost:8761/，可以看到如图 10-10 所示的微服务发现结果。

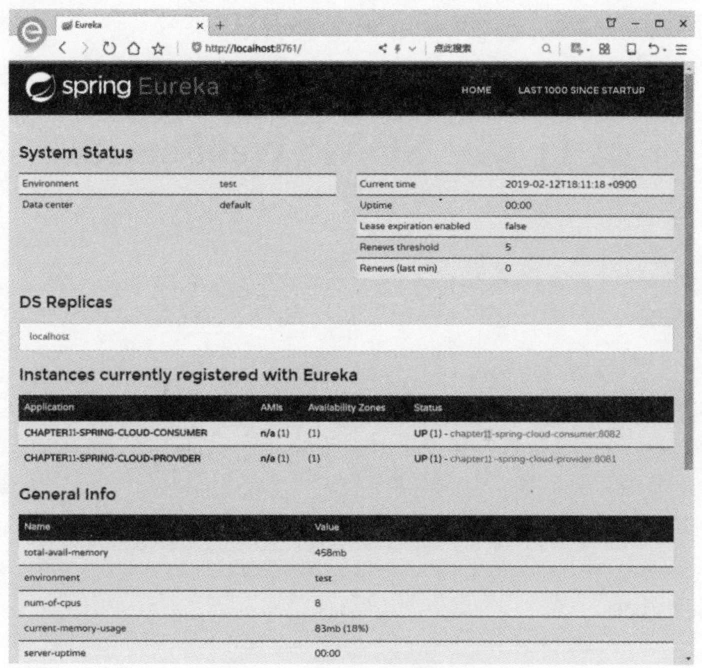

图 10-10　微服务注册成功页面

（4）验证 Rest 服务

输入 http://localhost:8081/hello/365ITEDU，即可看到页面输出的结果：“Welcome：365ITEDU”。

输入 http://localhost:8082/user/yantingji，即可看到页面输出的结果：“Welcome：yantingji”。

小结

本章介绍了 Spring Boot 与 Spring Cloud 的基本理念，权当抛砖引玉，更多的内容请参照官网。也许有开发者一看到云服务，就会产生抵触的心理。云服务器的确不是很简单，但也并不是不可碰的技术，只要用心学、勤用功，肯定可以学有所成，关键是要多做调查与实践。

练习题

1. 使用 Spring Initializr 构建 Gradle 形式的 REST 项目。
2. 参照 10.3.4 小节，使用 Eureka 来实现 Spring Cloud 注册与发现功能。

第 11 章　SOAP WebService

在阅读本章内容之前，首先思考以下问题：

1. 什么是 WebService?
2. 什么是富客户端?
3. 为什么要使用 WebService?
4. RPC 与 WebService 的区别与联系是什么?
5. WSDL 包含哪些重要元素?
6. 在 Java 领域实现 SOAP 的常用技术有哪些?

11.1　WebService

11.1.1　技术要点

一般的网络应用系统都是用单一语言编写的，它访问的唯一外部程序就是所依赖的数据库。随着企业的发展，应用程序越来越复杂，除了用于系统内部调用以外还有可能需要对外提供服务或是需要调用其他外部应用，因此靠单一语言往往无法完成全部任务。为解决此问题，面向服务的应用相应问世，云计算与云查杀都是服务的一种表现形式，也就是 SOA，如图 11-1 所示。

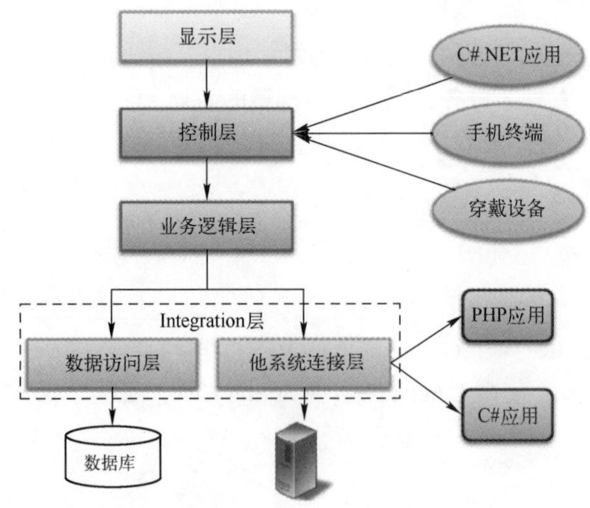

图 11-1　复杂网络应用

面向服务的应用最大的好处就是跨平台跨语言。例如应用程序查询数据库，就是通过 TCP/IP 协议与底层数据库应用程序进行交互的结果。而上层是什么应用程序？是什么语言？数据库本身完全不需要知道，它只需知道接受了一份 SQL92 查询标准协议即可。

WebService 就是一个平台独立、低耦合且可编程的 Web 应用程序，用于开发分布式应用程序。WebService 为整个企业甚至多个组织之间业务流程的集成提供了一个通用机制，减少了应用接口的代价。也就是说，WebService 是一种跨编程语言和跨操作系统平台的远程调用技术。常用远程调用通信技术有 TCP/IP、XML-RPC、SOAP 以及 REST，其中后两种为当前主流 WebService 实现技术。

（1）TCP/IP

在互联网发展的初期阶段，程序员为了让两个应用程序之间能够通信，采用的就是基于 Socket 通信的 TCP/IP 程序，并且都是自定义数据格式。这种模式的优点是个性化强、效率高，但同时又因各具特色而不能通用。具有代表性的实现方案就是 Java 的 RMI。

（2）XML-RPC

XML-RPC（Remote Procedure Call）是基于 XML 的远程过程调用协议，它是一种通过网络从远程计算机程序上请求服务的协议。通过 XML 调用方法，并使用 HTTP 协议作为传送机制，是远程过程调用技术发展到 WebService 的中间过渡阶段，具有代表性的是 20 世纪 90 年代流行的分布式技术，如 DCOM、CORBA。虽然其本质是 RPC，但是由于各系统数据类型不一致，且实现/调用机制不同，因此造成了各系统间不能互通。

（3）SOAP

SOAP（Simple Object Access Protocol）是在 XML-RPC 的基础上，使用标准的 XML 描述 RPC 的请求信息（URI/类/方法/参数/返回值）。XML 的出现让数据类型变得一致，同时各系统也可以相互调用，而且随着新功能的不断增加，其慢慢演变成为今日的 SOAP 协定，也就是广大用户所支持的真正的 WebService。

（4）REST

随着时间的推移和 SOAP 的推广，大家很快发现，其实世界上已经存在一个最为开放、最为通用的应用协议——HTTP。使用 SOAP 的确让进程间通信变得简单易用，但并不是每个厂商都愿意为支持 SOAP 而将自己的老系统升级，而且 SOAP 的解析也并不是每种语言都内置支持，为解决这一问题，REST（Representational State Transfer，表现层状态转化）技术应运而生。

综上所述，计算机之间的通信历程可以简单地用图 11-2 所示。

图 11-2　计算机间通信历程

11.1.2　富客户端

在没有网络之前，程序都是单机版的。有了网络之后，才有了 C/S 与 B/S 架构，相应的也就有了“胖客户端（Rich Client）”（以 C/S 结构开发的应用程序，需要开发专用的客户端软件）与“瘦客户端（Thin Client）”（以 B/S 结构开发的 Web 应用，其客户端只是一个浏览器）。当前越来越多的企业以及个人用户放弃了 C/S 架构应用程序的开发与使用，而选择使用 B/S 架构。B/S 架构的应用程序具有更加方便快捷的使用操作和版本更新，所以得到了较大范围的推广。但是随着人们对应用体验需求的增加以及网络带宽的不断升级，使得人们在使用更加方便快捷的B/S架构的同时，对使用体验以及视觉观感等都有了更大的需求。因此，基于富客户端（它借鉴了胖客户端和瘦客户端的优点，即与B/S结构一样在客户端采用浏览器，且具备C/S结构中类似的在客户端有强大的处理功能）的Web应用程序（Rich Internet Applications，RIA）开始受到越来越多的关注。富客户端通过将一些用户界面的组件添加到浏览器中使得客户端也可以处理种类丰富的图形格式。由此可知客户端与服务器端架构发展经历了如图11-3所示的历程。

图11-3　客户端与服务器端架构发展历程

富客户端的开发主要通过浏览器插件安装于浏览器窗口，但是具有自己的管理区域和窗口句柄，并具有自己的消息接收和处理能力。富客户端流畅平滑的界面更新，仅限于相应插件的控制区域。富客户端的实现需要后台数据传输的支持，这样才能保证交互界面的流畅以及减少数据流量的通信。通常后台的数据传输有三种方式：HTTP Service、WebService和Remoting，数据描述主要是通过XML或者基于XML的格式进行，如图11-4所示。

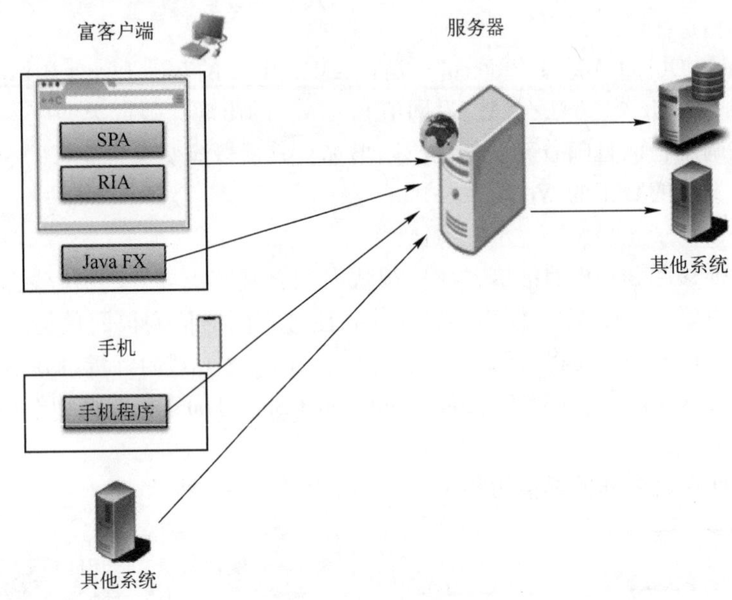

图11-4　富客户端

11.1.3　RPC与WebService

RPC即远程过程调用，是计算机通信协议的一种，目的是获取远程计算机上的程序所执行的结果。该协议允许运行于一台计算机的程序调用另一台计算机的子程序，而程序员无须额外为这个交互来编程。如果采用面向对象编程，那么远程过程调用亦可称作“远程调用”或“远程方法调用”，例如Java RMI、CORBA、DCOM等。

（1）基于TCP的RPC技术

在Java中，可以利用Socket API实现基于TCP的RPC调用，由服务的调用方与服务的提供方建立 Socket 连接，并由服务的调用方通过 Socket 将需要调用的接口名称、方法名称和参数序列化后传递给服务的提供方，服务的提供方反序列化后再利用反射调用相关的方法，最后将结果返回给服务的调用方。

基于 TCP 实现的 RPC 调用，由于 TCP 处于协议栈的下层，能够更加灵活地对协议字段进行定制，减少网络开销，提高性能，实现更大的吞吐量和并发数。虽然常用技术 RPC、CORBA 以及 RMI 都是基于 TCP 的实现技术（一般用于大型企业内部数据的交互），但是需要更多地关注底层复杂的细节，实现代价较高，而且对于不同平台（如安卓、iOS 等），需要重新开发不同的工具包来进行请求发送和响应解析，工作量大，难以快速响应和满足用户需求。

（2）基于 HTTP 的 RPC 技术

基于 HTTP 的 RPC 调用更像是人们访问网页一样，只是它的返回结果更加简单。其大致流程为：由服务的调用者向服务的提供者发送请求，这种请求的方式可以是 GET、POST、PUT、DELETE 中的一种，而调用的具体方法则根据 URL 进行判断，方法所需参数可能是对服务调用方传输过去的 XML 数据或 JSON 数据解析后的结果，最后返回 JSON 或 XML 的数据结果（这需要根据实际应用定义相关的协议）。

基于 HTTP 实现的 RPC 可以使用 JSON 和 XML 格式的请求或响应数据，而 JSON 和 XML 作为通用的格式标准，当前开源的解析工具已经相当成熟，在其上进行二次开发会非常便捷和简单，SOAP 及 REST 就是其中最佳的两种实现方案（一般用于企业间数据的交互）。

11.2 SOAP 基本原理

11.2.1 SOAP 概述

1. 定义

SOAP 即简单对象访问协议，是在计算机分散或分布式的环境中交换信息的协议，是一种轻量的、简单的、基于 XML 的 RPC 协议，其技术发展的初衷是为了实现通过 HTTP 传输的远程过程调用，客户端与服务器端之间的通信机制如图 11-5 所示。

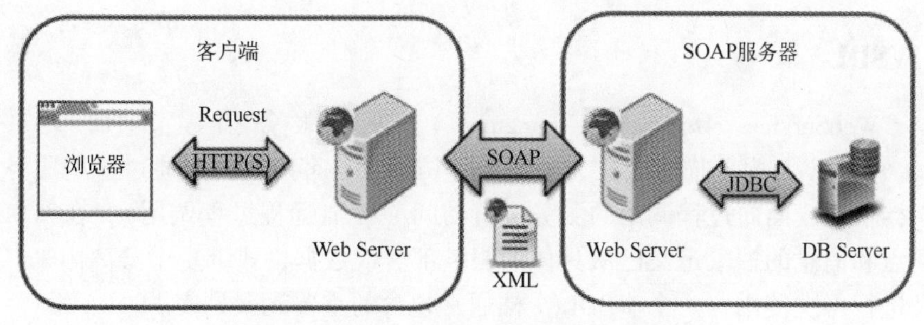

图 11-5 SOAP 客户端与服务器端的通信机制

2. 语法规则

SOAP 消息需要遵循以下语法规则：

1）SOAP 消息必须用 XML 编码。

2）SOAP 消息必须使用 SOAPEnvelope 命名空间，以表明消息的开始与终了。

3）SOAP 消息必须使用 SOAPEncoding 命名空间，表明元素的数据类型（如 String、Integer 等）。

4）SOAP 消息不能包含 XML 处理指令。

3. SOAP 消息的基本结构

SOAP 在标准化消息格式环境中，可以做所有它能完成的工作。消息的主体部分是“text/XML”形式的 MIME 类型，并且包含一个 SOAP 封套。SOAP 消息基本上是从发送端到接收端的单向传输，但它们常常结合起来执行类似于请求/应答模式。所有的 SOAP 消息都使用 XML 编码。一条 SOAP 消息包含一个必需的 SOAP 封装包（Envelop）、一个可选的 SOAP 报头（Header）和一个必需的 SOAP 报文（Body），如图 11-6 所示。

由于报头与 SOAP 消息的主体内容是互不相关的，所以可用它添加信息而不会影响对消息报文的处理。例如：报头可用于为报文中包含的请求提供数字签名（在这种情形下，身份验证/授权服务器可以处理报头项目，独立于报文可以剥离信息以验证签名，一旦通过验证，封套的其余部分将被传递给 SOAP 服务器，再对消息的报文进行处理）。

代表性的 SOAP 报文如图 11-7 所示。

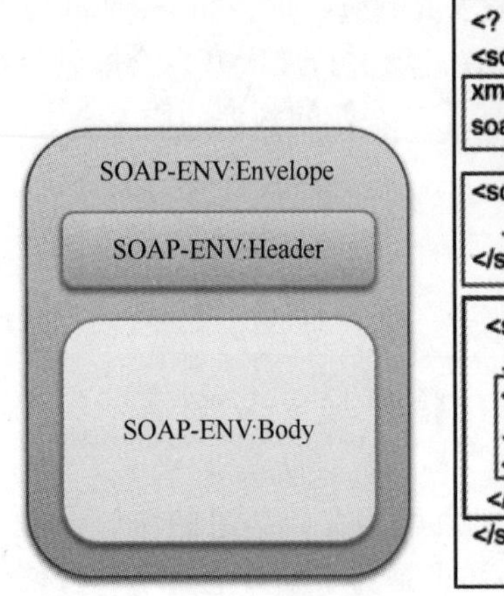

图 11-6　SOAP 消息结构

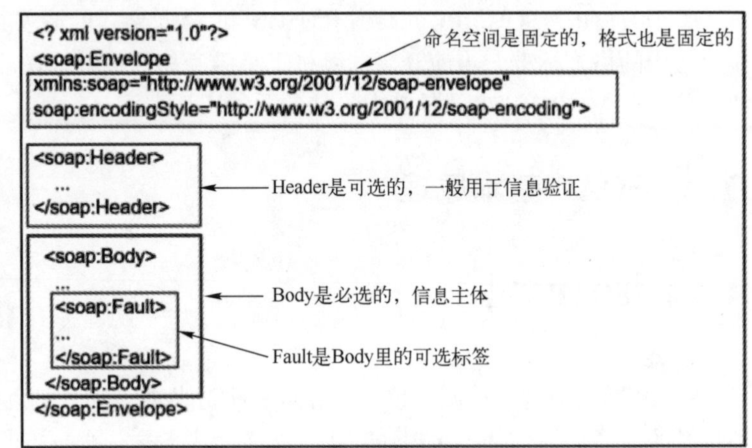

图 11-7　SOAP 报文格式

11.2.2　WSDL

WSDL（WebServices Description Language），Web 服务描述语言，是一种 XML Application，它将 Web 服务描述定义为一组服务访问点，客户端可以通过这些服务访问点对包含面向文档信息或面向过程调用的服务进行访问（类似远程过程调用）。在 WSDL 中，由于服务访问点和消息的抽象定义已从具体的服务部署或数据格式绑定中分离出来，因此可以对抽象定义进行再次使用。一个 WSDL 文档通常包含的重要元素见表 11-1。

表 11-1　WSDL 元素

元　素	个　数	说　明
definitions	1	根元素，该元素封装了整个文档。除了提供一个命名空间外，该元素没有其他作用
import	0 或多	可以在当前的 WSDL 文档中使用其他 WSDL 文档中指定的命名空间中的定义元素

（续）

元　素	个　数	说　明
types	0 或 1	定义 WebService 使用的数据类型，为了最大程度的平台中立性，WSDL 使用 XML Schema 语法来定义数据类型
message	0 或多	定义一个操作的数据元素，是对交换数据的抽象描述，可以看做是一个方法调用的参数
portType	0 或多	操作的抽象集合，可以把 portType 元素比作一个类，其子元素 operation 可以看做是一个方法（也就是提供的服务）
binding	0 或多	每个端口定义消息格式和协议细节（SOAP 和 HTTP）
service	0 或多	包含一个或者多个 port 元素，其中每个 port 元素表示一个不同的 Web 服务。port 元素将 URL 赋值给一个特定的 binding，甚至可以使两个或者多个 port 元素将不同的 URL 赋值给相同的 binding

WSDL 的文档结构如图 11-8 所示。

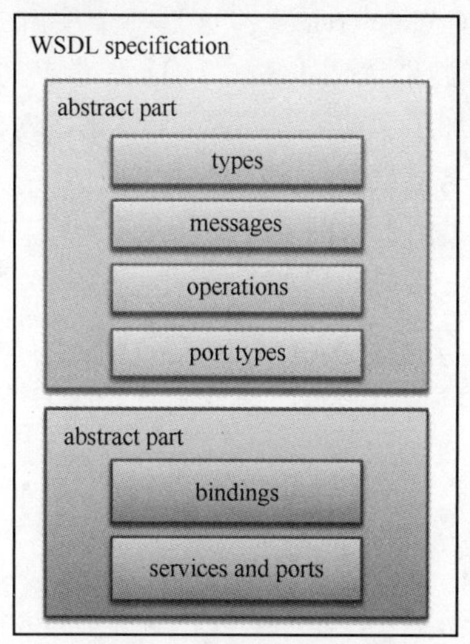

图 11-8　WSDL 文档结构

WSDL 是以 XML 文件形式来描述 WebService 的“说明书”，包括其提供的方法、参数和返回值等。因为文档是基于 XML 的，所以 WSDL 既是计算机可阅读的，又是人可阅读的。一些开发工具既能根据 WebService 生成 WSDL 文档，又能根据 WSDL 文档生成相应的 WebService 代码。有了这个标准的服务“说明书”就可以在各种平台与技术之间使用或是调用这个服务。

11.3　JAX-WS

11.3.1　JAX-WS 概述

在 JDK 1.6 版本中发布了 JAX-WS（Java API for XML-Based WebServices），使 SOAP 等 WebService 技术有了标准 API。与 Web 服务相关的类都位于 javax.jws.* 包中。使用 JAX-WS 可以把 Java 对象转换成 SOAP 标准所要求的 XML 格式数据。正是因为此特性，基于 SOAP 的 WebService 虽然是用 XML 进行数据交互的，但是对于程序员来说可以不必在意 XML 的构造而专注于数据的处理。

JAX-WS 规范是一组 XML WebServices 的 Java API，允许开发者可以选择 RPC-oriented 或者 Message-oriented 来实现自己的 WebServices。

在 JAX-WS 中，一个远程调用可以转换为一个基于 XML 的协议（在使用 JAX-WS 的过程中，开发者不需要编写任何生成或处理 SOAP 消息的代码）。JAX-WS 在运行时会将这些 API 的调用转换成对应的 SOAP 消息。

在服务器端，用户只需要通过 Java 语言定义远程调用所需要实现的接口 SEI（Service Endpoint Interface），并提供相关的实现，通过调用 JAX-WS 的服务发布接口就可以将其发布为 WebService 接口。

11.3.2 JAX-WS-Server

JAX-WS 中主要的类是“@WebService”，这是一个注解，用在类上来指定将此类发布成一个 WS。另外一个重要的类是“Endpoint”，这是端点的服务类，它有一个重要方法“publish”，用于将一个已经添加了“@WebService”注解的对象绑定到一个地址的端口上。

【案例 32——JAX-WS 服务器端】

服务器端代码的具体实现案例，如图 11-9 所示。

Chapter11-SoapServer
JRE System Library [JavaSE-1.8]
src
com.itedu.chapter11.soap
IteduAddService.java
IteduAddServiceImpl.java

图 11-9 JAX-WS-Server 服务器端代码

相应的 IteduAddService. java 接口代码如下所示：

```
public interface IteduAddService {
  public String add (Integer param1, Integer
param2);
}
```

IteduAddServiceImpl. java 实现类代码如下所示：

```
@WebService(portName = "IteduAddServicePortName",
  serviceName ="IteduAddServiceName",
  name ="IteduAddServicePortTypeName ")
public class IteduAddServiceImpl implements IteduAddService {
  @Override
  public String add(Integer param1, Integer param2) {
    Integerresult = param1 + param2;
    System.out .println("365Itedu SoapServer Result: " + result);
    return "Result: " + result;
  }
  public static void main(String[] args) {
     Endpoint.publish ("http://localhost:9999/iteduAddService", new Itedu-
AddServiceImpl());
  }
}
```

执行 IteduAddServiceImpl，在浏览器中输入“http://localhost:9999/iteduAddService?wsdl”，可以得到如图 11-10 所示的 WSDL 结果。

注意：上述 URL 访问的不是 WebService，而是一个用于描述 WebService 的说明文件——WSDL 文件。

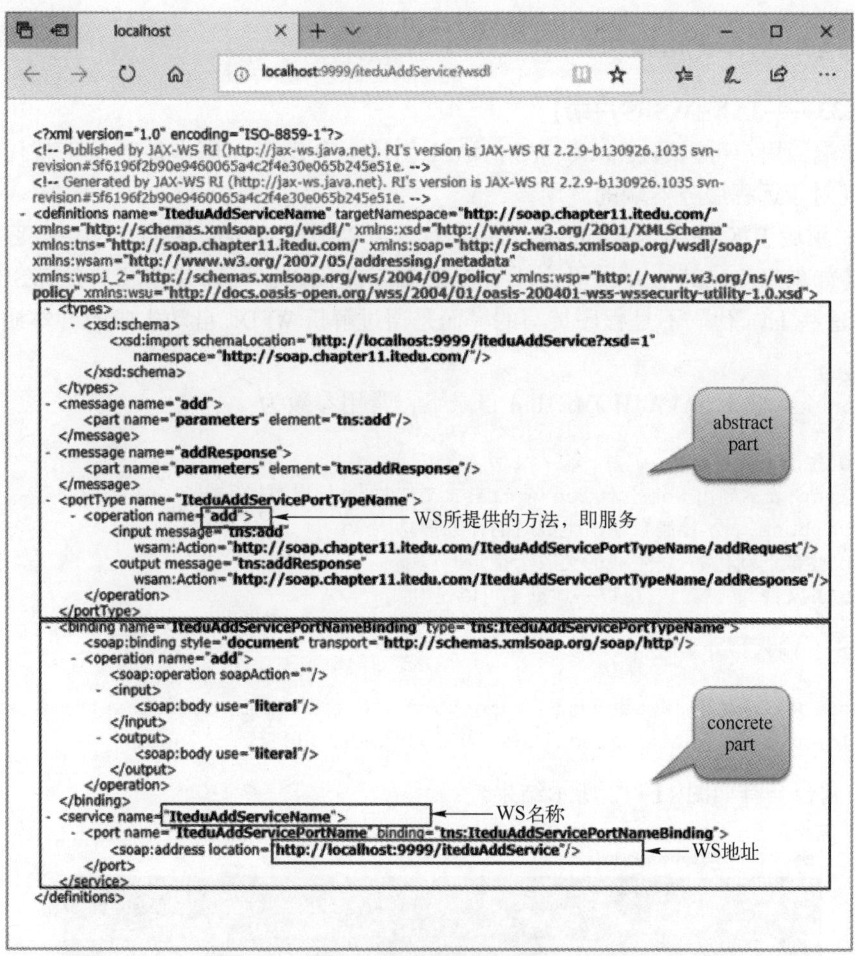

图 11-10　WSDL 实例

另外，WSDL 与服务器端代码之间的对应关系如图 11-11 所示。

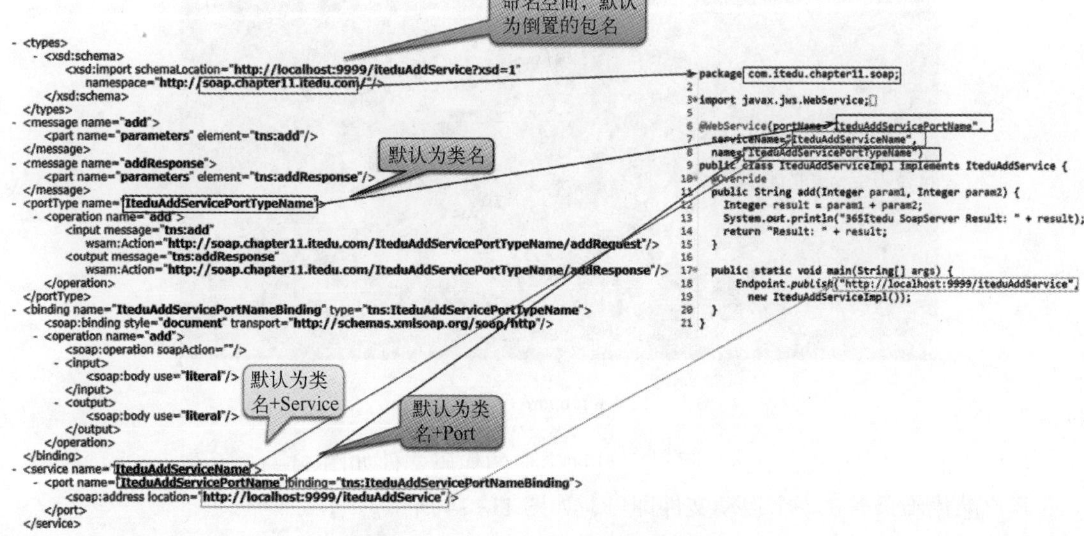

图 11-11　WSDL 与服务器端代码的关系

11.3.3 JAX-WS-Client

【案例 33——JAX-WS 客户端】

在客户端，用户可以通过 JAX-WS 的 API 创建一个代理（用本地对象来替代远程的服务）来实现对于远程服务器端的调用。

在 Java 领域 JDK 提供了 wsimport.exe 工具，可以根据 WSDL 文档自动生成客户端调用 Java 代码（如果想生成其他开发语言或者框架对应的代码，可以使用相应的 WSDL 解析工具）。注意这些 Java 代码不是程序员写的，而是通过解析 WSDL 自动生成的（本质就是一个本地 I/O）。

wsimport.exe 位于 JAVA_HOME\bin 目录下，常用参数为：

```
-d,生成文件目录
-keep,表示导出 Webservice 的 class 文件时,也导出源代码 java 文件
-verbose,表示控制台输出生成时的详细信息
-p,生成的新包名,将生成的类放于指定的包下
WSDL 文件,必须参数,可以是地址也可以是 URL
```

在 DOS 下输入以下命令：

```
wsimport -d d:/webservice/ -keep -verbose -p com.itedu.chapter11.soap.
client.types http://localhost:9999/iteduAddService?wsdl
```

Dos 控制台会有如图 11-12 所示结果。

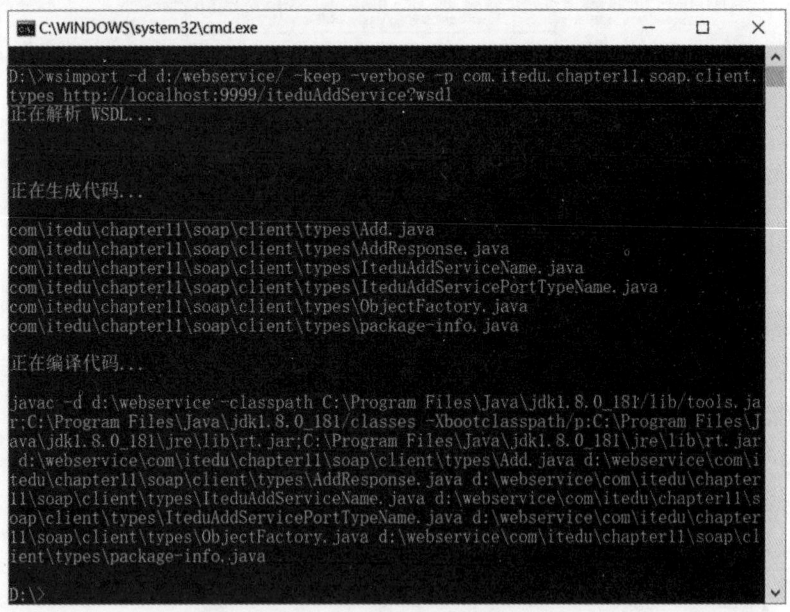

图 11-12 wsimport 自动代码生成

在相应的“D:\Webservice”目录下自动生成的代码文件如图 11-13 所示。

客户端代码只需要一个启动文件即可，如图 11-14 所示。

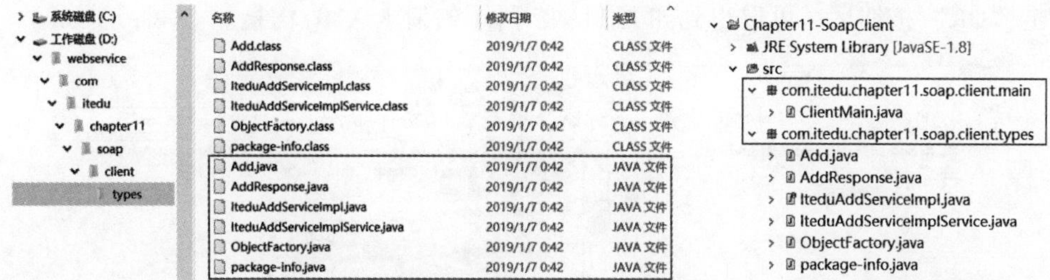

图 11-13　自动生成代码文件　　　　图 11-14　客户端代码

客户端 ClientMain 类代码如下所示：

```
public class ClientMain {
  public static void main(String[] args) {
    try {
      URL url = new URL("http://localhost:9999/iteduAddService?wsdl");
      QName sname = new QName("http://soap.chapter11.itedu.com/", "Itedu Add
Service Impl Service");
      Service service = Service.create (url, sname);
      Itedu Add Service Implone Service = service.getPort(IteduAddService-
Impl.class);
      String result = oneService.add(1, 2);
      System.out.println(result);
    }catch (MalformedURLException e) {
      e.printStackTrace();
    }
  }
}
```

11.3.4　SoapUI

SoapUI 是一个开源测试工具，通过 HTTP 来检查、调用、实现 Web Service（Soap、Rest）的功能与性能测试，还可以自动生成所支持框架（Axis、FXC 等）的 Java 代码。该工具既可作为一个单独的测试软件使用，也可利用插件集成到 Eclipse、Maven、NetBeans 和 Intellij 中使用。另外，SoapUI pro 是 SoapUI 的商业版本，其实现的功能较开源的更多。

从 SoapUI 官网（https://www.soapui.org/）下载之后，新建一个 SOAP 工程，如图 11-15 所示。

在项目名与 WSDL 文本框中输入相应的值（WSDL 可以是 URL，也可以是具体文件），如图 11-16 所示。

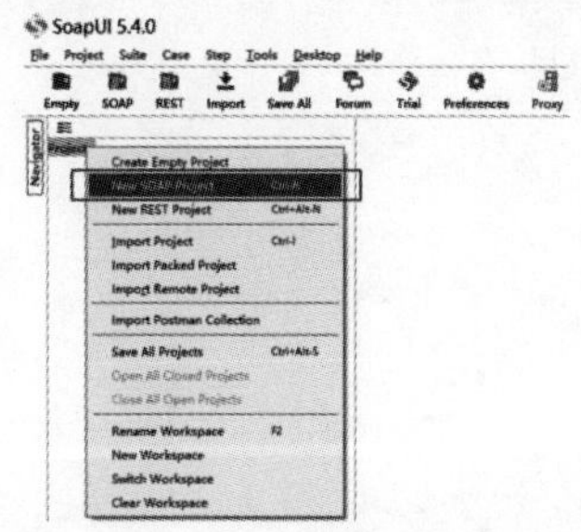

图 11-15　新建 SOAP 工程

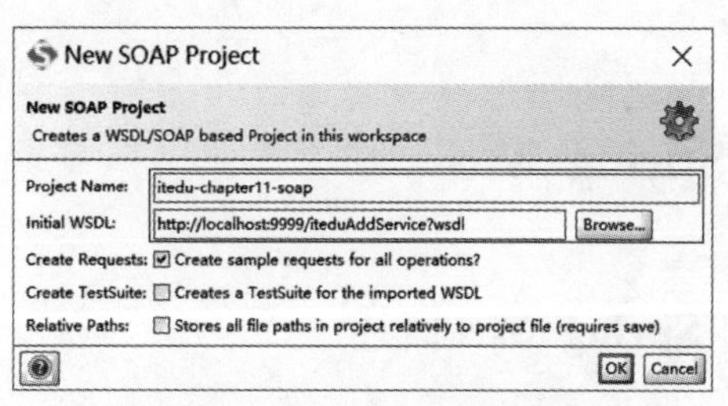

图 11-16　项目名与 WSDL 信息

单击“OK”按钮后，可以得到如图 11-17 所示的请求 XML 信息。

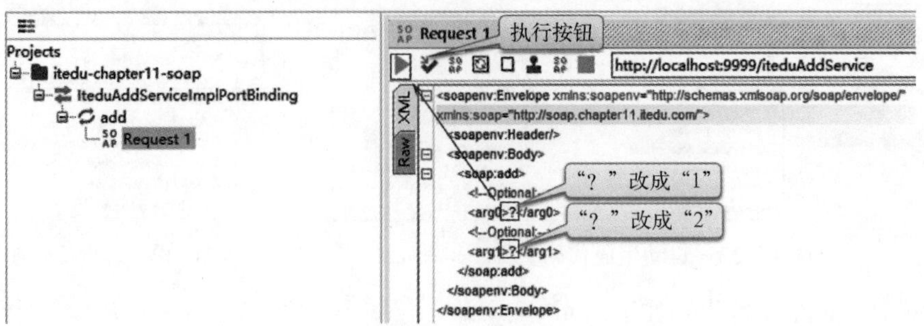

图 11-17　请求 XML 信息

在图 11-17 中，把两个参数“？”改成实际要测试的数据（例如“1”与“2”），然后按“执行按钮”就可以得到响应报文。相应的请求（Request）报文信息如图 11-18 所示。

按“执行按钮”之后，得到的应答（Response）XML 信息如图 11-19 所示。

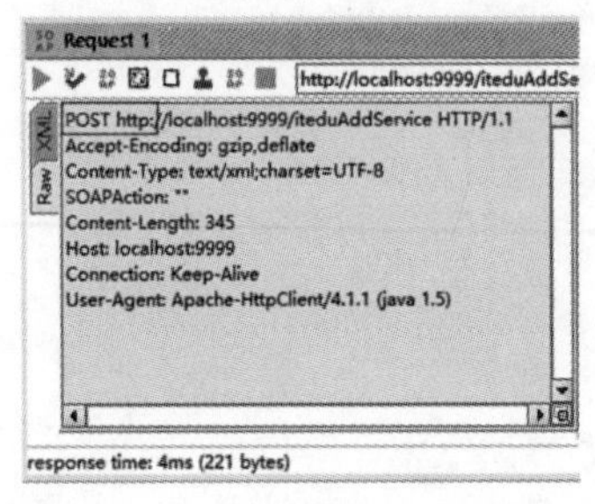

图 11-18　请求报文信息

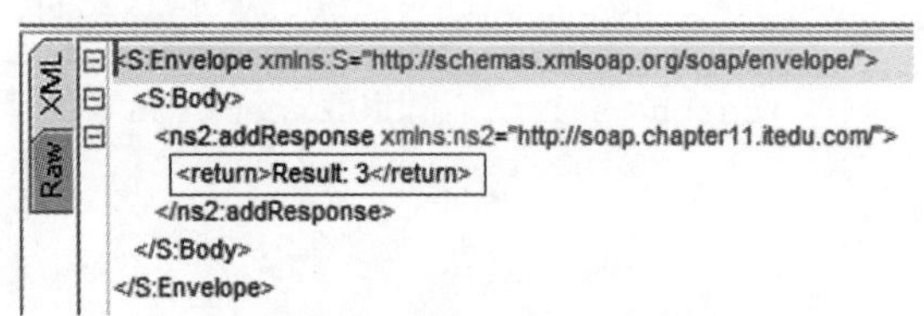

图 11-19　应答 XML 信息

相应的应答（Response）报文信息如图 11-20 所示。

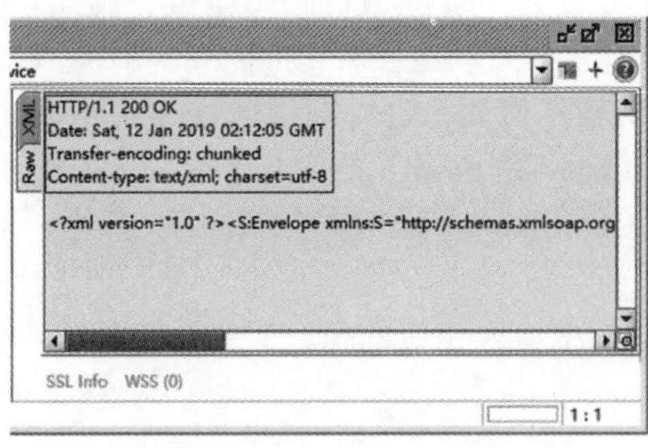

图 11-20　应答报文信息

11.4　Spring-WS

11.4.1　Spring-WS 概述

Spring-WS（Spring Web Services）是 Spring 社区开发的项目之一，主要侧重点是创建文

档驱动的 Web 服务。Spring-WS 项目促进了契约优先的 SOAP 服务开发，提供了多种方式来创建灵活的 Web 服务，这些服务可以通过多种方式处理 XML 负载，主要功能与特性见表 11-2。

表 11-2　Spring-WS 主要功能与特性

功　　能	特　　点
XML 与对象映射	SOAP 操作头或 XPath 表达式中的信息将基于 XML 的请求映射到任何对象
多 API 解析 XML	除了解析传入的 XML 请求的标准 JAXP API（DOM、SAX、StAX）外，还支持其他库，如 JDOM、Dom4j、XOM
多 API 编组 XML	使用对象/XML 映射模块支持 JAXB 1 和 2、Castor、XMLBeans、JiBX 和 XStream 库，对象/XML 映射模块也可用于非 Web 服务代码
基于 Spring 配置	Spring 应用程序上下文配置可与 Spring Web MVC 配置类似
集成 WS-Security 模块	使用 WS-Security 模块，可以签署、加密、解密 SOAP 消息或对其进行身份验证
支持 Acegi 安全性	使用 Spring-WS 的 WS-Security 时，Acegi 的配置可用于 SOAP 服务

Spring-WS 由五个主要模块组成，如图 11-21 所示。

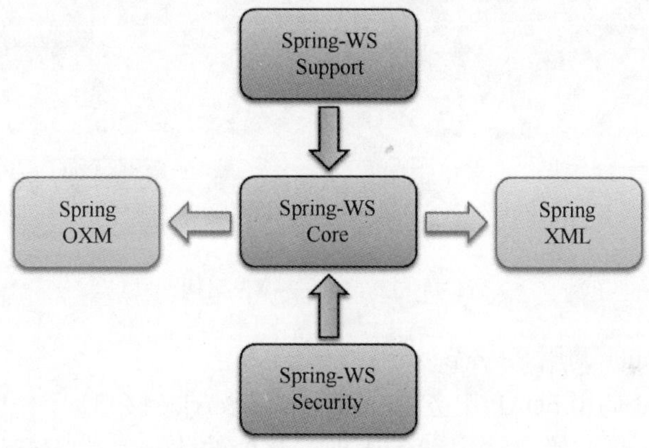

图 11-21　Spring-WS 组成

（1）Spring-WS Core

它是主要模块，提供 WebServiceMessage 和 SoapMessage 等中央接口、服务器端框架、消息分发功能等来实现 Web 服务端点，还可以作为 WebService Template 提供给 Web Service 消费者客户端。

（2）Spring-WS Support

该模块为 JMS 和电子邮件等提供支持。

（3）Spring-WS Security

该模块负责提供与核心 Web 服务模块集成的 WS-Security 实现。使用这个模块，可以添加主体令牌、签名、加密和解密 SOAP 消息。该模块允许使用现有的 Spring Security 实现进行认证和授权。

（4）Spring XML

该模块为 Spring-WS 提供 XML 支持类。由 Spring-WS 框架内部使用。

(5) Spring OXM

该模块提供了 XML 与对象映射的支持类。

11.4.2 Spring-WS 架构

Spring Framework 集成了 JAX-WS 功能，利用此功能可以简单方便地实现 SOAP WebService，其开发架构如图 11-22 所示。

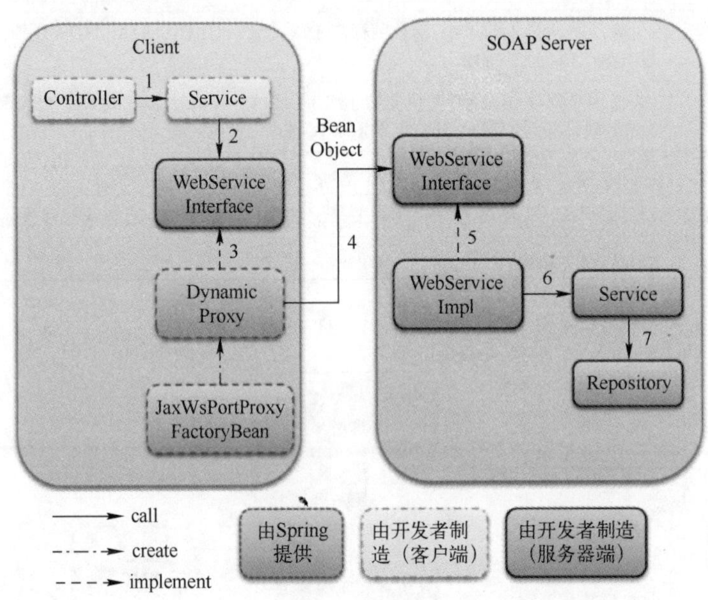

图 11-22 Spring-WS 架构

1）客户端 Controller 调用 Service。

2）客户端 Service 调用 SOAP 服务器提供的 WebService 接口。

3）客户端 WebService 接口调用动态代理。此处的代理是由 JaxWsPortProxyFactoryBean 生成的实现了 WebService 接口的实体类。

4）客户端代理类调用服务器端 WebService 的接口。SOAP 服务器与客户端进行数据交互的对象就是 Bean Object。严格来说，SOAP 服务器与客户端进行数据交互时使用的是 XML，但是使用 JAXB 后，Bean Object 与 XML 进行了互换与绑定，因此降低了编程复杂度。

5）服务器端 WebService 接口调用实现了 WebService 接口的实体类。

WebService 实体类不是 Spring Framework 提供的 DispatcherServlet，而是由应用服务器 JAX-WS 引擎实现的特殊 Servlet。此处的 WebService 实体类不能在 Spring 的 DI 容器里进行管理（例外情况是，使用 Apache CXF 时可以进行 DI 管理），因此不能使用 Spring 的 AOP 进行切面处理。因为不是 Spring 的 Controller 类，因此也不能使用@ControllerAdvice 与@ExceptionHandler。另外，作为 SOAP 服务器端，建议不要使用@Inject 而要使用@Autowired 进行注入，因为使用@Inject 时，默认使用了 Java EE 服务器提供的 DI 功能，如果 Java EE 服务器没有 DI 容器，就会报错；而@Autowired 只是利用了 Spring 的 DI 功能，因此即使服务器没有 DI 功能也不会报错。

6）服务器端 WebService 接口实体类调用业务 Service 类。

7）服务器端 Service 实体类再调用访问数据库的 Repository 等类。

11.4.3 WebServiceTemplate

WebServiceTemplate 是 Spring-WS 客户端 Web 服务访问的核心类。它包含发送资源对象和接收响应消息的方法，如 Source 或 Result。此外，它可以在发送到传输层之前将对象封装到 XML，并将任何响应 XML 再次解组到对象中。其处理架构如图 11-23 所示。

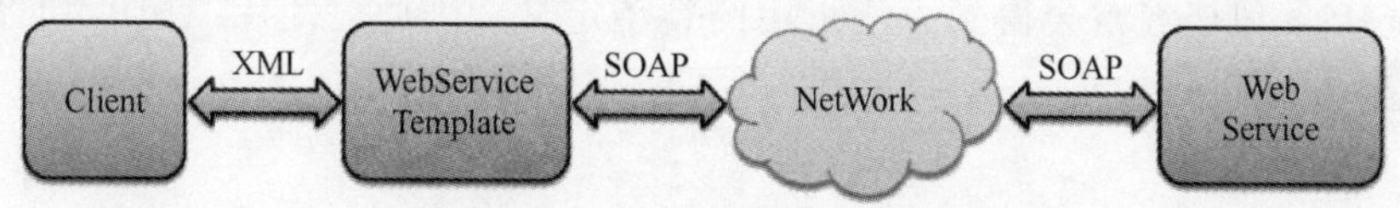

图 11-23　WebServiceTemplate 架构

WebServiceTemplate 类使用 URI 作为消息目标。可以在模板上设置“defaultURI”属性，也可以在模板上调用方法时显式提供 URI。URI 将被解析为 WebServiceMessageSender，它负责通过传输层发送 XML 消息。

另外，还可以使用 WebServiceTemplate 类的“messageSender”或“messageSenders”属性设置一个或多个发件人。

11.5 SOAP 框架

目前主流的 SOAP 框架实现有 Apache CXF、Apache AXIS（最新版本为 AXIS2）以及 Spring-WS，它们之间的对比关系见表 11-3。

表 11-3　常用 SOAP 框架

框　架	优　点	缺　点
AXIS2	① 常用、成熟和稳定的框架之一 ② 支持多种语言（C++、Java 等） ③ 支持 Contract-First 以及 Contract-Last ④ 与 Spring 兼容	① 与 Apache CXF/Spring-WS 相比较，需要更多的代码 ② 没有完全遵从 JAX-WS 与 JAX-RS
Apache CXF	① 最近较流行的 WS 框架 ② 使用方便（较少代码就可以实现相应功能） ③ 实现了前台与后台的彻底分离 ④ 完全遵从 JAX-WS 与 JAX-RS ⑤ 具有较高的性能 ⑥ 与 Spring 兼容	① 不支持 WS 事务 ② 不支持 WSDL2.0
Spring-WS	① 很好地支持 Contract-First ② 与 Spring 有较好的兼容性，支持 Spring 注解、JAX-WS、Spring 安全、SpringMVC 等功能 ③ 从开发者的视角看所需要的代码很少 ④ 通过框架约束可执行开发标准及最佳编程实践	① 支持最低限度的 WS-*标准 ② 不支持 Contract-Last

如果系统使用了 Spring 相关的其他功能（如 SpringMVC、Spring Integration 等），考虑到兼容性与可用性，推荐使用 Spring-WS。

创建 WebServices 时有两种开发风格：

（1）Contract-First

Contract-First，契约优先，类似自顶向下设计（Top-Down），指的是先定义服务契约（WSDL），然后再用 Java 代码去实现（根据 WSDL 生成相应的 Java 代码）。

（2）Contract-Last

Contract-Last，契约靠后，类似自底向上设计（Bottom-Up），指的是先写 Java 代码，然后根据这些代码生成服务契约（WSDL）。

Contract-Last 风格经常会得到无法重用的类型定义。因此，使用 WSDL 和 XSD 定义接口并生成框架 Java 代码的 Contract-First 方式更好。

小结

本章对 SOAPWebService 技术进行了系统的介绍，需要重点掌握 SOAP 原理以及 WSDL 各部分组成内容。具体实现案例请参照本章练习题与课后解答。理解好理论之后，可进行实际代码的编写，编写完成之后，再对照理论进行分析总结，这样就会更好地认识与掌握原理与实现的技术细节。

练习题

【案例场景】

以查询机票为例：发送 Request 报文，含有机票日期、机票类型、乘客人数信息；返回 Response 报文，含有机票价格、航班号信息。

1. 使用 JAX-WS 技术实现上述需求。
2. 使用 Spring-WS 技术实现上述需求。
3. 使用 Axis1 技术实现上述需求。
4. 使用 Axis2 技术实现上述需求。
5. 使用 CFX 技术实现上述需求。

第 12 章　REST WebService

在阅读本章内容之前，首先思考以下问题：

1. REST 与 RESTful 的关系是什么？
2. 什么是 WADL？
3. REST 架构特性有哪些？
4. 如何选择 REST 与 SOAP？
5. URI 的设计技巧有哪些？
6. HTTP 方法有哪些？
7. 如果网站使用了 Cookie 技术，那么系统还是 REST 框架吗？
8. 常用接口测试工具有哪些？

12.1　REST 基本原理

12.1.1　概述

REST（Representational State Transfer）即表现层状态转化，是一种构建客户端与服务器端进行交互的架构风格，由 Roy Fielding 博士在 2000 年的博士论文中提出。REST 架构风格包括一组架构约束原则，因此遵循 REST 原则而构建的 WebService 就是 RESTfulWebService。由于它的结果清晰、易于理解、扩展方便，所以正得到越来越多网站的青睐，逐渐成为当前最流行的一种互联网软件架构。

资源（Resources）是网络上的一个实体，即网络上的一个具体信息。它可以是一段文本、一张图片、一首歌曲甚至是一种服务，总之就是一个具体的存在。可以用一个 URI 指向它，每种资源对应一个特定的 URI，要获取这个资源，访问它的 URI 即可，因此 URI 就是每一个资源独一无二的标识符。

表现层（Representation）就是把资源的信息具体呈现出来的形式，例如文本可以用 TXT 格式来表现，也可以用 HTML、XML、JSON 甚至二进制格式来表现。

状态转化（State Transfer）每发出一次请求，就代表了客户端与服务器的一次交互过程。HTTP 协议是一个无状态协议，即所有的状态都保存在服务器上。因此如果客户端想要操作服务器，必须通过某种手段让服务器发送“状态转化”，而这种转化是建立在表现层之上的，所以就是“表现层状态转化”。一般资源都存放在数据库中，客户端利用 HTTP 方法（POST、GET、PUT、DELETE 等）来对这些资源进行 CRUD 操作，这种操作被称为“REST API”，又称“RESTful API”。

12.1.2　WADL

WADL（Web Application Description Language）是一种用于描述 Web 应用对外提供

接口的语言，它使用 XML 来表示。其中主要包括每个资源的定位（URI）、请求类型（GET、POST 等）、请求参数类型（路径参数、Query 参数等）、响应值和响应类型等一系列内容。根据这个 XML，可以直接读取到系统提供的所有 REST API，并能够进行调用。

由于 WADL 使用 XML 描述，对于开发者来说，可以通过标准的 XSLT 进行转换，将计算机读取的 XML 转换成便于人读取的 HTML，进而形成 API 文档。REST 用 WADL 来描述 REST 接口，WADL 就像是 WSDL 的 REST 版。

12.1.3 REST 架构

1. 架构风格

搭建 REST 架构也就是搭建面向资源的架构，即 ROA（Resource Oriented Architecture），实质是构建满足 REST 架构风格（原则）所定义的架构。

REST 架构有 7 个特性，见表 12-1。其中前 5 个为基本特性，与项目自身的特性无关，满足前 5 个的应用程序就是 RESTful 的。后 2 个为可选特性。

表 12-1 REST 架构特性

编号	架构风格	重要性	说明
1	Web 资源	必选	系统所管理的信息，需要以 Web 资源的形式公布出来，提供给客户端。也就是说，把资源以“客户-服务器”的形式对外提供服务
2	URI	必选	对客户端公开的资源，在 Web 上需要使用统一资源标识符 URI（Uniform Resource Identifier）
3	HTTP 方法	必选	对资源进行 CRUD 操作时，使用 HTTP 的 GET、POST、PUT、DELETE 方法来实现
4	适当数据格式	必选	资源的格式一般使用 JSON 或 XML 等形式的数据结构
5	适当 HTTP 状态码	必选	向客户端返回的响应（Response），需要设定合适的 HTTP 状态码（Status Code）
6	无状态通信	可选	服务器不保持应用程序的状态，只处理从客户端传过来的请求
7	关联资源分层链接	可选	与所指定的资源有关联的其他资源，将以链接的形式分层显示

2. 架构形式

常用的 REST 架构形式有“客户-服务器”与“服务器-服务器”两种，如图 12-1 所示。

两种形式的区别，见表 12-2。

表 12-2 REST 架构形式区别

编号	架构形式	说明
1	客户-服务器	持有用户接口的客户端应用程序与服务器进行交互
2	服务器-服务器	把架构分解为若干等级的层，对系统的一次访问只限制在单一关系层内，另外对每个组件规定只能通过 Link 形式“看到”与其交互的紧邻层。这样为整个系统的复杂性设置了边界，提高了各层的独立性

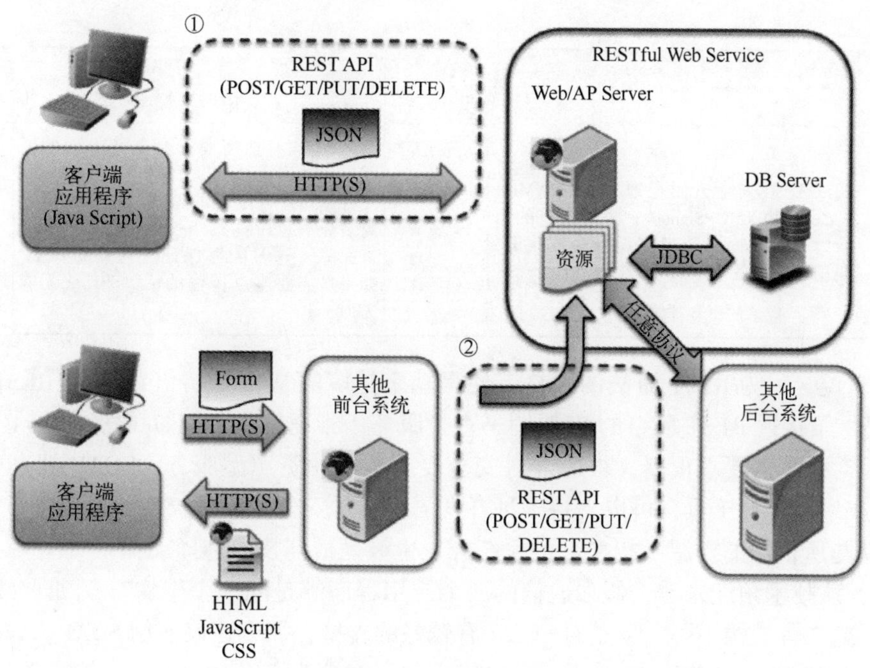

图 12-1　两种 REST 架构

12.1.4　JAX-RS

JAX-RS（JSR-311）是 Java 针对 REST 风格制定的一套 Web 服务规范，为开发 RESTful WebService 定义了一组 Java API。

JSR-RS 提供了一组注解，相关类和接口都可以用来将 Java 对象作为 Web 资源展示。该规范假定 HTTP 是底层网络协议，它使用注释提供 URI 和相应资源类之间的清晰映射以及 HTTP 方法与 Java 对象方法之间的映射。此 API 支持广泛的 HTTP 实体内容类型，包括 HTML、XML、JSON、GIF、JPG 等。

12.1.5　SOAP 与 REST

SOAP 与 REST 技术是当今最主要的 Web Service 实现技术，两者之间的区别与联系见表 12-3。

表 12-3　SOAP 对比 REST

比较观点	SOAP		REST	
	说　明	星　级	说　明	星　级
成熟度	对于异构环境服务发布和调用以及厂商的支持都已经较为成熟。不同平台与开发语言之间都可以用 SOAP 形式的 Web Service 进行较好的互通	★★★	虽然目前各大厂商利用 REST 风格的服务高于 SOAP，但是 REST 实现的各种协议只能算是私有协议，另外各个网站的 REST 都使用了自己定义的 API	★★
效率	SOAP 协议对于消息体和消息头都有定义，同时消息头的可扩展性为各种互联网的标准提供了扩展的基础。但是由于 SOAP 功能的不断扩充，导致 SOAP 性能有所下降。另外，在易用性方面以及学习成本上也有所增加	★★	因为 REST 具有高效性及简易性，近年来渐渐被人们所重视。这种高效源于其面向资源的接口设计以及操作（简化了开发者的不良设计，同时也最大限度地利用了 HTTP 的最初设计理念）	★★★★

（续）

比较观点	SOAP		REST	
	说　明	星　级	说　明	星　级
安全性	SOAP 在安全方面是通过使用 XML-Security 和 XML-Signature 两个规范的组合“WS-Security”来实现安全控制的，当前已得到各个厂商的支持	★★★	REST 没有任何对安全规范方面的说明。另外现在 REST 网站主要分成两种：一种是通过自定义的形式，把安全信息封装在消息中；另外一种是靠硬件 SSL 来保障（这只能够保证点到点的安全，如果是需要多点传输的话，SSL 就无能为力了）	★★

总体来说，因为 REST 简洁的风格，使得越来越多的 Web 服务开始采用 REST。例如：Amazon 提供了接近 REST 风格的 Web 图书查找服务；雅虎提供的 Web 服务也是 REST 风格的。REST 对效率的要求很高，很适合对安全要求不高的资源型服务。SOAP 拥有更为详尽的标准化成果和开源工具，可以支持多种开发语言，对安全性要求较高，对集中于活动执行(这些活动与所依赖的资源不相关）的系统开发也许是最佳技术选择。

另外，从技术角度来看，假如通信的两个应用程序都是同一个架构（例如：都是 .NET 或 Java），或二者架构不同，但是对 SOAP 有较好的支持，那么建议使用 SOAP；如果服务的客户在使用浏览器且有使用 JS 调用服务的需求，那么推荐使用 REST。

12.1.6　JavaWeb 与 REST

从一般 JavaWeb 应用程序过渡到当今流行的 REST 架构，它们之间有什么区别？除了 REST 架构的 7 大特征之外，表 12-4 进行了其他方面的概要总结。

表 12-4　一般 JavaWeb 对比 REST

比 较 观 点	一般 JavaWeb	REST
架构理念	围绕动作请求来设计（客户端有一个动作，服务器端就要有一个处理）	围绕资源来设计（有一种资源形式，就需要设计一个处理）
适用领域	各种规模的项目	一般用于中大型项目
技术形式	自由（可以使用各种技术）	固定
URL	自由（Struts1 推荐以“.do”结尾；Struts2 推荐以“.action”结尾；可以包含动词）	严格（以资源曾经结构形式进行组织，不允许含有动词）
客户端信息	使用 Session、Cookie、Token 等技术保存客户端信息	避免保存客户端信息
数据库	相同结构可以存放在一个表中	即使相同结构，因资源种类不同，也需要拆分

12.2　REST-Server

12.2.1　Web 资源

服务器上管理的信息是通过 Web 资源的形式对客户端进行开放的，通过 HTTP 来访问资源。资源设计时，利用分离用户接口和数据存储两个关注点的形式，改善了用户接口跨多个平台的可移植性；同时通过简化服务器组件，改善了系统的可伸缩性。

从实践中总结的 Web 资源信息抽取用到的技巧有以下 3 点：

1）在 Web 上公开服务器上资源信息时，不要轻易开放权限，要严格筛选是否有必要公开项目。

2）如果在同一个数据库表中管理的信息有不同类别时，需要考虑作为其他资源进行公开。虽然因相同的数据结构而放在同一个表中进行管理，但是由于数据的含义不同，也需要分开管理。

3）抽出的资源应是事件所对应的信息，而不是动作本身。例如：根据工作流系统中发生的事件（承认、拒绝、退回）而做成 RESTful WebService 时，可以把工作流自身或者工作流各个状态中所管理的信息作为资源抽取出来，而不是抽取事件。

12.2.2 URI

1. 基本概念

服务器向客户端公开的每一个资源，在 Web 上的表现形式就是统一资源标识符（URI）。在实际使用的时候，以 URL（Uniform Resource Locator）子集的形式进行设计。

从实践中总结的 URI 设计技巧如下：

http(s)://{域名(:端口号)}/{证明是 REST API 信息}/{API 版本}/{资源路径}

或

http(s)://{证明是 REST API 信息的域名(:端口号)}/{API 版本}/{资源路径}

例如：

```
http://365itedu.com/api/v1/items/978-7-111-59294-5
http://api.365itedu.com/v1/items/978-7-111-59294-5
```

在 ROA 领域，能使用 URI 在 Web 上进行访问的状态称为“可寻址化”，也就是说，只要是使用同样的 URI（用名词形式表达的“资源的种类”与用以表达唯一资源的“身份证”的组合），无论从哪里访问，结果都是一样的。

2. 单复数形式

某网站提供了“http://365itedu.com/api/v1/items”形式的 URL，其中“items”表示的是资源种类，这里表示商品信息的名词使用的是复数，因此得到的结果是一个集合列表。换句话说，如果这里是文件系统，那么这里的 URI 就相当于文件夹。

另外，如果 URL 是“http://365itedu.com/api/v1/items/9710-7-111-59294-5”的形式，那么其中“9710-7-111-59294-5”表示的是“身份证”（ID），是对特定商品进行操作时使用的 URI。换言之，如果这里是文件系统，那么这里的 URI 就相当于在文件夹下的具体的某个文件。

URI 都是由英文单词组成的，在设计时要体现所请求资源的单复数情况，见表 12-5。

表 12-5 URI 资源单复数形式

编　号	URL 形式	例　　子	说　　明
1	/{表示资源集合的名词}	/api/v1/members	对资源进行批处理时使用的 URI
2	/{表示资源集合的名词}/{身份证 ID}	/api/v1/members/M0001	对特定资源进行处理时使用的 URI

（续）

编　号	URL 形式	例　　子	说　　明
3	/{资源 URI}/{关联资源集合的名词}	/api/v1/members/M0001/orders	对关联资源进行批处理时使用的 URI
4	/{资源 URI}/{关联资源集合的名词}/{关联资源身份证 ID}	/api/v1/members/M0001/orders/O0001	对特定关联资源进行处理时使用的 URI
5	/{资源 URI}/{关联资源名词}	/api/v1/members/M0001/credential	对关联资源只有 1 件进行处理时使用的 URI

NOTE:

错误 URI

在 RESTful Web Service 中使用的 URI，不能含有类似如下的动词：

http://365itedu.com/api/v1/items?get@itemId=978-7-111-59294-5

在上述 URI 中包含“get”动词，不是 RESTful Web Service 正确的 URI 表达形式。

12.2.3　HTTP 方法

1. 概述

在 RESTful WebService 中，对资源的操作是通过 HTTP 自带方法（GET、POST、PUT、DELETE）来实现的。在 ROA 中，HTTP 方法的调用又称为“统一接口调用”。这里的 HTTP 方法是对 Web 上公开的所有资源进行操作的唯一方法，而且对任何资源，这些方法的含义都是一样的，见表 12-6。

表 12-6　HTTP 方法

编　号	HTTP 方法	资源操作内容	操作所能保证的事后条件
1	GET	取得资源	安全性、幂等性
2	POST	新建资源	在 Response 的 Header 里设定必要信息后，返回客户端
3	PUT	新建或者更新资源	幂等性
4	PATCH	对资源进行差分更新	幂等性
5	DELETE	删除资源	幂等性
6	HEAD	取得资源的 Meter 信息（与 GET 是同样的处理，只是返回 Header 信息）	安全性、幂等性
7	OPTIONS	返回对资源可以使用的 HTTP 方法一览	安全性、幂等性

2. 安全性

安全性是指访问资源时资源是安全的，也就是说资源本身不会发生改变。例如：使用 GET 操作获取一个资源，无论如何资源本身不会发生改变，也不会引起服务器状态的改变。

3. 幂等性

幂等性指的是对同一个资源进行一次或者多次操作，最终资源的状态都是一样的。例如：修改一个用户的工龄时，如果客户端向服务器发送一次 PUT 请求后没有收到响应（Response）结果，客户端就可以再次向服务器发送同样的请求而不会影响操作的结果。但是，如果有两个客户端同时对同一资源进行操作，那么此时不需要保持幂等性，只需要对事前条件进行判断，抛出错误即可，这也是一种排他处理方式。

4. PUT 对比 POST

PUT 方法与 POST 方法都可以在系统新建数据时使用，但是它们实现的技术方式是不一样的。使用 PUT 方法时，需要在 URI 中指定“身份证”，如果资源已经存在，那么就更新资源内容；如果资源不存在，那么就新建资源。如图 12-2 所示。

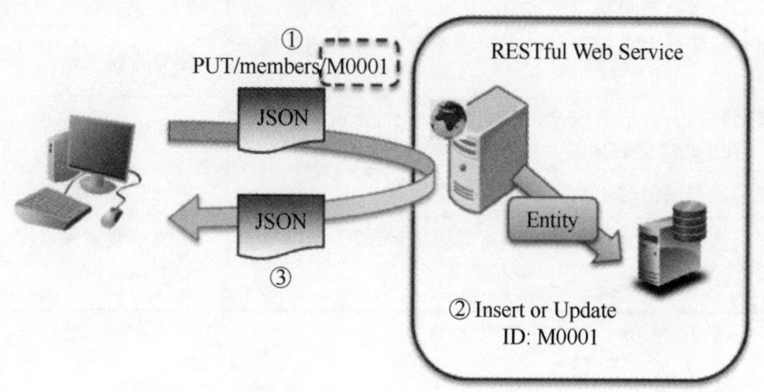

图 12-2　PUT 方法处理流程

各个步骤的具体处理内容如下所示：

1）指定 URI 的身份证，调用 PUT 方法。

2）根据 URI 指定的 ID 生成 Entity。如果数据库中没有此 ID 数据，那么新建数据；如果已经存在，那么更新内容。

3）返回新建或者更新后的资源。

使用 POST 方法时，只需要指定资源种类，资源身份证是服务器根据既存数据算出来的，而且只有新建操作，没有更新操作。如图 12-3 所示。

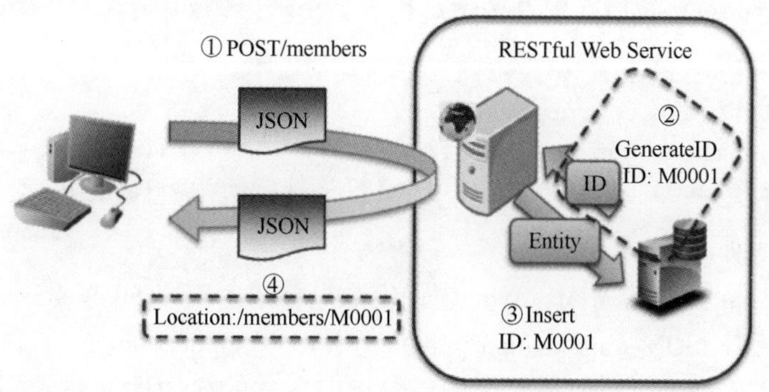

图 12-3　POST 方法处理流程

各个步骤的具体处理内容如下所示：

1）调用 POST 方法。

2）生成身份证 ID。

3）根据 ID 生成 Entity 并插入数据库。

4）返回生成的资源信息（在响应的 Location 的头部，设定 URI 信息）。

5. Get 对比 Post

Get 与 Post 方式的区别见表 12-7。

表 12-7 Get 对比 Post

角　度	GET	POST
数据位置	提交的数据会放在 URL 之后，以“?”分割 URL 和传输数据，参数之间以“&”相连	把提交的数据放在 HTTP 包的 Body 中
大小限制	提交的数据大小有限制（因为浏览器对 URL 的长度有限制）	提交的数据理论上没有限制
安全性	提交数据，会带来安全问题，例如一个登录页面，通过 GET 方式提交数据时，用户名和密码将出现在 URL 上	数据安全
重复提交	在浏览器回退时不会产生重复提交问题	在浏览器回退时会再次提交请求
历史记录	请求参数会被完整保留在浏览器历史记录里	参数不会被保留
数据类型	只接受 ASCII 字符	没有限制

12.2.4 适当数据格式

1. 数据格式种类

客户端与服务器之间进行数据交互时，数据格式一般使用 JSON 或者 XML。但是，根据资源的类别不同，也有其他格式的数据。例如：根据统计信息进行分类的资源，在向客户端进行公开时，使用的就是二进制形式的曲线图。虽然可以有多种数据格式，但是由于 JSON 数据格式的简便性，已经成为当今 REST 的主流数据格式。

2. 区别多种数据格式

如果系统需要支持多种数据格式，可以任选以下两种方式中的一种进行替换。

（1）扩展名

在响应（Response）的格式中直接指定扩展名格式。例如：

```
http://365itedu.com/api/v1/items.json
http://365itedu.com/api/v1/items.xml
http://365itedu.com/api/v1/items/978-7-111-59294-5.json
http://365itedu.com/api/v1/items/978-7-111-59294-5.xml
```

（2）MIME 类别

在请求的 Accept 头部的 MIME Type 中设定数据格式。RESTful WebService 中具有代表性的 MIME 类别主要有 JSON（application/json）与 XML（application/xml）两种。

虽然这两种方式都可以，但是鉴于扩展名指定方式的简便性（只需要在 URI 最后指定 Response 格式即可）与可视性（可以在 URI 里直接看到数据格式），本书推荐使用扩展名格式。

3. 错误应答数据格式

当服务器端捕获到异常时，应该给客户端返回足够有价值的信息，用户才可以较容易地进行解析，并进行正确的再操作。但是，如果错误信息有暴露系统脆弱性的风险时，就不应该返回给客户端，而是在服务器端采用日志的形式输出。

一般来说，较好的错误应答数据格式应该包含错误码（ErrorCode）、错误消息（Error Message）、错误详细信息（Error Details）三部分内容。例如：数据验证错误时的返回信息可设计如下：

```
{
  "code" : "E001",
  "message" : "Validation error occurred on item in the request body.",
  "details" : [{
  "code" : "ExistInCodeList",
    "message" : "\"genderCode\" must exist in code list of Members.",
    "target" : "genderCode"
  }]
}
```

4. JSON 数据字段

（1）字段格式

JSON 数据字段推荐使用小写字母开头的驼峰式（Lower Camel Case）。之所以推荐这种格式，是因为客户端语言 JavaScript 中的数据字段就是采用这种格式，而且二者都用于前台。

（2）Null 与空

在一般应用程序中，对 Null 与空（“”）的处理都是一样的，但是在 JSON 中，建议区别处理。进行区别的例子如下所示：

```
{
  "dateOfBirth" : null,
  "address1" : ""
}
```

（3）日期

在 ISO-8601 标准中，JSON 日期有标准格式与扩展格式两种。因为扩展格式比较容易识别，所以一般使用扩展格式，具体格式见表 12-8。

表 12-8　JSON 日期扩展格式

编　号	格式形式	具体例子
1	yyyy-MM-dd	{"dateOfBirth" : "2018-07-01"}
2	yyyy-MM-dd'T'HH:mm:ss.SSSZ	{"lastModifiedAt" : "2018-07-01T22:22:22.365+06:00"}
3	yyyy-MM-dd'T'HH:mm:ss.SSS'Z'(UTC 形式)	{"lastModifiedAt" : "2018-07-01T22:22:22.365Z"}

12.2.5　适当 HTTP 状态码

1. 传统 Web 状态码机制

HTTP 状态码是服务器端对客户端传来的请求处理结果的反馈值。在传统 Web 系统开发中，一般都是向浏览器返回 HTML 代码，无论服务器端对请求的处理结果如何（HTML 的 Body 中数据），返回的状态码都是“200 OK”。而对处理结果的判断，却是浏览器操作者的责任。而且使用传统的 Web 状态码机制，会有表 12-9 所示问题。

表 12-9　传统 Web 状态码问题

编　号	错误码种类	潜 在 问 题	说　　明
1	通用	多余处理	根据处理结果（成功或者失败）就可以判断时，还需要解析 HTML 的 Body 部分，造成多余处理
2	自定义	影响客户端架构	进行错误处理时，必须特别处理自定义错误码，这样就可能会对客户端的架构（设计以及编码）造成不良影响
3	自定义	影响错误解析	在客户端分析收到的错误原因时，需要进一步分析用户自定义错误码，这样妨碍错误的直观解析，有时甚至造成误解

因此，在 RESTful WebService 架构中，为避免这些情况，需在返回的 Response 中设定适当的 HTTP 状态码。

2. RESTful WebService 状态码机制

HTTP 状态码使用通用形式，除了根据实际业务值进行精确设置外，还需要设定与状态码一致的更加详细的返回信息。设定的状态码类别主要有 2XX 或 3XX 系（请求或重定向成功时返回的状态码）、4XX 系（客户端请求错误时状态码）以及 5XX 系（服务器端错误时返回的状态码）三种。

12.2.6　无状态通信

无状态通信，也就是在服务器端的内存中（HTTP 的 Session 等），不保持应用程序的状态，只对请求的资源进行操作，然后返回相应的操作结果。

在一个 REST 系统中，用户的状态会随着请求在客户端和服务器端之间来回传递。这便是 REST 这个缩写中 ST（State Transfer）的来历。

为 REST 系统添加这个特性有什么好处呢？主要还是基于集群扩展性的考虑。如果 REST 服务中记录了用户相关的状态，那么这些状态就需要及时地在集群中的各个服务器之间同步。而这个同步是一个非常棘手的问题：当一个用户的相关状态在一个服务器上发生了更改，那么在什么情况下对这些状态进行同步呢？如果该状态是同步进行的，那么同时刷新多个服务器上的用户状态将会导致对用户请求的处理变得异常缓慢；如果该状态是异步进行的，那么用户在发送下一个请求时，其他服务器将可能由于用户状态不同步而无法正确地处理用户请求。

应用程序状态

应用程序状态指的是 Web 页面的转移状态、输入值、下拉框、复选框、单选框等选择状态以及认证状态等信息。

12.2.7　关联资源分层链接

在 ROA 中，表达资源状态时，也包含了指向其他资源的超链接，又称“连续性”。此处的链接是与自己有关联的其他资源之间的相互链接，根据此处的链接，可以一层一层地追溯到系统中的任何资源。如图 12-4 所示。

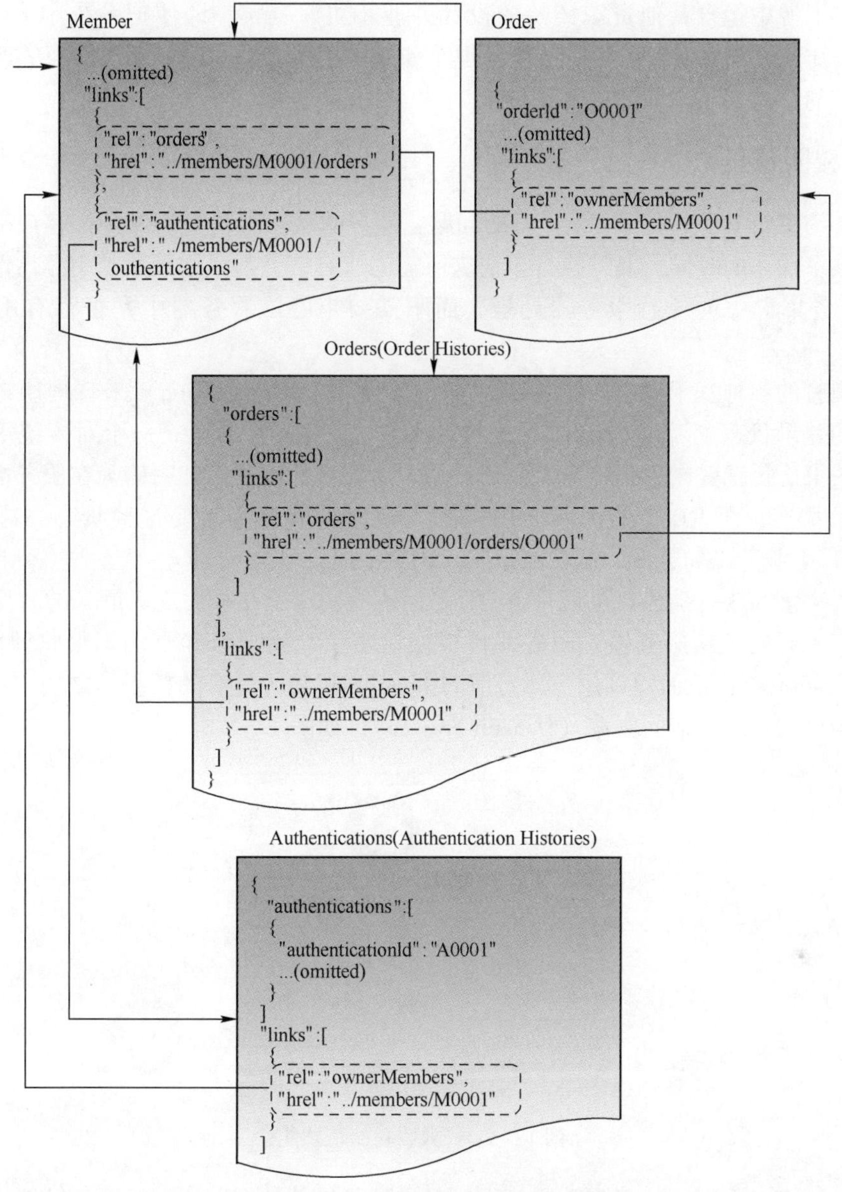

图 12-4　关联资源分层链接

客户端对资源使用链接进行操作时，降低了客户端与服务器端之间的耦合性，主要表现见表 12-10。

表 12-10　使用链接的好处

编　号	优　　点	说　　明
1	不需要在意具体 URI	客户端应用程序只要事前知道链接的名称，就不需要在意 REST API 具体的 URI
2	减少对客户端影响	因为客户端不需要在意具体的 URI，所以即使服务器端变更了 URI 的值，也不会给客户端带来巨大影响

当然，资源中包含其他资源链接的设计并非不可。其实，即使把系统中 REST API 的 URI 全部公开，资源也设置了相关链接，但是如果链接没有被利用，那么前面的所有工作都是毫无意义的，这就是所谓的过度设计。

12.2.8 权限认证

无状态约束给 REST 实现带来了新的问题：用户的状态需要全部保存在客户端。当用户需要执行某个操作的时候，要将执行该请求所需的所有信息都添加到请求中。该请求将可能被 REST 服务集群中的任意服务器处理，而不需要担心该服务器中是否存有用户相关的状态。

但是现有的各种基于 HTTP 的 Web 服务常常使用会话（Session）来管理用户状态，至少是用户的登录状态。因此，REST 系统的无状态约束实际上并不是一个对传统用户登录功能的友好约束。传统登录过程本身就是通过用户所提供的用户名和密码等在服务端创建一个用户的登录状态，而 REST 的无状态约束为了横向扩展却不需要这种状态。这就给基于 HTTP 的 REST 服务添加身份验证功能带来了困难。

为了解决该问题，最经典也最符合 REST 规范的实现是在每次发送请求的时候都将用户的用户名和密码发送给服务器，服务器再根据请求中的用户名和密码调用验证服务（Authentication Service），从而得到用户所对应的 Identity 和其所具有的权限。之后，在 REST 服务中根据用户的权限来访问资源（Domain Service），如图 12-5 所示。

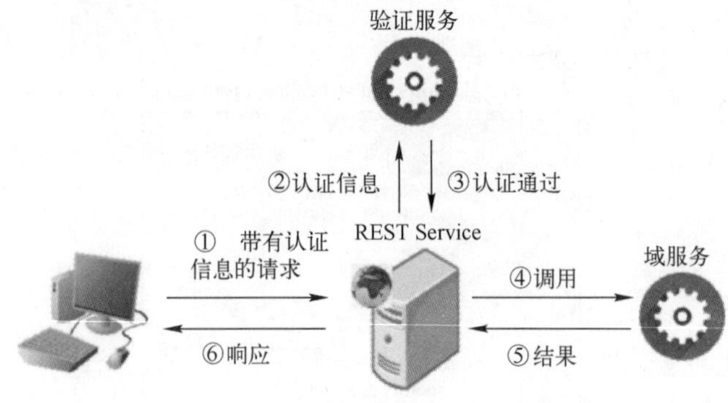

图 12-5 经典身份验证功能

虽然上述方案可以解决权限问题，但是又导致了另外的问题——验证的性能。随着系统加密算法越来越复杂，登录验证已经不再是一个轻量级的操作。用户每次所发送的请求都要进行一次登录验证，这对整个系统性能而言就是一个巨大的负担。

当前，解决该问题的方案主要是采用一个独立的缓存系统（如整个集群可以增加一个唯一的登录验证服务器），但是缓存系统本身所存储的仍然是用户的状态。因此，该解决方案仍将违反 REST 的无状态约束原则。

还有一个方案是通过添加一个代理来完成的。该代理会完成用户的登录并获得该用户所拥有的权限。之后，该代理会将与状态有关的信息从请求中删除，并添加用户的权限信息，如图 12-6 所示。在经过这种处理之后，这些请求就可以转发到其后的各个服务器了。转发目的地所在的服务器则会假设所有传入的请求都是合法的并可直接对这些请求进行处理。

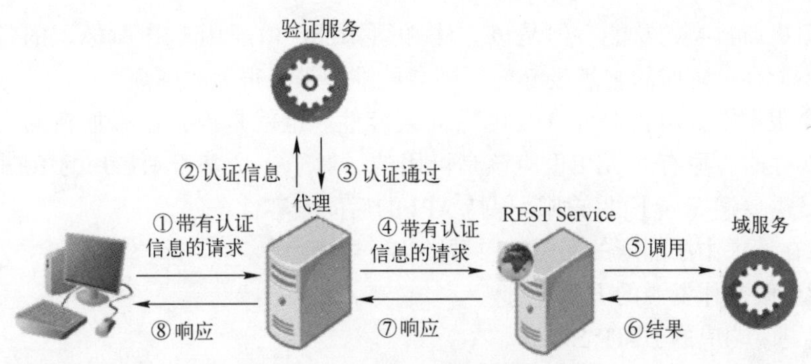

图 12-6　代理形式身份验证功能

可见，无论是一个独立的登录服务器还是为整个集群添加一个代理，系统中都将有一个地方保留了用户的登录状态。这实际上和在集群中对会话进行集中管理并没有什么不同。也就是说，通过禁止使用会话来达到完全的无状态的做法是不现实的。因此在基于 HTTP 的 REST 服务中，为登录验证功能使用集中管理会话的做法是合理的。

12.2.9　版本管理

一个 REST 系统为资源所抽象出的 URI 实际上是对用户的一种承诺。但反过来说，软件开发人员也很难预知一个资源的各方面特征未来会发生怎样的变化，从而提供一个永远不变的 URI。

在一个 REST 系统逐渐发展的过程中，新的属性以及新的资源将逐渐被添加到该系统。在升级过程中，资源的 URI、访问资源的操作以及响应中的 Status Code 都不能发生变化。此时软件开发人员所做的工作就是在现有系统上维护 REST API 的后向兼容性。

当资源发生了过多的变化，原有的 URI 设计已经很难兼容现有资源应有的定义时，软件开发人员就需要考虑是否应该提供一个新版本的 REST API。如下代码所示，v1 为旧版本资源路径；v2 为新版本资源路径。

```
/api/v2/categories
/api/v1/categories
```

当 REST 系统的 API 逐渐发展出众多版本时，系统对 API 的维护也将成为一个较大的问题。此时就需要逐渐退役一些年代久远的 API 版本。这些版本的退役主要分为两步：

首先，将其标为过期，一段时间内仍可使用，但用户访问时会得到 3XX 响应（如 301 Moved Permanently），以通知用户该 URI 所标识的资源需要使用新版本的 URI 进行访问。一段时间后，则将过期的 REST API 标记为废弃，此时用户再访问这些 URI 时将返回 4XX 响应（如 410 Gone）。

其次，该 REST 系统还可以提供一个通用的 REST API 接口，并与最新版本的 API 保持一致（没有版本路径信息）：

```
/api/categories
```

这样用户还可以选择一直使用最新版本的 API，只是需要一直对其进行维护，以保持与最新版本 API 的兼容性。在 REST 系统的 API 随着时间的推移逐渐发生变化的时候，该客户端也需要逐渐更新自身的功能。但是该方法必须保证：由通用 URI 所标识的各个资源需要是稳定的，不能在一定时间之后废弃，否则会给维护带来很大的麻烦。

在同一个版本中，需要保证 API 的后向兼容性。也就是说，在添加新的资源以及为资源添加新的属性时，原有的 API 也应该是可用的。对于一个基于 HTTP 的 REST 服务而言，软件开发人员需要遵守如下的守则以保持 API 的后向兼容性：

1）不能在请求中添加新的必需的参数。

2）不能更改操作资源的方法。

3）不能更改响应的 HTTP Status。

12.2.10　性能

无状态增加了在一系列请求中发送的重复数据（每次交互的开销），这会增加网络通信负担，因此在架构设计时往往需要考虑缓存机制。

在基于 HTTP 的 REST 服务中，性能提升主要分为两个方面：REST 架构本身在提高性能方面做出的努力以及基于 HTTP 的优化。

（1）架构本身优化

首先，是对登录性能的优化。在一个基于 HTTP 的 REST 服务中，每次都将用户名和密码发送到服务端并由服务端验证这些信息，这是一个非常消耗资源的流程，因此常常需要在登录服务中使用一个缓存或者是使用第三方单点登录类库来提高登录验证性能。

其次，软件开发人员可以通过为同一个资源提供不同的表现形式来减少在网络上传输的数据量，从而提高 REST 服务的性能。

再次，在集群内部服务之间，可以不再使用 JSON、XML 等用户可以读懂的负载格式，而是使用二进制格式，这样可以大大减少内部网络所需要传输的数据量。这在内部网络数据交换频繁且传输量巨大时较为有效。

最后，可以通过 REST 系统横向扩展来提高性能，也就是说，在 REST 无状态约束的支持下，可以很容易地向 REST 系统中添加一个新的服务器。

（2）HTTP 优化

除了提升这些和 REST 架构本身相关的性能之外，还可以在如何更高效地使用 HTTP 上努力。一个最常见的方法就是使用条件请求（Conditional Request）。简单地说，可以使用表 12-11 所示的 HTTP 头属性特征来有条件地存取资源。

表 12-11　HTTP 条件请求类别

编号	属性	说明
1	ETag	一个对用户不透明的用来标识资源实例的散列值
2	Data-Modified	资源被更改的时间
3	If-Modified-Since	根据资源的更改时间有条件地获取资源。这将允许客户端对未更改的资源使用本地缓存
4	If-None-Match	根据 ETag 的值有条件地获取资源
5	If-Unmodified-Since	根据资源的更改时间有条件地更新或删除资源
6	If-Match	根据 ETag 的值有条件地更新或删除资源

12.3 REST-Client

12.3.1 RestTemplate

1. RestTemplate

由于各大厂商以及开源组织的强力支持，Spring 成为当前 Java 世界中应用最广的中间件。在 Spring 提供的各种组件中，包含了实现 REST 所应具备的便利功能。

RestTemplate 是 Spring Framework 提供的用于调用 REST API 的 HTTP 客户端类，它降低了客户端与服务器端编码的复杂度。图 12-7 为其调用 API 的架构图。

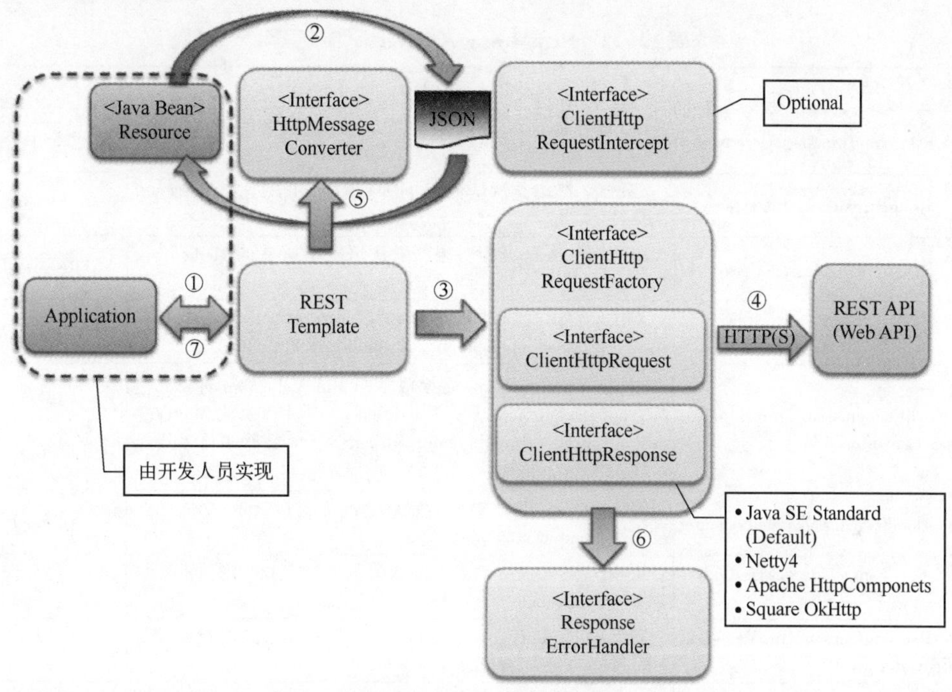

图 12-7 RestTemplate 架构

各个步骤具体的处理内容如下：

1）应用程序调用 RestTemplate，对 REST API 进行呼叫请求。

2）RestTemplate 利用 HttpMessageConverter 把 Java 对象变换成 JSON 等形式的报文并设定到 Request 的 Body 里。

3）从 ClientHttpRequestFactory 中取得 ClientHttpRequest 后，进行报文的发送请求。

4）ClientHttpRequest 利用 HTTP 向 REST API 发送请求。

5）正常情况下，RestTemplate 利用 HttpMessageConverter 把设置在 Response 中的报文（JSON 等）转换成 Java 对象。

6）错误判断时，ResponseErrorHandler 从 ClientHttpResponse 取得响应数据，进行相应的错误判断，根据判断结果执行后续处理。

7）把呼出 REST API 的结果（Java 对象）返回给客户端应用程序。

REST 非同期处理

进行 REST 非同期处理时（使用另外的线程对 REST API 响应进行处理），使用的客户端处理类为“org. springframework. web. client. AsyncRestTemplate”。

2. HttpMessageConverter

HttpMessageConverter 是客户端与服务器端进行通信时使用的一个接口，目的是把 Java 对象与通信用报文（JSON 等）进行互换。其相应的实现类都是用于变换 HTTP Body，见表 12-12。

表 12-12 HttpMessageConverter 实现类

编号	类 名	说 明	支持类型
1	ByteArrayHttpMessageConverter	text 或 binary⇔byte 数组，默认情况下所有的 Media Type（*/*）都支持	byte[ ]
2	StringHttpMessageConverter	text⇔字符串，默认情况下所有的 Media Type（text/*）都支持	String
3	ResourceHttpMessageConverter	binary⇔Spring 资源对象，默认情况下所有的 Media Type（*/*）都支持	Resource[ ]
4	SourceHttpMessageConverter	XML⇔XML 资源对象，默认情况下支持 XML 形式的数据类型（text/xml, application/xml, application/*-xml）	Source[ ]
5	AllEncompassingFormHttpMessageConverter	根据不同 Media Type 转换成不同 MultiValueMap 对象（例如，application/x-www-form-urlencoded 时转换成 MultiValueMap<String, String>；multipart/form-data 转换成 MultiValueMap<String, Object>）	MultiValueMap
6	AtomFeedHttpMessageConverter	Atom⇔Atom Feed 对象，默认情况下支持 Atom 形式的数据类型（application/atom+xml）	Feed
7	RssChannelHttpMessageConverter	RSS⇔RSS Chanel 对象，默认情况下支持 RSS 形式的数据类型（application/rss+xml）	Channel
8	MappingJackson2HttpMessageConverter	JSON⇔JavaBean，默认情况下支持 JSON 形式的数据类型（application/json, application/*+json）	Object(JavaBean) 或 Map
9	MappingJackson2XmlHttpMessageConverter	XML⇔JavaBean，默认情况下支持 XML 形式的数据类型（text/xml, application/xml, application/*-xml）	Object(JavaBean) 或 Map
10	Jaxb2RootElementHttpMessageConverter	XML⇔JavaBean，默认情况下支持 XML 形式的数据类型（text/xml, application/xml, application/*-xml）	Object(JavaBean)
11	GsonHttpMessageConverter	JSON⇔JavaBean，默认情况下支持 JSON 形式的数据类型（application/json, application/*+json）	Object(JavaBean) 或 Map

3. ClientHttpRequestFactory

利用 RestTemplate 与服务器进行通信时，可利用的接口有以下 3 种：

```
org.springframework.http.client.ClientHttpRequestFactory
org.springframework.http.client.ClientHttpRequest
org.springframework.http.client.ClientHttpResponse
```

在这 3 个接口中，对程序员来说只需要注意 ClientHttpRequestFactory 即可，因为它要管理与服务器进行通信的类（实现 ClientHttpRequest 与 ClientHttpResponse 接口的类）。另外，

Spring Framework 还提供了继承 ClientHttpRequestFactory 的实体类，见表 12-13。

表 12-13　ClientHttpRequestFactory 实体类

编号	类　名	说　明	通信类型	备　考
1	SimpleClientHttpRequestFactory	使用 Java SE 标准 HttpURLConnection 的 API 进行通信处理的实体类	同期或者非同期	默认类
2	Netty4ClientHttpRequestFactory	使用 Netty 的 API 进行通信处理的实体类	同期或者非同期	—
3	HttpComponentsClientHttpRequestFactory	使用 ApacheHttpComponents HttpClient 的 API 进行通信处理的实体类	同期	HttpClient 4. 3 以上版本
4	HttpComponentsAsyncClientHttpRequestFactory	使用 ApacheHttpComponents HttpAsyncClient 的 API 进行通信处理的实体类	非同期	HttpAsyncClient 4. 0 以上版本
5	OkHttpClientHttpRequestFactory	使用 SquareOkHttp 的 API 进行通信处理的实体类	同期或者非同期	—

4. ResponseErrorHandler

如果使用 RestTemplate 技术与服务器通信时发生了错误，那么需要使用继承 ResponseErrorHandler 的实体类进行处理。ResponseErrorHandler 有判断错误的 hasError( ) 方法以及错误处理的 handleError( ) 方法。默认情况下，Spring Framework 使用自身提供的 DefaultResponseErrorHandler 类，根据服务器返回来的响应值（HTTP 状态码值）进行处理，见表 12-14。

表 12-14　DefaultResponseErrorHandler 处理逻辑

编号	响 应 值	处 理 内 容
1	正常系（2xx）	不进行错误处理
2	客户端错误系（4xx）	会发生 HttpClientErrorException 错误处理
3	服务器端错误系（5xx）	会发生 HttpServerErrorException 错误处理
4	无定义（或者用户自定义）	会发生 UnknownHttpStatusCodeException 错误处理

处理错误时，调用错误类的 getter( ) 方法即可取得返回值（HTTP Status Code、Response Header、Response Body）的信息。

5. ClientHttpRequestInterceptor

ClientHttpRequestInterceptor 是与服务器通信时，在前处理或后处理中使用的拦截器接口。使用时，可以进行日志以及 Header 认证信息等方面的处理。

另外，ClientHttpRequestInterceptor 拦截器也可以设计成一个拦截器链，按照一定的顺序进行响应处理。

12. 3. 2　测试工具

接口测试工具有很多，比较常用的有 SoapUI、Jmeter 以及 Postman，可以根据以下三者之间的分析比较，针对不同的项目做出最佳选择。

1. 测试用例组织形式

不同的目录结构与组织方式代表了不同工具的测试思想，因此首先应该了解其组织方式。

（1）SoapUI

SoapUI 的组织方式的最上层是 WorkSpace，且每个窗口只可以打开一个 WorkSpace（一个 XML 文件），每个 Project 也是一个单独的 XML 文件（为了协同工作，也可以通过设置将其转化为一堆文件集合），所以每个 WorkSpace 中可以打开多个 Project，当然一个 Project 也可以存在于不同的 WorkSpace 中。

Project 对应测试工程，其中可添加 WSDL、WADL 资源、TestSuite 以及 MockService。

TestSuite 对应测试模块（业务），可以添加 TestCase，TestCase 对应某个模块的不同接口（功能）。而一个接口可能需要多个 Step 才可以完成，其中需要的变量、数据源、请求等都属于一个 Step。

（2）Jmeter

Jmeter 的组织方式相对比较扁平，它首先没有 WorkSpace 的概念，直接是 TestPlan，等价于 SoapUI 中的 Project，TestPlan 下创建的 Threads Group 就相当于 TestCase，但没有 TestSuite 的层级。

ThreadsGroup 中的 Sampler、管理器等均相当于 SoapUI 中的一个 Step。

（3）Postman

Postman 功能上更简单，组织方式也更轻量级，它主要针对的是单个的 HTTP 请求。Collection 相当于 Project，而 Collection 中可以创建不同层级的 Folders，可以自己组织 TestSuite。每个 Request 可以当作一个 TestCase 或者 Step。

2. 支持接口类型与测试类型

从功能上说 Jmeter 最为强大，可以测试各种类型的接口，不支持的也可以通过网上或自己编写的插件进行扩展。SoapUI 专门针对 HTTP 类型的两种接口，初衷便是专门测试 Soap 类型接口，不支持其他协议的接口。Postman 则是轻量级，定位也不同，只用来测试 Rest 接口。三者之间的对比见表 12-15。

表 12-15　测试工具

工具	接口类型	测试类型
SoapUI	Soap、Rest	功能、性能、安全
Jmeter	Rest、Soap 等； 可扩展 WebSocket、Socket	功能、性能
Postman	Rest	功能

3. 变量

自定义变量以及变量作用域（不包含每个工具的系统变量），见表 12-16。

表 12-16　变量作用域

工具	变量类型	作用域
SoapUI	Project、TestSuite、TestCase 的 Properties 以及 Custom Properties	各自范围内
	TestCase 中的 Properties	在整个 TestCase 内
	TestCase 中的 Data Source、DataGen 等	在整个 TestCase 内
	Groovy 脚本定义	根据定义方式

（续）

工具	变量类型	作用域
Jmeter	TestPlan 中用户自定义变量	所有 Threads Group
	配置元件中用户自定义变量	根据元件位置
	CSV、Random Variable 等	根据元件位置
	前置、后置处理器	当前 Threads Group
Postman	Environment Variable	当前环境的 Collection
	Global Variable	所有 Collections
	CSV/JSON	Runner 当前的 Collection

4. 其他

其他方面，如断言、配置等方面的对比，见表 12-17。

表 12-17　其他视角

视角	SoapUI	Jmeter	Postman
断言	每个 Request 可添加 Assertion	TestPlan、Threads Group、Sampler 均可添加断言	请求的 Tests 中可添加断言
配置	可以创建 Soap Project 或者 Rest Project（但 Project 中添加什么类型的 Step 则不受影响），可添加 WSDL、WADL 资源，并能在 TestCase 里添加 Rest 或 Soap 的 Step	可以在线程组里添加 HTTP、TCP 或 WebSocket 的 Sampler	仅支持 Rest 接口
流程控制	由 ConditionalGoto 控制流程，以及 Groovy 脚本	由 Switch 控制器、If 控制器、随机控制器等一系列控制器实现流程控制，以及 BeanShell 脚本	通过 JavaScript 脚本控制
脚本扩展	Groovy 脚本	BeanShell（Java）	JavaScript
团队协作	一个 Project 是一个 XML 文件，但可以通过配置变成一系列文件夹（每个 Case、每个 Suite 均是独立的文件，这样可通过 SVN/GIT 进行团队协作）	一个 TestPlan 是一个 JMX（XML）文件，无法分割，但 Jmeter 有一个合并的功能，允许将多个文件合并在一起。只能每个团队成员自己建立一个 TestPlan，分功能块进行测试，最后整理合并	有团队协作的功能，但需要付费

12.4　SpringMVC 与 REST

12.4.1　核心功能

SpringMVC 默认集成了 RESTful WebService 开发时必要的共通功能。因此，不需要特意追加功能就可以进行实际项目的开发。

SpringMVC 集成的主要功能见表 12-18。

表 12-18　SpringMVC 提供 REST 功能

编号	功　能	说　明
1	Request-Convert	把设定在请求（Request）Body 中的 JSON 或者 XML 中的电文，转换成 Resource 对象（JavaBean），之后再传递给 Controller 类（REST API）

（续）

编号	功 能	说 明
2	Check	对 Resource 对象（JavaBean）进行数据验证
3	Response-Convert	把从 Controller 类（REST API）返回的 Resource 对象（JavaBean）转换成 JSON 或者 XML，并设定在响应（Response）的 Body 里

另外，关于例外 Handler，SpringMVC 并没有提供通用的功能，而是需要根据项目的实际情况进行设计与编码。

12.4.2 架构图

利用 SpringMVC 进行 RESTful WebService 开发时，应用程序的架构组成如图 12-8 所示。SpringMVC 已经提供了较为完善的处理流程，需要程序员进行编码的内容为虚线框所标出的部分。

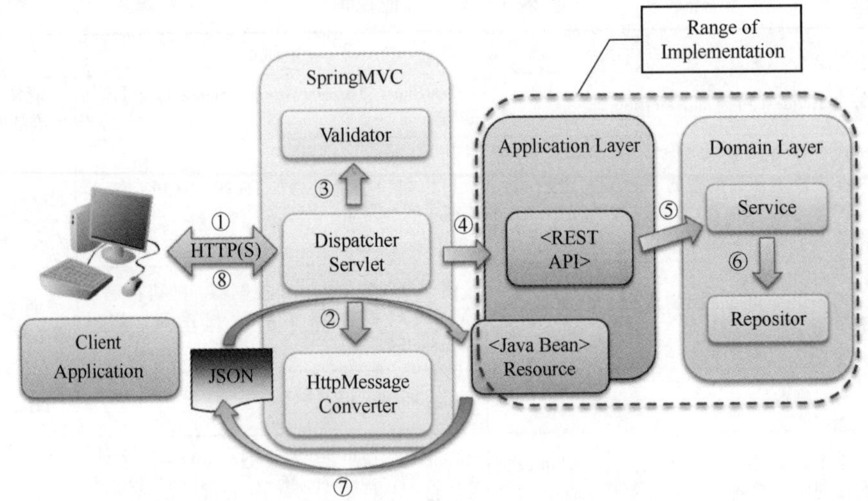

图 12-8 SpringMVC 集成 REST 架构

各个步骤的具体处理内容见表 12-19。

表 12-19 SpringMVC 集成 REST 架构处理内容

编号	处理层	说 明
1	SpringMVC（Framework）	SpringMVC 接受从客户端传来的请求，再调用相应的 REST API（Controller 的 Hander Method）
2		SpringMVC 使用 HttpMessageConverter，把 Request 的 Body 中的 JSON 电文转换成 Resource 对象
3		SpringMVC 使用 Validator，对 Resource 对象进行验证（Check）
4		SpringMVC 调用 REST API。此时，把验证过的 Resource 对象传递给 REST API
5	REST API	REST API 调用 Service 层的方法，对 Entity 等 Domain 对象进行处理
6		Service 层的方法调用 Repository 层的方法，对 Entity 等 Domain 对象进行 CRUD 处理
7	SpringMVC（Framework）	SpringMVC 使用 HttpMessageConverter，把从 REST API 中传递来的 Resource 对象转换成 JSON 电文
8		SpringMVC 把 JSON 电文设定到 Response 的 Body 中，返回应答信息

小结

本章介绍了 RESTful WebService 设计的相关核心概念以及结合 Spring MVC 技术开发的相关技术。需要重点掌握 RESTful 架构风格的 7 种特性以及设计方法，另外还要跟随课后习题，进一步理解使用方法，彻底掌握 RESTful 的架构思想。

练习题

1. 使用 JSON 数据格式（字符串、日期格式数据），结合 SpringMVC 与 REST 架构（Client-Server），画出架构设计图（构件图）并实现。

2. 在习题 1 的基础上使用 RestTemplate 与外部服务器进行通信（Server-Server），外部服务器使用 Socket 技术进行信息处理，画出架构设计图（构件图）并实现。

第13章　框架测试

在阅读本章内容之前，首先思考以下问题：

1. 自动化测试目标有哪些？
2. 什么情况下需要自动化测试？
3. 常用自动化工具有哪些？
4. 常用性能测试工具有哪些？
5. 性能优化原则有哪些？
6. 数据库优化方法有哪些？
7. 框架优化方法有哪些？
8. 如何优化JVM？

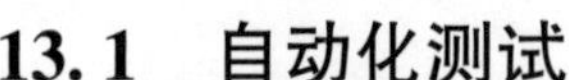

13.1　自动化测试

13.1.1　自动化测试准入标准

测试对象是否需要进入自动化技术，有一定的判断标准。一般来说主要从以下几方面进行衡量：

1）Web工程需要判断页面元素与对象是否可以被工具识别，也就是技术上是否可以实现。

2）根据回归测试的频率、功能与接口的测试是否烦琐，来判断自动化测试的投入与收益是否合理。

3）测试数据可以重复使用。

4）需求的变更不应过于频繁。

5）维护量不应过大。

系统功能逻辑测试、验收测试、适用性测试、复杂交互性测试以及需求不稳定、开发周期短或者一次性软件等多采用人工测试。而单元测试、集成测试、性能测试以及可靠性测试一般采用自动化测试。二者之间的对比如图13-1所示。

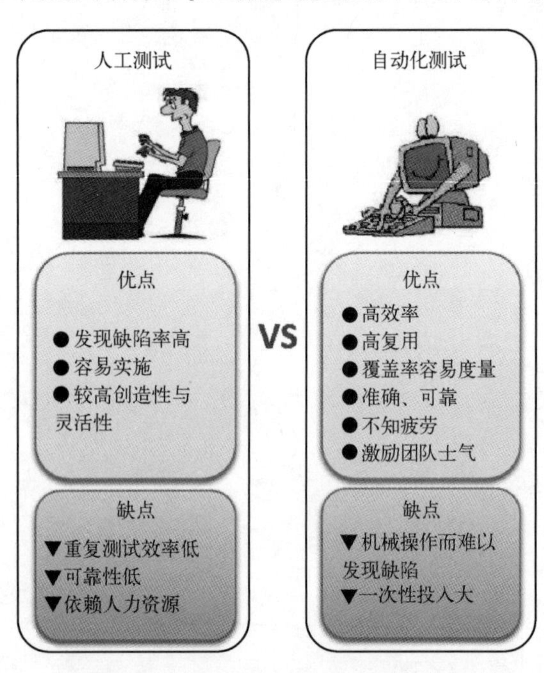

图13-1　人工测试与自动化测试对比

13.1.2 自动化测试目标

通俗地说，自动化测试就是把功能测试用例脚本化并执行，之后根据生成的测试报告进行分析。主要目标有以下几点：

（1）覆盖率

一般自动化测试程度要达到整体测试量（手动测试+自动化测试）的60%以上。

（2）人力成本

节省人力资源与测试成本。

（3）系统功能

要保证基本功能的准确性、稳定性与可靠性。

（4）效率高

能够执行烦琐的测试程序，能执行手工无法做到的测试（性能测试与模拟并发测试），能做到短时间内实现大量测试。

13.1.3 自动化测试框架

1. 框架概述

自动化测试框架是为了管理自动化测试并使测试更高效的一种架构。它将用例、脚本、测试数据、报告以及日志有机地结合在一起。其工作情况如图 13-2 所示。

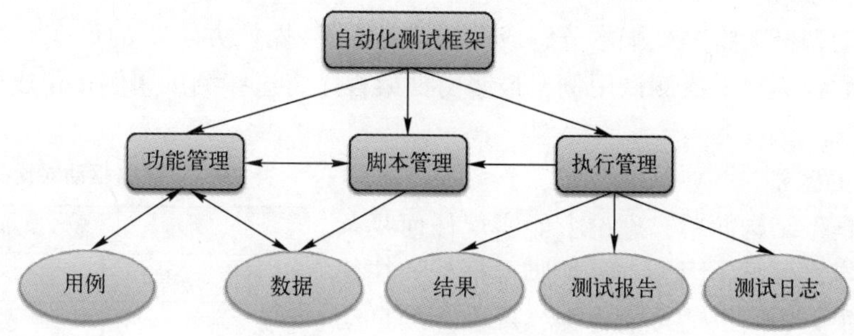

图 13-2 测试框架构成

（1）用例管理

测试用例描述了本次执行的主要操作、功能测试点以及预期结果。用例管理模块将同一个工程不同模块的各个功能点的测试用例组织到一起。

（2）数据管理

对同一个用例，也就是同一个功能，需要各种测试数据形式。例如注册页面的姓名字段是字符串形式的，那么测试时的数据类别就需要有 Null、空字符串（“”）、空格（“”）、正常数据（“姓名”）、特殊数据（“①”），必要时还需要测试繁体字（“繁體”）等形式的数据。另外，还需要提供一个管理这些数据的机制。

（3）脚本管理

脚本管理方案对脚本的品质来说非常重要。一套结构层次清晰的管理机制可以减少脚本维护成本。一般来说不同的功能点都需要独立的脚本。

（4）功能管理

自动化测试以功能模块为最小执行与管理单位。可以选择单个功能进行测试，也可以全部测试。

(5) 执行管理

负责控制自动化测试执行的策略，如定时执行、执行过程控制等。

(6) 结果管理

在执行的过程中框架会把测试用例的执行结果保存到指定位置。

(7) 测试报告

在执行完测试后，会产生一个自动化测试报告，包括本次测试的基本情况以及测试用例的通过率、失败分布情况等信息。

(8) 测试日志

为了跟踪自动化测试过程，定位测试过程中发现的问题，框架需要提供测试执行日志与截图机制。

2. 框架分类

自动化测试框架主要分为数据驱动型与关键字驱动型两种。

(1) 数据驱动型

数据驱动型是以测试数据的结构以及脚本来驱动自动化执行的一种框架结构。特点是将测试数据与测试脚本分离。数据驱动最适合测试数据有变化而业务逻辑固定不变的应用程序，提高了测试逻辑的使用效率与可维护性。

(2) 关键字驱动型

关键字驱动型框架将测试脚本分解成“对象+数据+操作方法”的形式，对象就是所指的关键字。然后将其组织成测试用例，最终由框架程序将这些测试用例转化成可以执行的测试脚本。

(3) 二者的区别

数据驱动框架结构简单，理论上能实现任何复杂逻辑的测试脚本。但是，因为它是纯脚本框架，往往脚本的维护量很大，所以适合能力强、规模小的自动化团队。

关键字驱动框架自身虽然结构较复杂，但是它可以极大地减少脚本的维护量，且容易上手，所以适合较大规模的测试团队。

二者之间的对比见表 13-1。

表 13-1　数据驱动对比关键字驱动

角　　度	数据驱动	关键字驱动
结构复杂度	低	高
实现复杂测试能力	强	弱
维护量	大	小
适合测试团队规模	小	大
测试人员能力要求	高	低

13.1.4　自动化测试工具

自动化测试工具有很多，如 Selenium、QTP、Jmeter、Monkey Test 等。Selenium 由于开源和强大的浏览器兼容性与跨平台性，已经成为当今自动化测试工具的主流。而 QTP 作为商业工具的代表，以其易学易用和广泛的软件支持在市场上也占有一席之地，因此本节主要介绍 Selenium 与 QTP。

(1) Selenium

Selenium 是 ThoughtWorks 公司开发的一款针对 Web 应用程序的开源自动化测试工具。可以支持目前几乎所有的主流浏览器，具有执行速度快、稳定性好等优点。但是掌握难度大，不能对非 Web 应用进行测试，而且对浏览器上的对话框等元素识别能力也是有限的。

Selenium 将页面 HTML 元素的 XPATH、标签、名称、ID 等抽象成为工具可以识别的元素。脚本执行时，Selenium Server 将代码转换为 JavaScript 程序并将其装载到浏览器中执行，从而达到操作页面元素的目的。为了便于管理，常与 JUnit 或者 TestNG 结合起来进行自动化脚本的编写。通过在不同浏览器中的运行测试，更容易发现程序与浏览器的不兼容性。

（2）QTP

QTP（Quick Test Professional）是由 HP 公司提供的一款商业工具，它提供了强大的帮助文档，用户可以从文档中查询到关于工具的帮助信息。

QTP 将要操作的文本框、单选框、按钮等界面元素抽象成对象。在脚本编写时，使用录制或添加对象的方法将对象采集到对象库中，QTP 在执行脚本时，会从对象库里读取对象元素与页面元素做对比，如果匹配则执行脚本，否则抛出对象不识别的错误。

（3）二者对比

Selenium 与 QTP 之间的对比见表 13-2。

表 13-2　Selenium 对比 QTP

角　　度	Selenium	QTP
性质	开源	商用
运行速度	快	慢
稳定性	强	弱
兼容性	强	弱
跨平台	支持主流浏览器	只支持 Windows
并发执行	支持	需要二次开发
测试广度	只针对 Web 应用	强

（4）冒烟测试

冒烟测试最初是从电路板测试得来的。因为当电路板做好以后，首先会加电测试，如果电路板没有冒烟，再进行其他测试，否则就必须重做。因此，微软公司首先借用了此概念，这也和微软一直提倡的每日构建版本（Build）有很密切的联系。具体来说，冒烟测试就是在每日构建版本确立之后，对系统的基本功能进行简单的测试（类似于疏通测试），而不会对具体功能进行更深入的测试。

冒烟测试的最佳实践就是自动化，在每一次 Build 后都需要自动执行，来确保项目是一个基本可用的版本。

13.1.5　持续集成与部署

持续集成（Continuous Integration，CI）是一种软件开发实践，目标是要求每个成员每天至少集成一次，也就意味着每天可能会发生多次集成。每次集成都通过自动化的构建（包括编译、发布、自动化测试）来验证，从而尽早地发现错误。

持续部署（Continuous Deployment，CD）是通过自动化的构建、测试和部署循环来快速交付高品质的产品。某种程度上也代表了一个开发团队工程化的程度，让工程生产力最大化。

持续集成与持续部署往往是结合起来的，这个过程需要各种工具（如 JMeter、Jenkins、

GitLab、Ansible 等）的组合才可以达到 CI/CD 全部自动化的效果。

（1）测试流程

自动化测试流程的实施指的是针对一次版本发布前后的自动化测试过程，一般要经过图 13-3 所示流程。

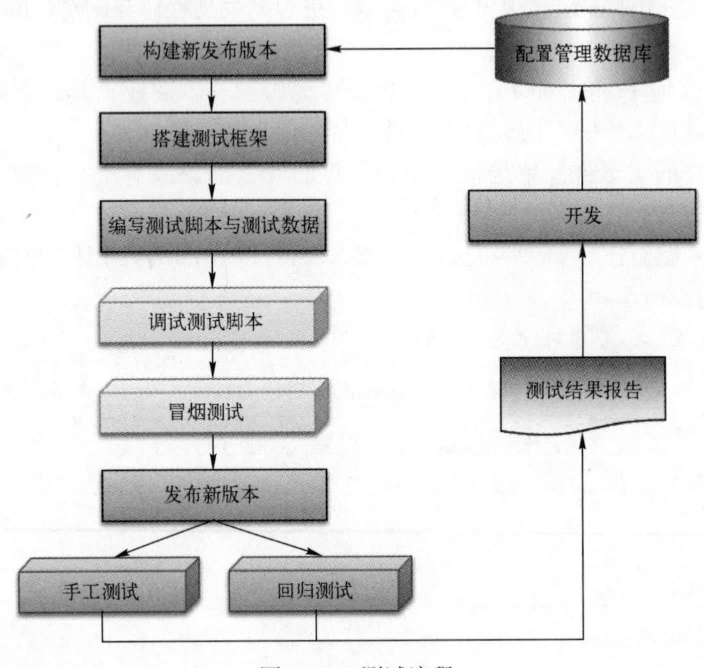

图 13-3　测试流程

（2）系统解决方案

测试在整个软件开发过程中占有约 40%的工作量，因此需要对各种测试环境（UT、IT、ST）制定综合性的解决方案，如图 13-4 所示。

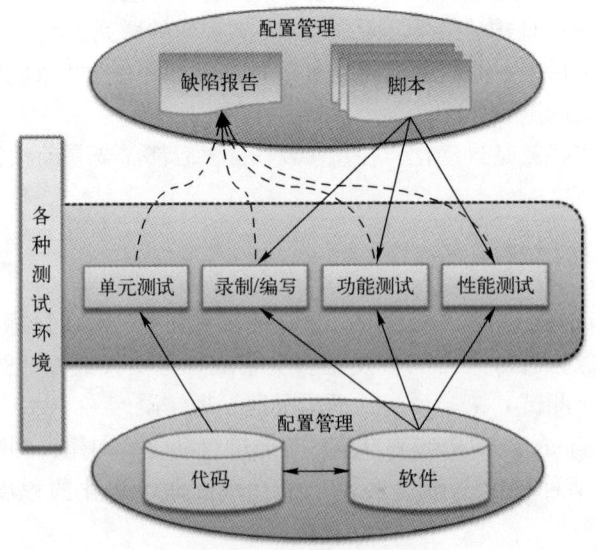

图 13-4　系统解决方案

13.2 性能测试

13.2.1 性能测试概述

性能测试是通过自动化的测试工具模拟多种正常、峰值以及异常负载条件来对系统的各项性能指标（TPS、反映时间等）进行的测试，具体又分为负载测试和压力测试。

1. 负载测试

负载测试（Load Test），指在超负荷环境中运行时系统的承受情况。负载测试的目标是测试在一定负载情况下的系统性能（不关注稳定性，也就是说不关注长时间运行，只是得到不同负载下相关性能指标即可）；实践中常从比较小的负载开始，逐渐增加模拟用户的数量来观察不同负载下程序的响应时间、资源消耗，直到超时或关键资源耗尽等情况下的性能指标。

2. 压力测试

压力测试（Stress Test），指在系统资源特别低的情况下软件系统运行情况。压力测试的目标是测试在一定的负载下系统长时间运行的稳定性，但是这个负载不一定是应用系统本身造成的，例如利用脚本或工具事先用掉服务器的一部分 CPU、内存或带宽等，创造出一定的负载环境，并测试被测应用系统在此环境下的事务处理能力、响应时间等。压力测试尤其关注大业务量情况下长时间运行系统性能的变化（例如是否反应变慢、是否会内存泄露导致系统逐渐崩溃、是否能恢复）。压力测试可以测试出系统的限制以及故障恢复能力，它包括两种情况：

（1）稳定性压力测试

在选定的压力值下长时间持续运行来考察各项性能指标是否在指定范围内，有无内存泄露、有无功能性故障等。

（2）破坏性压力测试

在稳定性压力测试中可能会出现一些问题，如系统性能明显降低，但很难暴露出真实的原因。此时可通过破坏性不断加压的手段，往往能快速造成系统的崩溃，或许能让问题明显地暴露出来。

13.2.2 性能测试工具

在性能测试过程中用到的所有工具都可以称为性能测试工具，见表 13-3。

表 13-3 性能测试工具

类　别	工具名称	说　明
服务器端性能测试工具	LoadRunner	支持产生压力和负载，录制和生成脚本，设置和部署场景，产生并发用户和向系统施加持续的压力
	JMeter	
	Gatling	
	IBM RPT	
	WAS	

(续)

类　别	工具名称	说　明
Web 前端性能测试工具	HttpWatch	关心浏览器等客户端工具对具体需要展现的页面的处理过程
	Fiddler	
	Firebug	
	Yslow	
移动端性能测试工具	Emmagee（Android）	同 Web 端性能测试工具一样，也需要关心页面的处理过程，另外还有具体数据采集的功能，例如：手机 CPU、内存、电量、启动时间等数据的记录
	GT（Android&IOS）	
	APT	
资源监控工具	监控 Linux：Top、Vmstat、Free、Sar 等	能够收集性能测试过程中的数据以及良好的结果展现方式
	监控 JVM：Jconsole、Jvisualvm	
	监控内存：Jstat、Jstack	
	监控 DB：AWR	

本节主要介绍了 JMeter、LoadRunner、Jstat、Jstack 四种常用的性能测试工具。

1. JMeter

JMeter 是 Apache 组织开发的基于 Java 的性能测试工具，用户界面采用 Java Swing API 来实现。因此 JMeter 是一个跨平台的工具，能够运行在任何安装了 Java 虚拟机的操作系统上（Windows、Linux、Mac）。它最初被设计用于 Web 应用测试，后来扩展到其他测试领域，支持并发以及多线程。提供的主要功能见表 13-4。

表 13-4　JMeter 提供的主要功能

测试对象	说　明
压力测试	支持 HTTP、FTP 服务器和数据库服务器测试
接口测试	支持 HTTP（包括 SOAP 与 REST）服务端接口测试
功能测试	利用 Badboy 录制测试脚本，可以快速制作测试脚本
回归测试	利用插件优势，可以拥有功能与接口的回归测试（与 Jenkins 结合）

JMeter 常用组件见表 13-5。

表 13-5　JMeter 主要组件

组　件	说　明
测试计划（Test Plan）	用来描述一个性能测试，包含与本次性能测试所有相关的功能
线程组（Threads）	有 SetUp 线程组（用于执行预测试操作）、TearDown 线程组（用于执行测试后动作）、线程组（常用）三个选项
逻辑控制器（Logic Controller）	包括两类元件：一类是用于控制测试计划中 Sampler 节点发送请求逻辑顺序的控制器（常用的有 IF 控制器 、Switch 控制器、Runtime 控制器、Loop 控制器等）；另一类是用来组织控制 Sampler 节点的，如事务控制器、吞吐量控制器
配置原件（Config Element）	用于提供对静态数据配置的支持。CSV Data SetConfig 可以将本地数据文件形成数据池（Data Pool），而对应于 HTTP Request Sampler 和 TCP Request Sampler 等类型的配制元件则可以修改 Sampler 的默认值

（续）

组　件	说　明
定时器（Timer）	用于操作之间设置等待时间，等待时间是性能测试中常用的控制客户端 QPS 的手段
取样器（Samples）	性能测试中向服务器发送请求，记录响应信息。JMeter 原生支持多种不同的 Sampler。在 Jmeter 的所有 Sampler 中，Java Request Sampler 与 BeanShell Request Sampler 是两种特殊的可定制的 Sampler
断言（Assertions）	断言用于检查测试中得到的相应数据等是否符合预期，一般用来设置检查点，用以保证性能测试过程中的数据交互是否与预期一致
监听器（Listener）	用来对测试结果数据进行处理和可视化展示的一系列元件。图形结果、结果树、聚合报告、结果表格都是经常用到的元件

2. LoadRunner

LoadRunner 是 HP 开发的一种适用于各种架构的企业级系统负载商用自动测试工具。通过使用虚拟用户（Vuser）的操作行为和性能检测来查找 bug。比较适用于前端构造较复杂的场景，但不适用于后端接口。

LoadRunner 的重要功能组件见表 13-6。

表 13-6　LoadRunner 主要组件

组　件	功　能
Virtual User Generator	录制最终用户业务流程并创建自动化性能测试脚本，即 Vuser 脚本
Controller	组织、驱动、管理并监控负载测试
Load Generator	通过运行 Vuser 产生负载
Analysis	用于查看、剖析以及比较性能结果
Launcher	可以从单个访问点访问所有 LoadRunner 组件

两者之间的对比见表 13-7。

表 13-7　JMeter 对比 LoadRunner

角度	JMeter	LoadRunner
架构原理	通过中间代理来监控和收集并发客户端的指令，用它们生成脚本，并发送给应用服务器，同时监控应用服务器反馈的过程	同 JMeter
安装	简单，解压即可，比较灵活	LoadRunner 安装包比较大，而且安装比较麻烦，工具本身相对比较笨重
支持的协议	支持多种协议：HTTP、HTTPS、SOAP、FTP、Database via JDBC、JMS 等，但还是不够全面，由于此原因，相对来说 JMeter 比较灵活、轻便	支持的协议多而全面
脚本录制	提供了一个利用本地 ProxyServer 来录制生成测试脚本的功能，也支持 Badboy 录制生成 JMeter 脚本	自带录制，功能强大，可直接录制回放
并发模型	通过增加线程组的数目或者设置循环次数来增加并发用户	支持多种并发模型，通过在场景中选择要设置什么样的场景，然后选择虚拟用户数
分布式测试	可设置多台代理，通过远程控制实现多台机器并发	同 JMeter
资源监控	通过 JMeterPlugins 插件和 ServerAgent 实现	自带资源监控功能

（续）

角度	JMeter	LoadRunner
报告分析	通过与 Ant、Maven 等集成，生成 HTML 报告	自身支持生成 HTML、Word 报告
虚拟 IP	不支持	支持
网速模拟	不支持	支持
扩展性	开源，可根据需求修改源码	通过扩展函数库实现
学习成本	主要是自学官网上的资料	网上资料和相关培训很多，还有技术支持

3. Jstack

Jstack 主要用来查看某个 Java 进程内的线程堆栈信息，根据堆栈信息可以查出死循环、I/O 等待、线程阻塞、死锁等性能问题所对应的具体代码，所以它在 JVM 性能调优中使用得较多。

【案例 34——Jstack 使用方法】

以死循环为例说明 Jstack 的使用方法，如下所示：

```
public class JstackTest {
    public static void main(String[ ] args) throws InterruptedException {
        while (true ) {
        }
    }
}
```

使用“jps”命令，找到 PID，输入“jstack pid”即可查找到相应的问题代码，如图 13-5 所示。

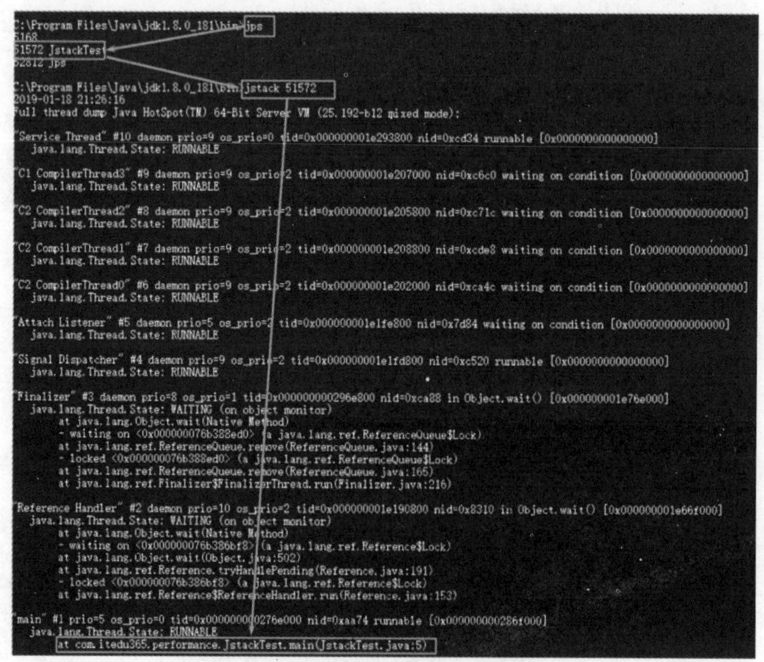

图 13-5　用 Jstack 查看问题代码

4. Jstat

Jstat 命令可以查看堆内存各部分的使用量以及加载类的数量。命令的格式如下：

```
jstat -<option> [-t] [-h<lines>] <vmid> [<interval> [<count>]]
```

“<>”：必选参数。

“[ ]”：可选参数。

Option：选项，一般使用 -gcutil 查看 gc 情况。

T：从线程启动开始的时间（秒）。

Vmid：VM 的进程号，即当前运行的 Java 进程号。

Interval：间隔时间，单位为秒或者毫秒。

Count：打印次数，如果缺省则没有限制，直到进程结束。

其中选项（Option）一览见表 13-8。

表 13-8　Jstat 选项一览

选　　项	含　　义
-class	监视类装载、卸载数量、总空间及类装载所耗费的时间
-gc	监视 Java 堆状况，包括 Eden 区、2 个 Survivor 区、老年代、永久代等的容量
-gccapacity	监视内容与-gc 基本相同，但输出主要关注 Java 堆各个区域用到的最大和最小空间
-gcutil	监视内容与-gc 基本相同，但输出主要关注已使用空间占总空间的百分比
-gccause	与-gcutil 功能一样，但是会额外输出导致上一次 GC 产生的原因
-gcnew	监视新生代 GC 的状况
-gcnewcapacity	监视内容与-gcnew 基本相同，输出主要关注用到的最大和最小空间
-gcold	监视老年代 GC 的状况
-gcoldcapacity	监视内容与-gcold 基本相同，输出主要关注用到的最大和最小空间
-gcpermcapacity	输出永久代用到的最大和最小空间
-compiler	输出 JIT 编译器编译过的方法、耗时等信息
-printcompilation	输出已经被 JIT 编译的方法

使用显示当前所有 Java 进程 PID 的命令“jps（Java Virtual Machine Process Status Tool）”来查找相应 PID，输入“jstat -gcutil-t 1000”，在控制台可以输出各种内存信息，如图 13-6 所示。

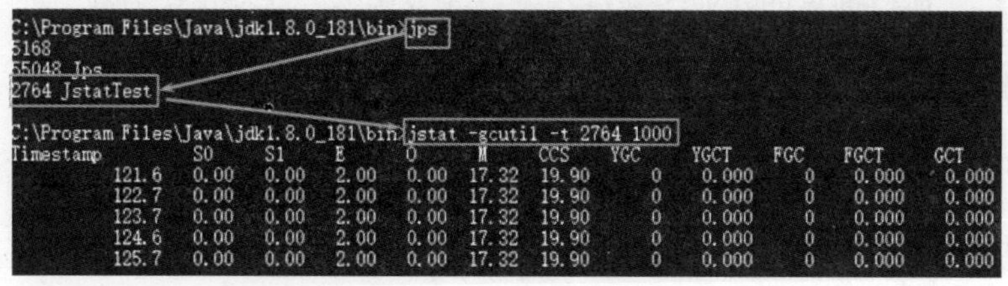

图 13-6　Jstat 查看内存效果

各性能检测项含义见表 13-9。

表 13-9　gcutil 检测项含义

检测项	含义
S0	幸存 1 区当前使用比例
S1	幸存 2 区当前使用比例
E	伊甸园区使用比例
O	老年代使用比例
M	元数据区使用比例
CCS	压缩使用比例
YGC	年轻代垃圾回收次数
YGCT	从应用程序启动到采样时年轻代中 GC 所用时间（S）
FGC	老年代垃圾回收次数
FGCT	老年代垃圾回收消耗时间
GCT	垃圾回收消耗总时间

在开启状态进行性能测试并收集数据，把关注的某一列数据做成随时间变化的图，可以更直观地进行性能分析。

13.3　性能优化

13.3.1　性能优化原则

Java 应用性能的瓶颈非常多，典型的性能问题有 Java 应用代码、数据库、缓存、JVM GC、磁盘、内存以及网络 I/O 等。软件架构师需要克服诸多瓶颈，做好应用层、数据库层、框架层、JVM 层四层的优化，其难度可想而知。这四层的优化难度是逐渐增加的。性能优化时需要遵循的原则有以下 4 点：

1）整理违反编码规约中性能优化的代码。

2）找出影响性能的关键瓶颈，对症下药。

3）优化目的是为系统提供足够资源并能有效利用资源，而不是无节制地扩充资源。

4）性能达到客户需求即可，不要过度优化。

5）技术并不是提升系统性能的唯一手段，在很多出现性能问题的场景中，大部分是由特殊业务引起的，所以如果能在业务上进行规避或者调整，往往更为有效。

13.3.2　应用层性能优化

可以根据《Java 代码与架构之完美优化——实战经典》一书所阐述的内容进行优化。

13.3.3　数据库层性能优化

1. SQL 语句优化

SQL 语句优化时，需要从以下三个方面进行：

1）慢 SQL 分析。

2）索引分析和调优。

3）事务拆分。

2. 优化数据库连接池

常用的数据库连接池有 C3P0、DBCP 以及 DRUID，本节以 C3P0 配置为例解说推荐的配置准则。

在配置参数时，需要考虑当前连接 DB 的规模、并发情况以及执行 DB 的响应时间三个要素。需要配置的项目内容如下：

（1）初始化连接

可设定为 3，DB 规模特别大时可考虑设置为 1，避免启动时间过长。

（2）最小连接

可以与初始化连接设定值保持一致。

（3）最大连接

对于较大 DB 规模，为了避免本地维护的 DB 太大，最大连接不要设置过大。连接池最大连接数量应该等于数据库能够有效同时进行的查询任务数（一般小于 2×CPU 核心数）。

（4）获取连接的超时时间

连接全部被占用，需要等待的时间。可以根据当前系统的响应时间来判定，如果容忍度较高，可以设置较大；容忍度较低，则设置较小。

（5）获取连接和释放连接心跳检测

建议全部关闭，否则每个数据库访问指令都会产生两条额外的心跳检测指令，增加数据库的负载。连接的有效性可以通过改用后台空闲连接来检查。

（6）连接有效性检测时间

该值需要结合数据库的“wait_timeout”与“interactive_timeout”值进行设置。假如使数据库“interactive_timeout”的值为 120 s，则心跳检测时间在 120 s 以内，越大越好。如果太小，心跳检测时间会比较频繁，建议设置为 90 s。

（7）最大空闲时间

如果连接超过最大空闲时间还没有被使用，则会被关掉。该值不要太小，以免频繁地建立和关闭连接。也不要太大，导致无法及时关闭。

（8）心跳检查的 sql 语句

尽量使用 Ping 命令，Ping 的性能较查询语句高。大部分数据库连接池不配置 Query 语句，而会调用 ping 命令。

（9）PrepareStatement 缓存

可以根据自己的业务来判定是否开启。开启后对性能的影响依赖于具体业务和并发情况。建议暂时不开启。

（10）连接使用超时

业务获得一个连接后，如果超过指定的时间未释放，则根据此设定值来判断是否把该连接回收。超时时间等和具体的业务关联。建议暂时不开启。

综上所述，推荐的配置见表 13-10。

表 13-10　C3P0 连接池推荐配置

参　　数	推荐值	说　　明
initialPoolSize	3	初始化配置
minPoolSize	3	最小连接数
maxPoolSize	15	最大连接数
acquireIncrement	1	每次获取的个数
checkoutTimeout	5000	获取连接超时时间（单位：MS）
idleConnectionTestPeriod	90	心跳检测时间（单位：S）
maxIdleTime	1800	最大空闲时间（单位：S）
testConnectionOnCheckout	FALSE	获取连接检测，默认为 False，可不用设置
testConnectionOnCheckin	FALSE	归还连接检测，默认为 False，可不用设置
numHelperThreads	1	默认值为 3（如果数据源很多，可使用较多线程）

3. 选择合适的数据库引擎

例如考虑引入 NoSQL 等。

13.3.4　框架层性能优化

1. 利用线程池

（1）自定义线程池

线程池的基本功能就是进行线程的复用，可以使用 ThreadPoolExecutor 接口自定义线程池。

（2）利用 Executor 框架

Executor 框架提供了创建一个固定线程数量的线程池，返回只有一个线程的线程池；还可以创建一个可根据实际情况进行线程数量调整的线程池。

（3）线程池大小设置

线程池太大，不仅占用太多资源且影响性能；太小会造成响应的过度等待，也影响性能。因此，数据库连接池大小一般是一个区间，可以根据实际情况进行动态调整。而最大线程数，可以根据以下经验公式计算得出。

$$Nthreads = N_{cpu} \cdot U_{cpu} \cdot \left(1+\frac{W}{C}\right)$$

式中　N_{cpu}——CPU 数量；

U_{cpu}——目标 CPU 的使用率，U_{cpu}的值在 0~1 之间；

W/C——等待时间与运行时间的比率。

可以使用 Runtime. getRuntime( ). availableProcesses( )获取可用的 CPU 数量。

2. 引入存储框架

利用新特性解决原有集群计算性能瓶颈，或者引入分布式提前计算预处理，利用典型的以空间换时间的策略等，都可以在一定程度上降低系统负载，从而提高性能。

13.3.5　JVM 层性能优化

1. 堆内存调节器

Java 提供了许多设置内存大小以及各个内存域占比大小的调节器（Heap Memory Switches)。常用的调节器见表 13-11。

表 13-11　常用调节器参数

编号	内存调节器	说　明
1	-Xms	初始堆内存大小
2	-Xmx	最大堆内存
3	-Xmn	新生域大小，余下空间就是旧生域
4	-XX:PermGen	设置持久域（Permanent Generation）大小
5	-XX:MaxPermGen	最大持久域
6	-XX:SurvivorRatio	伊甸园（Eden Space）和幸存者（Survivor Space）比值，例如新生域共分配了10 MB，-XX：SurvivorRatio=2，那么 Eden Space 就占 5 MB，余下的 5 MB 被两个 Survivor Spaces 均分（默认值为 8）
7	-XX:NewRatio	旧生域和新生域的比值（默认为 2），即旧生域大小是新生域大小的 2 倍

2. Full GC 对策

在对 JVM 内存调优的时候，不能只看操作系统级别 Java 进程所占用的内存，这个数据不能准确地反映堆内存的真实情况，因为 GC 过后这个数据是不会变化的。因此内存调优时，要更多地使用 JDK 提供的内存查看工具，例如 Jconsole 或 Java VisualVM。

对 JVM 内存系统级调优的主要目的是降低 GC 频率和 Full GC 次数，过多的 GC 与 Full GC 会占用很多系统资源，影响系统的吞吐量。当 GC 时间超过 1~3 s，或过度 Full GC 时，就需要进行优化。导致 Full GC 的发生条件以及对策见表 13-12。

表 13-12　Full GC 场景及对策

编号	发生条件	对　策
1	旧生代空间不足	调优时，尽量让对象所在的新生代 GC 时被回收，让对象在新生代多存活一段时间，同时不要创建过大的对象以及数组来避免在旧生代创建对象
2	持久代空间不足	调优时，增大持久代空间，避免太多静态对象
3	GC 晋升到旧生代的对象平均大小大于旧生代剩余空间时	调优时，控制好新生代与旧生代比例
4	System. gc()被显式调用	垃圾回收不要手动触发，尽量依靠 JVM 自身机制进行职能调整

3. 调优不当后果

调优手段主要是通过控制堆内存的各部分比例和 GC 策略来实现的，如果设置不当，会有表 13-13 所示后果。

表 13-13　调优不当后果

编号	误调优方式	导致后果
1	新生代设置过小	① 新生代 GC 次数非常频繁，增大系统消化 ② 大对象直接进入旧生代，占据了旧生代剩余空间，诱发 Full GC
2	暂停时间优先	① 新生代 GC 耗时大幅度增加 ② 旧生代过小，从而诱发 Full GC
3	Survivor 设置过大	Eden 过小，增加 GC 频率

小结

无论是开源框架还是自己公司开发的商业框架都属于产品，而产品是需要不断升级的。为了实现 CI/CD，同时也是为了提高测试效率，保障产品品质，设计自动化发布与测试框架势在必行。但是，自动化工具不是万能的，它们各有优缺点，要扬长避短。另外，要注意自动化不能完全取代人工测试。

性能优化范围非常广且有难度，优化时要有的放矢，找到核心瓶颈，才可以起到立竿见影的效果。

练习题

1. 使用 Selenium 测试一个简单用户登录页面。
2. 使用 JMeter 测试实现 10.3.4 小节与 SoapUI 工具一样的效果。
3. 自定义线程池。
4. 利用 JMeter、Jenkins、GitLab、Ansible 等工具构建 CICD 环境。

第14章 开源框架

在阅读本章内容之前，首先思考以下问题：

1. 选择开源框架的技巧有哪些？
2. 使用开源框架时有哪些注意事项？
3. 应该如何对开源框架进行再开发？
4. 开发新的开源框架时有哪些注意事项？
5. 如何设定软件版本号？
6. 软件的版本一般有哪些？
7. 开源软件发布的流程是什么？

14.1 开源框架选择

软件开发领域有一个“DRY”（Don't Repeat Yourself）的通用原则，即不要重复造轮子。这也是开源软件的核心精神——共享。引入开源软件，可以节省大量人力与时间，大大加快项目开发。然而在实际应用中，开源项目往往是最容易违反“DRY”原则的，重复的轮子很多（例如：数据库就有 MySQL、PostgreSQL、SQL Server、Oracle 等）。有了相似的轮子，选择起来就让人头痛。如果选错了，小的损失是影响开发速度，大的损失可能导致数据丢失，甚至灾难性的事故。

因此，架构师必须更加谨慎与聪明地选择。以下是实践中总结的开源框架选择技巧。

（1）聚焦是否满足业务

选择框架最核心的原则是能否满足业务需求，而并非开源软件自身是否优秀，是否是最新版本。对于框架可扩展性的考虑，可以利用架构重构，也就是框架设计的演化原则来解决。

（2）聚焦是否稳定

很多新的开源项目往往都会比以前项目更加优秀（功能更强、性能更好、使用更方便），看起来光芒四射。但是新生事物有其不可避免的问题，那就是稳定性。可以说任何软件都有 bug，即使是 Windows、Linux 等大家常用的软件，也不例外。如果选择不当使用了不稳定的软件，那么自己的项目就成了小白鼠，随之会带来很大麻烦。因此选择时需要考虑以下几点：

1）版本号。除非特殊情况，否则不要选择 0. X 版本而要选择 1. X 版本。高版本中，尽量不要选择测试版（α、β、RC）而应选择正式版。

2）使用率。一般开源软件都会把使用了自己软件的公司放在其官网。因此，可以查询这些公司的实力与使用的数量。另外，一些开源 JAR 文件，也可以在 Maven Repository 库里面查到使用数量。

3）社区活跃度。通过发帖数量、回复数以及问题处理速度等，来判断社区的活跃度。

(3) 聚焦运维能力

大部分架构师选择开源项目时，往往都是聚焦于技术指标而几乎不关注运维能力。然而产品上线之后，更多、更大的资源都用在了维护上。此时，一旦开源软件出现问题，往往都是致命的。因此选择时需要考虑以下几点：

1) 文档。文档是否齐全，如果不齐全的话，研究源码将会浪费大量时间。

2) 日志。日志信息是否齐全，有些开源软件往往只有寥寥几行启动与停止日志，那么尽量不要使用。

3) 技术支持。没有技术支持的话，往往会有很大的使用风险。

4) 自身维护能力。是否有命令行、控制台等维护工具来查看系统运行情况。比较好的开源软件可能还会考虑故障检测与恢复能力。

14.2 开源框架使用

很多程序员使用开源框架时往往奉行“拿来主义”，基本上能运行几个 Demo，再把利用此开源软件开发的产品运行起来就部署上线了。如果是常用框架，如 Spring、Struts2、Mybaits 等，可以放心使用。但是如果在某一个细分领域，需要使用某特殊开源软件时，就需要注意以下几点：

(1) 深入研究、仔细测试

1) 通读开源软件设计文档，彻底掌握其设计思想与原理。

2) 搞清楚每个配置项的作用，识别出关键配置项。

3) 进行多种场景的功能与性能测试。

4) 进行彻底的异常测试。

(2) 做好应急、以防万一

即使做了很多研究与测试，也不能掉以轻心，特别是刚开始使用一款新的开源软件时，更是要小心。万一碰上致命的或者潜在的 bug，将会造成不可预测的损失。所以，需要做好以下两点：

1) 及时备份数据。

2) 尽可能找到备用开源软件。

14.3 开源框架开发

14.3.1 再开发

当发现所使用的开源软件不能满足项目需求时，自然会有一种改造的冲动。但是怎么改却是一门大学问。

1. 不好的修改方法

找到源码文件后，把相应的功能修改成完全符合业务需求。这样修改存在以下问题：

(1) 投入大

修改原框架时，需要进行影响范围的调查，还需要对相关代码再进行测试，因此会增加额外资源的投入。

（2）版本更新难

在源码上进行修改之后，就很难兼容后续版本。

2. 最佳的修改方法

如果框架还在维护中，可以向开发者提出功能需求，等待新版本发布。如果没有在维护或者没时间等待新版本，可以利用代理等机制，对源码相应功能进行代替或者扩展。

14.3.2 新开发

当发现开源世界里没有项目所需的“轮子”时，就需要自己造一个新的“轮子”。软件领域与硬件领域最大的不同之一就是软件领域没有绝对的工业标准，因为同样的功能可以有很多实现方案，也就有了很多类似的软件。另外，开源项目基本都是为了能够大规模应用，考虑的基本是通用处理方案，而对具体的业务而言可能不是最佳方式。所以在有条件的情况下，能进行新的开发就尽量开发，这也是技术与社会进步的内在动力。

开发新的框架时，需要考虑以下注意事项。

（1）命名规则

1）包命名。包内类要按照功能进行划分。

2）类命名。框架类命名时，要使用英文单词全称，不要使用略称。以能反映类的功能为命名原则，名称尽量不要太长，最好不要超过 60 个字母。例如：Spring-webmvc 里就有一个较长的类“AbstractAnnotationConfigDispatcherServletInitializer. java”，其名字有 52 个字母，而且使用的是英文全称。

（2）API 进行分类

利用分层设计思维，尽可能地以相关功能群为单位发布产品，如 Spring 产品系的划分就非常科学，如图 14-1 所示。

图 14-1 Spring 产品系

API 设计时一般要分为以下 3 类：

1）核心（Core）API。是本框架的基本 API，是所有其他相关框架共同的 API。例如：Spring-Core。

2）扩展 API。是支持核心 API 或者必要时使用的 API。例如：Spring-aop。

3）特殊应对 API。针对某一个特别功能而开发的 API。例如：MyBatis-Spring。

（3）不断升级 API

随着技术的进步或者技能的提高，API 也需要不断升级进化。升级时，要兼顾既存系统的兼容性。

14.4 开源框架发布

14.4.1 版本号

软件版本号是指为软件设置的版本号码。通常，版本号会以数字来表示，常用的命名风格有 GNU 风格和 Windows 风格，在 Java 领域一般采用 GNU 风格。

1. 编号规则

Major_Version_Number. Minor_Version_Number[. Revision_Number[. Build_Number]]，即“主版本号．子版本号[．修正版本号[．编译版本号]]”。例如：1.2.1，1.0，2.0.0 build-1234。

2. 管理策略

项目初版本的版本号可以为 0.1、0.0.1、1.0.0 或 1.0。

当项目进行了局部修改或有 bug 修正时，主版本号和子版本号都不变，而修正版本号加 1。

当项目原有的基础上增加了部分功能时，主版本号不变，子版本号加 1，修正版本号复位为 0，因而可以被忽略。

当项目在进行了重大修改或局部修改累积较多，而导致项目整体发生变化时，主版本号加 1。

编译版本号一般是编译器在编译过程中自动生成的，只定义其格式，并不进行人为控制。

14.4.2 版本区别

同一款软件根据用途不同，会用不同的版本后缀来进行区别，常用的后缀有以下几种：

1. Alpha

Alpha（α）是希腊语的第一个字母，表示最早的版本，也是内部测试版。因为 bug 比较多，功能也不全，一般不向外部发布，只有测试人员使用，普通用户最好不要安装。如 Maven-core 的 3.5.0-alpha-1。

2. Beta

Beta（β）是希腊语的第二个字母，公开测试版，比 Alpha 版本新一些，会有“粉丝用户”测试使用，该版本仍然存在很多 bug，但比 Alpha 版本稳定一些。这个阶段版本还会不断增加新功能，又可分为 Beta1、Beta2 等版本，直到逐渐稳定下来进入 RC 版本。该版本也不适合一般用户安装，如 Maven-core 的 3.5.0-beta-1。

3. RC

RC（Release Candidate）是发布候选版，发布于软件的正式版本之前，基本不再加入新的功能，主要是为了修复 bug，这个阶段过后发布的就是正式版本了。如 mysql-connector-java 的 8.0.9-rc。

4. 稳定版本

软件发布时，默认是不需要区分版本的，也就是稳定版本。但是，如果发布了前三种状态的某个版本，稳定版本一般要加上以下后缀的任意一种来进行区分。

（1）RELEASE

正式发布版，官方推荐使用的标准版，对于用户而言，安装该版本的软件绝对不会错。如 Spring-core 的 5.1.4.RELEASE。

（2）GA

正式发布的版本（General Availability，GA），在国外有时用 GA 来表示 RELEASE 版本。如 javassist 的 3.14.0-GA。

（3）Final

最终版，也是正式发布版的一种表示方法。如 Hibernate 的 5.4.0.Final。

NOTE:

快照版本

快照版本，即 SNAPSHOT，代表不稳定、尚处于开发中的版本。只能用于本地开发，在公开发布时，需要将其换成可发布版本中的任何一种。使用 Eclipse 新建一个 Maven 工程时，默认的就是“0.0.1-SNAPSHOT”。

14.4.3 发布流程

1. 成果

（1）软件

在 Java 领域，一般开源软件都是以 JAR 的形式进行发布的。不但官网会提供下载链接，也会把源码发布到公共仓库（如“http://central.maven.org/maven2/”等），以便使用 Maven 等软件自动下载。

（2）源码

对应 JAR 的源码，亦需要与 JAR 一起发布。

（3）文档

文档是开源框架的必备成果之一，写出高质量的文档并不是一件容易的事。可以根据《软件品质之完美管理——实战经典》一书附录所述技巧，进行图文并茂的说明，这样就可以达到较好的效果。文档一般会在官网提供。

（4）案例

开源框架的目的就是希望能得到广泛使用，因此指导其他程序员快速、高效、正确地使用它是作者的重要任务之一。而解决这个问题的利器就是案例，它具有文档无法比拟的价值。文档说不明白的技术问题，一个案例就可以很直接地解释清楚。案例一般也会在官网提供。

2. 流程

【案例 35——开源框架发布流程】

（1）注册 Sonatype 账号

在官网（https://issues.sonatype.org/secure/Dashboard.jspa）注册自己的账号。

（2）创建项目仓库信息

单击网站“Create”按钮之后，填写项目的仓库信息，如图 14-2 所示。

NOTE:

仓库信息填写方法

填写 GroupId 时，如果是以学习为目的，最好使用“com.github.XXXX”（“XXXX”为 Github 的名称），这样很容易通过审核。如果使用商业域名，系统会要求提供域名所有者的证明，相对来说会比较麻烦。

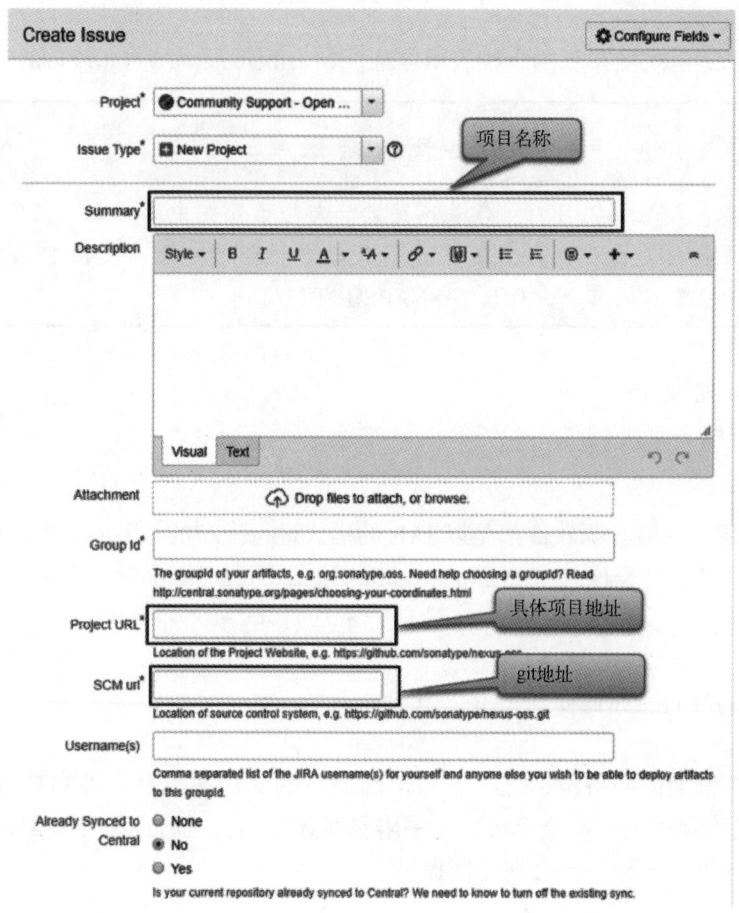

图 14-2　新建发布项目

（3）查看审核状态

创建上述申请之后，如果项目状态变成“RESOLVED”且收到图 14-3 所示类似信息，就说明审核已通过，可以发布自己的开源 JAR 了（网站信息更新时，系统也会给项目拥有者注册的邮箱发送提示邮件）。

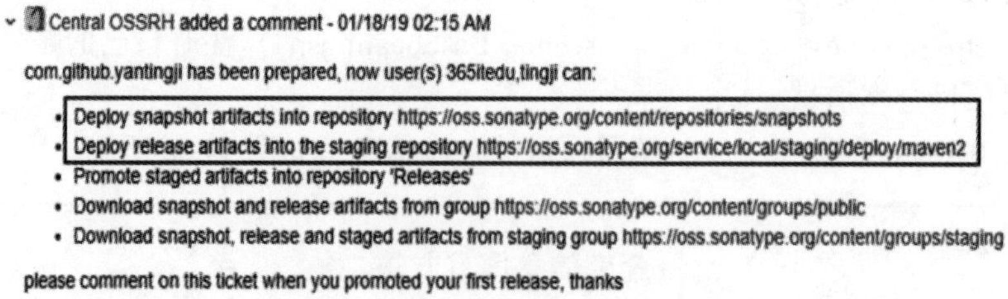

Central OSSRH added a comment - 01/18/19 02:15 AM

com.github.yantingji has been prepared, now user(s) 365itedu,tingji can:

- Deploy snapshot artifacts into repository https://oss.sonatype.org/content/repositories/snapshots
- Deploy release artifacts into the staging repository https://oss.sonatype.org/service/local/staging/deploy/maven2
- Promote staged artifacts into repository 'Releases'
- Download snapshot and release artifacts from group https://oss.sonatype.org/content/groups/public
- Download snapshot, release and staged artifacts from staging group https://oss.sonatype.org/content/groups/staging

please comment on this ticket when you promoted your first release, thanks

图 14-3　申请通过通知

（4）发布密钥

发布 OSS 时一般需要密钥，默认使用 RSA 算法（非对称加解密公私钥对）。可以在

https://www.gpg4win.org/download.html 官网下载 GPG。在安装目录的 bin 下打开 Kleopatra。Windows 操作系统下使用图形界面，输入必要信息后，可得到如图 14-4 所示 8 位密钥证书 ID。

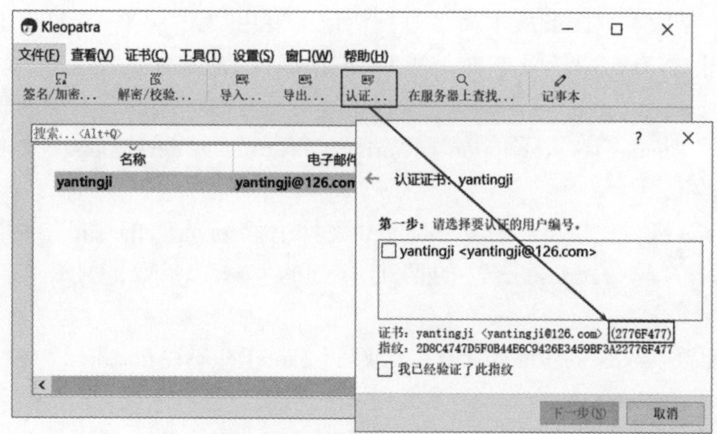

图 14-4　密钥 ID 查看方法

发布公钥：

```
gpg --keyserver hkp://pool.sks-keyservers.net --send-keys 2776F477
```

查看公钥：

```
gpg --keyserver hkp://pool.sks-keyservers.net --recv-keys 2776F477
```

实际运行效果如图 14-5 所示。

```
C:\Users\ThinkPad>gpg --keyserver hkp://pool.sks-keyservers.net --send-keys 2776F477
gpg: sending key 459BF3A22776F477 to hkp://pool.sks-keyservers.net

C:\Users\ThinkPad>gpg --keyserver hkp://pool.sks-keyservers.net --recv-keys 2776F477
gpg: key 459BF3A22776F477: "yantingji <yantingji@126.com>" not changed
gpg: Total number processed: 1
gpg:              unchanged: 1
```

图 14-5　GPG 运行效果图

（5）设定 Sonatype 服务

设定/.m2 目录下的 setting.xml，在里面增加以下内容：

```
<servers>
    <server>
        <id>sonatype-nexus-snapshots</id>
        <username>Sonatype 账号</username>
        <password>Sonatype 密码</password>
    </server>
    <server>
        <id>sonatype-nexus-staging</id>
        <username>Sonatype 账号</username>
        <password>Sonatype 密码</password>
    </server>
```

```
</servers>
```

(6) 完善 POM 文件

按照如下规定进行 POM 文件的修改。

1) 因为是开始版本，因此版本命名时，切记不要用“X. X. X-SNAPSHOT”，否则发布不会通过。使用 SNAPSHOT 版本时，可以进行多次提交与发布，也可以在“https://oss. sonatype. org/content/groups/public/”链接下查看带有时间戳的开发中的版本信息。

2) 必须填写“name”“description”“url”“license”“developers”“scm”标签内容，否则 Release 时会报错。

3) 配置 Maven 插件，Maven 的 setting. xml 文件中“server”的“id”要与 pom. xml 中的“snapshotRepository”与“repository”的两个节点的“id”一致，且要与“configuration-serverId”一致。

4) 如果不配置 Nexus 的 Plugin 插件（或者“autoReleaseAfterClose”设置为“false”），那么就需要进行手动 Release。

具体内容可参照笔者发布成功的 POM 信息来完善，网址是：

https://github. com/yantingji/365itedu-ssi-framework/blob/master/365itedu. ssi. framework/pom. xml

(7) 发布 OSS

把 DOS 窗口调整到要发布工程的根目录下，输入以下命令。

```
mvn clean deploy -P release -Darguments="gpg.passphrase=密钥密码"
```

“-P release”是构建环境，要与 pom. xml 里面的配置一致。在执行过程中，会弹出提示框，要求输入 PGP 的密码。最终执行效果如图 14-6 所示。

```
[INFO]  * Upload of locally staged artifacts finished.
[INFO]  * Closing staging repository with ID "comgithubyantingji-1001".

Waiting for operation to complete...
.......

[INFO] Remote staged 1 repositories, finished with success.
[INFO] Remote staging repositories are being released...

Waiting for operation to complete...
.........

[INFO] Remote staging repositories released.
[INFO] ------------------------------------------------------------------------
[INFO] BUILD SUCCESS
[INFO] ------------------------------------------------------------------------
[INFO] Total time:  01:35 min
[INFO] Finished at: 2019-01-20T11:00:23+09:00
[INFO] ------------------------------------------------------------------------
```

图 14-6　发布成功

版本提交方法

部署到 Release 仓库时，相同版本的 JAR 包不能再次提交。因为 Release 的部署策略是“不允许覆盖原组件（disable redeploy）”，否则会报错。最佳解决办法就是把“修改版本号”加 1 之后再提交。

（8）手动 Release

手动 Release 时（如果 POM 里面设定了自动 Release，就不需要这步操作了），需要登录 Sonatype 官网（https://oss.sonatype.org/），在发布控制面板控制发布流程，如图 14-7 所示。

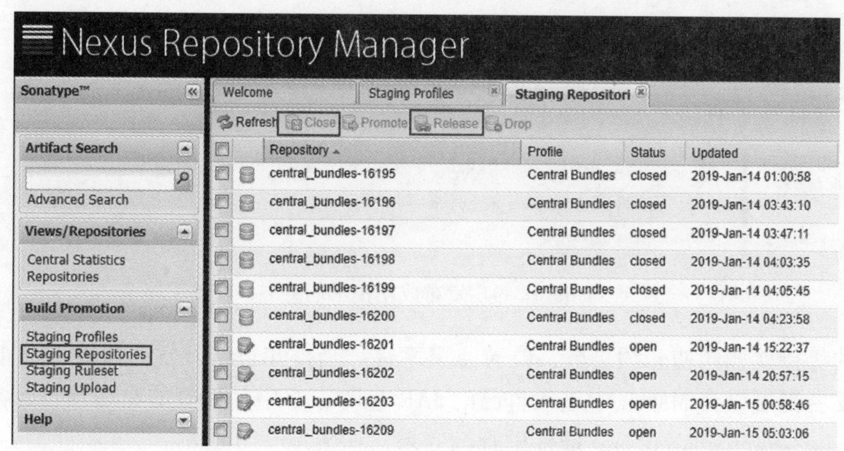

图 14-7　手动发布控制面板

单击“Staging Repositories”会出现右侧页面，选择自己的构件（构件当前状态应该是“open”），单击“Close”按钮；一般需要等 1 min 左右，之后单击刷新按钮，查看自己的构件，此时状态会变成“closed”；再单击“Release”按钮就可以发布了（发布成功之后此页面就查询不到该构件了）。

选择手动 Release 的好处是可以为要发布的内容提供缓冲，也就是如果发现上传的构件有问题时，可以删除之后再次发布。

（9）查看结果

1）查看审查前结果。可以在 Nexus Repository（https://oss.sonatype.org/）查询自己发布的文件，如图 14-8 所示。

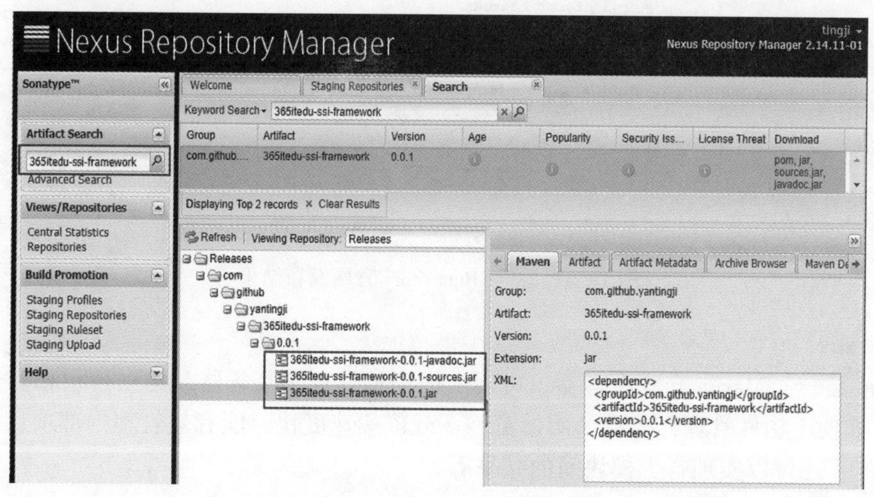

图 14-8　查看发布结果

另外，还可以在“https://oss. sonatype. org/content/groups/public/”链接下查看自己发布的结果和历次 Release 的版本内容。

2）查看审查后结果。询问最终发布的结果时，一般官方给出的时间是 10 min 或者 2 h，如图 14-9 所示，但很多时候往往需要等待 1 天。

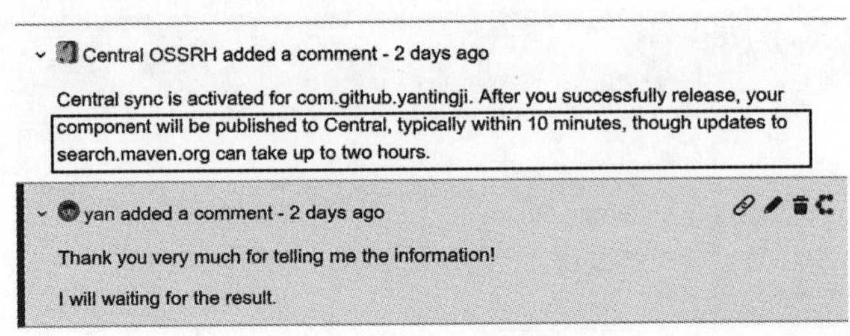

图 14-9　发布成功提示信息

此时的等待就如同初恋约会般，既着急又幸福。当得知自己开发的构件已发布成功，全世界的开发者都可以在 Maven 中进入自己的 JAR 包时，心中是何等的骄傲与自豪。

在 https://search. maven. org/链接里查询效果，如图 14-10 所示。

Sonatype | The Central Repository　Quick Stats　Who is Sonatype?　GitHub

365itedu

Group ID	Artifact ID	Latest Version		Updated	Download
com.github.yantingji	365itedu-ssi-framework	0.0.1	(1)	20-Jan-2019	

图 14-10　审核后结果

在常用的 MavenRepository 官网 https://mvnrepository. com/查询结果，如图 14-11 所示。

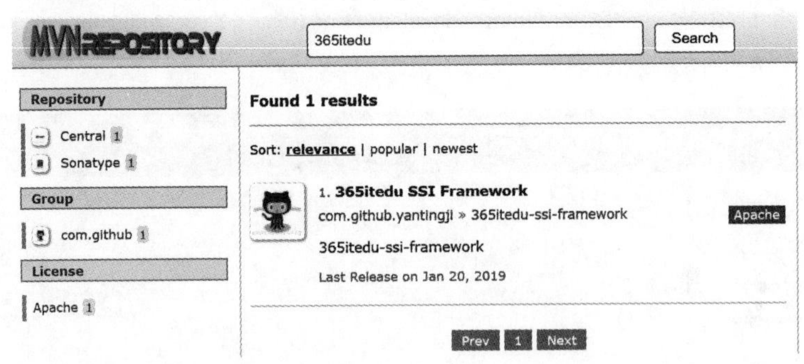

图 14-11　MVNRepository 官网发布结果

3. Nexus

Nexus 是一个 Maven 仓库管理器，可用来搭建私有仓库服务器。建立公司私有仓库有诸多好处，如便于构件管理，节省公网带宽，下载依赖速度快，能有效管理内部项目的 SNAPSHOT 版本，还可以实现各个模块间的共享等。

Nexus 预定义了 Releases、Snapshots 与 3rd Party 三种本地仓库。

(1) Releases

存放稳定版本，一个版本的组件完成开发时就可以把它发布到这里。

(2) Snapshots

存放组件快照版本，一个组件在完成所有开发和测试工作之前，是不应该发布到 Release 仓库的。但是可能其他项目只需用到这个组件的某些接口，只要这些接口完成并通过了测试，就可以拿来使用，从而实现多个项目的并行开发。

(3) 3rd Party

存放其他第三方组件。虽然已经有中央仓库和其他第三方公共仓库来管理大部分依赖项。但是由于某些开源项目出现的时间比 Maven 早，因此它们大都没有采用 Maven 方式进行构建，另外还有一些非开源组件等，都可以把这类组件添加到这里。

小结

本章介绍了开源框架的选择、使用、开发以及发布中的必备技术。能够开发开源软件以及具有开源、知识共享思维与境界，是一名优秀架构师必备的素养。当自己开发的软件在全球成功发布并被更多人利用时，这种成就感与心中的喜悦是无可比拟的。

练习题

1. 做一个简单的 Helloworld 工程，发布到公共仓库 Sonatype 上。
2. 使用 Nexus 搭建服务器，并在其上发布一个 Snapshots 构件。

第 15 章　自动化代码生成工具

在阅读本章内容之前，首先思考以下问题：

1. 自动化代码生成工具的设计原则是什么？
2. 自动化代码生成工具的分类有哪些？
3. 自动化代码生成工具的设计技巧有哪些？
4. 设计 SSM 框架自动化代码生成工具时需要考虑哪些要素？

15.1　自动化工具概述

15.1.1　分类

在项目开发中常会用到各种自动化工具，根据其生命周期可分为：

（1）产品

针对某一常用框架而开发的不断升级的商业产品，这种工具一般结合详细设计说明书来自动生成代码。例如："框架代码智能生成工具"。

（2）临时工具

针对个别项目而设计开发的一次性临时工具，这种工具一般也是结合详细说明书，用 VBA 等脚本语言（因为开发效率比较高）进行开发。例如：某系统开发过程中，根据其特有的详细设计书生成 JSP 页面工具。

另外根据工具生成代码的完成度又可分为：

（1）全自动

全自动代码生成工具指的是生成的代码不再需要人工进一步完善的代码生成工具。例如："智能命名工具""Bean 自动生成工具" 等。

（2）半自动

半自动代码生成工具指的是生成代码的雏形或者代码骨架后，需要程序员进一步完善的代码生成工具。例如："框架代码智能生成工具" 等。

15.1.2　重要性

优秀的架构是软件开发的利器，而一款优秀的软件架构一般会有与之配套的代码自动生成工具。所以，在进行软件架构设计时，就需要考虑哪些代码可以自动生成，哪些需要手动生成。

在 Java EE 大中型项目开发中，架构师都需要考虑使用代码生成工具，因为它可以带来如图 15-1 所示的利益。

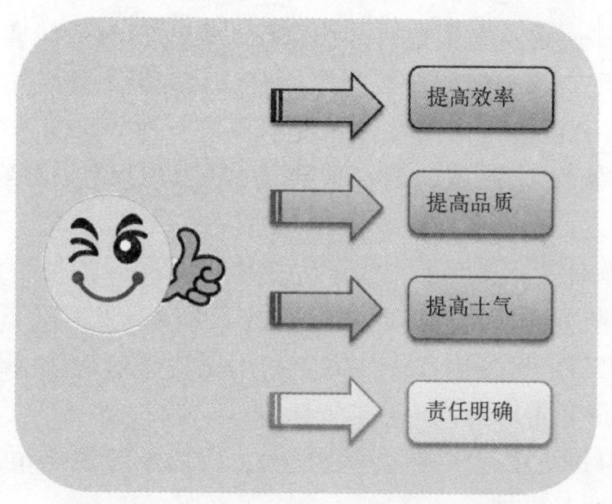

图 15-1 自动化代码工具所带来的利益

(1) 提高效率

使用自动代码生成工具，可以迅速生成一套业务开发代码，程序员在这些全自动或半自动代码的基础上，再进行该业务核心逻辑的开发，可以大大提高开发效率。

(2) 提高品质

项目开发过程中参与代码编写的程序员水平参差不齐，如果没有代码审核这一环节，开发出来的代码品质往往会有问题，很多项目也是因此而失败的。但是，如果使用工具自动生成代码，那么只要认真确认好一个代表性的文件所生成的代码（文件的格式、注释、命名规范、业务逻辑等），那么用此工具生成的其他成千上万的代码文件的品质就都会很高。

(3) 提高士气

对程序员来说，一款便利的、设计良好的代码生成工具就是一种恩赐——进行简单设定之后，一按生成按钮，就可以生成高品质代码，那种成就感，也许只有亲自体验之后才能感受。微软资深工程师 Scott Hanselman 曾深有体会地说："The most powerful tool we have as developers is automation（对于开发者而言，最有力的工具就是自动化工具）!"。因此，如果想让更多的优秀程序员跟随自己，那么就为他们开发多款强悍好用的代码自动化生成工具吧!

(4) 责任明确

使用代码自动生成工具开发的系统，哪部分是全自动生成的，哪部分是半自动生成的，哪部分是程序员写的，一目了然，责任明确，对 bug 的定位也非常便利。

15.1.3 设计技巧

从实践中总结的自动化代码生成工具的设计技巧有以下 4 点：

(1) 适中的自动化程度

如果要设计一款通用代码自动化生成工具，那么首先要明确其代码的自动化生成程度，也就是说哪些代码需要全自动化，哪些需要半自动化。这里极力推荐大家用中庸之道的思维来指导自己，也就是说自动化程度要与使用的场景、便利性、开发难度等结合起来权衡取舍，并不一定是自动化程度越高越好。

日本某公司曾经花费数百亿日元设计与开发了一款全自动化代码生成工具，核心思想是利用此工具，实现代码的全自动化生成。具体实现方式是开发各种基本代码生成控件，从工具上开始编写概要设计书，再从概要设计导出详细设计书，然后从详细设计书生成代码。这种想法虽然很好，但是现实却很残酷。因为这种设计具有以下弊端：

1）不易使用。设计者没有考虑到软件开发本身是一种特殊的智力活动，而且需求亦是千奇百怪，所以当面对复杂业务逻辑时，代码生成的设计就非常麻烦，甚至有些都无法实现。

2）过度设计。在详细设计页面上，为了生成代码而进行各种纷繁复杂的设计，结果导致了过度设计（有些复杂页面所用的时间远远超过了手动开发时间）。

3）不易维护。如果需求有变更，往往需要利用工具平台从概要设计开始一步一步地进行修改。对于系统的维护非常麻烦。

4）不利推广。因为其使用起来难度系数很大，所以学习成本很高，因而没有程序员愿意使用，推广起来更是难上加难。

（2）针对某一环节

一款工具不可能生成所需要的所有代码，因此需要灵活设计。一般来说可以针对某一环节或者功能的代码来设计（例如：JSP 页面代码生成工具、SQL 代码生成工具），这样工具的设计与实现都不会太复杂，而且是低投入、高产出，可以最大化地发挥架构与自动化工具配合的威力，如果设计巧妙则可以起到四两拨千斤之效果。开发中，虽然有些工具比较小，但却强悍有力。

（3）设计模板

设计模板，也就是用什么来作为代码生成的输入。一般来说代码的生成都与设计阶段的说明书相关，因此，要尽可能地利用设计阶段的成果作为输入。再者考虑到模板的扩展性、灵活性、便利性和开发难度等，一般采用 Excel 这种表格化的工具作为模板。

（4）尽量自动化

自动化不仅是代码的自动化，还有很多的工作亦需要考虑自动化，例如以下 3 点就是一款软件生命周期中需要重点考虑自动化的应用场景。

1）环境构建自动化。环境的构建包括开发环境、各种测试环境以及商业运行环境的构建。在搭建时，需要尽可能地使用脚本语言（Shell、DOS 等）编写自动化工具。

2）测试自动化。测试的自动化包括 UT、IT 与 ST 等各个阶段的自动化。其实现手段多种多样，最佳组合之一便是 Jmeter+Jenkins。

3）发布自动化。在大型项目开发中，往往要发布到各种环境下（如 UT、IT、ST 以及商业环境等），此时就需要用脚本语言编写各个环境的编译及发布自动化小工具。

15.2 框架自动代码生成工具

15.2.1 SSI 框架自动代码生成工具

【案例 36——SSI 框架自动代码生成工具】

1. 设计方案

本工具以整合后的 SSI 框架为基础，来引导读者朋友如何开发一款与其相适应的自动代码生成工具。

自动代码生成的模板可以是 txt、xsl 等格式的文件，由于 Excel 在概要设计与详细设计上具有强大的功能，且在《软件品质之完美管理——实战经典》一书亦提倡使用其为概要设计书模板，因此本自动化代码生成工具也使用其作为设计模板。

根据技术实现的复杂性以及使用的方便性等方面的因素，架构师需要根据经验进行综合分析，有理有据地进行取舍而给出最终设计方案。因此在设计 SSI 框架自动代码生成工具时需要考虑以下因素：

（1）JSP

在大中型项目里，不仅页面的类型多，而且复杂页面的 JSP 代码也比较烦琐。因此代码无法完全控制，是无法全自动生成的，但是可以生成雏形代码文件，或者生成参考代码。

（2）数据验证

数据字段的单项目验证，指的是对数据字段本身的数据要求（例如：是否为必填项、字段长度、数据类型、格式等）。相对来说，这部分代码比较简单（为可控代码），可以进行全自动生成，同时生成的代码一般放在一个文件里。

数据字段的相关项目验证，指的是数据字段之间的业务关联性检查（例如：如果字段“性别”输入了“男”，那么字段“工作状况”就不能选择“家庭主妇”）。在有些系统里面，当数据的相关性验证非常复杂时，代码就无法完全控制，因此也就无法进行代码的全自动化生成，但是可以生成雏形代码文件，属于半自动化生成。

（3）Action

页面跳转控制逻辑部分，一般来说这部分业务逻辑都比较清晰（为可控代码），代码可以完全自动化生成。

（4）ActionForm

ActionForm 是根据页面字段而生成的，所需要字段可以全部设计在 Excel 里面（为可控代码），因此可以全自动生成。

（5）Service

对于大中型项目来说，很多业务逻辑都非常复杂。因此留给程序员的自由度也比较大，这部分代码就无法完全控制，但是可以生成雏形代码文件，属于半自动化生成。

（6）SQL

单表操作是对单表的增删查改，这部分代码非常固定，因此完全可以全自动化生成。

多表查询，这部分代码为不可控代码，因此需要程序员手动完成。

通过上述分析，总结的各部分代码生成程度见表 15-1。

表 15-1　SSI 框架自动化代码生成程度

所属层	代码文件	可控性	自动化生成程度	备　考
显示层	JSP	不可控	半	生成代码雏形与参照性代码
控制层	Action	可控	全	Struts 命名规则
	ActionForm	可控	全	Struts 命名规则
	Validator	可控	全	单项目验证
	ValidatorUE	不可控	半	相关性验证，生成代码雏形

（续）

所属层	代码文件	可控性	自动化生成程度	备　考
业务逻辑层	Service	不可控	半	相关性验证，生成代码雏形
持久化层	Entity	可控	全	单表操作 Bean
	TableSql	可控	全	单表操作 SQL
	SearchSql	不可控	半	多表查询

在相应的框架纵向处理流程中，相关部分的自动化代码生成程度如图 15-2 所示。

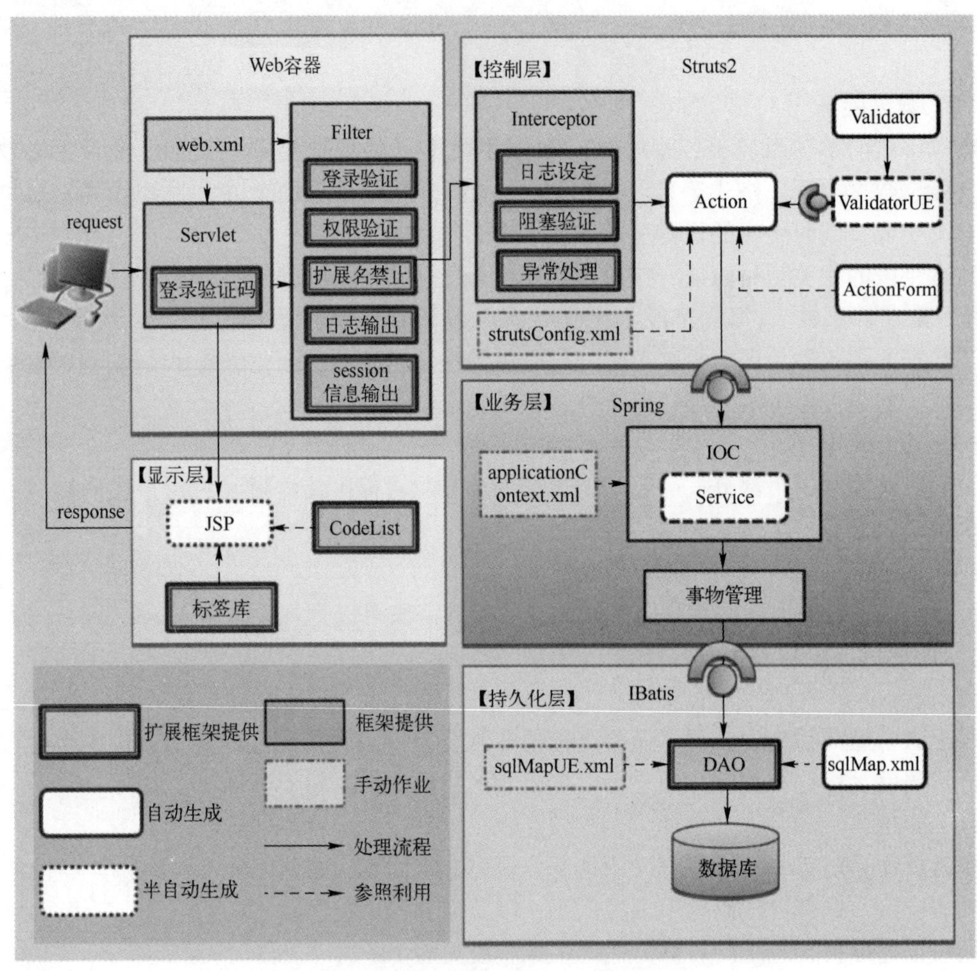

图 15-2　SSI 自动代码生成工具架构图（一）

主要类之间的关系如图 15-3 所示。

相应的详细设计书模板格式如图 15-4 所示。

2. 实现方案

自动代码生成工具的实现方案是采用 Eclipse 插件形式，因为可以把生成的代码自动导入相应的文件夹下。

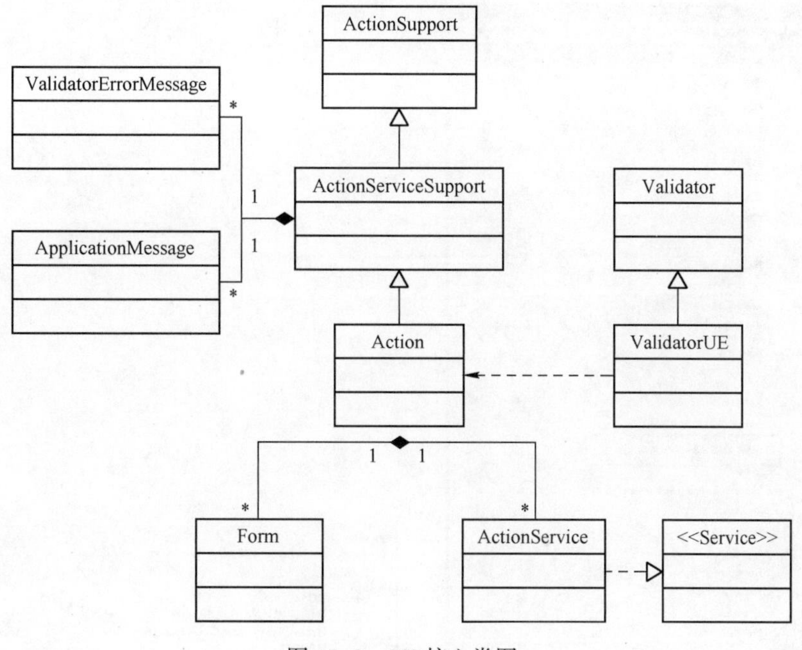

图 15-3　SSI 核心类图

画面详细设计书	系统名称	业务ID / 业务名	功能ID / 功能名	作成者	作成日
	品质管理专家	CTL/控制面板业务	CTL19SC01/角色管理	颜廷吉	2018/10/2

概要

系统角色管理功能。

画面项目

编号	中文名称	英文名字	值类型	属性	式样	输入输出	长度大小	最大长度	单项目检查		备考
									必须	值属性	
1	用户ID	userId	String	textfield	input_txt_1	I	10	10	○	数字	
2	密码	userPwd	String	textfield	input_txt_1	I	10	10	○	英数	
3	企业ID	companyId	String	label	-	0	-	-	×	任意	
4	验证码	validateCd	Integer	hidden	-	I	10	10	×	任意	
5	删除	deleteRoleEvent	CTL09SC02	submit	-	-	-	-	×	-	按钮事件
5	追加	forwardAddRole	CTL09SC03	submit	-	-	-	-	×	-	按钮事件

代码自动生成工具

编号	名称	属性值1	属性值2	备考
1	必须	ECOM0001	RequiredChecker	
2	汉字	ECOM0002	ChineseChecker	
3	数字	ECOM0003	NumberChecker	
4	英文	ECOM0004	EnglishChecker	
5	英数	ECOM0005	EnglishNumberChecker	
6	日期	ECOM0006	DateChecker	
7	基本类路径	cn. antair. sword.	-	
8	按钮背景图片	../images/backgroud_button.	-	
9	验证错误返回页面	inputEvent	-	只有有验证输入的时候，此项才有数据，才需要输出以下两个文件： XXXXCheker. java XXXXChekerUEC. java

处理流程图

画面详细设计书模板

图 15-4　SSI 代码自动生成工具模板

插件导入之后，右键单击设计模板 Excel 文件，会弹出如图 15-5 所示菜单，在菜单上单击“365IT 学院代码自动生成工具”即可生成相应代码。

生成结果代码一览如图 15-6 所示。

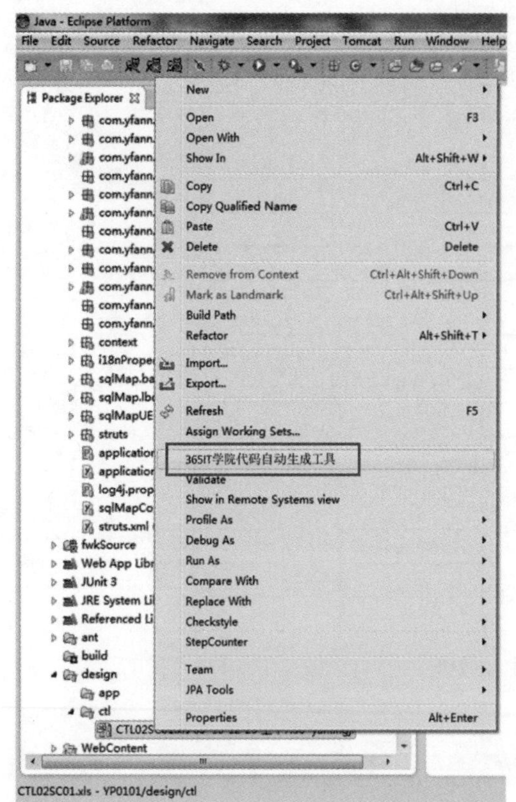

图 15-5　SSI 代码生成工具插件

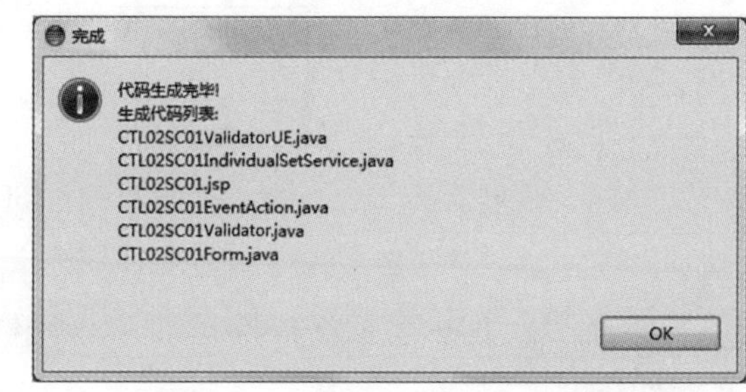

图 15-6　SSI 代码自动生成结果

15.2.2　SSM 框架自动代码生成工具

【案例 37——SSM 框架自动代码生成工具】

同样，根据 SSI 框架自动代码生成工具的设计思想，SSM 框架也可以设计一套完美的自动化代码生成工具，其自动化与半自动化程度见表 15-2。

表 15-2　SSM 框架代码自动化生成程度

所属层	代码文件	可控性	自动化生成程度	备　考
显示层	JSP	不可控	半	生成代码雏形与参照性代码
控制层	Controller	可控	全	SpringMVC 命名规则
	ControllerForm	可控	全	SpringMVC 命名规则
	Validator	可控	全	单项目验证
	ValidatorUE	不可控	半	相关性验证，生成代码雏形
业务逻辑层	Service	不可控	半	相关性验证，生成代码雏形
持久化层	Entity	可控	全	单表操作 Bean
	TableSql	可控	全	单表操作 SQL
	SearchSql	不可控	半	多表查询

在相应的框架纵向处理流程中，相关部分的代码自动化生成程度，如图 15-7 所示。

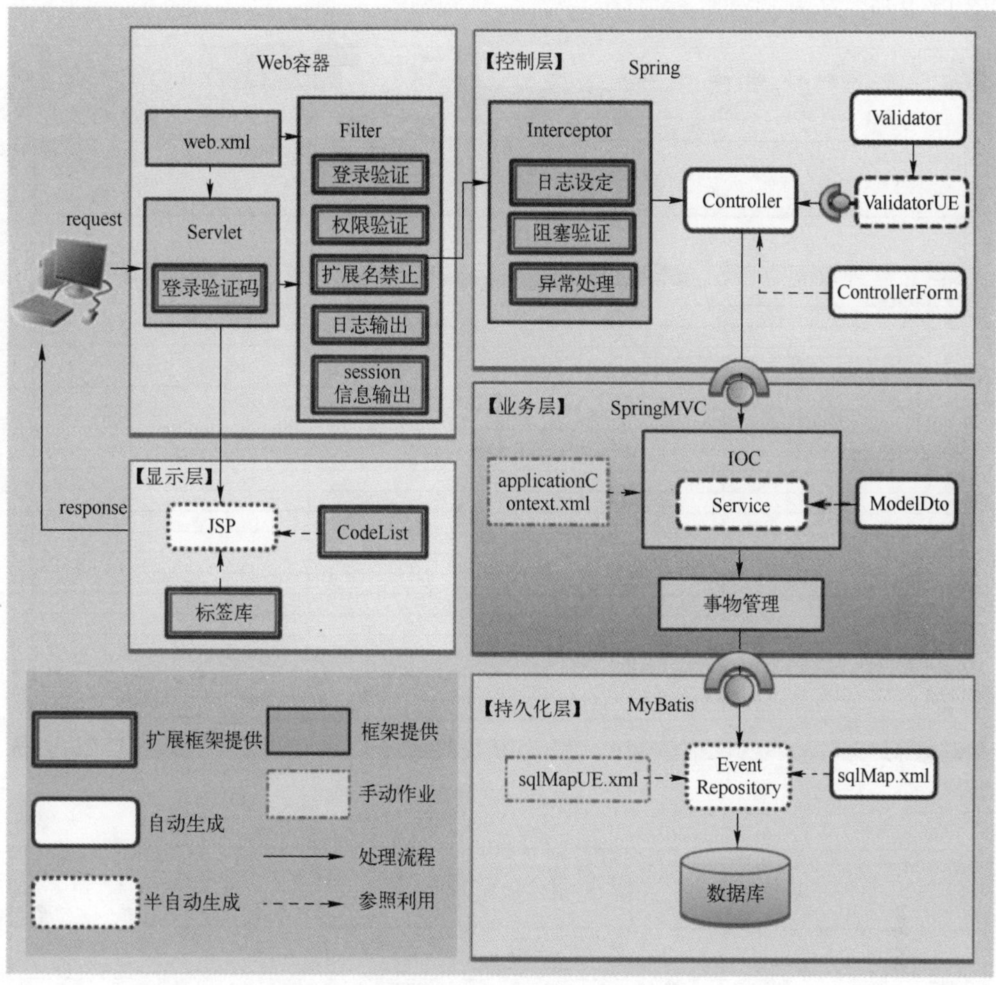

图 15-7　SSM 代码自动生成工具架构（二）

15.3　其他自动化工具

15.3.1　智能命名工具

对于系统开发中业务功能的名称以及数据库的表名等（相对来说，量不是很多），架构师可以根据系统的命名规约进行统一命名；但是对于大型系统的表字段、常量以及类变量的命名等（相对来说数量较多，有时甚至成千上万），命名的统一性就显得格外重要。如果命名不统一，不仅会带来字段误用、乱用、匹配混乱等难以发现的 bug，还会给维护带来极大的麻烦。因此架构师必须给程序员定好系统命名规则与工具，以提高代码品质。

【案例 38——智能命名工具】

以 365IT 学院所设计的“智能命名工具”为例说明其设计思想。使用效果如图 15-8 所示，在首页的“中文名称”一列填写需要命名的项目名，单击“智能生成”按钮，即可生成如图 15-9 所示结果。

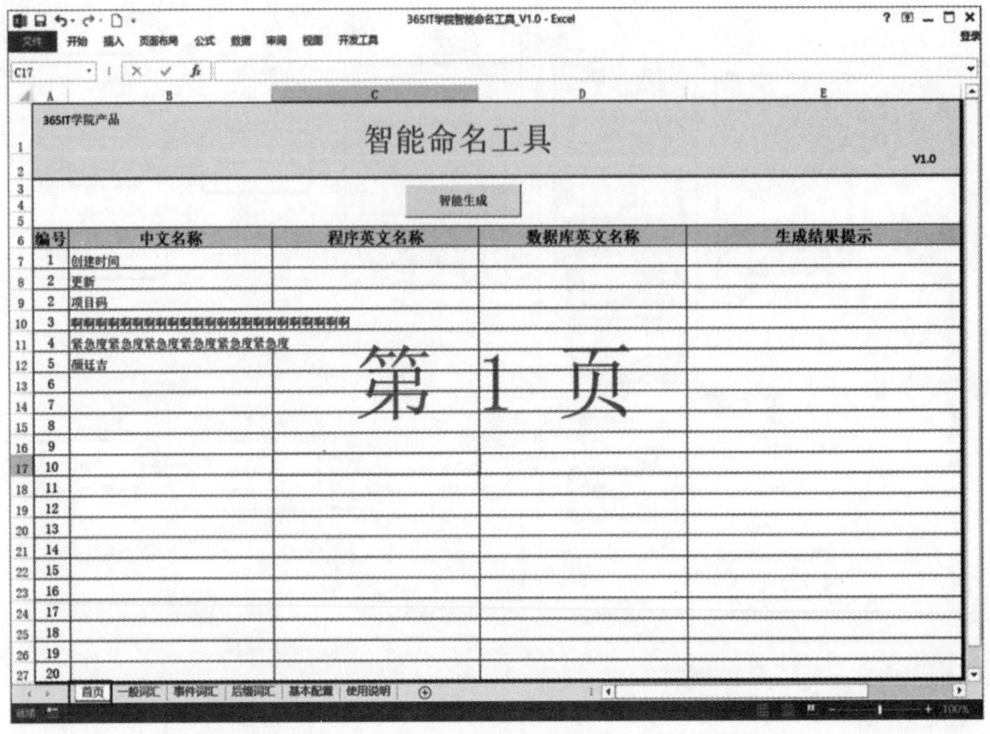

图 15-8　首页

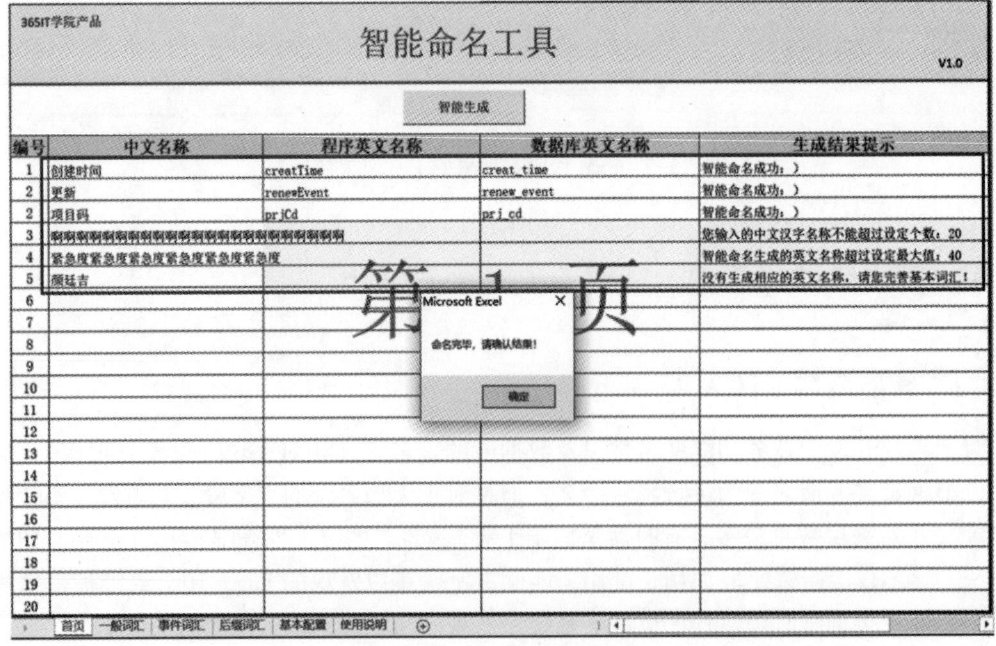

图 15-9　生成结果

具体来说，设计命名工具时要考虑以下功能要求：

1. 基本功能

1）生成的编码用英文名称（一般为驼峰式）。

2）生成数据库格式的英文名称（一般名称之间用下画线隔开，且全部小写）。

3）项目命名时，要根据登记的“一般词汇”来进行命名，例如：一个中文项目“创建时间”由两个一般词汇“创建”与“时间”组成，如图 15-10 所示。

4）考虑英文名称的最大长度限制，可以适当给英文名称配置简称（例如：中文“密码”，英文可以为“pwd”）。

2. 扩展功能

扩展功能主要有“事件词汇”与“后缀词汇”两个，内容为可选，也就是说，即使此部分为空亦可以根据“一般词汇”生成相应的英文单词。

编号	项目中文名	项目英文名称
1	用户	user
2	密码	pwd
3	生成	make
4	验证	check
5	项目	prj
6	启动	start
7	项目启动	prjStart
8	名称	name
9	按钮	btn
10	版本	version
11	备注	remark
12	编码	code
13	条目	item
14	语言	lg
15	部门	dept
16	菜单	menu
17	页	page
18	成组翻页	extendPage
19	大小	size
20	创建	creat
21	时间	time
22	次数	times

首页 | 一般词汇 | 事件词汇 | 后缀词汇 | 基本配置 | ...

图 15-10　一般词汇

（1）事件词汇

如果词汇属于页面动作性质的单词，那么在命名时，应在本词的后面自动加上“Event”（例如：页面有“增加”的按钮事件，生成的英文单词为“addEvent”），如图 15-11 所示。

（2）后缀词汇

有些系统的词汇往往带有一些常用后缀（例如：“XX 种类”），那么为了命名的统一性，可以把此后缀单独抽取到一个新的 Sheet，以方便分类，如图 15-12 所示。

编号	项目中文名	项目英文名称
1	添加	add
2	确定	confirm
3	删除	delete
4	保存	save
5	更新	renew
6		
7		
8		
9		
10		
11		
12		
13		
14		
15		
16		
17		
18		
19		
20		

首页 | 一般词汇 | 事件词汇 | 后缀词汇 | 基本配置 | 使用说明

图 15-11　事件词汇

编号	项目中文名	项目英文名全称	项目英文名简称
1	码	Code	Cd
2	类别	Type	Type
3			
4			
5			
6			
7			
8			
9			
10			
11			
12			
13			
14			
15			
16			
17			
18			
19			
20			

首页 | 一般词汇 | 事件词汇 | 后缀词汇 | 基本配置 | 使用说明

图 15-12　后缀词汇

“一般词汇”“事件词汇”“后缀词汇”统称为“基本词汇”或“基本字典”，生成的优先顺序依次为“事件词汇”“后缀词汇”“一般词汇”，当在“事件词汇”中匹配到名称时，则不再继续匹配。在使用工具之前，需要根据系统要求把相应基本词汇记入到各个Sheet中。

3. 特色功能

1）对不能生成结果的项目，给出友好的提示（如修改项目名称或者修改基础字典），并且在结果栏中进行特殊颜色提示。

2）能生成结果的项目，进行生成提示。

3）进行各种数据验证。

4）给出最终生成完成提示。

4. 配置项

（1）中文名称的最大长度

一般留给用户来设定，默认为20个汉字。

（2）英文名称的最大长度

一般由架构师来设定，默认为40个字母。

设计效果如图15-13所示。

编号	设定项目	设定值
1	中文名字最大长度	20
2	英文名字最大长度	40

首页 | 一般词汇 | 事件词汇 | 后缀词汇 | 基本配置 | 使用说明

图15-13　基本配置

5. 使用说明

为了方便用户使用工具，笔者给出了一个简单的使用说明，如图15-14所示。

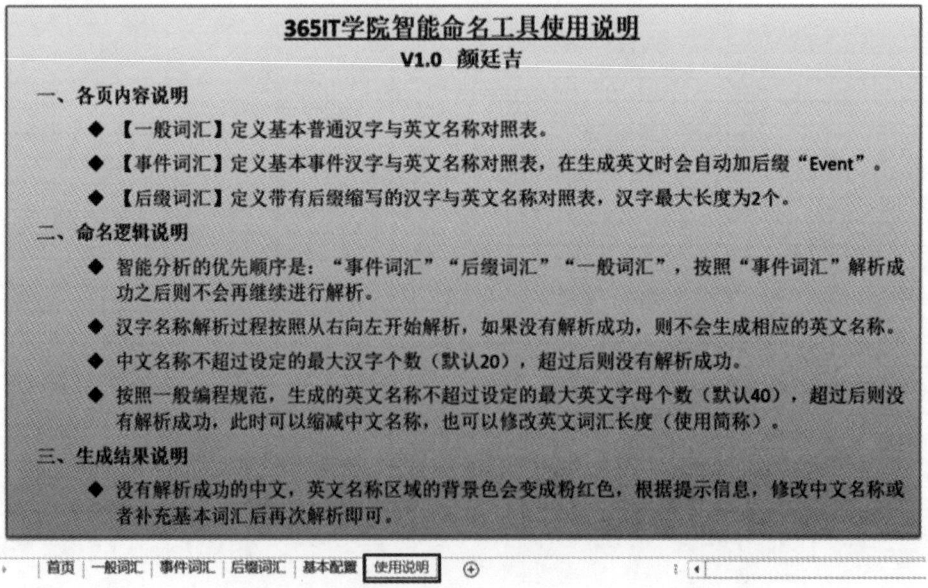

365IT学院智能命名工具使用说明

V1.0 颜廷吉

一、各页内容说明

- 【一般词汇】定义基本普通汉字与英文名称对照表。
- 【事件词汇】定义基本事件汉字与英文名称对照表，在生成英文时会自动加后缀“Event”。
- 【后缀词汇】定义带有后缀缩写的汉字与英文名称对照表，汉字最大长度为2个。

二、命名逻辑说明

- 智能分析的优先顺序是：“事件词汇”“后缀词汇”“一般词汇”，按照“事件词汇”解析成功之后则不会再继续进行解析。
- 汉字名称解析过程按照从右向左开始解析，如果没有解析成功，则不会生成相应的英文名称。
- 中文名称不超过设定的最大汉字个数（默认20），超过后则没有解析成功。
- 按照一般编程规范，生成的英文名称不超过设定的最大英文字母个数（默认40），超过后则没有解析成功，此时可以缩减中文名称，也可以修改英文词汇长度（使用简称）。

三、生成结果说明

- 没有解析成功的中文，英文名称区域的背景色会变成粉红色，根据提示信息，修改中文名称或者补充基本词汇后再次解析即可。

首页 | 一般词汇 | 事件词汇 | 后缀词汇 | 基本配置 | 使用说明

图15-14　使用说明

15.3.2 SQL 自动生成工具

对于任何工程来说，只要使用数据库就会有对表的增删查改需求。有些数据库工具带有对应表的自动代码生成工具（一般是收费的，对于 MyBaits 却有一款免费的工具为 mybatis-generator)，如果公司或者项目没有那么宽裕的预算，就可以自己写一款 SQL 自动代码生成工具（或者使用 365IT 学院开发的免费工具)，来提高开发效率与代码品质。

设计 SQL 自动代码生成工具时必须考虑以下功能要求：

1）根据数据库表定义，自动生成插入（insert）SQL。

2）根据数据库表定义以及主键，自动生成删除（delete）SQL。

3）根据数据库表定义以及主键，自动生成更新（update）SQL。

4）根据数据库表定义，自动生成根据字段查询（select）SQL 以及查询结果数 SQL (select count(*))。

当然，其他复杂的多表查询 SQL，还是需要程序员来手动书写，而自动化工具却鞭长莫及。

【案例 39——SQL 自动化代码生成工具】

根据以上需求，365IT 学院所设计的自动化代码生成工具，如图 15-15 所示。

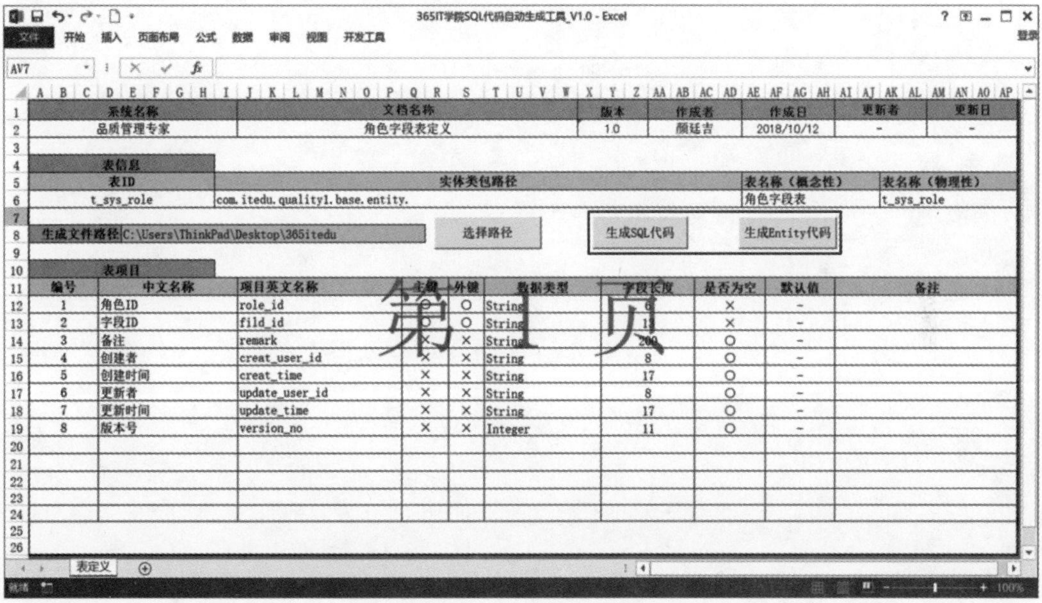

图 15-15　SQL 自动化代码生成工具

小结

本章介绍了项目开发过程中的一些常用自动化工具，在系统升级、系统维护与运营过程中也需要一些这样的工具。例如：Struts1 升级到 SpringMVC、日志监视与分析工具、批处理运行与监视工具、业务数据分析工具等，可根据项目的实际需求进行适当的开发。另外要注意不要过度开发，物极必反，任何事情都依赖于自动化工具的话，会造成工具的泛滥。

练习题

1. 使用 VBA 技术，实现 15.3.2 小节所设计的 SQL 自动生成工具。
2. 使用 VBA 技术，实现 15.3.1 小节所设计的智能命名工具。
3. 使用 Eclipse 插件技术，实现 15.2.1 小节所设计的 SSI 框架自动代码生成工具。
4. 结合 SSI、SSH、SSM 框架集成要素和必要功能，开发一款与之类似的通用 Java EE 框架以及与此框架匹配的自动代码生成工具，并发布到公共仓库上。

附　　录

附录 A　原则一览

表 A-1　原则一览

编号	分　　类	名　　称	章　　节
1	架构设计	简单原则	2.9.1
2		合适原则	2.9.2
3		演化原则	2.9.3
4	安全设计	安全设计原则	6.2.1
5	微服务设计	微粒适中原则	10.3.3.1
6		服务自治原则	10.3.3.2
7		轻量级通信原则	10.3.3.3
8	性能优化	性能优化原则	13.3.1

附录 B　技巧一览

表 B-1　技巧一览

编　　号	名　　称	章　　节
1	序列图绘制技巧	2.4.3
2	构件图绘制技巧	2.4.4
3	部署图绘制技巧	2.4.5
4	培养架构设计思维技巧	2.7.5
5	接口与抽象类的选择技巧	2.10.2
6	重构技巧	2.10.2
7	Session 简洁化设计技巧	4.7.2.4
8	乱码解析技巧	5.5.2.4
9	日期使用技巧	5.6.2
10	日志架构设计技巧	6.1.2
11	权限架构设计技巧	6.3.2
12	验证架构设计技巧	6.4.2
13	阻塞架构设计技巧	6.7.2
14	数据字典架构设计技巧	6.8.2

（续）

编　号	名　称	章　节
15	Web资源信息抽取技巧	12.2.1
16	URI设计技巧	12.2.2
17	开源框架选择技巧	14.1
18	自动化代码生成工具设计技巧	15.1.3
19	Eclipse调试技巧	附录F1
20	源码导入技巧	附录F2
21	找不到文件分析技巧	附录F3
22	问题定位技巧	附录F4

附录C　案例一览

表C-1　案例一览

编　号	名　称	章　节
案例1	单例模式	2.5.4
案例2	工厂方法模式	2.5.5
案例3	建造者模式	2.5.6
案例4	适配器模式	2.5.7
案例5	外观模式	2.5.8
案例6	静态代理模式	2.5.9.1
案例7	动态代理模式	2.5.9.2
案例8	模板方法模式	2.5.10
案例9	策略模式	2.5.11
案例10	责任链模式	2.5.12
案例11	Socket通信机制	4.8.1
案例12	命名空间	5.1.3.2
案例13	Filter字符编码	5.5.2.2
案例14	翻页控件	5.7.2.1
案例15	属性文件	5.8.2.1
案例16	防止重复提交：防止重复单击按钮方法1	5.9.2.1
案例17	防止重复提交：防止重复单击按钮方法2	5.9.2.1
案例18	防止重复提交：使用PRG模式	5.9.2.2
案例19	防止重复提交：使用Token验证	5.9.2.3
案例20	SSH框架集成	7.3.1
案例21	SSI框架集成	7.3.2
案例22	SSM框架集成	7.3.3

（续）

编　号	名　称	章　节
案例 23	Struts2 框架模拟	7.4.1
案例 24	SpringMVC 框架模拟	7.4.2
案例 25	MyBatis 框架模拟	7.4.3
案例 26	自定义格式转换器	8.2.7
案例 27	SpringMVC 异常处理方式	8.2.12
案例 28	Spring Boot 注解配置方法	10.1.2
案例 29	SpringInitializr 建立工程方法	10.2.1
案例 30	微服务注册	10.3.4.2
案例 31	微服务发现	10.3.4.3
案例 32	JAX-WS 服务器端	11.3.2
案例 33	JAX-WS 客户端	11.3.3
案例 34	Jstack 使用方法	13.2.2
案例 35	开源框架发布流程	14.4.3
案例 36	SSI 框架自动代码生成工具	15.2.1
案例 37	SSM 框架自动代码生成工具	15.2.2
案例 38	智能命名工具	15.3.1
案例 39	SQL 自动化代码生成工具	15.3.2

附录 D　温馨提示一览

表 D-1　温馨提示一览

编　号	名　称	章　节
1	不要滥用 UML 属性元素	2.4.5
2	Eclipse 启动错误解决方法	3.2.3
3	Eclipse 插件安装后无效解决方法	3.2.5
4	JVM 实例与 JVM 执行引擎实例的区别	4.2.1.1
5	特殊 Class 类型	4.3.1
6	自定义标签开发的判断标准	4.5.5
7	Cookie 的修改与删除方法	4.7.1.2
8	Cookie 与浏览器	4.7.1.3
9	Cookie 安全性	4.7.1.5
10	ACK 与 FIN	4.8.3
11	事务型 AOP	5.4.2
12	正确理解字符集与字符编码	5.5.1.1
13	JSR 规范	5.6.1

（续）

编　号	名　称	章　节
14	PRG 模式使用方法	5.9.2.2
15	长事务	5.10
16	行锁使用方法	5.10.2.2
17	乐观锁使用方法	5.10.2.2
18	业务事务	5.10.2.2
19	约定优于配置	10.1.1
20	错误 URI	12.2.2
21	应用程序状态	12.2.6
22	REST 非同期处理	12.3.1
23	快照版本	14.4.2
24	仓库信息填写方法	14.4.3
25	版本提交方法	14.4.3

附录 E　常用快捷键

E.1　Eclipse 常用快捷键

表 E-1　Eclipse 常用快捷键一览

序号	快捷键	功　能	备　注
1	F3	定位定义位置	—
2	Alt+↓	选中行和下一行相互交换位置	Alt+↑（上一行交换）
3	Alt+←	前后编辑器互换	Alt+→（后一个）
4	Alt+/	提供内容的帮助	记不全类、方法、属性时的利器
5	Alt+Enter	显示当前资源（工程或者文件）的属性	—
6	Alt+Shift+R	名称重构	—
7	Ctrl+1	快速修复	—
8	Ctrl+/	为每行或者选择部分添加注释	—
9	Ctrl+D	删除当前选中行	—
10	Ctrl+F	查找	—
11	Ctrl+H	全局搜索（替换）	—
12	Ctrl+L	定位于某行	
13	Crtl+O	查看类方法	多按一次 Ctrl+O 列出更多的内部变量
14	Ctrl+Q	快速定位到最后一个编辑的地方	—
15	Ctrl+T	快速显示当前类的继承结构	—
16	Ctrl+Tab	前后两个编辑器之间切换（默认 Ctrl+F6）	与 Alt+←(→)有类似功能

（续）

序号	快捷键	功能	备注
17	Ctrl+W	关闭当前编辑器	—
18	Ctrl+←	将插入点移动到本单词的起始处	Ctrl+→（末尾处）
19	Ctrl+Alt+↓	复制当前行（选中行）到下一行	Ctrl+Alt+↑（复制到上一行）
20	Ctrl+Alt+H	查看方法被调用层次	—
21	Ctrl+Shift+I	调试状态查看变量值	—
22	Ctrl+Shift+F	格式化代码	—
23	Ctrl+Shift+T	查看 Java 类型文件	包括 JAR 中的 Java 文件
24	Ctrl+Shift+G	查找与定位对类、方法或属性的所有引用	—
25	Ctrl+Shift+O	自动引用导入	—
26	Ctrl+Shift+P	定位到对等的匹配符（例如{}）	—
27	Ctrl+Shift+R	快速查找资源	—
28	Ctrl+Shift+S	保存所有文件	—

E.2 IntelliJ 常用快捷键

表 E-2 IntelliJ 常用快捷键一览

分类	组合键	含义
Alt	Alt+`	显示版本控制常用操作菜单弹出层
	Alt+F1	显示当前文件选择目标弹出层，弹出层中有很多目标可以进行选择
	Alt+Enter	IntelliJ IDEA 根据光标所在位置，提供快速修复选择，光标放置的位置不同，提示的结果也不同
	Alt+Insert	代码自动生成，如生成对象的 set/get()方法，构造方法，toString()等
	Alt+←	切换当前已打开的窗口中的子视图，例如 Debug 窗口中有 Output、Debugger 等子视图，用此快捷键就可以在子视图中切换
	Alt+→	切换当前已打开的窗口中的子视图，例如 Debug 窗口中有 Output、Debugger 等子视图，用此快捷键就可以在子视图中切换
	Alt+↑	当前光标跳转到当前文件的前一个方法名位置
	Alt+↓	当前光标跳转到当前文件的后一个方法名位置
	Alt+1，2，3...9	显示对应数值的选项卡，其中 1 是 Project，用得最多
Alt+Shift	Alt+Shift+左键双击	选择被双击的单词/中文句，按住不放，可以同时选择其他单词/中文句
	Alt+Shift+↑	移动光标所在行向上移动
	Alt+Shift+↓	移动光标所在行向下移动
Ctrl	Ctrl+F	在当前文件进行文本查找
	Ctrl+R	在当前文件进行文本替换
	Ctrl+Z	撤销
	Ctrl+Y	删除光标所在行或删除选中的行
	Ctrl+D	复制光标所在行或复制选择内容，并把复制内容插入光标位置下面

（续）

分类	组合键	含义
Ctrl	Ctrl+W	递进式选择代码块。可选中光标所在的单词或段落，连续按会在原有选中的基础上再扩展选中范围
	Ctrl+E	显示最近打开的文件记录列表
	Ctrl+N	根据输入的名/类名查找类文件
	Ctrl+P	方法参数提示显示
	Ctrl+U	前往当前光标所在的方法的父类的方法/接口定义
	Ctrl+B	进入光标所在的方法/变量的接口或定义，等效于“Ctrl+左键单击”
	Ctrl+/	注释光标所在行代码，会根据当前不同文件类型使用不同的注释符号
	Ctrl+F1	在光标所在的错误代码处显示错误信息
	Ctrl+F3	跳转到所选中的词的下一个引用位置
	Ctrl+Space	基础代码补全，默认在 Windows 系统上被输入法占用，需要进行修改，建议修改为“Ctrl+逗号”
	Ctrl+Delete	删除光标后面的单词或中文句
	Ctrl+BackSpace	删除光标前面的单词或中文句
	Ctrl+左键单击	在打开的文件标题上，弹出该文件路径
	Ctrl+光标定位按	Ctrl 不要松开，会显示光标所在的类信息摘要
	Ctrl+←	光标跳转到当前单词/中文句的左侧开头位置
	Ctrl+→	光标跳转到当前单词/中文句的右侧开头位置
	Ctrl+↑	等效于鼠标滚轮向前效果
	Ctrl+↓	等效于鼠标滚轮向后效果
Ctrl+Alt	Ctrl+Alt+L	格式化代码，可以对当前文件和整个包目录使用
	Ctrl+Alt+O	优化导入的类，可以对当前文件和整个包目录使用
	Ctrl+Alt+T	对选中的代码弹出环绕选项弹出层
	Ctrl+Alt+S	打开 Intelli J IDEA 系统设置
	Ctrl+Alt+Enter	光标所在行上空出一行，光标定位到新行
	Ctrl+Alt+←	退回到上一个操作的地方
	Ctrl+Alt+→	前进到上一个操作的地方
Ctrl+Shift	Ctrl+Shift+F	根据输入内容查找整个项目或指定目录内文件
	Ctrl+Shift+R	根据输入内容替换对应内容，范围为整个项目或指定目录内文件
	Ctrl+Shift+J	自动将下一行合并到当前行末尾
	Ctrl+Shift+Z	取消撤销
	Ctrl+Shift+U	对选中的代码进行大/小写轮流转换
	Ctrl+Shift+T	对当前类生成单元测试类，如果已经存在的单元测试类则可以进行选择
	Ctrl+Shift+B	跳转到类型声明处
	Ctrl+Shift+/	代码块注释
	Ctrl+Shift+［	选中从光标所在位置到它的顶部中括号位置
	Ctrl+Shift+］	选中从光标所在位置到它的底部中括号位置

（续）

分类	组 合 键	含 义
Ctrl+Shift	Ctrl+Shift++	展开所有代码
	Ctrl+Shift+-	折叠所有代码
	Ctrl+Shift+F7	高亮显示所有被选中文本，按 Esc 高亮消失
	Ctrl+Shift+F12	编辑器最大化
	Ctrl+Shift+Enter	自动结束代码，行末自动添加分号
	Ctrl+Shift+Backspace	退回到上次修改的地方
	Ctrl+Shift+左键单击	把光标放在某个类变量上，按此快捷键可以直接定位到该类中
	Ctrl+Shift+←	在代码文件上，光标跳转到当前单词/中文句的左侧开头位置，同时选中该单词/中文句
	Ctrl+Shift+→	在代码文件上，光标跳转到当前单词/中文句的右侧开头位置，同时选中该单词/中文句
	Ctrl+Shift+↑	光标放在方法名上，将方法移动到上一个方法前面，调整方法排序
	Ctrl+Shift+↓	光标放在方法名上，将方法移动到下一个方法前面，调整方法排序
Shift	Shift+F11	弹出书签显示层
	Shift+Enter	开始新一行，光标所在行下空出一行，光标定位到新行位置
	Shift+左键单击	在打开的文件名上按此快捷键，可以关闭当前打开文件
	Shift+滚轮前后滚动	当前文件的横向滚动轴滚动
其他	F2	跳转到下一个高亮错误或警告位置
	F12	回到前一个工具窗口

附录 F　高级调试技巧

调试一般的编程问题时，使用 F5、F6、F7 以及 F8 键可以很好地解决。但是对一些疑难杂症就需要更高级的调试技巧。

F.1　Eclipse 调试技巧

1. 断点类型

（1）行断点

行断点指的是在方法中的某一行上打的断点，也是使用最多的断点，如图 F-1 所示。行断点可以设置程序挂起线程或者 VM 的条件。如图 F-2 所示。

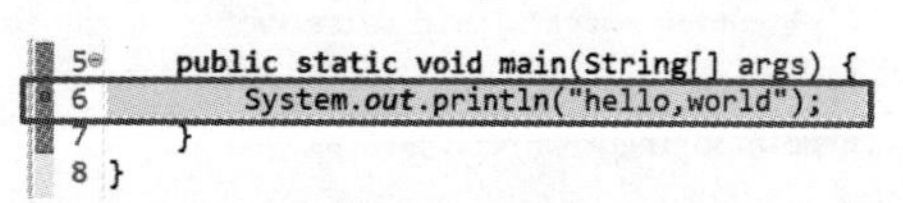

图 F-1　行断点

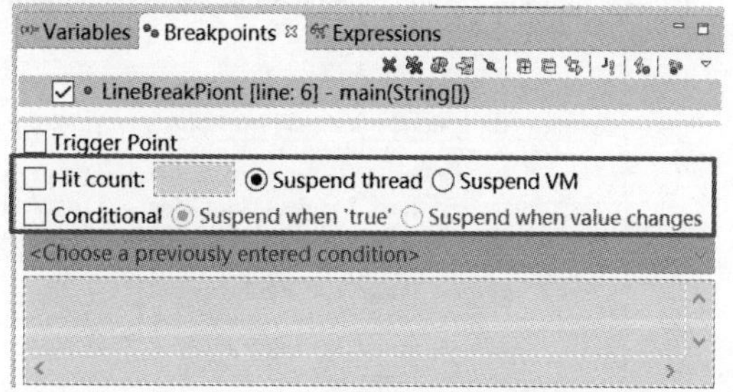

图 F-2　行断点中断方式

(2) 方法断点

方法断点指的是在方法定义的第一行上打断点，如图 F-3 所示。

默认情况下在进入该方法时线程中断。另外，还可以选择在退出（Exit）方法时中断，如图 F-4 所示。

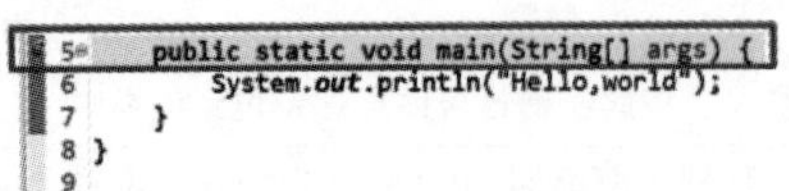

图 F-3 方法断点

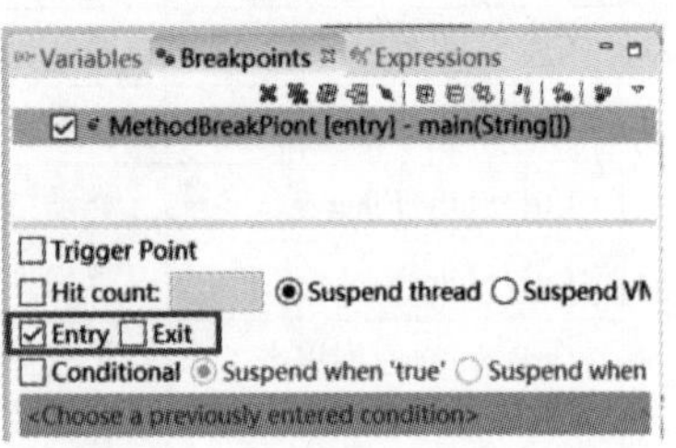

图 F-4 方法断点的中断方式

(3) 监视断点

监视断点是设置在类的实例变量或者静态变量上的断点，如图 F-5 所示。

断点的条件有 Access、Modification、Hit count，如图 F-6 所示。其中 Access 和 Modification 必须至少选择一个，而 Hit count 是可选的。当选择 Access 或 Modification 时，每次变量被访问或修改时都会中断。如果还选择了 Hit count，则会在变量被访问或者修改的第 N 次中断。

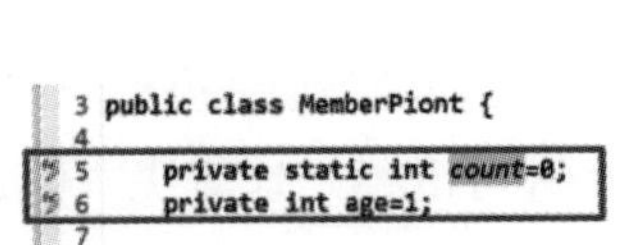

图 F-5 监视断点

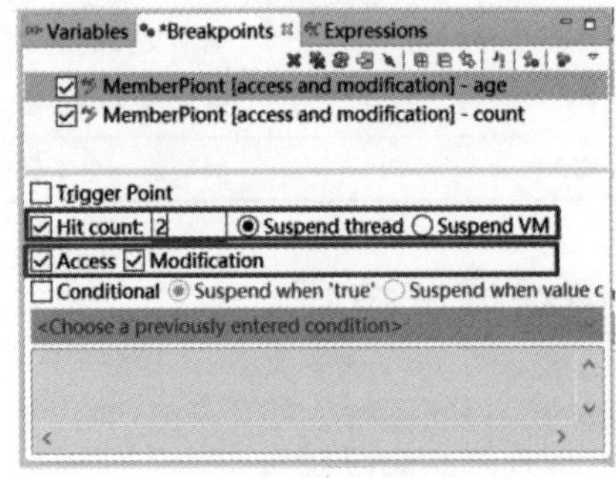

图 F-6 监视断点中断方式

(4) 异常断点

如果期望某个特定异常发生时程序能够中断，以方便查看当时程序所处的状态，可通过设置异常断点（Exception Breakpoint）来实现。

异常断点的添加方法有两种：

1) 在控制台添加。出现异常后，在控制台单击异常进行添加，如图 F-7 所示。

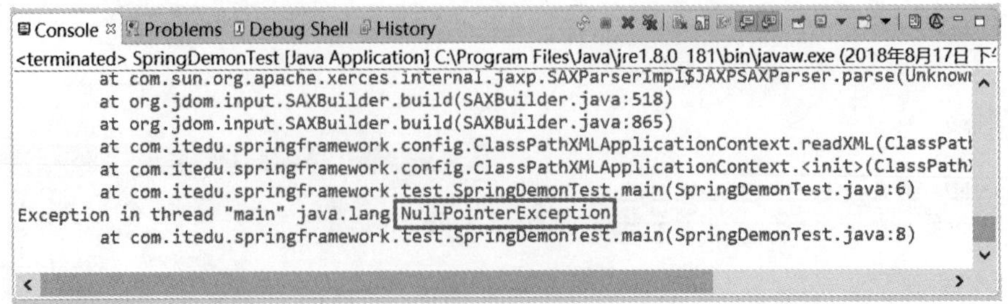

图 F-7 异常断点添加方式一

之后可以在弹出的对话框中进行必要设置，如图 F-8 所示。可选项包括 Caught locations、Uncaught locations、Subclass of this exception，分别对应在代码中捕获了该异常时、未捕获该异常时、抛出的异常为当前 Exception 的子类时触发中断。

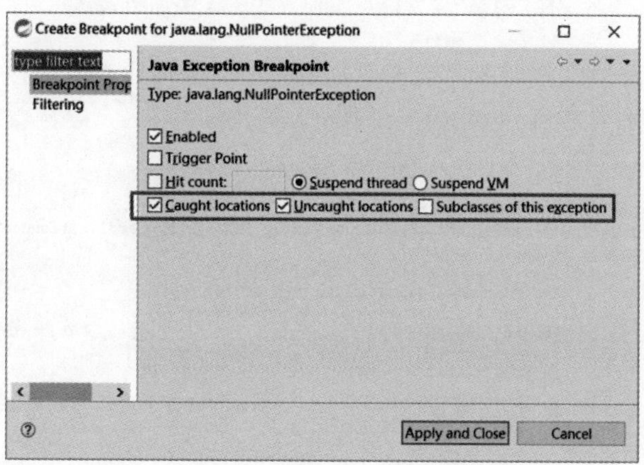

图 F-8　异常断点中断条件

2）在断点视图添加。异常断点还可以通过断点视图的“Add Java Exception Breakpoint”按钮进行添加，如图 F-9 所示。

图 F-9　异常断点添加方式二（单击添加）

在弹出的对话框中，选择异常类型（支持正则表达式过滤），如图 F-10 所示，如选择“NUllPointerException”，单击“OK”按钮。

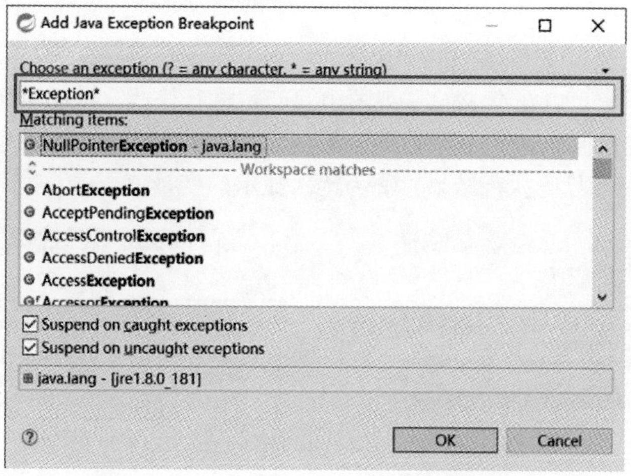

图 F-10　异常断点添加方式二（选择异常）

选择之后，会在 Breakpoints 面板里显示，如图 F-11 所示。

Quick Access
Variables
Breakpoints
Expressions
NullPointerException: caught and uncaught

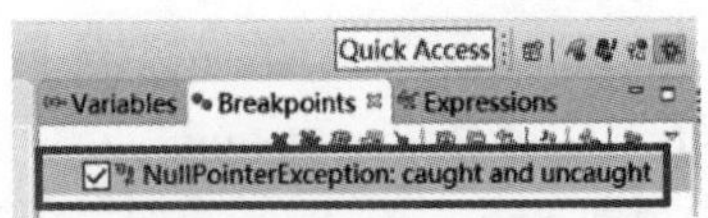

图 F-11　异常断点添加方式二（添加结果）

运行时，如果出现所选择的异常类型，那么程序就会停止在发生该异常的那行代码的位置，从而就可以定位到异常点，如图 F-12 所示。

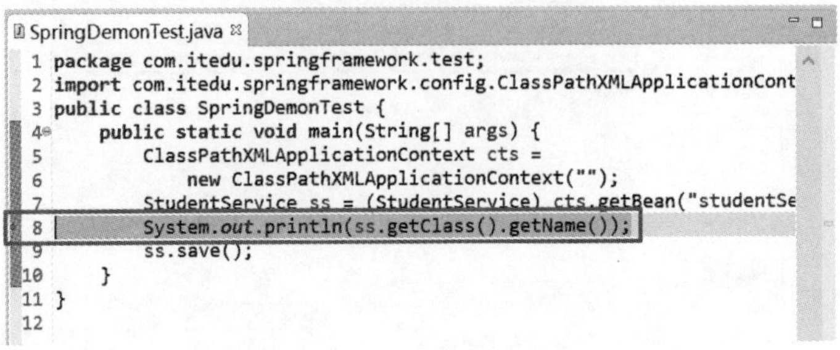

SpringDemonTest.java
package com.itedu.springframework.test;
import com.itedu.springframework.config.ClassPathXMLApplicationCont
public class SpringDemonTest {
public static void main(String[] args) {
ClassPathXMLApplicationContext cts =
new ClassPathXMLApplicationContext("");
StudentService ss = (StudentService) cts.getBean("studentSe
System.out.println(ss.getClass().getName());
ss.save();
}
}

图 F-12　自动定位异常

（5）类加载断点

类加载断点指的是在类名上打的断点（接口上打不了类加载断点，但抽象类可以），如图 F-13 所示。类断点会在类第一次加载或者第一个子类第一次被加载时挂起线程或 VM。实体类在挂起线程后单步进入就会 Classloader 中。

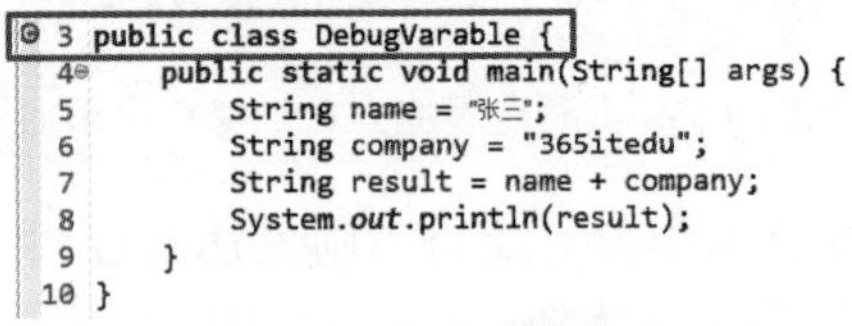

public class DebugVarable {
public static void main(String[] args) {
String name = "张三";
String company = "365itedu";
String result = name + company;
System.out.println(result);
}
}

图 F-13　类加载断点

2. 修改变量值

在 Debug 模式下，可以在 Variables 视图中对变量进行修改。视图中所显示的内容为当前方法内所有变量及变量值，显示过程按照参数与内部变量的赋值顺序来逐次显示，如图 F-14 所示。其中①为上一行代码执行结果，②为逐次显示的变量值。

DebugCondition.java
DebugVarable.java
package itedu.debug;
public class DebugVarable {
public static void main(String[] args) {
String name = "张三";
String company = "365itedu";
String result = name + company;
System.out.println(result);
}
}
Variables
Breakpoints
Expressions
Name
Value
toString() returned
"张三365itedu" (id=368)
①
args
String[0] (id=363)
name
"张三" (id=364)
company
"365itedu" (id=365)
result
"张三365itedu" (id=368)
②

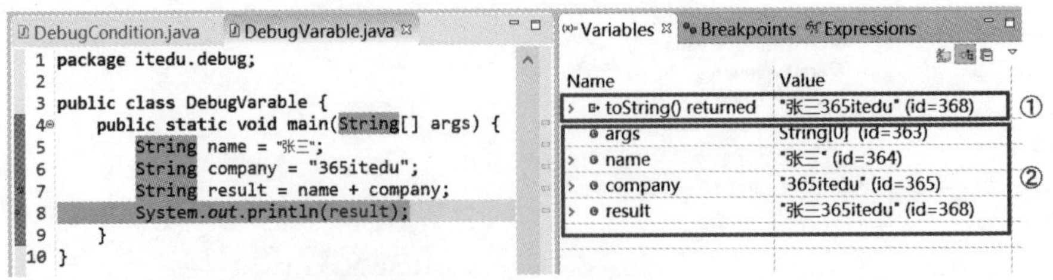

图 F-14　变量值视图

修改内部变量值的步骤如下：

选择要修改的变量后单击右键，在弹出的属性框内选择“ChangeValue”，如图 F-15

所示。

修改相应的值之后单击“OK”按钮即可，如图 F-16 所示。

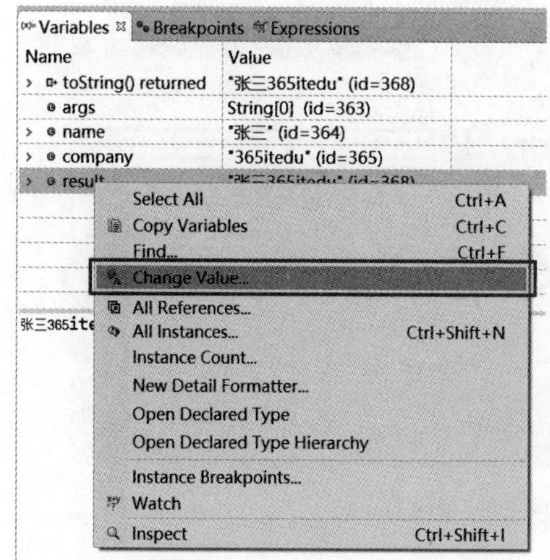

图 F-15　修改变量值（选择菜单）

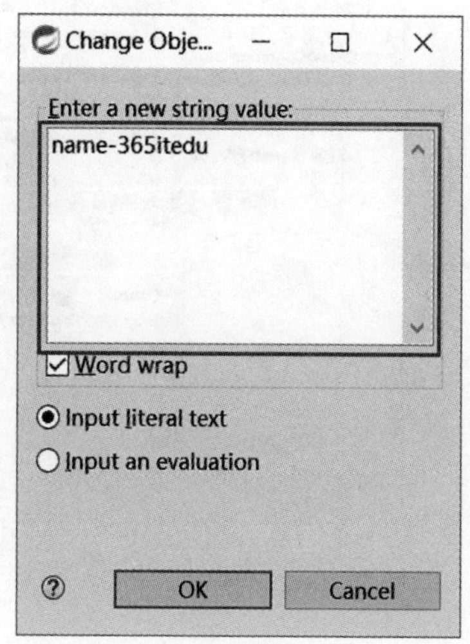

图 F-16　修改变量值（修改内容）

3. 设置断点条件

假如可疑的问题发生在 999 次循环后，要查明此问题，那么此时的断点条件就是调试的利器。其设置方法如图 F-17 所示，在“Condition”中设置执行的条件后，达到条件就会挂起当前线程或者 VM。

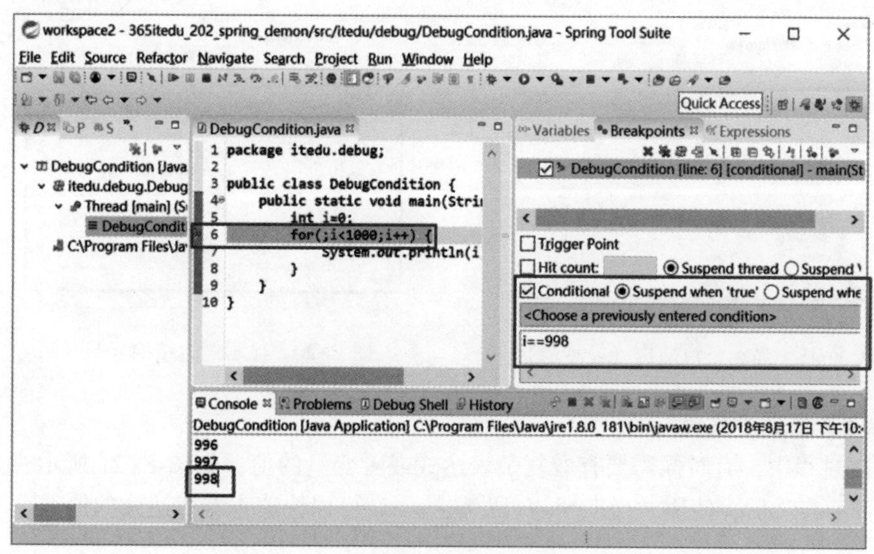

图 F-17　设置断点条件（Conditional）

另外，如果想要在循环中执行 N 次数后挂起当前线程或者 VM，可以使用“Hit count”，如图 F-18 所示。

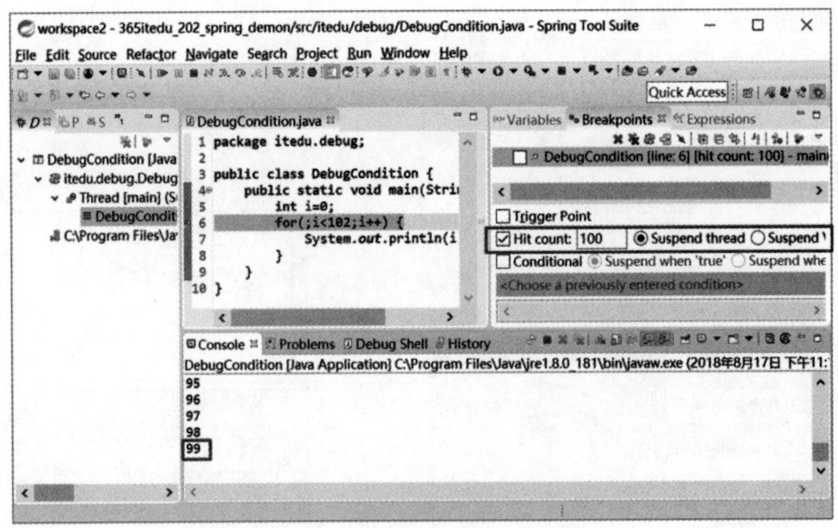

图 F-18 设置断点条件（Hit count）

4. 显示逻辑结构

显示逻辑结构按钮可以让变量以更好的逻辑结构展示出来，以提高可读性，特别适合于 Map、List 等复杂数据类型。默认情况如图 F-19 所示。

单击图 F-20 中①位置，其结果就变成了区域②中的形式，这种结果看起来就非常便利。

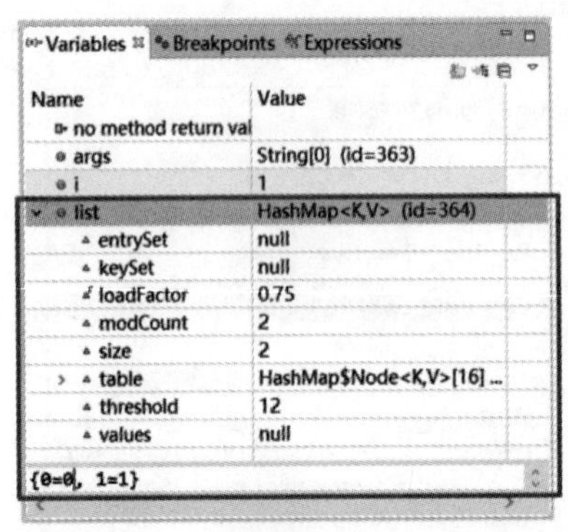

图 F-19 显示逻辑结构（显示前）

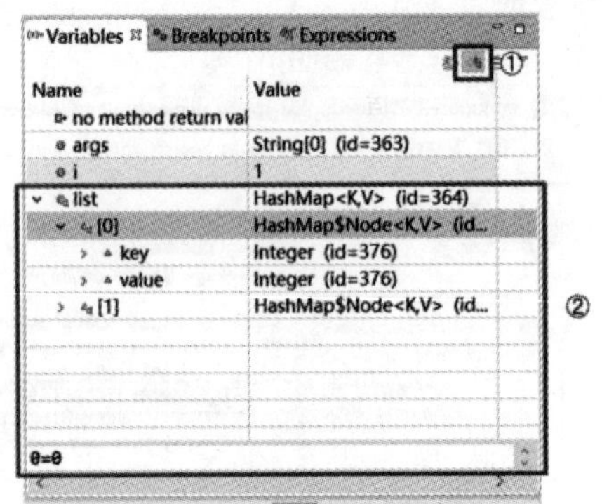

图 F-20 显示逻辑结构（显示后）

5. 快速查看表达式值

在调试过程中，有时候需要查看复杂表达式或者变量的值，如图 F-21 所示，光标选中“name+company”后，使用“Ctrl+Shift+I”快捷键就可以快速查看表达式的值。

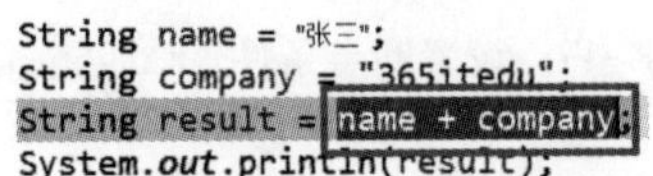

图 F-21 快速查看表达式的值（选择查看对象）

查看结果如图 F-22 所示。

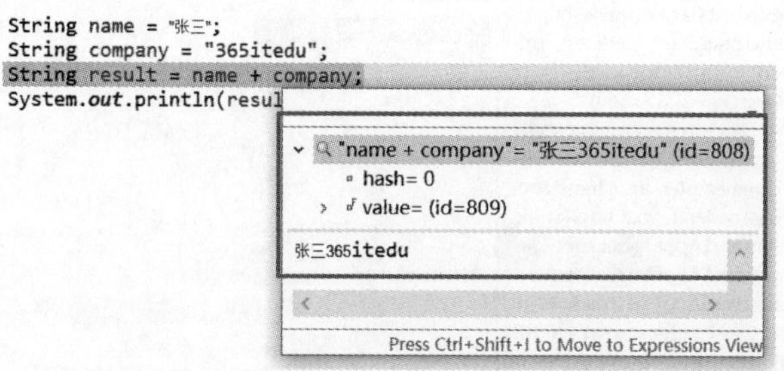

图 F-22　快速查看表达式的值（查看结果）

F.2　源代码导入技巧

项目工程搭建好之后，架构师应该编写一篇文档，给出所使用的 JAR 包以及版本号一览。其 JAR 源码导入或查看技巧如下：

1）如果使用 Maven，那么可以使用其自带的功能下载相应的源码，如图 F-23 所示。

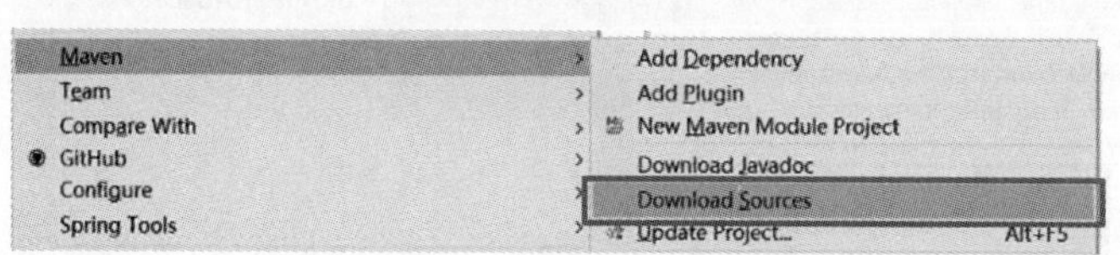

图 F-23　JAR 源码下载

2）如果使用的不是 Maven，那么能找到源码的则下载源码（一般到官网下载）。

3）如果找不到源码，可以使用反编译插件（如 JadClipse，参照表 3-3）来帮助查看源码。尤其适用于第三方插件有 bug 而找不到相应源码时。

4）如果仍然找不到源码，也可以进行调试，一步一步运行没有源码的代码段，就可以继续回到自己的代码段。Debug 视图允许在工作台上管理正在调试和运行的程序，它显示了正在调试的程序中所挂起的所有线程的堆栈帧，程序中的每个线程作为树的节点出现。如果线程被挂起，它的堆栈帧以子元素的形式展示。如图 F-24 所示。

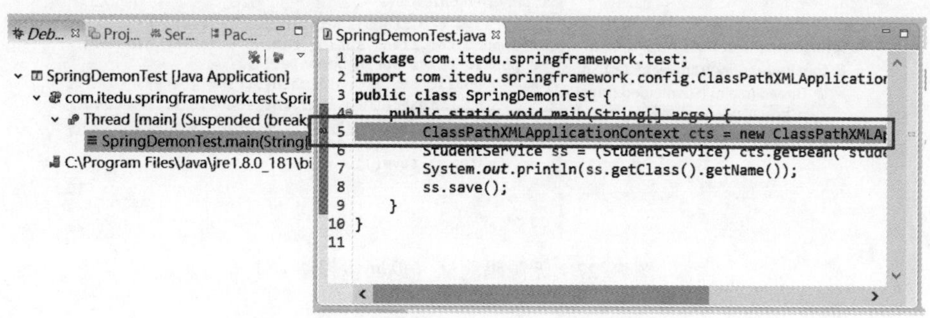

图 F-24　无源码测试（开始）

按 F5 键，进入执行栈内，如图 F-25 所示。

按 F7 键继续执行方法栈，如图 F-26 所示（已经执行过一部分方法栈）。

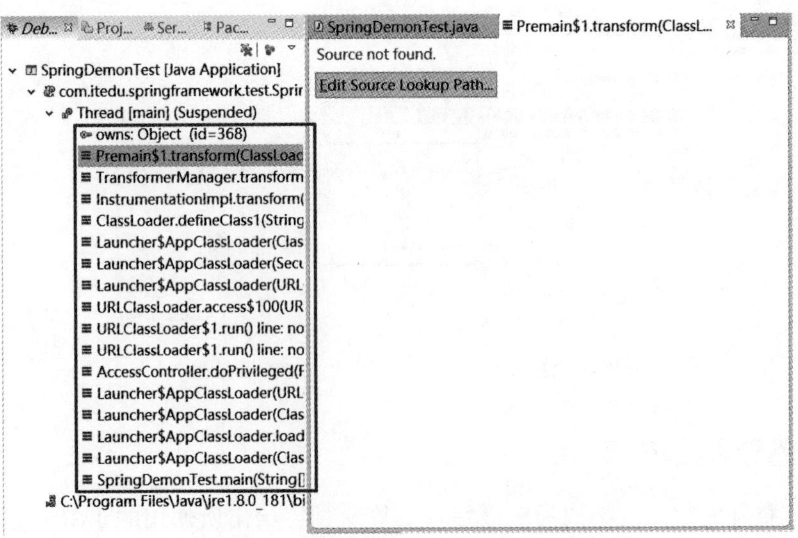

图 F-25　无源码测试（执行方法列表）

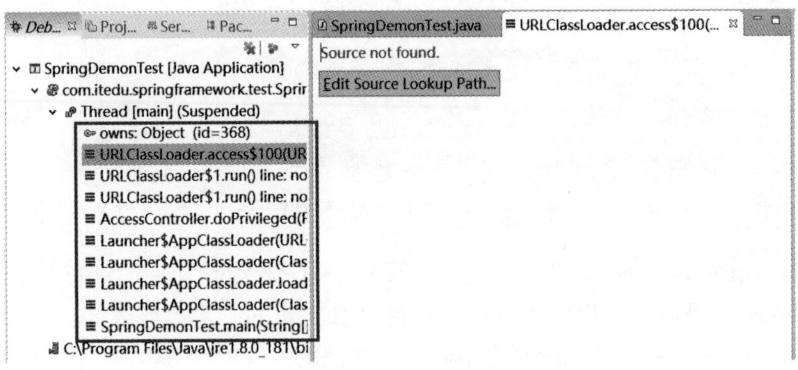

图 F-26　无源码测试（按 F7 键执行）

继续按 F7 键，直到返回到主程序代码，如图 F-27 所示，此时就可以根据情况继续跟踪调试。

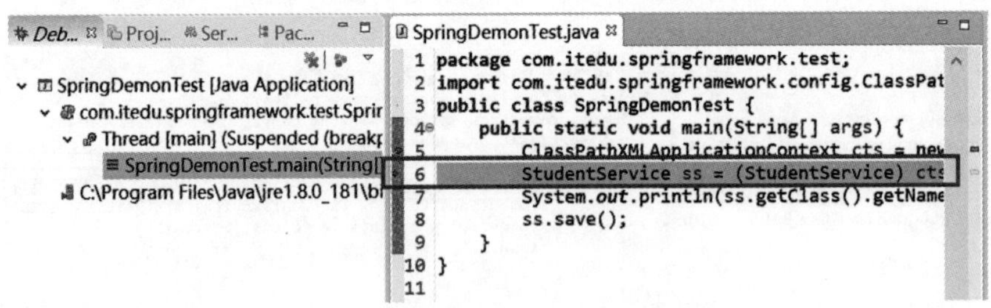

图 F-27　无源码测试（返回主程序）

F.3　找不到文件分析技巧

在各式各样的故障中，找不到文件是常见的一种故障，有些情况对具有多年工作经验的程序员来说都是比较棘手的。以下是常见的各种解决技巧。

(1) Maven 文件配置

在本地环境运行没有问题，可是在其他环境（Linux 环境或 Jenkins 环境）却找不到文件，那么就要从文件目录结构确认。特别是使用 Maven 配置发布目录时，应注意文件结构是否符合 Maven 配置要求。例如：虽然 Mapper 配置文件在本地环境的发布目录下可以找到，但是不符合 Maven 的配置要求，因此在 Linux 环境下，就会发生找不到文件的异常，配置情况如图 F-28 所示。

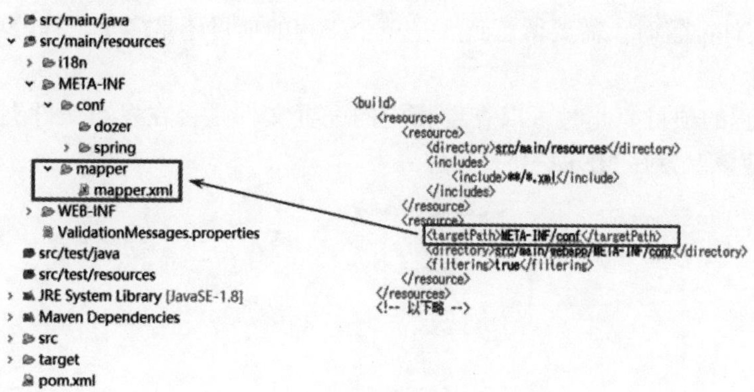

图 F-28　Maven 配置文件位置错误

(2) MANIFEST. MF 文件配置

在 Eclipse 插件开发中，虽然在编译环境中引入了相应的 JAR 包，但是运行时还是找不到相应的文件。此时需要在 MANIFEST. MF 文件中引入相应的 JAR。

```
Bundle-ClassPath: .,
lib/poi-3.9-20121203.jar,
lib/log4j-1.2.10.jar,
lib/dom4j-1.6.1.jar
```

(3) 查看发布文件配置

有时候，在工程的文件目录中确实存在某个文件，但还是会报找不到文件的错误。此时的问题往往是发布时文件没有发布到相应的目录中。确认方法是找到发布目录地址，确认相应的文件是否存在（有时候发布的文件是以 JAR 文件的形式存在的，此时就需要解压 JAR 文件，再进行确认），如图 F-29 所示。

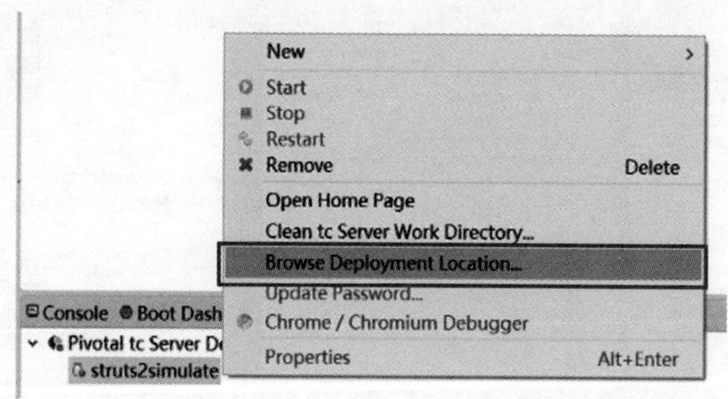

图 F-29　定位发布后文件位置

定位结果如图 F-30 所示。

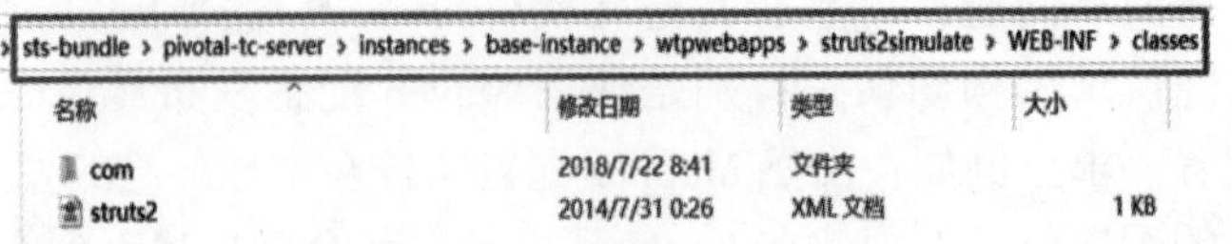

图 F-30　发布后文件夹内容

查看发布文件配置时，需要留意到底是单个工程的项目还是多个工程的项目，二者的解决方法是不一样的。

1）单个工程的项目。此时可以查看相应的配置文件是否在发布文件夹里，如图 F-31 所示，Mapper 应该配置在 META-INF 文件夹下。

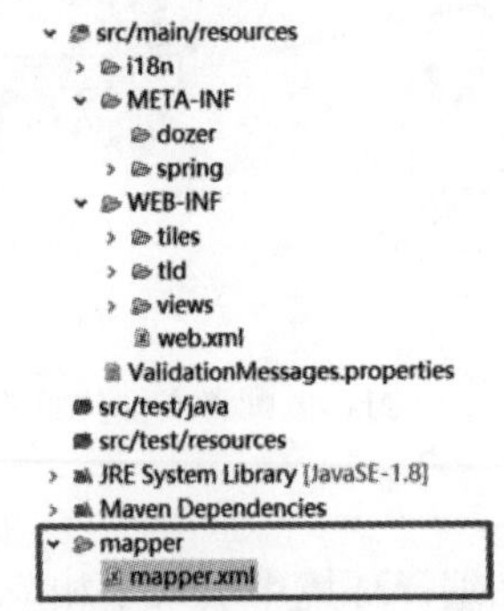

图 F-31　单工程文件位置错误

2）多个相关工程的项目。

多个工程时，虽然在 Maven 或者工程之间进行了相互的引用，但是在发布的文件里还是找不到相应的文件，那么就需要进行发布时工程间依存关系的设定。方法如下：

① 选择在有发布 war 包的工程中，单击右键。

② 在弹出菜单中选择属性。

③ 在属性设置中，选择“Deployment Assembly”，在右侧设定框“Web Deployment Assembly”中，单击“Add”按钮，如图 F-32 所示。

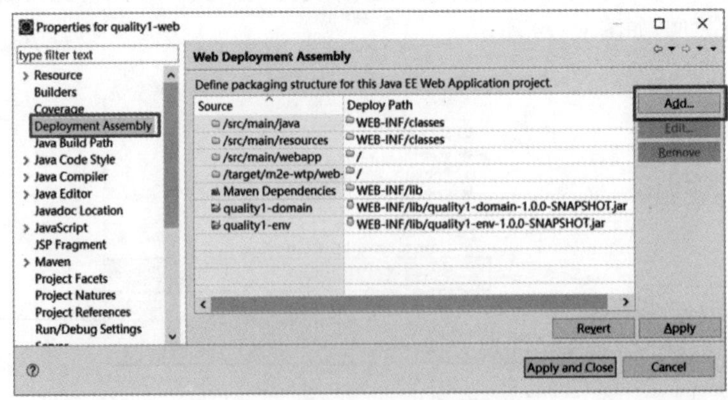

图 F-32　添加发布文件引用

④ 选择所要发布的资源类型，如图 F-33 所示。

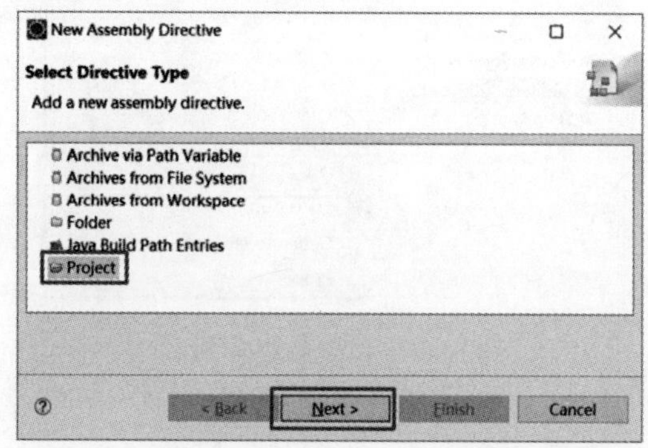

图 F-33　添加发布工程 JAR 文件（选择文件类型）

⑤ 选择相应的工程资源，如图 F-34 所示。

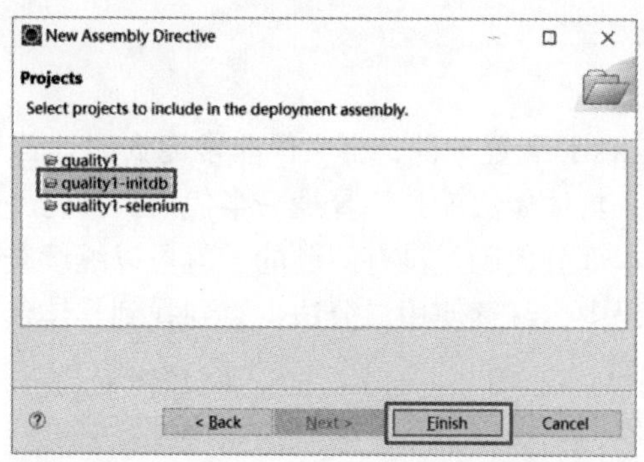

图 F-34　添加发布工程 JAR 文件（选择工程）

⑥ 添加结果如图 F-35 所示，一般为 JAR 形式的文件（双击右侧栏，可以修改 JAR 文件名称）。

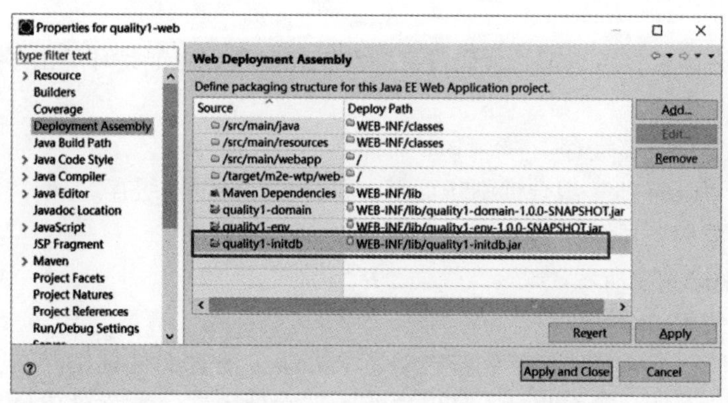

图 F-35　添加发布工程 JAR 文件（添加结果）

（4）清空 Eclipse 缓存

在编辑 XML 相关代码时，往往修改过的内容（XSD 文件）无法及时反映到相关代码中（XML 代码文件），此时就需要清空 Eclipse 缓存，如图 F-36 所示。

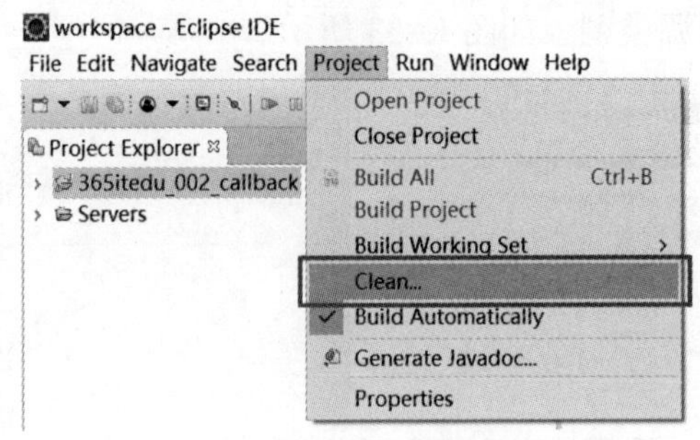

图 F-36　清空 Eclipse 缓存

（5）环境依存路径

代码中尽量避免使用文件的绝对路径，而是要使用相对路径（以工程根目录为起点）来避免环境依存带来的问题。

F.4　问题定位技巧

1. 二分法定位代码位置

无论是 Java 代码还是 XML 配置文件，当文件非常庞大时，若想快速确定出现故障的代码位置，可以采用二分法。具体做法就是注释掉一半代码，看另一半代码能否正常运行。如果正常，那么就可以确定本部分代码是没有问题的，就可以继续查找另外一部分；如果本部分有问题，那么在这段代码中，继续使用二分法，直到找到具体代码行为止。

2. 排除法定位代码位置

当不知道问题代码所处的具体位置时，还可以采用排除法。具体做法就是对可疑点的代码进行逐一排查（把代码注释掉），这样就会较容易地定位到具体代码。

3. JAR 冲突引起

有时出现一些莫名其妙的问题，很有可能是 JAR 冲突引起的。解决方案是确认是否同时引入了不同版本的 JAR；或者是引入的 JAR 版本与其他 JAR 协同工作时出现版本冲突。

4. 环境问题

有时无论怎么调查，结果都是代码没有问题，此时很有可能是环境出了问题，排查方案有以下几种：

（1）强行清空浏览器缓存

方法是按住“Ctrl+F5”组合键刷新页面，同时删除浏览器缓存。

（2）强行清空服务器缓存

清空方法如图 F-37 所示。

（3）强行清空 Eclipse 缓存

有时候即使清空了缓存，甚至重新启动了 Eclipse，而且文件确实存在，但是报的错误信息还是找不到此文件。那么此时，可以修改一下文件内容（在文件里增加一个空格或者空行），再次运行，问题就应该可以解决了。

5. 不可再现故障

有时有些故障是在运行中的特定环境下才出现的，具有一定的隐蔽性。从日志信息中无法解析出故障原因，而且使用各种办法都无法使其再现，此时不能放任不管，而应该备案，

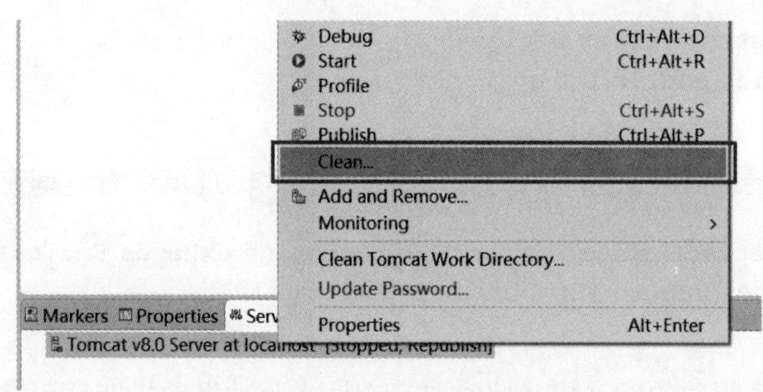

图 F-37 清空服务器缓存

将 bug 发生的场景与所做的各种调查详细地记录在故障管理报告单中，以备不时之需。如果故障经常发生，那么就说明系统存在重大安全与技术问题，需要找专家进行进一步调查，直到找到问题所在。

附录 G 参考答案

第 1 章

1. 参照本章 1.4.4 小节。
2. 略。

第 2 章

1. 略。
2. 参照本章配套代码。
3. 参照本章配套代码。
4. 参照本章配套代码。
5. 不可以。原因如下：

Java 中调用方法并不需要强制赋值。如存在如下代码：

```
public void method(){
//省略
}
public String method(){
//省略
return "";
}
```

只要编译器可以根据语境明确判断出语义（如“String result = method();”），那么的确可以根据返回值来区分重载方法。但是，有时候调用方法时并不关注返回值，而是关注其是否被调用（如关注方法内部分执行结果或关注其方法内调用其他方法等），这时方法的使用可能就只是简单的调用而已，那么此时编译器就无法判断需要调用哪个方法了。

6. 以汽车发动机发展史（汽油→电力→光驱动→电光混合）的例子来说明。

最初汽车发动机（Engine）为汽油驱动，获取其功率的行为既可以用接口定义，也可以用抽象类定义。首先用抽象类来定义看看结果如何。

```java
public abstract class Engine {
    abstract public int getHorsepower();
}
```

随着技术的发展，后来出现了电力驱动的发动机，因此就要有查询充电时间的行为。

```java
public abstract class BatteryPoweredEngine extends Engine{
    abstract public int getTimeToRecharge();
}
```

之后又出现了光驱动的发动机，此时要有查询光驱动发动机能够正常运转所需要的最小流明数的行为。

```java
public abstract class SolarPoweredEngine extends Engine{
    abstract public int getLumensToOperate();
}
```

以上代码查询光驱动发动机能够正常运转所需要的最小流明数，发动机返回一个整数。

再后来又出现了光电混合发动机，光驱动和电驱动的行为本身没有变化，但新的发动机同时支持两种行为。在考虑如何定义新型的光电驱动发动机时，接口和抽象类的差别开始显示出来。新的目标是在增加新型发动机的前提下尽量重用代码。因为与光驱动发动机、电驱动发动机有关的代码已经经过全面的测试，不存在已知的 bug。为了增加光电驱动发动机，要定义一个新的 DualPoweredEngine 抽象类。如果从 Engine 抽象类派生，SolarBatteryPowered 将不支持光驱动发动机和电驱动发动机。如果从 SolarPoweredEngine（或 BatteryPowere-dEngine）抽象类派生，也会出现类似的问题。从行为上看，光电驱动的发动机必须同时从两个抽象类派生，但 Java 语言不允许多重继承。之所以会出现这个问题，根本的原因在于使用抽象类——不仅意味着定义特定的行为，也意味着定义实现的模式。

如果用接口来建立行为模型，就可以隐含地避免规定实现模式。例如：前面的几个行为改用接口定义如下：

```java
public interface Engine(){
    public int getHorsepower();
}
public interface BatteryPoweredEngine extends Engine(){
    public int getTimeToRecharge();
}
public interface SolarPoweredEngine extends Engine{
    public int getLumensToOperate();
}
```

那么，此时光电驱动的发动机就可以描述为：

```java
public DualPoweredEngine implements SolarPoweredEngine,BatteryPowered-
Engine{}
```

DualPoweredEngine 只继承行为定义，而不是定义行为的实现模式。在使用接口的同时仍旧可以使用抽象类，不过这时抽象类的作用是实现行为，而不是定义行为。只要实现行为的类遵从接口定义，即使它改变了父抽象类，也不用改变其他代码与之交互的方式。特别是对于公用的实现代码，抽象类有它的优点。抽象类能够保证实现的层次关系，避免代码重复。然而，即使在使用抽象类的场合，也不要忽视通过接口定义行为模型的原则。从实践的角度来看，如果依赖于抽象类来定义行为，往往导致过于复杂的继承关系，而通过接口定义行为能够更有效地分离行为与实现，为代码的维护和修改带来方便。

第 3 章

1. 略。
2. 略。
3. 略。

第 4 章

1. 略。
2. 参照本章配套代码。
3. 参照本章配套代码。
4. 参照本章配套代码。
5. 参照本章配套代码。
6. 参照本章配套代码。提示：方式上采用过滤器（Filter），在 Session 里常用的存取值的方法是 getAttribute(String) 与 setAttribute(String,Object)。取得的值可能是一个封装的基本类型，如 Map、HashTable、ArrayList、Vector，也可能是一个 Bean，而 Bean 里面也许还有上述数据类型。如果要输出前面的数据类型，就需要用到递归算法，而要输出 Bean 类型，就需要用到 Java 的反射机制。

第 5 章

1. 不可以。其只适用于具有横向特征的处理。把核心处理当成横向处理就很难把握式样，而造成混乱。
2. 需要。一般在编程规约里面会有明确说明。例如，作为事务管理对象的业务处理方法名后面必须带有“Service”后缀，来明确说明连接点的特征。
3. 可以。但是特殊情况还是需要有区别意识，例如事务处理中的查询与更新还是需要额外注意的。
4. 参照本章配套代码。
5. 参照本章配套代码。
6. 略。
7. 参照本章配套代码。

第 6 章

1. 略。
2. 参照本章配套代码。
3. 参照本章配套代码。
4. 参照本章配套代码。
5. 参照本章配套代码。
6. 参照本章配套代码。

第 7 章

1. 参照本章配套代码。

2. 参照本章配套代码。
3. 参照本章配套代码。
4. 参照本章配套代码。
5. 参照本章配套代码。
6. 参照本章配套代码。

第 8 章

1. 参照本章配套代码。
2. 参照本章配套代码。

第 9 章

1. 参照本章配套代码。
2. 参照本章配套代码。
3. 参照本章配套代码。
4. 参照本章配套代码。

第 10 章

1. 参照本章配套代码。
2. 参照本章配套代码。

第 11 章

1. 参照本章配套代码。
2. 参照本章配套代码。
3. 参照本章配套代码。
4. 参照本章配套代码。
5. 参照本章配套代码。

第 12 章

1. 参照本章配套代码。
2. 参照本章配套代码。

第 13 章

1. 略。
2. 略。
3. 参照本章配套代码。
4. 略。

第 14 章

1. 略。
2. 略。

第 15 章

1. 参照本章配套代码。
2. 参照本章配套代码。
3. 略。
4. 略。

参考文献

[1] 阎宏 . Java 与模式 [M]. 北京：电子工业出版社，2002.

[2] 程杰 . 大话设计模式 [M]. 北京：清华大学出版社，2007.

[3] 黄勇 . 架构探险 [M]. 北京：电子工业出版社，2015.

[4] 柳伟卫 . Spring5 开发大全 [M]. 北京：北京出版社，2018.

[5] 李运华 . 从零开始学架构 [M]. 北京：电子工业出版社，2018.

[6] BUSCHMANN，等 . 面向模式的软件架构 [M]. 肖鹏，陈立，译 . 北京：人民邮电出版社，2010.

[7] GEOFFROY WARIN. 精通 Spring MVC 4 [M]. 张卫滨，孙丽文，译 . 北京：人民邮电出版社，2017.

[8] ALEX BRETET. SpringMVC 实战 [M]. 张龙，等译 . 北京：电子工业出版社，2017.

[9] ROBERT C. MARTIN. 架构整洁之道 [M]. 孙宇聪，译 . 北京：电子工业出版社，2018.

[10] LULIANA CONMINA. Spring5 高级编程 [M]. 王净，等译 . 北京：清华大学出版社，2019.

[11] NTTDATA. Spring 徹底入門 [M]. 東京：翔泳出版社，2016.

[12] 增田亨 . 現場で役立つシステム設計の原則 [M]. 東京：技術評論出版社，2017.

[13] 斉藤賢哉 . アプリケーションアーキテクチャ設計パターン [M]. 東京：技術評論出版社，2017.

[14] MARTIN FOWLER. https://www. martinfowler. com/bliki/MicroservicePremium. html[J/OL]. 2015.

[15] SpringSource. https://docs. spring. io/spring-integration/docs/2. 0. 0. RC1/reference/html/index. html [S]. 2010.

[16] NTTDATA. http://terasolunaorg. github. io/guideline/5. 4. 1. RELEASE/ja/[Z]. 2019.